统计学与数据科学系列教材

简明高等代数

张宇卓 郭 伟 编

对外经济贸易大学出版社
中国·北京

图书在版编目（CIP）数据

简明高等代数/张宇卓，郭伟编．-- 北京：对外经济贸易大学出版社，2024.9（2025.6 重印）．--（统计学与数据科学系列教材）．-- ISBN 978-7-5663-2629-4

Ⅰ．O15

中国国家版本馆 CIP 数据核字第 2024LU7297 号

简明高等代数

JIANMING GAODENG DAISHU

张宇卓　郭　伟　编

责任编辑： 刘晟男

出版发行：对外经济贸易大学出版社
社　　址：北京市朝阳区惠新东街 10 号
网　　址：www. uibep. com
资源网址：www. uibepresources. com
邮政编码：100029
邮购电话：010－64492338
发行部电话：010－64492342
E－mail：uibep@ 126. com

成品尺寸：185mm×260mm
印　　张：16. 75
字　　数：387 千字
ISBN 978-7-5663-2629-4
印　　刷：北京市泰锐印刷有限责任公司
版　　次：2024 年 9 月北京第 1 版
印　　次：2025 年 6 月第 2 次印刷
定　　价：49. 00 元

总　序

伴随知识经济和数据时代的到来，统计学科经历了日新月异的变化。如今数字经济、人工智能、大数据的蓬勃发展，对深化统计改革、完善统计体系、创新统计方法提出了新的要求，统计学与数据科学、生命科学、信息技术、经济、金融、保险、管理和人文科学等众多学科的融合，推衍出许多新的学科分支，如生物统计、风险管理、数量金融、保险精算、大数据技术，等等。信息技术的快速发展，云计算、物联网高科技的高速革新也使得统计学科面临更多机遇与挑战，大数据时代改变了传统数据的意义，传统统计学的结构化数据的局限性已逐渐显现。在此背景下，我们一直在思考如何设置课程、编制教材、创新教学模式使学生更好地适应社会发展需要。在不断尝试与教学科研实践中，我们深感统计教育必须改革教材才能适应高速发展的社会趋势。

对外经济贸易大学统计学院自2012年10月建院以来，始终坚持统计理论与应用相结合的办学方向，以培养具有全球视野的统计精英为己任，以国际化、信息化、前沿化的人才培养模式为导向，学院具有统计学本科、硕士研究生和博士研究生培养体系，借鉴国内外统计学人才培养经验，建立和完善符合学术型和应用型人才成长规律的良性培养机制，在经济统计学、数据科学、数量金融与风险管理等领域为各级政府部门、金融机构和企业、高校及研究机构培养高素质复合型人才。

中国特色社会主义进入新时代，为了适应经济发展新常态，推动统计学、数据科学等相关学科的发展，统计学院决定编写一套面向高校本科生，特别是财经类院校本科生的统计学与数据科学系列教材，不仅要夯实教学内容的基础，更要体现现代统计学和数据科学的思想和原理；不仅要强调提高学生运用统计和大数据软件的动手能力，更要体现其针对财经类问题突出统计方法的灵活应用；不仅要广泛吸收国内外优秀教材成果，引用符合时代特征的前沿案例，更要体现服务于提高本科生的应用统计及数据科学素质教育水平，适应数据时代发展的高要求。

感谢参与这套教材编写的统计学院的教师们，感谢对外经济贸易大学出版社的同志们。经过反复修改论证，这套教材终于得以出版。编写统计学与数据科学系列教材是建院以来的首次尝试，恳请兄弟院校专家、使用这套教材的师生和读者多提宝贵意见，使教材不断完善。

统计学与数据科学系列教材指导委员会

2019 年 5 月 1 日于惠园

前　言

党的二十大报告指出："教育、科技、人才是全面建设社会主义现代化国家的基础性、战略性支撑。我们要坚持教育优先发展、科技自立自强、人才引领驱动，加快建设教育强国、科技强国、人才强国，坚持为党育人、为国育才，全面提高人才自主培养质量，着力造就拔尖创新人才，聚天下英才而用之。"为贯彻落实党的伟大号召，助力提高财经类院校拔尖人才培养质量，做好立德树人根本任务，编者结合多年教学实践与改革探索，为非数学专业如计算机、信息、统计、经济学、金融工程等相关专业编写适用的高等代数教材。

高等代数不仅是应用学科的重要工具课，而且在近代数学理论中也是一门很重要的理论基础课，牢固掌握和深入理解其中的思想方法和技巧，对于大学生是非常重要的。编者结合多年教学经验，在编写过程中借鉴了国内外优秀同类教材的思想、处理方法和编排体例，有别于数学类专业的高等代数教材，更偏重于理论与应用相结合，力求叙述由浅入深，使初学者能快速入门，进而深入掌握高等代数的基本理论和重要方法。本教材共 8 章，各章之间既相对独立又紧密联系。前 4 章是简明高等代数的基础篇，主要介绍行列式、线性方程组、矩阵及一元多项式理论；后 4 章是简明高等代数的核心篇，主要介绍线性空间、特征值与特征向量、正交性与最小二乘法、对称矩阵与二次型等内容，部分章节结束后配有一些相关内容的应用和拓展。最后的附录介绍了代数学发展简史。

本教材的前 4 章供《高等代数（一）》课程使用，总学时为 48 课时（若对内容学习有较高要求，可增加教学课时或习题课时，总学时为 64 课时）；后 4 章供《高等代数（二）》课程使用，总学时为 48 课时（若对内容学习有较高要求，可增加教学课时或习题课时，总学时为 64 课时）。加 * 号的章节可以作为选学内容。使用本教材时，教师可根据实际情况进行调整。

本教材由对外经济贸易大学统计学院两位授课教师撰写，其中第 1 章至第 4 章由郭伟撰写，第 5 章至第 8 章由张宇卓撰写。撰写过程中，统计学院刘立新教授提出许多宝贵建议，对外经济贸易大学出版社的编辑也付出了辛勤劳动，对此我们表示衷心的感谢。本书编写过程中参阅了许多专家和学者的论著文献，并引用了部分文献中的实例，恕不一一指明出处，在此一并向有关作者致谢。

本教材的出版得到对外经济贸易大学“十四五”规划教材 2022 年建设项目与统计学院教材建设项目的资助，特此致谢。

尽管我们尽了很大的努力，希望能写出一本适合非数学专业的高等代数教材，但由于编者水平有限，教材中难免会有不妥之处，敬请读者不吝指正，我们将万分感谢。

张宇卓　郭　伟

对外经济贸易大学统计学院

2024 年 8 月

目　录

第1章 行 列 式

行列式的概念最早出现在解线性方程组的概念中.17世纪晚期，日本数学家关孝和与德国的数学家莱布尼茨各自独立地在著作中已经使用行列式来确定线性方程组解的个数及形式，莱布尼茨对行列式的研究成果中已包括了行列式的展开和克莱姆法则. 德国数学家雅可比（Jacobi）于1841年总结并提出了行列式的系统理论. 行列式在许多领域都逐渐显现出重要的意义和作用.

1.1 数 域

数是数学中一个最基本的概念. 数的概念的发展经历了一个长期的过程. 从开始接触数时的自然数，到整数、有理数、实数，最后到复数. 这样一个渐进发展的过程，反映了人们对客观世界的认识不断深入. 为方便起见，记自然数全体为$\mathbb{N}$，整数全体为$\mathbb{Z}$，有理数全体为$\mathbb{Q}$，实数全体$\mathbb{R}$，复数全体为$\mathbb{C}$.

依照所考虑问题的不同，我们需要经常明确界定所考虑的数的范围. 例如一个二次方程有没有解与所考虑的取值范围有关，又如在整数范围内，两个整数的商不一定是整数. 但在有理数范围内，只要除数不为零，两个有理数的商一定还是有理数. 我们知道不同的数集会具有一些不同的性质，当然也具有一些共同的性质. 在代数中，经常将具有共同性质的对象进行统一讨论. 加减乘除的四则运算是数与数之间基本的运算关系. 在一个数集中，能否进行四则运算是我们所考虑的基本性质. 为此，引入数域的概念.

定义1.1 *设P是一个由一些复数组成的集合，其中包含0和1. 如果P中任意两个数（这两个数也可以相同）的和、差、积、商仍然是P中的数，则称P是一个***数域***（***number field***）.*

例如上面提到的有理数集$\mathbb{Q}$，实数集$\mathbb{R}$，复数集$\mathbb{C}$都是数域，可分别称为有理数域、实数域和复数域. 而自然数集$\mathbb{N}$和整数集$\mathbb{Z}$都不是数域. 如果数集S中任意两个数做某种运算结果仍在S中，则称数集S对这种运算是**封闭的**（closed）. 例如，自然数集$\mathbb{N}$只对加法封闭，整数集$\mathbb{Z}$对加法、减法和乘法封闭. 实数集$\mathbb{R}$，复数集$\mathbb{C}$是数域，对加减乘除（除数不为零）都是封闭的，或者说对四则运算封闭. 依据定义1.1，数域的定义也可以说成：如果一个包含0，1在内的复数集的子集P，对于加法、减法、乘法与除法（除数不为零）是封闭的，则称P为一个数域.

例1.1 证明数集$\mathbb{Q}(\sqrt{2})=\{a+b\sqrt{2}\mid a,b\in\mathbb{Q}\}$是一个数域.

证明 显然，

$$0=0+0\sqrt{2},\ 1=1+0\sqrt{2}\in\mathbb{Q}\sqrt{2}.$$

下面证明封闭性．对任意的 $a_1+b_1\sqrt{2}$，$a_2+b_2\sqrt{2}\in\mathbb{Q}\sqrt{2}$，由于 $a_1,b_1,a_2,b_2\in\mathbb{Q}$，我们有

$$(a_1+b_1\sqrt{2})\pm(a_2+b_2\sqrt{2})=(a_1\pm a_2)+(b_1\pm b_2)\sqrt{2}\in\mathbb{Q}(\sqrt{2}),$$

$$(a_1+b_1\sqrt{2})(a_2+b_2\sqrt{2})=(a_1a_2+2b_1b_2)+(a_1b_2+a_2b_1)\sqrt{2}\in\mathbb{Q}(\sqrt{2}),$$

所以$\mathbb{Q}(\sqrt{2})$对加法、减法和乘法是封闭的．设 $a_2+b_2\sqrt{2}\neq 0$，由于$\sqrt{2}\notin\mathbb{Q}$，则 $a_2-b_2\sqrt{2}\neq 0$，故

$$\frac{a_1+b_1\sqrt{2}}{a_2+b_2\sqrt{2}}=\frac{(a_1+b_1\sqrt{2})(a_2-b_2\sqrt{2})}{(a_2+b_2\sqrt{2})(a_2-b_2\sqrt{2})}=\frac{a_1a_2-2b_1b_2}{a_2^2-2b_2^2}+\frac{a_2b_1-a_1b_2}{a_2^2-2b_2^2}\sqrt{2}\in\mathbb{Q}(\sqrt{2}).$$

即$\mathbb{Q}(\sqrt{2})$对除法也是封闭的．故$\mathbb{Q}(\sqrt{2})$是一个数域．

例 1.2 所有奇数组成的数集，对于乘法是封闭的，但对于加法和减法不是封闭的．因此所有奇数组成的数集不是数域．

例 1.3 设 P 是至少包含两个数的数集，且 P 对四则运算封闭，证明：P 是一个数域．

证明 我们只需证明 P 含有 0 与 1 即可．因 P 至少含有两个数，设这两个数为 p 和 q，不妨设 $q\neq 0$，由数域 P 对减法和除法封闭，可得 $p-p=0$，$\frac{q}{q}=1\in P$，故 P 为一个数域．

最后给出数域的一个重要性质．

定理 1.1 任何数域都包含有理数域．

证明 设 P 是一个数域，由定义，P 含有 1. 根据 P 对于加法的封闭性，$1+1=2$，$2+1=3$，…，$(n-1)+1=n$，…全在 P 中，即 P 包含全体自然数．又因 0 在 P 中，再由 P 对减法的封闭性，$0-n=-n$ 也在 P 中，因而 P 包含全体整数．任何一个有理数都可以表示成两个整数的商，由 P 对除法的封闭性即得上述结论．

习题 1.1

1. 判断下列数集是否为数域．

(1) $P_1=\{a+b\sqrt{3}\mathrm{i}\mid a,b\in\mathbb{Q}\}$；

(2) $P_2=\{a+b\mathrm{i}\mid a,b\in\mathbb{Q}\}$；

(3) $P_3=\{a+b\mathrm{i}\mid a\in\mathbb{Q},b\in\mathbb{R}\}$；

(4) $P_4=\{a+b\sqrt[3]{2}\mid a,b\in\mathbb{Q}\}$；

(5) $P_5=\{a+b\sqrt{3}\mathrm{i}\mid a,b\in\mathbb{Z}\}$.

2. 证明两个数域的交集还是数域．

3. 任何数域都包含有理数域$\mathbb{Q}$，请举例说明包含有理数域$\mathbb{Q}$的数集不一定是数域．

1.2 行列式的引入

在中学数学中，一般用消元法求解方程组．设有二元线性方程组

$$\begin{cases}a_{11}x_1+a_{12}x_2=b_1,\\a_{21}x_1+a_{22}x_2=b_2,\end{cases}\tag{1.1}$$

用消元法可得

$$\begin{cases}(a_{11}a_{22}-a_{12}a_{21})x_1=b_1a_{22}-b_2a_{12},\\(a_{11}a_{22}-a_{12}a_{21})x_2=b_2a_{11}-b_1a_{21}.\end{cases}$$

当 $a_{11}a_{22}-a_{12}a_{21}\neq 0$ 时，方程组(1.1)有唯一解

$$x_1=\frac{b_1a_{22}-b_2a_{12}}{a_{11}a_{22}-a_{12}a_{21}},\ x_2=\frac{b_2a_{11}-b_1a_{21}}{a_{11}a_{22}-a_{12}a_{21}}. \tag{1.2}$$

以上结论给出了二元线性方程组解与系数的关系式，即只要方程组的系数 a_{ij} 与常数 b_i 给定具体数，代入就可以求出方程组的解．我们称 $a_{11}a_{22}-a_{12}a_{21}$ 为二阶行列式，用符号表示为

$$D=a_{11}a_{22}-a_{12}a_{21}=\begin{vmatrix}a_{11}&a_{12}\\a_{21}&a_{22}\end{vmatrix},$$

其中，数 $a_{ij}(i=1,\ 2;\ j=1,\ 2)$ 称为上述行列式中的元素或元．元素 a_{ij} 的第一个下标 i 称为行标，表明该元素位于第 i 行；第二个下标 j 称为列标，表明该元素位于第 j 列．位于第 i 行第 j 列的元素称为行列式的 $(i,\ j)$ 元．

上述行列式符合所谓的对角线计算法则，即将主对角线（从左上到右下）上两元素 a_{11} 与 a_{22} 之积减去副对角线（从右上到左下）上两元素 a_{12} 与 a_{21} 之积．利用二阶行列式的概念及对角线法则，我们将式（1.2）中的分子分别记为

$$D_1=b_1a_{22}-a_{12}b_2=\begin{vmatrix}b_1&a_{12}\\b_2&a_{22}\end{vmatrix},\quad D_2=a_{11}b_2-b_1a_{21}=\begin{vmatrix}a_{11}&b_1\\a_{21}&b_2\end{vmatrix}.$$

即 D_1 为将 D 中 x_1 的系数 a_{11} 与 a_{21} 换为方程组等号右边的常数项 b_1 与 b_2 得到的，D_2 为将 D 中 x_2 的系数 a_{12} 与 a_{22} 换为方程组等号右边的常数项 b_1 与 b_2 得到的，于是当 $D=\begin{vmatrix}a_{11}&a_{12}\\a_{21}&a_{22}\end{vmatrix}\neq 0$ 时，方程组（1.2）有唯一解，即

$$x_1=\frac{D_1}{D}=\frac{\begin{vmatrix}b_1&a_{12}\\b_2&a_{22}\end{vmatrix}}{\begin{vmatrix}a_{11}&a_{12}\\a_{21}&a_{22}\end{vmatrix}},\quad x_2=\frac{D_2}{D}=\frac{\begin{vmatrix}a_{11}&b_1\\a_{21}&b_2\end{vmatrix}}{\begin{vmatrix}a_{11}&a_{12}\\a_{21}&a_{22}\end{vmatrix}}.$$

例 1.4 求方程组 $\begin{cases}2x_1+4x_2=2,\\2x_1+3x_2=3\end{cases}$ 的解．

解 因为 $\begin{vmatrix}2&4\\2&3\end{vmatrix}=2\times3-2\times4=-2\neq0$，所以方程组有唯一解

$$x_1=\frac{\begin{vmatrix}2&4\\3&3\end{vmatrix}}{\begin{vmatrix}2&4\\2&3\end{vmatrix}}=\frac{-6}{-2}=3,\quad x_2=\frac{\begin{vmatrix}2&2\\2&3\end{vmatrix}}{\begin{vmatrix}2&4\\2&3\end{vmatrix}}=\frac{2}{-2}=-1.$$

三元线性方程组有相类似的结论．考虑三元线性方程组

$$\begin{cases}a_{11}x_1+a_{12}x_2+a_{13}x_3=b_1,\\a_{21}x_1+a_{22}x_2+a_{23}x_3=b_2,\\a_{31}x_1+a_{32}x_2+a_{33}x_3=b_3,\end{cases}\tag{1.3}$$

由前两个方程消去 x_3，得到一个只含 x_1，x_2 的方程；再由后两个方程消去 x_3，得到另一个只含 x_1，x_2 的方程，从而得到一个二元线性方程组．按照上述解二元线性方程组的方法，先消去 x_2，得

$$\begin{aligned}&(a_{11}a_{22}a_{33}+a_{12}a_{23}a_{31}+a_{13}a_{21}a_{32}-a_{11}a_{23}a_{32}-a_{12}a_{21}a_{33}-a_{13}a_{22}a_{31})x_1\\=&\ b_1a_{22}a_{33}+b_3a_{12}a_{23}+b_2a_{13}a_{32}-b_1a_{23}a_{32}-b_2a_{12}a_{33}-b_3a_{22}a_{13},\end{aligned}$$

这里 x_1 的系数为

$$a_{11}a_{22}a_{33}+a_{12}a_{23}a_{31}+a_{13}a_{21}a_{32}-a_{13}a_{22}a_{31}-a_{11}a_{23}a_{32}-a_{12}a_{21}a_{33}.$$

我们用下面的记号来表示这个数

$$\begin{vmatrix}a_{11}&a_{12}&a_{13}\\a_{21}&a_{22}&a_{23}\\a_{31}&a_{32}&a_{33}\end{vmatrix}=D,$$

称 D 为三阶行列式．如此定义的三阶行列式是由 3 行 3 列共 9 个元素构成，并由上式计算得到的一个数．这个数有 6 个乘积项，每个乘积项的三个因子是位于 D 中不同行不同列的三个元素，并按一定的规则，乘积项带有正号或负号．

当三阶行列式

$$D=\begin{vmatrix}a_{11}&a_{12}&a_{13}\\a_{21}&a_{22}&a_{23}\\a_{31}&a_{32}&a_{33}\end{vmatrix}\neq 0$$

时，三元线性方程组（1.3）有唯一解，解为

$$x_1=\frac{D_1}{D},x_2=\frac{D_2}{D},x_3=\frac{D_3}{D},$$

其中，

$$D_1=\begin{vmatrix}b_1&a_{12}&a_{13}\\b_2&a_{22}&a_{23}\\b_3&a_{32}&a_{33}\end{vmatrix},\quad D_2=\begin{vmatrix}a_{11}&b_1&a_{13}\\a_{21}&b_2&a_{23}\\a_{31}&b_3&a_{33}\end{vmatrix},\quad D_3=\begin{vmatrix}a_{11}&a_{12}&b_1\\a_{21}&a_{22}&b_2\\a_{31}&a_{32}&b_3\end{vmatrix}.$$

显然，行列式 D_1，D_2，D_3 是分别把 D 中的第 1，2，3 列的元素用方程组右端的常数项代替后所得到的三阶行列式．

在这一章我们要把这个结果推广到 n 元线性方程组

$$\begin{cases}a_{11}x_1+a_{12}x_2+\cdots+a_{1n}x_n=b_1,\\a_{21}x_1+a_{22}x_2+\cdots+a_{2n}x_n=b_2,\\\qquad\qquad\vdots\\a_{n1}x_1+a_{n2}x_2+\cdots+a_{nn}x_n=b_n\end{cases}$$

的情形．为此，我们首先要给出 n 阶行列式的定义并讨论它的性质，这就是本章的主要内容．

习题1.2

1. 计算下列二阶、三阶行列式

$$(1)\begin{vmatrix}5 & 2\\7 & 3\end{vmatrix};\quad (2)\begin{vmatrix}\sin\alpha & \cos\alpha\\ \sin\beta & \cos\beta\end{vmatrix};\quad (3)\begin{vmatrix}-1 & 3 & 2\\3 & 5 & -1\\2 & -1 & 6\end{vmatrix}.$$

2. 用行列式解下列线性方程组

(1) $\begin{cases}2x+5y=1,\\x+2y=1;\end{cases}$

(2) $\begin{cases}5x_1-6x_2-1=0,\\x_1-x_2=0;\end{cases}$

(3) $\begin{cases}x+2y+2z=3,\\-x-4y+z=7,\\3x+7y+4z=3;\end{cases}$

(4) $\begin{cases}5x_1+2x_2+3x_3+2=0,\\2x_1-2x_2+5x_3+1=1,\\3x_1+4x_2+2x_3+6=-4.\end{cases}$

1.3 排　　列

为定义 n 阶行列式，我们先来讨论一下排列的性质．

定义1.2 由自然数1，2，…，n 组成的一个有序数组

$$i_1i_2\cdots i_n$$

称为一个 n 级**排列**（**permutation**）．

例如，1432是一个4级排列，45321是一个5级排列．所有不同 n 级排列的总数是

$$n(n-1)(n-2)\cdots2\cdot1=n!.$$

显然，$123\cdots n$ 也是一个 n 级排列，这个排列具有**自然顺序**（**nature order**），就是按递增的顺序排起来的，称为自然排列．在 n 级排列中，自然排列只有一种，除此之外，任一 n 级排列都一定出现较大数字排在较小数字之前的情况．

定义1.3 在一个排列中，若某个较大的数排在某个较小的数前面，就称这两个数构成一个**逆序**（**reverse**），一个排列 $i_1i_2\cdots i_n$ 中出现的逆序的总数称为这个排列的**逆序数**（**inversion number**），记为 $\tau(i_1i_2\cdots i_n)$．

例如2431中，21，43，41，31是逆序，2431的逆序数就是4，即 $\tau(2431)=4$. 而45321的逆序数是9，即 $\tau(45321)=9$.

定义1.4 逆序数为偶数的排列称为**偶排列**（**odd permutation**）；逆序数为奇数的排列称为**奇排列**（**even permutation**）．

例如，2431是偶排列；45321是奇排列；$12\cdots n$ 的逆序数是零，故是偶排列．

下面讨论计算一个排列的逆序数的一般方法. 假设有 n 级排列 $i_1i_2\cdots i_n$，其中任意一个元素为 i_s（$s=1, 2, \cdots, n$）. 若比 i_s 大且排在 i_s 前面的元素有 m_s 个，就说**元素 i_s 的逆序数为 m_s**. 则排列的逆序数为全体元素的逆序数之总和，即

$$\tau(i_1i_2\cdots i_n)=m_1+m_2+\cdots+m_n.$$

例 1.5 求 $\tau(32514)$.

解 由于 5 级排列 32514 中所构成逆序的数对有 32，31，21，51，54. 因此，在此排列中，3 的逆序数为 0，2 的逆序数为 1，5 的逆序数为 0，1 的逆序数为 3，4 的逆序数为 1，故这个排列的逆序数

$$\tau(32514)=0+1+0+3+1=5.$$

定义 1.5 在一个排列 $i_1\cdots i_s\cdots i_t\cdots i_n$ 中，如果其中某两个数 i_s 与 i_t 互换位置，其余各数字位置不变，就得到另一个排列 $i_1\cdots i_t\cdots i_s\cdots i_n$，这样的一个变换称为一个对换，记作（$i_s$，$i_t$）.

排列的奇偶性和对换之间有下面的基本联系.

定理 1.2 任意一个排列经过一次对换后，改变其奇偶性.

证明 首先考虑对换两个相邻数的情况.

假设某一排列为 $a_1\cdots a_l abb_1\cdots b_m$ 对换 a 与 b 变为 $a_1\cdots a_l bab_1\cdots b_m$. 显然，$a_1\cdots a_l$ 与 $b_1\cdots b_m$ 这些元素的逆序数经过对换并不改变. 当 $a<b$ 时，经对换后 a 的逆序数增加 1，而 b 的逆序数不改变；当 $a>b$ 时，经对换后 a 的逆序数不变而 b 的逆序数减少 1. 所以排列 $a_1\cdots a_l abb_1\cdots b_m$ 与排列 $a_1\cdots a_l bab_1\cdots b_m$ 的逆序数相差 1，即奇偶性不同.

在一般情况下，假设对换的两个数之间还有 m 个数，排列为

$$a_1\cdots a_l ab_1\cdots b_m bc_1\cdots c_n.$$

若进行 m 次相邻对换，则可变为

$$a_1\cdots a_l abb_1\cdots b_m c_1\cdots c_n.$$

再作 $m+1$ 次相邻对换可变为

$$a_1\cdots a_l bb_1\cdots b_m ac_1\cdots c_n.$$

总而言之，间隔为 m 个数的一次对换等价于 $2m+1$ 次相邻对换. 由于相邻对换改变奇偶性，因此一般对换也改变奇偶性.

推论 1.1 任一 n 级排列与自然排列 $123\cdots n$ 可以经过一系列对换互变，并且对换的次数与这个 n 级排列有相同的奇偶性.

证明 由定理 1.2 知，对换改变排列的奇偶性. 设 n 元排列 $i_1i_2\cdots i_n$ 经过 s 次对换变成偶排列 $123\cdots n$. 故如果 $i_1i_2\cdots i_n$ 是奇排列，则 s 必定是奇数，才能把奇排列变成偶排列. 如果 $i_1i_2\cdots i_n$ 是偶排列，则 s 必定是偶数，才能把偶排列变成偶排列.

推论 1.2 在全部 n 级排列中，奇、偶排列的个数相等，各有 $\frac{n!}{2}$ 个.

证明 设 n 个数的排列中，奇排列有 p 个，偶排列有 q 个，则 $p+q=n!$. 对 p 个奇排列，施行同一对换，得到 p 个偶排列（而且是 p 个不同的偶排列）. 因为总共有 q 个偶排列，所以 $p\leqslant q$，同理 $q\leqslant p$. 所以 $p=q=\frac{n!}{2}$.

习题 1.3

1. 计算逆序数：

（1）3714265；　　（2）$n(n-1)\cdots 21$；

（3）81726354；　　（4）$(2k)1(2k-1)2\cdots(k+1)k$.

2. 确定 i, j 的值，使得（1）$215i7j946$ 为奇排列；（2）$3972i15j4$ 为偶排列；（3）$1274i56j9$ 为偶排列．

3. 设 $j_1j_2\cdots j_n$ 是一个 n 级排列，且它的逆序数是 k，求排列 $j_nj_{n-1}\cdots j_2j_1$ 的逆序数．

4. 写出把排列 12435 变成 25341 的那些对换．

5. 求出首位是 3 的 5 级排列中奇排列与偶排列的个数．

6. 用数学归纳法证明：任意两个 n 级排列 $i_1i_2\cdots i_n$ 和 $j_1j_2\cdots j_n$ 可通过一系列对换互化．

1.4　n 阶行列式

我们现在来给出 n 阶行列式的定义．从这一节开始，我们总是取一固定的数域 P 作为基础，本章中所谈到的数都是指这个数域 P 中的数，所考虑的行列式也都是数域 P 上的行列式，以后就不重复说明了．

1.4.1　二阶、三阶行列式的构造

在给出 n 阶行列式的定义之前，先来研究二阶行列式 $\begin{vmatrix} a_{11} & a_{12} \\ a_{21} & a_{22} \end{vmatrix} = a_{11}a_{22} - a_{12}a_{21}$ 与三阶行列式

$$D = \begin{vmatrix} a_{11} & a_{12} & a_{13} \\ a_{21} & a_{22} & a_{23} \\ a_{31} & a_{32} & a_{33} \end{vmatrix} \tag{1.4}$$

$$= a_{11}a_{22}a_{33} + a_{12}a_{23}a_{31} + a_{13}a_{21}a_{32} - a_{13}a_{22}a_{31} - a_{11}a_{23}a_{32} - a_{12}a_{21}a_{33}$$

的定义．3 阶行列式的 6 项及其所带符号可以采用下图来记忆：

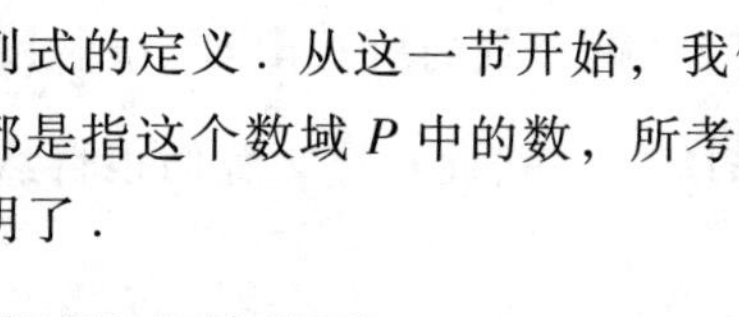

从二阶行列式和三阶行列式的定义中可以看出：

（1）行列式的每一项乘积都是由不同行和不同列的数作乘积，二阶行列式的乘积项是两个数作乘积，三阶行列式的乘积项是三个数作乘积．

（2）行列式的展开式中每一乘积项的行标排成自然排列时，列标是数 1，2，3 某一排列．这样共有 $n!$（$n=2$，3）种排列，对应的行列式恰恰就是 $n!$（$n=2$，3）个乘积

项的代数和.

(3) 每一项乘积都带有符号. 这个符号是按什么原则决定的呢? 在三阶行列式展开式 (1.4) 中, 项的一般形式可以写成

$$a_{1j_1}a_{2j_2}a_{3j_3},$$

这里行标排成自然排列123, 而列标排成1, 2, 3的某个3级排列 $j_1j_2j_3$. 各项的正负号由列标的排列确定. 带正号的三项, 其列标排列分别为123, 231, 312, 都是偶排列; 而带负号的三项, 其列标排列分别为321, 132, 213, 均为奇排列. 因此, 各项所带的正负号可以表示为 $(-1)^{\tau(j_1j_2j_3)}$. 因此, 三阶行列式可以写成

$$\begin{vmatrix} a_{11} & a_{12} & a_{13} \\ a_{21} & a_{22} & a_{23} \\ a_{31} & a_{32} & a_{33} \end{vmatrix} = \sum_{j_1j_2j_3}(-1)^{\tau(j_1j_2j_3)}a_{1j_1}a_{2j_2}a_{3j_3},$$

其中, 求和符号 $\sum\limits_{j_1j_2j_3}$ 表示对1,2,3三个数的所有排列 $j_1\ j_2\ j_3$ 求和. 同样二阶行列式可以写成

$$\begin{vmatrix} a_{11} & a_{12} \\ a_{21} & a_{22} \end{vmatrix} = \sum_{j_1j_2}(-1)^{\tau(j_1j_2)}a_{1j_1}a_{2j_2},$$

其中, 求和符号 $\sum\limits_{j_1j_2}$ 表示对1, 2两个数的所有排列 j_1j_2 求和. 综上, 我们可看出, 二阶、三阶行列式的结构具有相同的规律. 按此规律, 我们很自然地把二阶、三阶行列式的概念推广到 n 阶行列式.

1.4.2 *n* 阶行列式的定义

定义 1.6 n 阶行列式 (**determinant**)

$$\begin{vmatrix} a_{11} & a_{12} & \cdots & a_{1n} \\ a_{21} & a_{22} & \cdots & a_{2n} \\ \vdots & \vdots & & \vdots \\ a_{n1} & a_{n2} & \cdots & a_{nn} \end{vmatrix}$$

为所有取自不同行、不同列的 n 个数的乘积

$$a_{1j_1}a_{2j_2}\cdots a_{nj_n}$$

的代数和, 其中列标 $j_1j_2\cdots j_n$ 构成一个 n 级排列. 当 $j_1j_2\cdots j_n$ 为偶排列时, 项 $a_{1j_1}a_{2j_2}\cdots a_{nj_n}$ 的符号为正, 而当 $j_1j_2\cdots j_n$ 为奇排列时, 项 $a_{1j_1}a_{2j_2}\cdots a_{nj_n}$ 的符号为负, 由此我们得到 n 阶行列式的定义

$$\begin{vmatrix} a_{11} & a_{12} & \cdots & a_{1n} \\ a_{21} & a_{22} & \cdots & a_{2n} \\ \vdots & \vdots & \vdots & \vdots \\ a_{n1} & a_{n2} & \cdots & a_{nn} \end{vmatrix} = \sum_{j_1j_2\cdots j_n}(-1)^{\tau(j_1j_2\cdots j_n)}a_{1j_1}a_{2j_2}\cdots a_{nj_n}.$$

由于 n 级排列共有 $n!$ 个, 因此 n 阶行列式共包含 $n!$ 项. n 阶行列式中位于第 i 行第 j 列的数 a_{ij} 称为 n 阶行列式的**元素** (**entry**). 有时候将 n 阶行列式简记为 $\det(a_{ij})$ 或 $|a_{ij}|$. 容易看出, 当行列式的元素全是数域 P 中的数时, 行列式的值也是数域 P 中的一个

数．特别要注意的是，对于一阶行列式 $|a_{11}|=a_{11}$，这里的 $|a_{11}|$ 不是表示 a_{11} 的绝对值．

例 1.6 计算行列式

$$\begin{vmatrix} 0 & 0 & 0 & 1 \\ 0 & 0 & 2 & 0 \\ 0 & 3 & 0 & 0 \\ 4 & 0 & 0 & 0 \end{vmatrix}.$$

解 这是一个 4 阶行列式，在展开式中应该有 $4!=24$ 项．由于行列式有很多零元素，故依据定义，只需对不为零的项求代数和即可．展开式中项的一般形式是

$$a_{1j_1}a_{2j_2}a_{3j_3}a_{4j_4}.$$

显然，如果 $j_1\neq 4$，那么 $a_{1j_1}=0$，从而这个项就等于零．因此只需考虑 $j_1=4$ 的项；同理，只需考虑 $j_2=3$，$j_3=2$，$j_4=1$ 这些列标的项．这就是说，行列式中不为零的项只有 $a_{14}a_{23}a_{32}a_{41}$，而 $\tau(4321)=6$，这一项前面的符号应该是正的．所以

$$\begin{vmatrix} 0 & 0 & 0 & 1 \\ 0 & 0 & 2 & 0 \\ 0 & 3 & 0 & 0 \\ 4 & 0 & 0 & 0 \end{vmatrix}=(-1)^{\tau(4321)}a_{14}a_{23}a_{32}a_{41}=1\times 2\times 3\times 4=24.$$

同理，

$$\begin{vmatrix} 0 & 0 & 0 & 0 & 0 & 1 \\ 0 & 0 & 0 & 0 & 2 & 0 \\ 0 & 0 & 0 & 3 & 0 & 0 \\ 0 & 0 & 4 & 0 & 0 & 0 \\ 0 & 5 & 0 & 0 & 0 & 0 \\ 6 & 0 & 0 & 0 & 0 & 0 \end{vmatrix}=(-1)^{\tau(654321)}a_{16}a_{25}a_{34}a_{43}a_{52}a_{61}=-6!=-720.$$

例 1.7 计算上三角形行列式

$$\begin{vmatrix} a_{11} & a_{12} & \cdots & a_{1n} \\ 0 & a_{22} & \cdots & a_{2n} \\ \vdots & \vdots & \ddots & \vdots \\ 0 & 0 & \cdots & a_{nn} \end{vmatrix}.$$

此行列式主对角线（从左上到右下）下侧的元素全为 0，这种类型的行列式称作上三角形行列式．

解 由行列式的定义，项的一般形式为

$$a_{1j_1}a_{2j_2}\cdots a_{nj_n}.$$

先考察哪些项不为零，然后再来决定它们的符号．在行列式中第 n 行的元素除去 a_{nn} 以外全为零，因此，只需考虑 $j_n=n$. 在第 $n-1$ 行中，除去 $a_{n-1,n-1}$，$a_{n-1,n}$ 外，其余的元素全

为零．因此只有 $j_{n-1}=n-1$ 和 $j_{n-1}=n$ 这两个可能．由于我们已取 $j_n=n$. 所以 $j_{n-1}=n-1$. 这样逐步推上去，不难看出，在展开式中，除去 $a_{11}a_{22}\cdots a_{nn}$ 这一项外，其余的项全是 0. 而这一项的列标所成的排列是一个偶排列，所以这一项带正号．于是

$$\begin{vmatrix} a_{11} & a_{12} & \cdots & a_{1n} \\ 0 & a_{22} & \cdots & a_{2n} \\ \vdots & \vdots & \ddots & \vdots \\ 0 & 0 & \cdots & a_{nn} \end{vmatrix}=a_{11}a_{22}\cdots a_{nn}.$$

由此例可知，**上三角形行列式**就等于主对角线（从左上角到右下角这条对角线）上元素的乘积．与此类似，主对角线上侧的元素全为 0 的行列式称为下三角行列式．下三角行列式也等于主对角线上元素的乘积．一个特殊情形是**主对角形行列式**

$$\Lambda=\begin{vmatrix} d_1 & 0 & \cdots & 0 \\ 0 & d_2 & \cdots & 0 \\ \vdots & \vdots & \ddots & \vdots \\ 0 & 0 & \cdots & d_n \end{vmatrix}=d_1d_2\cdots d_n.$$

1.4.3　*n* 阶行列式的等价定义

在行列式的定义中，为了决定每一项的正负号，我们把 n 个元素按行标的自然顺序排列起来．由于数的乘法满足交换律，因而这 n 个元素的次序是可以任意改变的．一般地，n 阶行列式中的项可以写成

$$a_{i_1j_1}a_{i_2j_2}\cdots a_{i_nj_n},$$

其中，$i_1i_2\cdots i_n$，$j_1j_2\cdots j_n$ 都为 1，2，…，n 的 n 级排列．当把它的行标写成自然顺序时，列标就变成 $j_1'\,j_2'\cdots j_n'$. 每作一次元素间的交换，元素的行标与列标所成的排列 $i_1i_2\cdots i_n$ 与 $j_1j_2\cdots j_n$ 就都同时作一次对换．因而行标、列标进行了相同次数的对换，也就是行标和列标一起进行了偶数次对换，所以 $a_{1j_1'}a_{2j_2'}\cdots a_{nj_n'}$ 前面的符号为

$$(-1)^{\tau(j_1'j_2'\cdots j_n')}=(-1)^{\tau(12\cdots n)+\tau(j_1'j_2'\cdots j_n')}=\cdots=(-1)^{\tau(i_1i_2\cdots i_n)+\tau(j_1j_2\cdots j_n)}.$$

因此，

$$\sum_{j_1j_2\cdots j_n}(-1)^{\tau(i_1i_2\cdots i_n)+\tau(j_1j_2\cdots j_n)}a_{i_1j_1}a_{i_2j_2}\cdots a_{i_nj_n}$$

中的一项是

$$\sum_{j_1j_2\cdots j_n}(-1)^{\tau(j_1j_2\cdots j_n)}a_{1j_1}a_{2j_2}\cdots a_{nj_n}$$

中的一项，反之亦然．因此行列式

$$\begin{vmatrix} a_{11} & a_{12} & \cdots & a_{1n} \\ a_{21} & a_{22} & \cdots & a_{2n} \\ \vdots & \vdots & & \vdots \\ a_{n1} & a_{n2} & \cdots & a_{nn} \end{vmatrix}=\sum_{j_1j_2\cdots j_n}(-1)^{\tau(i_1i_2\cdots i_n)+\tau(j_1j_2\cdots j_n)}a_{i_1j_1}a_{i_2j_2}\cdots a_{i_nj_n},$$

这里的 $i_1i_2\cdots i_n$ 是 1，2，…，n 的一个 n 级排列，这个和式也称为 **n 阶行列式的等价定**

义. 这个和式可以是固定 $i_1 i_2 \cdots i_n$，对所有的排列 $j_1 j_2 \cdots j_n$ 求和，也可以是固定 $j_1 j_2 \cdots j_n$，对所有的排列 $i_1 i_2 \cdots i_n$ 求和，它的好处在于行标与列标的作用是对等的，因此，也可以把列标写成自然顺序，于是有

$$\begin{vmatrix} a_{11} & a_{12} & \cdots & a_{1n} \\ a_{21} & a_{22} & \cdots & a_{2n} \\ \vdots & \vdots & & \vdots \\ a_{n1} & a_{n2} & \cdots & a_{nn} \end{vmatrix} = \sum_{i_1 i_2 \cdots i_n} (-1)^{\tau(i_1 i_2 \cdots i_n)} a_{i_1 1} a_{i_2 2} \cdots a_{i_n n},$$

这里 $\sum\limits_{i_1 i_2 \cdots i_n}$ 是表示对所有的 1，2，…，n 的 n 级排列求和.

例 1.8 在 4 阶行列式中，$a_{21}a_{32}a_{14}a_{43}$ 应带什么符号？

解 因为 $a_{21}a_{32}a_{14}a_{43} = a_{14}a_{21}a_{32}a_{43}$，而 4123 的逆序数 $\tau(4123)=0+1+1+1=3$，或者直接计算 $\tau(2314)+\tau(1243)=2+1=3$，故 $a_{21}a_{32}a_{14}a_{43}$ 前面应带负号.

习题 1.4

1. 按照定义计算下列行列式

(1) $\begin{vmatrix} 0 & a_1 & 0 & \cdots & 0 \\ 0 & 0 & a_2 & \cdots & 0 \\ \vdots & \vdots & \vdots & \ddots & \vdots \\ 0 & 0 & 0 & \cdots & a_{n-1} \\ a_n & 0 & 0 & \cdots & 0 \end{vmatrix}$；(2) $\begin{vmatrix} 0 & 0 & \cdots & 0 & 1 \\ 0 & 0 & \cdots & 2 & 0 \\ \vdots & \vdots & \iddots & \vdots & \vdots \\ 0 & n-1 & \cdots & 0 & 0 \\ n & 0 & \cdots & 0 & 0 \end{vmatrix}$；(3) $\begin{vmatrix} 0 & \cdots & 0 & 1 & 0 \\ 0 & \cdots & 2 & 0 & 0 \\ \vdots & \iddots & \vdots & \vdots & \vdots \\ n-1 & \cdots & 0 & 0 & 0 \\ 0 & \cdots & 0 & 0 & n \end{vmatrix}$.

2. 行列式 $\begin{vmatrix} 5x & x & 1 & x \\ 1 & x & 1 & -x \\ 3 & 2 & x & 1 \\ 3 & 1 & 1 & x \end{vmatrix}$ 是 x 的几次多项式？分别求出 x^4 项和 x^3 项的系数.

3. 用行列式的定义计算

$$\begin{vmatrix} a_{11} & a_{12} & a_{13} & a_{14} & a_{15} \\ a_{21} & a_{22} & a_{23} & a_{24} & a_{25} \\ 0 & 0 & 0 & a_{34} & a_{35} \\ 0 & 0 & 0 & a_{44} & a_{45} \\ 0 & 0 & 0 & a_{54} & a_{55} \end{vmatrix}.$$

1.5 行列式的性质

利用行列式的定义可以计算行列式的具体值，但每个 n 阶行列式一共有 $n!$ 项，计算它需要做 $n!(n-1)$ 个乘法. 当 n 很大时，$n!(n-1)$ 是一个相当大的数字. 直接从定义来计算行列式几乎是不可能的事. 因此我们有必要进一步讨论行列式的性质. 利用

这些性质可以化简行列式的计算.

定义 1.7 设

$$D=\begin{vmatrix} a_{11} & a_{12} & \cdots & a_{1n} \\ a_{21} & a_{22} & \cdots & a_{2n} \\ \vdots & \vdots & & \vdots \\ a_{n1} & a_{n2} & \cdots & a_{nn} \end{vmatrix},$$

将其行列互换得到的行列式

$$\begin{vmatrix} a_{11} & a_{21} & \cdots & a_{n1} \\ a_{12} & a_{22} & \cdots & a_{n2} \\ \vdots & \vdots & & \vdots \\ a_{1n} & a_{2n} & \cdots & a_{nn} \end{vmatrix}$$

称为 D 的**转置行列式**，记作 D^{T}.

由此可得到行列式下面的性质.

性质 1.1 行列式与它的转置行列式相等，即

$$D=\begin{vmatrix} a_{11} & a_{12} & \cdots & a_{1n} \\ a_{21} & a_{22} & \cdots & a_{2n} \\ \vdots & \vdots & & \vdots \\ a_{n1} & a_{n2} & \cdots & a_{nn} \end{vmatrix}=\begin{vmatrix} a_{11} & a_{21} & \cdots & a_{n1} \\ a_{12} & a_{22} & \cdots & a_{n2} \\ \vdots & \vdots & & \vdots \\ a_{1n} & a_{2n} & \cdots & a_{nn} \end{vmatrix}=D^{\mathrm{T}}.$$

证明 记 $D^{\mathrm{T}}=\det(b_{ij})$，其中 $b_{ij}=a_{ji}(i,\ j=1,\ 2,\ \cdots,\ n)$，按行列式的定义，有

$$\begin{aligned} D^{\mathrm{T}}&=\begin{vmatrix} b_{11} & b_{12} & \cdots & b_{1n} \\ b_{21} & b_{22} & \cdots & b_{2n} \\ \vdots & \vdots & & \vdots \\ b_{n1} & b_{n2} & \cdots & b_{nn} \end{vmatrix}=\begin{vmatrix} a_{11} & a_{21} & \cdots & a_{n1} \\ a_{12} & a_{22} & \cdots & a_{n2} \\ \vdots & \vdots & & \vdots \\ a_{1n} & a_{2n} & \cdots & a_{nn} \end{vmatrix} \\ &=\sum_{j_1j_2\cdots j_n}(-1)^{\tau(j_1j_2\cdots j_n)}b_{1j_1}b_{2j_2}\cdots b_{nj_n} \\ &=\sum_{j_1j_2\cdots j_n}(-1)^{\tau(j_1j_2\cdots j_n)}a_{j_11}a_{j_22}\cdots a_{j_nn}. \end{aligned}$$

另一方面，按行列式的等价定义，D 可表示成

$$D=\sum_{j_1j_2\cdots j_n}(-1)^{\tau(j_1j_2\cdots j_n)}a_{j_11}a_{j_22}\cdots a_{j_nn}.$$

所以

$$D=D^{\mathrm{T}}.$$

性质 1.1 表明，在行列式中行与列的地位是对称的．因之，凡是有关行的性质，对列也同样成立，反之亦然．由性质 1.1 和例 1.7，可得**下三角形行列式**

$$\begin{vmatrix} a_{11} & 0 & \cdots & 0 \\ a_{21} & a_{22} & \cdots & 0 \\ \vdots & \vdots & \ddots & \vdots \\ a_{n1} & a_{n2} & \cdots & a_{nn} \end{vmatrix}=a_{11}a_{22}\cdots a_{nn}.$$

性质1.2 互换行列式的两行（列），行列式的值变号，即

$$\begin{vmatrix} a_{11} & a_{12} & \cdots & a_{1n} \\ \vdots & \vdots & & \vdots \\ a_{p1} & a_{p2} & \cdots & a_{pn} \\ \vdots & \vdots & & \vdots \\ a_{q1} & a_{q2} & \cdots & a_{qn} \\ \vdots & \vdots & & \vdots \\ a_{n1} & a_{n2} & \cdots & a_{nn} \end{vmatrix} = -\begin{vmatrix} a_{11} & a_{12} & \cdots & a_{1n} \\ \vdots & \vdots & & \vdots \\ a_{q1} & a_{q2} & \cdots & a_{qn} \\ \vdots & \vdots & & \vdots \\ a_{p1} & a_{p2} & \cdots & a_{pn} \\ \vdots & \vdots & & \vdots \\ a_{n1} & a_{n2} & \cdots & a_{nn} \end{vmatrix}.$$

证明

$$\begin{vmatrix} a_{11} & a_{12} & \cdots & a_{1n} \\ \vdots & \vdots & & \vdots \\ a_{p1} & a_{p2} & \cdots & a_{pn} \\ \vdots & \vdots & & \vdots \\ a_{q1} & a_{q2} & \cdots & a_{qn} \\ \vdots & \vdots & & \vdots \\ a_{n1} & a_{n2} & \cdots & a_{nn} \end{vmatrix} = \sum_{j_1\cdots j_p\cdots j_q\cdots j_n} (-1)^{\tau(j_1\cdots j_p\cdots j_q\cdots j_n)} a_{1j_1}\cdots a_{pj_p}\cdots a_{qj_q}\cdots a_{nj_n}$$

$$= -\sum_{j_1\cdots j_q\cdots j_p\cdots j_n} (-1)^{\tau(j_1\cdots j_q\cdots j_p\cdots j_n)} a_{1j_1}\cdots a_{qj_q}\cdots a_{pj_p}\cdots a_{nj_n} = -\begin{vmatrix} a_{11} & a_{12} & \cdots & a_{1n} \\ \vdots & \vdots & & \vdots \\ a_{q1} & a_{q2} & \cdots & a_{qn} \\ \vdots & \vdots & & \vdots \\ a_{p1} & a_{p2} & \cdots & a_{pn} \\ \vdots & \vdots & & \vdots \\ a_{n1} & a_{n2} & \cdots & a_{nn} \end{vmatrix}.$$

推论1.3 如果行列式有两行（列）完全相同，则此行列式的值为零.

证明 交换行列式的相同的两行（列），有 $D=-D$，由此得 $D=0$.

性质1.3 行列式的某一行（列）公因子可以提到行列式外面，即

$$\begin{vmatrix} a_{11} & a_{12} & \cdots & a_{1n} \\ \vdots & \vdots & & \vdots \\ ka_{m1} & ka_{m2} & \cdots & ka_{mn} \\ \vdots & \vdots & & \vdots \\ a_{n1} & a_{n2} & \cdots & a_{nn} \end{vmatrix} = k\begin{vmatrix} a_{11} & a_{12} & \cdots & a_{1n} \\ \vdots & \vdots & & \vdots \\ a_{m1} & a_{m2} & \cdots & a_{mn} \\ \vdots & \vdots & & \vdots \\ a_{n1} & a_{n2} & \cdots & a_{nn} \end{vmatrix}.$$

证明 根据行列式的定义，得

$$\begin{vmatrix} a_{11} & a_{12} & \cdots & a_{1n} \\ \vdots & \vdots & & \vdots \\ ka_{m1} & ka_{m2} & \cdots & ka_{mn} \\ \vdots & \vdots & & \vdots \\ a_{n1} & a_{n2} & \cdots & a_{nn} \end{vmatrix} = \sum_{j_1\cdots j_m\cdots j_n}(-1)^{\tau(j_1\cdots j_m\cdots j_n)}a_{1j_1}\cdots(ka_{mj_m})\cdots a_{nj_n}$$

$$= k\sum_{j_1\cdots j_m\cdots j_n}(-1)^{\tau(j_1\cdots j_m\cdots j_n)}a_{1j_1}\cdots a_{mj_m}\cdots a_{nj_n}$$

$$= k\begin{vmatrix} a_{11} & a_{12} & \cdots & a_{1n} \\ \vdots & \vdots & & \vdots \\ a_{m1} & a_{m2} & \cdots & a_{mn} \\ \vdots & \vdots & & \vdots \\ a_{n1} & a_{n2} & \cdots & a_{nn} \end{vmatrix}.$$

推论 1.4　如果行列式有一行（列）的元素全为零，则此行列式的值为零.

推论 1.5　如果行列式有两行（列）的元素对应成比例，则此行列式的值为零.

性质 1.4　如果行列式中的某一行的元素都是两个数的和，则此行列式可按此行拆成两个行列式之和，即

$$\begin{vmatrix} a_{11} & a_{12} & \cdots & a_{1n} \\ \vdots & \vdots & & \vdots \\ a_{m1}+b_{m1} & a_{m2}+b_{m2} & \cdots & a_{mn}+b_{mn} \\ \vdots & \vdots & & \vdots \\ a_{n1} & a_{n2} & \cdots & a_{nn} \end{vmatrix}$$

$$= \begin{vmatrix} a_{11} & a_{12} & \cdots & a_{1n} \\ \vdots & \vdots & & \vdots \\ a_{m1} & a_{m2} & \cdots & a_{mn} \\ \vdots & \vdots & & \vdots \\ a_{n1} & a_{n2} & \cdots & a_{nn} \end{vmatrix} + \begin{vmatrix} a_{11} & a_{12} & \cdots & a_{1n} \\ \vdots & \vdots & & \vdots \\ b_{m1} & b_{m2} & \cdots & b_{mn} \\ \vdots & \vdots & & \vdots \\ a_{n1} & a_{n2} & \cdots & a_{nn} \end{vmatrix}.$$

证明　由行列式的定义，得

$$\begin{vmatrix} a_{11} & a_{12} & \cdots & a_{1n} \\ \vdots & \vdots & & \vdots \\ a_{m1}+b_{m1} & a_{m2}+b_{m2} & \cdots & a_{mn}+b_{mn} \\ \vdots & \vdots & & \vdots \\ a_{n1} & a_{n2} & \cdots & a_{nn} \end{vmatrix}$$

$$= \sum_{j_1\cdots j_m\cdots j_n}(-1)^{\tau(j_1\cdots j_m\cdots j_n)}a_{1j_1}\cdots(a_{mj_m}+b_{mj_m})\cdots a_{nj_n}$$

$$= \sum_{j_1\cdots j_m\cdots j_n}(-1)^{\tau(j_1\cdots j_m\cdots j_n)}a_{1j_1}\cdots a_{mj_m}\cdots a_{nj_n}$$

$$+ \sum_{j_1\cdots j_m\cdots j_n}(-1)^{\tau(j_1\cdots j_m\cdots j_n)}a_{1j_1}\cdots b_{mj_m}\cdots a_{nj_n}$$

$$= \begin{vmatrix} a_{11} & a_{12} & \cdots & a_{1n} \\ \vdots & \vdots & & \vdots \\ a_{m1} & a_{m2} & \cdots & a_{mn} \\ \vdots & \vdots & & \vdots \\ a_{n1} & a_{n2} & \cdots & a_{nn} \end{vmatrix} + \begin{vmatrix} a_{11} & a_{12} & \cdots & a_{1n} \\ \vdots & \vdots & & \vdots \\ b_{m1} & b_{m2} & \cdots & b_{mn} \\ \vdots & \vdots & & \vdots \\ a_{n1} & a_{n2} & \cdots & a_{nn} \end{vmatrix}.$$

性质 1.4 表明，当某一行（列）的元素是两组数之和时，行列式关于该行（列）可以分解为两个行列式之和．若 n 阶行列式的每一个元素都能表示成两数之和，则行列式可以分解为 2^n 个行列式之和．例如

$$\begin{vmatrix} a+x & b+y \\ c+z & d+w \end{vmatrix} = \begin{vmatrix} a & b \\ c+z & d+w \end{vmatrix} + \begin{vmatrix} x & y \\ c+z & d+w \end{vmatrix}$$

$$= \begin{vmatrix} a & b \\ c & d \end{vmatrix} + \begin{vmatrix} a & b \\ z & w \end{vmatrix} + \begin{vmatrix} x & y \\ c & d \end{vmatrix} + \begin{vmatrix} x & y \\ z & w \end{vmatrix}.$$

一般情况下

$$\begin{vmatrix} a+x & b+y \\ c+z & d+w \end{vmatrix} \neq \begin{vmatrix} a & b \\ c & d \end{vmatrix} + \begin{vmatrix} x & y \\ z & w \end{vmatrix}.$$

此外，性质 1.4 也可以推广到某一行（列）为多组数之和的情形．

性质 1.5 把行列式的某一行（列）的各元素乘以同一数然后加到另一行（列）对应的元素上去，行列式的值不变，即

$$\begin{vmatrix} a_{11} & a_{12} & \cdots & a_{1n} \\ \vdots & \vdots & & \vdots \\ a_{i1} & a_{i2} & \cdots & a_{in} \\ \vdots & \vdots & & \vdots \\ a_{j1} & a_{j2} & \cdots & a_{jn} \\ \vdots & \vdots & & \vdots \\ a_{n1} & a_{n2} & \cdots & a_{nn} \end{vmatrix} = \begin{vmatrix} a_{11} & a_{12} & \cdots & a_{1n} \\ \vdots & \vdots & & \vdots \\ a_{i1}+ka_{j1} & a_{i2}+ka_{j2} & \cdots & a_{in}+ka_{jn} \\ \vdots & \vdots & & \vdots \\ a_{j1} & a_{j2} & \cdots & a_{jn} \\ \vdots & \vdots & & \vdots \\ a_{n1} & a_{n2} & \cdots & a_{nn} \end{vmatrix}$$

证明 由性质 1.4 及推论 1.5 可直接得证．

利用行列式的性质，可把要求的行列式化为上（下）三角形行列式，再求行列式的具体值，这是计算行列式的基本方法之一．为此引进记法：第 t 行（列）与第 s 行（列）互换，记作 $r_s \leftrightarrow r_t$（$c_s \leftrightarrow c_t$）；数 k 乘第 t 行（列）加到第 s 行（列）上记作 $r_s + kr_t$（$c_s + kc_t$）．

例 1.9 计算行列式

$$D = \begin{vmatrix} 1 & -1 & 2 & -3 & 1 \\ -3 & 3 & -7 & 9 & -5 \\ 2 & 0 & 4 & -2 & 1 \\ 3 & -5 & 7 & -14 & 6 \\ 4 & -4 & 10 & -10 & 2 \end{vmatrix}.$$

解

$$D\xlongequal{r_2+3r_1}\begin{vmatrix}1&-1&2&-3&1\\0&0&-1&0&-2\\2&0&4&-2&1\\3&-5&7&-14&6\\4&-4&10&-10&2\end{vmatrix}\xlongequal{r_3-2r_1}\begin{vmatrix}1&-1&2&-3&1\\0&0&-1&0&-2\\0&2&0&4&-1\\3&-5&7&-14&6\\4&-4&10&-10&2\end{vmatrix}$$

$$\xlongequal[r_5-4r_1]{r_4-3r_1}\begin{vmatrix}1&-1&2&-3&1\\0&0&-1&0&-2\\0&2&0&4&-1\\0&-2&1&-5&3\\0&0&2&2&-2\end{vmatrix}\xlongequal{r_2\leftrightarrow r_4}-\begin{vmatrix}1&-1&2&-3&1\\0&-2&1&-5&3\\0&2&0&4&-1\\0&0&-1&0&-2\\0&0&2&2&-2\end{vmatrix}$$

$$\xlongequal{r_3+r_2}-\begin{vmatrix}1&-1&2&-3&1\\0&-2&1&-5&3\\0&0&1&-1&2\\0&0&-1&0&-2\\0&0&2&2&-2\end{vmatrix}\xlongequal{r_4+r_3}-\begin{vmatrix}1&-1&2&-3&1\\0&-2&1&-5&3\\0&0&1&-1&2\\0&0&0&-1&0\\0&0&2&2&-2\end{vmatrix}$$

$$\xlongequal{r_5-2r_3}-\begin{vmatrix}1&-1&2&-3&1\\0&-2&1&-5&3\\0&0&1&-1&2\\0&0&0&-1&0\\0&0&0&4&-6\end{vmatrix}\xlongequal{r_5+4r_4}-\begin{vmatrix}1&-1&2&-3&1\\0&-2&1&-5&3\\0&0&1&-1&2\\0&0&0&-1&0\\0&0&0&0&-6\end{vmatrix}$$

$$=-(-2)(-1)(-6)=12.$$

例 1.10 计算 n 阶行列式

$$D=\begin{vmatrix}x&a&a&\cdots&a\\a&x&a&\cdots&a\\a&a&x&\cdots&a\\\vdots&\vdots&\vdots&&\vdots\\a&a&a&\cdots&x\end{vmatrix}.$$

解 将行列式的其他各行都加到第一行，有

$$D=\begin{vmatrix}x+(n-1)a&x+(n-1)a&x+(n-1)a&\cdots&x+(n-1)a\\a&x&a&\cdots&a\\a&a&x&\cdots&a\\\vdots&\vdots&\vdots&&\vdots\\a&a&a&\cdots&x\end{vmatrix}$$

$$=[x+(n-1)a]\begin{vmatrix}1&1&1&\cdots&1\\a&x&a&\cdots&a\\a&a&x&\cdots&a\\\vdots&\vdots&\vdots&&\vdots\\a&a&a&\cdots&x\end{vmatrix}.$$

再将其余各列减去第 1 列，得

$$D=[x+(n-1)a]\begin{vmatrix}1&0&0&\cdots&0\\a&x-a&0&\cdots&0\\a&0&x-a&\cdots&0\\\vdots&\vdots&\vdots&\ddots&\vdots\\a&0&0&\cdots&x-a\end{vmatrix}=[x+(n-1)a](x-a)^{n-1}.$$

例 1.11　计算 n 阶行列式

$$D_n=\begin{vmatrix}2&1&0&\cdots&0&0\\1&2&1&\cdots&0&0\\0&1&2&\cdots&0&0\\\vdots&\vdots&\vdots&\ddots&\vdots&\vdots\\0&0&0&\cdots&2&1\\0&0&0&\cdots&1&2\end{vmatrix}$$

解　第二行加第一行的$\left(-\frac{1}{2}\right)$倍，第三行加新第二行的$\left(-\frac{2}{3}\right)$倍，…，第 n 行加新 $n-1$ 行的$\left(-\frac{n-1}{n}\right)$倍，得

$$D=\begin{vmatrix}2&1&0&\cdots&0&0\\0&\frac{3}{2}&1&\cdots&0&0\\0&0&\frac{4}{3}&\cdots&0&0\\\vdots&\vdots&\vdots&\ddots&\vdots&\vdots\\0&0&0&\cdots&\frac{n}{n-1}&1\\0&0&0&\cdots&0&\frac{n+1}{n}\end{vmatrix}=n+1.$$

例 1.12　设

$$D=\begin{vmatrix}a_{11}&\cdots&a_{1k}&&&\\\vdots&&\vdots&&0&\\a_{k1}&\cdots&a_{kk}&&&\\c_{11}&\cdots&c_{1k}&b_{11}&\cdots&b_{1n}\\\vdots&&\vdots&\vdots&&\vdots\\c_{n1}&\cdots&c_{nk}&b_{n1}&\cdots&b_{nn}\end{vmatrix},$$

$$D_1=\det(a_{ij})=\begin{vmatrix}a_{11}&\cdots&a_{1k}\\\vdots&&\vdots\\a_{k1}&\cdots&a_{kk}\end{vmatrix},\quad D_2=\det(b_{ij})=\begin{vmatrix}b_{11}&\cdots&b_{1n}\\\vdots&&\vdots\\b_{n1}&\cdots&b_{nn}\end{vmatrix},$$

其中，右上角的 0 表示右上角的元素均为 0. 证明

$$D=D_1D_2.$$

证明 对 D_1 作运算 r_i+kr_j，把 D_1 化为下三角行列式，设为

$$D_1=\begin{vmatrix} p_{11} & & 0 \\ \vdots & \ddots & \\ p_{k1} & \cdots & p_{kk} \end{vmatrix}=p_{11}\cdots p_{kk}.$$

对 D_2 作运算 c_i+kc_j，把 D_2 化为下三角行列式，设为

$$D_2=\begin{vmatrix} q_{11} & & 0 \\ \vdots & \ddots & \\ q_{n1} & \cdots & q_{nn} \end{vmatrix}=q_{11}\cdots q_{nn}.$$

对 D 的前 k 行作运算 r_i+kr_j，再对后 n 列作运算 c_i+kc_j，把 D 化为下三角形行列式

$$D=\begin{vmatrix} p_{11} & & & & & \\ \vdots & \ddots & & & 0 & \\ p_{k1} & \cdots & p_{kk} & & & \\ c_{11} & \cdots & c_{1k} & q_{11} & & \\ \vdots & & \vdots & \vdots & \ddots & \\ c_{n1} & \cdots & c_{nk} & q_{n1} & \cdots & q_{nn} \end{vmatrix}.$$

故

$$D=p_{11}\cdots p_{kk}\cdot q_{11}\cdots q_{nn}=D_1D_2.$$

习题 1.5

1. 计算下列行列式

(1) $\begin{vmatrix} x & y & x+y \\ y & x+y & x \\ x+y & x & y \end{vmatrix}$；(2) $\begin{vmatrix} 2 & -1 & 3 & 4 \\ 0 & 2 & -1 & 3 \\ 1 & 2 & 0 & 2 \\ 3 & 0 & 4 & 1 \end{vmatrix}$；(3) $\begin{vmatrix} 1 & 2 & 3 & 4 \\ 2 & 3 & 4 & 1 \\ 3 & 4 & 1 & 2 \\ 4 & 1 & 2 & 3 \end{vmatrix}$.

2. 一个 n 阶行列式 $D_n=|a_{ij}|$，假设其元素满足 $a_{ij}=-a_{ji}$，i，$j=1$，2，…，n（反对称行列式）. 试证：当 n 为奇数时，该行列式为零.

3. 计算下列行列式

(1) $\begin{vmatrix} a_1-b_1 & a_2 & \cdots & a_n \\ a_1 & a_2-b_2 & \cdots & a_n \\ \vdots & \vdots & & \vdots \\ a_1 & a_2 & \cdots & a_n-b_n \end{vmatrix}$，$b_i\neq 0$，$i=1$，2，…，$n$；

(2) $\begin{vmatrix} a_1+b_1 & a_1+b_2 & \cdots & a_1+b_n \\ a_2+b_1 & a_2+b_2 & \cdots & a_2+b_n \\ \vdots & \vdots & & \vdots \\ a_n+b_1 & a_n+b_2 & \cdots & a_n+b_n \end{vmatrix}$ $(n>2)$；(3) $\begin{vmatrix} 1 & 1 & \cdots & 1 & 1 \\ 0 & 0 & \cdots & 2 & 1 \\ \vdots & \vdots & ⋰ & \vdots & \vdots \\ 0 & n-1 & \cdots & 0 & 1 \\ n & 0 & \cdots & 0 & 1 \end{vmatrix}$；

(4) $\begin{vmatrix} a_1 & a_2 & a_3 & \cdots & a_n \\ b_2 & 1 & 0 & \cdots & 0 \\ b_3 & 0 & 1 & \cdots & 0 \\ \vdots & \vdots & \vdots & \ddots & \vdots \\ b_n & 0 & 0 & \cdots & 1 \end{vmatrix}$.

4. 证明：行列式

$$\begin{vmatrix} b+c & c+a & a+b \\ b_1+c_1 & c_1+a_1 & a_1+b_1 \\ b_2+c_2 & c_2+a_2 & a_2+b_2 \end{vmatrix} = 2\begin{vmatrix} a & b & c \\ a_1 & b_1 & c_1 \\ a_2 & b_2 & c_2 \end{vmatrix}.$$

5. 证明：

$$\begin{vmatrix} a_1 & a_2 & a_3 & a_4 \\ a_1 & a_1+a_2 & a_1+a_2+a_3 & a_1+a_2+a_3+a_4 \\ a_1 & 2a_1+a_2 & 3a_1+2a_2+a_3 & 4a_1+3a_2+2a_3+a_4 \\ a_1 & 3a_1+a_2 & 6a_1+3a_2+a_3 & 10a_1+6a_2+3a_3+a_4 \end{vmatrix} = a_1^4.$$

1.6 行列式按行（列）展开

1.6.1 余子式与代数余子式

分析三阶行列式的一个规律，现以第二行元素为标准，将各项分组

$$\begin{aligned}\begin{vmatrix} a_{11} & a_{12} & a_{13} \\ a_{21} & a_{22} & a_{23} \\ a_{31} & a_{32} & a_{33} \end{vmatrix} &= a_{21}(-a_{12}a_{33}+a_{13}a_{32})+a_{22}(a_{11}a_{33}-a_{13}a_{31})+a_{23}(-a_{11}a_{32}+a_{12}a_{31}) \\ &= a_{21}(-1)\begin{vmatrix} a_{12} & a_{13} \\ a_{32} & a_{33} \end{vmatrix}+a_{22}\begin{vmatrix} a_{11} & a_{13} \\ a_{31} & a_{33} \end{vmatrix}+a_{23}(-1)\begin{vmatrix} a_{11} & a_{12} \\ a_{31} & a_{32} \end{vmatrix} \\ &= a_{21}(-1)^{2+1}\begin{vmatrix} a_{12} & a_{13} \\ a_{32} & a_{33} \end{vmatrix}+a_{22}(-1)^{2+2}\begin{vmatrix} a_{11} & a_{13} \\ a_{31} & a_{33} \end{vmatrix}+a_{23}(-1)^{2+3}\begin{vmatrix} a_{11} & a_{12} \\ a_{31} & a_{32} \end{vmatrix},\end{aligned}$$

其中，三个二阶行列式

$$\begin{vmatrix} a_{12} & a_{13} \\ a_{32} & a_{33} \end{vmatrix},\ \begin{vmatrix} a_{11} & a_{13} \\ a_{31} & a_{33} \end{vmatrix},\ \begin{vmatrix} a_{11} & a_{12} \\ a_{31} & a_{32} \end{vmatrix}$$

分别是划去元素 a_{21}，a_{22}，a_{23}所在的行和列后，余下的元素按照原来的顺序构成的二阶行列式.

这样三阶行列式的计算可以归结为一些二阶行列式的计算，现在我们要把 n 阶行列式转化为 $n-1$ 阶行列式来计算. 这样不仅能通过降阶简化计算，而且在理论上也有重要应用. 首先我们介绍两个概念.

定义 1.8 在 n 阶行列式中，把元素 a_{ij} 所在的第 i 行和第 j 列划去后，余下的元素按原来的顺序构成的 $n-1$ 阶行列式，称为元素 a_{ij} 的**余子式（cofactor）**，记作 M_{ij}，即

$$M_{ij}=\begin{vmatrix} a_{11} & \cdots & a_{1,j-1} & a_{1,j+1} & \cdots & a_{1n} \\ \vdots & & \vdots & \vdots & & \vdots \\ a_{i-1,1} & \cdots & a_{i-1,j-1} & a_{i-1,j+1} & \cdots & a_{i-1,n} \\ a_{i+1,1} & \cdots & a_{i+1,j-1} & a_{i+1,j+1} & \cdots & a_{i+1,n} \\ \vdots & & \vdots & \vdots & & \vdots \\ a_{n1} & \cdots & a_{n,j-1} & a_{n,j+1} & \cdots & a_{nn} \end{vmatrix}.$$

记 $A_{ij}=(-1)^{i+j}M_{ij}$，A_{ij} 称为元素 a_{ij} 的**代数余子式（algebraic cofactor）**.

可见 a_{ij} 的代数余子式是由 a_{ij} 余子式前面加上适当的符号得到的，这个符号与 a_{ij} 本身的符号无关，而是由 a_{ij} 在行列式中所在的行和列决定的．行列式的每个元素分别对应着一个余子式和一个代数余子式．

例如，4 阶行列式

$$\begin{vmatrix} a_{11} & a_{12} & a_{13} & a_{14} \\ a_{21} & a_{22} & a_{23} & a_{24} \\ a_{31} & a_{32} & a_{33} & a_{34} \\ a_{41} & a_{42} & a_{43} & a_{44} \end{vmatrix}$$

中的元素 a_{23} 的余子式 $M_{23}=\begin{vmatrix} a_{11} & a_{12} & a_{14} \\ a_{31} & a_{32} & a_{34} \\ a_{41} & a_{42} & a_{44} \end{vmatrix}$ 和代数余子式 $A_{23}=(-1)^{2+3}M_{23}=-M_{23}$.

1.6.2 行列式按一行（列）展开

引理 1.1 若在 n 阶行列式 D 的第 i 行中有一个元素 $a_{ij}\neq 0$，其余元素全为零，则

$$D=a_{ij}A_{ij}.$$

证明 当 a_{ij} 位于第一行第一列时，即

$$D=\begin{vmatrix} a_{11} & 0 & \cdots & 0 \\ a_{21} & a_{22} & \cdots & a_{2n} \\ \vdots & \vdots & & \vdots \\ a_{n1} & a_{n2} & \cdots & a_{nn} \end{vmatrix},$$

依据例 1.12，有 $D=a_{11}M_{11}$. 又 $A_{11}=(-1)^{1+1}M_{11}=M_{11}$，从而

$$D=a_{11}A_{11}.$$

再证一般情形，此时

$$D=\begin{vmatrix} a_{11} & \cdots & a_{1,j-1} & a_{1,j} & a_{1,j+1} & \cdots & a_{1n} \\ \vdots & & \vdots & \vdots & & \vdots & \\ a_{i-1,1} & \cdots & a_{i-1,j-1} & a_{i-1,j} & a_{i-1,j+1} & \cdots & a_{i-1,n} \\ 0 & \cdots & 0 & a_{ij} & 0 & \cdots & 0 \\ a_{i+1,1} & \cdots & a_{i+1,j-1} & a_{i+1,j} & a_{i+1,j+1} & \cdots & a_{i+1,n} \\ \vdots & & \vdots & \vdots & & \vdots & \\ a_{n1} & \cdots & a_{n,j-1} & a_{n,j} & a_{n,j+1} & \cdots & a_{nn} \end{vmatrix}.$$

对于一般情形，把第 i 行依次与第 $i-1$，$i-2$，…，2，1 行交换，经 $i-1$ 次相邻两行的交换，换到第一行；再依次把第 j 列与其左边一列对换，直到第 1 列，这样使得 a_{ij} 位于第 1 行第 1 列，且不改变其余子式 M_{ij} 中元素的顺序，总共进行了 $(i-1)+(j-1)$ 次行列的对换，也就是

$$D=(-1)^{i-1}\cdot(-1)^{j-1}\begin{vmatrix} a_{ij} & 0 & \cdots & 0 & \cdots & 0 \\ a_{1j} & a_{11} & \cdots & a_{1,j-1} & \cdots & a_{1,n} \\ \vdots & \vdots & & \vdots & & \vdots \\ a_{i-1,j} & a_{i-1,1} & \cdots & a_{i-1,j-1} & \cdots & a_{i-1,n} \\ \vdots & \vdots & & \vdots & & \vdots \\ a_{nj} & a_{n1} & \cdots & a_{n,j-1} & \cdots & a_{nn} \end{vmatrix}.$$

故由上面证明知：

$$D=(-1)^{i+j}a_{ij}M_{ij}=a_{ij}(-1)^{i+j}M_{ij}=a_{ij}A_{ij}.$$

故有

$$D=a_{ij}A_{ij}.$$

定理 1.3 *n* 阶行列式等于它的任一行（列）的各元素与其对应的代数余子式乘积之和，即

$$D=a_{i1}A_{i1}+a_{i2}A_{i2}+\cdots+a_{in}A_{in},\ (i=1,\ 2,\ \cdots,\ n),$$

或

$$D=a_{1j}A_{1j}+a_{2j}A_{2j}+\cdots+a_{nj}A_{nj},\ (j=1,\ 2,\ \cdots,\ n).$$

证明

$$D=\begin{vmatrix} a_{11} & a_{12} & \cdots & a_{1n} \\ \vdots & \vdots & & \vdots \\ a_{i1}+0+\cdots+0 & 0+a_{i2}+\cdots+0 & \cdots & 0+0+\cdots+a_{in} \\ \vdots & \vdots & & \vdots \\ a_{n1} & a_{n2} & \cdots & a_{nn} \end{vmatrix}.$$

由行列式的性质 1.4 和引理 1.1，可得

$$D=\begin{vmatrix} a_{11} & a_{12} & \cdots & a_{1n} \\ \vdots & \vdots & & \vdots \\ a_{i1} & 0 & \cdots & 0 \\ \vdots & \vdots & & \vdots \\ a_{n1} & a_{n2} & \cdots & a_{nn} \end{vmatrix}+\begin{vmatrix} a_{11} & a_{12} & \cdots & a_{1n} \\ \vdots & \vdots & & \vdots \\ 0 & a_{i2} & \cdots & 0 \\ \vdots & \vdots & & \vdots \\ a_{n1} & a_{n2} & \cdots & a_{nn} \end{vmatrix}+\cdots+\begin{vmatrix} a_{11} & a_{12} & \cdots & a_{1n} \\ \vdots & \vdots & & \vdots \\ 0 & 0 & \cdots & a_{in} \\ \vdots & \vdots & & \vdots \\ a_{n1} & a_{n2} & \cdots & a_{nn} \end{vmatrix}$$

$$=a_{i1}A_{i1}+a_{i2}A_{i2}+\cdots+a_{in}A_{in},\ (i=1,\ 2,\ \cdots,\ n).$$

同理可证按列展开成立.

推论 1.6 行列式任一行（列）的元素与另一行（列）的对应元素的代数余子式乘积之和等于零，即

$$a_{k1}A_{i1}+a_{k2}A_{i2}+\cdots+a_{kn}A_{in}=0,\quad k\neq i,$$
$$a_{1k}A_{1i}+a_{2k}A_{2i}+\cdots+a_{nk}A_{ni}=0,\quad k\neq i.$$

证明 由定理 1.3，行列式等于某一行的元素分别与它们的代数余子式的乘积之和. 在行列式

$$D=\begin{vmatrix} a_{11} & a_{12} & \cdots & a_{1n} \\ \vdots & \vdots & & \vdots \\ a_{i1} & a_{i2} & \cdots & a_{in} \\ \vdots & \vdots & & \vdots \\ a_{k1} & a_{k2} & \cdots & a_{kn} \\ \vdots & \vdots & & \vdots \\ a_{n1} & a_{n2} & \cdots & a_{nn} \end{vmatrix}$$

中，如果令第 i 行的元素等于另外一行，譬如第 k 行的元素，这时得到的行列式记为 B，注意到 B 的（i, j）元为 $a_{k,j}$，且其代数余子式就是 D 的关于（i, j）元的代数余子式 A_{ij}，再利用行列式的性质推论 1.3，可得

$$a_{k1}A_{i1}+a_{k2}A_{i2}+\cdots+a_{kn}A_{in}=\begin{vmatrix} a_{11} & a_{12} & \cdots & a_{1n} \\ \vdots & \vdots & & \vdots \\ a_{k1} & a_{k2} & \cdots & a_{kn} \\ \vdots & \vdots & & \vdots \\ a_{k1} & a_{k2} & \cdots & a_{kn} \\ \vdots & \vdots & & \vdots \\ a_{n1} & a_{n2} & \cdots & a_{nn} \end{vmatrix}=B=0.$$

综合定理 1.3 及其推论 1.6，我们有代数余子式的重要性质

$$\begin{aligned} a_{i1}A_{j1}+a_{i2}A_{j2}+\cdots+a_{in}A_{jn}&=\begin{cases} D, & \text{当 } i=j, \\ 0, & \text{当 } i\neq j, \end{cases} \\ a_{1i}A_{1j}+a_{2i}A_{2j}+\cdots+a_{ni}A_{nj}&=\begin{cases} D, & \text{当 } i=j, \\ 0, & \text{当 } i\neq j. \end{cases} \end{aligned}\tag{1.5}$$

一般而言，n 阶行列式按行（列）展开并不会简化行列式的计算，但是我们可以利用行列式的性质把行列式的某一行（或某一列）的许多元素变成零，然后按照这一行

（或这一列）展开，这样就可以把 n 阶行列式的计算转化为 $n-1$ 阶行列式的计算，实现降阶从而减少计算量．这是计算行列式的又一种基本方法．

例 1.13　计算行列式

$$D=\begin{vmatrix}5&3&-1&2&0\\1&7&2&5&2\\0&-2&3&1&0\\0&-4&-1&4&0\\0&2&3&5&0\end{vmatrix}.$$

解　先选择 2 所在的第 5 列，按这一列展开，再选择 5 所在的第 1 列，按这一列展开，最后利用行列式的性质化简并把它展成二阶行列式，得

$$D=\begin{vmatrix}5&3&-1&2&0\\1&7&2&5&2\\0&-2&3&1&0\\0&-4&-1&4&0\\0&2&3&5&0\end{vmatrix}=(-1)^{2+5}2\begin{vmatrix}5&3&-1&2\\0&-2&3&1\\0&-4&-1&4\\0&2&3&5\end{vmatrix}$$

$$=-2\times5\begin{vmatrix}-2&3&1\\-4&-1&4\\2&3&5\end{vmatrix}=-10\begin{vmatrix}-2&3&1\\0&-7&2\\0&6&6\end{vmatrix}$$

$$=-10\times(-2)\begin{vmatrix}-7&2\\6&6\end{vmatrix}=20\ (-42-12)=-1\ 080.$$

例 1.14　计算 n 阶行列式

$$D_n=\begin{vmatrix}x&-1&0&\cdots&0&0\\0&x&-1&\cdots&0&0\\0&0&x&\cdots&0&0\\\vdots&\vdots&\vdots&\ddots&\vdots&\vdots\\0&0&0&\cdots&x&-1\\a_n&a_{n-1}&a_{n-2}&\cdots&a_2&x+a_1\end{vmatrix}.$$

解　按第一列展开，得

$$D_n=x\begin{vmatrix}x&-1&0&\cdots&0&0\\0&x&-1&\cdots&0&0\\\vdots&\vdots&\vdots&\ddots&\vdots&\vdots\\0&0&0&\cdots&x&-1\\a_{n-1}&a_{n-2}&a_{n-3}&\cdots&a_2&x+a_1\end{vmatrix}+(-1)^{n+1}a_n\begin{vmatrix}-1&0&\cdots&0&0\\x&-1&\cdots&0&0\\0&x&\cdots&0&0\\\vdots&\vdots&\ddots&\vdots&\vdots\\0&0&\cdots&x&-1\end{vmatrix}.$$

注意到第一个 $n-1$ 阶行列式与 D_n 有相同的形式，把它记作 D_{n-1}，第二个 $n-1$ 阶行列式等于 $(-1)^{n-1}$. 所以

$$D_n=xD_{n-1}+a_n.$$

这个式子对于任何 $n(\geqslant 2)$ 都成立. 因此有递推公式

$$\begin{aligned} D_n &= xD_{n-1} + a_n \\ &= x(xD_{n-2} + a_{n-1}) + a_n \\ &= x^2 D_{n-2} + a_{n-1}x + a_n \\ &\cdots \\ &= x^{n-1}D_1 + a_2 x^{n-2} + \cdots + a_{n-1}x + a_n. \end{aligned}$$

由 $D_1 = |x + a_1| = x + a_1$，所以

$$D_n = x^n + a_1 x^{n-1} + \cdots + a_n.$$

例 1.15 证明范德蒙（Vandermonde，法国，1735—1796）行列式

$$V_n(x_1, x_2, \cdots, x_n) = \begin{vmatrix} 1 & 1 & \cdots & 1 \\ x_1 & x_2 & \cdots & x_n \\ x_1^2 & x_2^2 & \cdots & x_n^2 \\ \vdots & \vdots & & \vdots \\ x_1^{n-1} & x_2^{n-1} & \cdots & x_n^{n-1} \end{vmatrix} = \prod_{n \geqslant i > j \geqslant 1} (x_i - x_j). \tag{1.6}$$

证明 对范德蒙行列式的阶数 n 作数学归纳法. 因为

$$V_2(x_1, x_2) = \begin{vmatrix} 1 & 1 \\ x_1 & x_2 \end{vmatrix} = x_2 - x_1 = \prod_{2 \geqslant i > j \geqslant 1} (x_i - x_j),$$

故当 $n = 2$ 时，式（1.6）成立.

假设式（1.6）对于 $n-1$ 阶范德蒙行列式成立，下证 n 阶行列式成立. 从第 n 行开始，上一行的 $-x_1$ 倍依次加到下一行，得

$$V_n(x_1, x_2, \cdots, x_n) = \begin{vmatrix} 1 & 1 & 1 & \cdots & 1 \\ 0 & x_2 - x_1 & x_3 - x_1 & \cdots & x_n - x_1 \\ 0 & x_2(x_2 - x_1) & x_3(x_3 - x_1) & \cdots & x_n(x_n - x_1) \\ \vdots & \vdots & \vdots & & \vdots \\ 0 & x_2^{n-2}(x_2 - x_1) & x_3^{n-2}(x_3 - x_1) & \cdots & x_n^{n-2}(x_n - x_1) \end{vmatrix},$$

按第一列展开，并把每列的公因子 $(x_i - x_1)$ 提出，就有

$$V_n(x_1, x_2, \cdots, x_n) = (x_2 - x_1)(x_3 - x_1)\cdots(x_n - x_1) \begin{vmatrix} 1 & 1 & \cdots & 1 \\ x_2 & x_3 & \cdots & x_n \\ \vdots & \vdots & & \vdots \\ x_2^{n-2} & x_3^{n-2} & \cdots & x_n^{n-2} \end{vmatrix},$$

故有

$$\begin{aligned} V_n(x_1, x_2, \cdots, x_n) &= (x_2 - x_1)(x_3 - x_1)\cdots(x_n - x_1) \prod_{n \geqslant i > j \geqslant 2} (x_i - x_j) \\ &= \prod_{n \geqslant i > j \geqslant 1} (x_i - x_j). \end{aligned}$$

由数学归纳法原理，式（1.6）成立.

习题 1.6

1. 把行列式

$$\begin{vmatrix} 1 & 0 & -1 & -1 \\ 0 & -1 & -1 & 1 \\ a & b & c & d \\ -1 & -1 & 1 & 0 \end{vmatrix}$$

依第三行展开，然后加以计算.

2. 已知行列式

$$D=\begin{vmatrix} 1 & 0 & 1 & 2 \\ -1 & 1 & 0 & 3 \\ 1 & 1 & 1 & 0 \\ -1 & 2 & 5 & 4 \end{vmatrix},$$

求：（1）$A_{41}+A_{42}+A_{43}+A_{44}$；（2）$M_{41}+M_{42}+M_{43}+M_{44}$；（3）$A_{11}+2A_{21}+A_{31}$.

3. 计算 n 阶行列式

$$D_n=\begin{vmatrix} a+b & ab & 0 & \cdots & 0 & 0 \\ 1 & a+b & ab & \cdots & 0 & 0 \\ 0 & 1 & a+b & \cdots & 0 & 0 \\ \vdots & \vdots & \vdots & & \vdots & \vdots \\ 0 & 0 & 0 & \cdots & a+b & ab \\ 0 & 0 & 0 & \cdots & 1 & a+b \end{vmatrix}.$$

4. 计算 $D_n=\begin{vmatrix} 1 & 1 & \cdots & 1 \\ 2 & 2^2 & \cdots & 2^n \\ 3 & 3^2 & \cdots & 3^n \\ \vdots & \vdots & & \vdots \\ n & n^2 & \cdots & n^n \end{vmatrix}$.

5. 解方程

$$\begin{vmatrix} 1 & 1 & \cdots & 1 \\ x & a_1 & \cdots & a_{n-1} \\ x^2 & a_1^2 & \cdots & a_{n-1}^2 \\ \vdots & \vdots & & \vdots \\ x^{n-1} & a_1^{n-1} & \cdots & a_{n-1}^{n-1} \end{vmatrix}=0,$$

其中 a_1，a_2，…，a_{n-1}是两两不等的数.

1.7　行列式按某 k 行（列）展开（拉普拉斯定理）

这一节介绍行列式的拉普拉斯（Laplace，法国，1749—1827）定理，这个定理可以看成行列式依行（列）展开定理的推广．

定义 1.9 n 阶行列式 D 中任意取定 k 行，k 列（$1\leqslant k<n$），位于这些行和列的交叉处的 k^2 个元素按原来的排法组成的 k 阶行列式，称为 D 的一个 k 阶子式．取定 D 的第 i_1，i_2，…，i_k 行（$i_1<i_2<\cdots<i_k$），第 j_1，j_2，…，j_k 列（$j_1<j_2<\cdots<j_k$），所得到的 k 阶子式，记作

$$D\begin{pmatrix} i_1, & i_2, & \cdots, & i_k \\ j_1, & j_2, & \cdots, & j_k \end{pmatrix} \tag{1.7}$$

划去这个 k 阶子式所在的行和列，剩下的元素按原来的排法组成的 $n-k$ 阶行列式，称为子式（1.7）的余子式，它前面乘以

$$(-1)^{(i_1+i_2+\cdots+i_k)+(j_1+j_2+\cdots+j_k)},$$

则称为子式（1.7）的代数余子式．令

$$\{i_1', i_2', \cdots, i_{n-k}'\}=\{1, 2, \cdots, n\}\setminus\{i_1, i_2, \cdots, i_k\},$$
$$\{j_1', j_2', \cdots, j_{n-k}'\}=\{1, 2, \cdots, n\}\setminus\{j_1, j_2, \cdots, j_k\},$$

并且 $i_1'<i_2'<\cdots<i_{n-k}'$，$j_1'<j_2'<\cdots<j_{n-k}'$，则子式（1.7）的余子式可记作

$$D\begin{pmatrix} i_1', & i_2', & \cdots, & i_{n-k}' \\ j_1', & j_2', & \cdots, & j_{n-k}' \end{pmatrix}.$$

子式（1.7）的代数余子式记作

$$(-1)^{(i_1+i_2+\cdots+i_k)+(j_1+j_2+\cdots+j_k)}D\begin{pmatrix} i_1', & i_2', & \cdots, & i_{n-k}' \\ j_1', & j_2', & \cdots, & j_{n-k}' \end{pmatrix}.$$

例如，在一个 4 阶行列式

$$D=\begin{vmatrix} 3 & -1 & -1 & 1 \\ 2 & 1 & 1 & -1 \\ 0 & 0 & 5 & -2 \\ 0 & 0 & 2 & -1 \end{vmatrix}$$

中选定第 2，4 行，第 1，3 列，得到 D 的一个二阶子式

$$D\begin{pmatrix} 2, & 4 \\ 1, & 3 \end{pmatrix}=\begin{vmatrix} 2 & 1 \\ 0 & 2 \end{vmatrix}.$$

则 $D\begin{pmatrix} 2, & 4 \\ 1, & 3 \end{pmatrix}$ 的余子式为

$$D\begin{pmatrix} 1, & 3 \\ 2, & 4 \end{pmatrix}=\begin{vmatrix} -1 & 1 \\ 0 & -2 \end{vmatrix},$$

$D\begin{pmatrix} 2, & 4 \\ 1, & 3 \end{pmatrix}$ 的代数余子式为

$$(-1)^{(2+4)+(1+3)}D\begin{pmatrix} 1, & 3 \\ 2, & 4 \end{pmatrix}=(-1)^{(2+4)+(1+3)}\begin{vmatrix} -1 & 1 \\ 0 & -2 \end{vmatrix}.$$

定理 1.4（拉普拉斯展开定理） 在 n 阶行列式 D 中，取定第 i_1，i_2，…，i_k 行 $(i_1 < i_2 < \cdots < i_k)$，则这 k 行元素形成的所有 k 阶子式与它们自己的代数余子式的乘积之和等于 D，即

$$D = \sum_{1 \leqslant j_1 < j_2 < \cdots < j_k \leqslant n} D\begin{pmatrix} i_1, i_2, \cdots, i_k \\ j_1, j_2, \cdots, j_k \end{pmatrix} \cdot (-1)^{(i_1 + \cdots + i_k) + (j_1 + \cdots + j_k)} D\begin{pmatrix} i'_1, i'_2, \cdots, i'_{n-k} \\ j'_1, j'_2, \cdots, j'_{n-k} \end{pmatrix},$$

其中，$\sum\limits_{1 \leqslant j_1 < j_2 < \cdots < j_k \leqslant n}$ 表示对所有的 k 阶子式求和，共计 C_n^k 项.

定理的证明比较烦琐，我们略去. 把定理 1.4 中的“行”换成“列”仍然成立.

例 1.16 计算行列式

$$D_{r+k} = \begin{vmatrix} 0 & \cdots & 0 & a_{11} & \cdots & a_{1k} \\ \vdots & & \vdots & \vdots & & \vdots \\ 0 & \cdots & 0 & a_{k1} & \cdots & a_{kk} \\ b_{11} & \cdots & b_{1r} & c_{11} & \cdots & c_{1k} \\ \vdots & & \vdots & \vdots & & \vdots \\ b_{r1} & \cdots & b_{rr} & c_{r1} & \cdots & c_{rk} \end{vmatrix}.$$

解 把行列式按前 k 行展开，得

$$D_{r+k} = \begin{vmatrix} a_{11} & \cdots & a_{1k} \\ \vdots & & \vdots \\ a_{k1} & \cdots & a_{kk} \end{vmatrix} (-1)^{(1+2+\cdots+k)+[(r+1)+(r+2)+\cdots+(r+k)]} \begin{vmatrix} b_{11} & \cdots & b_{1r} \\ \vdots & & \vdots \\ b_{r1} & \cdots & b_{rr} \end{vmatrix}$$

$$= (-1)^{kr} \begin{vmatrix} a_{11} & \cdots & a_{1k} \\ \vdots & & \vdots \\ a_{k1} & \cdots & a_{kk} \end{vmatrix} \cdot \begin{vmatrix} b_{11} & \cdots & b_{1r} \\ \vdots & & \vdots \\ b_{r1} & \cdots & b_{rr} \end{vmatrix}.$$

例 1.17 计算下述 $2n$ 阶行列式（主对角线上元素都是 a，反对角线（从右上到左下）上元素都是 b，空缺处的元素为 0）

$$D_{2n} = \begin{vmatrix} a & & & & & b \\ & \ddots & & & \iddots & \\ & & a & b & & \\ & & b & a & & \\ & \iddots & & & \ddots & \\ b & & & & & a \end{vmatrix}.$$

解 每次取定第 1 行、最后一行，第 1 列、最后一列得

$$D = D\begin{pmatrix} 1, & 2n \\ 1, & 2n \end{pmatrix} \cdot (-1)^{(1+2n)+(1+2n)} D_{2n-2}$$

即
$$D_{2n}=\begin{vmatrix}a&b\\b&a\end{vmatrix}(-1)^{(1+2n)+(1+2n)}\cdot D_{2n-2}$$
$$=(a^2-b^2)\begin{vmatrix}a&b\\b&a\end{vmatrix}(-1)^{[1+(2n-2)]+[1+(2n-2)]}\cdot D_{2n-4}$$
$$=(a^2-b^2)^2D_{2n-4}$$
$$\vdots$$
$$=(a^2-b^2)^{n-1}D_2=(a^2-b^2)^n.$$

习题 1.7

1. 计算行列式：

(1) $\begin{vmatrix}2&3&0&0&0\\-1&4&0&0&0\\37&85&1&2&0\\29&73&0&3&4\\19&67&1&0&2\end{vmatrix}$；(2) $\begin{vmatrix}2&0&3&0&0\\3&1&2&3&-1\\7&1&4&1&2\\-1&0&2&0&0\\5&2&0&0&1\end{vmatrix}$；(3) $\begin{vmatrix}a&0&b&0\\0&c&0&d\\x&0&y&0\\0&h&0&g\end{vmatrix}$.

2. 计算行列式
$$\begin{vmatrix}2&0&0&0&0\\0&0&0&5&6\\0&0&0&7&8\\0&1&2&9&10\\0&3&4&11&12\end{vmatrix}.$$

1.8 克莱姆法则

现在我们来应用行列式解决线性方程组的问题．在这里只考虑方程个数与未知量的个数相等的情形．以后会看到，这是一个重要的情形．至于更一般的情形留到下一章讨论．

定义 1.10

$$\begin{cases}a_{11}x_1+a_{12}x_2+\cdots+a_{1n}x_n=b_1,\\a_{21}x_1+a_{22}x_2+\cdots+a_{2n}x_n=b_2,\\\qquad\vdots\\a_{n1}x_1+a_{n2}x_2+\cdots+a_{nn}x_n=b_n\end{cases}\tag{1.8}$$

为数域 P 上 n 个方程 n 个**未知量**（**unknown variable**）的**线性方程组**（**system of linear equations**），若**常数项**（**constant**）b_1，b_2，…，b_n 全为零，称此方程组为**齐次线性方程组**（**homogeneous linear system**），若常数项 b_1，b_2，…，b_n 不全为零，则称此方程组为**非齐次线性方程组**（**nonhomogeneous linear system**）．a_{ij}（$1\leqslant i\leqslant n$，$1\leqslant j\leqslant n$）是第 i 个方程中第 j 个未知量的**系数**（**coefficient**），这些系数构成的一个 n 阶行列式

$$D=\begin{vmatrix} a_{11} & a_{12} & \cdots & a_{1n} \\ a_{21} & a_{22} & \cdots & a_{2n} \\ \vdots & \vdots & & \vdots \\ a_{n1} & a_{n2} & \cdots & a_{nn} \end{vmatrix}$$

称为方程组（1.8）的系数行列式.

定理 1.5 ［克莱姆（Cramer，瑞士，1704—1752）法则］如果数域 P 上的线性方程组（1.8）的系数行列式不等于零，即 $D\neq 0$，那么线性方程组（1.8）有解，并且解是唯一的，其解可以表示为

$$x_1=\frac{D_1}{D},\ x_2=\frac{D_2}{D},\ x_3=\frac{D_2}{D},\ \cdots,\ x_n=\frac{D_n}{D}, \tag{1.9}$$

其中，D_j（$j=1, 2, \cdots, n$）是把系数行列式 D 中第 j 列的元素用方程组右端的常数项代替后得到的 n 阶行列式，即

$$D_j=\begin{vmatrix} a_{11} & \cdots & a_{1,j-1} & b_1 & a_{1,j+1} & \cdots & a_{1n} \\ a_{21} & \cdots & a_{2,j-1} & b_2 & a_{2,j+1} & \cdots & a_{2n} \\ \vdots & & \vdots & \vdots & \vdots & & \vdots \\ a_{n1} & \cdots & a_{n,j-1} & b_n & a_{n,j+1} & \cdots & a_{nn} \end{vmatrix}.$$

证明 把式（1.9）代入方程组（1.8）的第 i（$i=1, 2, \cdots, n$）个方程，左端为

$$\sum_{j=1}^{n} a_{ij}\frac{D_j}{D}=\frac{1}{D}\sum_{j=1}^{n} a_{ij}D_j .$$

由行列式的展开定理 1.3，有

$$D_j=b_1A_{1j}+b_2A_{2j}+\cdots+b_nA_{nj}=\sum_{s=1}^{n} b_sA_{sj},$$

$$\begin{aligned}
&\frac{1}{D}\sum_{j=1}^{n} a_{ij}D_j=\frac{1}{D}\sum_{j=1}^{n} a_{ij}\sum_{s=1}^{n} b_sA_{sj}\\
&=\frac{1}{D}[a_{i1}(b_1A_{11}+b_2A_{21}+\cdots+b_iA_{i1}+\cdots+b_nA_{n1})+a_{i2}(b_1A_{12}+b_2A_{22}+\cdots\\
&\quad+b_iA_{i2}+\cdots+b_nA_{n2})+\cdots+a_{in}(b_1A_{1n}+b_2A_{2n}+\cdots+b_iA_{in}+\cdots+b_nA_{nn})]\\
&=\frac{1}{D}[b_1(a_{i1}A_{11}+a_{i2}A_{12}+\cdots+a_{in}A_{1n})+b_2(a_{i1}A_{21}+a_{i2}A_{22}+\cdots+a_{in}A_{2n})+\cdots\\
&\quad+b_i(a_{i1}A_{i1}+a_{i2}A_{i2}+\cdots+a_{in}A_{in})+\cdots+b_n(a_{i1}A_{n1}+a_{i2}A_{n2}+\cdots+a_{in}A_{nn})]\\
&=\frac{1}{D}[0+0+\cdots+b_iD+\cdots+0]\\
&=b_i(i=1,2,\cdots,n).
\end{aligned}$$

故式（1.9）是方程组（1.8）的解.

设（c_1，c_2，$\cdots$，c_n）是方程组（1.8）的一个解，于是有

$$\begin{cases} a_{11}c_1+a_{12}c_2+\cdots+a_{1n}c_n=b_1, \\ a_{21}c_1+a_{22}c_2+\cdots+a_{2n}c_n=b_2, \\ \qquad\vdots \\ a_{n1}c_1+a_{n2}c_2+\cdots+a_{nn}c_n=b_n. \end{cases} \tag{1.10}$$

用 D 中第 j 列元素的代数余子式 A_{1j}，A_{2j}，…，A_{nj}依次乘（1.10）的 n 个等式，得

$$\begin{cases}(a_{11}c_1+a_{12}c_2+\cdots+a_{1n}c_n)A_{1j}=b_1A_{1j},\\(a_{21}c_1+a_{22}c_2+\cdots+a_{2n}c_n)A_{2j}=b_2A_{2j},\\\qquad\qquad\vdots\\(a_{n1}c_1+a_{n2}c_2+\cdots+a_{nn}c_n)A_{nj}=b_nA_{nj}.\end{cases}$$

再把 n 个方程相加，得

$$\left(\sum_{k=1}^{n}a_{k1}A_{kj}\right)c_1+\cdots+\left(\sum_{k=1}^{n}a_{kj}A_{kj}\right)c_j+\cdots+\left(\sum_{k=1}^{n}a_{kn}A_{kj}\right)c_n=\sum_{k=1}^{n}b_kA_{kj}.$$

由代数余子式的性质（1.5），可知上式中 c_j 的系数等于 D 而其余 c_i（$i\neq j$）的系数均为 0. 又等式右端为 D_j. 于是 $Dc_j=D_j$（$j=1, 2, \cdots, n$），即

$$(c_1, c_2, \cdots, c_n)=\left(\frac{D_1}{D}, \frac{D_2}{D}, \cdots, \frac{D_n}{D}\right).$$

唯一性得证.

推论 1.7 如果线性方程组（1.9）无解或解不唯一，则它的系数行列式 $D=0$.

例 1.18 用克莱姆法则解线性方程组

$$\begin{cases}2x_1+x_2-5x_3+x_4=8,\\x_1-3x_2-6x_4=9,\\2x_2-x_3+2x_4=-5,\\x_1+4x_2-7x_3+6x_4=0.\end{cases}$$

解 系数行列式

$$D=\begin{vmatrix}2&1&-5&1\\1&-3&0&-6\\0&2&-1&2\\1&4&-7&6\end{vmatrix}=27.$$

因为 $D\neq0$，所以可用克莱姆法则求解.

$$D_1=\begin{vmatrix}8&1&-5&1\\9&-3&0&-6\\-5&2&-1&2\\0&4&-7&6\end{vmatrix}=81,\quad D_2=\begin{vmatrix}2&8&-5&1\\1&9&0&-6\\0&-5&-1&2\\1&0&-7&6\end{vmatrix}=-108,$$

$$D_3=\begin{vmatrix}2&1&8&1\\1&-3&9&-6\\0&2&-5&2\\1&4&0&6\end{vmatrix}=-27,\quad D_4=\begin{vmatrix}2&1&-5&8\\1&-3&0&9\\0&2&-1&-5\\1&4&-7&0\end{vmatrix}=27.$$

由克莱姆法则，得方程组的唯一解

$$x_1=3,\ x_2=-4,\ x_3=-1,\ x_1=1.$$

注 应该注意，定理 1.5 所讨论的只是系数行列式不为零的 n 个方程 n 个未知量的线性方程组，可直接从系数和常数项判断它是否有唯一解，以及这个解的公式表示问题，至于方程组的系数行列式为零的情形，将在下一章的一般情形中一并讨论.

考虑齐次线性方程组

$$\begin{cases} a_{11}x_1+a_{12}x_2+\cdots+a_{1n}x_n=0, \\ a_{21}x_1+a_{22}x_2+\cdots+a_{2n}x_n=0, \\ \quad\vdots \\ a_{21}x_1+a_{22}x_2+\cdots+a_{nn}x_n=0. \end{cases} \tag{1.11}$$

显见，方程组（1.11）恒有零解

$$x_1=x_2=\cdots=x_n=0.$$

直接应用定理1.5于齐次线性方程组（1.11），我们有如下定理：

定理1.6 如果齐次线性方程组（1.11）的系数行列式 $D\neq 0$，则方程组（1.11）只有零解.

定理1.7 如果齐次线性方程组（1.11）有非零解，则它的系数行列式 $D=0$.

在下一章，将证明定理1.7的逆命题也成立，则有齐次线性方程组（1.11）有非零解当且仅当系数行列式 $D=0$.

习题1.8

1. 用克莱姆法则解下列线性方程组：

（1）$\begin{cases} 2x_1-x_2+3x_3+2x_4=6, \\ 3x_1-3x_2+3x_3+2x_4=5, \\ 3x_1-x_2-x_3+2x_4=3, \\ 3x_1-x_2+3x_3-x_4=4; \end{cases}$ （2）$\begin{cases} x_2-3x_3+4x_4=-5, \\ x_1-2x_3+3x_4=-4, \\ 3x_1+2x_2-5x_4=12, \\ 4x_1+3x_2-5x_3=5. \end{cases}$

2. 问 λ 取何值时，以下方程组才可能有非零解？

$$\begin{cases} \lambda x_1+x_2+x_3=0, \\ x_1+\lambda x_2+x_3=0, \\ 3x_1-x_2+x_3=0. \end{cases}$$

3. 设线性方程组 $\begin{cases} x_1+x_2+x_3=a+b+c, \\ ax_1+bx_2+cx_3=a^2+b^2+c^2, \\ bcx_1+acx_2+abx_3=3abc, \end{cases}$ 试问 a，b，c 满足什么条件时，该方程组有唯一解，并求出唯一解.

4. 已知 a，b，c 是不全为0的实数，证明齐次线性方程组

$$\begin{cases} ax_2+bx_3+cx_4=0, \\ ax_1+x_2=0, \\ bx_1+x_3=0, \\ cx_1+x_4=0 \end{cases}$$

只有零解.

第 2 章　线性方程组

线性方程组是解决线性问题的最基本的数学方法，在自然科学和社会科学各个领域都有广泛的应用．上一章我们以行列式为工具，解决了未知量的个数与方程的个数相等，且系数行列式不为零的线性方程组的求解问题．但是无法分辨无解和有无穷多个解的情形．计算机的迅速发展使得成千上万个未知量的线性方程组也有可能求解，这需要给出统一的、机械的求解线性方程组的算法，这种方法称为解线性方程组的高斯(Gauss）消元法．因此需要进一步研究一般的线性方程组如何直接从它的系数和常数项判断它是否有解，有多少解，以及有无穷多个解时，其解集的结构．为此，将引入矩阵的概念来描述线性方程组和高斯消元法，讨论线性方程组解的情况及其判别准则．进一步，我们将介绍 n 维向量的概念，并把线性方程组的问题转化为向量方程的问题．

我们将在实数域$\mathbb{R}$上讨论线性方程组．需要说明的是，当我们谈到数时，如无特殊说明，总是指实数，若把实数域换成其他的任意数域，讨论可以同样进行．

2.1　消元法解线性方程组

2.1.1　线性方程组的有关概念

现在来讨论一般线性方程组．一般线性方程组是指形如

$$\begin{cases} a_{11}x_1+a_{12}x_2+\cdots+a_{1n}x_n=b_1, \\ a_{21}x_1+a_{22}x_2+\cdots+a_{2n}x_n=b_2, \\ \quad\vdots \\ a_{m1}x_1+a_{m2}x_2+\cdots+a_{mn}x_n=b_m \end{cases} \tag{2.1}$$

的方程组，其中 x_1，x_2，…，x_n 为 n 个未知量，m 是方程的个数，a_{ij}（$i=1$，2，…，m，$j=1$，2，…，n）称为线性方程组的系数，b_i（$i=1$，2，…，m）称为常数项．方程组中未知量的个数 n 与方程的个数 m 不一定相等．系数 a_{ij}的第一个指标 i 表示它在第 i 个方程，第二个指标 j 表示它是 x_j 的系数.

定义 2.1　若当 x_1，x_2，…，x_n 分别用 k_1，k_2，…，k_n 代入后，方程组（2.1）中每个等式都变成恒等式，则称此 n 个数 k_1，k_2，…，k_n 组成的有序数组（k_1，k_2，…，k_n）为方程组（2.1）的**一个解**（**one solution**）．方程组（2.1）的解的全体称为它的**解集合**(**set of all solutions**)．所谓**解方程组**（**solving the system**）实际上就是找出它全部的解，或者说，求出它的解集合．如果两个方程组有相同的解集合，就称它们为**同解的**(**equivalent**)，当解集合是空集时，就称线性方程组（2.1）**无解**（**inconsistent**)．

未知量也称为元，通过消元法解线性方程组的方法称为**消元法**．消元法是解线性方程组的主要方法之一．早在中国东汉时期，即公元一世纪前后，我国古代数学名著《九章算术》中就有了解线性方程组的消元法思想．在一些数学书中也常将消元法称为**高斯消元法**．

显然，方程组（2.1）的系数和常数项构成的数表如（2.2），其中用虚线将等号左右两端的系数和常数项分隔开，并放在一个括号内，称为矩阵．为了便于讨论线性方程组解的状况，本章先引入矩阵的定义，关于矩阵的详细内容将在第 3 章介绍．

$$\left(\begin{array}{cccc:c} a_{11} & a_{12} & \cdots & a_{1n} & b_1 \\ a_{21} & a_{22} & \cdots & a_{2n} & b_2 \\ \vdots & \vdots & & \vdots & \vdots \\ a_{m1} & a_{m2} & \cdots & a_{mn} & b_m \end{array}\right) \tag{2.2}$$

定义 2.2　由数域 P 中的 $m\times n$ 个数 a_{ij}（$i=1, 2, \cdots, m$；$j=1, 2, \cdots, n$）排列成的 m 行 n 列的矩形数表

$$\begin{pmatrix} a_{11} & a_{12} & \cdots & a_{1n} \\ a_{21} & a_{22} & \cdots & a_{2n} \\ \vdots & \vdots & & \vdots \\ a_{m1} & a_{m2} & \cdots & a_{mn} \end{pmatrix} \tag{2.3}$$

称为数域 P 上的 $m\times n$ **矩阵（matrix）**．若 $m=n$，则称矩阵为 n 阶方阵，矩阵中的每个数称为矩阵的元素，元素 a_{ij} 表示它位于矩阵的第 i 行和第 j 列，称为矩阵的（i, j）元素．

注（1）矩阵是数表，两侧用的是括号，而行列式是算式，两侧用的是竖线．

（2）矩阵通常用大写字母 $\boldsymbol{A}$，$\boldsymbol{B}$，$\boldsymbol{C}$，…等表示，如矩阵（2.3）可记为 $\boldsymbol{A}$，有时为了表明矩阵的行数和列数，也把 $\boldsymbol{A}$ 记为 $\boldsymbol{A}_{m\times n}$ 或者 $\boldsymbol{A}=(a_{ij})_{m\times n}$．

（3）由线性方程组（2.1）得到的矩阵（2.2），称为方程组的**增广矩阵（augmented matrix）**，记作 $\overline{\boldsymbol{A}}$，它为 $m\times(n+1)$ 矩阵，仅由系数构成的矩阵称为**系数矩阵（coefficient matrix）**，记作 $\boldsymbol{A}$，它为 $m\times n$ 矩阵．线性方程组与其增广矩阵一一对应．

2.1.2　消元法的具体做法

下面通过例子展示，用消元法解线性方程组的过程可以用增广矩阵的矩阵变换来实现．

例 2.1　解线性方程组

$$\begin{cases} \dfrac{1}{2}x_1+\dfrac{1}{3}x_2+x_3=1, \\ x_1+\dfrac{5}{3}x_2+3x_3=3, \\ 2x_1+\dfrac{4}{3}x_2+5x_3=2. \end{cases}$$

解　用高斯消元法，我们将增广矩阵放在相对应的方程组的右边，二者一一对应．

$$\begin{cases}\frac{1}{2}x_1+\frac{1}{3}x_2+x_3=1,\\ x_1+\frac{5}{3}x_2+3x_3=3,\\ 2x_1+\frac{4}{3}x_2+5x_3=2.\end{cases}\qquad \overline{A}=\left(\begin{array}{ccc|c}\frac{1}{2}&\frac{1}{3}&1&1\\ 1&\frac{5}{3}&3&3\\ 2&\frac{4}{3}&5&2\end{array}\right).$$

为下面的计算尽量不在消元过程中出现分数，先将第 1 个方程和第 2 个方程的位置对调，从增广矩阵看，交换了第一行和第二行对应元素的位置，得

$$\begin{cases}x_1+\frac{5}{3}x_2+3x_3=3,\\ \frac{1}{2}x_1+\frac{1}{3}x_2+x_3=1,\\ 2x_1+\frac{4}{3}x_2+5x_3=2,\end{cases}\qquad \overline{A}=\left(\begin{array}{ccc|c}1&\frac{5}{3}&3&3\\ \frac{1}{2}&\frac{1}{3}&1&1\\ 2&\frac{4}{3}&5&2\end{array}\right).$$

如果我们能设法消去未知量 x_1，x_2，剩下一个含 x_3 的一元一次方程，那么就能求出 x_3 的值．进而得到含 x_1，x_2 的方程组．类似地，可以求出 x_2，x_1 的值．所谓消去未知量 x_1，就是使 x_1 的系数变成 0. 为了消去方程组中后两个方程中的 x_1，将第一个方程的 $-\frac{1}{2}$倍和 -2 倍，分别加到第二和第三个方程，消去这两个方程中的未知量 x_1（即把 x_1 的系数变为零）．从增广矩阵看，分别将第一行元素的 $-\frac{1}{2}$倍和 -2 倍分别加到第二行和第三行对应元素上，得

$$\begin{cases}x_1+\frac{5}{3}x_2+3x_3=3,\\ -\frac{1}{2}x_2-\frac{1}{2}x_3=-\frac{1}{2},\\ -2x_2-x_3=-4,\end{cases}\qquad \left(\begin{array}{ccc|c}1&\frac{5}{3}&3&3\\ 0&-\frac{1}{2}&-\frac{1}{2}&-\frac{1}{2}\\ 0&-2&-1&-4\end{array}\right).$$

第二个方程两边乘以 -2 倍，从增广矩阵看，第二行每个元素都乘以 -2 倍，得

$$\begin{cases}x_1+\frac{5}{3}x_2+3x_3=3,\\ x_2+x_3=1,\\ -2x_2-x_3=-4,\end{cases}\qquad \left(\begin{array}{ccc|c}1&\frac{5}{3}&3&3\\ 0&1&1&1\\ 0&-2&-1&-4\end{array}\right).$$

把第二个方程乘以 2 加到第三个方程，消去第三个方程中的 x_2，从增广矩阵看，将第二行元素的 2 倍加到第三行对应元素上，得

$$\begin{cases}x_1+\frac{5}{3}x_2+3x_3=3,\\ x_2+x_3=1,\\ x_3=-2,\end{cases}\qquad \left(\begin{array}{ccc|c}1&\frac{5}{3}&3&3\\ 0&1&1&1\\ 0&0&1&-2\end{array}\right). \tag{2.4}$$

把第三个方程乘以 -3 和 -1 分别与第一、二两个方程相加，从增广矩阵看，分别将第三行元素的 -3 倍和 -1 倍分别加到第一行和第二行对应元素上，得

$$\begin{cases} x_1+\frac{5}{3}x_2=9, \\ x_2=3, \\ x_3=-2, \end{cases} \quad \left(\begin{array}{ccc:c} 1 & \frac{5}{3} & 0 & 9 \\ 0 & 1 & 0 & 3 \\ 0 & 0 & 1 & -2 \end{array}\right).$$

再把第二个方程乘以 $-\frac{5}{3}$ 加到第一个方程，从增广矩阵看，将第二行元素的 $-\frac{5}{3}$ 倍加到第一行对应元素上，得

$$\begin{cases} x_1=4, \\ x_2=3, \\ x_3=-2, \end{cases} \quad \left(\begin{array}{ccc:c} 1 & 0 & 0 & 4 \\ 0 & 1 & 0 & 3 \\ 0 & 0 & 1 & -2 \end{array}\right). \tag{2.5}$$

从而解出各未知量的值，显然解（4，3，-2）是唯一的．

分析一下消元法与上述例子，不难看出，它实际上是反复地对方程组进行变换，相当于对其增广矩阵反复地实行行变换．

对方程组所作的变换也只是由以下三种基本的变换所构成：

（1）交换两个方程的位置；

（2）某个方程的两边同乘以一个不为零的数 c；

（3）将一个方程的 k 倍（k 为常数）加到另一个方程上．

这三种变换称为**线性方程组的初等变换**（**elementary operation on a linear system**）．而增广矩阵进行的相应的矩阵变换，称为**矩阵的初等变换**（**elementary operation on a matrix**）．

定义 2.3　以下三种变换称为矩阵的**初等行（列）变换**（**elementary row（column）operation**）：

（1）交换两行（列）的位置；

（2）某一行（列）所有元素乘以不为零的数 c；

（3）将某一行（列）元素的 k 倍（k 为常数）加到另一行（列）对应的元素上．

行变换与列变换统称为矩阵的**初等变换**．

2.1.3　消元法的理论根据

定理 2.1　初等变换总是把线性方程组化为同解的线性方程组．

证明　只对第 3 种初等变换来证明，即将一个方程的 k 倍（k 为常数）加到另一个方程上．简便起见，不妨把线性方程组（2.1）第二个方程的 k 倍加到第一个方程上，得

$$\begin{cases} (a_{11}+ka_{21})x_1+(a_{12}+ka_{22})x_2+\cdots+(a_{1n}+ka_{2n})x_n=b_1+kb_2, \\ a_{21}x_1+a_{22}x_2+\cdots+a_{2n}x_n=b_2, \\ \qquad\vdots \\ a_{m1}x_1+a_{m2}x_2+\cdots+a_{mn}x_n=b_m. \end{cases} \tag{2.6}$$

现在设（c_1，c_2，…，c_n）是方程组（2.1）的任一解．故有

$$\begin{cases} a_{11}c_1 + a_{12}c_2 + \cdots + a_{1n}c_n = b_1, \\ a_{21}c_1 + a_{22}c_2 + \cdots + a_{2n}c_n = b_2, \\ \qquad\vdots \\ a_{m1}c_1 + a_{m2}c_2 + \cdots + a_{mn}c_n = b_m. \end{cases}$$

于是有

$$(a_{11} + ka_{21})c_1 + (a_{12} + ka_{22})c_2 + \cdots + (a_{1n} + ka_{2n})c_n = b_1 + kb_2.$$

所以方程组（2.1）的解也是方程组（2.6）的解，同理可证，方程组（2.6）的任一解也是方程组（2.1）的解.

在例 2.1 中，像式（2.4）中的方程组称为**阶梯形方程组**，其对应的增广矩阵

$$\left(\begin{array}{ccc:c} 1 & \frac{5}{3} & 3 & 3 \\ 0 & 1 & 1 & 1 \\ 0 & 0 & 1 & -2 \end{array}\right)$$

称为**行阶梯形矩阵（echelon matrix）**. 其特点为：

（1）元素全为 0 的行（称为零行）在下方（如果有零行的话）；

（2）元素不全为 0 的行（称为非零行），从左边数起第一个不为 0 的元素（称为主元），它们的列指标随着行指标的递增而严格增大.

对于式（2.4）中的阶梯形方程组进一步施行初等行变换，变成了式（2.5）中的方程组，像式（2.5）中的方程组称为**行简化阶梯形方程组**，其对应的增广矩阵

$$\left(\begin{array}{ccc:c} 1 & 0 & 0 & 4 \\ 0 & 1 & 0 & 3 \\ 0 & 0 & 1 & -2 \end{array}\right)$$

称为**行简化阶梯形矩阵（reduced echelon matrix）**. 其特点是：

（1）它是行阶梯形矩阵；

（2）每个非零行的主元都是 1；

（3）每个主元所在的列的其余元素都是 0.

可用数学归纳法证明：任何一个矩阵都能经过一系列初等行变换化成行阶梯形矩阵，并且能进一步用初等行变换化成行简化阶梯形矩阵，见下述定理及其推论，因证明过程比较烦琐，在此略去.

定理 2.2 任意一个矩阵都可以经过一系列初等行变换化成行阶梯形矩阵.

推论 2.1 任意一个矩阵都可以经过一系列初等行变换化成行简化阶梯形矩阵.

2.1.4 用矩阵的初等行变换解线性方程组

从例 2.1 中可以看出，方程组的求解过程，只是对线性方程组的系数和常数项进行了运算，显然，对线性方程组施行一个初等行变换，相当于对它的增广矩阵施行一个对应的初等行变换. 而化简线性方程组相当于用初等行变换化简它的增广矩阵. 因此，我们将通过对增广矩阵进行初等行变换化简为阶梯形矩阵或行简化阶梯形矩阵来求方程组. 由此得出用矩阵的初等行变换解线性方程组的方法及步骤：

1. 写出线性方程组的增广矩阵$\overline{A}$；

2. 对$\overline{A}$施行初等行变换，化$\overline{A}$为阶梯形矩阵或行简化阶梯形矩阵；

3. 写出阶梯形矩阵或行简化阶梯形矩阵对应的线性方程组，再进一步求解．

为清楚起见，可将行变换的内容标在箭头上方，用 $r_i \leftrightarrow r_j$ 表示交换 i，j 两行，$c \times r_i$ 表示将第 i 行各元素分别乘以不为零的数 c，$r_j + kr_i$ 表示将第 i 行各元素的 k 倍加到第 j 行对应元素上．

例 2.2　解线性方程组

$$\begin{cases} 2x_1 - x_2 + 3x_3 - 4x_4 + 2x_5 = 8, \\ x_1 + 2x_2 - 3x_3 + 4x_4 - x_5 = -1, \\ 3x_1 + x_2 - x_3 + 2x_4 - x_5 = 3, \\ 2x_1 - x_2 + 4x_3 - 6x_4 + 5x_5 = 12 . \end{cases}$$

解　对方程组的增广矩阵实施初等行变换化为阶梯形矩阵，完成消元过程：

$$\overline{A} = \left(\begin{array}{ccccc:c} 2 & -1 & 3 & -4 & 2 & 8 \\ 1 & 2 & -3 & 4 & -1 & -1 \\ 3 & 1 & -1 & 2 & -1 & 3 \\ 2 & -1 & 4 & -6 & 5 & 12 \end{array}\right) \xrightarrow{r_1 \leftrightarrow r_2} \left(\begin{array}{ccccc:c} 1 & 2 & -3 & 4 & -1 & -1 \\ 2 & -1 & 3 & -4 & 2 & 8 \\ 3 & 1 & -1 & 2 & -1 & 3 \\ 2 & -1 & 4 & -6 & 5 & 12 \end{array}\right)$$

$$\xrightarrow[r_4 + (-2)r_1]{\substack{r_2 + (-2)r_1 \\ r_3 + (-3)r_1}} \left(\begin{array}{ccccc:c} 1 & 2 & -3 & 4 & -1 & -1 \\ 0 & -5 & 9 & -12 & 4 & 10 \\ 0 & -5 & 8 & -10 & 2 & 6 \\ 0 & -5 & 10 & -14 & 7 & 14 \end{array}\right)$$

$$\xrightarrow[r_4 + (-1)r_2]{r_3 + (-1)r_2} \left(\begin{array}{ccccc:c} 1 & 2 & -3 & 4 & -1 & -1 \\ 0 & -5 & 9 & -12 & 4 & 10 \\ 0 & 0 & -1 & 2 & -2 & -4 \\ 0 & 0 & 1 & -2 & 3 & 4 \end{array}\right)$$

$$\xrightarrow{r_4 + r_3} \left(\begin{array}{ccccc:c} 1 & 2 & -3 & 4 & -1 & -1 \\ 0 & -5 & 9 & -12 & 4 & 10 \\ 0 & 0 & -1 & 2 & -2 & -4 \\ 0 & 0 & 0 & 0 & 1 & 0 \end{array}\right), \tag{2.7}$$

由最后一行对应的方程解出 $x_5 = 0$，对阶梯形矩阵（2.7）进行回代过程：

$$\xrightarrow[r_1 + r_4]{\substack{r_3 + 2r_4 \\ r_2 + (-4)r_4}} \left(\begin{array}{ccccc:c} 1 & 2 & -3 & 4 & 0 & -1 \\ 0 & -5 & 9 & -12 & 0 & 10 \\ 0 & 0 & -1 & 2 & 0 & -4 \\ 0 & 0 & 0 & 0 & 1 & 0 \end{array}\right). \tag{2.8}$$

此时发现第三行有两个非零的系数，该用哪个继续回代呢？先看对应的方程为 $-x_3 + 2x_4 = -4$，无法唯一确定其中任何一个未知量的值，可知两个未知量 x_3，x_4 中有一个可以任意取值，故称其为**自由未知量**（**free variable**）．不妨取 x_4 为自由未知量，对 x_4 任意取值，x_3 的值由 $x_3 = 2x_4 + 4$ 确定，进一步 x_1，x_2 也相应确定．由于 x_1，x_2，x_3，x_5 不能再任意取值，故称 x_1，x_2，x_3，x_5 为非自由未知量．由于 x_4 的任意性，显然该方程组有无穷多解．对式（2.8）的第三行，用非自由未知量 x_3 对应的系数继续进行回代

$$\xrightarrow[r_1+(-3)r_3]{r_2+9r_3}\left(\begin{array}{ccccc|c}1&2&0&-2&0&11\\0&-5&0&6&0&-26\\0&0&1&-2&0&4\\0&0&0&0&1&0\end{array}\right)$$

$$\xrightarrow[r_1+(-2)r_2]{\left(-\frac{1}{5}\right)r_2}\left(\begin{array}{ccccc|c}1&0&0&\frac{2}{5}&0&\frac{3}{5}\\0&1&0&-\frac{6}{5}&0&\frac{26}{5}\\0&0&1&-2&0&4\\0&0&0&0&1&0\end{array}\right).$$

根据最后的矩阵所对应的方程组，将自由未知量的项移到等号右端，用自由未知量 x_4 表示出非自由未知量 x_1，x_2，x_3，x_5，得到与原方程组同解的方程组

$$\begin{cases}x_1=-\dfrac{2}{5}x_4+\dfrac{3}{5},\\x_2=\dfrac{6}{5}x_4+\dfrac{26}{5},\\x_3=2x_4+4,\\x_5=0.\end{cases}$$

令 $x_4=c$，则原方程组的解为$\begin{cases}x_1=-\dfrac{2}{5}c+\dfrac{3}{5},\\x_2=\dfrac{6}{5}c+\dfrac{26}{5},\\x_3=2c+4,\\x_4=c,\\x_5=0.\end{cases}$ 其中 c 为任意常数．这种解的表达式称为线性方程组的**一般解**（**general solution**）．

例 2.3 解线性方程组

$$\begin{cases}5x_1-x_2+2x_3+x_4=7,\\2x_1+x_2+4x_3-2x_4=1,\\x_1-3x_2-6x_3+5x_4=0.\end{cases}$$

解

$$\overline{\boldsymbol{A}}=\left(\begin{array}{cccc|c}5&-1&2&1&7\\2&1&4&-2&1\\1&-3&-6&5&0\end{array}\right)\xrightarrow{r_1\leftrightarrow r_3}\left(\begin{array}{cccc|c}1&-3&-6&5&0\\2&1&4&-2&1\\5&-1&2&1&7\end{array}\right)$$

$$\xrightarrow[r_2+(-2)r_1]{r_3+(-5)r_1}\left(\begin{array}{cccc:c}1 & -3 & -6 & 5 & 0\\ 0 & 7 & 16 & -12 & 1\\ 0 & 14 & 32 & -24 & 7\end{array}\right)\xrightarrow{r_3+(-2)r_2}\left(\begin{array}{cccc:c}1 & -3 & -6 & 5 & 0\\ 0 & 7 & 16 & -12 & 1\\ 0 & 0 & 0 & 0 & 5\end{array}\right).$$

阶梯形矩阵的最后一行出现了系数部分全为 0，但常数项不为 0 的情况，其对应的方程为 $0=5$，显然这是**矛盾方程**，所以方程组无解．

2.1.5　线性方程组解的情况

为了讨论方程组（2.1）的解，只需对其增广矩阵施行初等行变换，不妨设$\overline{\boldsymbol{A}}$的前 n 列中任意一列的元素不全为零，否则，若$\overline{\boldsymbol{A}}$第 j 列元素 $a_{ij}=0$（$i=1$，2，…，m；$1\leqslant j\leqslant n$），则原方程组中未知量可以取任意值，我们只需求解余下的 $n-1$ 个未知量的方程组了．

为方便起见，设 $a_{11}\neq 0$，把$\overline{\boldsymbol{A}}$的第一行的 $-a_{i1}/a_{11}$倍加到第 i 行去，可以把$\overline{\boldsymbol{A}}$化为

$$\left(\begin{array}{cccc:c}a_{11} & a_{21} & \cdots & a_{1n} & b_1\\ 0 & a'_{22} & \cdots & a'_{2n} & b'_2\\ \vdots & \vdots & & \vdots & \vdots\\ 0 & a'_{m2} & \cdots & a'_{mn} & b'_m\end{array}\right).$$

再对右下角的（$m-1$）$\times n$ 矩阵重复施行上述变换，直到$\overline{\boldsymbol{A}}$最终化为如下的阶梯形矩阵为止：

$$\overline{\boldsymbol{A}}\rightarrow\cdots\rightarrow\left(\begin{array}{ccccccc:c}a'_{11} & a'_{12} & \cdots & a'_{1r} & a'_{1r+1} & \cdots & a'_{1n} & d_1\\ 0 & a'_{22} & \cdots & a'_{2r} & a'_{2r+1} & \cdots & a'_{2n} & d_2\\ \vdots & \vdots & & \vdots & \vdots & & \vdots & \vdots\\ 0 & 0 & \cdots & a'_{rr} & a'_{rr+1} & \cdots & a'_{rn} & d_r\\ 0 & 0 & \cdots & 0 & 0 & \cdots & 0 & d_{r+1}\\ \vdots & \vdots & & \vdots & \vdots & & \vdots & \vdots\\ 0 & 0 & \cdots & 0 & 0 & \cdots & 0 & 0\end{array}\right),$$

其中，$a'_{ii}\neq 0$（$i=1$，2，…，r），它对应的阶梯形方程组为

$$\begin{cases}a'_{11}x_1+a'_{12}x_2+\cdots+a'_{1r}x_r+a'_{1r+1}x_{r+1}+\cdots+a'_{1n}x_n=d_1,\\ \qquad a'_{22}x_2+\cdots+a'_{2r}x_r+a'_{2r+1}x_{r+1}+\cdots+a'_{2n}x_n=d_2,\\ \qquad\cdots\qquad\cdots\qquad\cdots\\ \qquad a'_{rr}x_r+a'_{rr+1}x_{r+1}+\cdots+a'_{rn}x_n=d_r,\\ \qquad 0=d_{r+1},\\ \qquad 0=0,\\ \qquad\vdots\\ \qquad 0=0.\end{cases}\tag{2.9}$$

不难看出，这相当于方程组（2.1）经过一系列方程组的初等变换化为方程组（2.9）. 所以方程组（2.1）与方程组（2.9）同解．因此，我们只需讨论方程组（2.9）解的情况．由于方程组（2.9）中含有 n 个未知量，所以方程组（2.9）中必有 $r\leqslant n$. 这时可出现以下情况：

1. 若 $d_{r+1}\neq 0$，于是方程组（2.9）中的第 $r+1$ 个方程“$0=d_{r+1}$”是一个矛盾方程，因此方程组（2.9）无解，原方程组（2.1）也无解．

2. 若 $d_{r+1}=0$，于是方程组（2.9）有解，其中后 $m-r$ 个等式“$0=0$,”表明原方程组中相应的方程是冗余方程．这时可能有两种情况：

（1）如果 $r=n$，则方程组（2.9）相当于

$$\begin{cases} a'_{11}x_1+a'_{12}x_2+\cdots+a'_{1n}x_n=d_n, \\ \qquad a'_{22}x_2+\cdots+a'_{2n}x_n=d_2, \\ \qquad\qquad \vdots \\ \qquad\qquad a'_{nn}x_n=d_n. \end{cases}$$

自下而上可依次求出 x_n，x_{n-1}，…，x_1 的值，则方程组（2.9）有唯一解，因而原方程组（2.1）有唯一解．这一回代过程也可以由相应的阶梯形矩阵自下而上逐次施以初等行变换，化为行简化阶梯形矩阵

$$\left(\begin{array}{cccc:c} 1 & 0 & \cdots & 0 & c_1 \\ 0 & 1 & \cdots & 0 & c_2 \\ \vdots & \vdots & & \vdots & \vdots \\ 0 & 0 & \cdots & 1 & c_n \\ 0 & 0 & \cdots & 0 & 0 \\ \vdots & \vdots & & \vdots & \vdots \\ 0 & 0 & \cdots & 0 & 0 \end{array}\right).$$

从而直接得到原方程组的解

$$x_1=c_1,\ x_2=c_2,\ \cdots,\ x_n=c_n.$$

（2）如果 $r<n$，则方程组（2.9）化为

$$\begin{cases} a'_{11}x_1+a'_{12}x_2+\cdots+a'_{1r}x_r=d_1-a'_{1r+1}x_{r+1}-\cdots-a'_{1n}x_n, \\ \qquad a'_{22}x_2+\cdots+a'_{2r}x_r=d_2-a'_{2r+1}x_{x+1}-\cdots-a'_{2n}x_n, \\ \qquad\qquad \vdots \\ \qquad\qquad a'_{rr}x_r=d_r-a'_{r+1}x_{r+1}-\cdots-a'_{rn}x_n, \end{cases}$$

其中，

$$x_{r+1},\ x_{r+2},\ \cdots,\ x_n$$

称为自由未知量．任意取定自由未知量的值，就可以确定 x_1，x_2，…，x_r 的值．因此方程组（2.1）有无穷多解．实际计算时，其解可由阶梯形矩阵自下而上逐次施以初等行变换而得：

$$\begin{pmatrix} 1 & 0 & \cdots & 0 & \bar{a}_{1r+1} & \cdots & \bar{a}_{1n} & \bar{d}_1 \\ 0 & 1 & \cdots & 0 & \bar{a}_{2r+1} & \cdots & \bar{a}_{2n} & \bar{d}_2 \\ \vdots & \vdots & & \vdots & \vdots & & \vdots & \vdots \\ 0 & 0 & \cdots & 1 & \bar{a}_{rr+1} & \cdots & \bar{a}_{rn} & \bar{d}_r \\ 0 & 0 & \cdots & 0 & 0 & \cdots & 0 & 0 \\ \vdots & \vdots & & \vdots & \vdots & & \vdots & \vdots \\ 0 & 0 & \cdots & 0 & 0 & \cdots & 0 & 0 \end{pmatrix}.$$

如果令

$$x_{r+1}=c_1,\ x_{r+2}=c_2,\ \cdots,\ x_n=c_{n-r},$$

则由上述行简化阶梯形矩阵，直接得原方程组的解

$$\begin{cases} x_1=\bar{d}_1-\bar{a}_{1r+1}c_1-\cdots-\bar{a}_{1n}c_{n-r}, \\ x_2=\bar{d}_2-\bar{a}_{2r+1}c_2-\cdots-\bar{a}_{2n}c_{n-r}, \\ \quad\vdots \\ x_r=\bar{d}_r-\bar{a}_{rr+1}c_r-\cdots-\bar{a}_{rn}c_{n-r}, \\ x_{r+1}=c_1, \\ \quad\vdots \\ x_n=c_{n-r}, \end{cases}$$

其中，c_1，c_2，$\cdots$，c_{n-r}为任意常数．

注　上述 r 是一个非常重要的指标，可从不同的角度理解其含义：（1）r 是阶梯形矩阵系数部分的非零行数；（2）当有解时，r 是阶梯形方程组中非冗余方程个数；（3）当有无穷多解时，r 是非自由未知量的个数．

综上，可得下述结论：线性方程组（2.1）的增广矩阵通过初等行变换可以化为阶梯形矩阵，阶梯形矩阵所对应的方程组（2.9）与方程组（2.1）同解，并且

（1）当 $d_{r+1}\neq 0$ 时，方程组无解；

（2）当 $d_{r+1}=0$ 且 $r=n$ 时，方程组有唯一解；

（3）当 $d_{r+1}=0$ 且 $r<n$ 时，方程组有无穷多解．

现在我们考虑齐次线性方程组

$$\begin{cases} a_{11}x_1+a_{12}x_2+\cdots+a_{1n}x_n=0, \\ a_{21}x_1+a_{22}x_2+\cdots+a_{2n}x_n=0, \\ \qquad\vdots \\ a_{m1}x_1+a_{m2}x_2+\cdots+a_{mn}x_n=0, \end{cases} \tag{2.10}$$

其增广矩阵为

$$\bar{\boldsymbol{A}}=\begin{pmatrix} a_{11} & a_{12} & \cdots & a_{1n} & 0 \\ a_{21} & a_{22} & \cdots & a_{2n} & 0 \\ \vdots & \vdots & & \vdots & \vdots \\ a_{m1} & a_{m2} & \cdots & a_{mn} & 0 \end{pmatrix}.$$

经过一系列初等行变换，$\overline{A}$最终可以化为如下阶梯形矩阵

$$\left(\begin{array}{ccccccc:c} a'_{11} & a'_{12} & \cdots & a'_{1r} & a'_{1r+1} & \cdots & a'_{1n} & 0 \\ 0 & a'_{22} & \cdots & a'_{2r} & a'_{2r+1} & \cdots & a'_{2n} & 0 \\ \vdots & \vdots & & \vdots & \vdots & & \vdots & \vdots \\ 0 & 0 & \cdots & a'_{rr} & a'_{rr+1} & \cdots & a'_{rn} & 0 \\ 0 & 0 & \cdots & 0 & 0 & \cdots & 0 & 0 \\ \vdots & \vdots & & \vdots & \vdots & & \vdots & \vdots \\ 0 & 0 & \cdots & 0 & 0 & \cdots & 0 & 0 \end{array}\right), \tag{2.11}$$

其中，$a'_{ii} \neq 0$（$i=1, 2, \cdots, r$），由此可得下述结论：

（1）当 $r=n$ 时，齐次线性方程组仅有零解；

（2）当 $r<n$ 时，齐次线性方程组除零解外还有非零解，即有无穷多组解.

根据上述结论，如果齐次线性方程组（2.10）中方程的个数小于未知量的个数，即 $m<n$ 时，则阶梯形矩阵（2.11）中必有 $r<n$，因此可得到下述定理.

定理 2.3 如果齐次线性方程组（2.10）中方程的个数小于未知量的个数，即 $m<n$ 时，则方程组（2.10）有非零解.

对于方程个数与未知量的个数相等的齐次线性方程组，我们有以下定理与推论.

定理 2.4 n 个未知量，n 个方程的齐次线性方程组

$$\begin{cases} a_{11}x_1 + a_{12}x_2 + \cdots + a_{1n}x_n = 0, \\ a_{21}x_1 + a_{22}x_2 + \cdots + a_{2n}x_n = 0, \\ \qquad\qquad \vdots \\ a_{n1}x_1 + a_{n2}x_2 + \cdots + a_{nn}x_n = 0 \end{cases} \tag{2.12}$$

仅有零解的充分必要条件是系数行列式 $D \neq 0$.

证明 充分性已由克莱姆法则证得.

下面证必要性. 若齐次线性方程组（2.12）仅有零解，必有阶梯形矩阵系数部分的非零行数 $r=n$，对应的阶梯形方程组为

$$\begin{cases} c_{11}x_1 + c_{12}x_2 + \cdots + c_{1n}x_n = 0, \\ \qquad\quad c_{22}x_2 + \cdots + c_{2n}x_n = 0, \\ \qquad\qquad\qquad \vdots \\ \qquad\qquad\qquad c_{nn}x_n = 0, \end{cases}$$

其中，$c_{ii} \neq 0$，$i=1, 2, \cdots, n$，则它的系数行列式

$$D_1 = \begin{vmatrix} c_{11} & c_{12} & \cdots & c_{1n} \\ 0 & c_{22} & \cdots & c_{2n} \\ \vdots & \vdots & & \vdots \\ 0 & 0 & \cdots & c_{nn} \end{vmatrix} = c_{11}c_{22}\cdots c_{nn} \neq 0.$$

显然，D_1 是由系数行列式 D 经行列式变换得到，根据行列式的性质，D_1 与 D 最多相差一个非零倍数，从而 $D \neq 0$.

推论 2.2 齐次线性方程组（2.12）有非零解的充要条件是系数行列式 $D=0$.

习题 2.1

1. 解下列线性方程组

(1) $\begin{cases} x_1+2x_2+3x_3+x_4=5, \\ 2x_1+4x_2-x_4=-3, \\ -x_1-2x_2+3x_3+2x_4=8, \\ x_1+2x_2-9x_3-5x_4=-21; \end{cases}$

(2) $\begin{cases} x_1+2x_2-3x_4+2x_5=-1, \\ x_1-x_2-3x_3+x_4-3x_5=2, \\ 2x_1-3x_2+4x_3-5x_4+2x_5=7, \\ 9x_1-9x_2+6x_3-16x_4+2x_5=25; \end{cases}$

(3) $\begin{cases} x_1-x_2+x_3+x_4=1, \\ x_1+x_2-x_3+x_4=2, \\ 2x_1-6x_2+6x_3+2x_4=-4. \end{cases}$

2. 当 a 取何值时，下面的齐次线性方程组有非零解，并求出方程组的一般解.

$$\begin{cases} x_1+(a^2+1)x_2+2x_3=0, \\ x_1+(2a+1)x_2+2x_3=0, \\ ax_1+ax_2+(2a+1)x_3=0. \end{cases}$$

3. 求 λ，使线性方程组

$$\begin{cases} 2x_1-x_2+x_3+x_4=1, \\ x_1+2x_2-x_3+4x_4=2, \\ x_1+7x_2-4x_3+11x_4=\lambda \end{cases}$$

有解，并求其解.

4. 设 $\boldsymbol{A}=(a_{ij})$ 为 n 阶方阵，如果

$$D=\begin{vmatrix} a_{11} & a_{12} & \cdots & a_{1n} \\ a_{21} & a_{22} & \cdots & a_{2n} \\ \vdots & \vdots & & \vdots \\ a_{n1} & a_{n2} & \cdots & a_{nn} \end{vmatrix}\neq 0,$$

试证明 $\boldsymbol{A}$ 可用行的初等变换化为矩阵

$$\begin{pmatrix} 1 & 0 & \cdots & 0 \\ 0 & 1 & \cdots & 0 \\ \vdots & \vdots & \ddots & \vdots \\ 0 & 0 & \cdots & 1 \end{pmatrix}_{n\times n}.$$

2.2 n 维向量

对有 n 个未知量 m 个方程的线性方程组（2.1），我们还可以换一种规则将系数和常数项表示出来．例如，将各未知量的系数分别取出来构成 n 个 $m\times 1$ 的矩阵，记作 $\boldsymbol{\alpha}_1$，$\boldsymbol{\alpha}_2$，…，$\boldsymbol{\alpha}_n$，常数项也构成一个 $m\times 1$ 的矩阵，记作 $\boldsymbol{\beta}$，表示如下：

$$\boldsymbol{\alpha}_1=\begin{pmatrix}a_{11}\\a_{21}\\\vdots\\a_{m1}\end{pmatrix},\ \boldsymbol{\alpha}_2=\begin{pmatrix}a_{12}\\a_{22}\\\vdots\\a_{m2}\end{pmatrix},\ \cdots,\ \boldsymbol{\alpha}_n=\begin{pmatrix}a_{1n}\\a_{2n}\\\vdots\\a_{mn}\end{pmatrix},\ \boldsymbol{\beta}=\begin{pmatrix}b_1\\b_2\\\vdots\\b_m\end{pmatrix}. \tag{2.13}$$

显然，这些矩阵刚好是方程组增广矩阵（2.2）的各列．这样只有一列的矩阵又称为向量．向量是研究线性方程组的又一重要的工具．当方程组有无穷多解时，可以通过有限个向量把这无穷多个解表示出来，从而清楚了解这些解的结构．向量这一概念并不陌生，物理中的力就是一个有大小有方向的向量，其本质上是一个有序数组．本节先给出向量的定义及线性运算，再进一步研究向量之间的线性关系．

2.2.1 n 维向量及其线性运算

定义 2.4 数域 P 上 n 个数 a_1，a_2，…，a_n 所组成的有序数组（a_1，a_2，…，a_n）称为数域 P 上的一个 n 维**向量（vector）**，第 i 个数 a_i 称为第 i **个分量（i-th component）**.

通常用小写希腊字母 $\boldsymbol{\alpha}$，$\boldsymbol{\beta}$，$\boldsymbol{\gamma}$，…，或者 $\boldsymbol{a}$，$\boldsymbol{b}$，…等表示向量，其分量用小写英文字母 a，b，c，…等添加下标表示，如 $\boldsymbol{\alpha}=(a_1, a_2, \cdots, a_n)$，$\boldsymbol{\beta}=(b_1, b_2, \cdots, b_n)$. 根据问题需要，有时也把向量记为

$$\boldsymbol{\alpha}=\begin{pmatrix}a_1\\a_2\\\vdots\\a_n\end{pmatrix},\ \boldsymbol{\beta}=\begin{pmatrix}b_1\\b_2\\\vdots\\b_n\end{pmatrix}.$$

前者称为**行向量（row vector）**，后者称为**列向量（column vector）**. 我们时常也把

$\boldsymbol{\alpha}=\begin{pmatrix}a_1\\a_2\\\vdots\\a_n\end{pmatrix}$记为 $\boldsymbol{\alpha}=(a_1, a_2, \cdots, a_n)^{\mathrm{T}}$.

定义 2.5 分量全为零的向量（0，0，…，0）称为**零向量（zero vector）**，记为 $\boldsymbol{o}$. 向量（$-a_1$，$-a_2$，…，$-a_n$）称为向量 $\boldsymbol{\alpha}=$（a_1，a_2，…，a_n）的**负向量（negative of vector）**，记为 $-\boldsymbol{\alpha}$.

定义 2.6 如果 n 维向量

$$\boldsymbol{\alpha}=(a_1, a_2, \cdots, a_n),\ \boldsymbol{\beta}=(b_1, b_2, \cdots, b_n)$$

对应分量都相等，即

$$a_i=b_i(i=1,2,\cdots,n),$$

则称这两个向量**相等**（**equal**），记作 $\boldsymbol{\alpha}=\boldsymbol{\beta}$.

向量之间可以定义运算，如两个二维向量相加，遵循平面上向量加法的平行四边形法则，所得向量为对应分量相加：设 $\boldsymbol{\alpha}=\begin{pmatrix}a_1\\a_2\end{pmatrix}$，$\boldsymbol{\beta}=\begin{pmatrix}b_1\\b_2\end{pmatrix}$，则 $\boldsymbol{\alpha}+\boldsymbol{\beta}=\begin{pmatrix}a_1+b_1\\a_2+b_2\end{pmatrix}$. 我们推广到一般的 n 维向量，定义向量的运算法则 .

定义 2.7　向量

$$\boldsymbol{\gamma}=(a_1+b_1,\ a_2+b_2,\ \cdots,\ a_n+b_n)$$

称为向量

$$\boldsymbol{\alpha}=(a_1,\ a_2,\ \cdots,\ a_n),\ \boldsymbol{\beta}=(b_1,\ b_2,\ \cdots,\ b_n)$$

的**和**（**sum**），记为

$$\boldsymbol{\gamma}=\boldsymbol{\alpha}+\boldsymbol{\beta}\ .$$

定义 2.8　设 k 为数域 P 中的数，向量（ka_1，ka_2，$\cdots$，ka_n）称为向量 $\boldsymbol{\alpha}=(a_1,\ a_2,\ \cdots,\ a_n)$ 与数 k 的**数量乘积**（**scalar multiplication**），简称数乘，记为 $k\boldsymbol{\alpha}$.

向量的加法和数乘运算统称为**向量的线性运算**（**linear operation**）. 利用上述定义，不难验证向量的线性运算满足以下 8 条运算律：设任意 n 维向量 $\boldsymbol{\alpha}$，$\boldsymbol{\beta}$，$\boldsymbol{\gamma}$ 和 n 维零向量 $\boldsymbol{o}$，k，l 为数域 P 中的任意数，则有

（1）$\boldsymbol{\alpha}+\boldsymbol{\beta}=\boldsymbol{\beta}+\boldsymbol{\alpha}$;

（2）$(\boldsymbol{\alpha}+\boldsymbol{\beta})+\boldsymbol{\gamma}=\boldsymbol{\alpha}+(\boldsymbol{\beta}+\boldsymbol{\gamma})$;

（3）$\boldsymbol{\alpha}+\boldsymbol{o}=\boldsymbol{\alpha}$;

（4）$\boldsymbol{\alpha}+(-\boldsymbol{\alpha})=\boldsymbol{o}$;

（5）$k(\boldsymbol{\alpha}+\boldsymbol{\beta})=k\boldsymbol{\alpha}+k\boldsymbol{\beta}$;

（6）$(k+l)\boldsymbol{\alpha}=k\boldsymbol{\alpha}+l\boldsymbol{\alpha}$,

（7）$(kl)\boldsymbol{\alpha}=k(l\boldsymbol{\alpha})=l(k\boldsymbol{\alpha})$;

（8）$1\cdot\boldsymbol{\alpha}=\boldsymbol{\alpha}$.

注（1）对任意的向量 $\boldsymbol{\alpha}$，存在唯一的零向量 $\boldsymbol{o}$，使得 $\boldsymbol{\alpha}+\boldsymbol{o}=\boldsymbol{\alpha}$;

（2）对任意的向量 $\boldsymbol{\alpha}$，存在唯一的负向量 $-\boldsymbol{\alpha}$ 使得 $\boldsymbol{\alpha}+(-\boldsymbol{\alpha})=\boldsymbol{o}$;

（3）$0\boldsymbol{\alpha}=\boldsymbol{o}$，$(-1)\boldsymbol{\alpha}=-\boldsymbol{\alpha}$，$k\boldsymbol{o}=\boldsymbol{o}$;

（4）如果 $k\boldsymbol{\alpha}=\boldsymbol{o}$，则 $k=0$ 或 $\boldsymbol{\alpha}=\boldsymbol{o}$.

例 2.4　设 $\boldsymbol{\alpha}_1=(-1,\ 4,\ 0,\ -2)$，$\boldsymbol{\alpha}_2=(-3,\ -1,\ 2,\ 5)$，如果 4 维向量 $\boldsymbol{\beta}$ 满足

$$3\boldsymbol{\alpha}_1-2(\boldsymbol{\beta}+\boldsymbol{\alpha}_2)=\boldsymbol{o},$$

求 $\boldsymbol{\beta}$.

解　由已知条件，得

$$\begin{aligned}\boldsymbol{\beta}&=-\frac{1}{2}(2\boldsymbol{\alpha}_2-3\boldsymbol{\alpha}_1)=-\boldsymbol{\alpha}_2+\frac{3}{2}\boldsymbol{\alpha}_1\\&=-(-3,-1,2,5)+\frac{3}{2}(-1,4,0,-2)\\&=\left(\frac{3}{2},7,-2,-8\right).\end{aligned}$$

定义 2.9 若干个同维数的列向量（或同维数的行向量）所组成的集合叫作**向量组**（**vector group**）.

例如，矩阵 $\boldsymbol{A}=(a_{ij})_{m\times n}$ 有 n 个 m 维列向量

$$\boldsymbol{\alpha}_1=\begin{pmatrix}a_{11}\\a_{21}\\\vdots\\a_{m1}\end{pmatrix},\ \boldsymbol{\alpha}_2=\begin{pmatrix}a_{12}\\a_{22}\\\vdots\\a_{m2}\end{pmatrix},\ \cdots,\ \boldsymbol{\alpha}_n=\begin{pmatrix}a_{1n}\\a_{2n}\\\vdots\\a_{mn}\end{pmatrix},$$

则向量组 $\boldsymbol{\alpha}_1$，$\boldsymbol{\alpha}_2$，…，$\boldsymbol{\alpha}_n$ 称为**矩阵 $\boldsymbol{A}$ 的列向量组**．类似地，矩阵 $\boldsymbol{A}=(a_{ij})_{m\times n}$ 又有 m 个 n 维行向量

$$\boldsymbol{\beta}_1=(a_{11},\ a_{12},\ \cdots,\ a_{1n}),\ \boldsymbol{\beta}_2=(a_{21},\ a_{22},\ \cdots,\ a_{2n}),\ \cdots,\ \boldsymbol{\beta}_m=(a_{m1},\ a_{m2},\ \cdots,\ a_{mn}),$$

则向量组 $\boldsymbol{\beta}_1$，$\boldsymbol{\beta}_2$，…，$\boldsymbol{\beta}_m$ 称为**矩阵 $\boldsymbol{A}$ 的行向量组**．反之，由有限个向量所组成的向量组可以构成一个矩阵．m 个 n 维列向量所组成的向量组 $\boldsymbol{\alpha}_1$，$\boldsymbol{\alpha}_2$，…，$\boldsymbol{\alpha}_m$ 构成一个 $n\times m$ 矩阵

$$\boldsymbol{A}=(\boldsymbol{\alpha}_1,\ \boldsymbol{\alpha}_2,\ \cdots,\ \boldsymbol{\alpha}_m),$$

m 个 n 维行向量所组成的向量组 $\boldsymbol{\beta}_1$，$\boldsymbol{\beta}_2$，…，$\boldsymbol{\beta}_m$，构成一个 $m\times n$ 矩阵

$$\boldsymbol{B}=\begin{pmatrix}\boldsymbol{\beta}_1\\\boldsymbol{\beta}_2\\\vdots\\\boldsymbol{\beta}_m\end{pmatrix}.$$

对有 n 个未知量 m 个方程的线性方程组（2.1），用本节开始给出的各未知量系数和常数项构成的向量组（2.13），可将方程组（2.1）表示为

$$x_1\boldsymbol{\alpha}_1+x_2\boldsymbol{\alpha}_2+\cdots+x_n\boldsymbol{\alpha}_n=\boldsymbol{\beta}.\tag{2.14}$$

式（2.14）称为线性方程组（2.1）的**向量表达式**，以后将经常用到该表达式．

2.2.2 线性组合

定义 2.10 设有向量组 $\boldsymbol{\alpha}_1$，$\boldsymbol{\alpha}_2$，…，$\boldsymbol{\alpha}_m$，

（1）对于任意一组数域 P 中的数 k_1，k_2，…，k_m，称

$$k_1\boldsymbol{\alpha}_1+k_2\boldsymbol{\alpha}_2+\cdots+k_m\boldsymbol{\alpha}_m$$

为向量组 $\boldsymbol{\alpha}_1$，$\boldsymbol{\alpha}_2$，…，$\boldsymbol{\alpha}_m$ 的一个**线性组合**（**linear combination**），k_1，k_2，…，k_m 这组数称为这个线性组合的**系数**（**coefficient**）.

（2）如果有一组数 λ_1，λ_2，…，λ_m，使

$$\boldsymbol{\beta}=\lambda_1\boldsymbol{\alpha}_1+\lambda_2\boldsymbol{\alpha}_2+\cdots+\lambda_m\boldsymbol{\alpha}_m,$$

则称 $\boldsymbol{\beta}$ 是向量组 $\boldsymbol{\alpha}_1$，$\boldsymbol{\alpha}_2$，…，$\boldsymbol{\alpha}_m$ 的线性组合，这时也称向量 $\boldsymbol{\beta}$ 能由向量组 $\boldsymbol{\alpha}_1$，$\boldsymbol{\alpha}_2$，…，$\boldsymbol{\alpha}_m$ **线性表出**（**expressible by linear combination**）.

例如，

$$\boldsymbol{\beta}=\begin{pmatrix}2\\-5\\3\\0\end{pmatrix},\ \boldsymbol{\varepsilon}_1=\begin{pmatrix}1\\0\\0\\0\end{pmatrix},\ \boldsymbol{\varepsilon}_2=\begin{pmatrix}0\\1\\0\\0\end{pmatrix},\ \boldsymbol{\varepsilon}_3=\begin{pmatrix}0\\0\\1\\0\end{pmatrix},\ \boldsymbol{\varepsilon}_4=\begin{pmatrix}0\\0\\0\\1\end{pmatrix},$$

有

$$\begin{pmatrix}2\\-5\\3\\0\end{pmatrix}=2\begin{pmatrix}1\\0\\0\\0\end{pmatrix}-5\begin{pmatrix}0\\1\\0\\0\end{pmatrix}+3\begin{pmatrix}0\\0\\1\\0\end{pmatrix}+0\begin{pmatrix}0\\0\\0\\1\end{pmatrix},$$

即

$$\boldsymbol{\beta}=2\boldsymbol{\varepsilon}_1-5\boldsymbol{\varepsilon}_2+3\boldsymbol{\varepsilon}_3+0\boldsymbol{\varepsilon}_4.$$

故称 $\boldsymbol{\beta}$ 是 $\boldsymbol{\varepsilon}_1$，$\boldsymbol{\varepsilon}_2$，$\boldsymbol{\varepsilon}_3$，$\boldsymbol{\varepsilon}_4$ 的线性组合，或 $\boldsymbol{\beta}$ 可以由 $\boldsymbol{\varepsilon}_1$，$\boldsymbol{\varepsilon}_2$，$\boldsymbol{\varepsilon}_3$，$\boldsymbol{\varepsilon}_4$ 线性表出．

例 2.5　n 维向量组 $\boldsymbol{\varepsilon}_1=(1,\ 0,\ \cdots,\ 0)^{\mathrm{T}}$，$\boldsymbol{\varepsilon}_2=(0,\ 1,\ \cdots,\ 0)^{\mathrm{T}}$，…，$\boldsymbol{\varepsilon}_n=(0,\ 0,\ \cdots,\ 1)^{\mathrm{T}}$称为 n 维基本**单位向量组**．任意 n 维向量都可由 $\boldsymbol{\varepsilon}_1$，$\boldsymbol{\varepsilon}_2$，…，$\boldsymbol{\varepsilon}_n$ 来线性表出．

事实上，若 $\boldsymbol{\alpha}=(a_1,\ \cdots,\ a_n)^{\mathrm{T}}$，则

$$\begin{aligned}\boldsymbol{\alpha}&=(a_1,0,\cdots,0)^{\mathrm{T}}+(0,a_2,\cdots,0)^{\mathrm{T}}+\cdots+(0,\cdots,0,a_n)^{\mathrm{T}}\\&=a_1(1,0,\cdots,0)^{\mathrm{T}}+a_2(0,1,\cdots,0)^{\mathrm{T}}+\cdots+a_n(0,\cdots,0,1)^{\mathrm{T}},\end{aligned}$$

即

$$\boldsymbol{\alpha}=a_1\boldsymbol{\varepsilon}_1+a_2\boldsymbol{\varepsilon}_2+\cdots+a_n\boldsymbol{\varepsilon}_n.$$

例 2.6　n 维向量组 $\boldsymbol{\alpha}_1$，$\boldsymbol{\alpha}_2$，…，$\boldsymbol{\alpha}_m$ 中任意向量 $\boldsymbol{\alpha}_i$（$1\leqslant i\leqslant m$）都可由这个向量组线性表出，即

$$\boldsymbol{\alpha}_i=0\boldsymbol{\alpha}_1+\cdots+0\boldsymbol{\alpha}_{i-1}+1\cdot\boldsymbol{\alpha}_i+0\boldsymbol{\alpha}_{i+1}+\cdots+0\boldsymbol{\alpha}_m.$$

定理 2.5　设 $\boldsymbol{\alpha}$ 是 $\boldsymbol{\alpha}_1$，$\boldsymbol{\alpha}_2$，…，$\boldsymbol{\alpha}_s$ 的线性组合，又每个 $\boldsymbol{\alpha}_i$（$i=1,\ 2,\ \cdots,\ s$）是 $\boldsymbol{\beta}_1$，$\boldsymbol{\beta}_2$，…，$\boldsymbol{\beta}_t$ 的线性组合，则 $\boldsymbol{\alpha}$ 是 $\boldsymbol{\beta}_1$，$\boldsymbol{\beta}_2$，…，$\boldsymbol{\beta}_t$ 的线性组合，即线性组合具有传递性．

证明　因 $\boldsymbol{\alpha}$ 是 $\boldsymbol{\alpha}_1$，$\boldsymbol{\alpha}_2$，…，$\boldsymbol{\alpha}_s$ 的线性组合，则存在常数 k_1，k_2，…，k_s，使得 $\boldsymbol{\alpha}=k_1\boldsymbol{\alpha}_1+k_2\boldsymbol{\alpha}_2+\cdots+k_s\boldsymbol{\alpha}_s$，对每个 $\boldsymbol{\alpha}_i$，存在常数 c_{i1}，c_{i2}，…，c_{it}，使得 $\boldsymbol{\alpha}_i=c_{i1}\boldsymbol{\beta}_1+c_{i2}\boldsymbol{\beta}_2+\cdots+c_{it}\boldsymbol{\beta}_t$，$i=1,\ 2,\ \cdots,\ s$. 则

$$\begin{aligned}\boldsymbol{\alpha}&=k_1(c_{11}\boldsymbol{\beta}_1+c_{12}\boldsymbol{\beta}_2+\cdots+c_{1t}\boldsymbol{\beta}_t)+\cdots+k_s(c_{s1}\boldsymbol{\beta}_1+c_{s2}\boldsymbol{\beta}_2+\cdots+c_{st}\boldsymbol{\beta}_t)\\&=(k_1c_{11}+\cdots+k_sc_{s1})\boldsymbol{\beta}_1+\cdots+(k_1c_{1t}+\cdots+k_sc_{st})\boldsymbol{\beta}_t.\end{aligned}$$

例 2.7　设

$$\boldsymbol{\alpha}_1=\begin{pmatrix}2\\1\\5\end{pmatrix},\ \boldsymbol{\alpha}_2=\begin{pmatrix}5\\1\\-3\end{pmatrix},\ \boldsymbol{\alpha}_3=\begin{pmatrix}-3\\2\\-2\end{pmatrix},\ \boldsymbol{\beta}=\begin{pmatrix}0\\9\\1\end{pmatrix},$$

$\boldsymbol{\beta}$ 是否能由 $\boldsymbol{\alpha}_1$，$\boldsymbol{\alpha}_2$，$\boldsymbol{\alpha}_3$ 线性表出？若可以，表示法是否唯一？

解　$\boldsymbol{\beta}$ 是否能由 $\boldsymbol{\alpha}_1$，$\boldsymbol{\alpha}_2$，$\boldsymbol{\alpha}_3$ 线性表出等价于是否存在常数 k_1，k_2，k_3，使得

$$k_1\boldsymbol{\alpha}_1+k_2\boldsymbol{\alpha}_2+k_3\boldsymbol{\alpha}_3=\boldsymbol{\beta}.$$

即将 k_1，k_2，k_3 看作未知量，转化为判断非齐次线性方程组

$$k_1\begin{pmatrix}2\\1\\5\end{pmatrix}+k_2\begin{pmatrix}5\\1\\-3\end{pmatrix}+k_3\begin{pmatrix}-3\\2\\-2\end{pmatrix}=\begin{pmatrix}0\\9\\1\end{pmatrix}$$

是否有解．把上述线性方程组的向量形式写为一般形式：

$$\begin{cases}2k_1+5k_2-3k_3=0,\\k_1+k_2+2k_3=9,\\5k_1-3k_2-2k_3=1.\end{cases}$$

求解这个方程组得到唯一解 $\begin{cases}k_1=2,\\k_2=1,\\k_3=3.\end{cases}$ 所以 $\boldsymbol{\beta}$ 能由 $\boldsymbol{\alpha}_1$，$\boldsymbol{\alpha}_2$，$\boldsymbol{\alpha}_3$ 线性表出且表示法是唯一的，即只有

$$2\boldsymbol{\alpha}_1+\boldsymbol{\alpha}_2+3\boldsymbol{\alpha}_3=\boldsymbol{\beta}.$$

由例 2.7 推广到一般情况，可以概括出如下定理．

定理 2.6 设有 m 维向量

$$\boldsymbol{\alpha}_1=\begin{pmatrix}a_{11}\\a_{21}\\\vdots\\a_{m1}\end{pmatrix},\ \boldsymbol{\alpha}_2=\begin{pmatrix}a_{12}\\a_{22}\\\vdots\\a_{m2}\end{pmatrix},\ \cdots,\ \boldsymbol{\alpha}_n=\begin{pmatrix}a_{1n}\\a_{2n}\\\vdots\\a_{mn}\end{pmatrix},\ \boldsymbol{\beta}=\begin{pmatrix}b_1\\b_2\\\vdots\\b_m\end{pmatrix},$$

则 $\boldsymbol{\beta}$ 能由 $\boldsymbol{\alpha}_1$，$\boldsymbol{\alpha}_2$，…，$\boldsymbol{\alpha}_n$ 线性表出的充分必要条件是线性方程组 $x_1\boldsymbol{\alpha}_1+x_2\boldsymbol{\alpha}_2+\cdots+x_n\boldsymbol{\alpha}_n=\boldsymbol{\beta}$ 有解．

该定理的等价命题为

推论 2.3 $\boldsymbol{\beta}$ 不能由 $\boldsymbol{\alpha}_1$，$\boldsymbol{\alpha}_2$，…，$\boldsymbol{\alpha}_n$ 线性表出的充分必要条件是线性方程组 $x_1\boldsymbol{\alpha}_1+x_2\boldsymbol{\alpha}_2+\cdots+x_n\boldsymbol{\alpha}_n=\boldsymbol{\beta}$ 无解．

推论 2.4 若 $\boldsymbol{\beta}$ 能由 $\boldsymbol{\alpha}_1$，$\boldsymbol{\alpha}_2$，…，$\boldsymbol{\alpha}_n$ 线性表出，则

（1）表示法唯一的充分必要条件是线性方程组 $x_1\boldsymbol{\alpha}_1+x_2\boldsymbol{\alpha}_2+\cdots+x_n\boldsymbol{\alpha}_n=\boldsymbol{\beta}$ 有唯一解．

（2）表示法不唯一的充分必要条件是线性方程组 $x_1\boldsymbol{\alpha}_1+x_2\boldsymbol{\alpha}_2+\cdots+x_n\boldsymbol{\alpha}_n=\boldsymbol{\beta}$ 有无穷多解．

例 2.8 判断 $\boldsymbol{\beta}=(4,\ 3,\ 0,\ 11)^{\mathrm{T}}$ 能否由 $\boldsymbol{\alpha}_1=(1,\ 2,\ -1,\ 5)^{\mathrm{T}}$，$\boldsymbol{\alpha}_2=(2,\ -1,\ 1,\ 1)^{\mathrm{T}}$ 线性表出．

解 $\boldsymbol{\beta}$ 是否能由 $\boldsymbol{\alpha}_1$，$\boldsymbol{\alpha}_2$ 线性表出等价于线性方程组 $x_1\boldsymbol{\alpha}_1+x_2\boldsymbol{\alpha}_2=\boldsymbol{\beta}$ 是否有解．对增广矩阵做初等行变换，得

$$\overline{\boldsymbol{A}}=(\boldsymbol{\alpha}_1\ \boldsymbol{\alpha}_2\ \vdots\ \boldsymbol{\beta})=\begin{pmatrix}1&2&\vdots&4\\2&-1&\vdots&3\\-1&1&\vdots&0\\5&1&\vdots&11\end{pmatrix}\rightarrow\cdots\rightarrow\begin{pmatrix}1&2&\vdots&4\\0&1&\vdots&1\\0&0&\vdots&1\\0&0&\vdots&0\end{pmatrix}.$$

显见，方程组 $x_1\boldsymbol{\alpha}_1+x_2\boldsymbol{\alpha}_2=\boldsymbol{\beta}$ 无解，故不能线性表出．

2.2.3 向量间的线性关系

定义 2.11 设向量组 $\boldsymbol{\alpha}_1$，$\boldsymbol{\alpha}_2$，…，$\boldsymbol{\alpha}_s$，如果存在不全为零的数 k_1，k_2，…，k_s，使得

$$k_1\boldsymbol{\alpha}_1+k_2\boldsymbol{\alpha}_2+\cdots+k_s\boldsymbol{\alpha}_s=\boldsymbol{o},$$

则称向量组 $\boldsymbol{\alpha}_1$，$\boldsymbol{\alpha}_2$，…，$\boldsymbol{\alpha}_s$ **线性相关（linear dependent）**；否则称 $\boldsymbol{\alpha}_1$，$\boldsymbol{\alpha}_2$，…，$\boldsymbol{\alpha}_s$ 线性

无关（**linear independent**）．换句话说，对于一个向量组 $\boldsymbol{\alpha}_1$，$\boldsymbol{\alpha}_2$，…，$\boldsymbol{\alpha}_s$，若由

$$k_1\boldsymbol{\alpha}_1+k_2\boldsymbol{\alpha}_2+\cdots+k_s\boldsymbol{\alpha}_s=\boldsymbol{o},$$

仅推出 $k_1=k_2=\cdots=k_s=0$，则称 $\boldsymbol{\alpha}_1$，$\boldsymbol{\alpha}_2$，…，$\boldsymbol{\alpha}_s$ 线性无关．

根据定义 2.11，几何空间中，共面的三个向量是线性相关的，不共面的三个向量是线性无关的；平面中共线的两个向量是线性相关的，不共线的两个向量是线性无关的．

例 2.9　向量组 $\boldsymbol{\alpha}_1=(1,2,3)^{\mathrm{T}},\boldsymbol{\alpha}_2=(2,4,6)^{\mathrm{T}},\boldsymbol{\alpha}_3=(3,5,-4)^{\mathrm{T}}$ 线性相关，这是因为有

$$2\boldsymbol{\alpha}_1-\boldsymbol{\alpha}_2+0\boldsymbol{\alpha}_3=\boldsymbol{o}.$$

例 2.10　向量组 $\boldsymbol{\beta}_1=(1,0,0)^{\mathrm{T}},\boldsymbol{\beta}_2=(1,1,0)^{\mathrm{T}},\boldsymbol{\beta}_3=(1,1,1)^{\mathrm{T}}$ 线性无关．事实上，若 $k_1\boldsymbol{\beta}_1+k_2\boldsymbol{\beta}_2+k_3\boldsymbol{\beta}_3=\boldsymbol{o}$，即

$$k_1\begin{pmatrix}1\\0\\0\end{pmatrix}+k_2\begin{pmatrix}1\\1\\0\end{pmatrix}+k_3\begin{pmatrix}1\\1\\1\end{pmatrix}=\begin{pmatrix}0\\0\\0\end{pmatrix}.$$

解上述以 k_1，k_2，k_3 为未知量的齐次线性方程组，得 $k_1=k_2=k_3=0$.

由上述例子，可以很容易证明下述定理与结论．

定理 2.7　$\boldsymbol{\alpha}_1$，$\boldsymbol{\alpha}_2$，…，$\boldsymbol{\alpha}_s$ 线性相关的充分必要条件是齐次线性方程组

$$x_1\boldsymbol{\alpha}_1+x_2\boldsymbol{\alpha}_2+\cdots+x_s\boldsymbol{\alpha}_s=\boldsymbol{o}$$

有非零解．

推论 2.5　向量组 $\boldsymbol{\alpha}_1$，$\boldsymbol{\alpha}_2$，…，$\boldsymbol{\alpha}_s$ 线性无关的充分必要条件是齐次线性方程组

$$x_1\boldsymbol{\alpha}_1+x_2\boldsymbol{\alpha}_2+\cdots+x_s\boldsymbol{\alpha}_s=\boldsymbol{o}$$

仅有零解．

例 2.11　证明包含零向量的向量组是线性相关的．特别地，单独一个零向量线性相关．

证明　对于向量组 $\boldsymbol{\alpha}_1$，$\boldsymbol{\alpha}_2$，…，$\boldsymbol{\alpha}_s$，$\boldsymbol{o}$，因为 $k_1\boldsymbol{\alpha}_1+k_2\boldsymbol{\alpha}_2+\cdots+k_s\boldsymbol{\alpha}_s+1\cdot\boldsymbol{o}=\boldsymbol{o}$，而 k_1，k_2，…，k_s，1 中至少 1 不为零，故向量组 $\boldsymbol{\alpha}_1$，$\boldsymbol{\alpha}_2$，…，$\boldsymbol{\alpha}_s$，$\boldsymbol{o}$ 是线性相关的．又 $1\cdot\boldsymbol{o}=\boldsymbol{o}$，所以，单独一个零向量线性相关．

例 2.12　证明单独一个非零向量 $\boldsymbol{\alpha}$ 线性无关．

证明　设 $\boldsymbol{\alpha}=(a_1,a_2,\cdots,a_s)^{\mathrm{T}}\neq(0,0,\cdots,0)^{\mathrm{T}}$，不妨设 $a_1\neq0$. 若 $k\boldsymbol{\alpha}=\boldsymbol{o}$，则 $ka_i=0$，$i=1$，2，…，s，由 $ka_1=0$，得 $k=0$，故非零向量 $\boldsymbol{\alpha}$ 线性无关．

下面我们给出向量间线性关系的几个重要结论．

命题 2.1

（1）如果一向量组的一部分线性相关，那么这个向量组就线性相关．

（2）如果一向量组线性无关，那么该向量组的任何一个非空的部分组也线性无关．

（3）两个向量线性相关的充分必要条件是这两个向量的对应分量成比例．

（4）若向量组 $\boldsymbol{\alpha}_1$，$\boldsymbol{\alpha}_2$，…，$\boldsymbol{\alpha}_s$ 线性无关，向量组 $\boldsymbol{\alpha}_1$，$\boldsymbol{\alpha}_2$，…，$\boldsymbol{\alpha}_s$，$\boldsymbol{\beta}$ 线性相关，则向量 $\boldsymbol{\beta}$ 可由向量组 $\boldsymbol{\alpha}_1$，$\boldsymbol{\alpha}_2$，…，$\boldsymbol{\alpha}_s$ 唯一地线性表出．

证明（1）对于向量组 $\boldsymbol{\alpha}_1$，$\boldsymbol{\alpha}_2$，…，$\boldsymbol{\alpha}_r$，…，$\boldsymbol{\alpha}_s$，不妨设向量组 $\boldsymbol{\alpha}_1$，$\boldsymbol{\alpha}_2$，…，$\boldsymbol{\alpha}_r$ 线性相关，则有不全为零的数 k_1，k_2，…，k_r，使

$$k_1\boldsymbol{\alpha}_1+k_2\boldsymbol{\alpha}_2+\cdots+k_r\boldsymbol{\alpha}_r=\boldsymbol{o},$$

从而

$$k_1\boldsymbol{\alpha}_1+k_2\boldsymbol{\alpha}_2+\cdots+k_r\boldsymbol{\alpha}_r+0\boldsymbol{\alpha}_{r+1}+\cdots+0\boldsymbol{\alpha}_s=\boldsymbol{o},$$

由定义 2.11 知，向量组 $\boldsymbol{\alpha}_1$，$\boldsymbol{\alpha}_2$，…，$\boldsymbol{\alpha}_r$，…，$\boldsymbol{\alpha}_s$ 线性相关.

（2）**反证法** 若一向量组线性无关，而该向量组存在一个非空的部分组线性相关，那么，根据结论（1)，这个向量组就线性相关. 这与该向量组线性无关矛盾，故该向量组的任何一个非空的部分组也线性无关.

（3）在结论（1）中，令 $s=2$，即得向量组 $\boldsymbol{\alpha}_1$，$\boldsymbol{\alpha}_2$ 线性相关表示 $\boldsymbol{\alpha}_1=k\boldsymbol{\alpha}_2$ 或 $\boldsymbol{\alpha}_2=k\boldsymbol{\alpha}_1$（这两个式子不一定能同时成立).

（4）证明留给读者.

定理 2.8 *n 个 n 维向量线性相关的充分必要条件：n 维列向量构成的行列式为零.*

证明 $\boldsymbol{\alpha}_1$，$\boldsymbol{\alpha}_2$，…，$\boldsymbol{\alpha}_n$ 线性相关的充分必要条件是齐次线性方程组 $x_1\boldsymbol{\alpha}_1+x_2\boldsymbol{\alpha}_2+\cdots+x_n\boldsymbol{\alpha}_n=\boldsymbol{o}$ 有非零解. 又 $x_1\boldsymbol{\alpha}_1+x_2\boldsymbol{\alpha}_2+\cdots+x_n\boldsymbol{\alpha}_n=\boldsymbol{o}$ 有非零解的充分必要条件是系数行列式 $D=0$，此时系数行列式 D 就是 n 维列向量 $\boldsymbol{\alpha}_1$，$\boldsymbol{\alpha}_2$，…，$\boldsymbol{\alpha}_n$ 构成的行列式. 定理得证.

定理 2.9 *对 s 个 n 维向量 $\boldsymbol{\alpha}_1$，$\boldsymbol{\alpha}_2$，…，$\boldsymbol{\alpha}_s$，若向量的个数大于向量的维数，即 $s>n$，则向量组 $\boldsymbol{\alpha}_1$，$\boldsymbol{\alpha}_2$，…，$\boldsymbol{\alpha}_s$ 线性相关.*

证明 考虑齐次线性方程组 $x_1\boldsymbol{\alpha}_1+x_2\boldsymbol{\alpha}_2+\cdots+x_s\boldsymbol{\alpha}_s=\boldsymbol{o}$，$s$ 是未知量个数，n 是方程个数，因为 $s>n$，该齐次线性方程组一定有非零解，所以 $\boldsymbol{\alpha}_1$，$\boldsymbol{\alpha}_2$，…，$\boldsymbol{\alpha}_s$ 线性相关.

推论 2.6 *对 s 个 n 维向量 $\boldsymbol{\alpha}_1$，$\boldsymbol{\alpha}_2$，…，$\boldsymbol{\alpha}_s$，若向量组 $\boldsymbol{\alpha}_1$，$\boldsymbol{\alpha}_2$，…，$\boldsymbol{\alpha}_s$ 线性无关，则 $s\leqslant n$.*

定理 2.10 *若 r 维向量组 $\boldsymbol{\alpha}_1$，$\boldsymbol{\alpha}_2$，…，$\boldsymbol{\alpha}_s$ 线性无关，则在每个向量上再增加 $n-r$（$n\geqslant r$）个分量得到的 n 维向量组 $\boldsymbol{\beta}_1$，$\boldsymbol{\beta}_2$，…，$\boldsymbol{\beta}_s$ 线性无关.*

证明 设向量组 $\boldsymbol{\alpha}_1=\begin{pmatrix}a_{11}\\a_{12}\\\vdots\\a_{1r}\end{pmatrix}$，$\boldsymbol{\alpha}_2=\begin{pmatrix}a_{21}\\a_{22}\\\vdots\\a_{2r}\end{pmatrix}$，…，$\boldsymbol{\alpha}_s=\begin{pmatrix}a_{s1}\\a_{s2}\\\vdots\\a_{sr}\end{pmatrix}$线性无关，则齐次线性方程组

$$x_1\begin{pmatrix}a_{11}\\a_{12}\\\vdots\\a_{1r}\end{pmatrix}+x_2\begin{pmatrix}a_{21}\\a_{22}\\\vdots\\a_{2r}\end{pmatrix}+\cdots+x_s\begin{pmatrix}a_{s1}\\a_{s2}\\\vdots\\a_{sr}\end{pmatrix}=\boldsymbol{o}\tag{2.15}$$

仅有零解. 考虑

$$\boldsymbol{\beta}_1=\begin{pmatrix}a_{11}\\\vdots\\a_{1r}\\a_{1r+1}\\\vdots\\a_{1n}\end{pmatrix},\ \boldsymbol{\beta}_2=\begin{pmatrix}a_{21}\\\vdots\\a_{2r}\\a_{2r+1}\\\vdots\\a_{2n}\end{pmatrix},\ \cdots,\ \boldsymbol{\beta}_s=\begin{pmatrix}a_{s1}\\\vdots\\a_{sr}\\a_{sr+1}\\\vdots\\a_{sn}\end{pmatrix},$$

作齐次线性方程组

$$k_1\begin{pmatrix}a_{11}\\ \vdots\\ a_{1r}\\ a_{1r+1}\\ \vdots\\ a_{1n}\end{pmatrix}+k_2\begin{pmatrix}a_{21}\\ \vdots\\ a_{2r}\\ a_{2r+1}\\ \vdots\\ a_{2n}\end{pmatrix}+\cdots+k_s\begin{pmatrix}a_{s1}\\ \vdots\\ a_{sr}\\ a_{sr+1}\\ \vdots\\ a_{sn}\end{pmatrix}=\boldsymbol{o}. \tag{2.16}$$

显然，方程组（2.16）的前 r 个方程即方程组（2.15），故方程组（2.16）的解必须是方程组（2.15）的解，而方程组（2.15）仅有零解，所以，方程组（2.16）仅有零解，故 $\boldsymbol{\beta}_1$，$\boldsymbol{\beta}_2$，…，$\boldsymbol{\beta}_s$ 线性无关．

推论 2.7　若 $\boldsymbol{\beta}_1=(a_{11},\cdots,a_{1r},\cdots,a_{1n})^{\mathrm{T}}$，$\boldsymbol{\beta}_2=(a_{21},\cdots,a_{2r},\cdots,a_{2n})^{\mathrm{T}}$，…，$\boldsymbol{\beta}_s=(a_{s1},\cdots,a_{sr},\cdots,a_{sn})^{\mathrm{T}}$ 线性相关，则 $\boldsymbol{\alpha}_1=(a_{11},a_{12},\cdots,a_{1r})^{\mathrm{T}}$，$\boldsymbol{\alpha}_2=(a_{21},a_{22},\cdots,a_{2r})^{\mathrm{T}}$，…，$\boldsymbol{\alpha}_s=(a_{s1},a_{s2},\cdots,a_{sr})^{\mathrm{T}}$ 线性相关（$n\geqslant r$）．

习题 2.2

1. 判断下列各组向量中的 $\boldsymbol{\beta}$ 是否可由其余向量线性表出．如果可以，求其表出式．

（1）$\boldsymbol{\beta}=(3,-7,-3)^{\mathrm{T}}$，$\boldsymbol{\alpha}_1=(1,0,-2)^{\mathrm{T}}$，$\boldsymbol{\alpha}_2=(-4,3,8)^{\mathrm{T}}$，$\boldsymbol{\alpha}_3=(2,5,-4)^{\mathrm{T}}$；

（2）$\boldsymbol{\beta}=(2,-1,6)^{\mathrm{T}}$，$\boldsymbol{\alpha}_1=(1,-2,0)^{\mathrm{T}}$，$\boldsymbol{\alpha}_2=(0,1,2)^{\mathrm{T}}$，$\boldsymbol{\alpha}_3=(5,-6,8)^{\mathrm{T}}$；

（3）$\boldsymbol{\beta}=(1,2,1,1)^{\mathrm{T}}$，$\boldsymbol{\alpha}_1=(1,1,1,1)^{\mathrm{T}}$，$\boldsymbol{\alpha}_2=(1,1,-1,-1)^{\mathrm{T}}$，$\boldsymbol{\alpha}_3=(1,-1,1,-1)^{\mathrm{T}}$，$\boldsymbol{\alpha}_4=(1,-1,-1,1)^{\mathrm{T}}$；

（4）$\boldsymbol{\beta}=(1,-1,2,3)^{\mathrm{T}}$，$\boldsymbol{\alpha}_1=(1,-2,0,3)^{\mathrm{T}}$，$\boldsymbol{\alpha}_2=(2,0,1,-2)^{\mathrm{T}}$，$\boldsymbol{\alpha}_3=(3,2,-2,5)^{\mathrm{T}}$．

2. 设 $\boldsymbol{\alpha}_1=(\lambda+3,\lambda,3(\lambda+1))^{\mathrm{T}}$，$\boldsymbol{\alpha}_2=(1,\lambda-1,\lambda)^{\mathrm{T}}$，$\boldsymbol{\alpha}_3=(2,\lambda+1,\lambda+3)^{\mathrm{T}}$，$\boldsymbol{\beta}=(\lambda,2\lambda,0)^{\mathrm{T}}$，当 λ 为何值时：

（1）$\boldsymbol{\beta}$ 不能表示为 $\boldsymbol{\alpha}_1$，$\boldsymbol{\alpha}_2$，$\boldsymbol{\alpha}_3$ 的线性组合；

（2）$\boldsymbol{\beta}$ 可以表示为 $\boldsymbol{\alpha}_1$，$\boldsymbol{\alpha}_2$，$\boldsymbol{\alpha}_3$ 的线性组合，且表法不唯一；

（3）$\boldsymbol{\beta}$ 可以表示为 $\boldsymbol{\alpha}_1$，$\boldsymbol{\alpha}_2$，$\boldsymbol{\alpha}_3$ 的线性组合，且表法唯一．

3. 下列向量组是否线性相关：(1) $(3,1,4),(2,5,-1),(4,-3,7)$；(2) $(2,0,1),(0,1,-2),(1,-1,1)$；(3) $(2,-1,3,2),(-1,2,2,3),(3,-1,2,2),(2,-1,3,2)$．

4. 求 k 的值，使下列各组向量线性相关．

(1) $(1,2,-3)^{\mathrm{T}},(-3,-6,9)^{\mathrm{T}},(8,k,5)^{\mathrm{T}}$；

(2) $(3,0,2)^{\mathrm{T}},(1,2,-1)^{\mathrm{T}},(2,1,k)^{\mathrm{T}}$；

(3) $(3k,0,2,-1)^{\mathrm{T}},(1,1,1,1)^{\mathrm{T}},(0,-k,3,2)^{\mathrm{T}}$．

5. 已知 $\boldsymbol{\alpha}_1$，$\boldsymbol{\alpha}_2$，$\boldsymbol{\alpha}_3$ 线性无关，求证 $\boldsymbol{\alpha}_1+\boldsymbol{\alpha}_2$，$\boldsymbol{\alpha}_2+\boldsymbol{\alpha}_3$，$\boldsymbol{\alpha}_3+\boldsymbol{\alpha}_1$ 线性无关．

6. 证明：若向量组 $\boldsymbol{\alpha}_1$，$\boldsymbol{\alpha}_2$，…，$\boldsymbol{\alpha}_s$ 线性无关，向量组 $\boldsymbol{\alpha}_1$，$\boldsymbol{\alpha}_2$，…，$\boldsymbol{\alpha}_s$，$\boldsymbol{\beta}$ 线性相关，则向量 $\boldsymbol{\beta}$ 可由向量组 $\boldsymbol{\alpha}_1$，$\boldsymbol{\alpha}_2$，…，$\boldsymbol{\alpha}_s$ 唯一地线性表出．

7. 证明：任意 $n+1$ 个 n 维向量线性相关.

2.3 向量组的秩

2.3.1 向量组的等价

定义 2.12 如果向量组 $\boldsymbol{\alpha}_1$，$\boldsymbol{\alpha}_2$，…，$\boldsymbol{\alpha}_t$ 中每一个向量 $\boldsymbol{\alpha}_i$（$i=1$，2，…，t）都可以经向量组 $\boldsymbol{\beta}_1$，$\boldsymbol{\beta}_2$，…，$\boldsymbol{\beta}_s$ 线性表出，那么向量组 $\boldsymbol{\alpha}_1$，$\boldsymbol{\alpha}_2$，…，$\boldsymbol{\alpha}_t$ 就称为可以经向量组 $\boldsymbol{\beta}_1$，$\boldsymbol{\beta}_2$，…，$\boldsymbol{\beta}_s$ 线性表出．向量组互相可以线性表出，它们就称为等价，记为

$$\{\boldsymbol{\alpha}_1,\ \boldsymbol{\alpha}_2,\ \cdots,\ \boldsymbol{\alpha}_t\}\cong\{\boldsymbol{\beta}_1,\ \boldsymbol{\beta}_2,\ \cdots,\ \boldsymbol{\beta}_s\}.$$

向量组之间等价具有以下性质：

性质 2.1 反身性：每一个向量组都与其自身等价.

性质 2.2 对称性：如果 $\{\boldsymbol{\alpha}_1,\boldsymbol{\alpha}_2,\cdots,\boldsymbol{\alpha}_s\}\cong\{\boldsymbol{\beta}_1,\boldsymbol{\beta}_2,\cdots,\boldsymbol{\beta}_t\}$，则 $\{\boldsymbol{\beta}_1,\boldsymbol{\beta}_2,\cdots,\boldsymbol{\beta}_t\}\cong\{\boldsymbol{\alpha}_1,\boldsymbol{\alpha}_2,\cdots,\boldsymbol{\alpha}_s\}$.

性质 2.3 传递性：若 $\{\boldsymbol{\alpha}_1,\boldsymbol{\alpha}_2,\cdots,\boldsymbol{\alpha}_s\}\cong\{\boldsymbol{\beta}_1,\boldsymbol{\beta}_2,\cdots,\boldsymbol{\beta}_t\}$，且 $\{\boldsymbol{\beta}_1,\boldsymbol{\beta}_2,\cdots,\boldsymbol{\beta}_t\}\cong\{\boldsymbol{\gamma}_1,\boldsymbol{\gamma}_2,\cdots,\boldsymbol{\gamma}_p\}$，则 $\{\boldsymbol{\alpha}_1,\boldsymbol{\alpha}_2,\cdots,\boldsymbol{\alpha}_s\}\cong\{\boldsymbol{\gamma}_1,\boldsymbol{\gamma}_2,\cdots,\boldsymbol{\gamma}_p\}$.

从“几何空间中三个向量 $\boldsymbol{\beta}_1$，$\boldsymbol{\beta}_2$，$\boldsymbol{\beta}_3$ 可以由两个向量 $\boldsymbol{\alpha}_1$，$\boldsymbol{\alpha}_2$ 线性表出，那么 $\boldsymbol{\beta}_1$，$\boldsymbol{\beta}_2$，$\boldsymbol{\beta}_3$ 必共面”这一事实受到启发，我们有一般的结论如下.

引理 2.1 设向量组 $\boldsymbol{\beta}_1$，$\boldsymbol{\beta}_2$，…，$\boldsymbol{\beta}_r$ 可以由向量组 $\boldsymbol{\alpha}_1$，$\boldsymbol{\alpha}_2$，…，$\boldsymbol{\alpha}_s$ 线性表出，如果 $r>s$，那么 $\boldsymbol{\beta}_1$，$\boldsymbol{\beta}_2$，…，$\boldsymbol{\beta}_r$ 线性相关.

证明 为了证明 $\boldsymbol{\beta}_1$，$\boldsymbol{\beta}_2$，…，$\boldsymbol{\beta}_r$ 线性相关，只需找一组不全为零的数 k_1，k_2，…，k_r 使得

$$k_1\boldsymbol{\beta}_1+k_2\boldsymbol{\beta}_2+\cdots+k_r\boldsymbol{\beta}_r=\boldsymbol{o}.$$

为此考虑 $\boldsymbol{\beta}_1$，$\boldsymbol{\beta}_2$，…，$\boldsymbol{\beta}_r$ 的线性组合 $x_1\boldsymbol{\beta}_1+x_2\boldsymbol{\beta}_2+\cdots+x_r\boldsymbol{\beta}_r$.

由已知条件，可设

$$\begin{aligned}\boldsymbol{\beta}_1&=a_{11}\boldsymbol{\alpha}_1+a_{21}\boldsymbol{\alpha}_2+\cdots+a_{s1}\boldsymbol{\alpha}_s,\\ \boldsymbol{\beta}_2&=a_{12}\boldsymbol{\alpha}_1+a_{22}\boldsymbol{\alpha}_2+\cdots+a_{s2}\boldsymbol{\alpha}_s,\\ &\vdots\\ \boldsymbol{\beta}_r&=a_{1r}\boldsymbol{\alpha}_1+a_{2r}\boldsymbol{\alpha}_2+\cdots+a_{sr}\boldsymbol{\alpha}_s,\end{aligned}$$

于是

$$\begin{aligned}x_1\boldsymbol{\beta}_1+x_2\boldsymbol{\beta}_2+\cdots+x_r\boldsymbol{\beta}_r=&\ x_1(a_{11}\boldsymbol{\alpha}_1+a_{21}\boldsymbol{\alpha}_2+\cdots+a_{s1}\boldsymbol{\alpha}_s)\\ &+x_2(a_{12}\boldsymbol{\alpha}_1+a_{22}\boldsymbol{\alpha}_2+\cdots+a_{s2}\boldsymbol{\alpha}_s)+\cdots\\ &+x_r(a_{1r}\boldsymbol{\alpha}_1+a_{2r}\boldsymbol{\alpha}_2+\cdots+a_{sr}\boldsymbol{\alpha}_s)\\ =&\ (a_{11}x_1+a_{12}x_2+\cdots+a_{1r}x_r)\boldsymbol{\alpha}_1\\ &+(a_{21}x_1+a_{22}x_2+\cdots+a_{2r}x_r)\boldsymbol{\alpha}_2+\cdots\\ &+(a_{s1}x_1+a_{s2}x_2+\cdots+a_{sr}x_r)\boldsymbol{\alpha}_s.\end{aligned}\tag{2.17}$$

由已知条件 $s<r$，方程组

$$\begin{cases} a_{11}x_1 + a_{12}x_2 + \cdots + a_{1r}x_r = 0, \\ a_{21}x_1 + a_{22}x_2 + \cdots + a_{2r}x_r = 0, \\ \quad\vdots \\ a_{s1}x_1 + a_{s2}x_2 + \cdots + a_{sr}x_r = 0 \end{cases} \tag{2.18}$$

必有非零解．取它的一个非零解 $(k_1, k_2, \cdots, k_r)$，则式（2.17）与方程组（2.18）得到

$$k_1\boldsymbol{\beta}_1 + k_2\boldsymbol{\beta}_2 + \cdots + k_r\boldsymbol{\beta}_r = 0\boldsymbol{\alpha}_1 + 0\boldsymbol{\alpha}_2 + \cdots + 0\boldsymbol{\alpha}_s = o.$$

因此，$\boldsymbol{\beta}_1, \boldsymbol{\beta}_2, \cdots, \boldsymbol{\beta}_r$ 线性相关．

推论 2.8　设向量组 $\boldsymbol{\beta}_1, \boldsymbol{\beta}_2, \cdots, \boldsymbol{\beta}_r$ 可以由向量组 $\boldsymbol{\alpha}_1, \boldsymbol{\alpha}_2, \cdots, \boldsymbol{\alpha}_s$ 线性表出，如果 $\boldsymbol{\beta}_1, \boldsymbol{\beta}_2, \cdots, \boldsymbol{\beta}_r$ 线性无关，那么 $r \leqslant s$.

从推论 2.8 立即得出．

定理 2.11　等价的线性无关的向量组所含向量的个数相等．

2.3.2　极大线性无关组

定义 2.13　如果一个向量组 $\boldsymbol{\alpha}_1, \boldsymbol{\alpha}_2, \cdots, \boldsymbol{\alpha}_s$ 的部分组 $\boldsymbol{\alpha}_{j_1}, \boldsymbol{\alpha}_{j_2}, \cdots, \boldsymbol{\alpha}_{j_r}$ 满足：(1) 线性无关；(2) 向量组中的任意一个向量都可以由它线性表出；则称部分组 $\boldsymbol{\alpha}_{j_1}, \boldsymbol{\alpha}_{j_2}, \cdots, \boldsymbol{\alpha}_{j_r}$ 为向量组 $\boldsymbol{\alpha}_1, \boldsymbol{\alpha}_2, \cdots, \boldsymbol{\alpha}_s$ 的一个**极大线性无关组**（**maximal set of linearly independent**），简称极大无关组．

注 Ⅰ 条件（2）还可以叙述为：任取此向量组中的任意一个向量添加到部分组中，所得到的新部分组都线性相关．由定义可知，一个向量组的极大无关组是指它的线性无关部分组中含有向量个数最多的那一个．

Ⅱ 若向量组 $\boldsymbol{\alpha}_1, \boldsymbol{\alpha}_2, \cdots, \boldsymbol{\alpha}_s$ 的一个极大无关组为 $\boldsymbol{\alpha}_{j_1}, \boldsymbol{\alpha}_{j_2}, \cdots, \boldsymbol{\alpha}_{j_r}$ $(r < s)$，则向量组 $\boldsymbol{\alpha}_1, \boldsymbol{\alpha}_2, \cdots, \boldsymbol{\alpha}_s$ 中任意 $r+1$ 个向量所构成的部分组必线性相关．

命题 2.2　任一向量组和它的极大无关组等价．

证明　设向量组 $\boldsymbol{\alpha}_1, \cdots, \boldsymbol{\alpha}_m, \boldsymbol{\alpha}_{m+1}, \cdots, \boldsymbol{\alpha}_s$ 的一个极大线性无关组为 $\boldsymbol{\alpha}_1, \cdots, \boldsymbol{\alpha}_m$. 显然 $\boldsymbol{\alpha}_1, \cdots, \boldsymbol{\alpha}_m$ 可由向量组 $\boldsymbol{\alpha}_1, \cdots, \boldsymbol{\alpha}_m, \boldsymbol{\alpha}_{m+1}, \cdots, \boldsymbol{\alpha}_s$ 线性表出．反之亦然．事实上，当 $1 \leqslant i \leqslant m$ 时，$\boldsymbol{\alpha}_i$ 可以由 $\boldsymbol{\alpha}_1, \cdots, \boldsymbol{\alpha}_m$ 线性表出．当 $m < i \leqslant s$ 时，由极大线性无关组的定义，知 $\boldsymbol{\alpha}_1, \cdots, \boldsymbol{\alpha}_m, \boldsymbol{\alpha}_j$ 线性相关．即 $\boldsymbol{\alpha}_j$ 可由 $\boldsymbol{\alpha}_1, \cdots, \boldsymbol{\alpha}_m$ 线性表出．

由等价的对称性与传递性，我们有下面的结论．

推论 2.9　向量组的任意两个极大线性无关组等价．

从命题 2.2 和线性表出的传递性立即得到：

推论 2.10　$\boldsymbol{\beta}$ 可以由向量组 $\boldsymbol{\alpha}_1, \cdots, \boldsymbol{\alpha}_s$ 线性表出当且仅当 $\boldsymbol{\beta}$ 可以由 $\boldsymbol{\alpha}_1, \cdots, \boldsymbol{\alpha}_s$ 的一个极大线性无关组线性表出．

从定理 2.11 和推论 2.9 立即得出：

推论 2.11　向量组的任意两个极大线性无关组所含向量的个数相等．

2.3.3　向量组的秩

一个向量组的极大线性无关组一般不是唯一的，但由推论 2.11 可知，极大线性无关组所含向量的个数是一样的．极大线性无关组所包含向量的个数反映了向量组本身的性

质，因此引入秩的概念.

定义 2.14 向量组的极大线性无关组所含向量的个数称为这个向量组的**秩**（**rank**）. 全由零向量组成的向量组的秩规定为 0.

向量组 $\boldsymbol{\alpha}_1$，$\boldsymbol{\alpha}_2$，…，$\boldsymbol{\alpha}_s$ 的秩记作

$$\mathrm{r}\{\boldsymbol{\alpha}_1, \boldsymbol{\alpha}_2, \cdots, \boldsymbol{\alpha}_s\}.$$

由向量组的秩的定义和极大线性无关组的定义立即得出：

命题 2.3 向量组 $\boldsymbol{\alpha}_1$，$\boldsymbol{\alpha}_2$，…，$\boldsymbol{\alpha}_s$ 线性无关的充分必要条件是它的秩等于它所含向量的个数.

证明 向量组 $\boldsymbol{\alpha}_1$，$\boldsymbol{\alpha}_2$，…，$\boldsymbol{\alpha}_s$ 线性无关当且仅当 $\boldsymbol{\alpha}_1$，$\boldsymbol{\alpha}_2$，…，$\boldsymbol{\alpha}_s$ 的极大线性无关组是它本身. 因而当且仅当 $\mathrm{r}\{\boldsymbol{\alpha}_1, \boldsymbol{\alpha}_2, \cdots, \boldsymbol{\alpha}_s\} = s$.

定理 2.12 等价向量组的秩相等.

证明 设 $\mathrm{r}\{\boldsymbol{\alpha}_1, \boldsymbol{\alpha}_2, \cdots, \boldsymbol{\alpha}_s\} = r$，$\mathrm{r}\{\boldsymbol{\beta}_1, \boldsymbol{\beta}_2, \cdots, \boldsymbol{\beta}_t\} = q$，且

$$\{\boldsymbol{\alpha}_1, \boldsymbol{\alpha}_2, \cdots, \boldsymbol{\alpha}_s\} \cong \{\boldsymbol{\beta}_1, \boldsymbol{\beta}_2, \cdots, \boldsymbol{\beta}_t\}.$$

设 $\{\boldsymbol{\alpha}_{i1}, \boldsymbol{\alpha}_{i2}, \cdots, \boldsymbol{\alpha}_{ir}\}$ 是 $\{\boldsymbol{\alpha}_1, \boldsymbol{\alpha}_2, \cdots, \boldsymbol{\alpha}_s\}$ 的极大无关组，则

$$\{\boldsymbol{\alpha}_{i1}, \boldsymbol{\alpha}_{i2}, \cdots, \boldsymbol{\alpha}_{ir}\} \cong \{\boldsymbol{\alpha}_1, \boldsymbol{\alpha}_2, \cdots, \boldsymbol{\alpha}_s\}.$$

又设 $\{\boldsymbol{\beta}_{j1}, \boldsymbol{\beta}_{j2}, \cdots, \boldsymbol{\beta}_{jq}\}$ 是 $\{\boldsymbol{\beta}_1, \boldsymbol{\beta}_2, \cdots, \boldsymbol{\beta}_t\}$ 的极大无关组，则

$$\{\boldsymbol{\beta}_{j1}, \boldsymbol{\beta}_{j2}, \cdots, \boldsymbol{\beta}_{jq}\} \cong \{\boldsymbol{\beta}_1, \boldsymbol{\beta}_2, \cdots, \boldsymbol{\beta}_t\}.$$

由传递性

$$\{\boldsymbol{\alpha}_{i1}, \boldsymbol{\alpha}_{i2}, \cdots, \boldsymbol{\alpha}_{ir}\} \cong \{\boldsymbol{\beta}_{j1}, \boldsymbol{\beta}_{j2}, \cdots, \boldsymbol{\beta}_{jq}\}.$$

二者均为无关向量组，依据定理 2.11，所含向量个数相同，即 $r = q$.

习题 2.3

1. 判断下列两组向量是否等价.

(1) $\boldsymbol{\alpha}_1 = (1,0,2)^{\mathrm{T}}$, $\boldsymbol{\alpha}_2 = (1,1,3)^{\mathrm{T}}$, $\boldsymbol{\alpha}_3 = (1,-1,0)^{\mathrm{T}}$;

(2) $\boldsymbol{\beta}_1 = (1,2,1)^{\mathrm{T}}$, $\boldsymbol{\beta}_2 = (2,1,4)^{\mathrm{T}}$, $\boldsymbol{\beta}_3 = (2,1,2)^{\mathrm{T}}$.

2. 设向量组

$$\boldsymbol{\alpha}_1 = \begin{pmatrix} 2 \\ 0 \\ 0 \end{pmatrix}, \boldsymbol{\alpha}_2 = \begin{pmatrix} -1 \\ 3 \\ 0 \end{pmatrix}, \boldsymbol{\alpha}_3 = \begin{pmatrix} 7 \\ -4 \\ 0 \end{pmatrix},$$

求 $\boldsymbol{\alpha}_1$，$\boldsymbol{\alpha}_2$，$\boldsymbol{\alpha}_3$ 的一个极大线性无关组，以及它的秩.

3. 设有两个向量组：(1) $\boldsymbol{\alpha}_1 = (2,1,5)^{\mathrm{T}}$, $\boldsymbol{\alpha}_2 = (2,0,k+5)^{\mathrm{T}}$, $\boldsymbol{\alpha}_3 = (2,-1,k+4)^{\mathrm{T}}$; (2) $\boldsymbol{\beta}_1 = (3, 3, 2k+9)^{\mathrm{T}}$, $\boldsymbol{\beta}_2 = (2, 1, k+5)^{\mathrm{T}}$, $\boldsymbol{\beta}_3 = (3, 3, 2k+7)^{\mathrm{T}}$. 求 k 的值，使两向量组不等价.

4. 证明：一个向量组的任何一个线性无关部分组都可以扩充成一个极大线性无关组.

5. 若 $\boldsymbol{\beta}_1 = \boldsymbol{\alpha}_1$，$\boldsymbol{\beta}_2 = \boldsymbol{\alpha}_1 + \boldsymbol{\alpha}_2$，…，$\boldsymbol{\beta}_s = \boldsymbol{\alpha}_1 + \boldsymbol{\alpha}_2 + \cdots + \boldsymbol{\alpha}_s$，证明：$\boldsymbol{\alpha}_1$，…，$\boldsymbol{\alpha}_s$ 与 $\boldsymbol{\beta}_1$，…，$\boldsymbol{\beta}_s$ 有相同的秩.

6. 证明：如果向量组 $\boldsymbol{\alpha}_1$，$\boldsymbol{\alpha}_2$，…，$\boldsymbol{\alpha}_s$ 可以由向量组 $\boldsymbol{\beta}_1$，$\boldsymbol{\beta}_2$，…，$\boldsymbol{\beta}_t$ 线性表出，

那么

$$r\{\boldsymbol{\alpha}_1, \boldsymbol{\alpha}_2, \cdots, \boldsymbol{\alpha}_s\} \leqslant r\{\boldsymbol{\beta}_1, \boldsymbol{\beta}_2, \cdots, \boldsymbol{\beta}_t\}.$$

7. 证明：如果向量组 $\boldsymbol{\alpha}_1, \cdots, \boldsymbol{\alpha}_s$ 与向量组 $\boldsymbol{\alpha}_1, \cdots, \boldsymbol{\alpha}_s, \boldsymbol{\beta}$ 有相等的秩，那么 $\boldsymbol{\beta}$ 可以由 $\boldsymbol{\alpha}_1, \cdots, \boldsymbol{\alpha}_s$ 线性表出．

8. 设向量 $\boldsymbol{\beta}$ 可以由向量组 $\boldsymbol{\alpha}_1, \boldsymbol{\alpha}_2, \cdots, \boldsymbol{\alpha}_s$ 线性表出，但是 $\boldsymbol{\beta}$ 不能由 $\boldsymbol{\alpha}_1, \boldsymbol{\alpha}_2, \cdots, \boldsymbol{\alpha}_{s-1}$ 线性表出．证明：$r\{\boldsymbol{\alpha}_1, \boldsymbol{\alpha}_2, \cdots, \boldsymbol{\alpha}_s\} = r\{\boldsymbol{\alpha}_1, \boldsymbol{\alpha}_2, \cdots, \boldsymbol{\alpha}_{s-1}, \boldsymbol{\beta}\}$.

9. 证明：两个向量组等价的充分必要条件是它们的秩相等且其中一个向量组可以由另外一个向量组线性表出．

2.4　矩阵的秩

在上一节我们定义了向量组的秩．如果我们把矩阵的每一行看成一个向量，那么矩阵就可以认为是由这些行向量组成的．同样，如果把每一列看成一个向量，那么矩阵也可以认为是由列向量组成的．

定义 2.15　称矩阵 $\boldsymbol{A}$ 行向量组的秩为矩阵 $\boldsymbol{A}$ 的**行秩**（**row rank**）；称矩阵 $\boldsymbol{A}$ 列向量组的秩为矩阵 $\boldsymbol{A}$ 的**列秩**（**column rank**）．

例 2.13　设矩阵

$$\boldsymbol{A} = \begin{pmatrix} 1 & 0 & 0 & 0 \\ 0 & 1 & 0 & 0 \\ 0 & 0 & 1 & 0 \end{pmatrix}.$$

其行秩为行向量组 $\boldsymbol{\alpha}_1 = (1, 0, 0, 0)$，$\boldsymbol{\alpha}_2 = (0, 1, 0, 0)$，$\boldsymbol{\alpha}_3 = (0, 0, 1, 0)$ 的秩，显然 $\boldsymbol{\alpha}_1$，$\boldsymbol{\alpha}_2$，$\boldsymbol{\alpha}_3$ 线性无关，秩为 3，即行秩为 3. 其列秩为列向量组 $\boldsymbol{\beta}_1 = \begin{pmatrix} 1 \\ 0 \\ 0 \end{pmatrix}$，$\boldsymbol{\beta}_2 = \begin{pmatrix} 0 \\ 1 \\ 0 \end{pmatrix}$，$\boldsymbol{\beta}_3 = \begin{pmatrix} 0 \\ 0 \\ 1 \end{pmatrix}$，$\boldsymbol{\beta}_4 = \begin{pmatrix} 0 \\ 0 \\ 0 \end{pmatrix}$ 的秩．由于 $\boldsymbol{\beta}_1$，$\boldsymbol{\beta}_2$，$\boldsymbol{\beta}_3$，$\boldsymbol{\beta}_4$ 线性相关，$\boldsymbol{\beta}_1$，$\boldsymbol{\beta}_2$，$\boldsymbol{\beta}_3$ 为列向量组的极大无关组，即列秩为 3. 故 $\boldsymbol{A}$ 的行秩等于列秩．

定理 2.13　对矩阵 $\boldsymbol{A} = (a_{ij})_{m \times n}$ 施以初等行（列）变换，矩阵的行（列）秩不变．

证明

（1）若交换 $\boldsymbol{A}$ 的第 i, j 两行位置（$i \neq j$），这相当于在 $\boldsymbol{A}$ 的行向量组 $\boldsymbol{\alpha}_1, \boldsymbol{\alpha}_2, \cdots, \boldsymbol{\alpha}_m$ 中互换 $\boldsymbol{\alpha}_i$ 和 $\boldsymbol{\alpha}_j$ 的位置，所得的新向量组与 $\boldsymbol{\alpha}_1, \boldsymbol{\alpha}_2, \cdots, \boldsymbol{\alpha}_m$ 显然是等价的．

（2）若 $\boldsymbol{A}$ 的第 i 行乘以数 k，所得新矩阵的行向量组为 $\boldsymbol{\alpha}_1, \cdots, k\boldsymbol{\alpha}_i, \cdots, \boldsymbol{\alpha}_m$，这个向量组与原来 $\boldsymbol{A}$ 的向量组 $\boldsymbol{\alpha}_1, \cdots, \boldsymbol{\alpha}_i, \cdots, \boldsymbol{\alpha}_m$ 也等价．

（3）若 $\boldsymbol{A}$ 的第 i 行的 k 倍加到它的第 j 行上去，所得新矩阵的行向量组就是 $\boldsymbol{\alpha}_1, \cdots, \boldsymbol{\alpha}_{j-1}, \boldsymbol{\alpha}_j + k\boldsymbol{\alpha}_i, \boldsymbol{\alpha}_{j+1}, \cdots, \boldsymbol{\alpha}_m$，显然也与 $\boldsymbol{A}$ 的行向量组 $\boldsymbol{\alpha}_1, \boldsymbol{\alpha}_2, \cdots, \boldsymbol{\alpha}_m$ 等价．由定理 2.12 知等价的两个向量组的秩相等．因此对 $\boldsymbol{A}$ 进行初等行变换，其行秩不变．

同理可以说明，对矩阵 $\boldsymbol{A}$ 施以初等列变换，其列秩不变．

定理 2.14 对矩阵 $A=(a_{ij})_{m\times n}$ 施以初等行变换，列向量间的线性关系不变．这里的线性关系指的是，对矩阵 A 施以初等行变换，得到矩阵 B.

（1）如果 A 的列向量组 $\boldsymbol{\beta}_1$，$\boldsymbol{\beta}_2$，…，$\boldsymbol{\beta}_n$ 中，部分组 $\boldsymbol{\beta}_{j_1}$，$\boldsymbol{\beta}_{j_2}$，…，$\boldsymbol{\beta}_{j_s}$ 线性无关，则 B 的列向量组 $\boldsymbol{\beta}_1'$，$\boldsymbol{\beta}_2'$，…，$\boldsymbol{\beta}_n'$ 中对应的 $\boldsymbol{\beta}_{j_1}'$，$\boldsymbol{\beta}_{j_2}'$，…，$\boldsymbol{\beta}_{js}'$ 也线性无关，反之亦然．

（2）如果 A 的列向量组 $\boldsymbol{\beta}_1$，$\boldsymbol{\beta}_2$，…，$\boldsymbol{\beta}_n$ 中，某个向量 $\boldsymbol{\beta}_j$ 可由其中的 $\boldsymbol{\beta}_{j_1}$，$\boldsymbol{\beta}_{j_2}$，…，$\boldsymbol{\beta}_{j_s}$ 线性表出：$\boldsymbol{\beta}_j=k_1\boldsymbol{\beta}_{j_1}+k_2\boldsymbol{\beta}_{j_2}+\cdots+k_s\boldsymbol{\beta}_{j_s}$，则 B 的列向量组 $\boldsymbol{\beta}_1'$，$\boldsymbol{\beta}_2'$，…，$\boldsymbol{\beta}_n'$ 中，对应的向量 $\boldsymbol{\beta}_j'$ 可以由其中的 $\boldsymbol{\beta}_{j_1}'$，$\boldsymbol{\beta}_{j_2}'$，…，$\boldsymbol{\beta}_{j_s}'$ 线性表出，且表示系数相同，反之亦然．

证明.

当 A 经过初等行变换变成 B 时，相应的齐次线性方程组

$$x_1\boldsymbol{\beta}_1+x_2\boldsymbol{\beta}_2+\cdots+x_n\boldsymbol{\beta}_n=\boldsymbol{o}$$

就变成

$$x_1\boldsymbol{\beta}_1'+x_2\boldsymbol{\beta}_2'+\cdots+x_n\boldsymbol{\beta}_n'=\boldsymbol{o}.$$

从而这两个齐次线性方程组同解．因此，$\boldsymbol{\beta}_1$，$\boldsymbol{\beta}_2$，…，$\boldsymbol{\beta}_n$ 与 $\boldsymbol{\beta}_1'$，$\boldsymbol{\beta}_2'$，…，$\boldsymbol{\beta}_n'$ 有相同的线性关系．

（1）对矩阵 A 施以初等行变换变成 B 时，A 的部分组 $\boldsymbol{\beta}_{j_1}$，$\boldsymbol{\beta}_{j_2}$，…，$\boldsymbol{\beta}_{j_s}$ 组成的矩阵 A_1 变成以矩阵 B 的部分组 $\boldsymbol{\beta}_{j_1}'$，$\boldsymbol{\beta}_{j_2}'$，…，$\boldsymbol{\beta}_{j_s}'$ 为列的矩阵 B_1．同样，相应的齐次线性方程组

$$x_1\boldsymbol{\beta}_{j_1}+x_2\boldsymbol{\beta}_{j_2}+\cdots+x_s\boldsymbol{\beta}_{j_s}=\boldsymbol{o}$$

就变成

$$x_1\boldsymbol{\beta}_{j_1}'+x_2\boldsymbol{\beta}_{j_2}'+\cdots+x_s\boldsymbol{\beta}_{j_s}'=\boldsymbol{o}.$$

因此若 $\boldsymbol{\beta}_{j_1}$，$\boldsymbol{\beta}_{j_2}$，…，$\boldsymbol{\beta}_{j_s}$ 线性无关，则方程组 $x_1\boldsymbol{\beta}_{j_1}+x_2\boldsymbol{\beta}_{j_2}+\cdots+x_s\boldsymbol{\beta}_{j_s}=\boldsymbol{o}$ 仅有零解．又这两个齐次线性方程组同解．故 $x_1\boldsymbol{\beta}_{j_1}'+x_2\boldsymbol{\beta}_{j_2}'+\cdots+x_n\boldsymbol{\beta}_{j_n}'=\boldsymbol{o}$ 也仅有零解，故 $\boldsymbol{\beta}_{j_1}'$，$\boldsymbol{\beta}_{j_2}'$，…，$\boldsymbol{\beta}_{j_n}'$ 线性无关，反之亦然．

（2）对矩阵 A 施以初等行变换变成 B 时，A 的部分组 $\boldsymbol{\beta}_{j_1}$，…，$\boldsymbol{\beta}_{j_s}$，$\boldsymbol{\beta}_j$ 组成的矩阵 A_2 变成以矩阵 B 的部分组 $\boldsymbol{\beta}_{j_1}'$，$\boldsymbol{\beta}_{j_2}'$，…，$\boldsymbol{\beta}_{j_s}'$，$\boldsymbol{\beta}_j'$ 为列的矩阵 B_2．相应的齐次线性方程组

$$k_1\boldsymbol{\beta}_{j_1}+k_2\boldsymbol{\beta}_{j_2}+\cdots+k_s\boldsymbol{\beta}_{j_s}-\boldsymbol{\beta}_j=\boldsymbol{o}$$

就变成

$$k_1\boldsymbol{\beta}_{j_1}'+k_2\boldsymbol{\beta}_{j_2}'+\cdots+k_s\boldsymbol{\beta}_{j_s}'-\boldsymbol{\beta}_j'=\boldsymbol{o}.$$

这两个齐次线性方程组同解，（2）得证．

注 类似有对 A 施以初等列变换，行向量间的线性关系不变，但没有对 A 施以初等行变换，行向量间的线性关系不变．如 $\begin{pmatrix}1&0&0\\0&1&0\\1&1&0\end{pmatrix}=\begin{pmatrix}\boldsymbol{\alpha}_1\\\boldsymbol{\alpha}_2\\\boldsymbol{\alpha}_3\end{pmatrix}$ 第 1 行加到第 2 行去，有

$$\begin{pmatrix}1&0&0\\1&1&0\\1&1&0\end{pmatrix}=\begin{pmatrix}\boldsymbol{\eta}_1\\\boldsymbol{\eta}_2\\\boldsymbol{\eta}_3\end{pmatrix}=\begin{pmatrix}\boldsymbol{\alpha}_1\\\boldsymbol{\alpha}_1+\boldsymbol{\alpha}_2\\\boldsymbol{\alpha}_3\end{pmatrix}.$$

原矩阵中的行向量 $\boldsymbol{\alpha}_2$ 与 $\boldsymbol{\alpha}_3$ 线性无关，初等变换后，新矩阵中的行向量 $\boldsymbol{\eta}_2$ 与 $\boldsymbol{\eta}_3$ 线性相关．

总之，矩阵的初等行（列）变换不改变其列（行）向量间的线性关系．

推论 2.12 对矩阵 $\boldsymbol{A}$ 施以初等行变换，其列秩不变；施以初等列变换，其行秩不变．于是有，对矩阵施以初等变换，行秩、列秩均不变．

定理 2.15 矩阵的行秩和列秩相等．

证明 设矩阵 $\boldsymbol{A}=(a_{ij})_{m\times n}$，如果 $\boldsymbol{A}$ 的所有元素都为零，则 A 的行秩和列秩均为零，结论成立．如果 $\boldsymbol{A}$ 的元素不全为零，则交换 $\boldsymbol{A}$ 的行或列的位置，总可以把非零元素调换到第一行、第一列的位置．并且这些变换不改变 $\boldsymbol{A}$ 的行秩和列秩．为简便，不妨设 $a_{11}\neq 0$，对 $\boldsymbol{A}$ 施以若干次初等行变换，再施以若干次初等列变换，可使 $\boldsymbol{A}$ 化为

$$\boldsymbol{A}\xrightarrow{\text{初等行变换}}\begin{pmatrix}1 & a'_{12} & \cdots & a'_{1n}\\ 0 & a'_{22} & \cdots & a'_{2n}\\ \vdots & \vdots & & \vdots\\ 0 & a'_{m2} & \cdots & a'_{mn}\end{pmatrix}\xrightarrow{\text{初等列变换}}\begin{pmatrix}1 & 0 & \cdots & 0\\ 0 & \bar{a}_{22} & \cdots & \bar{a}_{2n}\\ \vdots & \vdots & & \vdots\\ 0 & \bar{a}_{m2} & \cdots & \bar{a}_{mn}\end{pmatrix}.$$

对右下角的 $(m-1)\times(n-1)$ 矩阵重复施行上述变换，可把 $\boldsymbol{A}$ 化为下述形状：

$$\widetilde{\boldsymbol{A}}=\begin{pmatrix}1 & 0 & \cdots & 0 & 0 & \cdots & 0\\ 0 & 1 & \cdots & 0 & 0 & \cdots & 0\\ \vdots & \vdots & & \vdots & \vdots & & \vdots\\ 0 & 0 & \cdots & 1 & 0 & \cdots & 0\\ 0 & 0 & \cdots & 0 & 0 & \cdots & 0\\ \vdots & \vdots & & \vdots & \vdots & & \vdots\\ 0 & 0 & \cdots & 0 & 0 & \cdots & 0\end{pmatrix}. \tag{2.19}$$

（前 r 行标注“r行”，前 r 列标注“r列”）

矩阵 $\boldsymbol{A}$ 和 $\widetilde{\boldsymbol{A}}$ 有相同的行秩和列秩．显然 $\widetilde{\boldsymbol{A}}$ 的行秩、列秩都是 r，因此 $\boldsymbol{A}$ 的行秩、列秩都等于 r.

定义 2.16 形式（2.19）的矩阵也称为矩阵 $\boldsymbol{A}$ 的**等价标准形（standard form）**.

由定理的证明过程，还可以得到

推论 2.13 对矩阵 $\boldsymbol{A}_{m\times n}$ 施以初等变换，就可以把 $\boldsymbol{A}$ 化为其等价标准形．

显然，标准形 2.19 由 m，n，r 三个数完全确定，其中 r 就是行阶梯形矩阵中非零行的行数．

定义 2.17 如果矩阵 $\boldsymbol{A}$ 经过有限次初等行变换变成矩阵 $\boldsymbol{B}$，就称矩阵 $\boldsymbol{A}$ 与矩阵 $\boldsymbol{B}$ 行等价，如果矩阵 $\boldsymbol{A}$ 经过有限次初等列变换变成矩阵 $\boldsymbol{B}$，就称矩阵 $\boldsymbol{A}$ 与矩阵 $\boldsymbol{B}$ 列等价，如果矩阵 $\boldsymbol{A}$ 经过有限次初等变换化成矩阵 $\boldsymbol{B}$，则称矩阵 $\boldsymbol{A}$ 与矩阵 $\boldsymbol{B}$ 等价，记作 $\boldsymbol{A}\cong\boldsymbol{B}$.

矩阵之间的等价关系具有下列性质：

（1）反身性：$\boldsymbol{A}\cong\boldsymbol{A}$；

（2）对称性：若 $\boldsymbol{A}\cong\boldsymbol{B}$，则 $\boldsymbol{B}\cong\boldsymbol{A}$；

（3）传递性：若 $\boldsymbol{A}\cong\boldsymbol{B}$，$\boldsymbol{B}\cong\boldsymbol{C}$，则 $\boldsymbol{A}\cong\boldsymbol{C}$.

注意到任一矩阵的行秩和列秩相等，自然引入矩阵的秩的概念．

定义 2.18 矩阵 $\boldsymbol{A}_{m\times n}$ 的行秩和列秩，统称为矩阵 $\boldsymbol{A}$ 的秩（**rank of matrix** $\boldsymbol{A}$）．矩阵 $\boldsymbol{A}$ 的秩记作 $\mathrm{r}(\boldsymbol{A})$.

根据定义 2.18，r($\boldsymbol{A}$) 是矩阵 $\boldsymbol{A}$ 的行（列）向量组的极大无关组中向量的个数. 因此有如下结论：

$$0 \leqslant \mathrm{r}(\boldsymbol{A}) \leqslant \min\{m, n\}.$$

特别当 $\mathrm{r}(\boldsymbol{A})=m$ 时，$\boldsymbol{A}$ 的行向量组一定线性无关. 这时称 $\boldsymbol{A}$ 为行满秩矩阵. 当 $\mathrm{r}(\boldsymbol{A})=n$ 时，$\boldsymbol{A}$ 的列向量组一定线性无关，称 $\boldsymbol{A}$ 为列满秩矩阵. 行满秩矩阵、列满秩矩阵，统称为满秩矩阵.

我们可通过矩阵的初等变换求矩阵的秩，而矩阵的秩本质上就是向量组的秩，那么向量组的秩即可通过矩阵秩的求法来得到.

例 2.14 求如下向量组的秩，并从中选出一个极大无关组，将其余向量用极大无关组线性表出.

$$\boldsymbol{\alpha}_1=\begin{pmatrix}-1\\1\\1\end{pmatrix},\ \boldsymbol{\alpha}_2=\begin{pmatrix}-2\\4\\3\end{pmatrix},\ \boldsymbol{\alpha}_3=\begin{pmatrix}1\\1\\0\end{pmatrix},\ \boldsymbol{\alpha}_4=\begin{pmatrix}0\\4\\2\end{pmatrix}.$$

解 把向量组按列排列成矩阵 $\boldsymbol{A}$，对 $\boldsymbol{A}$ 施以初等行变换化为阶梯形矩阵

$$\boldsymbol{A}=(\boldsymbol{\alpha}_1\ \boldsymbol{\alpha}_2\ \boldsymbol{\alpha}_3\ \boldsymbol{\alpha}_4)=\begin{pmatrix}-1&-2&1&0\\1&4&1&4\\1&3&0&2\end{pmatrix}\rightarrow\begin{pmatrix}-1&-2&1&0\\0&2&2&4\\0&1&1&2\end{pmatrix}$$

$$\rightarrow\begin{pmatrix}-1&-2&1&0\\0&1&1&2\\0&0&0&0\end{pmatrix}=(\boldsymbol{\alpha}_1'\ \boldsymbol{\alpha}_2'\ \boldsymbol{\alpha}_3'\ \boldsymbol{\alpha}_4')=\boldsymbol{A}'.$$

则 $\mathrm{r}(\boldsymbol{A}')=2$，即 $\mathrm{r}\{\boldsymbol{\alpha}_1, \boldsymbol{\alpha}_2, \boldsymbol{\alpha}_3, \boldsymbol{\alpha}_4\}=2$. 根据定理 2.14 知，$\boldsymbol{\alpha}_1'$，$\boldsymbol{\alpha}_2'$线性无关，则 $\boldsymbol{\alpha}_1$，$\boldsymbol{\alpha}_2$ 线性无关且是该向量组的一个极大无关组.

为了借助行列式求解矩阵的秩，进一步引入 k 阶子式的概念.

定义 2.19 在矩阵 $\boldsymbol{A}=(a_{ij})_{m\times n}$ 中，任取 k 行，k 列（$k\leqslant\min\{m, n\}$），位于这些行和列交叉处的 k^2 个元素按原来顺序所构成的 k 阶行列式，称为矩阵 $\boldsymbol{A}$ 的一个 k 阶子行列式（k-subdeterminant），简称为 $\boldsymbol{A}$ 的 k 阶子式，$m\times n$ 矩阵 $\boldsymbol{A}$ 的 k 阶子式共有 $\mathrm{C}_m^k\cdot\mathrm{C}_n^k$ 个.

例 2.15 设矩阵 $\boldsymbol{A}=\begin{pmatrix}0&1&1&2\\-1&2&1&3\\1&-1&0&1\end{pmatrix}$，取定 $\boldsymbol{A}$ 的第一、三行和第二、四列，这些行和列交叉处的元素构成 $\boldsymbol{A}$ 的一个二阶子式 $\begin{vmatrix}1&2\\-1&1\end{vmatrix}=3$. 取定 $\boldsymbol{A}$ 的前三行，前三列，这些行和列交叉处的元素构成 $\boldsymbol{A}$ 的一个三阶子式 $\begin{vmatrix}0&1&1\\-1&2&1\\1&-1&0\end{vmatrix}=0$.

引理 2.2 如果矩阵 $\boldsymbol{A}=(a_{ij})_{m\times n}$ 中有一个 r 阶子式不为零，则矩阵 $\boldsymbol{A}$ 的秩 $\mathrm{r}(\boldsymbol{A})\geqslant r$.

证明 不妨设 $\boldsymbol{A}$ 的前 r 行、前 r 列交叉处元素所构成的 r 阶子式不等于零，即

$$\begin{vmatrix}a_{11}&a_{12}&\cdots&a_{1r}\\a_{21}&a_{22}&\cdots&a_{2r}\\\vdots&\vdots&&\vdots\\a_{r1}&a_{r2}&\cdots&a_{rr}\end{vmatrix}\neq 0.$$

根据定理 2.8，向量组（a_{11}，a_{12}，…，a_{1r}），（a_{21}，a_{22}，…，a_{2r}），…，（a_{r1}，a_{r2}，…，a_{rr}）必线性无关．在这 r 维向量上分别添加 $n-r$ 个分量，可得 n 维向量组

$$\boldsymbol{\alpha}_1=(a_{11},\ a_{12},\ \cdots,\ a_{1r},\ a_{1r+1},\ \cdots,\ a_{1n}),$$
$$\boldsymbol{\alpha}_2=(a_{21},\ a_{22},\ \cdots,\ a_{2r},\ a_{2r+1},\ \cdots,\ a_{2n}),$$
$$\vdots$$
$$\boldsymbol{\alpha}_r=(a_{r1},\ a_{r2},\ \cdots,\ a_{rr},\ a_{rr+1},\ \cdots,\ a_{rn})$$

仍是线性无关的．即矩阵 $\boldsymbol{A}$ 的一个行部分无关组含有 r 个向量，因此 $\mathrm{r}(\boldsymbol{A})\geqslant r$.

定理 2.16　矩阵 $\boldsymbol{A}=(a_{ij})_{m\times n}$ 的秩等于 r 的充分必要条件是：矩阵 $\boldsymbol{A}$ 中至少存在一个 r 阶子式不为零，且所有 $r+1$ 阶子式都等于零（$r<\min\{m,\ n\}$）.

证明　必要性．设 $\mathrm{r}(\boldsymbol{A})=r$，则 $\boldsymbol{A}$ 的行向量组有 r 个向量是线性无关的．不妨设 $\boldsymbol{A}$ 的前 r 个行向量是线性无关的，自然由这 r 个行向量可构成 $r\times n$ 矩阵 $\boldsymbol{A}_1$

$$\boldsymbol{A}_1=\begin{pmatrix} a_{11} & a_{12} & \cdots & a_{1r} & \cdots & a_{1n} \\ a_{21} & a_{22} & \cdots & a_{2r} & \cdots & a_{2n} \\ \vdots & \vdots & & \vdots & & \vdots \\ a_{r1} & a_{r2} & \cdots & a_{rr} & \cdots & a_{rn} \end{pmatrix}，且\ \mathrm{r}(\boldsymbol{A}_1)=r,$$

所以 $\boldsymbol{A}_1$ 的列秩也为 r，即 $\boldsymbol{A}_1$ 的列向量组中必有 r 个列向量线性无关．不妨设 $\boldsymbol{A}_1$ 的前 r 个列向量线性无关．于是由定理 2.8，即 $\boldsymbol{A}$ 中至少有一个 r 阶子式不为零．下面再利用反证法证明 $\boldsymbol{A}$ 的任一 $r+1$ 阶子式都等于零．假设 $\boldsymbol{A}$ 中存在一个 $r+1$ 阶子式不为零，由引理 2.2，有 $\mathrm{r}(\boldsymbol{A})\geqslant r+1>r$，这与 $\mathrm{r}(\boldsymbol{A})=r$ 矛盾．因此 $\boldsymbol{A}$ 的任一 $r+1$ 阶子式必等于零．

充分性．如果 $\boldsymbol{A}$ 中有一个 r 阶子式不等于零，由引理 2.2 可得 $\mathrm{r}(\boldsymbol{A})\geqslant r$. 又因 $\boldsymbol{A}$ 的所有 $r+1$ 阶子式都为零，由行列式展开定理可知，任意大于 $r+1$ 阶的子式也为零．如果 $\mathrm{r}(\boldsymbol{A})=r_0>r$，由必要性证明可知，$\boldsymbol{A}$ 中至少有一个 r_0 阶子式不为零，这与 $\boldsymbol{A}$ 的所有阶数大于 r 的子式都等于零的结论相矛盾．所以 $\mathrm{r}(\boldsymbol{A})=r$.

定理 2.15 和定理 2.16 表明，任一非零矩阵 $\boldsymbol{A}$ 的行秩等于列秩，并且等于 $\boldsymbol{A}$ 的不为零的子式的最高阶数．由此看出，矩阵的秩是一个非常深刻的概念，它可以从行向量组的秩，列向量组的秩，不为零子式的最高阶数这三个角度来刻画．

习题 2.4

1. 求矩阵 $\boldsymbol{A}$ 的秩，其中

$$\boldsymbol{A}=\begin{pmatrix} -6 & 6 & 0 & -4 & -2 \\ 2 & -2 & 1 & 3 & 4 \\ -1 & 1 & 1 & 1 & 3 \end{pmatrix}.$$

2. 求当 λ 取何值时，矩阵 $\boldsymbol{A}=\begin{pmatrix} -1 & 2 & \lambda & 1 \\ -2 & 4 & 10 & 1 \\ 0 & 0 & -1 & 2 \end{pmatrix}$ 的秩是 2．

3. 求如下向量组的秩，并从中选出一个极大无关组，将其余向量用极大无关组线性表出 .

$$\boldsymbol{\alpha}_1=\begin{pmatrix}1\\-1\\2\\1\end{pmatrix},\ \boldsymbol{\alpha}_2=\begin{pmatrix}2\\-2\\4\\-2\end{pmatrix},\ \boldsymbol{\alpha}_3=\begin{pmatrix}3\\0\\6\\-1\end{pmatrix},\ \boldsymbol{\alpha}_4=\begin{pmatrix}0\\3\\0\\0\end{pmatrix}.$$

4. 证明：若 $s\times n$ 矩阵 $\boldsymbol{A}$ 的秩为 r，则 $\boldsymbol{A}$ 的不等于零的 r 阶子式所在的列（行）构成 A 的列（行）向量组的一个极大线性无关组 .

5. 设 $\boldsymbol{A}$ 是 $m\times n$ 矩阵，证明：$\mathrm{r}(\boldsymbol{A})\leqslant\min\{m, n\}$.

6. 证明：矩阵 $\boldsymbol{A}$ 的任意一个子矩阵的秩不会超过 $\boldsymbol{A}$ 的秩 .

2.5　线性方程组解的判定

在具备向量的线性关系、矩阵秩等理论的基础后，我们将进一步研究线性方程组解的判定定理；以及有解时，特别是有无穷多解时，解与解之间的关系，即线性方程组解的结构问题 .

考察 n 元线性方程组

$$\begin{cases}a_{11}x_1+a_{12}x_2+\cdots+a_{1n}x_n=b_1,\\ a_{21}x_1+a_{22}x_2+\cdots+a_{2n}x_n=b_2,\\ \qquad\qquad\vdots\\ a_{m1}x_1+a_{m2}x_2+\cdots+a_{mn}x_n=b_m.\end{cases}\tag{2.20}$$

若记 $\boldsymbol{\alpha}_1=\begin{pmatrix}a_{11}\\a_{21}\\\vdots\\a_{m1}\end{pmatrix},\ \boldsymbol{\alpha}_2=\begin{pmatrix}a_{12}\\a_{22}\\\vdots\\a_{m2}\end{pmatrix},\ \cdots,\ \boldsymbol{\alpha}_n=\begin{pmatrix}a_{1n}\\a_{2n}\\\vdots\\a_{mn}\end{pmatrix},\ \boldsymbol{\beta}=\begin{pmatrix}b_1\\b_2\\\vdots\\b_m\end{pmatrix}$，

则线性方程组（2.20）的向量形式为：

$$x_1\boldsymbol{\alpha}_1+x_2\boldsymbol{\alpha}_2+\cdots+x_n\boldsymbol{\alpha}_n=\boldsymbol{\beta}.\tag{2.21}$$

定理 2.17　线性方程组（2.20）有解的充分必要条件是：其系数矩阵的秩等于增广矩阵的秩 . 即 $\mathrm{r}(\boldsymbol{A})=\mathrm{r}(\overline{\boldsymbol{A}})$.

证明　线性方程组（2.20）有解等价于其向量形式（2.21）有解 . 方程组（2.21）有解等价于 $\boldsymbol{\beta}$ 可以由 $\boldsymbol{\alpha}_1, \boldsymbol{\alpha}_2, \cdots, \boldsymbol{\alpha}_n$ 线性表出 .

必要性　若线性方程组（2.20）有解，则 $\boldsymbol{\beta}$ 可以由 $\boldsymbol{\alpha}_1, \boldsymbol{\alpha}_2, \cdots, \boldsymbol{\alpha}_n$ 线性表出，于是，

$$\{\boldsymbol{\alpha}_1, \boldsymbol{\alpha}_2, \cdots, \boldsymbol{\alpha}_n\}\cong\{\boldsymbol{\alpha}_1, \boldsymbol{\alpha}_2, \cdots, \boldsymbol{\alpha}_n, \boldsymbol{\beta}\},$$

则

$$\mathrm{r}\{\boldsymbol{\alpha}_1, \boldsymbol{\alpha}_2, \cdots, \boldsymbol{\alpha}_n\}=\mathrm{r}\{\boldsymbol{\alpha}_1, \boldsymbol{\alpha}_2, \cdots, \boldsymbol{\alpha}_n, \boldsymbol{\beta}\},$$

即

$$\mathrm{r}(\boldsymbol{A})=\mathrm{r}(\overline{\boldsymbol{A}}).$$

充分性　若 $\mathrm{r}(\boldsymbol{A})=\mathrm{r}(\overline{\boldsymbol{A}})=r$，则 $\boldsymbol{A}$ 与 $\overline{\boldsymbol{A}}$ 的列向量组有相同的秩．不妨设 $\boldsymbol{\alpha}_1$，$\boldsymbol{\alpha}_2$，…，$\boldsymbol{\alpha}_r$ 是矩阵 $\boldsymbol{A}$ 的列向量组 $\{\boldsymbol{\alpha}_1,\boldsymbol{\alpha}_2,\cdots,\boldsymbol{\alpha}_n\}$ 的一个极大无关组，则 $\boldsymbol{\alpha}_1$，$\boldsymbol{\alpha}_2$，…，$\boldsymbol{\alpha}_r$ 也是 $\{\boldsymbol{\alpha}_1, \boldsymbol{\alpha}_2, \cdots, \boldsymbol{\alpha}_n, \boldsymbol{\beta}\}$ 的（矩阵 $\overline{\boldsymbol{A}}$ 的列向量组）一个极大无关组．因此向量 $\boldsymbol{\beta}$ 可以由

$$\boldsymbol{\alpha}_1,\ \boldsymbol{\alpha}_2,\ \cdots,\ \boldsymbol{\alpha}_r$$

线性表出．注意到

$$\{\boldsymbol{\alpha}_1,\ \boldsymbol{\alpha}_2,\ \cdots,\ \boldsymbol{\alpha}_r\}\cong\{\boldsymbol{\alpha}_1,\ \boldsymbol{\alpha}_2,\ \cdots,\ \boldsymbol{\alpha}_r,\ \boldsymbol{\alpha}_{r+1},\ \cdots,\ \boldsymbol{\alpha}_n\},$$

于是 $\boldsymbol{\beta}$ 可以由 $\boldsymbol{\alpha}_1$，$\boldsymbol{\alpha}_2$，…，$\boldsymbol{\alpha}_r$，…，$\boldsymbol{\alpha}_n$ 线性表出，即线性方程组

$$x_1\boldsymbol{\alpha}_1+x_2\boldsymbol{\alpha}_2+\cdots+x_n\boldsymbol{\alpha}_n=\boldsymbol{\beta}$$

有解．从而方程组（2.20）有解．

定理 2.17 的逆否命题为

推论 2.14　线性方程组（2.20）无解的充分必要条件是 $\mathrm{r}(\boldsymbol{A})\neq\mathrm{r}(\overline{\boldsymbol{A}})$.

推论 2.15　线性方程组（2.20）有唯一解的充分必要条件是 $\mathrm{r}(\boldsymbol{A})=\mathrm{r}(\overline{\boldsymbol{A}})=n$.

推论 2.16　线性方程组（2.20）有无穷多解的充分必要条件是 $\mathrm{r}(\boldsymbol{A})=\mathrm{r}(\overline{\boldsymbol{A}})<n$.

习题 2.5

1. 证明：含有 n 个未知量，$n+1$ 个方程的线性方程组

$$\begin{cases}a_{11}x_1+a_{12}x_2+\cdots+a_{1n}x_n=b_1,\\ \qquad\vdots\\ a_{n1}x_1+a_{n2}x_2+\cdots\cdots+a_{nn}x_n=b_n,\\ a_{n+1,1}x_1+a_{n+1,2}x_2+\cdots+a_{n+1,n}x_n=b_{n+1}\end{cases}$$

有解的必要条件是行列式

$$\begin{vmatrix}a_{11}&a_{12}&\cdots&a_{1n}&b_1\\ \vdots&\vdots&&\vdots&\vdots\\ a_{n1}&a_{n2}&\cdots&a_{nn}&b_n\\ a_{n+1,1}&a_{n+1,2}&\cdots&a_{n+1,n}&b_{n+1}\end{vmatrix}=0.$$

2. 讨论 λ，a，b 取什么值时下列方程组有唯一解，无解与无穷多解？

（1）$\begin{cases}(\lambda+3)\ x_1+x_2+2x_3=\lambda,\\ \lambda x_1+\ (\lambda-1)\ x_2+x_3=2\lambda,\\ 3\ (\lambda+1)\ x_1+\lambda x_2+\ (\lambda+3)\ x_3=3;\end{cases}$

（2）$\begin{cases}ax_1+x_2+x_3=4,\\ x_1+bx_2+x_3=3,\\ x_1+2bx_2+x_3=4.\end{cases}$

3. 求 λ 取何值时，以下线性方程组有解？

$$\begin{cases}\lambda x_1+x_2+2x_3-3x_4=2,\\ \lambda^2x_1-3x_2+2x_3+x_4=-1,\\ \lambda^3x_1-x_2+2x_3-x_4=1.\end{cases}$$

2.6 线性方程组解的结构

在上一节，我们给出线性方程组有解的判别条件，这一节来讨论线性方程组解的结构．在方程组的解是唯一的情况下，当然没有什么结构问题．在有多个解的情况下，所谓解的结构问题就是解与解之间的关系问题．解的结构定理表明，虽然方程组有无穷多个解，但是全部的解都可以用有限多个解表示出来．

考虑齐次线性方程组

$$\begin{cases}a_{11}x_1+a_{12}x_2+\cdots+a_{1n}x_n=0,\\ a_{21}x_1+a_{22}x_2+\cdots+a_{2n}x_n=0,\\ \qquad\vdots\\ a_{m1}x_1+a_{m2}x_2+\cdots+a_{mn}x_n=0.\end{cases}\tag{2.22}$$

其向量形式为

$$x_1\boldsymbol{\alpha}_1+x_2\boldsymbol{\alpha}_2+\cdots+x_n\boldsymbol{\alpha}_n=\boldsymbol{o}.\tag{2.23}$$

此处

$$\boldsymbol{\alpha}_1=\begin{pmatrix}a_{11}\\a_{21}\\\vdots\\a_{m1}\end{pmatrix},\ \boldsymbol{\alpha}_2=\begin{pmatrix}a_{12}\\a_{22}\\\vdots\\a_{m2}\end{pmatrix},\ \cdots,\ \boldsymbol{\alpha}_n=\begin{pmatrix}a_{1n}\\a_{2n}\\\vdots\\a_{mn}\end{pmatrix},\ \boldsymbol{o}=\begin{pmatrix}0\\0\\\vdots\\0\end{pmatrix}.$$

方程组（2.22）总是有解 $x_1=x_2=\cdots=x_n=0$ 的，若有非零解，则有无穷多解．下面我们将讨论齐次线性方程组有非零解时，解的结构有何特点．为此，先讨论齐次线性方程组解的性质．

2.6.1 齐次线性方程组解的结构

数域 P 上 n 元齐次线性方程组（2.22）或方程组（2.23）的一个解是数域 P 上一个 n 维向量，记作

$$\boldsymbol{\eta}=\begin{pmatrix}k_1\\k_2\\\vdots\\k_n\end{pmatrix} 或 \boldsymbol{\eta}=(k_1,\ k_2,\ \cdots,\ k_n)^{\mathrm{T}},$$

表示解 $x_1=k_1$，$x_2=k_2$，$\cdots$，$x_n=k_n$，称它为数域 P 上 n 元齐次线性方程组（2.22）或方程组（2.23）的一个**解向量**．

性质 2.4　若 $\boldsymbol{\xi}$，$\boldsymbol{\eta}$ 是齐次线性方程组（2.22）的解，则 $\boldsymbol{\xi}+\boldsymbol{\eta}$ 也是方程组（2.22）的解．

证明　设 $\boldsymbol{\xi}=(c_1, c_2, \cdots, c_n)^{\mathrm{T}}$，$\boldsymbol{\eta}=(d_1, d_2, \cdots, d_n)^{\mathrm{T}}$. 由 $\boldsymbol{\xi}$，$\boldsymbol{\eta}$ 为齐次线性方程组（2.22）的解．因此，$c_1\boldsymbol{\alpha}_1+c_2\boldsymbol{\alpha}_2+\cdots+c_n\boldsymbol{\alpha}_n=\boldsymbol{o}$，$d_1\boldsymbol{\alpha}_1+d_2\boldsymbol{\alpha}_2+\cdots+d_n\boldsymbol{\alpha}_n=\boldsymbol{o}$. 从而 $(c_1+d_1)\boldsymbol{\alpha}_1+(c_2+d_2)\boldsymbol{\alpha}_2+\cdots+(c_n+d_n)\boldsymbol{\alpha}_n=\boldsymbol{o}$. 于是

$$\boldsymbol{\xi}+\boldsymbol{\eta}=(c_1+d_1, c_2+d_2, \cdots, c_n+d_n)^{\mathrm{T}}$$

是齐次线性方程组（2.22）的一个解向量．

性质 2.5　若 $\boldsymbol{\eta}$ 是齐次线性方程组（2.22）的解，则对任意常数 c，$c\boldsymbol{\eta}$ 也是方程组（2.22）的解．

证明　由于 $c\boldsymbol{\eta}=\begin{pmatrix} ck_1 \\ ck_2 \\ \vdots \\ ck_n \end{pmatrix}$，于是

$$ck_1\boldsymbol{\alpha}_1+ck_2\boldsymbol{\alpha}_2+\cdots+ck_n\boldsymbol{\alpha}_n=c(k_1\boldsymbol{\alpha}_1+k_2\boldsymbol{\alpha}_2+\cdots+k_n\boldsymbol{\alpha}_n)=c\boldsymbol{o}=\boldsymbol{o},$$

所以 $c\boldsymbol{\eta}$ 是方程组（2.22）的解．

利用性质 2.4 和性质 2.5，进一步可以得到：

推论 2.17　如果 $\boldsymbol{\xi}_1$，$\boldsymbol{\xi}_2$，$\cdots$，$\boldsymbol{\xi}_s$ 是齐次线性方程组（2.22）的解，则 $\boldsymbol{\xi}_1$，$\boldsymbol{\xi}_2$，$\cdots$，$\boldsymbol{\xi}_s$ 的任意线性组合 $c_1\boldsymbol{\xi}_1+c_2\boldsymbol{\xi}_2+\cdots+c_s\boldsymbol{\xi}_s$ 也是方程组（2.22）的解．

当齐次线性方程组（2.22）有无穷多组解时，是否可以找到方程组的有限个解或解向量组

$$\boldsymbol{\xi}_1, \boldsymbol{\xi}_2, \cdots, \boldsymbol{\xi}_s,$$

使方程组的任意一个解都可以用它线性表出，为此，引入基础解系的概念．

定义 2.20　若 $\boldsymbol{\xi}_1$，$\boldsymbol{\xi}_2$，$\cdots$，$\boldsymbol{\xi}_s$ 是齐次线性方程组（2.22）的解向量组的一个极大线性无关组，则称 $\boldsymbol{\xi}_1$，$\boldsymbol{\xi}_2$，$\cdots$，$\boldsymbol{\xi}_s$ 为齐次线性方程组（2.22）的一个**基础解系**（**basic set of solutions**）.

由定义可以得出，方程组（2.22）的基础解系必定线性无关，并且方程组的任意一个解都可以由基础解系线性表出．于是，基础解系中的向量满足：是解、线性无关、齐次线性方程组的任意一个解能用基础解系线性表出．如果求出了齐次线性方程组（2.22）的一个基础解系 $\boldsymbol{\xi}_1$，$\boldsymbol{\xi}_2$，$\cdots$，$\boldsymbol{\xi}_s$，那么齐次线性方程组（2.22）的解集 W 为

$$\{k_1\boldsymbol{\xi}_1+k_2\boldsymbol{\xi}_2+\cdots+k_s\boldsymbol{\xi}_s \mid k_i\in P, i=1, 2, \cdots, s\}.$$

通常也说齐次线性方程组（2.22）的全部解是

$$k_1\boldsymbol{\xi}_1+k_2\boldsymbol{\xi}_2+\cdots+k_s\boldsymbol{\xi}_s, \; k_1, k_2, \cdots, k_s\in P.$$

当齐次线性方程组的系数矩阵的秩 $\mathrm{r}(\boldsymbol{A})=n$ 时，方程组仅有零解，因此方程组不存在基础解系．而当 $\mathrm{r}(\boldsymbol{A})<n$ 时，有如下定理：

定理 2.18　如果齐次线性方程组（2.22）的系数矩阵的秩 $\mathrm{r}(\boldsymbol{A})<n$，则该方程组有基础解系，且它的任一基础解系中解向量的个数为 $n-\mathrm{r}(\boldsymbol{A})$.

证明　由 $\mathrm{r}(\boldsymbol{A})<n$，我们对方程组（2.22）的增广矩阵 $\overline{\boldsymbol{A}}$ 施以初等行变换（必要时，重新排列未知量的顺序）可得

$$\overline{A}\to\cdots\to\begin{pmatrix}1&0&\cdots&0&a'_{1r+1}&\cdots&a'_{1n}&0\\0&1&\cdots&0&a'_{2r+1}&\cdots&a'_{2n}&0\\\vdots&\vdots&&\vdots&&&\vdots&0\\0&0&\cdots&1&a'_{rr+1}&\cdots&a'_{rn}&0\\0&0&\cdots&0&0&\cdots&0&0\\\vdots&\vdots&&\vdots&&&\vdots&\vdots\\0&0&\cdots&0&0&\cdots&0&0\end{pmatrix},$$

对应的齐次线性方程组

$$\begin{cases}x_1+a'_{1r+1}x_{r+1}+\cdots+a'_{1n}x_n=0,\\x_2+a'_{2r+1}x_{r+1}+\cdots+a'_{2n}x_n=0,\\\qquad\qquad\vdots\\x_r+a'_{rr+1}x_{r+1}+\cdots+a'_{rn}x_n=0,\end{cases}\tag{2.24}$$

与原方程组同解，其中 x_{r+1}，…，x_n 为自由未知量．让自由未知量 x_{r+1}，…，x_n 分别取下述 $n-r$ 组数：

$$\begin{pmatrix}1\\0\\\vdots\\0\end{pmatrix},\ \begin{pmatrix}0\\1\\\vdots\\0\end{pmatrix},\ \cdots,\ \begin{pmatrix}0\\0\\\vdots\\1\end{pmatrix},$$

由方程组（2.24）得到方程组（2.22）的 $n-r$ 个解向量

$$\boldsymbol{\eta}_1=\begin{pmatrix}-a'_{1r+1}\\-a'_{2r+1}\\\vdots\\-a'_{rr+1}\\1\\0\\\vdots\\0\end{pmatrix},\ \boldsymbol{\eta}_2=\begin{pmatrix}-a'_{1r+2}\\-a'_{2r+2}\\\vdots\\-a'_{rr+2}\\0\\1\\\vdots\\0\end{pmatrix},\ \cdots,\ \boldsymbol{\eta}_{n-r}=\begin{pmatrix}-a'_{1n}\\-a'_{2n}\\\vdots\\-a'_{rn}\\0\\0\\\vdots\\1\end{pmatrix}.$$

现在证明 $\boldsymbol{\eta}_1$，$\boldsymbol{\eta}_2$，…，$\boldsymbol{\eta}_{n-r}$ 就是方程组（2.22）的一个基础解系．注意到这 $n-r$ 个解向量后的 $n-r$ 个分量组成的向量组是 $n-r$ 维基本单位向量组，它们是线性无关的．根据定理 2.10，向量组 $\boldsymbol{\eta}_1$，$\boldsymbol{\eta}_2$，…，$\boldsymbol{\eta}_{n-r}$ 也线性无关．只需再证方程组（2.22）的任意一个解都可以由 $\boldsymbol{\eta}_1$，$\boldsymbol{\eta}_2$，…，$\boldsymbol{\eta}_{n-r}$ 线性表出，则 $\boldsymbol{\eta}_1$，$\boldsymbol{\eta}_2$，…，$\boldsymbol{\eta}_{n-r}$ 就是方程组（2.22）的一个基础解系．设

$$\boldsymbol{\eta}=\begin{pmatrix}k_1\\k_2\\\vdots\\k_n\end{pmatrix}$$

是方程组（2.22）的任意一个解，则 $\boldsymbol{\eta}$ 也是方程组（2.24）的解．因此，把 $x_1=k_1$，$x_2=k_2$，…，$x_n=k_n$ 代入方程组（2.24），一定有

$$\begin{cases} k_1=-a'_{1r+1}k_{r+1}-a'_{1r+2}k_{r+2}-\cdots-a'_{1n}k_n, \\ k_2=-a'_{2r+1}k_{r+1}-a'_{2r+2}k_{r+2}-\cdots-a'_{2n}k_n, \\ \quad\vdots \\ k_r=-a'_{rr+1}k_{r+1}-a'_{rr+2}k_{r+2}-\cdots-a'_{rn}k_n, \\ k_{r+1}=k_{r+1}, \\ k_{r+2}=k_{r+2}, \\ \quad\vdots \\ k_n=k_n, \end{cases}$$

用列向量表示上述结果，有

$$\begin{pmatrix} k_1 \\ k_2 \\ \vdots \\ k_r \\ k_{r+1} \\ k_{r+2} \\ \vdots \\ k_n \end{pmatrix}=k_{r+1}\begin{pmatrix} -a'_{1r+1} \\ -a'_{2r+1} \\ \vdots \\ -a'_{rr+1} \\ 1 \\ 0 \\ \vdots \\ 0 \end{pmatrix}+k_{r+2}\begin{pmatrix} -a'_{1r+2} \\ -a'_{2r+2} \\ \vdots \\ -a'_{rr+2} \\ 0 \\ 1 \\ \vdots \\ 0 \end{pmatrix}+\cdots+k_n\begin{pmatrix} -a'_{1n} \\ -a'_{2n} \\ \vdots \\ -a'_{rn} \\ 0 \\ 0 \\ \vdots \\ 1 \end{pmatrix},$$

即

$$\boldsymbol{\eta}=k_{r+1}\boldsymbol{\eta}_1+k_{r+2}\boldsymbol{\eta}_2+\cdots+k_n\boldsymbol{\eta}_{n-r}.$$

因此方程组（2.22）的任意一个解都可以由 $\boldsymbol{\eta}_1$，$\boldsymbol{\eta}_2$，…，$\boldsymbol{\eta}_{n-r}$线性表出．

注　定理 2.18 的证明过程也给出了求齐次线性方程组的一个基础解系的方法．如果 $\boldsymbol{\eta}_1$，$\boldsymbol{\eta}_2$，…，$\boldsymbol{\eta}_{n-r}$是方程组（2.22）的一个基础解系，方程组（2.22）的全部解（**一般解，general solution**）就可以表示为

$$\boldsymbol{\eta}=c_1\boldsymbol{\eta}_1+c_2\boldsymbol{\eta}_2+\cdots+c_{n-r}\boldsymbol{\eta}_{n-r},$$

其中，c_1，c_2，…，c_{n-r}为任意常数．定理 2.18 也表明基础解系不唯一，如果 $\mathrm{r}(\boldsymbol{A})=r$,则任意 $n-r$ 个线性无关的解都是一个基础解系．

例 2.16　求下述齐次线性方程组的一个基础解系，并且写出它的全部解．

$$\begin{cases} x_1+3x_2-5x_3-2x_4=0, \\ -3x_1-2x_2+x_3+x_4=0, \\ -11x_1-5x_2-x_3+2x_4=0, \\ 5x_1+x_2+3x_3=0. \end{cases}$$

解　把方程组的系数矩阵经过初等行变换化成行简化阶梯形矩阵：

$$\begin{pmatrix}1&3&-5&-2\\-3&-2&1&1\\-11&-5&-1&2\\5&1&3&0\end{pmatrix}\to\begin{pmatrix}1&3&-5&-2\\0&7&-14&-5\\0&28&-56&-20\\0&-14&28&10\end{pmatrix}\to\begin{pmatrix}1&0&1&\frac{1}{7}\\0&1&-2&-\frac{5}{7}\\0&0&0&0\\0&0&0&0\end{pmatrix}.$$

于是原方程组的一般解为

$$\begin{cases}x_1=-x_3-\dfrac{1}{7}x_4,\\x_2=2x_3+\dfrac{5}{7}x_4,\end{cases}$$

其中，x_3，x_4 是自由未知量．因此原方程组的一个基础解系为

$$\boldsymbol{\eta}_1=\begin{pmatrix}-1\\2\\1\\0\end{pmatrix},\quad \boldsymbol{\eta}_2=\begin{pmatrix}-1\\5\\0\\7\end{pmatrix}.$$

因此原方程组的全部解为 $\boldsymbol{\eta}=c_1\boldsymbol{\eta}_1+c_2\boldsymbol{\eta}_2$，其中 c_1，c_2 为任意常数．

2.6.2 非齐次线性方程组解的结构

考虑数域 P 上 n 元非齐次线性方程组（2.20）的向量形式

$$x_1\boldsymbol{\alpha}_1+x_2\boldsymbol{\alpha}_2+\cdots+x_n\boldsymbol{\alpha}_n=\boldsymbol{\beta}. \tag{2.21}$$

它的解的结构如何？为此考虑相应的齐次线性方程组

$$x_1\boldsymbol{\alpha}_1+x_2\boldsymbol{\alpha}_2+\cdots+x_n\boldsymbol{\alpha}_n=\boldsymbol{o}, \tag{2.25}$$

称它为非齐次线性方程组（2.21）的**导出组**（**derived group of linear system of equations**）.

非齐次线性方程组（2.21）的解与其导出组（2.25）的解具有下述性质：

性质 2.6 如果 $\boldsymbol{\gamma}$ 是非齐次线性方程组（2.21）的解，$\boldsymbol{\eta}$ 是与方程组（2.21）对应的导出组（2.25）的解，则 $\boldsymbol{\gamma}+\boldsymbol{\eta}$ 是非齐次线性方程组（2.21）的解．

证明 设 $\boldsymbol{\gamma}=\begin{pmatrix}k_1\\k_2\\\vdots\\k_n\end{pmatrix}$，$\boldsymbol{\eta}=\begin{pmatrix}l_1\\l_2\\\vdots\\l_n\end{pmatrix}$，则 $\boldsymbol{\gamma}+\boldsymbol{\eta}=\begin{pmatrix}k_1+l_1\\k_2+l_2\\\vdots\\k_n+l_n\end{pmatrix}$，于是有

$$\begin{aligned}&(k_1+l_1)\boldsymbol{\alpha}_1+(k_2+l_2)\boldsymbol{\alpha}_2+\cdots+(k_n+l_n)\boldsymbol{\alpha}_n\\=&(k_1\boldsymbol{\alpha}_1+k_2\boldsymbol{\alpha}_2+\cdots+k_n\boldsymbol{\alpha}_n)+(l_1\boldsymbol{\alpha}_1+l_2\boldsymbol{\alpha}_2+\cdots+l_n\boldsymbol{\alpha}_n)\\=&\boldsymbol{\beta}+\boldsymbol{o}=\boldsymbol{\beta}.\end{aligned}$$

所以 $\boldsymbol{\gamma}+\boldsymbol{\eta}$ 是方程组（2.21）的解．

性质 2.7 如果 $\boldsymbol{\gamma}_1$，$\boldsymbol{\gamma}_2$ 是非齐次线性方程组（2.21）的两个解，则 $\boldsymbol{\gamma}_1-\boldsymbol{\gamma}_2$ 是与方程组（2.21）对应的导出组（2.25）的解．

证明　设 $\boldsymbol{\gamma}_1=\begin{pmatrix}k_1\\k_2\\\vdots\\k_n\end{pmatrix}$，　$\boldsymbol{\gamma}_2=\begin{pmatrix}l_1\\l_2\\\vdots\\l_n\end{pmatrix}$，则 $\boldsymbol{\gamma}_1-\boldsymbol{\gamma}_2=\begin{pmatrix}k_1-l_1\\k_2-l_2\\\vdots\\k_n-l_n\end{pmatrix}$. 于是有

$$\begin{aligned}&(k_1-l_1)\boldsymbol{\alpha}_1+(k_2-l_2)\boldsymbol{\alpha}_2+\cdots+(k_n-l_n)\boldsymbol{\alpha}_n\\&=(k_1\boldsymbol{\alpha}_1+k_2\boldsymbol{\alpha}_2+\cdots+k_n\boldsymbol{\alpha}_n)-(l_1\boldsymbol{\alpha}_1+l_2\boldsymbol{\alpha}_2+\cdots+l_n\boldsymbol{\alpha}_n)\\&=\boldsymbol{\beta}-\boldsymbol{\beta}=\boldsymbol{o}.\end{aligned}$$

故 $\boldsymbol{\gamma}_1-\boldsymbol{\gamma}_2$ 是导出组（2.25）的解.

定理 2.19　如果 $\boldsymbol{\gamma}_0$ 是非齐次线性方程组（2.21）的一个解，$\boldsymbol{\eta}$ 是其导出组（2.25）的全部解，即 $\boldsymbol{\eta}=c_1\boldsymbol{\eta}_1+c_2\boldsymbol{\eta}_2+\cdots+c_{n-r}\boldsymbol{\eta}_{n-r}$，其中 $\boldsymbol{\eta}_1$，$\boldsymbol{\eta}_2$，…，$\boldsymbol{\eta}_{n-r}$是方程组（2.21）的导出组（2.25）的一个基础解系，则方程组一般解（全部解）可表示为

$$\boldsymbol{\gamma}=\boldsymbol{\gamma}_0+\boldsymbol{\eta}=\boldsymbol{\gamma}_0+c_1\boldsymbol{\eta}_1+c_2\boldsymbol{\eta}_2+\cdots+c_{n-r}\boldsymbol{\eta}_{n-r},\tag{2.26}$$

其中，c_1，c_2，…，c_{n-r}为任意常数. $\boldsymbol{\gamma}_0$ 称为方程组（2.21）的一个特解.

证明　由性质 2.6 可知

$$\boldsymbol{\gamma}=\boldsymbol{\gamma}_0+c_1\boldsymbol{\eta}_1+c_2\boldsymbol{\eta}_2+\cdots+c_{n-r}\boldsymbol{\eta}_{n-r}$$

一定是非齐次线性方程组（2.21）的解.

下面证明非齐次线性方程组（2.21）的任意一个解 $\boldsymbol{\gamma}_1$ 一定具有式（2.26）的形式. 设 $\boldsymbol{\gamma}_1$ 是非齐次线性方程组（2.21）的解，由性质 2.7，$\boldsymbol{\gamma}_1-\boldsymbol{\gamma}_0$ 是非齐次线性方程组（2.21）的导出组（2.25）的解，所以存在 $n-r$ 个常数 k_1，k_2，…，k_{n-r}使得

$$\boldsymbol{\gamma}_1-\boldsymbol{\gamma}_0=k_1\boldsymbol{\eta}_1+k_2\boldsymbol{\eta}_2+\cdots+k_{n-r}\boldsymbol{\eta}_{n-r},$$

因此有

$$\boldsymbol{\gamma}_1=\boldsymbol{\gamma}_0+k_1\boldsymbol{\eta}_1+k_2\boldsymbol{\eta}_2+\cdots+k_{n-r}\boldsymbol{\eta}_{n-r}.$$

由定理，我们容易得到

推论 2.18　如果 n 元非齐次线性方程组（2.21）有解，那么它的解唯一的充分必要条件是：它的导出组（2.25）只有零解；有无穷多解的充分必要条件是：它的导出组（2.25）有非零解.

求非齐次线性方程组解的主要步骤为：

第一步，求导出组（2.25）的基础解系，得出导出组的一般解 $\boldsymbol{\eta}$；

第二步，求非齐次方程组（2.21）的一个特解 $\boldsymbol{\gamma}_0$；

第三步，得到非齐次线性方程组（2.21）的一般解 $\boldsymbol{\gamma}=\boldsymbol{\gamma}_0+\boldsymbol{\eta}$. 实际上求方程组（2.21）的特解与导出组（2.25）的基础解系的过程可同时进行，因为方程组（2.21）与导出组（2.25）的系数矩阵相同，而决定导出组（2.25）基础解系的仅是系数矩阵.

例 2.17　求非齐次线性方程组

$$\begin{cases}x_1+2x_2-3x_3-4x_4=-5,\\3x_1-x_2+5x_3+6x_4=-1,\\-5x_1-3x_2+x_3+2x_4=11,\\-9x_1-4x_2-x_3=17\end{cases}$$

的一般解.

解 把增广矩阵经过初等行变换化成行简化阶梯形矩阵

$$\begin{pmatrix} 1 & 2 & -3 & -4 & -5 \\ 3 & -1 & 5 & 6 & -1 \\ -5 & -3 & 1 & 2 & 11 \\ -9 & -4 & -1 & 0 & 17 \end{pmatrix} \to \begin{pmatrix} 1 & 2 & -3 & -4 & -5 \\ 0 & -7 & 14 & 18 & 14 \\ 0 & 7 & -14 & -18 & -14 \\ 0 & 14 & -28 & -36 & -28 \end{pmatrix}$$

$$\to \begin{pmatrix} 1 & 2 & -3 & -4 & -5 \\ 0 & 1 & -2 & -\frac{18}{7} & -2 \\ 0 & 0 & 0 & 0 & 0 \\ 0 & 0 & 0 & 0 & 0 \end{pmatrix} \to \begin{pmatrix} 1 & 0 & 1 & \frac{8}{7} & -1 \\ 0 & 1 & -2 & -\frac{18}{7} & -2 \\ 0 & 0 & 0 & 0 & 0 \\ 0 & 0 & 0 & 0 & 0 \end{pmatrix}.$$

原方程组的同解方程组为

$$\begin{cases} x_1 = -x_3 - \frac{8}{7}x_4 - 1, \\ x_2 = 2x_3 + \frac{18}{7}x_4 - 2, \end{cases}$$

其中，x_3，x_4 是自由未知量．令 $x_3=0$，$x_4=0$，得一个特解

$$\boldsymbol{\gamma}_0 = (-1,\ -2,\ 0,\ 0)^{\mathrm{T}}.$$

导出组的同解方程组为

$$\begin{cases} x_1 = -x_3 - \frac{8}{7}x_4, \\ x_2 = 2x_3 + \frac{18}{7}x_4, \end{cases}$$

其中，x_3，x_4 是自由未知量．导出组的一个基础解系为

$$\boldsymbol{\eta}_1 = \begin{pmatrix} 1 \\ -2 \\ -1 \\ 0 \end{pmatrix}, \quad \boldsymbol{\eta}_2 = \begin{pmatrix} 8 \\ -18 \\ 0 \\ -7 \end{pmatrix},$$

则非齐次线性方程组的一般解为

$$\boldsymbol{\gamma} = \boldsymbol{\gamma}_0 + c_1\boldsymbol{\eta}_1 + c_2\boldsymbol{\eta}_2,$$

其中，c_1，c_2 为任意常数．

习题 2.6

1. 求下列齐次线性方程组的一个基础解系（有非零解时），并用该基础解系表出一般解.

(1) $\begin{cases} 2x_1 + x_2 + x_4 = 0, \\ x_1 - x_3 + x_4 = 0; \end{cases}$

(2) $\begin{cases} x_1+x_2-x_3+x_4=0, \\ x_1-x_2+2x_3-x_4=0, \\ 3x_1+x_2+x_4=0; \end{cases}$

(3) $\begin{cases} x_1+x_2+x_3+x_4+x_5=0, \\ 3x_1+2x_2+x_3+x_4-3x_5=0, \\ x_2+2x_3+2x_4+6x_5=0, \\ 5x_1+4x_2+3x_3+3x_4-x_5=0. \end{cases}$

2. 设 n 个方程的 n 元齐次线性方程组的系数矩阵 $\boldsymbol{A}$ 的行列式等于零，并且 $\boldsymbol{A}$ 的 (k, i) 元的代数余子式 $A_{ki}\neq 0$，证明：

$$\boldsymbol{\eta}=\begin{pmatrix} A_{k1} \\ A_{k2} \\ \vdots \\ A_{kn} \end{pmatrix}$$

是这个齐次线性方程组的一个基础解系.

3. 讨论线性方程组

$$\begin{cases} (2-\lambda)x_1+2x_2-2x_3=1, \\ 2x_1+(5-\lambda)x_2-4x_3=2, \\ -2x_1-4x_2+(5-\lambda)x_3=-\lambda-1. \end{cases}$$

(1) 当 λ 取何值时，该方程组无解？有唯一解？有无穷多组解？

(2) 在方程组有无穷多解的情况下求其一般解.

4. 试问 a 为何值时，方程组

$$\begin{cases} x+y-z=1, \\ 2x+3y+az=3, \\ x+ay+3z=2 \end{cases}$$

(1) 有唯一解？(2) 无解？(3) 有无穷个解？并求出其一般解.

5. 设 $\boldsymbol{\xi}^*$ 是非齐次线性方程组 $\boldsymbol{Ax}=\boldsymbol{\beta}$ 的一个解，$\boldsymbol{\eta}_1$，…，$\boldsymbol{\eta}_{n-r}$是其导出组的一个基础解系. 证明：

(1) $\boldsymbol{\xi}^*$，$\boldsymbol{\eta}_1$，…，$\boldsymbol{\eta}_{n-r}$线性无关；

(2) $\boldsymbol{\xi}^*$，$\boldsymbol{\xi}^*+\boldsymbol{\eta}_1$，…，$\boldsymbol{\xi}^*+\boldsymbol{\eta}_{n-r}$是方程组 $\boldsymbol{Ax}=\boldsymbol{\beta}$ 的 $n-r+1$ 个线性无关的解；

(3) 方程组 $\boldsymbol{Ax}=\boldsymbol{\beta}$ 的任一解 $\boldsymbol{x}$，都可以表示为这 $n-r+1$ 个解的线性组合，而且组合系数之和为 1.

第3章　矩　　阵

在线性方程组的讨论中我们看到，线性方程组的一些重要性质反映在它的系数矩阵和增广矩阵的性质上，并且解方程组的过程也表现为矩阵作初等行变换的过程。除线性方程组之外，还有大量的各种各样的问题也都提出矩阵的概念，并且这些问题的研究常常反映为有关矩阵的某些方面的研究，甚至于有些性质完全不同的、表面上完全没有联系的问题，归结成矩阵问题以后却是相同的．这就使矩阵成为数学中一个极其重要、应用广泛的概念，因而也就使矩阵成为代数特别是高等代数的一个主要研究对象．这一章的目的是引入矩阵的运算，并讨论它们的一些基本性质．

3.1　矩阵的运算

3.1.1　几种特殊矩阵

矩阵是从实际问题中抽象出来的数学概念．为研究它们之间的关系，我们先引进它们的运算．下面要定义的运算是矩阵的加法、数量乘法以及乘法，在介绍这些运算之前，我们先定义几类特殊的矩阵．

设 $\boldsymbol{A}$ 是一个数域 P 上 $n\times n$ 矩阵，即

$$\boldsymbol{A}=\begin{pmatrix} a_{11} & a_{12} & \cdots & a_{1n} \\ a_{21} & a_{22} & \cdots & a_{2n} \\ \vdots & \vdots & & \vdots \\ a_{n1} & a_{n2} & \cdots & a_{nn} \end{pmatrix},$$

我们称 $\boldsymbol{A}$ 是一个 n **阶方阵**或 n 阶矩阵，主对角线上的元素 a_{11}，a_{22}，…，a_{nn}称为 $\boldsymbol{A}$ **的主对角元（main diagonal entry）**

只有一行的矩阵 $\boldsymbol{A}=(a_1,\ a_2,\ \cdots,\ a_n)$，称为**行矩阵**（或**行向量**）．只有一列的矩阵

$$\boldsymbol{B}=\begin{pmatrix} a_1 \\ a_2 \\ \vdots \\ a_n \end{pmatrix},$$ 称为**列矩阵**（或**列向量**）．

主对角线以外元素全为零的 n 阶矩阵

$$\begin{pmatrix} a_{11} & 0 & \cdots & 0 \\ 0 & a_{22} & \cdots & 0 \\ \vdots & \vdots & \ddots & \vdots \\ 0 & 0 & \cdots & a_{nn} \end{pmatrix}$$

称为**对角矩阵（diagonal matrix）**，记作

$$\mathrm{diag}(a_{11}, a_{22}, \cdots, a_{nn}).$$

主对角元全是 1 的对角矩阵称为 n 阶**单位矩阵（identity matrix）**，记作 $\boldsymbol{E}_n$ 或 $\boldsymbol{E}$，即

$$\boldsymbol{E}_n = \begin{pmatrix} 1 & 0 & \cdots & 0 \\ 0 & 1 & \cdots & 0 \\ \vdots & \vdots & \ddots & \vdots \\ 0 & 0 & \cdots & 1 \end{pmatrix}.$$

称 $k\boldsymbol{E}_n = \begin{pmatrix} k & & & \\ & k & & \\ & & \ddots & \\ & & & k \end{pmatrix}$ 为**纯量矩阵**（scalar matrix）.

主对角线下方元素全为零的 n 阶矩阵

$$\boldsymbol{A} = \begin{pmatrix} a_{11} & a_{12} & \cdots & a_{1n} \\ 0 & a_{22} & \cdots & a_{2n} \\ \vdots & \vdots & \ddots & \vdots \\ 0 & 0 & \cdots & a_{nn} \end{pmatrix},$$

称为**上三角矩阵（upper triangular matrix）**；同样，主对角线上方元素全为零的 n 阶矩阵

$$\begin{pmatrix} a_{11} & 0 & \cdots & 0 \\ a_{21} & a_{22} & \cdots & 0 \\ \vdots & \vdots & \ddots & \vdots \\ a_{n1} & a_{n2} & \cdots & a_{nn} \end{pmatrix},$$

称为**下三角矩阵（lower triangular matrix）**. 上三角和下三角矩阵统称为**三角（triangular）矩阵**. 对角矩阵是三角矩阵的特殊情形.

3.1.2 矩阵的线性运算

定义 3.1 设 $\boldsymbol{A}=(a_{ij})_{m\times n}$,$\boldsymbol{B}=(b_{ij})_{m\times n}$ 都是数域 P 上 $m\times n$ 矩阵,即

$$\boldsymbol{A} = \begin{pmatrix} a_{11} & a_{12} & \cdots & a_{1n} \\ a_{21} & a_{22} & \cdots & a_{2n} \\ \vdots & \vdots & & \vdots \\ a_{m1} & a_{m2} & \cdots & a_{mn} \end{pmatrix}, \quad \boldsymbol{B} = \begin{pmatrix} b_{11} & b_{12} & \cdots & b_{1n} \\ b_{21} & b_{22} & \cdots & b_{2n} \\ \vdots & \vdots & & \vdots \\ b_{m1} & b_{m2} & \cdots & b_{mn} \end{pmatrix},$$

令

$$C=(a_{ij}+b_{ij})_{m\times n}=\begin{pmatrix} a_{11}+b_{11} & a_{12}+b_{12} & \cdots & a_{1n}+b_{1n} \\ a_{21}+b_{21} & a_{22}+b_{22} & \cdots & a_{2n}+b_{2n} \\ \vdots & \vdots & & \vdots \\ a_{m1}+b_{m1} & a_{m2}+b_{m2} & \cdots & a_{mn}+b_{mn} \end{pmatrix},$$

则称矩阵 $\boldsymbol{C}$ 是矩阵 $\boldsymbol{A}$ 与 $\boldsymbol{B}$ 的和，记作 $\boldsymbol{C}=\boldsymbol{A}+\boldsymbol{B}$.

根据上述定义，只有具有相同的行数和列数的两个矩阵（称为**同型矩阵**）才能够谈及矩阵加法．它们的和就是对应元素的和．如果一个 $m\times n$ 的矩阵所有元素都为零，则称此矩阵为**零矩阵**，记作 $\boldsymbol{O}_{m\times n}$，即

$$\boldsymbol{O}_{m\times n}=\begin{pmatrix} 0 & 0 & \cdots & 0 \\ 0 & 0 & \cdots & 0 \\ \vdots & \vdots & & \vdots \\ 0 & 0 & \cdots & 0 \end{pmatrix}.$$

在不至于产生混淆的情况下，零矩阵就记作 $\boldsymbol{O}$. 进一步规定

$$\boldsymbol{A}=\begin{pmatrix} a_{11} & a_{12} & \cdots & a_{1n} \\ a_{21} & a_{22} & \cdots & a_{2n} \\ \vdots & \vdots & & \vdots \\ a_{m1} & a_{m2} & \cdots & a_{mn} \end{pmatrix}, \quad -\boldsymbol{A}=\begin{pmatrix} -a_{11} & -a_{12} & \cdots & -a_{1n} \\ -a_{21} & -a_{22} & \cdots & -a_{2n} \\ \vdots & \vdots & & \vdots \\ -a_{m1} & -a_{m2} & \cdots & -a_{mn} \end{pmatrix},$$

即 $-\boldsymbol{A}=(-a_{ij})_{m\times n}$. 则 $-\boldsymbol{A}$ 称为矩阵 $\boldsymbol{A}$ 的负矩阵．因此，将矩阵的加法推广，得到矩阵的减法，即

$$\boldsymbol{B}-\boldsymbol{A}=\boldsymbol{B}+(-\boldsymbol{A})=(b_{ij}-a_{ij})_{m\times n}.$$

定义 3.2 设 $\boldsymbol{A}=(a_{ij})_{m\times n}$ 是数域 P 上的 $m\times n$ 矩阵，$\lambda\in P$，令

$$\boldsymbol{M}=(\lambda a_{ij})_{m\times n}=\begin{pmatrix} \lambda a_{11} & \lambda a_{12} & \cdots & \lambda a_{1n} \\ \lambda a_{21} & \lambda a_{22} & \cdots & \lambda a_{2n} \\ \vdots & \vdots & & \vdots \\ \lambda a_{m1} & \lambda a_{m2} & \cdots & \lambda a_{mn} \end{pmatrix},$$

则称矩阵 $\boldsymbol{M}$ 是 λ 与矩阵 $\boldsymbol{A}$ 的数量乘积，简称数乘，记作 $\boldsymbol{M}=\lambda\boldsymbol{A}$.

矩阵的加法与数乘统称为矩阵的线性运算．矩阵的加法与数量乘法满足类似于 n 维向量的加法与数量乘法所满足的 8 条运算法则：设 $\boldsymbol{A}$，$\boldsymbol{B}$，$\boldsymbol{C}$ 都是 P 上的 $m\times n$ 矩阵，k，$l\in P$，有

① $\boldsymbol{A}+\boldsymbol{B}=\boldsymbol{B}+\boldsymbol{A}$； ② $(\boldsymbol{A}+\boldsymbol{B})+\boldsymbol{C}=\boldsymbol{A}+(\boldsymbol{B}+\boldsymbol{C})$；

③ $\boldsymbol{A}+\boldsymbol{O}=\boldsymbol{O}+\boldsymbol{A}=\boldsymbol{A}$； ④ $\boldsymbol{A}+(-\boldsymbol{A})=(-\boldsymbol{A})+\boldsymbol{A}=\boldsymbol{O}$；

⑤ $1\boldsymbol{A}=\boldsymbol{A}$； ⑥ $(kl)\boldsymbol{A}=k(l\boldsymbol{A})$；

⑦ $(k+l)\boldsymbol{A}=k\boldsymbol{A}+l\boldsymbol{A}$； ⑧ $k(\boldsymbol{A}+\boldsymbol{B})=k\boldsymbol{A}+k\boldsymbol{B}$.

3.1.3 矩阵的乘法

定义 3.3 设 $\boldsymbol{A}=(a_{ij})_{s\times n}$，$\boldsymbol{B}=(b_{ij})_{n\times m}$，令

$$\boldsymbol{C}=(c_{ij})_{s\times m},$$

其中

$$c_{ij}=a_{i1}b_{1j}+a_{i2}b_{2j}+\cdots+a_{in}b_{nj}=\sum_{k=1}^{n}a_{ik}b_{kj},$$

$i=1,2,\cdots,s$；$j=1,2,\cdots,m$，则矩阵 $\boldsymbol{C}$ 称为矩阵 $\boldsymbol{A}$ 与 $\boldsymbol{B}$ 的乘积，记作 $\boldsymbol{C}=\boldsymbol{AB}$.

由矩阵乘法的定义可以看出，矩阵 $\boldsymbol{A}$ 与 $\boldsymbol{B}$ 的乘积 $\boldsymbol{C}$ 的第 i 行第 j 列的元素等于第一个矩阵 $\boldsymbol{A}$ 的第 i 行与第二个矩阵 $\boldsymbol{B}$ 的第 j 列的对应元素乘积的和．当然，在乘积的定义中，首先要求第二个矩阵的行数与第一个矩阵的列数相等．

现在利用矩阵乘法的定义，可以把线性方程组用矩阵表示，设有 m 个方程的 n 元线性方程组

$$\begin{cases}a_{11}x_1+a_{12}x_2+\cdots+a_{1n}x_n=b_1,\\ a_{21}x_1+a_{22}x_2+\cdots+a_{2n}x_n=b_2,\\ \qquad\vdots\\ a_{m1}x_1+a_{m2}x_2+\cdots+a_{mn}x_n=b_m.\end{cases}$$

令

$$\boldsymbol{A}=\begin{pmatrix}a_{11}&a_{12}&\cdots&a_{1n}\\ a_{21}&a_{22}&\cdots&a_{2n}\\ \vdots&\vdots&&\vdots\\ a_{m1}&a_{m2}&\cdots&a_{mn}\end{pmatrix},\quad \boldsymbol{x}=\begin{pmatrix}x_1\\ x_2\\ \vdots\\ x_n\end{pmatrix},\quad \boldsymbol{\beta}=\begin{pmatrix}b_1\\ b_2\\ \vdots\\ b_m\end{pmatrix}$$

分别表示上述线性方程组的系数矩阵、未知向量与常数向量，显然上述线性方程组可以写成矩阵等式：

$$\boldsymbol{Ax}=\boldsymbol{\beta}.$$

例 3.1 设

$$\boldsymbol{A}=\begin{pmatrix}1&-2\\ 0&3\\ -1&2\end{pmatrix},\quad \boldsymbol{B}=\begin{pmatrix}4&5\\ 6&7\end{pmatrix},$$

求 $\boldsymbol{AB}$.

解

$$\boldsymbol{AB}=\begin{pmatrix}1&-2\\ 0&3\\ -1&2\end{pmatrix}\begin{pmatrix}4&5\\ 6&7\end{pmatrix}=\begin{pmatrix}1\times4+(-2)\times6&1\times5+(-2)\times7\\ 0\times4+3\times6&0\times5+3\times7\\ (-1)\times4+2\times6&(-1)\times5+2\times7\end{pmatrix}$$

$$=\begin{pmatrix}-8&-9\\ 18&21\\ 8&9\end{pmatrix}.$$

例 3.2 设

$$\boldsymbol{A}=(1\quad 2\quad 3),\quad \boldsymbol{B}=\begin{pmatrix}1\\ 1\\ 1\end{pmatrix},$$

求 $\boldsymbol{AB}$ 与 $\boldsymbol{BA}$

解

$$AB=(1\quad 2\quad 3)\begin{pmatrix}1\\1\\1\end{pmatrix}=1\times 1+2\times 1+3\times 1=6,$$

$$BA=\begin{pmatrix}1\\1\\1\end{pmatrix}(1\quad 2\quad 3)=\begin{pmatrix}1&2&3\\1&2&3\\1&2&3\end{pmatrix}.$$

例 3.3 设

$$A=\begin{pmatrix}0&1\\0&0\end{pmatrix},\quad B=\begin{pmatrix}0&0\\0&1\end{pmatrix},$$

求 $\boldsymbol{AB}$ 与 $\boldsymbol{BA}$.

解

$$AB=\begin{pmatrix}0&1\\0&0\end{pmatrix}\begin{pmatrix}0&0\\0&1\end{pmatrix}=\begin{pmatrix}0&1\\0&0\end{pmatrix},$$

$$BA=\begin{pmatrix}0&0\\0&1\end{pmatrix}\begin{pmatrix}0&1\\0&0\end{pmatrix}=\begin{pmatrix}0&0\\0&0\end{pmatrix}.$$

例 3.4 设

$$A=\begin{pmatrix}1&2\\3&4\end{pmatrix},\quad B=\begin{pmatrix}0&3\\2&5\end{pmatrix},\quad C=\begin{pmatrix}1&1\\1&1\end{pmatrix},$$

则

$$AC=\begin{pmatrix}1&2\\3&4\end{pmatrix}\begin{pmatrix}1&1\\1&1\end{pmatrix}=\begin{pmatrix}3&3\\7&7\end{pmatrix},$$

$$BC=\begin{pmatrix}0&3\\2&5\end{pmatrix}\begin{pmatrix}1&1\\1&1\end{pmatrix}=\begin{pmatrix}3&3\\7&7\end{pmatrix}.$$

注 矩阵乘法一般不满足交换律．从例 3.1 看到，$\boldsymbol{AB}$ 有意义时，$\boldsymbol{BA}$ 不一定有意义．从例 3.2 与例 3.3 看到，即使 $\boldsymbol{AB}$ 和 $\boldsymbol{BA}$ 都有意义，$\boldsymbol{AB}$ 与 $\boldsymbol{BA}$ 也不一定相等．通常，在 $\boldsymbol{AB}$ 有意义时称矩阵 $\boldsymbol{A}$ 左乘矩阵 $\boldsymbol{B}$ 或矩阵 $\boldsymbol{B}$ 右乘矩阵 $\boldsymbol{A}$．同时，例 3.3 告诉我们，$\boldsymbol{B}\neq\boldsymbol{O}$，$\boldsymbol{A}\neq\boldsymbol{O}$，可能 $\boldsymbol{BA}=\boldsymbol{O}$．反过来，由矩阵 $\boldsymbol{AB}=\boldsymbol{O}$ 一般推不出 $\boldsymbol{A}=\boldsymbol{O}$ 或 $\boldsymbol{B}=\boldsymbol{O}$．例 3.4 说明矩阵的乘法不满足消去律，即由 $\boldsymbol{AC}=\boldsymbol{BC}$ 和 $\boldsymbol{C}\neq\boldsymbol{O}$，不能推出 $\boldsymbol{A}=\boldsymbol{B}$.

定义 3.4 如果矩阵 $\boldsymbol{A}$ 与 $\boldsymbol{B}$ 满足

$$AB=BA,$$

则称 $\boldsymbol{A}$ 与 $\boldsymbol{B}$ **是可交换的（commutable）**．显然，$\boldsymbol{A}$ 与 $\boldsymbol{B}$ 可交换，则它们一定是同阶方阵．

数的乘法是满足交换律和消去律的，但矩阵的乘法不满足这两个性质．这说明矩阵的乘法与数的乘法有极大的区别，在应用时，我们要特别注意这些区别．当然，矩阵的乘法与数的乘法有一些类似的性质．

（1）矩阵的乘法适合结合律：设 $\boldsymbol{A}=(a_{ij})_{s\times n}$，$\boldsymbol{B}=(b_{ij})_{n\times m}$，$\boldsymbol{C}=(c_{ij})_{m\times r}$，则

$$(AB)C=A(BC).$$

(2) 矩阵的乘法适合左分配律：$A(B+C)=AB+AC$，也适合右分配律：$(B+C)D=BD+CD$.

(3) 矩阵的乘法与数量乘法满足下述关系式：

$$k(AB)=(kA)B=A(kB).$$

(4) $E_mA_{m\times n}=A_{m\times n}$，　$A_{m\times n}E_n=A_{m\times n}$.

(5) $OA=O$，$AO=O$.

证明 我们仅证明结合律 $(AB)C=A(BC)$. 其余证明留给读者完成. 显然，$(AB)C$ 与 $A(BC)$ 都是 $s\times r$ 矩阵. 设 $AB=(v_{il})_{s\times m}$，$BC=(w_{kj})_{n\times r}$. 记 $[(AB)C](i,j)$ 表示矩阵 $(AB)C$ 的第 i 行第 j 列的元素，$[A(BC)](i,j)$ 表示矩阵 $A(BC)$ 的第 i 行第 j 列的元素. 则有

$$[(AB)C](i,j)=\sum_{l=1}^{m}v_{il}c_{lj}=\sum_{l=1}^{m}\left(\sum_{k=1}^{n}a_{ik}b_{kl}\right)c_{lj}=\sum_{l=1}^{m}\left(\sum_{k=1}^{n}a_{ik}b_{kl}c_{lj}\right),$$

$$[A(BC)](i,j)=\sum_{k=1}^{n}a_{ik}w_{kj}=\sum_{k=1}^{n}a_{ik}\left(\sum_{l=1}^{m}b_{kl}c_{lj}\right)=\sum_{k=1}^{n}\left(\sum_{l=1}^{m}a_{ik}b_{kl}c_{lj}\right).$$

由于双重连加号可以交换顺序，故

$$\sum_{l=1}^{m}\left(\sum_{k=1}^{n}a_{ik}b_{kl}c_{lj}\right)=\sum_{k=1}^{n}\left(\sum_{l=1}^{m}a_{ik}b_{kl}c_{lj}\right),$$

即 $[(AB)C](i,j)=[A(BC)](i,j)$，从而

$$(AB)C=A(BC).$$

3.1.4 矩阵的方幂与多项式

定义 3.5 若 A 是 n 阶方阵，则 A^k 叫作 A 的 **k 次方幂** (k – **th power**)，即

$$A^k=\underbrace{AA\cdots A}_{k\text{ 个}},$$

且规定 $A^0=E$.

可见，只有方阵才有方幂运算，由矩阵乘法的结合律，可知

$$A^mA^k=A^{m+k},\ (A^m)^k=A^{mk},\ m,\ k\in\mathbb{N}.$$

注 由于矩阵的乘法不满足交换律，故 $(AB)^k=A^kB^k$ 一般不会成立；另外，如果 $A^k=O$，也不一定有 $A=O$，例如，

$$A=\begin{pmatrix}0&1\\0&0\end{pmatrix}\neq O,$$

但

$$A^2=O.$$

定义 3.6 设 A 和 $f(x)=a_kx^k+a_{k-1}x^{k-1}+\cdots+a_1x+a_0$ 分别为数域 P 上的 n 阶方阵和 k 次多项式，将 $f(A)=a_kA^k+a_{k-1}A^{k-1}+\cdots+a_1A+a_0E$ 称为**矩阵 A 的多项式**.

显然，$f(A)$ 也是一个 n 阶矩阵，如 $g(x)$，$h(x)$ 也是多项式，利用矩阵运算的性质，容易得到

$$\text{若 } h(x)=f(x)+g(x),\ \text{则 } h(A)=f(A)+g(A);$$

$$\text{若 } h(x)=f(x)g(x),\ \text{则 } h(A)=f(A)g(A)=g(A)f(A).$$

习题 3.1

1. 设

$$A=\begin{pmatrix}\lambda & 0 & 0\\ 0 & \lambda & 0\\ 0 & 0 & \lambda\end{pmatrix},\quad B=\begin{pmatrix}0 & 1 & 0\\ 0 & 0 & 1\\ 0 & 0 & 0\end{pmatrix},$$

求 $A+B$.

2. 计算 $2\begin{pmatrix}1\\2\\3\end{pmatrix}-4\begin{pmatrix}3\\2\\1\end{pmatrix}+8\begin{pmatrix}1\\0\\1\end{pmatrix}$.

3. 计算

（1）$\begin{pmatrix}1 & 2 & 3\\ 2 & 4 & 6\\ 3 & 6 & 9\end{pmatrix}\begin{pmatrix}-1 & -2 & -4\\ -1 & -2 & -4\\ 1 & 2 & 4\end{pmatrix}$；（2）$\begin{pmatrix}3 & -1 & 0 & 2\\ -2 & 0 & 1 & -4\end{pmatrix}\begin{pmatrix}1 & 3 & -2\\ 0 & 1 & -3\\ 3 & 0 & 5\\ 2 & -1 & 4\end{pmatrix}$；

（3）$(a_1, a_2, \cdots, a_n)\begin{pmatrix}b_1\\ b_2\\ \vdots\\ b_n\end{pmatrix}$；（4）$\begin{pmatrix}a_1\\ a_2\\ \vdots\\ a_n\end{pmatrix}(b_1, b_2, \cdots, b_n)$；

（5）$\begin{pmatrix}a_1 & a_2 & a_3\\ b_1 & b_2 & b_3\\ c_1 & c_2 & c_3\end{pmatrix}\begin{pmatrix}1\\1\\1\end{pmatrix}$；（6）$(1, 1, 1)\begin{pmatrix}a_1 & a_2 & a_3\\ b_1 & b_2 & b_3\\ c_1 & c_2 & c_3\end{pmatrix}$；

（7）$\begin{pmatrix}\lambda_1 & 0 & 0\\ 0 & \lambda_2 & 0\\ 0 & 0 & \lambda_3\end{pmatrix}\begin{pmatrix}a_1 & a_2 & a_3\\ b_1 & b_2 & b_3\\ c_1 & c_2 & c_3\end{pmatrix}$；（8）$\begin{pmatrix}a_1 & a_2 & a_3\\ b_1 & b_2 & b_3\\ c_1 & c_2 & c_3\end{pmatrix}\begin{pmatrix}\lambda_1 & 0 & 0\\ 0 & \lambda_2 & 0\\ 0 & 0 & \lambda_3\end{pmatrix}$；

（9）$\begin{pmatrix}0 & 2\\ 0 & 3\end{pmatrix}\begin{pmatrix}1 & 1\\ 0 & 0\end{pmatrix}$；（10）$\begin{pmatrix}1 & 1\\ 0 & 0\end{pmatrix}\begin{pmatrix}0 & 2\\ 0 & 3\end{pmatrix}$.

4. 计算

（1）$\begin{pmatrix}0 & 1\\ 1 & 0\end{pmatrix}^2$；（2）$\begin{pmatrix}1 & -1\\ 2 & -1\end{pmatrix}^2$；

（3）$\begin{pmatrix}0 & 1 & 0\\ 0 & 0 & 1\\ 0 & 0 & 0\end{pmatrix}^n$，$n$ 是正整数且 $n\geqslant 3$；（4）$\begin{pmatrix}\lambda & 1 & 0\\ 0 & \lambda & 1\\ 0 & 0 & \lambda\end{pmatrix}^n$，$n$ 是正整数且 $n\geqslant 2$.

5. 求出所有与 A 可以交换的矩阵

（1）$A=\begin{pmatrix}2 & 1 & 0\\ 0 & 2 & 1\\ 0 & 0 & 2\end{pmatrix}$；（2）$A=\begin{pmatrix}1 & 0 & 4\\ 0 & 1 & 2\\ 0 & 1 & 2\end{pmatrix}$.

6. 证明：若 $\boldsymbol{B}_1$，$\boldsymbol{B}_2$ 都与 $\boldsymbol{A}$ 可交换，则 $\boldsymbol{B}_1+\boldsymbol{B}_2$，$\boldsymbol{B}_1\boldsymbol{B}_2$ 也都与 $\boldsymbol{A}$ 可交换

7. 求证：与所有 n 阶对角矩阵可交换的矩阵也必是 n 阶对角矩阵．

8. 称满足 $\boldsymbol{A}^2=\boldsymbol{E}$ 的方阵 $\boldsymbol{A}$ 为**对合矩阵**．设 $\boldsymbol{A}$，$\boldsymbol{B}$ 是 n 阶对合矩阵，证明：$\boldsymbol{AB}$ 是对合矩阵的充要条件是 $\boldsymbol{A}$ 与 $\boldsymbol{B}$ 可交换．

9. 证明：n 阶方阵 $\boldsymbol{A}$ 能同一切 n 阶方阵可交换的充要条件是 $\boldsymbol{A}$ 为纯量矩阵．

3.2 矩阵的转置

3.2.1 转置

定义 3.7 设数域 P 上的 $m\times n$ 矩阵

$$\boldsymbol{A}=\begin{pmatrix} a_{11} & a_{12} & \cdots & a_{1n} \\ a_{21} & a_{22} & \cdots & a_{2n} \\ \vdots & \vdots & & \vdots \\ a_{m1} & a_{m2} & \cdots & a_{mn} \end{pmatrix},$$

把 $\boldsymbol{A}$ 的行变为列所得到的 $n\times m$ 矩阵称作 $\boldsymbol{A}$ **的转置**（**transpose**），记作 $\boldsymbol{A}^{\mathrm{T}}$，即

$$\boldsymbol{A}^{\mathrm{T}}=\begin{pmatrix} a_{11} & a_{21} & \cdots & a_{m1} \\ a_{12} & a_{22} & \cdots & a_{m2} \\ \vdots & \vdots & & \vdots \\ a_{1n} & a_{2n} & \cdots & a_{mn} \end{pmatrix}.$$

矩阵的转置满足以下规律：

（1）$(\boldsymbol{A}^{\mathrm{T}})^{\mathrm{T}}=\boldsymbol{A}$，

（2）$(\boldsymbol{A}+\boldsymbol{B})^{\mathrm{T}}=\boldsymbol{A}^{\mathrm{T}}+\boldsymbol{B}^{\mathrm{T}}$，

（3）$(\boldsymbol{AB})^{\mathrm{T}}=\boldsymbol{B}^{\mathrm{T}}\boldsymbol{A}^{\mathrm{T}}$，

（4）$(\lambda\boldsymbol{A})^{\mathrm{T}}=\lambda\boldsymbol{A}^{\mathrm{T}}$.

证明 （1），（2），（4）容易证，现在证明（3）．设

$$\boldsymbol{A}=\begin{pmatrix} a_{11} & a_{12} & \cdots & a_{1n} \\ a_{21} & a_{22} & \cdots & a_{2n} \\ \vdots & \vdots & & \vdots \\ a_{m1} & a_{m2} & \cdots & a_{mn} \end{pmatrix},\ \boldsymbol{B}=\begin{pmatrix} b_{11} & b_{12} & \cdots & b_{1p} \\ b_{21} & b_{22} & \cdots & b_{2p} \\ \vdots & \vdots & & \vdots \\ b_{n1} & b_{n2} & \cdots & b_{np} \end{pmatrix}.$$

首先易知，$(\boldsymbol{AB})^{\mathrm{T}}$ 和 $\boldsymbol{B}^{\mathrm{T}}\boldsymbol{A}^{\mathrm{T}}$ 都是 $p\times m$ 矩阵．其次，位于 $(\boldsymbol{AB})^{\mathrm{T}}$ 的第 i 行第 j 列的元素 $[(\boldsymbol{AB})^{\mathrm{T}}](i,\ j)$ 就是位于 $\boldsymbol{AB}$ 的第 j 行第 i 列的元素 $[\boldsymbol{AB}](j,\ i)$，即

$$[(\boldsymbol{AB})^{\mathrm{T}}](i,j)=a_{j1}b_{1i}+a_{j2}b_{2i}+\cdots+a_{jn}b_{ni}.$$

位于 $\boldsymbol{B}^{\mathrm{T}}\boldsymbol{A}^{\mathrm{T}}$ 的第 i 行第 j 列的元素 $[\boldsymbol{B}^{\mathrm{T}}\boldsymbol{A}^{\mathrm{T}}](i,\ j)$ 等于 $\boldsymbol{B}^{\mathrm{T}}$ 的第 i 行的元素与 $\boldsymbol{A}^{\mathrm{T}}$ 的第 j 列的对应元素的乘积之和，因而等于 $\boldsymbol{B}$ 的第 i 列的元素与 $\boldsymbol{A}$ 的第 j 行的对应元素的乘积之和，即

$$[\boldsymbol{B}^{\mathrm{T}}\boldsymbol{A}^{\mathrm{T}}](i,j)=b_{1i}a_{j1}+b_{2i}a_{j2}+\cdots+b_{ni}a_{jn}.$$

综上可证

$$(\boldsymbol{AB})^{\mathrm{T}}=\boldsymbol{B}^{\mathrm{T}}\boldsymbol{A}^{\mathrm{T}}.$$

等式（2）和（3）显然可以推广到 n 个矩阵的情形，即以下等式成立.

$$(\boldsymbol{A}_1+\cdots+\boldsymbol{A}_n)^{\mathrm{T}}=\boldsymbol{A}_1^{\mathrm{T}}+\cdots+\boldsymbol{A}_n^{\mathrm{T}},$$

$$(\boldsymbol{A}_1\cdots\boldsymbol{A}_n)^{\mathrm{T}}=\boldsymbol{A}_n^{\mathrm{T}}\boldsymbol{A}_{n-1}^{\mathrm{T}}\cdots\boldsymbol{A}_1^{\mathrm{T}}.$$

例 3.5 已知

$$\boldsymbol{A}=\begin{pmatrix}2&0&-1\\1&3&2\end{pmatrix},\quad \boldsymbol{B}=\begin{pmatrix}1&7&-1\\4&2&3\\2&0&1\end{pmatrix},$$

求 $(\boldsymbol{AB})^{\mathrm{T}}$.

解 法 1 因为

$$\boldsymbol{AB}=\begin{pmatrix}2&0&-1\\1&3&2\end{pmatrix}\begin{pmatrix}1&7&-1\\4&2&3\\2&0&1\end{pmatrix}=\begin{pmatrix}0&14&-3\\17&13&10\end{pmatrix},$$

故

$$(\boldsymbol{AB})^{\mathrm{T}}=\begin{pmatrix}0&17\\14&13\\-3&10\end{pmatrix}.$$

法 2

$$(\boldsymbol{AB})^{\mathrm{T}}=\boldsymbol{B}^{\mathrm{T}}\boldsymbol{A}^{\mathrm{T}}=\begin{pmatrix}1&4&2\\7&2&0\\-1&3&1\end{pmatrix}\begin{pmatrix}2&1\\0&3\\-1&2\end{pmatrix}=\begin{pmatrix}0&17\\14&13\\-3&10\end{pmatrix}.$$

3.2.2 对称矩阵与反对称矩阵

定义 3.8 设 $\boldsymbol{A}$ 是数域 P 上的 n 阶矩阵，如果满足 $\boldsymbol{A}^{\mathrm{T}}=\boldsymbol{A}$，则称 $\boldsymbol{A}$ 是**对称矩阵**（**symmetric matrix**）；如果 $\boldsymbol{A}^{\mathrm{T}}=-\boldsymbol{A}$，则称 $\boldsymbol{A}$ 是**反对称矩阵**（**skew－symmetric matrix**）.

例如，

$$\begin{pmatrix}1&4&5\\4&2&6\\5&6&3\end{pmatrix}$$

为对称矩阵，

$$\begin{pmatrix}0&4&5\\-4&0&6\\-5&-6&0\end{pmatrix}$$

是反对称矩阵.

设 $\boldsymbol{A}$ 是 n 阶矩阵，不难验证，$\boldsymbol{A}$ 为对称矩阵的充分必要条件是

$$a_{ij}=a_{ji},\ i,\ j=1,\ 2,\ \cdots,\ n,$$

而 $\boldsymbol{A}$ 为反对称矩阵的充分必要条件是

$$a_{ij} = -a_{ji}, \ i, \ j=1, \ 2, \ \cdots, \ n.$$

另外，对于反对称矩阵，由于 $a_{ii} = -a_{ii}$，$i=1, 2, \cdots, n$，故 $a_{ii}=0$，即反对称矩阵的主对角元全为零.

命题 3.1 设 $\boldsymbol{A}$，$\boldsymbol{B}$ 都是数域 P 上的 n 阶对称矩阵，则 $\boldsymbol{A}+\boldsymbol{B}$，$k\boldsymbol{A}$ $(k\in P)$ 都是对称矩阵.

证明 因为

$$(\boldsymbol{A}+\boldsymbol{B})^{\mathrm{T}} = \boldsymbol{A}^{\mathrm{T}}+\boldsymbol{B}^{\mathrm{T}} = \boldsymbol{A}+\boldsymbol{B},$$
$$(k\boldsymbol{A})^{\mathrm{T}} = k\boldsymbol{A}^{\mathrm{T}} = k\boldsymbol{A},$$

故 $\boldsymbol{A}+\boldsymbol{B}$，$k\boldsymbol{A}$ 都是对称矩阵.

例 3.6 设 $\boldsymbol{A}$ 是 n 阶矩阵，证明：$\boldsymbol{A}+\boldsymbol{A}^{\mathrm{T}}$ 是 n 阶对称矩阵，$\boldsymbol{A}-\boldsymbol{A}^{\mathrm{T}}$ 是 n 阶反对称矩阵.

证明 因为

$$(\boldsymbol{A}+\boldsymbol{A}^{\mathrm{T}})^{\mathrm{T}} = \boldsymbol{A}^{\mathrm{T}}+(\boldsymbol{A}^{\mathrm{T}})^{\mathrm{T}} = \boldsymbol{A}^{\mathrm{T}}+\boldsymbol{A} = \boldsymbol{A}+\boldsymbol{A}^{\mathrm{T}},$$

故 $\boldsymbol{A}+\boldsymbol{A}^{\mathrm{T}}$ 是 n 阶对称矩阵，同理可证，$\boldsymbol{A}-\boldsymbol{A}^{\mathrm{T}}$ 是 n 阶反对称矩阵.

习题 3.2

1. 如果 $\boldsymbol{A}$ 是对称矩阵，证明：$\boldsymbol{C}^{\mathrm{T}}\boldsymbol{A}\boldsymbol{C}$ 与 $\boldsymbol{C}\boldsymbol{A}\boldsymbol{C}^{\mathrm{T}}$ 都是对称的.
2. 证明：数域 P 上奇数阶反对称矩阵的行列式等于 0.
3. 证明：任一个 n 阶方阵均可唯一地表示为一个对称矩阵和一个反对称矩阵之和.
4. 设 $\boldsymbol{A}$ 是实数域上的 $s\times n$ 矩阵，证明：如果 $\boldsymbol{A}\boldsymbol{A}^{\mathrm{T}}=\boldsymbol{O}$，那么 $\boldsymbol{A}=\boldsymbol{O}$.
5. 证明：n 阶对称矩阵的第 i 行元素的和等于它的第 i 列元素的和.

3.3 分块矩阵

在理论研究及一些实际问题中，对于行数和列数较高或者结构特殊的矩阵，为了便于分析计算，经常采用分块法，使大矩阵的运算化成小矩阵的运算，这是研究矩阵的一种常用技巧.

3.3.1 分块矩阵的概念

设 $\boldsymbol{A}$ 是数域 P 上的一个 $m\times n$ 矩阵，我们用若干条横线和纵线将 $\boldsymbol{A}$ 分成若干子矩阵或子块，即把 $\boldsymbol{A}$ 的行按顺序分成 s 组，$\boldsymbol{A}$ 的列按顺序分成 t 组，就得到 $\boldsymbol{A}$ 的一个**分块矩阵**（**block matrix or partitioned matrix**）：

$$\begin{array}{c} \\ m_1 \\ m_2 \\ \vdots \\ m_s \end{array}\begin{array}{c} \begin{array}{cccc} n_1 & n_2 & \cdots & n_t \end{array} \\ \begin{pmatrix} \boldsymbol{A}_{11} & \boldsymbol{A}_{12} & \cdots & \boldsymbol{A}_{1t} \\ \boldsymbol{A}_{21} & \boldsymbol{A}_{22} & \cdots & \boldsymbol{A}_{2t} \\ \vdots & \vdots & & \vdots \\ \boldsymbol{A}_{s1} & \boldsymbol{A}_{s2} & \cdots & \boldsymbol{A}_{st} \end{pmatrix} \end{array} = (\boldsymbol{A}_{kl})_{s\times t},$$

其中，$\boldsymbol{A}_{kl}$是 $m_k \times n_l$ 矩阵，称为分块矩阵 $\boldsymbol{A}$ 的**子块**（block）或**子阵**（submatrix）.

关于分块矩阵，其实在讨论线性方程组的时候已经接触过了，如线性方程组 $\boldsymbol{Ax}=\boldsymbol{\beta}$ 的增广矩阵：

$$\overline{\boldsymbol{A}}=\left(\begin{array}{cccc:c} a_{11} & a_{12} & \cdots & a_{1n} & b_1 \\ a_{21} & a_{22} & \cdots & a_{2n} & b_2 \\ \vdots & \vdots & & \vdots & \vdots \\ a_{m1} & a_{m2} & \cdots & a_{mn} & b_m \end{array}\right)=(\boldsymbol{A} \,\vdots\, \boldsymbol{\beta}).$$

等式右端将增广矩阵$\overline{\boldsymbol{A}}$分成系数矩阵 $\boldsymbol{A}$ 和常数项列矩阵 $\boldsymbol{\beta}$ 两块.

再如，我们把以下 4 ×3 矩阵 $\boldsymbol{A}$：

$$\boldsymbol{A}=\begin{pmatrix} a_{11} & a_{12} & a_{13} \\ a_{21} & a_{22} & a_{23} \\ a_{31} & a_{32} & a_{33} \\ a_{41} & a_{42} & a_{43} \end{pmatrix}.$$

分成四块：

$$\boldsymbol{A}=\left(\begin{array}{c:cc} a_{11} & a_{12} & a_{13} \\ a_{21} & a_{22} & a_{23} \\ \hdashline a_{31} & a_{32} & a_{33} \\ a_{41} & a_{42} & a_{43} \end{array}\right)=\begin{pmatrix} \boldsymbol{A}_{11} & \boldsymbol{A}_{12} \\ \boldsymbol{A}_{21} & \boldsymbol{A}_{22} \end{pmatrix},$$

其中，

$$\boldsymbol{A}_{11}=\begin{pmatrix} a_{11} \\ a_{21} \end{pmatrix},\ \boldsymbol{A}_{12}=\begin{pmatrix} a_{12} & a_{13} \\ a_{22} & a_{23} \end{pmatrix},$$

$$\boldsymbol{A}_{21}=\begin{pmatrix} a_{31} \\ a_{41} \end{pmatrix},\ \boldsymbol{A}_{22}=\begin{pmatrix} a_{32} & a_{33} \\ a_{42} & a_{43} \end{pmatrix}.$$

给定一个矩阵，可以根据所讨论问题的实际背景或需要进行任意划分. 例如，我们也可以把上面的矩阵 $\boldsymbol{A}$ 分成两块：

$$\boldsymbol{A}=\left(\begin{array}{ccc} a_{11} & a_{12} & a_{13} \\ a_{21} & a_{22} & a_{23} \\ a_{31} & a_{32} & a_{33} \\ \hdashline a_{41} & a_{42} & a_{43} \end{array}\right),$$

或者分成六块：

$$\boldsymbol{A}=\left(\begin{array}{cc:c} a_{11} & a_{12} & a_{13} \\ \hdashline a_{21} & a_{22} & a_{23} \\ a_{31} & a_{32} & a_{33} \\ \hdashline a_{41} & a_{42} & a_{43} \end{array}\right),$$

每一个分块的方法叫作 $\boldsymbol{A}$ 的一种分法.

将一个矩阵 $\boldsymbol{A}=(a_{ij})_{m\times n}$ 按列分块，得到 $\boldsymbol{A}=(\boldsymbol{\alpha}_1\ \boldsymbol{\alpha}_2\ \cdots\ \boldsymbol{\alpha}_n)$，这里

$$\boldsymbol{\alpha}_i=\begin{pmatrix}a_{1i}\\a_{2i}\\\vdots\\a_{mi}\end{pmatrix},\ i=1,\ 2,\ \cdots,\ n.$$

这些列矩阵 $\boldsymbol{\alpha}_i$ 也可理解为 m 维列向量，从而得到矩阵 $\boldsymbol{A}$ 的列向量组 $\boldsymbol{\alpha}_1,\ \boldsymbol{\alpha}_2,\ \cdots,\ \boldsymbol{\alpha}_n$. 当矩阵按列分块时，$\boldsymbol{A}=(\boldsymbol{\alpha}_1\ \boldsymbol{\alpha}_2\ \cdots\ \boldsymbol{\alpha}_n)$ 也可以表示成 $\boldsymbol{A}=(\boldsymbol{\alpha}_1,\ \boldsymbol{\alpha}_2,\ \cdots\ \boldsymbol{\alpha}_n)$. 在不引起误解的情况下,二者不加以区别．同理，矩阵 $\boldsymbol{A}$ 按行分块得到 $\boldsymbol{A}=\begin{pmatrix}\boldsymbol{\beta}_1\\\boldsymbol{\beta}_2\\\vdots\\\boldsymbol{\beta}_m\end{pmatrix}$，这里

$$\boldsymbol{\beta}_j=(a_{j1},\ a_{j2},\ \cdots,\ a_{jn}),\ j=1,\ 2,\ \cdots,\ m.$$

这些行矩阵也可以理解为 n 维行向量,从而得到矩阵 $\boldsymbol{A}$ 的行向量组 $\boldsymbol{\beta}_1,\boldsymbol{\beta}_2,\cdots,\boldsymbol{\beta}_m$.

定义 3.9 称形如

$$\boldsymbol{A}=\begin{pmatrix}\boldsymbol{A}_1&&&\\&\boldsymbol{A}_2&&\\&&\ddots&\\&&&\boldsymbol{A}_s\end{pmatrix}$$

的分块矩阵为**准对角矩阵**，其中每个 $\boldsymbol{A}_i$ 块都是方阵（$i=1,\ 2,\ 3,\ \cdots,\ s$）.

3.3.2 分块矩阵的运算

分块矩阵运算时，可以把子块当作元素看待，直接运用矩阵运算的有关法则，但必须满足下述三个基本原则：分块计算与不分块计算的结果一致；两种计算方法的运算法则一致；块也是矩阵，块的运算仍然是矩阵的运算．

(1) 分块矩阵的加法

设矩阵 $\boldsymbol{A}$ 与 $\boldsymbol{B}$ 的行数相同，列数相同，采用相同的分块法，有

$$\boldsymbol{A}=\begin{pmatrix}\boldsymbol{A}_{11}&\cdots&\boldsymbol{A}_{1r}\\\vdots&&\vdots\\\boldsymbol{A}_{s1}&\cdots&\boldsymbol{A}_{sr}\end{pmatrix},\quad \boldsymbol{B}=\begin{pmatrix}\boldsymbol{B}_{11}&\cdots&\boldsymbol{B}_{1r}\\\vdots&&\vdots\\\boldsymbol{B}_{s1}&\cdots&\boldsymbol{B}_{sr}\end{pmatrix}$$

其中，$\boldsymbol{A}_{ij}$与 $\boldsymbol{B}_{ij}$的行数相同，列数相同，那么

$$\boldsymbol{A}+\boldsymbol{B}=\begin{pmatrix}\boldsymbol{A}_{11}+\boldsymbol{B}_{11}\cdots&\boldsymbol{A}_{1r}+\boldsymbol{B}_{1r}\\\vdots&\vdots\\\boldsymbol{A}_{s1}+\boldsymbol{B}_{s1}\cdots&\boldsymbol{A}_{sr}+\boldsymbol{B}_{sr}\end{pmatrix}.$$

例 3.7 两个同阶的，并且有相同的分块的准对角矩阵

$$\boldsymbol{A}=\begin{pmatrix}\boldsymbol{A}_1&&&\\&\boldsymbol{A}_2&&\\&&\ddots&\\&&&\boldsymbol{A}_s\end{pmatrix},\quad \boldsymbol{B}=\begin{pmatrix}\boldsymbol{B}_1&&&\\&\boldsymbol{B}_2&&\\&&\ddots&\\&&&\boldsymbol{B}_s\end{pmatrix},$$

有

$$A+B=\begin{pmatrix} A_1+B_1 & & & \\ & A_2+B_2 & & \\ & & \ddots & \\ & & & A_s+B_s \end{pmatrix}.$$

（2）分块矩阵的数量乘法

设 $A=\begin{pmatrix} A_{11} & \cdots & A_{1r} \\ \vdots & & \vdots \\ A_{s1} & \cdots & A_{sr} \end{pmatrix}$，$\lambda$ 为数，那么

$$\lambda A=\begin{pmatrix} \lambda A_{11} & \cdots & \lambda A_{1r} \\ \vdots & & \vdots \\ \lambda A_{s1} & \cdots & \lambda A_{sr} \end{pmatrix}.$$

例 3.8 设矩阵 $A_{4\times 3}$ 和 $B_{4\times 3}$ 分块为

$$A=\left(\begin{array}{cc:c} 1 & 0 & 3 \\ 0 & 1 & -1 \\ \hdashline 2 & -1 & 0 \\ 3 & 2 & 0 \end{array}\right)=\begin{pmatrix} E & A_{12} \\ A_{21} & O \end{pmatrix},$$

$$B=\left(\begin{array}{cc:c} 2 & -1 & 4 \\ -1 & 2 & -2 \\ \hdashline 2 & 0 & 0 \\ 0 & 2 & 0 \end{array}\right)=\begin{pmatrix} B_{11} & B_{12} \\ 2E & O \end{pmatrix},$$

求 $2A-B$.

解

$$2A-B=\begin{pmatrix} 2E & 2A_{12} \\ 2A_{21} & O \end{pmatrix}-\begin{pmatrix} B_{11} & B_{12} \\ 2E & O \end{pmatrix}$$

$$=\begin{pmatrix} 2E-B_{11} & 2A_{12}-B_{12} \\ 2A_{21}-2E & O \end{pmatrix}.$$

而

$$2E-B_{11}=2\begin{pmatrix} 1 & 0 \\ 0 & 1 \end{pmatrix}-\begin{pmatrix} 2 & -1 \\ -1 & 2 \end{pmatrix}=\begin{pmatrix} 0 & 1 \\ 1 & 0 \end{pmatrix};$$

$$2A_{12}-B_{12}=2\begin{pmatrix} 3 \\ -1 \end{pmatrix}-\begin{pmatrix} 4 \\ -2 \end{pmatrix}=\begin{pmatrix} 2 \\ 0 \end{pmatrix};$$

$$2A_{21}-2E=2(A_{21}-E)=2\left[\begin{pmatrix} 2 & -1 \\ 3 & 2 \end{pmatrix}-\begin{pmatrix} 1 & 0 \\ 0 & 1 \end{pmatrix}\right]=\begin{pmatrix} 2 & -2 \\ 6 & 2 \end{pmatrix}.$$

所以

$$2A-B=\left(\begin{array}{cc:c}0&1&2\\1&0&0\\\hdashline 2&-2&0\\6&2&0\end{array}\right).$$

不难验证，不分块计算的结果与上述分块计算的结果一致．

（3）分块矩阵的乘法

先看一个例子，依据矩阵的乘法运算法则，我们有

$$\boldsymbol{A}_{3\times4}\boldsymbol{B}_{4\times2}=\begin{pmatrix}1&0&-2&0\\0&1&0&-2\\0&0&5&3\end{pmatrix}\begin{pmatrix}3&0\\1&2\\0&1\\0&0\end{pmatrix}=\begin{pmatrix}3&-2\\1&2\\0&5\end{pmatrix}. \tag{3.1}$$

如何分块使得矩阵 $\boldsymbol{A}$ 与 $\boldsymbol{B}$ 相乘，必须满足：分块计算与不分块计算的结果一致；两种计算方法的运算法则一致；块也是矩阵，块的运算仍然是矩阵的运算．要使运算法则一致，即左边矩阵 $\boldsymbol{A}$ 的第 i 行块与右边矩阵 $\boldsymbol{B}$ 第 j 列块对应块相乘相加为积矩阵中第 i 行 j 列块 $\boldsymbol{C}_{ij}$．若对 $\boldsymbol{A}$，$\boldsymbol{B}$ 这样分块，按照计算法则，形式上有

$$\left(\begin{array}{cc:cc}1&0&-2&0\\0&1&0&-2\\\hdashline 0&0&5&3\end{array}\right)\left(\begin{array}{cc}3&0\\\hdashline 1&2\\0&1\\0&0\end{array}\right)=\begin{pmatrix}\boldsymbol{A}_{11}&\boldsymbol{A}_{12}\\\boldsymbol{A}_{21}&\boldsymbol{A}_{22}\end{pmatrix}\begin{pmatrix}\boldsymbol{B}_{11}\\\boldsymbol{B}_{21}\end{pmatrix}$$

$$=\begin{pmatrix}\boldsymbol{A}_{11}\boldsymbol{B}_{11}+\boldsymbol{A}_{12}\boldsymbol{B}_{21}\\\boldsymbol{A}_{21}\boldsymbol{B}_{11}+\boldsymbol{A}_{22}\boldsymbol{B}_{21}\end{pmatrix},$$

但不可乘，这是因为

$$\boldsymbol{A}_{11}\boldsymbol{B}_{11}+\boldsymbol{A}_{12}\boldsymbol{B}_{21}=\begin{pmatrix}1&0\\0&1\end{pmatrix}(3\quad 0)+\begin{pmatrix}-2&0\\0&-2\end{pmatrix}\begin{pmatrix}1&2\\0&1\\0&0\end{pmatrix}$$

中的 $\boldsymbol{A}_{11}\boldsymbol{B}_{11}$ 和 $\boldsymbol{A}_{12}\boldsymbol{B}_{21}$ 不可乘．

若对 $\boldsymbol{A}$，$\boldsymbol{B}$ 进行如下分块，把每一块看作一个元素，按照矩阵乘法的计算法则，形式上有

$$\left(\begin{array}{cc:cc}1&0&-2&0\\0&1&0&-2\\\hdashline 0&0&5&3\end{array}\right)\left(\begin{array}{cc}3&0\\1&2\\\hdashline 0&1\\0&0\end{array}\right)=\begin{pmatrix}\boldsymbol{A}_{11}&\boldsymbol{A}_{12}\\\boldsymbol{A}_{21}&\boldsymbol{A}_{22}\end{pmatrix}\begin{pmatrix}\boldsymbol{B}_{1}\\\boldsymbol{B}_{2}\end{pmatrix}=\begin{pmatrix}\boldsymbol{A}_{11}\boldsymbol{B}_{1}+\boldsymbol{A}_{12}\boldsymbol{B}_{2}\\\boldsymbol{A}_{21}\boldsymbol{B}_{1}+\boldsymbol{A}_{22}\boldsymbol{B}_{2}\end{pmatrix}. \tag{3.2}$$

现在分析是否可乘．因为

$$\boldsymbol{A}_{11}\boldsymbol{B}_{1}+\boldsymbol{A}_{12}\boldsymbol{B}_{2}=\begin{pmatrix}1&0\\0&1\end{pmatrix}\begin{pmatrix}3&0\\1&2\end{pmatrix}+\begin{pmatrix}-2&0\\0&-2\end{pmatrix}\begin{pmatrix}0&1\\0&0\end{pmatrix}=\begin{pmatrix}3&-2\\1&2\end{pmatrix}, \tag{3.3}$$

$$\boldsymbol{A}_{21}\boldsymbol{B}_{1}+\boldsymbol{A}_{22}\boldsymbol{B}_{2}=(0\quad 0)\begin{pmatrix}3&0\\1&2\end{pmatrix}+(5\quad 3)\begin{pmatrix}0&1\\0&0\end{pmatrix}=(0\quad 5). \tag{3.4}$$

式（3.3）与式（3.4）表明上述分法是可乘的，且容易验证，把式（3.3）与式（3.4）代入分块（3.2）后计算的结果与式（3.1）不分块计算的结果一致．

综上，两个分块矩阵相乘，首先必须使左边矩阵列的分法与右边矩阵行的分法完全一致，再把每一块看作一个元素，按照矩阵乘法法则计算．

设 $\boldsymbol{A}$ 为 $m\times l$ 矩阵，$\boldsymbol{B}$ 为 $l\times n$ 矩阵，分块成

$$\boldsymbol{A}=\begin{pmatrix}\boldsymbol{A}_{11} & \cdots & \boldsymbol{A}_{1t}\\ \vdots & & \vdots\\ \boldsymbol{A}_{s1} & \cdots & \boldsymbol{A}_{st}\end{pmatrix},\quad \boldsymbol{B}=\begin{pmatrix}\boldsymbol{B}_{11} & \cdots & \boldsymbol{B}_{1r}\\ \vdots & & \vdots\\ \boldsymbol{B}_{t1} & \cdots & \boldsymbol{B}_{tr}\end{pmatrix},$$

其中，$\boldsymbol{A}_{i1}$，$\boldsymbol{A}_{i2}$，…，$\boldsymbol{A}_{it}$的列数分别等于 $\boldsymbol{B}_{1j}$，$\boldsymbol{B}_{tj}$，…，$\boldsymbol{B}_{tj}$的行数，那么

$$\boldsymbol{AB}=\begin{pmatrix}\boldsymbol{C}_{11} & \cdots & \boldsymbol{C}_{1r}\\ \vdots & & \vdots\\ \boldsymbol{C}_{s1} & \cdots & \boldsymbol{C}_{sr}\end{pmatrix},$$

其中，

$$\boldsymbol{C}_{ij}=\sum_{k=1}^{t}\boldsymbol{A}_{ik}\boldsymbol{B}_{kj}\quad(i=1,\cdots,s;j=1,\cdots,r).$$

例 3.9 两个同阶的，并且有相同分块的准对角矩阵

$$\boldsymbol{A}=\begin{pmatrix}\boldsymbol{A}_1 & & & \\ & \boldsymbol{A}_2 & & \\ & & \ddots & \\ & & & \boldsymbol{A}_s\end{pmatrix},\quad \boldsymbol{B}=\begin{pmatrix}\boldsymbol{B}_1 & & & \\ & \boldsymbol{B}_2 & & \\ & & \ddots & \\ & & & \boldsymbol{B}_s\end{pmatrix},$$

有

$$\boldsymbol{AB}=\begin{pmatrix}\boldsymbol{A}_1\boldsymbol{B}_1 & & & \\ & \boldsymbol{A}_2\boldsymbol{B}_2 & & \\ & & \ddots & \\ & & & \boldsymbol{A}_s\boldsymbol{B}_s\end{pmatrix}.$$

（4）分块矩阵的转置

设

$$\boldsymbol{A}=\begin{pmatrix}\boldsymbol{A}_{11} & \cdots & \boldsymbol{A}_{1r}\\ \vdots & & \vdots\\ \boldsymbol{A}_{s1} & \cdots & \boldsymbol{A}_{sr}\end{pmatrix},$$

则

$$\boldsymbol{A}^{\mathrm{T}}=\begin{pmatrix}\boldsymbol{A}_{11}^{\mathrm{T}} & \cdots & \boldsymbol{A}_{s1}^{\mathrm{T}}\\ \vdots & & \vdots\\ \boldsymbol{A}_{1r}^{\mathrm{T}} & \cdots & \boldsymbol{A}_{sr}^{\mathrm{T}}\end{pmatrix}.$$

分块矩阵的转置就是将第 i 行块作为第 i 列块（$i=1$，2，…，s），并将每一块取转置．例如，

$$A=\left(\begin{array}{c:cc}3 & 0 & -2\\ 1 & 2 & 0\\ \hdashline 0 & 1 & 0\\ 0 & 0 & 1\end{array}\right)=\begin{pmatrix}A_{11} & A_{12}\\ A_{21} & A_{22}\end{pmatrix},$$

则

$$A^{\mathrm{T}}=\left(\begin{array}{cc:cc}3 & 1 & 0 & 0\\ \hdashline 0 & 2 & 1 & 0\\ -2 & 0 & 0 & 1\end{array}\right)=\begin{pmatrix}A_{11}^{\mathrm{T}} & A_{21}^{\mathrm{T}}\\ A_{12}^{\mathrm{T}} & A_{22}^{\mathrm{T}}\end{pmatrix}.$$

分块矩阵的乘法有许多应用，下面举一些例子．

命题 3.2 设矩阵 $A=(a_{ij})_{s\times n}$，$B=(b_{ij})_{n\times m}$，则 AB 的列向量是左边矩阵 A 的列向量的线性组合，即 AB 的列向量可以用 A 的列向量线性表出．

证明 将矩阵 AB 和 A 分别按列分块，再由分块矩阵的乘法，得到

$$A_{s\times n}B_{n\times m}=(\boldsymbol{\beta}_1,\boldsymbol{\beta}_2,\cdots,\boldsymbol{\beta}_m)=(\boldsymbol{\alpha}_1,\boldsymbol{\alpha}_2,\cdots,\boldsymbol{\alpha}_n)\begin{pmatrix}b_{11} & b_{12} & \cdots & b_{1m}\\ b_{21} & b_{22} & \cdots & b_{2m}\\ \vdots & \vdots & & \vdots\\ b_{n1} & b_{n2} & \cdots & b_{nm}\end{pmatrix}$$

$$=(b_{11}\boldsymbol{\alpha}_1+b_{21}\boldsymbol{\alpha}_2+\cdots+b_{n1}\boldsymbol{\alpha}_n,\cdots,b_{1m}\boldsymbol{\alpha}_1+b_{2m}\boldsymbol{\alpha}_2+\cdots+b_{nm}\boldsymbol{\alpha}_n),$$

从而有

$$\boldsymbol{\beta}_i=b_{1i}\boldsymbol{\alpha}_1+b_{2i}\boldsymbol{\alpha}_2+\cdots+b_{ni}\boldsymbol{\alpha}_n,i=1,2,\cdots,m.$$

命题得证．

命题 3.3 设矩阵 $A=(a_{ij})_{s\times n}$,$B=(b_{ij})_{n\times m}$,则 AB 的行向量是右边矩阵 B 的行向量的线性组合,即 AB 的行向量可以用 B 的行向量线性表出．

证明 将矩阵 AB 和 B 分别按行分块，再由分块矩阵的乘法，命题即可由下式得证．

$$A_{s\times n}B_{n\times m}=\begin{pmatrix}\boldsymbol{\eta}_1\\ \boldsymbol{\eta}_2\\ \vdots\\ \boldsymbol{\eta}_s\end{pmatrix}=\begin{pmatrix}a_{11} & a_{12} & \cdots & a_{1n}\\ a_{21} & a_{22} & \cdots & a_{2n}\\ \vdots & \vdots & & \vdots\\ a_{s1} & a_{s2} & \cdots & a_{sn}\end{pmatrix}\begin{pmatrix}\boldsymbol{\gamma}_1\\ \boldsymbol{\gamma}_2\\ \vdots\\ \boldsymbol{\gamma}_n\end{pmatrix}$$

$$=\begin{pmatrix}a_{11}\boldsymbol{\gamma}_1+a_{12}\boldsymbol{\gamma}_2+\cdots+a_{1n}\boldsymbol{\gamma}_n\\ a_{21}\boldsymbol{\gamma}_1+a_{22}\boldsymbol{\gamma}_2+\cdots+a_{2n}\boldsymbol{\gamma}_n\\ \vdots\\ a_{s1}\boldsymbol{\gamma}_1+a_{s2}\boldsymbol{\gamma}_2+\cdots+a_{sn}\boldsymbol{\gamma}_n\end{pmatrix}.$$

命题 3.4 设 A 是 $s\times n$ 矩阵，B 是 $n\times m$ 矩阵，B 的列向量组为 $\boldsymbol{\beta}_1,\boldsymbol{\beta}_2,\cdots,\boldsymbol{\beta}_m$，则

$$AB=A(\boldsymbol{\beta}_1,\boldsymbol{\beta}_2,\cdots,\boldsymbol{\beta}_m)=(A\boldsymbol{\beta}_1,A\boldsymbol{\beta}_2,\cdots,A\boldsymbol{\beta}_m).$$

证明 把 A 的所有行作为块，所有列作为一块，把 B 的所有行作为一块，列分成 m 块，每块含 1 列，显然 A 的列分法与 B 的行分法一致，则

$$AB=A(\boldsymbol{\beta}_1,\boldsymbol{\beta}_2,\cdots,\boldsymbol{\beta}_m)=(A\boldsymbol{\beta}_1,A\boldsymbol{\beta}_2,\cdots,A\boldsymbol{\beta}_m).$$

命题得证．

推论 3.1 设 $A_{s\times n}\neq O$, $B_{n\times m}$的列向量组是β_1, β_2, …, β_m, 则 $AB=O$ 当且仅当 β_1, β_2, …, β_m 都是齐次线性方程组 $Ax=o$ 的解.

证明 由命题3.4, $AB=O$ 当且仅当

$$(A\beta_1, A\beta_2, \cdots, A\beta_m)=O$$

当且仅当

$$A\beta_1=o, A\beta_2=o, \cdots, A\beta_m=o,$$

即 β_1, β_2, …, β_m 都是 $Ax=o$ 的解.

3.3.3 关于矩阵秩的不等式

定理 3.1 矩阵乘积的秩不大于每个因子的秩, 即

$$\mathrm{r}(AB)\leqslant\min\{\mathrm{r}(A), \mathrm{r}(B)\}.$$

证明 我们需要证明两个不等式 $\mathrm{r}(AB)\leqslant\mathrm{r}(A)$, $\mathrm{r}(AB)\leqslant\mathrm{r}(B)$. 由命题3.2, AB 的列向量组的每一个列向量可由 A 的列向量组线性表出, 因而

$$\mathrm{r}(AB)\leqslant\mathrm{r}(A).$$

类似地, 由命题3.3可知, AB 的行向量组的每一个行向量可由 B 的行向量组线性表出, 故有

$$\mathrm{r}(AB)\leqslant\mathrm{r}(B).$$

例 3.10 设 A,B 分别是 $s\times n$,$n\times m$ 矩阵, 证明: 若 $AB=O$, 则 $\mathrm{r}(A)+\mathrm{r}(B)\leqslant n$.

证明 若 $A=O$, 则显然结论成立. 下面设 $A\neq O$. 设 B 的列向量组是 β_1, β_2, …, β_m. 由于 $AB=O$, 因此 β_j ($j=1, 2, \cdots, m$) 为齐次线性方程组 $Ax=o$ 的解向量. 因此根据齐次线性方程组解的理论知道, $Ax=o$ 的基础解系中所含向量的个数为 $n-\mathrm{r}(A)$ 个.

从而

$$r\{\beta_1, \beta_2, \cdots, \beta_m\}\leqslant n-\mathrm{r}(A),$$

因此有

$$r(A)+\mathrm{r}(B)\leqslant n.$$

习题 3.3

1. 求出下列分块矩阵的乘积, 假设其中相乘的分块矩阵都符合相乘的条件.

$$(1)\ \begin{pmatrix}A_1 & O\\ O & A_2\end{pmatrix}\begin{pmatrix}B_{11} & B_{12}\\ B_{21} & B_{22}\end{pmatrix};\qquad (2)\ \begin{pmatrix}A_{11} & O\\ A_{21} & A_{22}\end{pmatrix}\begin{pmatrix}B_{11} & B_{12}\\ O & B_{22}\end{pmatrix}.$$

2. 设 A, B 都是 n 阶矩阵, E 是 n 阶单位矩阵. 证明

$$\begin{pmatrix}AB & O\\ B & O\end{pmatrix}\begin{pmatrix}E & A\\ O & E\end{pmatrix}=\begin{pmatrix}E & A\\ O & E\end{pmatrix}\begin{pmatrix}O & O\\ B & BA\end{pmatrix}.$$

3. 证明: $\mathrm{r}(AB)=\mathrm{r}(B)$ 的充分必要条件是方程组 $ABx=o$ 与 $Bx=o$ 同解.

4. 设 A 是 $m\times n$ 实矩阵,证明: $\mathrm{r}(A^{\mathrm{T}}A)=\mathrm{r}(A)$.

5. 设 A 是 $m\times n$ 矩阵, B 是 $n\times s$ 矩阵, 证明:

(1) 如果 $\boldsymbol{B}$ 的某一列元素都为零，那么 $\boldsymbol{AB}$ 也有一列元素都为零；

(2) 如果 $\boldsymbol{B}$ 的某两列元素完全相同，则 $\boldsymbol{AB}$ 也有两列元素完全相同；

(3) 如果 $\boldsymbol{B}$ 的列向量组线性相关，则 $\boldsymbol{AB}$ 的列向量组也线性相关.

6. 设 $\boldsymbol{A}$ 是 $m\times n$ 矩阵，$\boldsymbol{C}$，$\boldsymbol{D}$ 是 $n\times m$ 矩阵，证明：

(1) 若 $\boldsymbol{CA}=\boldsymbol{E}_n$，那么齐次方程组 $\boldsymbol{Ax}=\boldsymbol{o}$ 只有零解，且 $m\geqslant n$；(2) 若 $\boldsymbol{AD}=\boldsymbol{E}_m$，那么对任意 m 维向量 $\boldsymbol{\beta}$，方程组 $\boldsymbol{Ax}=\boldsymbol{\beta}$ 有解，且 $m\leqslant n$；(3) 若 $\boldsymbol{CA}=\boldsymbol{E}_n$，$\boldsymbol{AD}=\boldsymbol{E}_m$，则 $m=n$，且 $\boldsymbol{C}=\boldsymbol{D}$.

7. 设 $\boldsymbol{A}$，$\boldsymbol{B}$ 均为 $m\times n$ 矩阵，则 $\mathrm{r}(\boldsymbol{A}\pm\boldsymbol{B})\leqslant\mathrm{r}(\boldsymbol{A})+\mathrm{r}(\boldsymbol{B})$.

3.4 可逆矩阵

3.4.1 可逆矩阵的定义及性质

定义 3.10 设 $\boldsymbol{A}$ 是数域 P 上的一个矩阵．若存在矩阵 $\boldsymbol{B}$，使得

$$\boldsymbol{AB}=\boldsymbol{BA}=\boldsymbol{E},\tag{3.5}$$

则称 $\boldsymbol{A}$ 为**可逆的(invertible)**，且称 $\boldsymbol{B}$ 为 $\boldsymbol{A}$ 的**逆矩阵(inverse matrix)**，记作 $\boldsymbol{B}=\boldsymbol{A}^{-1}$.

由式 (3.5) 容易看出，如果 $\boldsymbol{A}$ 可逆，则 $\boldsymbol{A}$ 一定是方阵，且 $\boldsymbol{A}$ 的逆矩阵 $\boldsymbol{B}$ 是与 $\boldsymbol{A}$ 同阶的方阵.

若矩阵 $\boldsymbol{A}$ 可逆，那么 $\boldsymbol{A}$ 的逆矩阵由 $\boldsymbol{A}$ 唯一确定．事实上，设 $\boldsymbol{B}$ 和 $\boldsymbol{C}$ 都是 $\boldsymbol{A}$ 的逆矩阵，即满足

$$\boldsymbol{AB}=\boldsymbol{BA}=\boldsymbol{E},\ \boldsymbol{AC}=\boldsymbol{CA}=\boldsymbol{E}.$$

则

$$\boldsymbol{B}=\boldsymbol{BE}=\boldsymbol{B}(\boldsymbol{AC})=(\boldsymbol{BA})\boldsymbol{C}=\boldsymbol{EC}=\boldsymbol{C}.$$

性质 3.1 设 $\boldsymbol{A}$，$\boldsymbol{B}$ 是数域 P 上的矩阵，$k\in P$，则

(1) 若 $\boldsymbol{A}$ 可逆，则 $\boldsymbol{A}^{-1}$ 也可逆，且 $(\boldsymbol{A}^{-1})^{-1}=\boldsymbol{A}$；

(2) 若 $\boldsymbol{A}$ 可逆，$k\neq0$，则 $k\boldsymbol{A}$ 也可逆，且 $(k\boldsymbol{A})^{-1}=\dfrac{1}{k}\boldsymbol{A}^{-1}$；

(3) 若 $\boldsymbol{A}$ 可逆，则 $\boldsymbol{A}^{\mathrm{T}}$ 也可逆，且 $(\boldsymbol{A}^{\mathrm{T}})^{-1}=(\boldsymbol{A}^{-1})^{\mathrm{T}}$；

(4) 若 $\boldsymbol{A}$ 和 $\boldsymbol{B}$ 是同阶的可逆矩阵，则 $\boldsymbol{AB}$ 也可逆，且 $(\boldsymbol{AB})^{-1}=\boldsymbol{B}^{-1}\boldsymbol{A}^{-1}$.

证明 (1) 由

$$\boldsymbol{AA}^{-1}=\boldsymbol{A}^{-1}\boldsymbol{A}=\boldsymbol{E},$$

可直接推断.

(2) 由

$$(k\boldsymbol{A})\left(\frac{1}{k}\boldsymbol{A}^{-1}\right)=\left(\frac{1}{k}\boldsymbol{A}^{-1}\right)(k\boldsymbol{A})=\boldsymbol{E},$$

可直接得到.

(3) 因为

$$\boldsymbol{AA}^{-1}=\boldsymbol{A}^{-1}\boldsymbol{A}=\boldsymbol{E},$$

等式两边取转置，有

$$(\boldsymbol{A}^{-1})^{\mathrm{T}}\boldsymbol{A}^{\mathrm{T}}=\boldsymbol{A}^{\mathrm{T}}(\boldsymbol{A}^{-1})^{\mathrm{T}}=\boldsymbol{E}^{\mathrm{T}}=\boldsymbol{E}.$$

故 $\boldsymbol{A}^{\mathrm{T}}$ 可逆，且 $(\boldsymbol{A}^{\mathrm{T}})^{-1}=(\boldsymbol{A}^{-1})^{\mathrm{T}}$.

（4）可由

$$(\boldsymbol{AB})(\boldsymbol{B}^{-1}\boldsymbol{A}^{-1})=(\boldsymbol{B}^{-1}\boldsymbol{A}^{-1})(\boldsymbol{AB})=\boldsymbol{E},$$

直接推得.

性质（4）可以推广到多个可逆方阵相乘的情形，即

$$(\boldsymbol{A}_1\boldsymbol{A}_2\cdots\boldsymbol{A}_m)^{-1}=\boldsymbol{A}_m^{-1}\cdots\boldsymbol{A}_2^{-1}\boldsymbol{A}_1^{-1}.$$

当 $\boldsymbol{A}$ 可逆时，规定 $\boldsymbol{A}^{-k}=(\boldsymbol{A}^{-1})^k$（$k$ 为正整数）.

例 3.11 单位矩阵 $\boldsymbol{E}$ 是可逆的，这是因为 $\boldsymbol{E}^2=\boldsymbol{E}$，故 $\boldsymbol{E}^{-1}=\boldsymbol{E}$.

例 3.12 零矩阵不是可逆矩阵，这是因为对任意的方阵 $\boldsymbol{B}$，$\boldsymbol{OB}=\boldsymbol{BO}=\boldsymbol{O}\neq\boldsymbol{E}$.

可逆矩阵一个重要用途就是解线性方程组.

定理 3.2 设 $\boldsymbol{A}$ 是 n 阶可逆矩阵，则对任意的 n 维向量 $\boldsymbol{\beta}$，线性方程组 $\boldsymbol{Ax}=\boldsymbol{\beta}$ 有唯一解

$$\boldsymbol{x}=\boldsymbol{A}^{-1}\boldsymbol{\beta}.$$

证明 **存在性** 把 $\boldsymbol{x}=\boldsymbol{A}^{-1}\boldsymbol{\beta}$ 代入方程组，得

$$\boldsymbol{Ax}=\boldsymbol{A}(\boldsymbol{A}^{-1}\boldsymbol{\beta})=(\boldsymbol{AA}^{-1})\boldsymbol{\beta}=\boldsymbol{E\beta}=\boldsymbol{\beta}.$$

所以 $\boldsymbol{x}=\boldsymbol{A}^{-1}\boldsymbol{\beta}$ 是方程组的解.

唯一性 设 $\boldsymbol{\gamma}$ 也是方程组的解，即 $\boldsymbol{A\gamma}=\boldsymbol{\beta}$. 则有 $\boldsymbol{\gamma}=\boldsymbol{E\gamma}=(\boldsymbol{A}^{-1}\boldsymbol{A})\boldsymbol{\gamma}=\boldsymbol{A}^{-1}(\boldsymbol{A\gamma})=\boldsymbol{A}^{-1}\boldsymbol{\beta}$. 唯一性得证.

3.4.2 矩阵可逆的条件

并不是每一个方阵都是可逆的，下面我们来讨论矩阵可逆的条件.

引理 3.1 设 $\boldsymbol{A}$ 是 n 阶矩阵，则 $\mathrm{r}(\boldsymbol{A})=n$ 的充要条件是存在矩阵 $\boldsymbol{B}$ 使得 $\boldsymbol{AB}=\boldsymbol{E}$.

证明 必要性 设 $\mathrm{r}(\boldsymbol{A})=n$，则 $\boldsymbol{A}$ 的列向量组 $\boldsymbol{\alpha}_1$，$\boldsymbol{\alpha}_2$，…，$\boldsymbol{\alpha}_n$ 是 n 个线性无关的 n 维向量. 对每个 n 维基本单位向量 $\boldsymbol{\varepsilon}_j(j=1,2,\cdots,n)$，向量组

$$\boldsymbol{\alpha}_1,\ \boldsymbol{\alpha}_2,\ \cdots,\ \boldsymbol{\alpha}_n,\ \boldsymbol{\varepsilon}_j$$

必线性相关，则 $\boldsymbol{\varepsilon}_j$ 可由向量组 $\boldsymbol{\alpha}_1$，$\boldsymbol{\alpha}_2$，…，$\boldsymbol{\alpha}_n$ 唯一表示，即线性方程组 $\boldsymbol{Ax}=\boldsymbol{\varepsilon}_j$ 有唯一解 $\boldsymbol{\gamma}_j$，满足

$$\boldsymbol{A\gamma}_j=\boldsymbol{\varepsilon}_j,\ j=1,\ 2,\ \cdots,\ n.$$

令 $\boldsymbol{B}=(\boldsymbol{\gamma}_1,\ \boldsymbol{\gamma}_2,\ \cdots,\ \boldsymbol{\gamma}_n)$，则

$$\boldsymbol{AB}=\boldsymbol{A}(\boldsymbol{\gamma}_1,\boldsymbol{\gamma}_2,\cdots,\boldsymbol{\gamma}_n)=(\boldsymbol{A\gamma}_1,\boldsymbol{A\gamma}_2,\cdots,\boldsymbol{A\gamma}_n)=(\boldsymbol{\varepsilon}_1,\boldsymbol{\varepsilon}_2,\cdots,\boldsymbol{\varepsilon}_n)=\boldsymbol{E}.$$

充分性 若 $\boldsymbol{AB}=\boldsymbol{E}$，则由定理 3.1，得

$$\mathrm{r}(\boldsymbol{A})\geqslant\mathrm{r}(\boldsymbol{AB})=\mathrm{r}(\boldsymbol{E})=n,$$

但由于 $\boldsymbol{A}$ 为 n 阶矩阵，故

$$\mathrm{r}(\boldsymbol{A})\leqslant n.$$

从而 $\mathrm{r}(\boldsymbol{A})=n$.

基于此引理，我们给出矩阵可逆的一个充分必要条件.

定理 3.3 设 $\boldsymbol{A}$ 是 n 阶矩阵，则 $\boldsymbol{A}$ 可逆的充要条件是 $\mathrm{r}(\boldsymbol{A})=n$.

证明 必要性 设$\boldsymbol{A}$可逆，则存在矩阵$\boldsymbol{B}$使得$\boldsymbol{AB}=\boldsymbol{E}$，于是由引理3.1，得$\mathrm{r}(\boldsymbol{A})=n$.

充分性 设$\mathrm{r}(\boldsymbol{A})=n$，则依据引理3.1，存在矩阵$\boldsymbol{B}$使得$\boldsymbol{AB}=\boldsymbol{E}$. 根据可逆矩阵的定义，只需证

$$\boldsymbol{BA}=\boldsymbol{E}.$$

事实上，由$\boldsymbol{AB}=\boldsymbol{E}$，得$\boldsymbol{B}^{\mathrm{T}}\boldsymbol{A}^{\mathrm{T}}=\boldsymbol{E}^{\mathrm{T}}=\boldsymbol{E}$. 依据引理3.1的充分性,得$\mathrm{r}(\boldsymbol{B}^{\mathrm{T}})=n$，从而$\mathrm{r}(\boldsymbol{B})=n$. 再由引理3.1的必要性,存在矩阵$\boldsymbol{C}$，使得$\boldsymbol{BC}=\boldsymbol{E}$，故

$$\boldsymbol{A}=\boldsymbol{AE}=\boldsymbol{A}(\boldsymbol{BC})=(\boldsymbol{AB})\boldsymbol{C}=\boldsymbol{EC}=\boldsymbol{C}.$$

于是有

$$\boldsymbol{BA}=\boldsymbol{BC}=\boldsymbol{E}.$$

推论3.2 设$\boldsymbol{A}$，$\boldsymbol{B}$均为n阶矩阵，且$\boldsymbol{AB}=\boldsymbol{E}$，则$\boldsymbol{A}$，$\boldsymbol{B}$都可逆，且$\boldsymbol{A}^{-1}=\boldsymbol{B}$，$\boldsymbol{B}^{-1}=\boldsymbol{A}$.

证明 由$\boldsymbol{AB}=\boldsymbol{E}$，可得$\mathrm{r}(\boldsymbol{A})\geqslant\mathrm{r}(\boldsymbol{AB})=\mathrm{r}(\boldsymbol{E})=n$，又$\mathrm{r}(\boldsymbol{A})\leqslant n$，从而$\mathrm{r}(\boldsymbol{A})=n$. 同理可证$\mathrm{r}(\boldsymbol{B})=n$. 故$\boldsymbol{A}$，$\boldsymbol{B}$都可逆. 在$\boldsymbol{AB}=\boldsymbol{E}$两边都左乘以$\boldsymbol{A}^{-1}$，得

$$\boldsymbol{B}=\boldsymbol{A}^{-1}.$$

在$\boldsymbol{AB}=\boldsymbol{E}$两边右乘以$\boldsymbol{B}^{-1}$，得

$$\boldsymbol{A}=\boldsymbol{B}^{-1}.$$

显见，利用这一推论来验证矩阵$\boldsymbol{B}$是不是矩阵$\boldsymbol{A}$的逆矩阵,只需验证一个式子$\boldsymbol{AB}=\boldsymbol{E}$或$\boldsymbol{BA}=\boldsymbol{E}$即可，不需要按照定义验证$\boldsymbol{AB}=\boldsymbol{E}$和$\boldsymbol{BA}=\boldsymbol{E}$同时成立.

下面我们再给出一个矩阵可逆的充分条件和计算逆矩阵的一个方法.

定义3.11 （n阶方阵的行列式）n阶矩阵$\boldsymbol{A}=(a_{ij})_{n\times n}$的元素按照原来的位置排列构成的行列式称为矩阵$\boldsymbol{A}$的行列式，记为$\det\boldsymbol{A}$或者$|\boldsymbol{A}|$，即

$$\det\boldsymbol{A}=|\boldsymbol{A}|=\begin{vmatrix} a_{11} & a_{12} & \cdots & a_{1n} \\ a_{21} & a_{22} & \cdots & a_{2n} \\ \vdots & \vdots & & \vdots \\ a_{n1} & a_{n2} & \cdots & a_{nn} \end{vmatrix}.$$

定义3.12 设$\boldsymbol{A}$是n阶方阵，A_{ij}是行列式$|\boldsymbol{A}|$中$(i,\ j)$元素a_{ij}的代数余子式，则称下列方阵为$\boldsymbol{A}$的**伴随阵**(adjugate matrix)：

$$\begin{pmatrix} A_{11} & A_{21} & \cdots & A_{n1} \\ A_{12} & A_{22} & \cdots & A_{n2} \\ \vdots & \vdots & & \vdots \\ A_{1n} & A_{2n} & \cdots & A_{nn} \end{pmatrix}.$$

$\boldsymbol{A}$的伴随阵通常记为$\boldsymbol{A}^*$.

方阵与其伴随阵之间有如下的关系.

引理3.2 设$\boldsymbol{A}$为n阶方阵，$\boldsymbol{A}^*$为$\boldsymbol{A}$的伴随阵，则

$$\boldsymbol{AA}^*=\boldsymbol{A}^*\boldsymbol{A}=|\boldsymbol{A}|\boldsymbol{E}_n.$$

证明 由代数余子式的重要性质（1.5）

$$a_{i1}A_{j1}+a_{i2}A_{j2}+\cdots+a_{in}A_{jn}=\begin{cases}|\boldsymbol{A}|,\ 当\ i=j,\\ 0,\ 当\ i\neq j,\end{cases}$$

我们有

$$AA^* = \begin{pmatrix} a_{11} & a_{12} & \cdots & a_{1n} \\ a_{21} & a_{22} & \cdots & a_{2n} \\ \vdots & \vdots & & \vdots \\ a_{n1} & a_{n2} & \cdots & a_{nn} \end{pmatrix} \begin{pmatrix} A_{11} & A_{21} & \cdots & A_{n1} \\ A_{12} & A_{22} & \cdots & A_{n2} \\ \vdots & \vdots & & \vdots \\ A_{1n} & A_{2n} & \cdots & A_{nn} \end{pmatrix} = \begin{pmatrix} |A| & 0 & \cdots & 0 \\ 0 & |A| & \cdots & 0 \\ \vdots & \vdots & \ddots & \vdots \\ 0 & 0 & \cdots & |A| \end{pmatrix}$$

$$= |A| E_n.$$

类似地，我们可证 $A^*A = |A|E_n$.

定义 3.13 若 n 阶矩阵的行列式不为零，即 $|A| \neq 0$，则称 A 为**非奇异矩阵(non - singular matrix)**，否则称为**奇异矩阵(singular matrix)**.

定理 3.4 若 A 是一个非奇异矩阵，即 $|A| \neq 0$，则

$$A^{-1} = \frac{1}{|A|}A^*.$$

证明 注意到 $|A| \neq 0$，由引理 3.2 可得

$$A\left(\frac{1}{|A|}A^*\right) = \left(\frac{1}{|A|}A^*\right)A = E_n,$$

故

$$A^{-1} = \frac{1}{|A|}A^*.$$

注 上述定理提供了计算逆矩阵的一般方法. 但是用这个定理计算逆矩阵必须计算所有的 A_{ij}，计算量一般是相当大的. 我们将在下一节中介绍一种比较简单的计算方法.

3.4.3 分块求逆

一般地，设 n 阶可逆方阵

$$S = \begin{pmatrix} A & C \\ D & B \end{pmatrix},$$

其中，A，B 分别是 p，q 阶可逆方阵，$p+q=n$. 现在把 S^{-1} 也相应地分成四块：

$$S^{-1} = \begin{pmatrix} Z_1 & Z_2 \\ Z_3 & Z_4 \end{pmatrix},$$

其中，Z_1，Z_4 分别是 p，q 阶方阵.

求 S 的逆方阵 S^{-1}，就是要确定 Z_1，Z_2，Z_3，Z_4，由于 $SS^{-1}=E$，即

$$\begin{pmatrix} A & C \\ D & B \end{pmatrix} \begin{pmatrix} Z_1 & Z_2 \\ Z_3 & Z_4 \end{pmatrix} = \begin{pmatrix} E_p & O \\ O & E_q \end{pmatrix},$$

由此可得

$$AZ_1 + CZ_3 = E_p, \tag{3.6}$$

$$DZ_1 + BZ_3 = O, \tag{3.7}$$

$$DZ_2 + BZ_4 = E_q. \tag{3.8}$$

又由 $S^{-1}S = E$，类似可得

$$Z_1C + Z_2B = O. \tag{3.9}$$

式（3.6）减去 $\boldsymbol{CB}^{-1}$左乘式（3.7），得

$$(\boldsymbol{A}-\boldsymbol{CB}^{-1}\boldsymbol{D})\boldsymbol{Z}_1=\boldsymbol{E}_p,$$

从而得

$$\boldsymbol{Z}_1=\boldsymbol{E}_p(\boldsymbol{A}-\boldsymbol{CB}^{-1}\boldsymbol{D})^{-1}=(\boldsymbol{A}-\boldsymbol{CB}^{-1}\boldsymbol{D})^{-1}. \tag{3.10}$$

由式（3.7）又得

$$\boldsymbol{Z}_3=-\boldsymbol{B}^{-1}\boldsymbol{D}\boldsymbol{Z}_1. \tag{3.11}$$

由式（3.9）得

$$\boldsymbol{Z}_2=-\boldsymbol{Z}_1\boldsymbol{CB}^{-1}. \tag{3.12}$$

最后由式（3.8）又得

$$\boldsymbol{Z}_4=\boldsymbol{B}^{-1}-\boldsymbol{B}^{-1}\boldsymbol{D}\boldsymbol{Z}_2 \tag{3.13}$$

这样由式（3.10）~式（3.13），即可依次求出 $\boldsymbol{Z}_1$，$\boldsymbol{Z}_2$，$\boldsymbol{Z}_3$ 与 $\boldsymbol{Z}_4$. 从而得到 $\boldsymbol{S}^{-1}$.

在以上的讨论中，特殊地，如果 $\boldsymbol{D}=\boldsymbol{O}$ 或者 $\boldsymbol{C}=\boldsymbol{O}$ 以及 $\boldsymbol{C}=\boldsymbol{D}=\boldsymbol{O}$ 时，分别可得

$$\begin{pmatrix}\boldsymbol{A} & \boldsymbol{C}\\ \boldsymbol{O} & \boldsymbol{B}\end{pmatrix}^{-1}=\begin{pmatrix}\boldsymbol{A}^{-1} & -\boldsymbol{A}^{-1}\boldsymbol{CB}^{-1}\\ \boldsymbol{O} & \boldsymbol{B}^{-1}\end{pmatrix},$$

$$\begin{pmatrix}\boldsymbol{A} & \boldsymbol{O}\\ \boldsymbol{D} & \boldsymbol{B}\end{pmatrix}^{-1}=\begin{pmatrix}\boldsymbol{A}^{-1} & \boldsymbol{O}\\ -\boldsymbol{B}^{-1}\boldsymbol{DA}^{-1} & \boldsymbol{B}^{-1}\end{pmatrix},$$

$$\begin{pmatrix}\boldsymbol{A} & \boldsymbol{O}\\ \boldsymbol{O} & \boldsymbol{B}\end{pmatrix}^{-1}=\begin{pmatrix}\boldsymbol{A}^{-1} & \boldsymbol{O}\\ \boldsymbol{O} & \boldsymbol{B}^{-1}\end{pmatrix},$$

不难得到

$$\begin{pmatrix}\boldsymbol{A}_1 & & & \\ & \boldsymbol{A}_2 & & \\ & & \ddots & \\ & & & \boldsymbol{A}_s\end{pmatrix}^{-1}=\begin{pmatrix}\boldsymbol{A}_1^{-1} & & & \\ & \boldsymbol{A}_2^{-1} & & \\ & & \ddots & \\ & & & \boldsymbol{A}_s^{-1}\end{pmatrix},$$

其中，每个 $\boldsymbol{A}_i$ 都是可逆的（$i=1, 2, \cdots, s$）.

习题 3.4

1. 利用定理 3.4，求下列矩阵的逆矩阵 .

$$(1)\begin{pmatrix}1 & 1 & -1\\ 1 & 2 & 3\\ 0 & 1 & 1\end{pmatrix};\qquad (2)\begin{pmatrix}1 & -3 & 2\\ -3 & 0 & 1\\ 1 & 1 & -1\end{pmatrix}.$$

2. 应用分块矩阵的方法求下列方阵的逆矩阵 .

$$(1)\begin{pmatrix}2 & 1 & 0 & 0\\ 1 & 1 & 0 & 0\\ -1 & 2 & 2 & 5\\ 1 & -1 & 1 & 3\end{pmatrix};\qquad (2)\begin{pmatrix}1 & 2 & 0 & 0\\ -3 & 4 & 0 & 0\\ 0 & 0 & 2 & 3\\ 0 & 0 & 3 & 2\end{pmatrix}.$$

3. 设

$$S=\begin{pmatrix}O & A\\ B & O\end{pmatrix},$$

且 A，B 是可逆方阵，求 S^{-1}.

4. 设 $A=\begin{pmatrix}0 & a_1 & 0 & \cdots & 0\\ 0 & 0 & a_2 & \cdots & 0\\ \vdots & \vdots & \vdots & \ddots & \vdots\\ 0 & 0 & 0 & \cdots & a_{n-1}\\ a_n & 0 & 0 & \cdots & 0\end{pmatrix}$，其中，$a_i\neq 0(i=1,2,\cdots,n)$，利用分块矩阵方法，求 A^{-1}.

5. 设 A 和 B 是 n 阶方阵. 证明：若 AB 可逆，则 A 和 B 都可逆.

6. 设 A 是 $m\times n$ 矩阵，P，Q 分别是 m 阶和 n 阶可逆矩阵. 证明：$\mathrm{r}(PA)=\mathrm{r}(A)=\mathrm{r}(AQ)$.

7. 设 A 适合条件 $A^2-A-3E=O$，证明：$A-2E$ 可逆，并写出其逆矩阵.

8. 矩阵 A 称为**幂零矩阵**，如果存在正整数 m，使得 $A^m=O$. 若 A 为幂零矩阵，证明 $E-A$ 可逆，并且求 $(E-A)^{-1}$.

9. 证明：$A^{-1}=A$ 的充分必要条件是

$$(E-A)(E+A)=O.$$

3.5 初等矩阵

矩阵的初等变换是高等代数中一种十分重要的方法，在第 2 章中我们利用矩阵的初等变换可求矩阵的秩和向量组的秩、向量组的极大线性无关组、解线性方程组等，这一节我们首先讨论矩阵的初等变换和矩阵乘法的关系，再给出用初等变换法求逆矩阵的方法.

3.5.1 初等矩阵及其性质

定义 3.14 由单位矩阵经过一次初等变换得到的矩阵称为**初等矩阵**（**elementary matrix**）.

因矩阵的初等行变换（或列变换）仅有三种，故初等矩阵有三种类型. (1) 互换单位矩阵的第 i 行（列）与第 j 行（列）所得的初等矩阵，记作 $P(i,j)$，即

$$P(i,j)=\begin{pmatrix}1 & & & & & & \\ & \ddots & & & & & \\ & & 0 & \cdots & 1 & & \\ & & \vdots & \ddots & \vdots & & \\ & & 1 & \cdots & 0 & & \\ & & & & & \ddots & \\ & & & & & & 1\end{pmatrix}\begin{matrix}\\ \\ i\\ \\ j\\ \\ \\ \end{matrix}.$$

$$\qquad\qquad\qquad i\qquad\quad j$$

(2) 单位矩阵的第 i 行(列)乘以非零数 c 所得的初等矩阵, 记作 $\boldsymbol{P}(i(c))$, 即

$$\boldsymbol{P}(i(c))=\begin{pmatrix}1&&&&\\&\ddots&&&\\&&c&&\\&&&\ddots&\\&&&&1\end{pmatrix}\begin{matrix}\\\\i\\\\\\\end{matrix}.$$
$$\qquad\qquad i$$

(3) 单位矩阵的第 j 行(第 i 列)乘以数 k 加到第 i 行(第 j 列)所得的初等矩阵, 记作 $\boldsymbol{P}(i,j(k))$, 即

$$\boldsymbol{P}(i,j(k))=\begin{pmatrix}1&&&&&&\\&\ddots&&&&&\\&&1&\cdots&k&&\\&&&\ddots&&&\\&&&&1&&\\&&&&&\ddots&\\&&&&&&1\end{pmatrix}\begin{matrix}\\\\i\\\\j\\\\\\\end{matrix}.$$
$$\qquad\qquad i\qquad\quad j$$

我们不难验证初等矩阵有如下性质.

性质 3.2 (1) 初等矩阵的转置仍为初等矩阵, 即有

$$\boldsymbol{P}(i,j)^{\mathrm{T}}=\boldsymbol{P}(i,j),\ \boldsymbol{P}(i(c))^{\mathrm{T}}=\boldsymbol{P}(i(c)),\ \boldsymbol{P}(i,j(k))^{\mathrm{T}}=\boldsymbol{P}(j,i(k)).$$

(2) 初等矩阵都可逆, 且其逆矩阵仍为初等矩阵, 即有

$$\boldsymbol{P}(i,j)^{-1}=\boldsymbol{P}(i,j),\ \boldsymbol{P}(i(c))^{-1}=\boldsymbol{P}\left(i\left(\frac{1}{c}\right)\right),\ \boldsymbol{P}(i,j(k))^{-1}=\boldsymbol{P}(i,j(-k)).$$

定理 3.5 设 $\boldsymbol{A}$ 为 $m\times n$ 阶矩阵, 则

(1) 对 $\boldsymbol{A}$ 施以一次初等行变换, 相当于用同种 m 阶初等矩阵左乘矩阵 $\boldsymbol{A}$;

(2) 对 $\boldsymbol{A}$ 施以一次初等列变换, 相当于用同种 n 阶初等矩阵右乘矩阵 $\boldsymbol{A}$.

证明 我们只对(1)进行证明, (2)的情形类似.

对矩阵 $\boldsymbol{A}$ 与单位矩阵 $\boldsymbol{E}_m$ 作行分块, 有

$$\boldsymbol{A}=\begin{pmatrix}\boldsymbol{A}_1\\\boldsymbol{A}_2\\\vdots\\\boldsymbol{A}_m\end{pmatrix},\quad \boldsymbol{E}=\begin{pmatrix}\boldsymbol{\varepsilon}_1\\\boldsymbol{\varepsilon}_2\\\vdots\\\boldsymbol{\varepsilon}_m\end{pmatrix},$$

则有

$$\boldsymbol{\varepsilon}_i\boldsymbol{A}=\boldsymbol{A}_i.$$

不妨设 $i<j$, 对上述 $\boldsymbol{E}_m$ 分别作三种初等行变换, 得到如下按行分块的初等矩阵

$$\boldsymbol{P}(i,j)=\begin{pmatrix}\boldsymbol{\varepsilon}_1\\ \vdots\\ \boldsymbol{\varepsilon}_j\\ \vdots\\ \boldsymbol{\varepsilon}_i\\ \vdots\\ \boldsymbol{\varepsilon}_m\end{pmatrix},\ \boldsymbol{P}(i(c))=\begin{pmatrix}\boldsymbol{\varepsilon}_1\\ \vdots\\ c\boldsymbol{\varepsilon}_i\\ \vdots\\ \boldsymbol{\varepsilon}_j\\ \vdots\\ \boldsymbol{\varepsilon}_m\end{pmatrix},\ \boldsymbol{P}(i,j(k))=\begin{pmatrix}\boldsymbol{\varepsilon}_1\\ \vdots\\ \boldsymbol{\varepsilon}_i+k\boldsymbol{\varepsilon}_j\\ \vdots\\ \boldsymbol{\varepsilon}_j\\ \vdots\\ \boldsymbol{\varepsilon}_m\end{pmatrix}.$$

直接计算，得

$$\boldsymbol{P}(i,j)\boldsymbol{A}=\begin{pmatrix}\boldsymbol{\varepsilon}_1\\ \vdots\\ \boldsymbol{\varepsilon}_j\\ \vdots\\ \boldsymbol{\varepsilon}_i\\ \vdots\\ \boldsymbol{\varepsilon}_m\end{pmatrix}\boldsymbol{A}=\begin{pmatrix}\boldsymbol{\varepsilon}_1\boldsymbol{A}\\ \vdots\\ \boldsymbol{\varepsilon}_j\boldsymbol{A}\\ \vdots\\ \boldsymbol{\varepsilon}_i\boldsymbol{A}\\ \vdots\\ \boldsymbol{\varepsilon}_m\boldsymbol{A}\end{pmatrix}=\begin{pmatrix}\boldsymbol{A}_1\\ \vdots\\ \boldsymbol{A}_j\\ \vdots\\ \boldsymbol{A}_i\\ \vdots\\ \boldsymbol{A}_m\end{pmatrix},$$

相当于将 $\boldsymbol{A}$ 的第 i 行与第 j 行交换.

$$\boldsymbol{P}(i(c))\boldsymbol{A}=\begin{pmatrix}\boldsymbol{\varepsilon}_1\boldsymbol{A}\\ \vdots\\ c\boldsymbol{\varepsilon}_i\boldsymbol{A}\\ \vdots\\ \boldsymbol{\varepsilon}_j\boldsymbol{A}\\ \vdots\\ \boldsymbol{\varepsilon}_m\boldsymbol{A}\end{pmatrix}=\begin{pmatrix}\boldsymbol{A}_1\\ \vdots\\ c\boldsymbol{A}_i\\ \vdots\\ \boldsymbol{A}_j\\ \vdots\\ \boldsymbol{A}_m\end{pmatrix},$$

相当于将 $\boldsymbol{A}$ 的第 i 行乘以常数 c.

$$\boldsymbol{P}(i,j(k))\boldsymbol{A}=\begin{pmatrix}\boldsymbol{\varepsilon}_1\boldsymbol{A}\\ \vdots\\ (\boldsymbol{\varepsilon}_i+k\boldsymbol{\varepsilon}_j)\boldsymbol{A}\\ \vdots\\ \boldsymbol{\varepsilon}_j\boldsymbol{A}\\ \vdots\\ \boldsymbol{\varepsilon}_m\boldsymbol{A}\end{pmatrix}=\begin{pmatrix}\boldsymbol{A}_1\\ \vdots\\ \boldsymbol{A}_i+k\boldsymbol{A}_j\\ \vdots\\ \boldsymbol{A}_j\\ \vdots\\ \boldsymbol{A}_m\end{pmatrix},$$

相当于将 $\boldsymbol{A}$ 的第 j 行的 k 倍加到第 i 行上.

注 我们通常用“左乘行变右乘列变”表示定理中初等矩阵与初等变换的关系，请读者熟悉下述一般记法：

1. $\boldsymbol{P}(i,j)\boldsymbol{A}$ 表示 $\boldsymbol{A}$ 的第 i 行与第 j 行对换；$\boldsymbol{AP}(i,j)$ 表示 $\boldsymbol{A}$ 的第 i 列与第 j 列对换.

2. $\boldsymbol{P}(i(k))\boldsymbol{A}$ 表示 $\boldsymbol{A}$ 的第 i 行乘以数 k；$\boldsymbol{AP}(i(k))$ 表示 $\boldsymbol{A}$ 的第 i 列乘以数 k.

3. $\boldsymbol{P}(i,j(k))\boldsymbol{A}$ 表示 $\boldsymbol{A}$ 的第 j 行的 k 倍加到第 i 行上；$\boldsymbol{AP}(i,j(k))$ 表示 $\boldsymbol{A}$ 的第 i 列的 k 倍加到第 j 列上.

3.5.2 用初等变换求矩阵的逆

在2.4节，我们已经证明：如果 $m\times n$ 矩阵 $\boldsymbol{A}$ 的秩为 $r(r>0)$，则对 $\boldsymbol{A}$ 施以若干次初等变换，可以把 $\boldsymbol{A}$ 化为其等价标准形

$$\begin{pmatrix}\boldsymbol{E}_r & \boldsymbol{O}\\ \boldsymbol{O} & \boldsymbol{O}\end{pmatrix},$$

其中，$\boldsymbol{E}_r$ 是 r 阶单位矩阵. 利用定理3.5，上述结论可以叙述为

定理3.6 设矩阵 $\boldsymbol{A}=(a_{ij})_{m\times n}$ 的秩为 r，则存在 m 阶初等矩阵 $\boldsymbol{P}_1,\boldsymbol{P}_2,\cdots,\boldsymbol{P}_s$ 和 n 阶初等矩阵 $\boldsymbol{Q}_1,\boldsymbol{Q}_2,\cdots,\boldsymbol{Q}_t$，使得

$$\boldsymbol{P}_s\boldsymbol{P}_{s-1}\cdots\boldsymbol{P}_1\boldsymbol{A}\boldsymbol{Q}_1\boldsymbol{Q}_2\cdots\boldsymbol{Q}_t=\begin{pmatrix}\boldsymbol{E}_r & \boldsymbol{O}_{r\times(n-r)}\\ \boldsymbol{O}_{(m-r)\times r} & \boldsymbol{O}_{(m-r)\times(n-r)}\end{pmatrix}_{m\times n}.$$

特别地，设 $\boldsymbol{A}$ 为 n 阶方阵，且 $\mathrm{r}(\boldsymbol{A})=n$，其等价标准形为 $\boldsymbol{E}_n$，则存在 n 阶初等矩阵 $\boldsymbol{P}_1,\boldsymbol{P}_2,\cdots,\boldsymbol{P}_m$ 及 $\boldsymbol{Q}_1,\boldsymbol{Q}_2,\cdots,\boldsymbol{Q}_l$，使得

$$\boldsymbol{P}_m\cdots\boldsymbol{P}_2\boldsymbol{P}_1\boldsymbol{A}\boldsymbol{Q}_1\boldsymbol{Q}_2\cdots\boldsymbol{Q}_l=\boldsymbol{E}_n.$$

定理3.7 n 阶矩阵 $\boldsymbol{A}$ 可逆的充分必要条件是 $\boldsymbol{A}$ 可以表示成有限个初等矩阵之积.

证明 必要性 如果矩阵 $\boldsymbol{A}$ 可逆，则存在初等矩阵 $\boldsymbol{P}_1,\boldsymbol{P}_2,\cdots,\boldsymbol{P}_s$ 和 $\boldsymbol{Q}_1,\boldsymbol{Q}_2,\cdots,\boldsymbol{Q}_t$，使得

$$\boldsymbol{P}_s\cdots\boldsymbol{P}_2\boldsymbol{P}_1\boldsymbol{A}\boldsymbol{Q}_1\boldsymbol{Q}_2\cdots\boldsymbol{Q}_t=\boldsymbol{E}_n.$$

于是

$$\boldsymbol{A}=\boldsymbol{P}_1^{-1}\boldsymbol{P}_2^{-1}\cdots\boldsymbol{P}_s^{-1}\boldsymbol{Q}_t^{-1}\cdots\boldsymbol{Q}_2^{-1}\boldsymbol{Q}_1^{-1}.$$

由于初等矩阵的逆阵仍为初等矩阵，所以上式表明 $\boldsymbol{A}$ 可以表示成有限个初等矩阵之积.

充分性 若 $\boldsymbol{A}$ 可表示成有限个初等矩阵之积，则因初等矩阵可逆，故直接可得 $\boldsymbol{A}$ 也可逆.

上述定理给出矩阵求逆的方法. 设 $\boldsymbol{A}_n$ 可逆，其逆矩阵为 $\boldsymbol{A}^{-1}$，由定理3.7，则存在初等矩阵 $\boldsymbol{Q}_1,\boldsymbol{Q}_2,\cdots,\boldsymbol{Q}_t$，使得

$$\boldsymbol{A}^{-1}=\boldsymbol{Q}_1\boldsymbol{Q}_2\cdots\boldsymbol{Q}_t=\boldsymbol{Q}_1\boldsymbol{Q}_2\cdots\boldsymbol{Q}_t\boldsymbol{E}_n, \tag{3.14}$$

和

$$\boldsymbol{Q}_1\boldsymbol{Q}_2\cdots\boldsymbol{Q}_t\boldsymbol{A}=\boldsymbol{A}^{-1}\boldsymbol{A}=\boldsymbol{E}. \tag{3.15}$$

利用分块矩阵乘法并结合式（3.14）与式（3.15），我们有

$$\boldsymbol{Q}_1\boldsymbol{Q}_2\cdots\boldsymbol{Q}_t(\boldsymbol{A}\vdots\boldsymbol{E})=(\boldsymbol{Q}_1\boldsymbol{Q}_2\cdots\boldsymbol{Q}_t\boldsymbol{A}\vdots\boldsymbol{Q}_1\boldsymbol{Q}_2\cdots\boldsymbol{Q}_t\boldsymbol{E})=(\boldsymbol{E}\vdots\boldsymbol{A}^{-1}).$$

即

$$(\boldsymbol{A}\vdots\boldsymbol{E})\xrightarrow{\text{初等行变换}}(\boldsymbol{E}\vdots\boldsymbol{A}^{-1}).$$

这表明，如果对矩阵 $\boldsymbol{A}$ 施以有限次初等行变换化为 $\boldsymbol{E}$，则对单位矩阵 $\boldsymbol{E}$ 施以完全相同的初等行变换就可以得到 $\boldsymbol{A}^{-1}$. 因此，我们可以按照下述步骤求 $\boldsymbol{A}$ 的逆矩阵：

(1) 构造 $n\times 2n$ 矩阵 $(\boldsymbol{A}\vdots\boldsymbol{E})$；

(2) 对 $(\boldsymbol{A}\vdots\boldsymbol{E})$ 连续施以初等行变换，使 $\boldsymbol{A}$ 化为单位矩阵 $\boldsymbol{E}$，此时 $\boldsymbol{E}$ 对应部分就化为了 $\boldsymbol{A}^{-1}$. 类似地亦有

$$\left(\frac{\boldsymbol{A}}{\boldsymbol{E}}\right)\xrightarrow{\text{初等列变换}}\left(\frac{\boldsymbol{E}}{\boldsymbol{A}^{-1}}\right),$$

即对 $2n\times n$ 矩阵 $\left(\frac{\boldsymbol{A}}{\boldsymbol{E}}\right)$ 施行初等列变换，当把 $\boldsymbol{A}$ 变成 $\boldsymbol{E}$ 时，原来的 $\boldsymbol{E}$ 就变成 $\boldsymbol{A}^{-1}$. 不过通常情况下多选用行变换.

例 3.13 求 $\boldsymbol{A}=\begin{pmatrix}0&2&-1\\1&1&2\\-1&-1&-1\end{pmatrix}$ 的逆矩阵.

解

$$(\boldsymbol{A}\vdots\boldsymbol{E})=\left(\begin{array}{ccc:ccc}0&2&-1&1&0&0\\1&1&2&0&1&0\\-1&-1&-1&0&0&1\end{array}\right)\xrightarrow{r_1\leftrightarrow r_2}\left(\begin{array}{ccc:ccc}1&1&2&0&1&0\\0&2&-1&1&0&0\\-1&-1&-1&0&0&1\end{array}\right)$$

$$\xrightarrow{r_3+r_1}\left(\begin{array}{ccc:ccc}1&1&2&0&1&0\\0&2&-1&1&0&0\\0&0&1&0&1&1\end{array}\right)\xrightarrow{r_2+r_3}\left(\begin{array}{ccc:ccc}1&1&2&0&1&0\\0&2&0&1&1&1\\0&0&1&0&1&1\end{array}\right)$$

$$\xrightarrow{r_2\times\frac{1}{2}}\left(\begin{array}{ccc:ccc}1&1&2&0&1&0\\0&1&0&\frac{1}{2}&\frac{1}{2}&\frac{1}{2}\\0&0&1&0&1&1\end{array}\right)\xrightarrow{r_1-r_2-2r_3}\left(\begin{array}{ccc:ccc}1&0&0&\frac{-1}{2}&\frac{-3}{2}&\frac{-5}{2}\\0&1&0&\frac{1}{2}&\frac{1}{2}&\frac{1}{2}\\0&0&1&0&1&1\end{array}\right)=(\boldsymbol{E}\vdots\boldsymbol{A}^{-1}).$$

故

$$\boldsymbol{A}^{-1}=\begin{pmatrix}\frac{-1}{2}&\frac{-3}{2}&\frac{-5}{2}\\\frac{1}{2}&\frac{1}{2}&\frac{1}{2}\\0&1&1\end{pmatrix}.$$

将上述矩阵求逆的方法推广，可以得到解一般矩阵方程的方法. 设矩阵方程为

$$\boldsymbol{Ax}=\boldsymbol{B},$$

其中 $\boldsymbol{A}$ 为 n 阶可逆矩阵，$\boldsymbol{B}$ 为 $n\times m$ 矩阵，$\boldsymbol{x}$ 为未知 $n\times m$ 矩阵. 显然

$$\boldsymbol{x}=\boldsymbol{A}^{-1}\boldsymbol{B}.$$

$$\boldsymbol{A}^{-1}(\boldsymbol{A}\vdots\boldsymbol{B})=(\boldsymbol{A}^{-1}\boldsymbol{A}\vdots\boldsymbol{A}^{-1}\boldsymbol{B})=(\boldsymbol{E}\vdots\boldsymbol{A}^{-1}\boldsymbol{B}).$$

又

$$\boldsymbol{A}^{-1}=\boldsymbol{P}_1\boldsymbol{P}_2\cdots\boldsymbol{P}_t,$$

其中，$\boldsymbol{P}_1$，$\boldsymbol{P}_2$，…，$\boldsymbol{P}_t$ 均为初等矩阵. 故有

$$P_1P_2\cdots P_t(A \vdots B)=(E \vdots A^{-1}B).$$

于是，我们有如下计算形式：

$$(A \vdots B)\xrightarrow{\text{初等行变换}}(E \vdots A^{-1}B).$$

例 3.14 求矩阵 x，使 $Ax=B$，其中

$$A=\begin{pmatrix}1&2&3\\2&2&1\\3&4&3\end{pmatrix},\quad B=\begin{pmatrix}2&5\\3&1\\4&3\end{pmatrix}.$$

解 若 A 可逆，则 $x=A^{-1}B$. 有两种方法．第一种方法是先求出 A^{-1}，再计算 $A^{-1}B$. 我们留给读者完成．我们用第二种方法，即直接求出 $A^{-1}B$.

$$(A \vdots B)=\left(\begin{array}{ccc|cc}1&2&3&2&5\\2&2&1&3&1\\3&4&3&4&3\end{array}\right)\xrightarrow[r_3-3r_1]{r_2-2r_1}\left(\begin{array}{ccc|cc}1&2&3&2&5\\0&-2&-5&-1&-9\\0&-2&-6&-2&-12\end{array}\right)$$

$$\xrightarrow[]{\substack{r_1+r_2\\r_3-r_2}}\left(\begin{array}{ccc|cc}1&0&-2&1&-4\\0&-2&-5&-1&-9\\0&0&-1&-1&-3\end{array}\right)\xrightarrow[]{\substack{r_1-2r_3\\r_2-5r_3}}\left(\begin{array}{ccc|cc}1&0&0&3&2\\0&-2&0&4&6\\0&0&-1&-1&-3\end{array}\right)$$

$$\xrightarrow[-r_3]{-\frac{1}{2}r_2}\left(\begin{array}{ccc|cc}1&0&0&3&2\\0&1&0&-2&-3\\0&0&1&1&3\end{array}\right),$$

故

$$x=A^{-1}B=\begin{pmatrix}3&2\\-2&-3\\1&3\end{pmatrix}.$$

当 A_n 可逆时，如何求解矩阵方程 $x_{m\times n}A_n=B_{m\times n}$？我们留给读者思考．

3.5.3 行列式的乘法公式

我们已知初等变换对行列式的影响，注意到初等矩阵是由单位矩阵经过一次同类型初等变换得到的，故根据行列式的性质直接计算，得

$$|P(i,j)|=-1,\ |P(i(c))|=c,\ |P(i,j(k))|=1. \tag{3.16}$$

引理 3.3 设 A 是一个 n 阶方阵，Q 是一个 n 阶初等矩阵，则

$$|QA|=|Q||A|,\ |AQ|=|A||Q|.$$

证明 若 $Q=P(i,j)$，则 QA 为 A 的第 i 行及第 j 行对换后所得到的矩阵，其行列式值等于 $-|A|$. 但据式(3.16)，$|P(i,j)|=-1$，因此 $|P(i,j)A|=-|A|=|P(i,j)||A|$. 若 $Q=P(i(c))(c\neq 0)$，$|P(i(c))A|=c|A|$，依据式(3.16)，$|P(i(c))|=c$，于是有 $|P(i(c))A|=|P(i(c))||A|$. 最后，$|P(i,j(k))A|=|A|$，$|P(i,j(k))|=1$，故 $|P(i,j(k))A|=|P(i,j(k))||A|$. 当 Q 作用在 A 右侧时也可类似证明．

利用引理 3.3，我们可以得到一个矩阵可逆的充分必要条件．

定理 3.8 n 阶矩阵 $\boldsymbol{A}$ 可逆的充分必要条件是 $|\boldsymbol{A}| \neq 0$.

证明 充分性 即上一节定理 3.4. 我们下证必要性.

设 $\boldsymbol{A}$ 可逆，据定理 3.7，存在初等矩阵 $\boldsymbol{P}_1$，$\boldsymbol{P}_2$，…，$\boldsymbol{P}_s$，使得

$$\boldsymbol{A} = \boldsymbol{P}_1\boldsymbol{P}_2\cdots\boldsymbol{P}_s.$$

依据引理 3.3 与式（3.16），有

$$|\boldsymbol{A}| = |\boldsymbol{P}_1\boldsymbol{P}_2\cdots\boldsymbol{P}_s| = |\boldsymbol{P}_1||\boldsymbol{P}_2\cdots\boldsymbol{P}_s| = \cdots = |\boldsymbol{P}_1||\boldsymbol{P}_2|\cdots|\boldsymbol{P}_s| \neq 0.$$

定理 3.9 设 $\boldsymbol{A}$，$\boldsymbol{B}$ 都是 n 阶矩阵，则

$$|\boldsymbol{AB}| = |\boldsymbol{A}||\boldsymbol{B}|.$$

证明 分两种情形. 第一种情形，设 $\boldsymbol{A}$ 是可逆矩阵，则存在初等矩阵 $\boldsymbol{Q}_1$，…，$\boldsymbol{Q}_m$，使 $\boldsymbol{A} = \boldsymbol{Q}_1\cdots\boldsymbol{Q}_m$，故由引理 3.3，有

$$|\boldsymbol{AB}| = |\boldsymbol{Q}_1\cdots\boldsymbol{Q}_m\boldsymbol{B}| = |\boldsymbol{Q}_1|\cdots|\boldsymbol{Q}_m||\boldsymbol{B}| = |\boldsymbol{Q}_1\cdots\boldsymbol{Q}_m||\boldsymbol{B}| = |\boldsymbol{A}||\boldsymbol{B}|.$$

第二种情形，设 $\boldsymbol{A}$ 不是可逆矩阵，由定理 3.8，此时 $|\boldsymbol{A}| = 0$，故只需证明 $|\boldsymbol{AB}| = 0$. 事实上，因为 $\mathrm{r}(\boldsymbol{AB}) \leqslant \mathrm{r}(\boldsymbol{A}) < n$，故 $\boldsymbol{AB}$ 不可逆，再据定理 3.8，有 $|\boldsymbol{AB}| = 0$.

综上，无论上述哪一种情形，都有

$$|\boldsymbol{AB}| = |\boldsymbol{A}||\boldsymbol{B}|.$$

由可逆矩阵的定义 $\boldsymbol{A}^{-1}\boldsymbol{A} = \boldsymbol{E}$，和 $|\boldsymbol{A}||\boldsymbol{A}^{-1}| = |\boldsymbol{A}^{-1}\boldsymbol{A}| = |\boldsymbol{E}| = 1$，我们得到下述推论

推论 3.3 若 $\boldsymbol{A}$ 可逆，则 $|\boldsymbol{A}^{-1}| = \dfrac{1}{|\boldsymbol{A}|}$.

3.5.4 分块初等变换与分块初等矩阵

对分块矩阵而言，我们也有分块初等变换和分块初等矩阵的概念. 有的教材上也称作广义初等变换和广义初等矩阵. 它们是处理分块矩阵问题的有用工具.

定义 3.15 下述三种变换称为分块矩阵的**分块初等行变换**（**block elementary row operation**）.

（1）互换两个行块，即如

$$\begin{pmatrix} \boldsymbol{A} & \boldsymbol{B} \\ \boldsymbol{C} & \boldsymbol{D} \end{pmatrix} \xrightarrow{r_1 \leftrightarrow r_2} \begin{pmatrix} \boldsymbol{C} & \boldsymbol{D} \\ \boldsymbol{A} & \boldsymbol{B} \end{pmatrix};$$

（2）用一个可逆矩阵 $\boldsymbol{P}$ 左乘某一行块，即如

$$\begin{pmatrix} \boldsymbol{A} & \boldsymbol{B} \\ \boldsymbol{C} & \boldsymbol{D} \end{pmatrix} \xrightarrow{\boldsymbol{P}r_1} \begin{pmatrix} \boldsymbol{PA} & \boldsymbol{PB} \\ \boldsymbol{C} & \boldsymbol{D} \end{pmatrix};$$

（3）把一个矩阵 $\boldsymbol{Q}$ 左乘某一个行块加到另一行块上，即如

$$\begin{pmatrix} \boldsymbol{A} & \boldsymbol{B} \\ \boldsymbol{C} & \boldsymbol{D} \end{pmatrix} \xrightarrow{r_2 + \boldsymbol{Q}r_1} \begin{pmatrix} \boldsymbol{A} & \boldsymbol{B} \\ \boldsymbol{QA} + \boldsymbol{C} & \boldsymbol{QB} + \boldsymbol{D} \end{pmatrix};$$

类似地，可以定义分块初等列变换. 但要注意的是，第二类是某一可逆矩阵右乘以某块列，第三类是某一矩阵右乘以分块矩阵的某块列后加到另一块列上去.

定义 3.16 分块单位矩阵（即把单位矩阵分块得到的分块矩阵）经过一次分块初等变换得到的矩阵称为**分块初等矩阵**（**block elementary matrix**）.

将单位矩阵 $\boldsymbol{E}$ 进行如下分块：$\begin{pmatrix} \boldsymbol{E}_n & \boldsymbol{O} \\ \boldsymbol{O} & \boldsymbol{E}_m \end{pmatrix}$. 与其相对应的三类初等矩阵为

（1）$\begin{pmatrix} \boldsymbol{O} & \boldsymbol{E}_m \\ \boldsymbol{E}_n & \boldsymbol{O} \end{pmatrix}$ 或 $\begin{pmatrix} \boldsymbol{O} & \boldsymbol{E}_n \\ \boldsymbol{E}_m & \boldsymbol{O} \end{pmatrix}$；

（2）$\begin{pmatrix} \boldsymbol{P}_n & \boldsymbol{O} \\ \boldsymbol{O} & \boldsymbol{E}_m \end{pmatrix}$ 或 $\begin{pmatrix} \boldsymbol{E}_n & \boldsymbol{O} \\ \boldsymbol{O} & \boldsymbol{P}_m \end{pmatrix}$；

（3）$\begin{pmatrix} \boldsymbol{E}_n & \boldsymbol{Q}_{n\times m} \\ \boldsymbol{O} & \boldsymbol{E}_m \end{pmatrix}$ 或 $\begin{pmatrix} \boldsymbol{E}_n & \boldsymbol{O} \\ \boldsymbol{Q}_{m\times n} & \boldsymbol{E}_m \end{pmatrix}$.

用分块初等矩阵左（右）乘一个分块矩阵，观察它与分块初等行（列）变换的关系：

$$\begin{pmatrix} \boldsymbol{E} & \boldsymbol{O} \\ \boldsymbol{P} & \boldsymbol{E} \end{pmatrix}\begin{pmatrix} \boldsymbol{A}_1 & \boldsymbol{A}_2 \\ \boldsymbol{A}_3 & \boldsymbol{A}_4 \end{pmatrix} = \begin{pmatrix} \boldsymbol{A}_1 & \boldsymbol{A}_2 \\ \boldsymbol{PA}_1+\boldsymbol{A}_3 & \boldsymbol{PA}_2+\boldsymbol{A}_4 \end{pmatrix},$$

$$\begin{pmatrix} \boldsymbol{A}_1 & \boldsymbol{A}_2 \\ \boldsymbol{A}_3 & \boldsymbol{A}_4 \end{pmatrix}\begin{pmatrix} \boldsymbol{E} & \boldsymbol{O} \\ \boldsymbol{P} & \boldsymbol{E} \end{pmatrix} = \begin{pmatrix} \boldsymbol{A}_1+\boldsymbol{A}_2\boldsymbol{P} & \boldsymbol{A}_2 \\ \boldsymbol{A}_3+\boldsymbol{A}_4\boldsymbol{P} & \boldsymbol{A}_4 \end{pmatrix}.$$

由此看出，用分块初等矩阵左乘一个分块矩阵，就相当于对这个分块矩阵作了一次相应的分块矩阵初等行变换；用分块初等矩阵右乘一个分块矩阵，就相当于对它作了一次相应的分块矩阵初等列变换.

由于分块初等矩阵是可逆矩阵，因此据可逆矩阵的性质和上面一段的结论得，分块矩阵的初等行（列）变换不改变矩阵的秩. 这个结论在求矩阵的秩时很有用.

习题 3.5

1. 下列矩阵是否可逆？如果可逆，试求其逆矩阵.

（1）$\begin{pmatrix} 1 & 2 \\ 3 & 4 \end{pmatrix}$；　（2）$\begin{pmatrix} 3 & 2 & -1 \\ 3 & 4 & -2 \\ 5 & -3 & 1 \end{pmatrix}$；　（3）$\begin{pmatrix} 1 & 2 & -1 \\ 3 & 1 & 0 \\ -1 & 0 & -2 \end{pmatrix}$.

2. 解下列矩阵方程

（1）$\begin{pmatrix} 1 & -2 & 0 \\ 4 & -2 & -1 \\ -3 & 1 & 2 \end{pmatrix}\boldsymbol{X} = \begin{pmatrix} -1 & 4 \\ 2 & 5 \\ 1 & -3 \end{pmatrix}$；　（2）$\boldsymbol{X}\begin{pmatrix} 1 & 0 & -1 \\ 0 & 4 & 2 \\ 1 & -1 & 0 \end{pmatrix} = \begin{pmatrix} 2 & -3 & 1 \\ 1 & 1 & 0 \\ 2 & 1 & 1 \end{pmatrix}$.

3. 设 $\boldsymbol{A}$ 是 n 阶矩阵($n \geqslant 2$)，证明：

$$|\boldsymbol{A}^*| = |\boldsymbol{A}|^{n-1}.$$

4. 设 $\boldsymbol{A}$ 是 n 阶矩阵($n \geqslant 2$)，证明：

$$\mathrm{r}(\boldsymbol{A}^*) = \begin{cases} n, & \text{当 } \mathrm{r}(\boldsymbol{A}) = n, \\ 1, & \text{当 } \mathrm{r}(\boldsymbol{A}) = n-1, \\ 0, & \text{当 } \mathrm{r}(\boldsymbol{A}) < n-1. \end{cases}$$

5. 设 $\boldsymbol{A}$ 是 n 阶矩阵($n \geqslant 2$)，证明：

（1）当 $n \geqslant 3$ 时，$(\boldsymbol{A}^*)^* = |\boldsymbol{A}|^{n-2}\boldsymbol{A}$；　（2）当 $n = 2$ 时，$(\boldsymbol{A}^*)^* = \boldsymbol{A}$.

6. 设 $\boldsymbol{A}$ 是 $s\times n$ 矩阵. 证明:

(1) $\boldsymbol{A}$ 是列满秩矩阵当且仅当存在 s 阶可逆矩阵 $\boldsymbol{P}$，使得

$$\boldsymbol{A}=\boldsymbol{P}\begin{pmatrix}\boldsymbol{E}_n\\ \boldsymbol{O}\end{pmatrix};$$

(2) $\boldsymbol{A}$ 是行满秩矩阵当且仅当存在 n 阶可逆矩阵 $\boldsymbol{Q}$，使得

$$\boldsymbol{A}=(\boldsymbol{E}_s,\boldsymbol{O})\boldsymbol{Q}.$$

7. 若 $\boldsymbol{A}$，$\boldsymbol{B}$ 都是 n 阶方阵，求证:

$$\begin{vmatrix}\boldsymbol{A} & \boldsymbol{O}\\ \boldsymbol{C} & \boldsymbol{B}\end{vmatrix}=|\boldsymbol{A}||\boldsymbol{B}|.$$

8. 证明: n 阶矩阵 $\boldsymbol{A}$ 的秩不大于 1 当且仅当 $\boldsymbol{A}$ 可表示为一个 $n\times 1$ 矩阵与一个 $1\times n$ 矩阵的乘积.

9. 计算下述 n 阶行列式:

$$\begin{vmatrix}\dfrac{1-a_1^nb_1^n}{1-a_1b_1} & \dfrac{1-a_1^nb_2^n}{1-a_1b_2} & \cdots & \dfrac{1-a_1^nb_n^n}{1-a_1b_n}\\ \dfrac{1-a_2^nb_1^n}{1-a_2b_1} & \dfrac{1-a_2^nb_2^n}{1-a_2b_2} & \cdots & \dfrac{1-a_2^nb_n^n}{1-a_2b_n}\\ \vdots & \vdots & & \vdots\\ \dfrac{1-a_n^nb_1^n}{1-a_nb_1} & \dfrac{1-a_n^nb_2^n}{1-a_nb_2} & \cdots & \dfrac{1-a_n^nb_n^n}{1-a_nb_n}\end{vmatrix},$$

其中，a_1，a_2，…，a_n，b_1，b_2，…，b_n 满足 $a_ib_j\neq 1$，i，$j=1$，2，…，n.

第4章 多 项 式

多项式是代数学中最基本的研究对象．它不但与高次方程有关，而且是进一步学习代数以及其他数学分支的基础．本章将介绍多项式的概念，研究整除理论和因式分解的问题，是对中学所学知识的加深与推广．

4.1 一元多项式

4.1.1 基本概念

设 x 是一个符号（或称文字）．

定义 4.1 设 n 是一非负整数，形式表达式

$$a_nx^n + a_{n-1}x^{n-1} + \cdots + a_1x + a_0, \tag{4.1}$$

其中，a_0，a_1，…，a_n 属于数域 P，称为**系数在数域 P 中的一元多项式(one variable polynomial)**，或简称为数域 P 上的多项式．

以后我们常用 $f(x)$，$g(x)$，… 来表示一元多项式．在多项式(4.1)中，a_ix^i 称为 **i 次项(ith term)**，a_i 称为 i 次项的**系数(coefficient)**；a_0 称为**零次项或常数项(constant)**；$a_nx^n(a_n\neq 0)$ 称为多项式(4.1)的**首项(leading term)**，a_n 称为**首项系数(leading co－efficient)**，而 n 称为多项式(4.1)的**次数(degree)**，首项系数为1的多项式称为**首一多项式(monic polynomial)**．

系数全部为零的多项式称为**零多项式(zero polynomial)**，记为0. 零多项式没有次数. 当我们谈到多项式 $f(x)$ 的次数时，总假定 $f(x)\neq 0$. 多项式 $f(x)$ 的次数记为 $\partial(f(x))$.

现在对于多项式引入相等的概念．

定义 4.2 如果数域 P 上的多项式 $f(x)$ 与 $g(x)$，除去系数为零的项外，同次项的系数全相等，那么 $f(x)$ 与 $g(x)$ 就称为相等，记为 $f(x) = g(x)$.

4.1.2 多项式的运算

设

$$f(x) = a_nx^n + a_{n-1}x^{n-1} + \cdots + a_1x + a_0,$$
$$g(x) = b_mx^m + b_{m-1}x^{m-1} + \cdots + b_1x + b_0$$

是数域 P 上的两个多项式，简记为 $f(x) = \sum_{i=0}^{n} a_ix^i$，$g(x) = \sum_{j=0}^{m} b_jx^j$.

1. 多项式的加法与减法

不妨设 $n > m$，此时令 $b_n = b_{n-1} = \cdots = b_{m+1} = 0$，称多项式

$$(a_n+b_n)x^n+(a_{n-1}+b_{n-1})x^{n-1}+\cdots+(a_1+b_1)x+(a_0+b_0)=\sum_{i=0}^{n}(a_i+b_i)x^i$$

为 $f(x)$ 与 $g(x)$ 的和，记为 $f(x)+g(x)$.

利用多项式的加法运算可以定义多项式的减法运算．设 $h(x)$ 是数域 P 上任一多项式．我们用 $-h(x)$ 来表示把 $h(x)$ 中每一个系数都变号后所得的多项式．我们可以给出多项式减法的定义：$f(x)$ 与 $g(x)$ 的差为

$$f(x)-g(x)=f(x)+(-g(x))=\sum_{i=0}^{n}(a_i-b_i)x^i.$$

简单地讲，多项式相加减，就是合并同次项．

例 4.1 设 $f(x)=2x^2+3x+1, g(x)=2x^3+4x^2+x+2$,则

$f(x)+g(x)=(0+2)x^3+(2+4)x^2+(3+1)x+(1+2)=2x^3+6x^2+4x+3.$

2. 多项式的乘法

多项式 $f(x)$ 与 $g(x)$ 的积定义为

$$\begin{aligned}f(x)g(x)&=a_nb_mx^{n+m}+(a_nb_{m-1}+a_{n-1}b_m)x^{n+m-1}+\cdots+(a_1b_0+a_0b_1)x+a_0b_0\\&=\sum_{k=0}^{n+m}c_kx^k,\end{aligned}$$

其中，k 次项的系数 c_k 为下标之和为 k 的 a_i 与 b_j 乘积之和,即

$$c_k=a_kb_0+a_{k-1}b_1+\cdots+a_1b_{k-1}+a_0b_k.$$

很明显，数域 P 上的两个多项式经过加、减、乘运算后，所得的多项式仍是数域 P 上的多项式．为叙述问题方便，我们引入一个术语．

定义 4.3 所有系数在数域 P 中的一元多项式的全体，称为数域 P 上的一元多项式环，记为 $P[x]$，P 称为 $P[x]$ 的系数域．

不难证明一元多项式和与积的次数公式

命题 4.1 若 $f(x)$，$g(x)\in P[x]$，则

$$\partial(f(x)\pm g(x))\leqslant\max\{\partial(f(x)),\partial(g(x))\},$$

$$\partial(f(x)g(x))=\partial(f(x))+\partial(g(x)),\ f(x)\neq0,\ g(x)\neq0.$$

命题 4.2 若 $f(x)$，$g(x)\in P[x]$，且 $f(x)\neq0$，$g(x)\neq0$，则 $f(x)g(x)\neq0$.

证明 由于

$$\partial(f(x)g(x))=\partial(f(x))+\partial(g(x))\geqslant0+0=0,$$

因此

$$f(x)g(x)\neq0.$$

4.1.3 多项式运算规律

设 $f(x)$，$g(x)$，$h(x)\in P[x]$，多项式的运算具有以下性质：

(1) 加法交换律：$f(x)+g(x)=g(x)+f(x)$.

(2) 加法结合律：$f(x)+g(x)+h(x)=f(x)+[g(x)+h(x)]$.

(3) 乘法交换律：$f(x)g(x)=g(x)f(x)$.

(4) 乘法结合律：$f(x)g(x)h(x)=f(x)[g(x)h(x)]$.

(5) 乘法对加法的分配律：$f(x)[g(x)+h(x)]=f(x)g(x)+f(x)h(x)$.

(6) 乘法的消去律：若$f(x)g(x)=f(x)h(x)$，且$f(x)\neq 0$，则$g(x)=h(x)$.

以上运算规律不难直接用定义证明，下面我们仅给出消去律(6)的证明.

证明 因为$f(x)g(x)=f(x)h(x)$，所以

$$f(x)[g(x)-h(x)]=0,$$

而$f(x)\neq 0$，故得$g(x)-h(x)=0$，因此有$g(x)=h(x)$.

习题 4.1

1. 计算$(x^2+ax-b)(x^2-1)+(2x^2-ax+b)(x^2+3)$.

2. 设$f(x)=7x^2-5x+1$，$g(x)=ax(x-1)+b(x+2)(x+1)+cx(x+2)$，试确定$a$，$b$，$c$的值，使$f(x)=g(x)$.

3. 设$f(x)$，$g(x)$和$h(x)$是实数域上的多项式．证明：若$f^2(x)=xg^2(x)+xh^2(x)$，那么$f(x)=g(x)=h(x)=0$.

4.2 整除的概念

在一元多项式环$P[x]$中，可以作加、减、乘三种运算，且对加、减、乘三种运算封闭．但是乘法的逆运算——除法，并不是普遍可以做的．因之整除就成了两个多项式之间的一种特殊的关系．

4.2.1 带余除法

定理4.1 [**带余除法(division with remainder)**] 对于$P[x]$中任意两个多项式$f(x)$与$g(x)$，其中$g(x)\neq 0$，一定有$P[x]$中的多项式$q(x)$，$r(x)$存在,使

$$f(x)=q(x)g(x)+r(x)$$

成立,其中$\partial(r(x))<\partial(g(x))$或者$r(x)=0$，并且这样的$q(x)$，$r(x)$是唯一确定的.

证明 **存在性** 如果$f(x)=0$，或$\partial(f(x))<\partial(g(x))$，取$q(x)=0$，$r(x)=f(x)$即可.

以下设$f(x)\neq 0$，且$f(x)$，$g(x)$的次数分别为n，m. 对$f(x)$的次数n作(第二)数学归纳法．当$n<m$时，取$q(x)=0$，$r(x)=f(x)$可证．下面讨论$n\geqslant m$的情形．由归纳假设，我们设结论对次数小于n次的多项式均成立．现来看次数为n的情形．设

$$f(x)=a_nx^n+a_{n-1}x^{n-1}+\cdots+a_1x+a_0,a_n\neq 0,$$

$$g(x)=b_mx^m+b_{m-1}x^{m-1}+\cdots+b_1x+b_0,b_m\neq 0,$$

由于$n\geqslant m$，令

$$f_1(x)=f(x)-b_m^{-1}a_nx^{n-m}g(x).$$

故有$\partial(f_1(x))<n$. 由归纳假设，对$f_1(x)$，$g(x)$来说，存在$q_1(x)$,$r_1(x)$，使得

$$f_1(x)=q_1(x)g(x)+r_1(x),$$

其中$\partial(r_1(x))<\partial(g(x))$或者$r_1(x)=0$. 于是

$$f(x)=(q_1(x)+b_m^{-1}a_nx^{n-m})g(x)+r_1(x),$$

也就是说，有 $q(x)=q_1(x)+b_m^{-1}a_nx^{n-m}$，$r(x)=r_1(x)$，使

$$f(x)=q(x)g(x)+r(x)$$

成立．由数学归纳法原理，存在性就证明了．

下面来证**唯一性**．设另有多项式 $q'(x)$，$r'(x)$ 使

$$f(x)=q'(x)g(x)+r'(x),$$

其中 $\partial(r'(x))<\partial(g(x))$ 或者 $r'(x)=0$. 于是

$$q(x)g(x)+r(x)=q'(x)g(x)+r'(x),$$

即

$$(q(x)-q'(x))g(x)=r'(x)-r(x).$$

若 $q(x)\neq q'(x)$，由 $g(x)\neq 0$，有 $r'(x)-r(x)\neq 0$，则

$\partial(q(x)-q'(x))+\partial(g(x))=\partial(r'(x)-r(x))\leqslant\max\{\partial(r(x)),\partial(r'(x))\}<\partial(g(x))$. 而 $\partial(q(x)-q'(x))+\partial(g(x))\geqslant\partial(g(x))$，矛盾．所以 $q(x)=q'(x)$，从而 $r'(x)=r(x)$.

注 带余除法中所得的 $q(x)$ 通常称为 $g(x)$ 除 $f(x)$ 的**商式(quotient)**，$r(x)$ 称为 $g(x)$ 除 $f(x)$ 的**余式(remainder)**. 证明的过程提供了一个计算商式和余式的方法．

例 4.2 设 $f(x)=2x^4-3x^2+x-5$，$g(x)=x^2-2x+3$，试求 $g(x)$ 除 $f(x)$ 的商式 $q(x)$ 和余式 $r(x)$.

解 我们按照定理 4.1 的存在性的证明过程，求解如下：

因

$$f(x)-2x^2g(x)=4x^3-9x^2+x-5=f_1(x),$$

$$f_1(x)-4xg(x)=-x^2-11x-5=f_2(x),\ f_2(x)+g(x)=-13x-2.$$

故

$$\begin{aligned}f(x)&=2x^2g(x)+f_1(x)=2x^2g(x)+f_2(x)+4xg(x)\\&=(2x^2+4x)g(x)+f_2(x)=(2x^2+4x-1)g(x)-13x-2,\end{aligned}$$

得到商式 $q(x)=2x^2+4x-1$ 和余式 $r(x)=-13x-2$.

读者也可以列出算式计算．

4.2.2 整除

定义 4.4 设 $f(x)$，$g(x)\in P[x]$，若 $\exists h(x)\in P[x]$，使得

$$f(x)=g(x)h(x)$$

成立，则称多项式 $g(x)$ **整除(divide exactly)** $f(x)$. 我们用 $g(x)\mid f(x)$ 表示 $g(x)$ 整除 $f(x)$，用 $g(x)\nmid f(x)$ 表示 $g(x)$ 不能整除 $f(x)$. 当 $g(x)\mid f(x)$ 时，$g(x)$ 就称为 $f(x)$ 的**因式(factor)**，$f(x)$ 称为 $g(x)$ 的**倍式(multiple)**.

从整除的定义知，零多项式的因式可以是任意多项式，但零多项式不能是任意非零多项式的因式．

当 $g(x)\neq 0$ 时，带余除法给出了整除性的一个判别法．

定理 4.2 对任意两个多项式 $f(x)$，$g(x)\in P[x]$，且 $g(x)\neq 0$，$g(x)\mid f(x)$ 的充分必要条件是 $g(x)$ 除 $f(x)$ 的余式为零．

证明 如果$r(x)=0$, 那么$f(x)=q(x)g(x)$, 即$g(x)\mid f(x)$. 反过来, 如果$g(x)\mid f(x)$, 那么

$$f(x)=q(x)g(x)=q(x)g(x)+0,$$

即

$$r(x)=0.$$

注 带余除法中 $g(x)$ 必须不为零, 而在整除的概念中未作要求. 我们可以有 $0\mid f(x)$, 但此时一定有$f(x)=0\cdot h(x)=0$. 当$g(x)\mid f(x)$时, 如$g(x)\neq 0$, $g(x)$除$f(x)$所得的商 $q(x)$ 有时也用$\dfrac{f(x)}{g(x)}$表示.

由定义还可看出, 任一个多项式$f(x)$一定整除它自身, 即$f(x)\mid f(x)$, 因为$f(x)=1\cdot f(x)$; 任一个多项式$f(x)$都整除零多项式0, 因为$0=0\cdot f(x)$; 零次多项式, 也就是非零常数, 能整除任一个多项式, 因为当$a\neq 0$时, $f(x)=a(a^{-1}f(x))$.

下面介绍整除性的几个常用的性质:

性质 4.1 设$f(x), g(x), h(x)\in P[x]$.

(1) 如果$f(x)\mid g(x)$, $g(x)\mid f(x)$, 那么$f(x)=cg(x)$, 其中 c 为非零常数.

(2) (整除的传递性) 如果$f(x)\mid g(x)$, $g(x)\mid h(x)$, 那么$f(x)\mid h(x)$.

(3) 若$f(x)\mid g(x)$, $f(x)\mid h(x)$, 则对$P[x]$中的任意多项式$u(x)$, $v(x)$, 有

$$f(x)\mid (u(x)g(x)+v(x)h(x)).$$

证明 (1) 由 $f(x)\mid g(x)$ 有 $g(x)=h_1(x)f(x)$, 由 $g(x)\mid f(x)$, 有 $f(x)=h_2(x)g(x)$. 于是

$$f(x)=h_1(x)h_2(x)f(x).$$

如果$f(x)$为零, 那么$g(x)$也为零, 结论显然成立. 如果$f(x)\neq 0$, 那么消去$f(x)$就有$h_1(x)h_2(x)=1$, 从而$\partial(h_1(x))+\partial(h_2(x))=0$. 由此, 即得$\partial(h_1(x))=\partial(h_2(x))=0$, 这就是说, $h_1(x)$ 和 $h_2(x)$ 是非零常数.

(2) 显然, 由$g(x)=g_1(x)f(x)$, $h(x)=h_1(x)g(x)$, 即得

$$h(x)=(h_1(x)g_1(x))f(x).$$

(3) 由$f(x)\mid g(x)$, $f(x)\mid h(x)$, 则存在数域P上的多项式$q_1(x)$, $q_2(x)$有

$$g(x)=q_1(x)f(x),\ h(x)=q_2(x)f(x),$$

则

$$u(x)g(x)+v(x)h(x)=(u(x)q_1(x)+v(x)q_2(x))f(x),$$

故

$$f(x)\mid (u(x)g(x)+v(x)h(x)).$$

通常, $u(x)g(x)+v(x)h(x)$ 称为多项式 $g(x)$, $h(x)$ 的一个**组合**.

由以上的性质可以看出, 多项式$f(x)$与它的任一个非零常数倍$cf(x)(c\neq 0)$有相同的因式, 也有相同的倍式. 因之, 在多项式整除性的讨论中, $f(x)$ 常常可以用 $cf(x)$ 来代替.

习题 4.2

1. 已知 $f(x)=2x^5+x^4-x+1$, $g(x)=x^3-x+2$, 试求 $q(x)$ 及 $r(x)$, 使得

$$f(x)=g(x)q(x)+r(x),$$

且 $\partial(r(x))<3$.

2. 求 l, m, 使 $f(x)=x^3+lx^2+5x+2$ 能被 $g(x)=x^2+mx+1$ 整除.

3. 设多项式 $f(x)$ 被 $(x-1)$ 除时余式为 5, 被 $(x+1)$ 除时余式为 -1, 求 $f(x)$ 被 $(x-1)(x+1)$ 除时的余式.

4. 证明: x^d-1 整除 x^n-1 当且仅当 d 整除 n.

5. 设 $f(x)=x^{3m}+x^{3n+1}+x^{3p+2}$, 其中 m, n, p 为自然数, 又 $g(x)=x^2+x+1$, 求证: $g(x)\mid f(x)$.

4.3　多项式的分解

这一节我们将介绍不可约多项式的概念, 并给出多项式因式分解的存在唯一性的判定. 在叙述不可约多项式性质之前, 必须先讨论最大公因式与互素的概念和性质.

4.3.1　最大公因式

类比于整数有最大公因数, 多项式也有最大公因式的概念.

定义 4.5　设 $\varphi(x)$, $f(x)$, $g(x)\in P[x]$, 若 $\varphi(x)\mid f(x)$, $\varphi(x)\mid g(x)$, 则称 $\varphi(x)$ 是 $f(x)$ 与 $g(x)$ 的一个**公因式(common divisor)**.

定义 4.6　设 $f(x)$, $g(x)\in P[x]$, 若 $d(x)\in P[x]$ 且满足

(1) $d(x)\mid f(x)$, $d(x)\mid g(x)$;

(2) 若 $\varphi(x)\mid f(x)$, $\varphi(x)\mid g(x)$, 必有 $\varphi(x)\mid d(x)$,

则称 $d(x)$ 为 $f(x)$ 与 $g(x)$ 的一个**最大公因式(greatest common divisor)**.

例如, 任意多项式 $f(x)$ 与 0 的最大公因式是 $f(x)$, 特别地, 0 与 0 的最大公因式为 0. 有了上面的定义以后, 自然会问, 任意两个多项式是否存在最大公因式? 答案是肯定的, 这个主要依赖于所谓的带余除法. 对于带余除法, 我们有以下引理.

引理 4.1　如果 $f(x)=g(x)q(x)+r(x)$, 则 $f(x)$, $g(x)$ 和 $g(x)$, $r(x)$ 有相同的公因式; 从而有相同的最大公因式.

证明　我们先证明引理的第一部分. 根据整除的性质, 若 $\varphi(x)\mid g(x)$, $\varphi(x)\mid r(x)$, 那么 $\varphi(x)\mid f(x)$, 若 $\varphi(x)\mid g(x)$, $\varphi(x)\mid f(x)$, 又因为 $r(x)=f(x)-g(x)q(x)$, 则 $\varphi(x)\mid r(x)$. 引理的第一部分得证.

因而, 若 $d(x)$ 是 $f(x)$, $g(x)$ 的一个最大公因式, 那么 $d(x)$ 也是 $g(x)$, $r(x)$ 的一个最大公因式, 反之亦然, 即证.

定理 4.3　对任意的 $f(x)$, $g(x)\in P[x]$, 总存在这两个多项式的最大公因式 $d(x)\in P[x]$, 且 $d(x)$ 可以表示为 $f(x)$, $g(x)$ 的一个组合, 即存在 $u(x)$, $v(x)\in P[x]$, 使得

$$d(x) = u(x)f(x) + v(x)g(x).$$

证明 若$f(x)$，$g(x)$其中一个为零，不妨设$g(x)=0$，则$f(x)$就是$f(x)$和0的最大公因式，且

$$f(x) = 1 \cdot f(x) + 1 \cdot 0.$$

下设$f(x)$，$g(x)$均不为零，不妨设$\partial(f(x)) \geqslant \partial(g(x))$，利用带余除法有

$$f(x) = g(x)q_1(x) + r_1(x),$$

其中，$r_1(x)$为余式．若$r_1(x)=0$，则$g(x)$即为最大公因式．若不然，用$r_1(x)$去除$g(x)$，可得

$$g(x) = r_1(x)q_2(x) + r_2(x),$$

此时如果余式$r_2(x)=0$，则$r_1(x)$即为最大公因式；否则用$r_2(x)$去除$r_1(x)$，得

$$r_1(x) = r_2(x)q_3(x) + r_3(x),$$

其中，$r_3(x)$为余式．这样辗转相除下去，在除尽之前，所得余式的次数不断降低，即

$$\partial(g(x)) > \partial(r_1(x)) > \partial(r_2(x)) > \cdots,$$

因为多项式的次数是有限的，所以在若干次以后必有余式为零，于是有

$$\begin{aligned}
f(x) &= g(x)q_1(x) + r_1(x),\\
g(x) &= r_1(x)q_2(x) + r_2(x),\\
r_1(x) &= r_2(x)q_3(x) + r_3(x),\\
&\vdots\\
r_{i-2}(x) &= r_{i-1}(x)q_i(x) + r_i(x),\\
&\vdots\\
r_{s-3}(x) &= r_{s-2}(x)q_{s-1}(x) + r_{s-1}(x),\\
r_{s-2}(x) &= r_{s-1}(x)q_s(x) + r_s(x),\\
r_{s-1}(x) &= r_s(x)q_{s+1}(x).
\end{aligned} \tag{4.2}$$

应用引理4.1到等式组（4.2），得到

$$\begin{aligned}
(f(x), g(x)) &= (g(x), r_1(x)) = (r_1(x), r_2(x)) = \cdots = (r_{i-2}(x), r_{i-1}(x))\\
&= (r_{i-1}(x), r_i(x)) = \cdots = (r_{s-3}(x), r_{s-2}(x)) = (r_{s-2}(x), r_{s-1}(x))\\
&= (r_{s-1}(x), r_s(x))\\
&= r_s(x).
\end{aligned}$$

故$r_s(x)$就是$f(x)$与$g(x)$的一个最大公因式．由等式组(4.2)倒数第二个等式，我们有

$$r_s(x) = r_{s-2}(x) - r_{s-1}(x)q_s(x). \tag{4.3}$$

再由倒数第三式，有

$$r_{s-1}(x) = r_{s-3}(x) - r_{s-2}(x)q_{s-1}(x),$$

代入式（4.3）可消去$r_{s-1}(x)$，得到

$$r_s(x) = [1 + q_s(x)q_{s-1}(x)]r_{s-2}(x) - q_s(x)r_{s-3}(x).$$

然后根据同样的方法用它上面的等式逐个地消去$r_{s-2}(x)$，…，$r_1(x)$，再并项就得到

$$d(x) = r_s(x) = u(x)f(x) + v(x)g(x).$$

注 由最大公因式的定义易知，如果$d_1(x)$，$d_2(x)$是$f(x)$与$g(x)$的两个最大公因

式，则一定有 $d_1(x)\mid d_2(x)$ 与 $d_2(x)\mid d_1(x)$，即 $d_1(x)=cd_2(x)$，$c\neq 0$. 这说明，两个多项式的最大公因式最多相差一个非零常数. 若规定 $f(x)$，$g(x)$ 的最大公因式的首项系数为1（首项系数等于1的多项式称为首一多项式），则 $f(x)$ 与 $g(x)$ 的最大公因式就唯一确定了. 今后我们规定，凡最大公因式均指首一多项式，记作 $(f(x),g(x))$.

定理证明中用来求最大公因式的方法通常称为**辗转相除法**（**division algorithm for polynomial**）.

例 4.3 设 $f(x)=x^4-x^3-x^2+2x-1$，$g(x)=x^3-2x+1$，求 $(f(x),g(x))$ 以及 $u(x)$，$v(x)$，使 $f(x)u(x)+g(x)v(x)=(f(x),g(x))$.

解 可按下面的格式求解：

$$f(x)=(x-1)g(x)+x^2-x=q_1(x)g(x)+r_1(x),$$
$$g(x)=(x+1)r_1(x)+(-x+1)=q_2(x)r_1(x)+r_2(x),$$
$$r_1(x)=-xr_2(x)=q_3(x)r_2(x).$$

故得

$$(f(x),g(x))=x-1=-r_2(x),$$

又

$$\begin{aligned}r_2(x)&=g(x)-r_1(x)q_2(x)\\&=g(x)-(f(x)-g(x)q_1(x))q_2(x)\\&=f(x)(-q_2(x))+g(x)(1+q_1(x)q_2(x)),\end{aligned}$$

所以

$$u(x)=x+1,\ v(x)=-x^2.$$

现在我们引入多项式互素的概念.

定义 4.7 $P[x]$ 中两个任意多项式 $f(x)$，$g(x)$ 称为**互素的**（**coprime**），如果满足

$$(f(x),\ g(x))=1.$$

定理 4.4 $P[x]$ 中两个多项式 $f(x)$，$g(x)$ 互素的充要条件是有 $P[x]$ 中的多项式 $u(x)$，$v(x)$ 使

$$u(x)f(x)+v(x)g(x)=1.$$

证明 必要性是定理 4.3 的直接推论. 现在设有 $u(x)$，$v(x)$ 使

$$u(x)f(x)+v(x)g(x)=1,$$

而 $d(x)$ 是 $f(x)$ 与 $g(x)$ 的一个最大公因式. 于是 $d(x)\mid f(x)$，$d(x)\mid g(x)$，从而 $d(x)\mid 1$，即 $f(x)$，$g(x)$ 互素.

定理 4.5 如果 $(f(x),\ g(x))=1$，且 $f(x)\mid g(x)h(x)$，那么 $f(x)\mid h(x)$.

证明 由 $(f(x),\ g(x))=1$ 可知，存在 $u(x)$，$v(x)$ 使

$$u(x)f(x)+v(x)g(x)=1.$$

在等式两边同乘以 $h(x)$，得

$$u(x)f(x)h(x)+v(x)g(x)h(x)=h(x),$$

又因 $f(x)\mid g(x)h(x)$，故 $f(x)$ 整除等式左端，从而 $f(x)\mid h(x)$.

推论 4.1 如果 $f(x)\mid h(x)$，$g(x)\mid h(x)$，且 $(f(x),\ g(x))=1$，则 $f(x)g(x)\mid h(x)$.

证明 由 $f(x)\mid h(x)$，可知存在 $u(x)$，使得 $h(x)=u(x)f(x)$. 从而由 $g(x)\mid h(x)$

可知 $g(x)\mid u(x)f(x)$，又 $(f(x),g(x))=1$，依据定理4.5可知，$g(x)\mid u(x)$. 故存在 $v(x)$，有 $u(x)=g(x)v(x)$，故 $h(x)=g(x)v(x)f(x)$. 得证.

注 最大公因式的概念可以推广到任意多个多项式.

对于任意多个多项式 $f_1(x),f_2(x),\cdots,f_s(x)(s>2)$，也同样可以定义最大公因式. $d(x)$ 称为 $f_1(x),f_2(x),\cdots,f_s(x)(s>2)$ 的一个最大公因式，如果 $d(x)$ 具有下面的性质：

(1) $d(x)\mid f_i(x)$，$i=1,2,\cdots,s$；

(2) 如果 $\phi(x)\mid f_i(x)$，$i=1,2,\cdots,s$，必有 $\phi(x)\mid d(x)$.

我们仍用符号 $(f_1(x),f_2(x),\cdots,f_s(x))$ 来表示首项系数为1的最大公因式. 不难证明，$f_1(x),f_2(x),\cdots,f_s(x)$ 的最大公因式存在，而且当 $f_1(x),f_2(x),\cdots,f_s(x)$ 全不为零时，

$$(f_1(x),f_2(x),\cdots,f_{s-1}(x),f_s(x))=((f_1(x),f_2(x),\cdots,f_{s-1}(x)),f_s(x)).$$

利用以上这个关系可以证明，存在多项式 $u_i(x)$，$i=1,2,\cdots,s$，使

$$u_1(x)f_1(x)+u_2(x)f_2(x)+\cdots+u_s(x)f_s(x)=(f_1(x),f_2(x),\cdots,f_s(x)).$$

如果 $(f_1(x),f_2(x),\cdots,f_s(x))=1$，那么 $f_1(x),f_2(x),\cdots,f_s(x)$ 就称为互素的. 同样，有类似于定理4.3的结论.

4.3.2 因式分解定理

在中学学习因式分解时，把一个多项式分解为不能再分的因式的乘积. 所谓不能再分的概念，其实不是绝对的，而是相对于系数所在的数域而言的.

定义4.8 数域 P 上次数 $\geqslant 1$ 的多项式 $p(x)$ 称为数域 P 上的 **不可约多项式 (irreducible polynomial)**，如果它不能表成数域 P 上的两个次数比 $p(x)$ 的次数低的多项式的乘积.

从这个定义可以看出，多项式可约或不可约与数域密切相关. 比如 x^2-2 在有理数域上不可约，但在实数域上可约. 对于一次多项式，无论在哪个数域上，都是不可约的. 另外还要注意，因 P 为一个数域，对 P 中任一非零常数 c，都有 $f(x)=c(c^{-1}f(x))$. 但这种分解没有多大意义. 我们所讨论的因式分解，都是将一个多项式分解为两个次数较小多项式的乘积.

引理4.2 设 $p(x)$ 是数域 P 上的不可约多项式，则对 P 上任一多项式 $f(x)$，或有 $p(x)\mid f(x)$，或有 $(p(x),f(x))=1$.

证明 设 $d(x)=(p(x),f(x))$. 因 $p(x)$ 是数域 P 上的不可约多项式，则 $p(x)$ 的因式只能是非零常数或是 $cp(x)(c\neq 0)$，从而或者 $d(x)=1$，或者 $d(x)=cp(x)(c\neq 0)$，当 $d(x)=cp(x)$ 时，就有 $p(x)\mid f(x)$.

不可约多项式具有“素性”，如以下定理所述.

定理4.6 设 $p(x)$ 为不可约多项式，对任意两个多项式 $f(x)$，$g(x)$，如果 $p(x)\mid f(x)g(x)$，则一定有 $p(x)\mid f(x)$，或者 $p(x)\mid g(x)$.

证明 若 $p(x)\nmid f(x)$，则由引理4.2，$(p(x),f(x))=1$. 又 $p(x)\mid f(x)g(x)$，由定理4.5知，$p(x)\mid g(x)$.

定理4.7 **[因式分解的存在及唯一性定理]** 数域 P 上每一个次数大于零的多项式 $f(x)$ 都可以唯一地分解成数域 P 上一些不可约多项式的乘积. 所谓唯一性是说，如果有

两个分解式

$$f(x)=p_1(x)p_2(x)\cdots p_s(x)=q_1(x)q_2(x)\cdots q_t(x),$$

其中，$p_1(x)$，$p_2(x)$，…，$p_s(x)$，$q_1(x)$，$q_2(x)$，…，$q_t(x)$ 都是 P 上的不可约多项式，那么必有 $s=t$，并且适当排列因式的次序后有

$$p_i(x)=c_iq_i(x),\ i=1,\ 2,\ \cdots,\ s,$$

其中，$c_i(i=1,\ 2,\ \cdots,\ s)$ 是一些非零常数．

证明　存在性　对 $f(x)$ 的次数 $\partial(f(x))=n$ 作第二数学归纳法．因为一次多项式都是不可约的，所以 $n=1$ 时结论成立．假设结论对于次数低于 n 的多项式存在性已经成立. 如果 n 次多项式 $f(x)$ 是不可约多项式，结论已经成立，不妨设 $f(x)$ 是可约的，即有

$$f(x)=f_1(x)f_2(x),$$

其中，$f_1(x)$，$f_2(x)$ 的次数都低于 n. 由归纳法假定 $f_1(x)$ 和 $f_2(x)$ 都可以分解成数域 P 上一些不可约多项式的乘积．把 $f_1(x)$，$f_2(x)$ 的分解式合起来就得到 $f(x)$ 的一个分解式．由归纳法原理，结论成立．

唯一性　设 $f(x)$ 可以分解成不可约多项式的乘积

$$f(x)=p_1(x)p_2(x)\cdots p_s(x).$$

如果 $f(x)$ 还有另一个分解式

$$f(x)=q_1(x)q_2(x)\cdots q_t(x),$$

其中，$q_i(x)(i=1,\ 2,\ \cdots,\ t)$ 都是不可约多项式，于是

$$f(x)=p_1(x)p_2(x)\cdots p_s(x)=q_1(x)q_2(x)\cdots q_t(x). \tag{4.4}$$

对 s 作归纳法．当 $s=1$ 时，$f(x)$ 是不可约多项式，由定义必有 $s=t=1$，且 $f(x)=p_1(x)=q_1(x)$. 现在设不可约因式的个数为 $s-1$ 时唯一性成立．由式(4.4)，有

$$p_1(x)\mid q_1(x)q_2(x)\cdots q_t(x),$$

因此，$p_1(x)$ 必能除尽其中的一个，无妨设

$$p_1(x)\mid q_1(x).$$

因为 $q_1(x)$ 也是不可约多项式，所以有

$$p_1(x)=c_1q_1(x).$$

在式（4.4）两边消去 $q_1(x)$，就有

$$p_2(x)\cdots p_s(x)=c_1^{-1}q_2(x)\cdots q_t(x).$$

由归纳法假定，有 $s-1=t-1$，即

$$s=t,$$

并且适当排列次序之后有

$$p_i(x)=c_iq_i(x)(i=2,\ \cdots,\ s).$$

依据归纳假设，这就证明了分解的唯一性．

因式分解定理在理论上证明了任意一个多项式都可以进行因式分解，但是它并没有给出一个具体的分解多项式的方法．实际上，对于一般的情形，普遍可行的分解多项式的方法是不存在的. 在多项式 $f(x)$ 的分解式中，可以把每一个不可约因式的首项系数提出来，再把相同的不可约因式合并，可以得到多项式 $f(x)$ 的**标准分解式**：

$$f(x)=cp_1^{r_1}(x)p_2^{r_2}(x)\cdots p_s^{r_s}(x),$$

其中，c 是 $f(x)$ 的首项系数，$p_1(x)$，$p_2(x)$，…，$p_s(x)$ 是不同的首一不可约多项式，而 r_1，r_2，…，r_s 是正整数．

习题 4.3

1. 求 $f(x)=x^6+x^5-2x^4-4x^3-2x^2+7x+6$ 与 $g(x)=x^5+x^2-x+1$ 的最大公因式 $(f(x), g(x))$.

2. 设 $f(x)=2x^4-5x^3+6x^2-5x+2$，$g(x)=3x^3-8x^2+7x-2$，求 $(f(x), g(x))$，并求 $u(x)$，$v(x)$，使 $(f(x), g(x))=u(x)f(x)+v(x)g(x)$.

3. 证明：若 $f(x)$，$g(x)$，$h(x)\in P[x]$，则

$((f(x), g(x)), h(x))=(f(x), (g(x), h(x)))=(f(x), g(x), h(x))$.

4. 设 $f(x)$，$g(x)$ 都不为 0，且 $(f(x), g(x))=d(x)$，$f(x)=f_1(x)d(x)$，$g(x)=g_1(x)d(x)$，证明：$(f_1(x), g_1(x))=1$.

5. 证明：已知 $f(x)$，$g(x)$，$h(x)$ 是数域 P 上的多项式，a，b，$c\in P$，$a\neq b$，$a\neq 0$，$c\neq 0$，且

$$\begin{cases}(x+a)f(x)+(x+b)g(x)=(x^2+c)h(x),\\(x-a)f(x)+(x-b)g(x)=(x^2+c)h(x),\end{cases}$$

则 $(x^2+c)\mid f(x)$，$(x^2+c)\mid g(x)$.

6. 证明：若 $(f(x), g(x))=1$，则 $(f(x)g(x), f(x)+g(x))=1$.

7. 若 $f(x)$ 与 $g(x)$ 互素，求证：$f(x^m)$ 与 $g(x^m)$ 也互素，其中 m 为任一正整数．

8. 在有理数域$\mathbb{Q}$上分解多项式 $f(x)=x^3+x^2-2x-2$ 为不可约多项式之积．

9. 证明：数域 P 上一个次数大于零的多项式 $f(x)$ 是 $P[x]$ 中某一不可约多项式的幂的充要条件是对于任意 $g(x)\in P[x]$，或者 $(f(x), g(x))=1$ 或者存在一个正整数 m 使得 $f(x)\mid[g(x)]^m$.

4.4 多项式函数

前面所讨论的多项式都是一个形式的表达式．在这一节，我们将从另一个观点，即函数的观点来考察多项式．

定义 4.9 设 $P[x]$ 中的多项式

$$f(x)=a_nx^n+a_{n-1}x^{n-1}+\cdots+a_1x+a_0$$

在上式中用 a 代替 x 所得的数

$$a_na^n+a_{n-1}a^{n-1}+\cdots+a_1a+a_0$$

称为 $f(x)$ 当 $x=a$ 时的**值(value)**，记为 $f(a)$．因而多项式 $f(x)$ 就定义了一个数域 P 上的函数．由一个多项式来定义的函数称为数域 P 上的**多项式函数(polynomial function)**．当 P 是实数域时，这就是数学分析中所讨论的多项式函数．

4.4.1 余数定理

定理 4.8（余数定理） 用一次多项式 $x-a$ 去除多项式 $f(x)$，所得的余式是一个常数，这个常数等于函数值 $f(a)$.

证明 用 $x-a$ 除 $f(x)$，设商式为 $q(x)$，余式为一常数 r，于是

$$f(x)=(x-a)q(x)+r.$$

以 a 代入即得 $f(a)=r$.

定义 4.10 如果 $f(x)$ 在 $x=a$ 时函数值 $f(a)=0$，那么 a 就称为 $f(x)$ 的一个零点或称为方程 $f(x)=0$ 的根.

由余数定理我们得到零点与一次因式的关系：

定理 4.9 $x-a$ 是多项式 $f(x)$ 的因式的充要条件是 a 为 $f(x)$ 的一个零点.

利用零点与一次因式的关系，我们介绍重零点的概念.

定义 4.11 如果 $(x-a)^k \mid f(x)$，而 $(x-a)^{k+1} \nmid f(x)$，则称 a 为 $f(x)$ 的 k **重零点**.

(1) $k=1$ 时，称 a 为 $f(x)=0$ 的**单根**（**simple root**）

(2) $k>1$ 时，称 a 为 $f(x)=0$ 的**重根**（**multiple root**）

定理 4.10 $P[x]$ 中 n 次非零多项式 $(n\geqslant 0)$ 在数域 P 中的零点不可能多于 n 个，重零点按重数计算.

证明 当 $n=0$ 时，$f(x)$ 是非零常数，没有零点. 结论成立. 当 $n>0$ 时，对 n 作数学归纳法. 设 $a\in P$ 是 $f(x)$ 的一个 $k(1\leqslant k\leqslant n)$ 重零点，则

$$f(x)=(x-a)^k g(x),\ g(a)\neq 0,$$

其中，$g(x)$ 是 P 上的一个 $n-k$ 次多项式，由归纳假设，$g(x)$ 最多有 $n-k$ 个零点. 又若 $b\in P$，$b\neq a$ 是 $f(x)$ 的任一零点，则

$$0=f(b)=(b-a)^k g(b).$$

因为 $b-a\neq 0$，所以 $g(b)=0$，即 b 是 $g(x)$ 的零点，故 $f(x)$ 最多有 $k+(n-k)=n$ 个零点. 依据数学归纳法，定理成立.

4.4.2 多项式函数相等

由上面所述，每个多项式函数都可以由一个多项式来定义. 不同的多项式会不会定义出相同的函数呢?这就是问，是否可能有 $f(x)\neq g(x)$，而对于数域 P 中所有的数 a 都有 $f(a)=g(a)$? 依据定理 4.10，答案是否定的. 我们叙述为下面的定理.

定理 4.11 如果数域 P 上的多项式 $f(x)$，$g(x)$ 的次数都不超过 n，但对 $n+1$ 个不同的数 a_1，a_2，…，a_{n+1} 有相同的函数值，即

$$f(a_i)=g(a_i),\ i=1,\ 2,\ \cdots,\ n+1,$$

那么

$$f(x)=g(x).$$

证明 作 $h(x)=f(x)-g(x)$，显然 $h(x)$ 次数不超过 n. 但有 $n+1$ 个不同的零点，与定理 4.10 的结论矛盾，因此只可能 $h(x)=0$，即 $f(x)=g(x)$.

4.4.3 重因式

为考察一个多项式的零点是否为重零点，我们引入重因式的概念.

定义 4.12 不可约多项式 $p(x)$ 称为多项式 $f(x)$ 的一个 k **重因式**(k **multiple factor**)，如果 $p^k(x) \mid f(x)$，但 $p^{k+1}(x) \nmid f(x)$.

如果 $k=0$，那么 $p(x)$ 根本不是 $f(x)$ 的因式；

如果 $k=1$，那么 $p(x)$ 称为 $f(x)$ 的**单因式**(**simple factor**)；

如果 $k>1$，那么 $p(x)$ 称为 $f(x)$ 的**重因式**(**multiple factor**).

易见，如果 $f(x)$ 的标准分解式为

$$f(x)=cp_1^{r_1}(x)p_2^{r_2}(x)\cdots p_S^{r_s}(x),$$

那么 $p_1(x)$，$p_2(x)$，…，$p_s(x)$ 分别是 $f(x)$ 的 r_1 重，r_2 重，…，r_s 重因式. 指数 $r_i=1$ 的那些不可约因式是单因式；指数 $r_i>1$ 的那些不可约因式是重因式. 因为没有一般的方法来求一个多项式的标准分解式，判别有没有重因式的问题就需要用另外的方法解决.

定义 4.13 设多项式

$$f(x)=a_nx^n+a_{n-1}x^{n-1}+\cdots+a_1x+a_0,$$

则

$$f'(x)=na_nx^{n-1}+(n-1)a_{n-1}x^{n-2}+\cdots+a_1,$$

称为 $f(x)$ 的**一阶形式微商**(**first order formal derivative**). 当 $k>1$ 时，$f(x)$ 的 k 阶形式微商归纳地定义为

$$f^{(k)}(x)=(f^{(k-1)}(x))',$$

称为**高阶形式微商**(**higher order formal derivative**)，另外，我们约定 $f^{(0)}(x)=f(x)$.

按照定义，易证

(1) $(f(x)+g(x))'=f'(x)+g'(x)$；

(2) $(cf(x))'=cf'(x)$；

(3) $(f(x)g(x))'=f'(x)g(x)+f(x)g'(x)$；

(4) $(f^m(x))'=mf^{m-1}(x)f'(x)$.

注 这里没有用到极限概念，而是用一个形式表达式来定义微商，因为 x 只是一种符号，但形式微商来源于数学分析中的导数，对多项式而言，它们是一致的，可以用相同的方法处理.

为给出重因式与形式微商的联系，我们引入下面的定理.

定理 4.12 如果不可约多项式 $p(x)$ 是 $f(x)$ 的 k 重因式($k\geq 1$)，那么它是微商 $f'(x)$ 的 $k-1$ 重因式.

证明 由假设，$f(x)$ 可以分解为

$$f(x)=p^k(x)g(x),$$

其中，$p(x)$ 不能整除 $g(x)$. 因此

$$f'(x)=p^{k-1}(x)[kg(x)p'(x)+p(x)g'(x))],$$

故

$$p^{k-1}(x) \mid f'(x).$$

如果令

$$h(x)=kg(x)p'(x)+p(x)g'(x).$$

那么，$p(x)$ 整除等式右端的第二项，但不能整除第一项，因此 $p(x)$ 不能整除 $h(x)$，从而 $p^k(x)\nmid f'(x)$. 从而 $p(x)$ 是 $f'(x)$ 的 $k-1$ 重因式.

推论 4.2 如果不可约多项式 $p(x)$ 是 $f(x)$ 的 k 重因式($k\geq 1$)，则 $p(x)$ 是 $f(x)$，$f'(x)$，…，$f^{(k-1)}(x)$ 的因式，但不是 $f^{(k)}(x)$ 的因式.

证明 根据定理 4.12，对 k 作数学归纳法即得.

推论 4.3 不可约多项式 $p(x)$ 是 $f(x)$ 的重因式的充分必要条件为 $p(x)$ 是 $f(x)$ 与 $f'(x)$ 的公因式.

证明 $f(x)$ 的重因式必须是 $f'(x)$ 的因式；反过来，如果 $f(x)$ 的不可约因式也是 $f'(x)$ 的因式，它必定不是 $f(x)$ 的单因式.

推论 4.4 非零多项式 $f(x)$ 没有重因式的充分必要条件是 $(f(x),\ f'(x))=1$.

例 4.4 证明 $f(x)=x^3-3x^2+6x-1$ 无重因式.

证明：计算一阶形式微商为 $f'(x)=3x^2-6x+6$，再利用辗转相除法可得 $(f(x),\ f'(x))=1$，故 $f(x)$ 没有重因式，也没有重零点.

习题 4.4

1. 设 $f(x)=2x^5-3x^4-5x^3+1$. 求 $f(3)$，$f(-2)$.
2. 设 $2x^3-x^2+3x-5=a(x-1)^3+b(x-1)^2+c(x-1)+d$，求 a，b，c，d.
3. 证明：a 是 $f(x)$ 的 k 重零点的充分必要条件是

$$f(a)=f'(a)=\cdots=f^{(k-1)}(a)=0,\ f^{(k)}(a)\neq 0.$$

4. 设 $f(x)$ 是一个首 1 的 n 次多项式，若当 $k=0,\ 1,\ \cdots,\ n$ 时，有 $f(k)=\dfrac{k}{k+1}$，求 $f(n+1)$.
5. 设 a，b 是两个不相等的常数，求证多项式 $f(x)$ 被 $(x-a)(x-b)$ 除所得的余式为

$$\frac{f(a)-f(b)}{a-b}x+\frac{af(b)-bf(a)}{a-b}.$$

6. 判断下列多项式有没有重因式：

(1) $f(x)=x^4+x^3+2x^2+x+1$；

(2) $f(x)=x^5-5x^4+8x^3-5x^2+4x-4$.

4.5 多项式的零点

多项式的零点和因式分解与所在的数域有关，这一节将讨论具体的复数域、实数域、有理数域这三个数域的多项式的零点和因式分解问题.

4.5.1 代数基本定理

首先讨论复数域上多项式的零点. 数域 P 上的一个次数大于零的多项式在 P 中不一

定有零点，但对于复数域$\mathbb{C}$有一个非常重要的结论．

定理 4.13（代数基本定理（Fundamental theorem of algebra）） 每个次数≥ 1的复系数多项式在复数域中必有一零点．

最早的严格证明由高斯在1799年给出，最完美简单证明方法是利用复变函数论中的刘维尔定理给出的，在今后的复变函数论中有介绍，这个定理的证明在本课程中就不给出了．

利用零点与一次因式的关系，代数基本定理显然可以等价地叙述为：每个次数≥ 1的复系数多项式，在复数域上一定有一个一次因式．由此可知，在复数域上所有次数大于1的多项式全是可约的．换句话说，不可约多项式只有一次多项式．于是，我们有复数域上的因式分解定理．

定理 4.14（复系数多项式因式分解定理） 每个次数≥ 1的复系数多项式在复数域上都可以唯一地分解成一次因式的乘积．换句话说，n次复系数多项式在复数域中恰有n个零点（重零点按重数计算）．

因此，任意复系数多项式$f(x)$的标准分解式为

$$f(x)=a_n(x-a_1)^{l_1}(x-a_2)^{l_2}\cdots(x-a_s)^{l_s},$$

其中，a_1，a_2，$\cdots$，a_s是不同的复数，而l_1，l_2，$\cdots$，l_s为正整数．故有下面的结论．

推论 4.5 复数域上的一元n次多项式恰有n个复零点（包括重零点）．

推论 4.6 复数域上的不可约多项式都是一次多项式．

关于多项式零点与系数的关系，我们有如下的韦达（Vieta）定理．

定理 4.15 （韦达定理）若数域P上的一元n次多项式

$$f(x)=a_0x^n+a_1x^{n-1}+a_2x^{n-2}+\cdots+a_n$$

在$\mathbb{C}$中有n个零点x_1，x_2，$\cdots$，x_n，则

$$\sum_{i=1}^{n}x_i=-\frac{a_1}{a_0},$$

$$\sum_{1\leq i<j\leq n}^{n}x_ix_j=\frac{a_2}{a_0},$$

$$\sum_{1\leq i<j<k\leq n}^{n}x_ix_jx_k=-\frac{a_3}{a_0},$$

$$\vdots$$

$$x_1x_2\cdots x_n=(-1)^n\frac{a_n}{a_0}.$$

证明 由假设，$f(x)=a_0(x-x_1)(x-x_2)\cdots(x-x_n)$，将这个式子的右边展开与$f(x)$比较系数即得结论．

注 代数基本定理只是给出了n次方程有n个复根，但没有给出根的一个具体求法．16世纪已经有了求三次多项式的卡丹公式和四次多项式的费拉里解法，但是一直没有找到五次多项式的求根公式．直到19世纪20年代，法国青年数学家伽罗瓦利用群论的思想证明了五次及五次以上方程没有一般的求根公式．多项式求零点不论在理论上还是应用方面都是非常重要的复杂问题，它构成数值计算与符号计算的分支．在求多项式零点数值解的时候，有一种极其简便的程序，称为“秦九韶”方法，这就是我国北宋数

学家贾宪《皇帝九章算经细草》中首先提出、而由南宋的秦九韶最后完成的增乘开方法，被称为天元术，欧洲直到1819年才由英国人霍纳找到了类似的方法，比秦九韶晚572年，而比贾宪晚了七百多年.

4.5.2 实系数多项式

我们这一小节主要讨论实系数多项式复零点的性质，我们有如下结论.

定理4.16 如果α是实系数多项式$f(x)$的复零点，那么α的共轭复数$\overline{\alpha}$也是$f(x)$的零点.

证明 设

$$f(x)=a_nx^n+a_{n-1}x^{n-1}+\cdots+a_0,$$

其中，a_0，a_1，…，a_n是实数. 由假设

$$f(\alpha)=a_n\alpha^n+a_{n-1}\alpha^{n-1}+\cdots+a_0=0.$$

两边取共轭数，有

$$f(\overline{\alpha})=a_n\overline{\alpha}^n+a_{n-1}\overline{\alpha}^{n-1}+\cdots+a_0=0.$$

这就是说，$f(\overline{\alpha})=0$，$\overline{\alpha}$也是$f(x)$的零点.

定理4.17（实系数多项式因式分解定理） 每个次数大于零的实系数多项式在实数域$\mathbb{R}$上都可以唯一地分解成一次因式与二次不可约因式的乘积.

证明 我们对$\partial(f(x))=n$进行第二数学归纳. 对一次多项式显然成立，即当$n=1$时成立. 假设定理对次数$<n$的多项式都可以分解成一些一次因式和二次不可约因式的乘积. 设$f(x)$是n次实系数多项式. 由代数基本定理，$f(x)$有一复零点α. 如果α是实数，那么

$$f(x)=(x-\alpha)f_1(x),$$

其中，$f_1(x)$是$n-1$次实系数多项式. 如果α不是实数，那么由定理4.16，$\overline{\alpha}$也是$f(x)$的零点且$\alpha\neq\overline{\alpha}$. 于是

$$f(x)=(x-\alpha)(x-\overline{\alpha})f_2(x).$$

显然

$$(x-\alpha)(x-\overline{\alpha})=x^2-(\alpha+\overline{\alpha})x+\alpha\overline{\alpha}$$

是一实系数二次不可约多项式. 从而$f_2(x)$是$n-2$次实系数多项式. 由归纳法假定，$f_1(x)$或$f_2(x)$可以分解成一次与二次不可约多项式的乘积，因而$f(x)$也可以如此分解.

由定理4.17，实系数多项式$f(x)$有标准分解式是

$$f(x)=a_n(x-c_1)^{l_1}\cdots(x-c_s)^{l_s}(x^2+p_1x+q_1)^{k_1}\cdots(x^2+p_rx+q_r)^{k_r},$$

其中c_1，…，c_s；p_1，…，p_r；q_1，…，q_r全是实数，l_1，…，l_s；k_1，…，k_r是正整数，并且$x^2+p_ix+q_i$（$i=1,2,\cdots,r$）在实数域上是不可约的，也就是适合条件$p_i^2-4q_i<0$，$i=1$，2，…，r.

4.5.3 有理系数多项式

现在来讨论有理系数多项式. 我们首先证明一个整系数多项式有有理零点的必要条件. 然后研究有理系数多项式的因式分解.

设$f(x)$是有理数域$\mathbb{Q}$上的一个多项式. 若$f(x)$的系数不全是整数，那么以$f(x)$的系

数的分母的一个公倍数 c 乘 $f(x)$，就得到一个整系数多项式 $cf(x)$. 显然，多项式 $f(x)$ 与 $cf(x)$ 在有理数域上同时可约或同时不可约. 这样，在讨论有理数域上多项式的可约性时，只需讨论整系数多项式在有理数域上是否可约.

定理 4.18 设有 n 次整系数多项式

$$f(x)=a_nx^n+a_{n-1}x^{n-1}+\cdots+a_1x+a_0, \tag{4.5}$$

则有理数 $\frac{q}{p}$ 是 $f(x)$ 的零点的必要条件是 $p\mid a_n$，$q\mid a_0$，其中 p,q 是互素的整数. 特别地，如果 $f(x)$ 的首项系数 $a_n=1$，那么 $f(x)$ 的有理零点都是整数零点，而且是 a_0 的因数.

证明 将 $\frac{q}{p}$ 代入式(4.5)，得

$$a_n\left(\frac{q}{p}\right)^n+a_{n-1}\left(\frac{q}{p}\right)^{n-1}+\cdots+a_1\frac{q}{p}+a_0=0,$$

将上式两边乘以 p^n，得

$$a_nq^n+a_{n-1}q^{n-1}p+\cdots+a_1qp^{n-1}+a_0p^n=0.$$

由于等式左端除第一项外其他项均是 p 的倍数,从而第一项也是 p 的倍数，但是 q 与 p 互素，亦即 q^n 与 p 互素，故 $p\mid a_n$，类似地，可证明 $q\mid a_0$.

定理 4.18 给出了整系数多项式有有理零点的必要条件. 由于任一有理系数方程均可化为同解的整系数方程（只需用系数的公分母乘以方程的两边即可），因此，定理 4.18 也可用来判别一个有理系数多项式是否有有理零点.

例 4.5 求方程

$$2x^4-x^3+2x-3=0$$

的有理根.

解 这个方程的有理根只可能是 ±1，±3，$\pm\frac{1}{2}$，$\pm\frac{3}{2}$. 可以看出，-1 和 $\frac{3}{2}$ 是根，其余不是.

定义 4.14 设多项式

$$f(x)=a_nx^n+a_{n-1}x^{n-1}+\cdots+a_1x+a_0$$

是整系数多项式，若 a_n，a_{n-1}，…，a_1，a_0 的最大公约数等于1，则称 $f(x)$ 为**本原多项式**(**primitive polynomial**).

先证关于本原多项式的一个引理，通常称为高斯（Gauss）引理.

引理 4.3 两个本原多项式的乘积仍是一个本原多项式.

证明 设

$$f(x)=a_0+a_1x+\cdots+a_ix^i+\cdots+a_mx^m,$$

$$g(x)=b_0+b_1x+\cdots+b_jx^j+\cdots+b_nx^n$$

是两个本原多项式. 它们的乘积为

$$f(x)g(x)=c_0+c_1x+\cdots+c_{i+j}x^{i+j}+\cdots+c_{m+n}x^{m+n}.$$

用反证法，假设 $f(x)g(x)$ 不是本原多项式，那么一定存在一个素数 p，它能整除所有系数 c_0，c_1，…，c_{m+n}. 由于 $f(x)$ 和 $g(x)$ 都是本原多项式，所以 p 不能整除 $f(x)$ 的所有系数，也

不能整除 $g(x)$ 的所有系数．令 a_i 和 b_j 各是 $f(x)$ 和 $g(x)$ 的第一个不能被 p 整除的系数，即

$$p \mid a_0,\ p \mid a_1,\ \cdots,\ p \mid a_{i-1},\ p \nmid a_i,\ p \mid b_0,\ p \mid b_1,\ \cdots,\ p \mid b_{j-1},\ p \nmid b_j.$$

现在考察 $f(x)g(x)$ 的系数 c_{i+j}．我们有

$$c_{i+j} = a_0 b_{i+j} + \cdots + a_{i-1}b_{j+1} + a_i b_j + a_{i+1}b_{j-1} + \cdots + a_{i+j}b_0.$$

p 可整除 c_{i+j}，p 也能整除上式右端除 a_ib_j 以外的所有项．但 p 不能整除 a_i 和 b_j，故 p 不能整除 a_ib_j，但 p 是一个素数，所以 p 必须整除 a_i 或 b_j. 这与假设矛盾．故 $f(x)g(x)$ 是本原多项式．

定理 4.19 若非零整系数多项式 $f(x)$ 在有理数域上可约，则它必可分解为两个次数较低的整系数多项式之积．

证明 设整系数多项式 $f(x)$ 可以分解为两个有理系数多项式之积：

$$f(x) = g(x)h(x),$$

且 $\partial(g(x)) < \partial(f(x))$，$\partial(h(x)) < \partial(f(x))$. 因 $g(x)$ 的各项系数为有理数，必有一个公分母，记为 c，于是 $g(x) = \frac{1}{c}(cg(x))$，其中 $cg(x)$ 为整系数多项式．若把 $cg(x)$ 中所有系数的最大公因数 d 提出来，则 $g(x) = \frac{d}{c}\left(\frac{c}{d}g(x)\right)$，$\frac{c}{d}g(x)$ 是一个本原多项式．这表明 $g(x) = ag_1(x)$，a 为有理数，$g_1(x)$ 为本原多项式．同样，$h(x) = bh_1(x)$，其中 b 为有理数，$h_1(x)$ 为本原多项式．于是我们得到

$$f(x) = g(x)h(x) = abg_1(x)h_1(x).$$

由高斯引理知，$g_1(x)h_1(x)$ 是本原多项式．若 ab 不是一个整数，则 $abg_1(x)h_1(x)$ 将不是整系数多项式，这与 $f(x)$ 是整系数多项式相矛盾．因此 ab 必须是整数，于是 $f(x)$ 可以分解为两个次数较小的整系数多项式之积．

推论 4.7 设 $f(x)$，$g(x)$ 是整系数多项式，且 $g(x)$ 是本原的．如果 $f(x) = g(x)h(x)$，其中 $h(x)$ 是有理系数多项式，那么 $h(x)$ 一定是整系数的．

定理 4.20（艾森斯坦因（Eisenstein）判别法） 设

$$f(x) = a_nx^n + a_{n-1}x^{n-1} + \cdots + a_0$$

是一个整系数多项式．如果有一个素数 p，使得 (1) $p \nmid a_n$；(2) $p \mid a_{n-1}$，a_{n-2}，$\cdots$，a_0；(3) $p^2 \nmid a_0$，那么 $f(x)$ 在有理数域上是不可约的．

证明 我们只需证明 $f(x)$ 在整数环上不可约即可．设 $f(x)$ 可分解为两个次数较低的整系数多项式之积：

$$f(x) = (b_mx^m + b_{m-1}x^{m-1} + \cdots + b_0)(c_tx^t + c_{t-1}x^{t-1} + \cdots + c_0),$$

其中，$m + t = n$. 显然 $a_0 = b_0c_0$，$a_n = b_mc_t$. 由假设 $p \mid a_0$，故 $p \mid b_0$ 或 $p \mid c_0$. 又 p^2 不能整除 a_0，故 p 不能同时整除 b_0 及 c_0. 不妨设 $p \mid b_0$ 但 p 不能整除 c_0. 又由假设，p 不能整除 $a_n = b_mc_t$，故 p 既不能整除 b_m 又不能整除 c_t. 因此不妨设 $p \mid b_0$，$p \mid b_1$，$\cdots$，$p \mid b_{j-1}$ 但 p 不能整除 b_j，其中 $0 < j \leqslant m < n$. 而

$$a_j = b_jc_0 + b_{j-1}c_1 + \cdots + b_0c_j,$$

根据假定，$p \mid a_j$，又 p 可整除上式右端除 b_jc_0 外的其余项，而不能整除 b_jc_0 这一项，引出矛盾．用艾森斯坦因判别法很容易解决类似下面的问题．

例 4.6 证明：对于任意的正整数 n，多项式 $x^n + 2$ 在有理数域上是不可约的．

证明 因为在定理4.20中，取素数$p=2$，它可以作为判断x^n+2在有理域上不可约的条件的素数.

这个例子表明，存在任意次的有理数域上的不可约多项式.

例4.7 若p为素数，证明：

$$f(x)=x^{p-1}+x^{p-2}+\cdots+x+1$$

在有理数域上不可约.

证明 作变量代换

$$x=y+1,$$

可得

$$f(x)=\frac{x^p-1}{x-1}=\frac{(y+1)^p-1}{y}=y^{p-1}+C_p^1y^{p-2}+C_p^2y^{p-3}+\cdots+C_p^{p-1}.$$

注意$p\mid C_p^i(1\leqslant i\leqslant p-1)$，$p$不能整除首项系数1，$p^2$不能整除$C_p^{p-1}=p$，因此上述关于$y$的多项式在有理数域上不可约. 显然$f(x)$在有理数域上也不可约.

习题4.5

1. 设$f(x)=3x^4-5x^3+3x^2+4x-2$有一个零点是$1+\mathrm{i}$，求$f(x)$在实数域上、复数域上的标准分解式.

2. 证明：如果$(x-1)\mid f(x^n)$，则$(x^n-1)\mid f(x^n)$.

3. 证明：奇数次实系数多项式必有实零点. 举例说明此命题对偶数次实系数多项式不正确.

4. 判别以下多项式在有理数域上是否可约.

(1) $x^4-2x^3+8x-10$;

(2) $2x^5+18x^4+6x^2+6$;

(3) x^2+1.

5. 求下述多项式的有理零点：

(1) $f(x)=x^3-6x^2+15x-14$;

(2) $f(x)=4x^4+7x^2-2x-1$.

6. 如果$a\neq\pm1$是整系数多项式$f(x)$的整数零点，证明$\frac{f(1)}{a-1}$和$\frac{f(-1)}{a+1}$都是整数.

7. 证明：x^8+1在有理数域上不可约.

第5章 线性空间

在第2章中，我们将有序数组叫作向量，并介绍了向量的线性运算、向量的线性关系及其性质，这些内容对于线性方程组解的结构及矩阵理论的研究具有重要意义．在这一章中，我们将这些概念及运算规律进一步推广，引入更具一般性的线性空间的概念并讨论其性质与结构．

5.1 线性空间与子空间

5.1.1 线性空间的定义

定义 5.1 设 V 是一个非空集合，P 是一个数域．在 V 上定义一个加法运算，即对 V 中任意两个元素 $\boldsymbol{\alpha}$，$\boldsymbol{\beta}$，存在唯一的 V 中元素 $\boldsymbol{\gamma}$ 与之对应，$\boldsymbol{\gamma}$ 称为 $\boldsymbol{\alpha}$ 与 $\boldsymbol{\beta}$ 的和，记作 $\boldsymbol{\gamma}=\boldsymbol{\alpha}+\boldsymbol{\beta}$；在 P 与 V 之间定义一个数与元素的乘法运算（简称数乘），即对于 P 中任意一个数 k 与 V 中任意一个元素 $\boldsymbol{\alpha}$，存在唯一的 V 中元素 δ 与之对应，δ 称为 k 与 $\boldsymbol{\alpha}$ 的数乘，记作 $\delta=k\boldsymbol{\alpha}$. 如果这两种运算满足下列 8 条运算规律：

(1) $\boldsymbol{\alpha}+\boldsymbol{\beta}=\boldsymbol{\beta}+\boldsymbol{\alpha}$；

(2) $(\boldsymbol{\alpha}+\boldsymbol{\beta})+\boldsymbol{\gamma}=\boldsymbol{\alpha}+(\boldsymbol{\beta}+\boldsymbol{\gamma})$；

(3) 在 V 中存在元素 $\boldsymbol{o}$，对 V 中任一元素 $\boldsymbol{\alpha}$，都有 $\boldsymbol{\alpha}+\boldsymbol{o}=\boldsymbol{\alpha}$，称元素 $\boldsymbol{o}$ 为 V 的**零元素**，**简称零元（zero element）**；

(4) 对 V 中每一个元素 $\boldsymbol{\alpha}$，都有 V 中的元素 $\boldsymbol{\beta}$，使得 $\boldsymbol{\alpha}+\boldsymbol{\beta}=\boldsymbol{o}$，$\boldsymbol{\beta}$ 称为 $\boldsymbol{\alpha}$ 的**负元素**，简称**负元（negative element）**；

(5) $k(l\boldsymbol{\alpha})=(kl)\boldsymbol{\alpha}$；

(6) $(k+l)\boldsymbol{\alpha}=k\boldsymbol{\alpha}+l\boldsymbol{\alpha}$；

(7) $k(\boldsymbol{\alpha}+\boldsymbol{\beta})=k\boldsymbol{\alpha}+k\boldsymbol{\beta}$；

(8) 对数域 P 中的数 1 和 V 中任一元素 $\boldsymbol{\alpha}$，都有 $1\cdot\boldsymbol{\alpha}=\boldsymbol{\alpha}$.

其中，$\boldsymbol{\alpha}$，$\boldsymbol{\beta}$，$\boldsymbol{\gamma}$ 是集合 V 中任意元素，k，l 是数域 P 中的任意数，那么 V 称为数域 P 上的**线性空间（linear space）**. 线性空间中的加法和数乘运算统称为**线性运算**.

显然，实数域上的 n 维向量的全体，关于向量的加法和数乘构成实数域$\mathbb{R}$上的线性空间，称为**向量空间（vector space），记作**$\mathbb{R}^n$. 线性空间是比向量空间更具有普遍性的概念，由于线性空间是从向量空间抽象而来的，所以线性空间的元素也常称为向量，线性空间也常称为向量空间，此时的向量不一定是有序数组，而线性运算也不一定是有序数组的加法和数乘运算．

例 5.1 对于任意数域 P，$P^n=\{(a_1, a_2, \cdots, a_n)^{\mathrm{T}} \mid a_i\in P, i=1, 2, \cdots, n\}$ 表

示 P 上的全体 n 维向量构成的集合，则 P^n 对于向量的加法和数乘构成数域 P 上的一个线性空间，也称为数域 P 上的向量空间，仍记作 P^n.

例 5.2　数域 P 上的多项式集合 $P[x]$ 对于多项式的加法以及数与多项式的乘法运算构成数域 P 上的一个线性空间，称为数域 P 上的**多项式空间(space of polynomials)**，其中零多项式是 $P[x]$ 的零元. 特别地，数域 P 上的所有次数小于 n 的多项式全体，添加零多项式组成的集合也构成 P 上的一个线性空间，记作 $P[x]_n$.

例 5.3　数域 P 上的 $m\times n$ 矩阵的全体对于矩阵的加法和数乘构成数域 P 上的一个线性空间，称为**矩阵空间（space of matrices）**，记作 $M_{m\times n}(P)$ 或 $P^{m\times n}$，也可简记为 $M_{m\times n}$. 当 $m=n$ 时，记为 $M_n(P)$，或简记为 M_n.

例 5.4　复数域$\mathbb{C}$按照数的加法和乘法可以看作是复数域$\mathbb{C}$上的线性空间，也可以看作是实数域$\mathbb{R}$上的线性空间. 注意到前后二者数域不同，则同一个集合复数域$\mathbb{C}$作为不同数域上的线性空间是不同的线性空间.

例 5.5　闭区间 $[a,b]$ 上的连续实函数的全体关于函数的加法及数与函数的乘法构成实数域上的线性空间，称为 $[a,b]$ 上的**连续函数空间（space of continuous functions）**，记作 $C[a,b]$. 闭区间 $[a,b]$ 上的可微函数的全体按照函数的加法及数与函数的乘法也构成实数域上的线性空间，称为 $[a,b]$ 上的**可微函数空间（space of differentiable functions）**，记作 $D[a,b]$.

根据定义 5.1，检验一个集合 V 是否可以构成给定数域上的线性空间，首先 V 是非空集合并且 V 中定义的加法和数乘运算要封闭；其次，若加法和数乘运算不是通常的数的加、乘运算，则应仔细检验是否满足 8 条线性运算规律. 例如，令 $V=\{(a_1,a_2,\cdots,a_n)^{\mathrm{T}}\mid a_i\in P,\ i=1,2,\cdots,n\}$，对于通常的向量的加法及如下定义的数乘：$k(a_1,a_2,\cdots,a_n)^{\mathrm{T}}=(0,0,\cdots,0)^{\mathrm{T}}$，$k\in P$，由于数乘运算不满足定义 5.1 中的第 8 条运算规律，则此时 V 不构成向量空间.

5.1.2　线性空间的简单性质

性质 1　零元是唯一的.

证明　设 $\boldsymbol{o}_1$，$\boldsymbol{o}_2$ 是线性空间 V 中的两个零元，由零元的定义有 $\boldsymbol{o}_1=\boldsymbol{o}_1+\boldsymbol{o}_2=\boldsymbol{o}_2+\boldsymbol{o}_1=\boldsymbol{o}_2$.

性质 2　负元是唯一的.

证明　设 $\boldsymbol{\beta}$，$\boldsymbol{\gamma}$ 是 $\boldsymbol{\alpha}$ 的两个负元，则有 $\boldsymbol{\alpha}+\boldsymbol{\beta}=\boldsymbol{o}$，$\boldsymbol{\alpha}+\boldsymbol{\gamma}=\boldsymbol{o}$，于是

$$\boldsymbol{\beta}=\boldsymbol{\beta}+\boldsymbol{o}=\boldsymbol{\beta}+(\boldsymbol{\alpha}+\boldsymbol{\gamma})=(\boldsymbol{\beta}+\boldsymbol{\alpha})+\boldsymbol{\gamma}=\boldsymbol{o}+\boldsymbol{\gamma}=\boldsymbol{\gamma}.$$

将 $\boldsymbol{\alpha}$ 的负元记为 $-\boldsymbol{\alpha}$，即 $\boldsymbol{\alpha}+(-\boldsymbol{\alpha})=\boldsymbol{o}$，进而可以定义**减法**：$\boldsymbol{\alpha}-\boldsymbol{\beta}=\boldsymbol{\alpha}+(-\boldsymbol{\beta})$.

性质 3　$0\boldsymbol{\alpha}=\boldsymbol{o}$，$k\boldsymbol{o}=\boldsymbol{o}$，$(-1)\boldsymbol{\alpha}=-\boldsymbol{\alpha}$.

证明　因为

$$0\boldsymbol{\alpha}+\boldsymbol{\alpha}=0\boldsymbol{\alpha}+1\boldsymbol{\alpha}=(0+1)\boldsymbol{\alpha}=1\boldsymbol{\alpha}=\boldsymbol{\alpha},$$

对上式左右两边加上 $-\boldsymbol{\alpha}$，得到 $0\boldsymbol{\alpha}=(0\boldsymbol{\alpha}+1\boldsymbol{\alpha})-\boldsymbol{\alpha}=\boldsymbol{\alpha}-\boldsymbol{\alpha}=\boldsymbol{o}$.

再证第二个等式. 我们有 $k\boldsymbol{o}+k\boldsymbol{o}=k(\boldsymbol{o}+\boldsymbol{o})=k\boldsymbol{o}$，两边加上 $-k\boldsymbol{o}$，得到 $k\boldsymbol{o}=\boldsymbol{o}$.

最后证第三个等式. 因为 $\boldsymbol{\alpha}+(-1)\boldsymbol{\alpha}=(1-1)\boldsymbol{\alpha}=0\boldsymbol{\alpha}=\boldsymbol{o}$，所以 $(-1)\boldsymbol{\alpha}=-\boldsymbol{\alpha}$.

性质 4 如果 $k\boldsymbol{\alpha}=\boldsymbol{o}$，则有 $k=0$ 或 $\boldsymbol{\alpha}=\boldsymbol{o}$.

证明 如果 $k\neq 0$，那么 $\boldsymbol{\alpha}=1\boldsymbol{\alpha}=k^{-1}(k\boldsymbol{\alpha})=k^{-1}\boldsymbol{o}=\boldsymbol{o}$.

5.1.3 线性子空间

定义 5.2 如果数域 P 上的线性空间 V 的一个非空子集 W 关于 V 的线性运算也构成 P 上的线性空间，则 W 称为 V 的一个**线性子空间**（**linear subspace**），简称**子空间**. 特别的，$W=\{\boldsymbol{o}\}$ 是 V 的子空间，称为**零子空间**（**zero subspace**）；V 也是 V 自身的一个子空间，$W=\{\boldsymbol{o}\}$ 和 V 统称为 V 的**平凡子空间**（**trivial space**）.

要验证 W 是 V 的子空间，需要验证 W 对 V 的运算构成一个线性空间. 需要注意的是，子空间 W 的线性运算是从 V 继承而来的. 如果关于 W 重新定义运算后，也可能构成一个线性空间，但此时的 W 并不是 V 的子空间.

定理 5.1 数域 P 上的线性空间 V 的一个非空子集 W 是 V 的子空间当且仅当 W 关于 V 的两种运算封闭，即

(1) $\forall \boldsymbol{\alpha},\boldsymbol{\beta}\in W$，有 $\boldsymbol{\alpha}+\boldsymbol{\beta}\in W$；

(2) $\forall \boldsymbol{\alpha}\in W$，$\forall k\in P$，有 $k\boldsymbol{\alpha}\in W$.

例 5.6 设 P^n 的子集

(1) $V_1=\{\boldsymbol{\alpha}=(0,x_2,\cdots,x_n)^{\mathrm{T}}\mid x_2,\cdots,x_n\in P\}$；

(2) $V_2=\{\boldsymbol{\alpha}=(1,x_2,\cdots,x_n)^{\mathrm{T}}\mid x_2,\cdots,x_n\in P\}$.

问 V_1 和 V_2 是否构成 P^n 的子空间？

解 (1) 设 $\boldsymbol{\alpha}=(0,x_2,\cdots,x_n)^{\mathrm{T}}$，$\boldsymbol{\beta}=(0,y_2,\cdots,y_n)^{\mathrm{T}}\in V_1$，$\forall k\in P$，则 $\boldsymbol{\alpha}+\boldsymbol{\beta}=(0,x_2+y_2,\cdots,x_n+y_n)^{\mathrm{T}}\in V_1$，$k\boldsymbol{\alpha}=(0,kx_2,\cdots,kx_n)^{\mathrm{T}}\in V_1$，所以 V_1 关于 P^n 的加法和数乘运算均封闭，因此 V_1 构成 P^n 的子空间.

(2) 设 $\boldsymbol{\alpha}=(1,x_2,\cdots,x_n)^{\mathrm{T}}$，$\boldsymbol{\beta}=(1,y_2,\cdots,y_n)^{\mathrm{T}}\in V_2$，则 $\boldsymbol{\alpha}+\boldsymbol{\beta}=(2,x_2+y_2,\cdots,x_n+y_n)^{\mathrm{T}}\notin V_2$，所以 V_2 关于 P^n 的加法运算不封闭，显然 V_2 关于 P^n 的数乘运算也不封闭，因此 V_2 不构成 P^n 的子空间.

例 5.7 设 $\boldsymbol{a}$，$\boldsymbol{b}$ 是两个已知的 n 维实向量，集合 $L=\{\lambda\boldsymbol{a}+\mu\boldsymbol{b}\mid\lambda,\mu\in\mathbb{R}\}$ 是 $\mathbb{R}^n$ 的子空间吗？

解 设 $\boldsymbol{x}_1=\lambda_1\boldsymbol{a}+\mu_1\boldsymbol{b}$，$x_2=\lambda_2\boldsymbol{a}+\mu_2\boldsymbol{b}\in L$，$k\in\mathbb{R}$，因为

$$\boldsymbol{x}_1+\boldsymbol{x}_2=(\lambda_1\boldsymbol{a}+\mu_1\boldsymbol{b})+(\lambda_2\boldsymbol{a}+\mu_2\boldsymbol{b})=(\lambda_1+\lambda_2)\boldsymbol{a}+(\mu_1+\mu_2)\boldsymbol{b}\in L,$$
$$k\boldsymbol{x}_1=(k\lambda_1)\boldsymbol{a}+(k\mu_1)\boldsymbol{b}\in L,$$

所以 L 是 $\mathbb{R}^n$ 的子空间.

定义 5.3 设 $\boldsymbol{\alpha}_1,\boldsymbol{\alpha}_2,\cdots,\boldsymbol{\alpha}_s$ 是数域 P 上的线性空间 V 中的一组向量，它们的线性组合的全体构成 V 的子集

$$W=\{\boldsymbol{\alpha}=k_1\boldsymbol{\alpha}_1+k_2\boldsymbol{\alpha}_2+\cdots+k_s\boldsymbol{\alpha}_s\mid k_1,k_2,\cdots,k_s\in P\},$$

则 W 是 V 的子空间，称为由向量 $\boldsymbol{\alpha}_1,\boldsymbol{\alpha}_2,\cdots,\boldsymbol{\alpha}_s$ **生成（或张成）的子空间（generated subspace）**，记为 $L(\boldsymbol{\alpha}_1,\boldsymbol{\alpha}_2,\cdots,\boldsymbol{\alpha}_s)$，即

$$L(\boldsymbol{\alpha}_1,\boldsymbol{\alpha}_2,\cdots,\boldsymbol{\alpha}_s)=\{k_1\boldsymbol{\alpha}_1+k_2\boldsymbol{\alpha}_2+\cdots+k_s\boldsymbol{\alpha}_s\mid k_1,k_2,\cdots,k_s\in P\},$$

称 $\boldsymbol{\alpha}_1$，$\boldsymbol{\alpha}_2$，…，$\boldsymbol{\alpha}_s$ 为这个生成子空间的一组**生成元**（**generator**）.

例 5.8 设 A 是数域 P 上的 $m\times n$ 矩阵，则 $W=\{\boldsymbol{x}\mid \boldsymbol{A}\boldsymbol{x}=\boldsymbol{o},\ \boldsymbol{x}\in P^n\}$ 构成 P^n 的子空间,称为齐次线性方程组 $A\boldsymbol{x}=\boldsymbol{o}$ 的**解空间**(**solution space**). 若 $\boldsymbol{\eta}_1$，$\boldsymbol{\eta}_2$，…，$\boldsymbol{\eta}_{n-r}$ 是 $\boldsymbol{A}\boldsymbol{x}=\boldsymbol{o}$ 的一个基础解系(其中 $r=\mathrm{r}(\boldsymbol{A})$)，则

$$\begin{aligned} W &= \{\boldsymbol{x}\mid \boldsymbol{x}=k_1\boldsymbol{\eta}_1+k_2\boldsymbol{\eta}_2+\cdots+k_{n-r}\boldsymbol{\eta}_{n-r},\ k_j\in P,\ j=1,\ 2,\ \cdots,\ n-r\} \\ &= L(\boldsymbol{\eta}_1,\ \boldsymbol{\eta}_2,\ \cdots,\ \boldsymbol{\eta}_{n-r}). \end{aligned}$$

例 5.9 设 $\boldsymbol{A}$ 是数域 P 上的 $m\times n$ 矩阵，由 $\boldsymbol{A}$ 的列向量组生成的 P^m 的子空间称为 $\boldsymbol{A}$ 的**列空间**(**column space of $\boldsymbol{A}$**)，记作 $R(\boldsymbol{A})$ 或 $C(\boldsymbol{A})$，即将 $\boldsymbol{A}$ 按列分块为$(\boldsymbol{\alpha}_1\ \boldsymbol{\alpha}_2\cdots\ \boldsymbol{\alpha}_n)$，则 $R(\boldsymbol{A})=L(\boldsymbol{\alpha}_1,\ \boldsymbol{\alpha}_2,\ \cdots,\ \boldsymbol{\alpha}_n)$. 矩阵 $\boldsymbol{A}$ 的列空间也称为 $\boldsymbol{A}$ 的**像空间**(**range space of $\boldsymbol{A}$**)，这是因为 $R(\boldsymbol{A})=\{\boldsymbol{A}\boldsymbol{x}\mid \boldsymbol{x}\in P^n\}$ 可以看作由 P^n 到 P^m 的线性映射 $\boldsymbol{x}\mapsto\boldsymbol{A}\boldsymbol{x}$ 的像所组成.

P^n 的子空间 $R(\boldsymbol{A}^{\mathrm{T}})$ 称为 $\boldsymbol{A}$ 的**行空间**. 齐次线性方程组 $\boldsymbol{A}\boldsymbol{x}=\boldsymbol{o}$ 的解空间也称为 $\boldsymbol{A}$ 的**零空间**(**null space of $\boldsymbol{A}$**)，记作

$N(\boldsymbol{A})=\{\boldsymbol{\alpha}\mid \boldsymbol{A}\boldsymbol{\alpha}=\boldsymbol{o},\boldsymbol{\alpha}\in P^n\}$. 若齐次线性方程组 $\boldsymbol{A}\boldsymbol{x}=\boldsymbol{o}$ 有基础解系 $\boldsymbol{\eta}_1$，$\boldsymbol{\eta}_2$，…，$\boldsymbol{\eta}_{n-r}$，则

$$N(\boldsymbol{A})=L(\boldsymbol{\eta}_1,\ \boldsymbol{\eta}_2,\ \cdots,\ \boldsymbol{\eta}_{n-r}).$$

齐次线性方程组 $\boldsymbol{A}^{\mathrm{T}}\boldsymbol{x}=\boldsymbol{o}$ 的解空间称为 $\boldsymbol{A}$ 的**左零空间**（**left null space of A**)，记作 $N(\boldsymbol{A}^{\mathrm{T}})=\{\boldsymbol{\gamma}\mid \boldsymbol{A}^{\mathrm{T}}\boldsymbol{\gamma}=\boldsymbol{o},\ \boldsymbol{\gamma}\in P^m\}$.

易见，$\boldsymbol{A}$ 的左零空间和列空间都是 P^m 的子空间，$\boldsymbol{A}$ 的零空间和行空间都是 P^n 的子空间.

习题 5.1

1. 判断以下集合对于所给的线性运算是否构成实数域上的线性空间，并说明理由.

(1) 实数域上的所有 n 阶对角矩阵的全体，对于矩阵的加法和数乘；

(2) 实数域上的所有 n 阶对称矩阵的全体，对于矩阵的加法和数乘；

(3) 次数为 n（$n\geqslant1$）的实系数多项式的全体，对于多项式的加法和数乘；

(4) 连续的实变量函数，对于函数的加法和数乘；

(5) 全体 n 维实向量，对于通常向量的加法和如下定义的数乘：$k\circ\boldsymbol{\alpha}=\boldsymbol{o}$；

(6) 全体 n 维实向量，对于通常向量的加法和如下定义的数乘：$k\circ\boldsymbol{\alpha}=\boldsymbol{\alpha}$；

(7) 非齐次线性方程组 $\boldsymbol{A}\boldsymbol{x}=\boldsymbol{\beta}$ 的解向量的全体，对于向量的加法和数乘；

(8) 正实数的全体 $\mathbb{R}^+$，对于如下定义的加法和数乘：$a\oplus b=ab$，$k\circ a=a^k$.

2. 判断下列 P^n 的子集是否构成 P^n 的子空间，并说明理由.

(1) 分量都是整数的全体向量组成的集合；

(2) 分量满足 $x_1+x_2+\cdots+x_n=0$ 的全体向量组成的集合；

(3) 分量满足 $x_1+x_2+\cdots+x_n=1$ 的全体向量组成的集合；

(4) $W_1=\{(x_1,\ x_2,\ \cdots,\ x_n)\mid x_1-2x_2+x_3=0\}$；

(5) $W_2=\{(x_1,\ x_2,\ \cdots,\ x_n)\mid x_1x_2\cdots x_n=0\}$.

3. 检验以下集合是否构成矩阵空间 M_n（P）的子空间.

(1) 全体 n 阶可逆矩阵组成的集合；

(2) 全体 n 阶不可逆矩阵组成的集合；

(3) 全体 n 阶对角矩阵（对称矩阵或反对称矩阵）组成的集合；

(4) $W = \left\{\boldsymbol{A} = (a_{ij}) \in M_n(P) \,\middle|\, \sum_{i=1}^{n} a_{ii} = 0\right\}$.

4. 证明：n 维向量组 $\boldsymbol{\alpha}_1, \boldsymbol{\alpha}_2, \cdots, \boldsymbol{\alpha}_s$ 与 $\boldsymbol{\beta}_1, \boldsymbol{\beta}_2, \cdots, \boldsymbol{\beta}_t$ 等价的充要条件是 $L(\boldsymbol{\alpha}_1, \boldsymbol{\alpha}_2, \cdots, \boldsymbol{\alpha}_s) = L(\boldsymbol{\beta}_1, \boldsymbol{\beta}_2, \cdots, \boldsymbol{\beta}_t)$.

5. 检验下列各组中，向量 $\boldsymbol{\alpha}$ 是否属于 $N(\boldsymbol{A})$ 或 $R(\boldsymbol{A})$.

(1) $\boldsymbol{A} = \begin{pmatrix} 2 & -2 & 7 \\ 2 & 3 & 0 \\ 1 & 3 & 6 \end{pmatrix}$, $\boldsymbol{\alpha} = \begin{pmatrix} 7 \\ 5 \\ 10 \end{pmatrix}$; (2) $\boldsymbol{A} = \begin{pmatrix} 1 & -1 & 3 \\ -2 & 3 & -3 \\ 1 & -2 & 0 \end{pmatrix}$, $\boldsymbol{\alpha} = \begin{pmatrix} -6 \\ -3 \\ 1 \end{pmatrix}$.

5.2 基、维数与坐标

在第 2 章中，我们介绍了向量之间的线性相关和线性无关的定义及相关定理．实际上，在一般的线性空间中的向量之间也存在类似的线性相关性，并且相关定理大多数仍然成立，只要在定义或证明过程中不涉及分量的结论，都可以平推到一般的线性空间中．

5.2.1 线性相关性

定义 5.4 设 V 是数域 P 上的一个线性空间，$\alpha_1, \alpha_2, \cdots, \alpha_s \in V (s \geqslant 1)$，则称

$$\alpha = k_1\alpha_1 + k_2\alpha_2 + \cdots + k_s\alpha_s$$

为 $\alpha_1, \alpha_2, \cdots, \alpha_s$ 的一个**线性组合**，其中 $k_1, k_2, \cdots, k_s$ 是数域 P 中的常数，也称 α 可由 $\alpha_1, \alpha_2, \cdots, \alpha_s$ **线性表出**．

定义 5.5 若在数域 P 中存在不全为零的一组数 $k_1, k_2, \cdots, k_s$，使得

$$k_1\alpha_1 + k_2\alpha_2 + \cdots + k_s\alpha_s = o, \tag{5.1}$$

则称 $\alpha_1, \alpha_2, \cdots, \alpha_s$ 是**线性相关**的，否则称为是**线性无关**的．

第 2 章中关于向量的线性相关性、秩、极大无关组等定义及有关性质、定理，若只涉及线性运算，则对于一般的线性空间中的向量仍然适用，例如：若 $\alpha_1, \alpha_2, \cdots, \alpha_s$ 线性无关，$\alpha_1, \alpha_2, \cdots, \alpha_s, \beta$ 线性相关，则 β 可由 $\alpha_1, \alpha_2, \cdots, \alpha_s$ 线性表出且表法唯一，等等．其他概念及成立的结论这里不再赘述．

例 5.10 在 $C[0, 2\pi]$ 中，证明：

(1) 函数 $\sin t\cos t$, $\sin 2t$ 线性相关；(1) 函数 $\sin t$, $\cos t$ 线性无关．

证明 (1) 因为 $\sin 2t = 2\sin t\cos t$，所以 $\sin t\cos t$, $\sin 2t$ 线性相关．

(2) 设常数 $k_1, k_2 \in \mathbb{R}$，使得 $k_1\sin t + k_2\cos t = 0$. 因为 $0 \leqslant t \leqslant 2\pi$，可取 $t = 0$，得 $k_2 = 0$，进而得 $k_1 = 0$，所以 $\sin t$, $\cos t$ 线性无关．

例 5.11 讨论 $P[x]_n$ 中的元素组 $1, x, x^2, \cdots, x^{n-1}$ 的线性相关性，其中 n 为取定的大于 1 的自然数．

解 设数域 P 中的一组数 $k_0, k_1, k_2, \cdots, k_{n-1}$，使得

$$k_0+k_1x+k_2x^2+\cdots+k_{n-1}x^{n-1}=0,$$

对上式分别求1阶，2阶，…，$n-1$阶导数，共有n个等式联立，得

$$\begin{cases}k_0+k_1x+k_2x^2+\cdots+k_{n-1}x^{n-1}=0,\\ k_1+2k_2x+\cdots+(n-1)k_{n-1}x^{n-2}=0,\\ 2k_2+\cdots+(n-1)(n-2)k_{n-1}x^{n-3}=0,\\ \quad\vdots\\ (n-1)!\ k_{n-1}=0.\end{cases}$$

易得$k_0=k_1=k_2=\cdots=k_{n-1}=0$，所以1，$x$，$x^2$，…，$x^{n-1}$线性无关．

5.2.2 基、维数与坐标

我们知道，在n维向量空间中，必有n个线性无关的向量，而任意$n+1$个向量必线性相关．对于一般的线性空间，我们仍需要研究其中最多有多少个向量线性无关的问题．为此，我们引入如下定义．

定义5.6 设V是数域P上的线性空间，若V中有n个线性无关的向量，而任意$n+1$个向量线性相关，则称V是**有限维线性空间**（**finite－dimensional linear space**），n称为V的**维数**（**dimension**），记作$\dim V$. 若V中存在任意多个线性无关的向量，则称V是**无限维线性空间**（**infinite－dimensional linear space**）.

由定义5.6易知，向量空间P^n是n维的，而多项式空间$P[x]$和连续函数空间$C[a,b]$都是无限维的．本教材中，我们主要讨论有限维线性空间．

若已知$\dim V=n$，则由定义5.6知，V中任意n个线性无关的向量都可以作为V的一组基．

一般线性空间V中的线性相关性与向量空间P^n中的线性相关性主要区别在于式（5.1）通常不能直接写成线性方程组，我们需要依靠定义或如下的坐标概念进行讨论．

定义5.7 设V是数域P上的n维线性空间，V中的任意n个线性无关的向量$\boldsymbol{\varepsilon}_1$，$\boldsymbol{\varepsilon}_2$，…，$\boldsymbol{\varepsilon}_n$都可称为$V$的一组**基**（**basis**）．任意向量$\boldsymbol{\alpha}\in V$都可以由基$\boldsymbol{\varepsilon}_1$，$\boldsymbol{\varepsilon}_2$，…，$\boldsymbol{\varepsilon}_n$唯一线性表出，即

$$\boldsymbol{\alpha}=a_1\boldsymbol{\varepsilon}_1+a_2\boldsymbol{\varepsilon}_2+\cdots+a_n\boldsymbol{\varepsilon}_n,$$

称$(a_1,a_2,\cdots,a_n)^{\mathrm{T}}$为向量$\boldsymbol{\alpha}$在基$\boldsymbol{\varepsilon}_1$，$\boldsymbol{\varepsilon}_2$，…，$\boldsymbol{\varepsilon}_n$下的**坐标向量**（**coordinate vector**），简称**坐标**（**coordinate**）.

由定义5.7可见，线性空间的一组基本质上就是它的一组线性无关的生成元，即有$V=L(\varepsilon_1,\varepsilon_2,\cdots,\varepsilon_n)$. 我们通常是根据定义来确定一般的线性空间的基和维数．如果线性空间V中有n个线性无关的向量$\boldsymbol{\alpha}_1$，$\boldsymbol{\alpha}_2$，…，$\boldsymbol{\alpha}_n$，且V中任意一个向量都可以由它们线性表出，则V的维数为n，而$\boldsymbol{\alpha}_1$，$\boldsymbol{\alpha}_2$，…，$\boldsymbol{\alpha}_n$是V的一组基．

例5.12 设$V=\{\boldsymbol{\alpha}=(0,x_2,\cdots,x_n)^{\mathrm{T}}\mid x_2,\cdots,x_n\in\mathbb{R}\}$，求$V$的一组基与维数．

解 易得$\boldsymbol{\eta}_1=(0,1,0,\cdots,0)^{\mathrm{T}}$，$\boldsymbol{\eta}_2=(0,0,1,\cdots,0)^{\mathrm{T}}$，…，$\boldsymbol{\eta}_{n-1}=(0,0,0,\cdots,1)^{\mathrm{T}}$是$V$的一组基，故它的维数是$n-1$.

例5.13 证明$\boldsymbol{\alpha}_1=(1,2,1)^{\mathrm{T}}$，$\boldsymbol{\alpha}_2=(2,3,3)^{\mathrm{T}}$，$\boldsymbol{\alpha}_3=(3,7,1)^{\mathrm{T}}$是$\mathbb{R}^3$的一组基，并求$\boldsymbol{\alpha}=(1,0,5)^{\mathrm{T}}$在这组基下的坐标．

证明 因为 $|\boldsymbol{\alpha}_1 \quad \boldsymbol{\alpha}_2 \quad \boldsymbol{\alpha}_3| = \begin{vmatrix} 1 & 2 & 3 \\ 2 & 3 & 7 \\ 1 & 3 & 1 \end{vmatrix} \neq 0$，所以 $\boldsymbol{\alpha}_1$，$\boldsymbol{\alpha}_2$，$\boldsymbol{\alpha}_3$ 线性无关，因此 $\boldsymbol{\alpha}_1$，$\boldsymbol{\alpha}_2$，$\boldsymbol{\alpha}_3$ 是 $\mathbb{R}^3$ 的一组基．令 $\boldsymbol{\alpha} = x_1\boldsymbol{\alpha}_1 + x_2\boldsymbol{\alpha}_2 + x_3\boldsymbol{\alpha}_3$，解此线性方程组可得 $x_1 = 7$，$x_2 = 0$，$x_3 = -2$，即 $(7, 0, -2)$ 是向量 $\boldsymbol{\alpha}$ 在基 $\boldsymbol{\alpha}_1$，$\boldsymbol{\alpha}_2$，$\boldsymbol{\alpha}_3$ 下的坐标．

例 5.14 在 P^n 中，基本单位向量组 $\boldsymbol{e}_1 = (1, 0, \cdots, 0)^{\mathrm{T}}$，$\boldsymbol{e}_2 = (0, 1, \cdots, 0)^{\mathrm{T}}$，…，$\boldsymbol{e}_n = (0, 0, \cdots, 1)^{\mathrm{T}}$ 构成一组基，称为 P^n 的**自然基(natural basis)**．任意 $\boldsymbol{\alpha} = (a_1, a_2, \cdots, a_n)^{\mathrm{T}}$ 在自然基下的坐标就是它本身，可写作

$$\boldsymbol{\alpha} = a_1\boldsymbol{e}_1 + a_2\boldsymbol{e}_2 + \cdots + a_n\boldsymbol{e}_n = (\boldsymbol{e}_1\ \boldsymbol{e}_2\ \cdots\ \boldsymbol{e}_n)\begin{pmatrix} a_1 \\ a_2 \\ \vdots \\ a_n \end{pmatrix}.$$

取 P^n 的另外一组基 $\boldsymbol{\eta}_1 = (1, 0, \cdots, 0)^{\mathrm{T}}$，$\boldsymbol{\eta}_2 = (1, 1, 0, \cdots, 0)^{\mathrm{T}}$，…，$\boldsymbol{\eta}_n = (1, 1, \cdots, 1)^{\mathrm{T}}$，则求解 $\boldsymbol{\alpha}$ 在基 $\boldsymbol{\eta}_1$，$\boldsymbol{\eta}_2$，…，$\boldsymbol{\eta}_n$ 下的坐标相当于求解线性方程组 $x_1\boldsymbol{\eta}_1 + x_2\boldsymbol{\eta}_2 + \cdots + x_n\boldsymbol{\eta}_n = \boldsymbol{\alpha}$ 的唯一解，解得 $(a_1 - a_2, a_2 - a_3, \cdots, a_{n-1} - a_n, a_n)^{\mathrm{T}}$ 为 $\boldsymbol{\alpha}$ 在基 $\boldsymbol{\eta}_1$，$\boldsymbol{\eta}_2$，…，$\boldsymbol{\eta}_n$ 下的坐标，可写作

$$\begin{aligned}\boldsymbol{\alpha} &= (a_1 - a_2)\boldsymbol{\eta}_1 + (a_2 - a_3)\boldsymbol{\eta}_2 + \cdots + (a_{n-1} - a_n)\boldsymbol{\eta}_{n-1} + a_n\boldsymbol{\eta}_n \\ &= (\boldsymbol{\eta}_1\ \boldsymbol{\eta}_2\ \cdots\ \boldsymbol{\eta}_{n-1}\ \boldsymbol{\eta}_n)\begin{pmatrix} a_1 - a_2 \\ a_2 - a_3 \\ \vdots \\ a_{n-1} - a_n \\ a_n \end{pmatrix}.\end{aligned}$$

例 5.15 在 $P[x]_n$ 中，任意一个多项式 $f(x) = a_0 + a_1x + \cdots + a_{n-1}x^{n-1}$ 都可以由 1，x，…，x^{n-1} 线性表出，而 1，x，…，x^{n-1} 是 $P[x]_n$ 中的 n 个线性无关的多项式，所以 1，x，…，x^{n-1} 为 $P[x]_n$ 的一组基，且 $\dim P[x]_n = n$，$f(x)$ 在基 1，x，…，x^{n-1} 下的坐标为 $(a_0, a_1, \cdots, a_{n-1})^{\mathrm{T}}$.

例 5.16 在 $M_{m\times n}(P)$ 中，E_{ij} 表示 (i, j) 元素为 1，其余元素为 0 的 $m \times n$ 矩阵．易证

$$\boldsymbol{E}_{11}, \boldsymbol{E}_{12}, \cdots, \boldsymbol{E}_{1n}, \boldsymbol{E}_{21}, \boldsymbol{E}_{22}, \cdots, \boldsymbol{E}_{2n}, \cdots, \boldsymbol{E}_{m1}, \boldsymbol{E}_{m2}, \cdots, \boldsymbol{E}_{mn}$$

线性无关，并且任意 $m \times n$ 矩阵 $\boldsymbol{A} = (a_{ij})_{m\times n}$ 都可由它们线性表出，即 $\boldsymbol{A} = \sum\limits_{i=1}^{m}\sum\limits_{j=1}^{n} a_{ij}\boldsymbol{E}_{ij}$，因此 $\boldsymbol{E}_{11}$，$\boldsymbol{E}_{12}$，…，$\boldsymbol{E}_{1n}$，$\boldsymbol{E}_{21}$，$\boldsymbol{E}_{22}$，…，$\boldsymbol{E}_{2n}$，…，$\boldsymbol{E}_{m1}$，$\boldsymbol{E}_{m2}$，…，$\boldsymbol{E}_{mn}$ 为 $M_{m\times n}(P)$ 的一组基，且 $\dim M_{m\times n}(P) = mn$. 矩阵 $\boldsymbol{A}$ 在这组基下的坐标为 $(a_{11}, a_{12}, \cdots, a_{1n}, a_{21}, a_{22}, \cdots, a_{2n}, \cdots, a_{m1}, a_{m2}, \cdots, a_{mn})^{\mathrm{T}}$.

例 5.17 设 $\boldsymbol{A} \in M_{m\times n}(P)$，且 $\mathrm{r}(\boldsymbol{A}) = r$，则 $\dim R(\boldsymbol{A}) = r$，且 $\boldsymbol{A}$ 的列向量组的极大无关组可作为 $R(\boldsymbol{A})$ 的一组基；$\dim R(\boldsymbol{A}^{\mathrm{T}}) = r$，且 $\boldsymbol{A}$ 的行向量组的极大无关组可作为 $R(\boldsymbol{A}^{\mathrm{T}})$ 的一组基．因为 $\boldsymbol{A}$ 的零空间 $N(\boldsymbol{A})$ 是齐次线性方程组 $\boldsymbol{Ax} = \boldsymbol{o}$ 的解空间，所以 $\dim N(\boldsymbol{A}) = n - r$. 同理可得，$\dim N(\boldsymbol{A}^{\mathrm{T}}) = m - r$. 综上，我们得到如下关于维数的公式：

$$\dim N(\boldsymbol{A}) + \dim R(\boldsymbol{A}^{\mathrm{T}}) = n, \tag{5.2}$$

$$\dim N(\boldsymbol{A}^{\mathrm{T}}) + \dim R(\boldsymbol{A}) = m. \tag{5.3}$$

下面我们讨论有限维线性空间 V 与其子空间 W 的基和维数的关系．我们知道，向量组中部分线性无关的向量可以扩充为向量组的极大无关组，同样，子空间 W 的维数不超过线性空间 V 的维数，并且子空间 W 的一组基可以扩充为线性空间 V 的一组基．

定理 5.2 设 W 是数域 P 上的 n 维线性空间 V 的一个 m 维子空间，则有 $m\leqslant n$. 特别地，若 $m=n$，则 $W=V$.

证明 反证法．设 α_1，α_2，…，α_m 是 W 的一组基，假设 $m>n$，由 $W\subset V$ 知，α_1，α_2，…，α_m 也是 V 中 m 个线性无关的向量，而这与 $\dim V=n$ 矛盾，故 $m\leqslant n$. 若 $m=n$，则子空间 W 的基 α_1，α_2，…，α_m 也是 V 的基，即 $W=L(\alpha_1, \alpha_2, \cdots, \alpha_m)=V$，得证．

定理 5.3 设 W 是数域 P 上的 n 维线性空间 V 的一个 m 维子空间，α_1，α_2，…，α_m 是 W 的一组基，则 α_1，α_2，…，α_m 可扩充为 V 的一组基，即 V 中存在 $n-m$ 个向量 α_{m+1}，α_{m+2}，…，α_n，使得 α_1，α_2，…，α_m，α_{m+1}，α_{m+2}，…，α_n 是 V 的一组基．

证明 由 $m\leqslant n$，对 $n-m$ 作数学归纳法．

当 $n-m=0$ 时，即 $m=n$，由定理 5.2，$W=V$，结论显然成立；

假设 $n-m=k$ 时，结论成立；

当 $n-m=k+1$ 时，α_1，α_2，…，α_m 是 W 的一组基，但不是 V 的基，则必存在 $\alpha_{m+1}\in V$ 但 $\alpha_{m+1}\notin W$，使得 α_{m+1} 不能由 α_1，α_2，…，α_m 线性表出，即 α_1，α_2，…，α_m，α_{m+1} 线性无关．令

$$W_1 = L(\alpha_1, \alpha_2, \cdots, \alpha_m, \alpha_{m+1}),$$

则 $\dim W_1=m+1$，且 $n-(m+1)=k$. 由归纳假设，α_1，α_2，…，α_m，α_{m+1} 可扩充 k 个线性无关的向量 α_{m+2}，α_{m+3}，…，α_n 构成 V 的一组基 α_1，α_2，…，α_m，α_{m+1}，…，α_n. 故当 $n-m=k+1$ 时，结论成立．证毕．

我们看到，数域 P 上的 n 维线性空间 V 的任意向量 $\boldsymbol{\alpha}$ 在一组基下的坐标是 P^n 中的向量，并且坐标向量是唯一的，这就意味着，在一组基的作用下，V 中的向量与 P^n 中的向量一一对应．设

$$\boldsymbol{\alpha} = a_1\boldsymbol{\varepsilon}_1 + a_2\boldsymbol{\varepsilon}_2 + \cdots + a_n\boldsymbol{\varepsilon}_n,\ \boldsymbol{\beta} = b_1\boldsymbol{\varepsilon}_1 + b_2\boldsymbol{\varepsilon}_2 + \cdots + b_n\boldsymbol{\varepsilon}_n,$$

则 $\boldsymbol{\alpha}+\boldsymbol{\beta} = (a_1+b_1)\boldsymbol{\varepsilon}_1 + (a_2+b_2)\boldsymbol{\varepsilon}_2 + \cdots + (a_n+b_n)\boldsymbol{\varepsilon}_n$，$k\boldsymbol{\alpha} = ka_1\boldsymbol{\varepsilon}_1 + ka_2\boldsymbol{\varepsilon}_2 + \cdots + ka_n\boldsymbol{\varepsilon}_n$，即 $\boldsymbol{\alpha}+\boldsymbol{\beta}$ 在基 $\boldsymbol{\varepsilon}_1$，$\boldsymbol{\varepsilon}_2$，…，$\boldsymbol{\varepsilon}_n$ 下的坐标是 $\boldsymbol{\alpha}$ 和 $\boldsymbol{\beta}$ 在同一组基下的坐标之和，$k\boldsymbol{\alpha}$ 在基 $\boldsymbol{\varepsilon}_1$，$\boldsymbol{\varepsilon}_2$，…，$\boldsymbol{\varepsilon}_n$ 下的坐标是 α 在同一组基下的坐标的 k 倍．那么 V 中向量的线性关系与它们在同一组基下的坐标向量的线性关系是一致的，我们可以把一般的 n 维线性空间 V 中的线性相关性等问题转化为 n 维向量空间 P^n 中的同类问题来讨论．

例 5.18 求 $M_2(\mathbb{R})$ 中的向量组 $\boldsymbol{A}_1=\begin{pmatrix}0 & 1\\ -1 & -1\end{pmatrix}$，$\boldsymbol{A}_2=\begin{pmatrix}0 & 3\\ 0 & -1\end{pmatrix}$，$\boldsymbol{A}_3=\begin{pmatrix}0 & 0\\ 1 & 3\end{pmatrix}$，$\boldsymbol{A}_4=\begin{pmatrix}0 & -2\\ 1 & -2\end{pmatrix}$ 的秩和极大无关组．

解 取 $M_2(\mathbb{R})$ 的一组基 $\boldsymbol{E}_{11}$，$\boldsymbol{E}_{12}$，$\boldsymbol{E}_{21}$，$\boldsymbol{E}_{22}$，则 $\boldsymbol{A}_1$，$\boldsymbol{A}_2$，$\boldsymbol{A}_3$，$\boldsymbol{A}_4$ 在这组基下的坐标分别为 $(0,1,-1,-1)^{\mathrm{T}}$，$(0,3,0,-1)^{\mathrm{T}}$，$(0,0,1,3)^{\mathrm{T}}$，$(0,-2,1,-2)^{\mathrm{T}}$，将坐标向量构成矩阵 $\boldsymbol{B}$ 并化为阶梯形矩阵，得

$$\boldsymbol{B}=\begin{pmatrix}0&0&0&0\\1&3&0&-2\\-1&0&1&1\\-1&-1&3&-2\end{pmatrix}\to\cdots\to\begin{pmatrix}-1&0&1&1\\0&-1&2&-3\\0&0&7&-10\\0&0&0&0\end{pmatrix},$$

则 $\mathrm{r}(\boldsymbol{B})=3$，故 $\boldsymbol{A}_1,\boldsymbol{A}_2,\boldsymbol{A}_3,\boldsymbol{A}_4$ 的秩为 3，可取 $\boldsymbol{A}_1,\boldsymbol{A}_2,\boldsymbol{A}_3$ 为 $\boldsymbol{A}_1,\boldsymbol{A}_2,\boldsymbol{A}_3,\boldsymbol{A}_4$ 的极大无关组.

习题 5.2

1. 在 $C[0,2\pi]$ 中，讨论下列向量组的线性相关性：

(1) 1，$\cos 2t$，$\cos^2 t$；(2) 1，$\cos t$，$\cos 2t$.

2. 求下列线性空间的一组基和维数.

(1) $\mathbb{R}^n$中满足方程 $x_1+x_2+\cdots+x_n=0$ 的所有向量构成的子空间；

(2) 实数域上的所有 n 阶对角矩阵（对称矩阵、反对称矩阵）构成的线性空间；

(3) 齐次线性方程组$\begin{cases}2x_1+x_2-x_3+x_4-3x_5=0,\\x_1+x_2-x_3+x_5=0\end{cases}$的解空间；

(4) $\mathbb{R}^{2\times 3}$的子空间 $W=\left\{\begin{pmatrix}a&b&0\\c&0&d\end{pmatrix}\mid a+b+d=0,\ a,\ b,\ c,\ d\in\mathbb{R}\right\}$；

(5) $W=L(\mathrm{e}^{\lambda_1 x},\ \mathrm{e}^{\lambda_2 x},\ \cdots,\ \mathrm{e}^{\lambda_n x})$，其中 $\lambda_1,\ \lambda_2,\ \cdots,\ \lambda_n$ 是互不相同的实数，W 作为所有连续实变量函数构成的线性空间的子空间；

(6) 习题 5.1 第 1 题（8）中定义的线性空间$\mathbb{R}^+$.

3. 证明：$\boldsymbol{\alpha}_1=(1,\ 3,\ 5)^{\mathrm{T}}$，$\boldsymbol{\alpha}_2=(6,\ 3,\ 2)^{\mathrm{T}}$，$\boldsymbol{\alpha}_3=(3,\ 1,\ 0)^{\mathrm{T}}$ 是 P^3 的一组基，并求向量$\boldsymbol{\alpha}=(7,\ 3,\ 1)^{\mathrm{T}}$ 在这组基下的坐标.

4. 在 P^4 中，求由下列向量组生成的子空间的基和维数.

(1) $\boldsymbol{\alpha}_1=(2,1,3,1)^{\mathrm{T}}$，$\boldsymbol{\alpha}_2=(1,2,0,1)^{\mathrm{T}}$，$\boldsymbol{\alpha}_3=(-1,1,-3,0)^{\mathrm{T}}$，$\boldsymbol{\alpha}_4=(1,1,1,1)^{\mathrm{T}}$；

(2) $\boldsymbol{\alpha}_1=(2,1,3,-1)^{\mathrm{T}}$，$\boldsymbol{\alpha}_2=(-1,1,-3,1)^{\mathrm{T}}$，$\boldsymbol{\alpha}_3=(4,5,3,-1)^{\mathrm{T}}$，$\boldsymbol{\alpha}_4=(1,5,-3,1)^{\mathrm{T}}$.

5. 设矩阵 $\boldsymbol{A}=\begin{pmatrix}1&3&2&1\\0&1&k&-k\\1&2&0&3\end{pmatrix}$，求列空间 $R(\boldsymbol{A})$ 和零空间 $N(\boldsymbol{A})$ 的基和维数.

6. 应用坐标向量，证明：在$\mathbb{R}[x]_3$ 中，多项式 1，$1+x$，$1+2x+x^2$ 是线性无关的，所以是$\mathbb{R}[x]_3$ 的一组基.

7. 设 W 是 P^n 的一个非零子空间，任意非零向量$(a_1,\ a_2,\ \cdots,\ a_n)^{\mathrm{T}}\in W$ 满足 $a_i\neq 0(i=1,\ 2,\ \cdots,\ n)$，证明：$\dim W=1$.

5.3 基变换与坐标变换

由 5.2 节可知，同一向量在不同基下的坐标往往不同，向量的坐标依赖于基的选取. 因此，我们需要讨论不同的基之间有怎样的联系，并进一步考虑一个向量在不同的基下的坐标之间的关系．

5.3.1　基变换

定义 5.8　设 ξ_1，ξ_2，…，ξ_n 和 η_1，η_2，…，η_n 是 n 维线性空间 V 的两组基，则其中一组基可以由另外一组基唯一线性表出，即

$$\begin{cases}\eta_1 = a_{11}\xi_1 + a_{21}\xi_2 + \cdots + a_{n1}\xi_n, \\ \eta_2 = a_{12}\xi_1 + a_{22}\xi_2 + \cdots + a_{n2}\xi_n, \\ \quad\vdots \\ \eta_n = a_{1n}\xi_1 + a_{2n}\xi_2 + \cdots + a_{nn}\xi_n.\end{cases} \tag{5.4}$$

为方便起见，我们仍记 $\eta_j = a_{1j}\xi_1 + a_{2j}\xi_2 + \cdots + a_{nj}\xi_n = (\xi_1 \quad \xi_2 \quad \cdots \quad \xi_n)\begin{pmatrix} a_{1j} \\ a_{2j} \\ \vdots \\ a_{nj}\end{pmatrix}$, $j = 1, 2, \cdots, n.$

式(5.4) 可记为如下形式：

$$(\eta_1 \quad \eta_2 \quad \cdots \quad \eta_n)=(\xi_1 \quad \xi_2 \quad \cdots \quad \xi_n)\begin{pmatrix} a_{11} & a_{12} & \cdots & a_{1n} \\ a_{21} & a_{22} & \cdots & a_{2n} \\ \vdots & \vdots & & \vdots \\ a_{n1} & a_{n2} & \cdots & a_{nn}\end{pmatrix}. \tag{5.5}$$

称式（5.4）或式（5.5）为由基 ξ_1，ξ_2，…，ξ_n 到基 η_1，η_2，…，η_n 的**基变换**（**change of basis**）．记 $\boldsymbol{A} = \begin{pmatrix} a_{11} & a_{12} & \cdots & a_{1n} \\ a_{21} & a_{22} & \cdots & a_{2n} \\ \vdots & \vdots & & \vdots \\ a_{n1} & a_{n2} & \cdots & a_{nn}\end{pmatrix}$，其中矩阵 $\boldsymbol{A}$ 的第 j 列是 η_j 在基 ξ_1，ξ_2，…，ξ_n 下的坐标向量（$j=1$，2，…，n），称 $\boldsymbol{A}$ 为由基 ξ_1，ξ_2，…，ξ_n 到基 η_1，η_2，…，η_n 的**过渡矩阵**（**transition matrix**）．

式（5.5）在向量空间 P^n 中可以理解为分块矩阵的乘积，但在一般的线性空间中，$(\eta_1 \quad \eta_2 \quad \cdots \quad \eta_n)$，$(\xi_1 \quad \xi_2 \quad \cdots \quad \xi_n)$ 都不是真正的矩阵，只是一种形式表达式．由于 η_1，η_2，…，η_n 线性无关，故过渡矩阵 $\boldsymbol{A}$ 可逆，且 $\boldsymbol{A}^{-1}$ 为基 η_1，η_2，…，η_n 到基 ξ_1，ξ_2，…，ξ_n 的过渡矩阵．

5.3.2　坐标变换公式

定理 5.4　设 n 维线性空间 V 中的向量 $\boldsymbol{\alpha}$ 在基 $\boldsymbol{\xi}_1$，$\boldsymbol{\xi}_2$，…，$\boldsymbol{\xi}_n$ 下的坐标向量为 $\boldsymbol{x} = (x_1, x_2, \cdots, x_n)^{\mathrm{T}}$，在基 η_1，η_2，…，η_n 下的坐标向量为 $\boldsymbol{y} = (y_1, y_2, \cdots, y_n)^{\mathrm{T}}$，若这两组基满足基变换式(5.5)，则有**坐标变换公式**(**change - of - coordinate formula**)：

$$\begin{pmatrix} x_1 \\ x_2 \\ \vdots \\ x_n \end{pmatrix} = A\begin{pmatrix} y_1 \\ y_2 \\ \vdots \\ y_n \end{pmatrix} \text{或} \begin{pmatrix} y_1 \\ y_2 \\ \vdots \\ y_n \end{pmatrix} = A^{-1}\begin{pmatrix} x_1 \\ x_2 \\ \vdots \\ x_n \end{pmatrix}. \tag{5.6}$$

证明 因为 $\boldsymbol{\alpha} = (\xi_1 \quad \xi_2 \quad \cdots \quad \xi_n)\boldsymbol{x} = (\eta_1 \quad \eta_2 \quad \cdots \quad \eta_n)\boldsymbol{y}$，从而由式(5.5)，得

$$\boldsymbol{\alpha} = (\xi_1 \quad \xi_2 \quad \cdots \quad \xi_n)\boldsymbol{x} = (\xi_1 \quad \xi_2 \quad \cdots \quad \xi_n)\boldsymbol{A}\boldsymbol{y}$$

根据向量在一组基下坐标的唯一性知，$\boldsymbol{x} = \boldsymbol{A}\boldsymbol{y}$，即式（5.6）成立．

定理 5.4 的逆命题也成立．也就是说，若任一向量在不同基下的坐标满足坐标变换公式（5.6），则两组基满足基变换式（5.5）．

5.3.3 过渡矩阵的求法

对于向量空间 P^n，两组基之间的过渡矩阵可以通过求解矩阵方程的方法来计算．

设 $\boldsymbol{\alpha}_1, \boldsymbol{\alpha}_2, \cdots, \boldsymbol{\alpha}_n$ 和 $\boldsymbol{\beta}_1, \boldsymbol{\beta}_2, \cdots, \boldsymbol{\beta}_n$ 是 P^n 的两组基，将其按列分别组成两个矩阵 $\boldsymbol{A}$ 和 $\boldsymbol{B}$：

$$\boldsymbol{A} = (\boldsymbol{\alpha}_1 \quad \boldsymbol{\alpha}_2 \quad \cdots \quad \boldsymbol{\alpha}_n), \boldsymbol{B} = (\boldsymbol{\beta}_1 \quad \boldsymbol{\beta}_2 \quad \cdots \quad \boldsymbol{\beta}_n),$$

则有基变换$(\boldsymbol{\beta}_1 \quad \boldsymbol{\beta}_2 \quad \cdots \quad \boldsymbol{\beta}_n) = (\boldsymbol{\alpha}_1 \quad \boldsymbol{\alpha}_2 \quad \cdots \quad \boldsymbol{\alpha}_n)\boldsymbol{T}$，即 $\boldsymbol{B} = \boldsymbol{A}\boldsymbol{T}$，其中 $\boldsymbol{T}$ 为基 $\boldsymbol{\alpha}_1, \boldsymbol{\alpha}_2, \cdots, \boldsymbol{\alpha}_n$ 到基 $\boldsymbol{\beta}_1, \boldsymbol{\beta}_2, \cdots, \boldsymbol{\beta}_n$ 的过渡矩阵．将 $\boldsymbol{T}$ 看作未知矩阵，求解矩阵方程 $\boldsymbol{B} = \boldsymbol{A}\boldsymbol{T}$，得 $\boldsymbol{T} = \boldsymbol{A}^{-1}\boldsymbol{B}$. 也可利用初等行变换的方法直接求解矩阵 $\boldsymbol{T}$，即将 $\boldsymbol{A}$ 和 $\boldsymbol{B}$ 排成一个 $n \times 2n$ 矩阵，对其只作初等行变换，当左侧部分化为单位矩阵的同时，右侧的 n 列构成的矩阵就是所求的 $\boldsymbol{T}$,即

$$(\boldsymbol{A} \quad \vdots \quad \boldsymbol{B}) \xrightarrow{\text{初等行变换}} (\boldsymbol{E} \quad \vdots \quad \boldsymbol{A}^{-1}\boldsymbol{B}).$$

例 5.19 设 $\boldsymbol{\alpha}_1 = (1,0)^{\mathrm{T}}$，$\boldsymbol{\alpha}_2 = (1, 1)^{\mathrm{T}}$ 与 $\boldsymbol{\beta}_1 = (4, 3)^{\mathrm{T}}$，$\boldsymbol{\beta}_2 = (6, 4)^{\mathrm{T}}$ 是 $\mathbb{R}^2$ 中的两组基，求基 $\boldsymbol{\alpha}_1, \boldsymbol{\alpha}_2$ 到基 $\boldsymbol{\beta}_1, \boldsymbol{\beta}_2$ 的过渡矩阵，并求向量$(2, 1)^{\mathrm{T}}$ 在两组基下的坐标．

解 设 $\boldsymbol{A}$ 为从基 $\boldsymbol{\alpha}_1, \boldsymbol{\alpha}_2$ 到基 $\boldsymbol{\beta}_1, \boldsymbol{\beta}_2$ 的过渡矩阵，则$(\boldsymbol{\beta}_1\, \boldsymbol{\beta}_2) = (\boldsymbol{\alpha}_1\, \boldsymbol{\alpha}_2)\boldsymbol{A}$，所以

$$\boldsymbol{A} = (\boldsymbol{\alpha}_1\, \boldsymbol{\alpha}_2)^{-1}(\boldsymbol{\beta}_1\, \boldsymbol{\beta}_2).$$

由$\begin{pmatrix} 1 & 1 & \vdots & 4 & 6 \\ 0 & 1 & \vdots & 3 & 4 \end{pmatrix} \to \begin{pmatrix} 1 & 0 & \vdots & 1 & 2 \\ 0 & 1 & \vdots & 3 & 4 \end{pmatrix}$，所以 $\boldsymbol{A} = \begin{pmatrix} 1 & 2 \\ 3 & 4 \end{pmatrix}$．

设向量（2, 1）^{T} 在基 $\boldsymbol{\beta}_1, \boldsymbol{\beta}_2$ 下的坐标为 $(y_1, y_2)^{\mathrm{T}}$，则 $\begin{pmatrix} 2 \\ 1 \end{pmatrix} = \begin{pmatrix} 4 \\ 3 \end{pmatrix} y_1 + \begin{pmatrix} 6 \\ 4 \end{pmatrix} y_2$，解得 $\begin{pmatrix} y_1 \\ y_2 \end{pmatrix} = \begin{pmatrix} -1 \\ 1 \end{pmatrix}$．由坐标变换公式，设向量（2, 1）^{T} 在基 $\boldsymbol{\alpha}_1, \boldsymbol{\alpha}_2$ 下的坐标为 $(x_1, x_2)^{\mathrm{T}}$，

则 $\begin{pmatrix} x_1 \\ x_2 \end{pmatrix} = \boldsymbol{A}\begin{pmatrix} y_1 \\ y_2 \end{pmatrix} = \begin{pmatrix} 1 & 2 \\ 3 & 4 \end{pmatrix}\begin{pmatrix} -1 \\ 1 \end{pmatrix} = \begin{pmatrix} 1 \\ 1 \end{pmatrix}$．

对于一般的线性空间，求解过渡矩阵关键要得到两组基之间的线性表出关系式．

例 5.20 在 $P[x]_3$ 中，$1, x, x^2$ 和 $1, x-a, (x-a)^2$ 是两组基，求由基 $1, x, x^2$ 到基 $1, x-a, (x-a)^2$ 的过渡矩阵，并求 $1+2x-x^2$ 在基 $1, x-a, (x-a)^2$ 下的坐标向量．

解 记 $\varepsilon_1=1$，$\varepsilon_2=x$，$\varepsilon_3=x^2$，$\varepsilon_1'=1$，$\varepsilon_2'=x-a$，$\varepsilon_3'=(x-a)^2$，将 ε_1'，ε_2'，ε_3' 由 ε_1，ε_2，ε_3 线性表出，得

$$\varepsilon_1'=\varepsilon_1,\ \varepsilon_2'=x-a=-a\varepsilon_1+\varepsilon_2,\ \varepsilon_3'=(x-a)^2=a^2-2ax+x^2=a^2\varepsilon_1-2a\varepsilon_2+\varepsilon_3,$$

于是有 $(\varepsilon_1'\quad\varepsilon_2'\quad\varepsilon_3')=(\varepsilon_1\quad\varepsilon_2\quad\varepsilon_3)\begin{pmatrix}1&-a&a^2\\0&1&-2a\\0&0&1\end{pmatrix}$，则由基 1，$x$，$x^2$ 到基 1，$x-a$，$(x-a)^2$ 的过渡矩阵为 $A=\begin{pmatrix}1&-a&a^2\\0&1&-2a\\0&0&1\end{pmatrix}$.

因为 $1+2x-x^2=(\varepsilon_1\quad\varepsilon_2\quad\varepsilon_3)\begin{pmatrix}1\\2\\-1\end{pmatrix}$，由坐标变换公式，得 $1+2x-x^2$ 在基 ε_1'，ε_2'，ε_3'下的坐标向量为

$$A^{-1}\begin{pmatrix}1\\2\\-1\end{pmatrix}=\begin{pmatrix}1&-a&a^2\\0&1&-2a\\0&0&1\end{pmatrix}^{-1}\begin{pmatrix}1\\2\\-1\end{pmatrix}=\begin{pmatrix}1&a&a^2\\0&1&2a\\0&0&1\end{pmatrix}\begin{pmatrix}1\\2\\-1\end{pmatrix}=\begin{pmatrix}1+2a-a^2\\2-2a\\-1\end{pmatrix}.$$

习题 5.3

1. 设 P^3 的两组基

$$\boldsymbol{\alpha}_1=(1,2,1)^T,\boldsymbol{\alpha}_2=(2,3,3)^T,\boldsymbol{\alpha}_3=(3,7,-2)^T;$$
$$\boldsymbol{\beta}_1=(3,1,4)^T,\boldsymbol{\beta}_2=(5,2,1)^T,\boldsymbol{\beta}_3=(1,1,-6)^T.$$

(1) 求 $\boldsymbol{\alpha}_1$，$\boldsymbol{\alpha}_2$，$\boldsymbol{\alpha}_3$ 到 $\boldsymbol{\beta}_1$，$\boldsymbol{\beta}_2$，$\boldsymbol{\beta}_3$ 的过渡矩阵；

(2) 求向量 $\boldsymbol{\xi}=(2,1,-1)^T$ 在两组基下的坐标向量.

2. 设 $\boldsymbol{\alpha}_1$，$\boldsymbol{\alpha}_2$，$\boldsymbol{\alpha}_3$ 是 P^3 的一组基，又知

$$\begin{cases}\boldsymbol{\xi}_1=\boldsymbol{\alpha}_1+2\boldsymbol{\alpha}_2+\boldsymbol{\alpha}_3,\\\boldsymbol{\xi}_2=\boldsymbol{\alpha}_1+\boldsymbol{\alpha}_2+\boldsymbol{\alpha}_3,\\\boldsymbol{\xi}_3=\boldsymbol{\alpha}_1+\boldsymbol{\alpha}_2,\end{cases}\quad\begin{cases}\boldsymbol{\eta}_1=\boldsymbol{\alpha}_1+\boldsymbol{\alpha}_2+\boldsymbol{\alpha}_3,\\\boldsymbol{\eta}_2=2\boldsymbol{\alpha}_1+\boldsymbol{\alpha}_2+\boldsymbol{\alpha}_3,\\\boldsymbol{\eta}_3=\boldsymbol{\alpha}_1-\boldsymbol{\alpha}_2.\end{cases}$$

(1) 证明:$\boldsymbol{\xi}_1$，$\boldsymbol{\xi}_2$，$\boldsymbol{\xi}_3$ 和 $\boldsymbol{\eta}_1$，$\boldsymbol{\eta}_2$，$\boldsymbol{\eta}_3$ 都是 P^3 的基；

(2) 求基 $\boldsymbol{\xi}_1$，$\boldsymbol{\xi}_2$，$\boldsymbol{\xi}_3$ 到基 $\boldsymbol{\eta}_1$，$\boldsymbol{\eta}_2$，$\boldsymbol{\eta}_3$ 的过渡矩阵；

(3) 求 $\boldsymbol{\gamma}=\boldsymbol{\alpha}_1+2\boldsymbol{\alpha}_2+3\boldsymbol{\alpha}_3$ 在基 $\boldsymbol{\xi}_1$，$\boldsymbol{\xi}_2$，$\boldsymbol{\xi}_3$ 下的坐标.

3. 在 $M_2(P)$ 中，已知 $A_1=\begin{pmatrix}1&0\\0&1\end{pmatrix}$，$A_2=\begin{pmatrix}0&1\\1&0\end{pmatrix}$，$A_3=\begin{pmatrix}1&0\\0&-1\end{pmatrix}$，$A_4=\begin{pmatrix}0&1\\-1&0\end{pmatrix}$ 是一组基.

(1) 求基 A_1，A_2，A_3，A_4 到基 E_{11}，E_{12}，E_{21}，E_{22} 的过渡矩阵；

(2) 求矩阵 $B=\begin{pmatrix}a&b\\c&d\end{pmatrix}$ 在基 A_1，A_2，A_3，A_4 下的坐标.

4. 在$\mathbb{R}[x]_4$中，求基1，$x+2$，$(x+2)^2$，$(x+2)^3$到标准基1，x，x^2，x^3的过渡矩阵，并求多项式$-6+3x-2x^2+2x^3$在基1，$x+2$，$(x+2)^2$，$(x+2)^3$下的坐标.

5.4 子空间的交与和

5.4.1 子空间的交与和

定理5.5 若V_1，V_2是线性空间V的两个子空间，则它们的交集$V_1\cap V_2$也是V的子空间.

证明 由于$o\in V_1$，$o\in V_2$，得$o\in V_1\cap V_2$，因此$V_1\cap V_2$是V的非空子集；对于任意α，$\beta\in V_1\cap V_2$，可知α，$\beta\in V_1$，且α，$\beta\in V_2$，则有$\alpha+\beta\in V_1$，$\alpha+\beta\in V_2$，因此$\alpha+\beta\in V_1\cap V_2$，即$V_1\cap V_2$关于加法运算封闭；同理可证，$V_1\cap V_2$关于数乘运算封闭，故$V_1\cap V_2$是$V$的子空间.

易证，子空间的交满足如下规律：

(1) 交换律：$V_1\cap V_2=V_2\cap V_1$；

(2) 结合律：$(V_1\cap V_2)\cap V_3=V_1\cap(V_2\cap V_3)$.

进一步推广可得，多个子空间的交

$$V_1\cap V_2\cap\cdots\cap V_s=\bigcap_{i=1}^{s}V_i=\{\alpha\mid\alpha\in V_i,\ i=1,2,\cdots,s\}$$

也是V的子空间.

我们需要注意，子空间的并$V_1\cup V_2$不一定是V的子空间. 例如：令$\mathbb{R}^3$的两个子空间

$$V_1=\{(a,0,0)^{\mathrm{T}}\mid a\in\mathbb{R}\},\ V_2=\{(0,b,0)^{\mathrm{T}}\mid b\in\mathbb{R}\},$$

向量$(1,0,0)^{\mathrm{T}}$，$(0,1,0)^{\mathrm{T}}\in V_1\cup V_2$，但$(1,0,0)^{\mathrm{T}}+(0,1,0)^{\mathrm{T}}=(1,1,0)^{\mathrm{T}}\notin V_1\cup V_2$，则$V_1\cup V_2$关于向量的加法运算不封闭，故$V_1\cup V_2$不是$V$的子空间. 进一步，我们可以对集合$V_1\cup V_2$再添加其所有元素之和，将$V_1\cup V_2$扩充为$V$的子空间，这个子空间即为子空间$V_1$与$V_2$的和空间.

定义5.9 设V_1，V_2是线性空间V的两个子空间，V的子集$\{\alpha_1+\alpha_2\mid\alpha_1\in V_1,\ \alpha_2\in V_2\}$称为**子空间$V_1$与$V_2$的和(sum of subspaces)**，记作V_1+V_2.

显然，$V_1\cup V_2\subset V_1+V_2$，且$V_1+V_2$包含了$V_1\cup V_2$中所有元素之和.

定理5.6 若V_1，V_2是线性空间V的两个子空间，则它们的和V_1+V_2也是V的子空间，称为V_1与V_2的和空间.

证明 显然，V_1+V_2是V的非空子集. 对于任意α，$\beta\in V_1+V_2$，由定义5.9可知，存在α_1，$\beta_1\in V_1$，α_2，$\beta_2\in V_2$，使得$\alpha=\alpha_1+\alpha_2$，$\beta=\beta_1+\beta_2$，则有$\alpha+\beta=(\alpha_1+\beta_1)+(\alpha_2+\beta_2)\in V_1+V_2$，即$V_1+V_2$关于加法运算封闭；同理可证，$V_1+V_2$关于数乘运算也封闭，故$V_1+V_2$是$V$的子空间.

易证，子空间的和满足如下规律：

(1) 交换律：$V_1+V_2=V_2+V_1$；

(2) 结合律：$(V_1+V_2)+V_3=V_1+(V_2+V_3)$.

进一步推广可得，多个子空间的和

$$V_1+V_2+\cdots+V_s=\sum_{i=1}^{s}V_i=\{\alpha_1+\alpha_2+\cdots+\alpha_s \mid \alpha_i\in V_i,\ i=1,2,\cdots,s\}$$

也是 V 的子空间.

5.4.2 子空间的交与和性质

性质1 设 V_1，V_2，W 是线性空间 V 的子空间.

(1) 若 $W\subset V_1$，$W\subset V_2$，则 $W\subset V_1\cap V_2$；

(2) 若 $V_1\subset W$，$V_2\subset W$，则 $V_1+V_2\subset W$.

性质2 设 V_1，V_2 是线性空间 V 的两个子空间，则下列三种说法等价：

(1) $V_1\subset V_2$；(2) $V_1\cap V_2=V_1$；(3) $V_1+V_2=V_2$.

请读者自证性质1和性质2.

定理5.7 设 α_1，α_2，…，α_s 和 β_1，β_2，…，β_t 是线性空间 V 的两组向量，则有

$$L(\alpha_1,\alpha_2,\cdots,\alpha_s)+L(\beta_1,\beta_2,\cdots,\beta_t)=L(\alpha_1,\alpha_2,\cdots,\alpha_s,\beta_1,\beta_2,\cdots,\beta_t).\quad(5.7)$$

证明 令 $V_1=L(\alpha_1,\alpha_2,\cdots,\alpha_s)$，$V_2=L(\beta_1,\beta_2,\cdots,\beta_t)$，$V_3=L(\alpha_1,\alpha_2,\cdots,\alpha_s,\beta_1,\beta_2,\cdots,\beta_t)$，显然有 $V_1\subset V_3$，$V_2\subset V_3$，由性质1(2)得，$V_1+V_2\subset V_3$；反之，任取 $\gamma\in V_3$，则有

$$\gamma=k_1\alpha_1+k_2\alpha_2+\cdots+k_s\alpha_s+l_1\beta_1+l_2\beta_2+\cdots+l_t\beta_t,$$

其中，$k_1\alpha_1+k_2\alpha_2+\cdots+k_s\alpha_s\in V_1$，$l_1\beta_1+l_2\beta_2+\cdots+l_t\beta_t\in V_2$，因此 $\gamma\in V_1+V_2$. 证毕.

例5.21 设 V_1 为数域 P 上的 n 阶对称矩阵的全体，V_2 为数域 P 上的 n 阶反对称矩阵的全体，V_3，V_4 分别为数域 P 上的 n 阶上三角形矩阵和 n 阶下三角形矩阵的全体，易见，V_1，V_2，V_3，V_4 都是 $M_n(P)$ 的子空间，则有

$$V_1+V_2=M_n(P),\ V_1\cap V_2=\{\boldsymbol{O}\},$$

$$V_3+V_4=M_n(P),\ V_3\cap V_4=\{\mathrm{diag}\{\lambda_1,\lambda_2,\cdots,\lambda_n\}\mid\lambda_i\in P,i=1,2,\cdots,n\}.$$

5.4.3 维数公式

定理5.8（维数公式） 若 V_1，V_2 是线性空间 V 的两个子空间，则

$$\dim V_1+\dim V_2=\dim(V_1+V_2)+\dim(V_1\cap V_2).$$

证明 令 $\dim V_1=n_1$，$\dim V_2=n_2$，$\dim(V_1\cap V_2)=m$. 由于 $V_1\cap V_2$ 既是 V_1 的子空间也是 V_2 的子空间，因此，$V_1\cap V_2$ 的一组基 α_1，α_2，…，α_m 可扩充为 V_1 的一组基，记为 α_1，$\alpha_2,\cdots,\alpha_m,\beta_1,\beta_2,\cdots,\beta_{n_1-m}$，也可扩充为 V_2 的一组基，记为 $\alpha_1,\alpha_2,\cdots,\alpha_m,\gamma_1,\gamma_2,\cdots,\gamma_{n_2-m}$，则有

$$V_1=L(\alpha_1,\alpha_2,\cdots,\alpha_m,\beta_1,\beta_2,\cdots,\beta_{n_1-m}),$$

$$V_2=L(\alpha_1,\alpha_2,\cdots,\alpha_m,\gamma_1,\gamma_2,\cdots,\gamma_{n_2-m}).$$

由定理5.7可知，$V_1+V_2=L(\alpha_1,\alpha_2,\cdots,\alpha_m,\beta_1,\beta_2,\cdots,\beta_{n_1-m},\gamma_1,\gamma_2,\cdots,\gamma_{n_2-m})$.

以下往证 $\alpha_1,\alpha_2,\cdots,\alpha_m,\beta_1,\beta_2,\cdots,\beta_{n_1-m},\gamma_1,\gamma_2,\cdots,\gamma_{n_2-m}$ 线性无关.

设存在一组数 $k_1,k_2,\cdots,k_m,p_1,p_2,\cdots,p_{n_1-m},q_1,q_2,\cdots,q_{n_2-m}\in P$，使得

$$k_1\alpha_1+k_2\alpha_2+\cdots+k_m\alpha_m+p_1\beta_1+p_2\beta_2+\cdots+p_{n_1-m}\beta_{n_1-m}+q_1\gamma_1+q_2\gamma_2+\cdots+q_{n_2-m}\gamma_{n_2-m}=o. \tag{5.8}$$

令 $\alpha=k_1\alpha_1+k_2\alpha_2+\cdots+k_m\alpha_m+p_1\beta_1+p_2\beta_2+\cdots+p_{n_1-m}\beta_{n_1-m}$,则 $\alpha\in V_1$. 又由式(5.8)得

$$\alpha=-q_1\gamma_1-q_2\gamma_2-\cdots-q_{n_2-m}\gamma_{n_2-m}\in V_2,$$

于是有 $\alpha\in V_1\cap V_2$，则 α 可由 $\alpha_1,\alpha_2,\cdots,\alpha_m$ 线性表出，设存在一组数 $l_1,l_2,\cdots,l_m\in P$，使得 $\alpha=l_1\alpha_1+l_2\alpha_2+\cdots+l_m\alpha_m$，由式(5.8),得

$$l_1\alpha_1+l_2\alpha_2+\cdots+l_m\alpha_m+q_1\gamma_1+q_2\gamma_2+\cdots+q_{n_2-m}\gamma_{n_2-m}=o. \tag{5.9}$$

因为 $\alpha_1,\alpha_2,\cdots,\alpha_m,\gamma_1,\gamma_2,\cdots,\gamma_{n_2-m}$ 线性无关，所以 $l_1=l_2=\cdots=l_m=q_1=q_2=\cdots=q_{n_2-m}=0$，则有 $\alpha=o$，进而有 $k_1\alpha_1+k_2\alpha_2+\cdots+k_m\alpha_m+p_1\beta_1+p_2\beta_2+\cdots+p_{n_1-m}\beta_{n_1-m}=o$. 因为 $\alpha_1,\alpha_2,\cdots,\alpha_m,\beta_1,\beta_2,\cdots,\beta_{n_1-m}$线性无关,所以 $k_1=k_2=\cdots=k_m=p_1=p_2=\cdots=p_{n_1-m}=0$,则由式(5.8),得 $\alpha_1,\alpha_2,\cdots,\alpha_m,\beta_1,\beta_2,\cdots,\beta_{n_1-m},\gamma_1,\gamma_2,\cdots,\gamma_{n_2-m}$ 线性无关,故 $\dim(V_1+V_2)=n_1+n_2-m$. 证毕.

例 5.22 设 V_1,V_2 是 n 维线性空间 V 的两个子空间，已知 $\dim V_1+\dim V_2>n$，试证：$V_1\cap V_2$ 必含有非零向量.

证明 往证 $\dim(V_1\cap V_2)>0$. 由已知和维数公式可得

$$\dim(V_1+V_2)+\dim(V_1\cap V_2)=\dim V_1+\dim V_2>n.$$

又 $\dim(V_1+V_2)\leqslant n$，则有 $\dim(V_1\cap V_2)>0$，即 $V_1\cap V_2$ 必含有非零向量.

例 5.23 在 P^5 中，有两组向量

$$\begin{cases}\boldsymbol{\alpha}_1=(1,3,-2,2,3)^{\mathrm T},\\ \boldsymbol{\alpha}_2=(1,4,-3,4,2)^{\mathrm T},\\ \boldsymbol{\alpha}_3=(2,3,-1,-2,9)^{\mathrm T},\end{cases}\qquad \begin{cases}\boldsymbol{\beta}_1=(1,3,0,2,1)^{\mathrm T},\\ \boldsymbol{\beta}_2=(1,5,-6,6,3)^{\mathrm T},\\ \boldsymbol{\beta}_3=(2,5,3,2,1)^{\mathrm T}.\end{cases}$$

设 $W_1=L(\boldsymbol{\alpha}_1,\boldsymbol{\alpha}_2,\boldsymbol{\alpha}_3)$,$W_2=L(\boldsymbol{\beta}_1,\boldsymbol{\beta}_2,\boldsymbol{\beta}_3)$ 试求：(1)W_1+W_2 的一组基和维数；(2)$W_1\cap W_2$ 的一组基和维数.

解 （1）通过求解向量组的秩和极大无关组（此处从略.）计算得

$$W_1=L(\boldsymbol{\alpha}_1,\boldsymbol{\alpha}_2,\boldsymbol{\alpha}_3)=L(\boldsymbol{\alpha}_1,\boldsymbol{\alpha}_2),W_2=L(\boldsymbol{\beta}_1,\boldsymbol{\beta}_2,\boldsymbol{\beta}_3)=L(\boldsymbol{\beta}_1,\boldsymbol{\beta}_2),$$

则由定理5.7知，$W_1+W_2=L(\boldsymbol{\alpha}_1,\boldsymbol{\alpha}_2,\boldsymbol{\beta}_1,\boldsymbol{\beta}_2)$，经计算(此处从略)，可取 $\boldsymbol{\alpha}_1,\boldsymbol{\alpha}_2,\boldsymbol{\beta}_1$ 为 $\boldsymbol{\alpha}_1,\boldsymbol{\alpha}_2,\boldsymbol{\beta}_1,\boldsymbol{\beta}_2$ 的一个极大无关组，则 $\boldsymbol{\alpha}_1,\boldsymbol{\alpha}_2,\boldsymbol{\beta}_1$ 为 W_1+W_2 的一组基，且 $\dim(W_1+W_2)=3$.

（2）令 $\boldsymbol{\gamma}\in W_1\cap W_2$,$\boldsymbol{\gamma}=x_1\boldsymbol{\alpha}_1+x_2\boldsymbol{\alpha}_2=-y_1\boldsymbol{\beta}_1-y_2\boldsymbol{\beta}_2$，则 $x_1\boldsymbol{\alpha}_1+x_2\boldsymbol{\alpha}_2+y_1\boldsymbol{\beta}_1+y_2\boldsymbol{\beta}_2=\boldsymbol{o}$，计算得该齐次线性方程组的一个基础解系为 $\boldsymbol{\eta}=(0,2,-1,-1)^{\mathrm T}$，则 $\boldsymbol{\gamma}=0\boldsymbol{\alpha}_1+2\boldsymbol{\alpha}_2=(2,8,-6,8,4)^{\mathrm T}$，进而有 $W_1\cap W_2=L(\boldsymbol{\gamma})$,故 $\boldsymbol{\gamma}$ 为 $W_1\cap W_2$ 的一组基，且 $\dim(W_1\cap W_2)=1$.

例 5.23（2）中，也可根据维数公式先求得

$$\dim(W_1\cap W_2)=\dim W_1+\dim W_2-\dim(W_1+W_2)=2+2-3=1,$$

再根据解（2）中的方法求解一组基.

5.4.4　子空间的直和

定义 5.10　设 V_1,V_2 是线性空间 V 的两个子空间，如果和空间 V_1+V_2 中的每个向量 α 的分解式是唯一的，即存在唯一的 $\alpha_1\in V_1,\alpha_2\in V_2$，使得 $\alpha=\alpha_1+\alpha_2$，则称和空间 V_1+V_2 为**直和(direct sum)**，记作 $V_1\oplus V_2$.

定理 5.9　设 V_1，V_2 是线性空间 V 的两个子空间，则下列四种说法等价：

（1）和空间 V_1+V_2 是直和；

（2）零元分解式唯一，即若 $\alpha_1+\alpha_2=o$，$\alpha_1\in V_1$，$\alpha_2\in V_2$，则有 $\alpha_1=\alpha_2=o$；

（3）$V_1\cap V_2=\{o\}$；

（4）$\dim(W_1+W_2)=\dim W_1+\dim W_2$.

证明　显然，（1）$\Rightarrow$（2）成立；

下证（2）$\Rightarrow$（3）成立. 设 $\alpha\in V_1\cap V_2$，即 $\alpha\in V_1$ 且 $\alpha\in V_2$，又 $o=\alpha+(-\alpha)\in V_1+V_2$，由（2）零元分解式唯一，得 $\alpha=o$，于是 $V_1\cap V_2=\{o\}$；

下证（3）$\Rightarrow$（4）成立. $V_1\cap V_2=\{o\}$，即 $\dim(V_1\cap V_2)=0$，则由维数公式，可得（4）成立；

下证（4）$\Rightarrow$（1）成立. 因为 $\dim(W_1+W_2)=\dim W_1+\dim W_2$，由维数公式有 $V_1\cap V_2=\{o\}$.

对于任意 $\alpha\in V_1+V_2$，假设 α 可分解为 $\alpha=\alpha_1+\alpha_2=\beta_1+\beta_2$，$\alpha_1$，$\beta_1\in V_1$，$\alpha_2$，$\beta_2\in V_2$，则有

$\alpha_1-\beta_1=-(\alpha_2-\beta_2)\in V_1\cap V_2$，则 $\alpha_1-\beta_1=-(\alpha_2-\beta_2)=o$，故 $\alpha_1=\beta_1$，$\alpha_2=\beta_2$，即 V_1+V_2 是直和.

推论 5.1　设 ξ_1，ξ_2，…，ξ_s；η_1，η_2，…，η_t 分别是子空间 V_1，V_2 的一组基，则 V_1+V_2 是直和的充要条件是 ξ_1，ξ_2，…，ξ_s，η_1，η_2，…，η_t 线性无关.

证明　由已知，$V_1=L(\xi_1,\xi_2,\cdots,\xi_s)$，$\dim V_1=s$；$V_2=L(\eta_1,\eta_2,\cdots,\eta_t)$，$\dim V_2=t$，则有

$$V_1+V_2=L(\xi_1,\xi_2,\cdots,\xi_s,\eta_1,\eta_2,\cdots,\eta_t).$$

充分性　若 ξ_1，ξ_2，…，ξ_s，η_1，η_2，…，η_t 线性无关，则 ξ_1，ξ_2，…，ξ_s，η_1，η_2，…，η_t 为 V_1+V_2 的一组基，从而有 $\dim(V_1+V_2)=s+t=\dim V_1+\dim V_2$，由定理 5.9 知，$V_1+V_2$ 是直和.

必要性　若 V_1+V_2 是直和，则有 $\dim(V_1+V_2)=\dim V_1+\dim V_2=s+t$，从而有

$$\mathrm{r}(\xi_1,\xi_2,\cdots,\xi_s,\eta_1,\eta_2,\cdots,\eta_t)=s+t,$$

所以 ξ_1，ξ_2，…，ξ_s，η_1，η_2，…，η_t 线性无关.

例 5.24　例 5.21 中，$V_1\oplus V_2=M_n(P)$，$V_3+V_4=M_n(P)$，但 V_3+V_4 不是直和.

例 5.25　在 $\mathbb{R}^3$ 中，记 $\boldsymbol{\varepsilon}_1=(1,0,0)^{\mathrm{T}}$，$\boldsymbol{\varepsilon}_2=(0,1,0)^{\mathrm{T}}$，$\boldsymbol{\varepsilon}_3=(0,0,1)^{\mathrm{T}}$，设

$$V_1=L(\boldsymbol{\varepsilon}_1),V_2=L(\boldsymbol{\varepsilon}_1,\boldsymbol{\varepsilon}_2),V_3=L(\boldsymbol{\varepsilon}_2,\boldsymbol{\varepsilon}_3),$$

易见，V_1+V_2 不是直和，且 $V_1+V_2=V_2$；$V_1\oplus V_3=\mathbb{R}^3$；$V_2+V_3=\mathbb{R}^3$，但 V_2+V_3 不是直和.

定理 5.10　设 W 是 n 维线性空间 V 的一个子空间，则必存在 V 的一个子空间 U，使得

$$V = W \oplus U.$$

证明 令 W 的一组基 $\alpha_1,\alpha_2,\cdots,\alpha_m$，其可扩充为 V 的一组基，记为 $\alpha_1,\alpha_2,\cdots,\alpha_m,\alpha_{m+1},\alpha_{m+2},\cdots,\alpha_n$，令 $U = L(\alpha_{m+1},\alpha_{m+2},\cdots,\alpha_n)$，则有 $W + U = L(\alpha_1,\alpha_2,\cdots,\alpha_m,\alpha_{m+1},\alpha_{m+2},\cdots,\alpha_n) = V$，又

$$\dim(W + U) = n = m + (n - m) = \dim W + \dim U,$$

故 $V = W \oplus U$.

称这样的 U 为 W 的一个**补空间(complementary subspace)**或**直和补**，也称**余子空间**. 需要注意的是，W 的补空间一般不唯一，例如：在$\mathbb{R}^3$中，设 $\boldsymbol{\alpha}_1 = (1,1,0)^{\mathrm{T}},\boldsymbol{\alpha}_2 = (1,0,0)^{\mathrm{T}},\boldsymbol{\beta}_1 = (0,1,1)^{\mathrm{T}}$, $\boldsymbol{\beta}_2 = (0,0,1)^{\mathrm{T}}$. 令

$$W = L(\boldsymbol{\alpha}_1,\boldsymbol{\alpha}_2), U_1 = L(\boldsymbol{\beta}_1), U_2 = L(\boldsymbol{\beta}_2),$$

则有$\mathbb{R}^3 = W \oplus U_1 = W \oplus U_2$，但 $U_1 \neq U_2$.

定义 5.10 可进一步推广，得到多个子空间的直和定义.

定义 5.11 设 $V_1,V_2,\cdots,V_s$ 都是线性空间 V 的子空间，如果和空间 $\sum\limits_{i=1}^{s} V_i = V_1 + V_2 + \cdots + V_s$ 中的每个向量 α 的分解式是唯一的，即存在唯一的 $\alpha_i \in V_i(i = 1,2,\cdots,s)$，使得 $\alpha = \alpha_1 + \alpha_2 + \cdots + \alpha_s$，则称和空间 $\sum\limits_{i=1}^{s} V_i$ 为**直和**，记作 $V_1 \oplus V_2 \oplus \cdots \oplus V_s$.

定理 5.11 设 V_1，V_2，…，V_s 都是线性空间 V 的子空间，则下列四种说法等价：

(1) 和空间 $\sum\limits_{i=1}^{s} V_i$ 是直和；

(2) 零元分解式唯一，即若 $\alpha_1 + \alpha_2 + \cdots + \alpha_s = o,\alpha_i \in V_i(i = 1,2,\cdots,s)$，则有 $\alpha_i = o$，$i = 1,2,\cdots,s$；

(3) $V_i \cap \sum\limits_{j\neq i} V_j = \{o\}, i = 1,2,\cdots,s$；

(4) $\dim(V_1 + V_2 + \cdots + V_s) = \dim V_1 + \dim V_2 + \cdots + \dim V_s$.

例 5.26 试证：每一个 n 维线性空间都可以表示成 n 个一维子空间的直和.

证明 设 $\varepsilon_1,\varepsilon_2,\cdots,\varepsilon_n$ 是 n 维线性空间 V 的一组基，则 $V = L(\varepsilon_1,\varepsilon_2,\cdots,\varepsilon_n)$，令 $V_i = L(\varepsilon_i), i = 1,2,\cdots,n$. 显然，$\dim V_i = 1, i = 1,2,\cdots,n$. 由 $V = L(\varepsilon_1) + L(\varepsilon_2) + \cdots + L(\varepsilon_n) = V_1 + V_2 + \cdots + V_n$，且 $\dim V = \sum\limits_{i=1}^{n} \dim V_i$，则有 $V = V_1 \oplus V_2 \oplus \cdots \oplus V_n$. 证毕.

习题 5.4

1. 在 P^4 中，有两组向量

$$\begin{cases}\boldsymbol{\alpha}_1 = (1,\ 2,\ -1,\ -2)^{\mathrm{T}},\\ \boldsymbol{\alpha}_2 = (3,\ 1,\ -1,\ 1)^{\mathrm{T}},\\ \boldsymbol{\alpha}_3 = (-1,\ 0,\ 1,\ -1)^{\mathrm{T}},\end{cases}\qquad \begin{cases}\boldsymbol{\beta}_1 = (2,\ 5,\ -1,\ -5)^{\mathrm{T}},\\ \boldsymbol{\beta}_2 = (-1,\ 2,\ -2,\ 3)^{\mathrm{T}}.\end{cases}$$

设 $W_1 = L(\boldsymbol{\alpha}_1,\boldsymbol{\alpha}_2,\boldsymbol{\alpha}_3), W_2 = L(\boldsymbol{\beta}_1,\boldsymbol{\beta}_2)$. 试求：(1) $W_1 + W_2$ 的一组基和维数；(2) $W_1 \cap W_2$ 的一组基和维数.

2. 在 M_2（P）中，两个子空间

$$W_1=\left\{\begin{pmatrix}a & b\\ b & 0\end{pmatrix}\middle|\, a,\ b\in P\right\},\quad W_2=\left\{\begin{pmatrix}a & 0\\ 0 & b\end{pmatrix}\middle|\, a,\ b\in P\right\},$$

试求：（1）W_1+W_2 的一组基和维数；（2）$W_1\cap W_2$ 的一组基和维数．

3. 已知 $\boldsymbol{A}\in M_n(P)$，且 $\boldsymbol{A}^2=\boldsymbol{A}$，设 $V_1=\{\boldsymbol{Ax}\mid \boldsymbol{x}\in P^n\}$，$V_2=\{\boldsymbol{x}\mid \boldsymbol{x}\in P^n,\ \boldsymbol{Ax}=\boldsymbol{o}\}$，试证：

$$P^n=V_1\oplus V_2.$$

4. 设 $V_1,V_2,\cdots,V_s$ 都是线性空间 V 的子空间($s\geqslant 2$)，试证：$V_1+V_2+\cdots+V_s$ 是直和的充要条件是

$$V_i\cap\sum_{j=1}^{i-1}V_j=\{o\},i=2,\cdots,s.$$

5. 设 W,W_1,W_2 都是线性空间 V 的子空间，且 $W_1\subset W,V=W_1\oplus W_2$，证明：

$$W=W_1\oplus(W_2\cap W).$$

5.5　线性空间的同构

在学习本节内容之前，我们先来回顾与映射有关的一些概念和性质．

设 V 与 V' 是两个非空集合，σ 是一个对应法则，如果任意元素 $\alpha\in V$，通过 σ，在 V' 中都有一个确定的元素 α' 与之对应，则称 σ 是 V 到 V' 的一个**映射**，记作 $\sigma:V\to V'$，$\alpha\mapsto\alpha'$，此时 α' 称为 α 在映射 σ 下的**像**，记作 $\sigma(\alpha)$，而 α 称为 α' 在映射 σ 下的一个**原像**．特别地，如果 $V=V'$，则称 σ 是 V 到自身的**变换**．

设映射 $\sigma:V\to V'$ 和映射 $\tau:V'\to V''$，则 $\tau\sigma:V\to V''$，$\alpha\mapsto\alpha''$ 称为 σ 和 τ 的**复合映射**，也可称为**映射 σ 和 τ 的乘积**．复合映射满足结合律．

记 $\sigma(V)=\{\sigma(\alpha)\mid\alpha\in V\}$ 表示 V 在映射 σ 下的像的全体，称为**映射 σ 的像**．如果 $\sigma(V)=V'$，则称 σ 是**满射**．如果在 σ 的作用下，V 中的不同元素的像也不同，即若 $\alpha_1\neq\alpha_2$，则有 $\sigma(\alpha_1)\neq\sigma(\alpha_2)$，那么就称 σ 是**单射**．既单又满的映射称为**一一对应**或**双射**．两个双射的复合也是一个双射．

如果映射 σ：$V\to V$，$\alpha\to\alpha$ 即 V 中的每个元素与其自身对应，则称 σ 是集合 V 上的**恒等映射**或**单位映射**，记作 I_V．显然，恒等映射是双射．

如果对于映射 $\sigma:V\to V'$，存在映射 $\sigma^{-1}:V'\to V$，满足 $\sigma^{-1}\sigma=I_V$，$\sigma\sigma^{-1}=I_{V'}$，则称 σ 是**可逆映射**，σ^{-1} 称为 σ 的**逆映射**．映射 σ 可逆的充要条件是 σ 是双射．

5.5.1　同构的概念

我们知道，数域 P 上的 n 维线性空间 V 中的每一个向量 α 在一组基 ε_1，ε_2，$\cdots$，ε_n 的作用下都与 P^n 中的 n 维坐标向量一一对应，这种对应相当于在 V 到 P^n 定义了一个映射，并且保持了向量的加法和数乘运算，即定义一个双射

$$\sigma:\ V\to P^n,\alpha=a_1\varepsilon_1+a_2\varepsilon_2+\cdots+a_n\varepsilon_n\mapsto(a_1,a_2,\cdots,a_n)^{\mathrm{T}},$$

使得对于任意 α，$\beta\in V$，$k\in P$，有

$$\sigma(\alpha+\beta)=\sigma(\alpha)+\sigma(\beta),\sigma(k\alpha)=k\sigma(\alpha).\tag{5.10}$$

我们把满足式(5.10)的映射 σ 称为 V 到 P^n 上的**线性映射(linear mapping)**. 可见, V 中向量的线性运算可归结为 P^n 中坐标的线性运算, 进而向量间的线性关系也可以通过坐标的线性关系来讨论, 即 n 维线性空间 V 在代数结构上来讲与 P^n 是一样的, 我们把 V 与 P^n 称为是**同构**的. 如下给出一般的线性空间同构的概念.

定义 5.12 设 V,V' 是数域 P 上的两个线性空间, 若存在 V 到 V' 的一个一一对应 σ, 满足如下性质:对于任意 $\alpha, \beta \in V$, $k \in P$, 有

(1) $\sigma(\alpha+\beta)=\sigma(\alpha)+\sigma(\beta)$;

(2) $\sigma(k\alpha)=k\sigma(\alpha)$,

则称线性空间 V 与 V' 是**同构**的(**isomorphic**), 记作 $V \cong V'$; 称 σ 为从 V 到 V' 的一个**同构映射(isomorphism)**.

由前述讨论可知, 任意一个数域 P 上的 n 维线性空间都与 P^n 同构.

5.5.2 同构映射的性质

设 V,V' 是数域 P 上的两个线性空间, σ 是 V 到 V' 的一个同构映射, 则 σ 具有下列性质:

(1) $\sigma(o)=o$, $\sigma(-\alpha)=-\sigma(\alpha)$;

(2) $\sigma(k_1\alpha_1+k_2\alpha_2+\cdots+k_s\alpha_s)=k_1\sigma(\alpha_1)+k_2\sigma(\alpha_2)+\cdots+k_s\sigma(\alpha_s)$;

(3) V 中的向量组 $\alpha_1, \alpha_2, \cdots, \alpha_s$ 线性相关的充要条件是 $\sigma(\alpha_1), \sigma(\alpha_2), \cdots, \sigma(\alpha_s)$ 线性相关;

(4) $\dim V=\dim V'$;

(5) σ 的逆映射 σ^{-1} 是 V' 到 V 的同构映射;

(6) 若 W 是 V 的子空间, 则 W 在 σ 下的像集 $\sigma(W)=\{\sigma(\alpha) \mid \alpha \in W\}$ 是 V' 的子空间, 且 W 与 $\sigma(W)$ 同构;

(7) 两个同构映射的复合仍是同构映射.

证明(1) 由 $\sigma(k\alpha)=k\sigma(\alpha)$,取 $k=0$,可得 $\sigma(o)=o$; 取 $k=-1$,可得 $\sigma(-\alpha)=-\sigma(\alpha)$.

(2) 由 σ 保持线性运算, 易证 $\sigma(k_1\alpha_1+k_2\alpha_2+\cdots+k_s\alpha_s)=k_1\sigma(\alpha_1)+k_2\sigma(\alpha_2)+\cdots+k_s\sigma(\alpha_s)$ 成立.

(3) 必要性 设存在不全为零的数 $k_1,k_2,\cdots,k_s \in P$, 使得 $k_1\alpha_1+k_2\alpha_2+\cdots+k_s\alpha_s=o$,则有

$$\sigma(k_1\alpha_1+k_2\alpha_2+\cdots+k_s\alpha_s)=\sigma(o),$$

由性质(1)和(2),可得 $k_1\sigma(\alpha_1)+k_2\sigma(\alpha_2)+\cdots+k_s\sigma(\alpha_s)=o$, 故 $\sigma(\alpha_1),\sigma(\alpha_2),\cdots,\sigma(\alpha_s)$ 线性相关.

充分性 设存在不全为零的数 $k_1,k_2,\cdots,k_s \in P$, 使得 $k_1\sigma(\alpha_1)+k_2\sigma(\alpha_2)+\cdots+k_s\sigma(\alpha_s)=o$, 由性质(1)和(2), 可得 $\sigma(k_1\alpha_1+k_2\alpha_2+\cdots+k_s\alpha_s)=\sigma(o)$, 又 σ 是单射, 则有 $k_1\alpha_1+k_2\alpha_2+\cdots+k_s\alpha_s=o$, 故 $\alpha_1,\alpha_2,\cdots,\alpha_s$ 线性相关.

(4) 由性质(3)和维数的定义可得, $\dim V=\dim V'$.

(5) 显然 σ^{-1} 是 V' 到 V 的双射, 只需证明 σ^{-1} 是 V' 到 V 的线性映射.

设 $\forall \alpha, \beta \in V, \sigma(\alpha)=\alpha' \in V', \sigma(\beta)=\beta' \in V'$,

$$\alpha'+\beta'=\sigma\sigma^{-1}(\alpha'+\beta')=\sigma(\sigma^{-1}(\alpha'+\beta')),$$

$$\begin{aligned}\alpha'+\beta'&=\sigma\sigma^{-1}(\alpha')+\sigma\sigma^{-1}(\beta')=\sigma(\sigma^{-1}(\alpha'))+\sigma(\sigma^{-1}(\beta'))\\&=\sigma(\sigma^{-1}(\alpha')+\sigma^{-1}(\beta')),\end{aligned}$$

由 σ 是单射,则有 $\sigma^{-1}(\alpha'+\beta')=\sigma^{-1}(\alpha')+\sigma^{-1}(\beta')$，即 σ^{-1} 保持加法运算．同理可证，σ^{-1} 也保持数乘运算，故性质(5) 成立．

(6)$\sigma(W)\subset V'$，且 $\sigma(o)=o\in\sigma(W)$，因此 $\sigma(W)$ 是 V' 的非空子集．

$\forall\alpha',\beta'\in\sigma(W),\forall k\in P$，必存在 $\alpha,\beta\in W$，使得 $\sigma(\alpha)=\alpha',\sigma(\beta)=\beta'$,则

$$\alpha'+\beta'=\sigma(\alpha)+\sigma(\beta)=\sigma(\alpha+\beta)\in\sigma(W),$$

$$k\alpha'=k\sigma(\alpha)=\sigma(k\alpha)\in\sigma(W),$$

故 $\sigma(W)$ 是 V'的子空间．显然 σ 是 W 到 $\sigma(W)$ 的同构映射，因此，W 与 $\sigma(W)$ 同构．

(7) 根据同构映射的定义，请读者自证．

由性质 (5) 和 (7) 可见，同构映射建立了 V 与 V'之间的同构关系，这种关系满足反身性、对称性和传递性．因此，线性空间之间的同构关系是一种等价关系．

5.5.3 同构的等价条件

根据定义 5.12，要说明两个有限维线性空间同构，需要在二者之间建立一个同构映射．然而，对于某些线性空间，寻找恰当的同构映射是比较困难的．由于数域 P 上任意一个 n 维线性空间都与 P^n 同构，而同构关系是一个等价关系，从而数域 P 上任意两个 n 维线性空间都是同构的．

定理 5.12 数域 P 上的有限维线性空间 V_1 与 V_2 同构的充要条件是 $\dim V_1=\dim V_2$.

显然，有限维线性空间不能与其非平凡子空间同构．

例 5.27 证明：作为实数域上的线性空间$\mathbb{R}$与习题 5.1 第 1 题 (8) 中的$\mathbb{R}^+$同构．

证明 方法（一）构造同构映射．

令σ：$\mathbb{R}\to\mathbb{R}^+$，$x\mapsto e^x$，$\forall x\in\mathbb{R}$. 易证 σ 是$\mathbb{R}$到$\mathbb{R}^+$的一一对应，且$\forall x$，$y\in\mathbb{R}$，$\forall k\in\mathbb{R}$，有

$$\sigma(x+y)=e^{x+y}=e^xe^y=\sigma(x)\oplus\sigma(y),$$

$$\sigma(kx)=e^{kx}=(e^x)^k=k\circ e^x=k\circ\sigma(x),$$

故 σ 是$\mathbb{R}$到$\mathbb{R}^+$的同构映射，因此$\mathbb{R}\cong\mathbb{R}^+$.

方法（二）利用定理 5.12.

由习题 5.2 第 1 题 (6) 知，$\dim\mathbb{R}^+=\dim\mathbb{R}=1$，故$\mathbb{R}\cong\mathbb{R}^+$.

例 5.28 将复数域$\mathbb{C}$看作实数域$\mathbb{R}$上的线性空间，证明：$\mathbb{C}\cong\mathbb{R}^2$.

参考例 5.27 的方法，可考虑取同构映射 σ：$\mathbb{C}\to\mathbb{R}^2$，$a+bi\mapsto(a,b)$，$\forall a,b\in\mathbb{R}$；或者利用 $\dim\mathbb{C}=\dim\mathbb{R}^2=2$ 证明$\mathbb{C}\cong\mathbb{R}^2$.

习题 5.5

1. 设 P^n 的子空间 $W=\{(x_1,x_2,\cdots,x_n)^{\mathrm{T}}\mid x_1+x_2+x_3=0\}$,证明：$W\cong P^{n-1}$.

2. 试证：$\mathbb{R}^3$的子空间 $W=\{(a,a+b,a-b)\mid a,b\in\mathbb{R}\}$ 与$\mathbb{R}^2$同构．

3. 设 $\alpha_1,\alpha_2,\cdots,\alpha_n$ 是 n 维线性空间 V 的一组基，$\beta_1,\beta_2,\cdots,\beta_s\in V$，有

$$(\beta_1\ \beta_2\ \cdots\ \beta_s)=(\alpha_1\ \alpha_2\ \cdots\ \alpha_n)\boldsymbol{A},$$

其中，$\boldsymbol{A}\in M_{n\times s}$. 试证：$\dim L(\beta_1,\beta_2,\cdots,\beta_s)=\mathrm{r}(\boldsymbol{A})$.

5.6 线性变换

一个集合到自身的映射通常称为该集合的一个**变换**（**transformation**）. 在5.5节中，我们提到了线性映射的概念，那么线性空间V到其自身的线性映射，我们称之为V的线性变换. 本节内容将讨论有限维线性空间的线性变换与矩阵之间的关系.

5.6.1 线性变换的定义

定义5.13 设V是数域P上的线性空间，σ是V的一个变换. 如果满足对于任意α, $\beta\in V$, $k\in P$, 有

(1) $\sigma(\alpha+\beta)=\sigma(\alpha)+\sigma(\beta)$;

(2) $\sigma(k\alpha)=k\sigma(\alpha)$,

则称σ是线性空间V的一个**线性变换**（**linear transformation**）.

由定义5.13可见，线性变换就是线性空间上保持线性运算的变换. 易证V的线性变换σ满足如下性质：

(1) $\sigma(o)=o,\sigma(-\alpha)=-\sigma(\alpha)$;

(2) $\sigma(k_1\alpha_1+k_2\alpha_2+\cdots+k_s\alpha_s)=k_1\sigma(\alpha_1)+k_2\sigma(\alpha_2)+\cdots+k_s\sigma(\alpha_s)$;

(3) 如果V中的向量组$\alpha_1,\alpha_2,\cdots,\alpha_s$线性相关，则$\sigma(\alpha_1),\sigma(\alpha_2),\cdots,\sigma(\alpha_s)$线性相关.

需要注意的是，性质（3）的逆命题不成立，例如：定义V的**零变换**（**null transformation**）O：$\alpha\mapsto o$, $\alpha\in V$. 对于一组线性无关的向量组，零变换使得这组向量的像都是零元，而零元构成的向量组线性相关.

例5.29 线性空间V上的恒等映射是V的线性变换，称之为V的**恒等变换**或**单位变换**（**identity transformation**），记作I_V，也可简记为I，即

$$I_V(\alpha)=\alpha,\alpha\in V.$$

设k是数域P中的一个常数，定义V的**数乘变换**（**scalar transformation**）K：$\alpha\mapsto k\alpha$, $\alpha\in V$. 显然，当$k=1$时，K是单位变换；当$k=0$时，K是零变换.

例5.30 设R_θ是$\mathbb{R}^2$上旋转角为θ的**旋转变换**（**rotation transformation**），即

$$R_\theta:\begin{pmatrix}x\\y\end{pmatrix}\mapsto\begin{pmatrix}x\cos\theta-y\sin\theta\\x\sin\theta+y\cos\theta\end{pmatrix},\ \begin{pmatrix}x\\y\end{pmatrix}\in\mathbb{R}^2,$$

则R_θ是$\mathbb{R}^2$的一个线性变换.

例5.31 设$f(x)=a_nx^n+a_{n-1}x^{n-1}+\cdots+a_1x+a_0\in P[x]$, $f'(x)=a_nnx^{n-1}+a_{n-1}(n-1)x^{n-2}+\cdots+a_1$表示$f(x)$的一阶形式微商，则**微商变换**（**derivative transformation**）$D:P[x]\to P[x], f(x)\mapsto f'(x)$是一个$P[x]$的线性变换.

例5.32 $C[a,b]$上的**积分变换**（**integral transformation**）

$$\varphi:C[a,b]\to C[a,b], f(x)\mapsto\int_a^x f(x)\mathrm{d}x, f(x)\in C[a,b],$$

是$C[a,b]$的一个线性变换.

5.6.2 线性变换的运算

1. 线性变换的加法

设 σ，τ 是线性空间 V 的两个线性变换，如下定义 σ 与 τ 的和：

$$(\sigma+\tau)(\alpha)=\sigma(\alpha)+\tau(\alpha),\alpha\in V.$$

易证 $\sigma+\tau$ 也是 V 的线性变换．事实上，对于任意 α，$\beta\in V$，$k\in P$，有

$$\begin{aligned}(\sigma+\tau)(\alpha+\beta)&=\sigma(\alpha+\beta)+\tau(\alpha+\beta)=\sigma(\alpha)+\sigma(\beta)+\tau(\alpha)+\tau(\beta)\\&=(\sigma(\alpha)+\tau(\alpha))+(\sigma(\beta)+\tau(\beta))=(\sigma+\tau)(\alpha)+(\sigma+\tau)(\beta),\end{aligned}$$

$$\begin{aligned}(\sigma+\tau)(k\alpha)&=\sigma(k\alpha)+\tau(k\alpha)=k\sigma(\alpha)+k\tau(\alpha)\\&=k(\sigma(\alpha)+\tau(\alpha))=k(\sigma+\tau)(\alpha).\end{aligned}$$

易证，线性变换的加法满足如下运算律：

(1) 交换律：$\sigma+\tau=\tau+\sigma$；

(2) 结合律：$(\sigma+\tau)+\delta=\sigma+(\tau+\delta)$；

(3) 零变换 O 满足 $\sigma+O=\sigma$；

(4) σ 的**负变换** $-\sigma$ 满足 $(-\sigma)(\alpha)=-\sigma(\alpha)$，且 $\sigma+(-\sigma)=O$.

由加法和负变换，我们可以定义线性变换的减法：

$$\sigma-\tau=\sigma+(-\tau).$$

2. 线性变换的数量乘法

设 k 是数域 P 中的一个数，σ 是 V 的线性变换，如下定义 k 与 σ 的数量乘法：

$$(k\sigma)(\alpha)=k(\sigma(\alpha)),\alpha\in V.$$

易证，线性变换的数量乘积还是线性变换．

易证，线性变换的数量乘法满足如下运算律：

σ，τ 都是 V 的线性变换，k，$l\in P$，

(1) $(k+l)\sigma=k\sigma+l\sigma$；

(2) $k(\sigma+\tau)=k\sigma+k\tau$；

(3) $(kl)\sigma=k(l\sigma)$；

(4) $1\sigma=\sigma$.

我们将数域 P 上的线性空间 V 的全体线性变换构成的集合记作 $L(V)$．由以上定义及性质可知，$L(V)$ 对于线性变换的加法和数量乘法构成数域 P 上的一个线性空间．

3. 线性变换的乘法

设 σ，τ 是线性空间 V 的两个线性变换，如下定义 σ 与 τ 的乘积：

$$(\sigma\tau)(\alpha)=\sigma(\tau(\alpha)),\alpha\in V.$$

乘积 $\sigma\tau$ 即为 σ 与 τ 的复合映射．易证，$\sigma\tau$ 也是 V 的线性变换．

易证，线性变换的乘法满足如下运算律：

(1) 结合律：$\sigma(\tau\delta)=(\sigma\tau)\delta$；

(2) 左分配律：$\sigma(\tau+\delta)=\sigma\tau+\sigma\delta$；

(3) 右分配律：$(\tau+\delta)\sigma=\tau\sigma+\delta\sigma$；

(4) 数乘与乘法的结合律：$k(\sigma\tau)=\sigma(k\tau)=(k\sigma)\tau$；

(5) 单位变换 I_V 满足 $I_V\sigma = \sigma I_V = \sigma$;

(6) 零变换 O 满足 $O\sigma = \sigma O = O$.

需要注意的是，线性变换的乘法不满足交换律，即一般有 $\sigma\tau \neq \tau\sigma$. 例如：如下定义线性空间$\mathbb{R}[x]$上的微商变换 D 和积分变换 φ:

$$D(f(x)) = f'(x), \varphi(f(x)) = \int_0^x f(x)\mathrm{d}x, \quad f(x) \in \mathbb{R}[x],$$

可验证，$D\varphi \neq \varphi D$.

4. 线性变换的逆

设 σ 是线性空间 V 的一个线性变换，若存在 V 的线性变换 τ，使得 $\sigma\tau = \tau\sigma = I_V$，则称 σ 是 V 的一个**可逆线性变换**，简称**可逆变换**，或称 σ 是**可逆的**（**invertible**）. 类似于矩阵的逆的唯一性证明可证，若 σ 是可逆的，则它的逆 τ 是唯一的，称之为 σ 的**逆变换**（**inverse transformation**），记作 σ^{-1}.

可以证明，如下性质及结论成立：

(1) 可逆变换 σ 的逆变换 σ^{-1}也是 V 的线性变换；

(2) 线性变换 σ 可逆当且仅当 σ 是 V 的自同构映射；

(3) 设 $\varepsilon_1, \varepsilon_2, \cdots, \varepsilon_n$ 是线性空间 V 的一组基，σ 是 V 的一个线性变换，则 σ 可逆当且仅当 $\sigma(\varepsilon_1), \sigma(\varepsilon_2), \cdots, \sigma(\varepsilon_n)$ 线性无关；

(4) 可逆线性变换把线性无关的向量组变成线性无关的向量组.

5. 线性变换的多项式

设 σ 是线性空间 V 的一个线性变换，n 为自然数，定义 σ 的 n 次幂

$$\sigma^n = \overbrace{\sigma\sigma\cdots\sigma}^{n个}, n \geqslant 1.$$

对于非零变换 σ，我们规定 $\sigma^0 = I_V$. 易见

$$\sigma^{m+n} = \sigma^m\sigma^n, (\sigma^m)^n = \sigma^{mn}.$$

当 σ 可逆时，定义 $\sigma^{-n} = (\sigma^{-1})^n, n \geqslant 1$.

设 $f(x) = a_nx^n + a_{n-1}x^{n-1} + \cdots + a_1x + a_0 \in P[x]$，$\sigma$ 是线性空间 V 的一个线性变换，则 $f(\sigma) = a_n\sigma^n + a_{n-1}\sigma^{n-1} + \cdots + a_1\sigma + a_0I_V$ 也是 V 的一个线性变换，称 $f(\sigma)$ 为**线性变换 σ 的多项式**.

在 $P[x]$ 中，若有 $h(x)=f(x)+g(x)$，$p(x)=f(x)g(x)$，则有

$$h(\sigma) = f(\sigma) + g(\sigma), \; p(\sigma) = f(\sigma)g(\sigma).$$

对于任意 $f(x)$，$g(x) \in P[x]$，有

$$f(\sigma) + g(\sigma) = g(\sigma) + f(\sigma), \quad f(\sigma)g(\sigma) = g(\sigma)f(\sigma).$$

例 5.33 设 P^3 的两个线性变换 $\sigma_1(x_1, x_2, x_3)^{\mathrm{T}} = (0, -x_1, x_2)^{\mathrm{T}}, \sigma_2(x_1, x_2, x_3)^{\mathrm{T}} = (x_2, -x_3, 0)^{\mathrm{T}}$，求 $\sigma_1 + \sigma_2$.

解 对于任意$(x_1, x_2, x_3)^{\mathrm{T}} \in P^3$，有

$$\begin{aligned}(\sigma_1 + \sigma_2)((x_1, x_2, x_3)^{\mathrm{T}}) &= \sigma_1((x_1, x_2, x_3)^{\mathrm{T}}) + \sigma_2((x_1, x_2, x_3)^{\mathrm{T}}) \\ &= (0, -x_1, x_2)^{\mathrm{T}} + (x_2, -x_3, 0)^{\mathrm{T}} \\ &= (x_2, -x_1 - x_3, x_2)^{\mathrm{T}}.\end{aligned}$$

例 5.34 设 $P[x]$ 的两个线性变换 $\sigma(f(x)) = f'(x)$，$\tau(f(x)) = xf(x)$，试证：$\sigma\tau - \tau\sigma = I$.

证明 对于任意 $f(x) \in P[x]$，有

$$(\sigma\tau - \tau\sigma)(f(x)) = (\sigma\tau)(f(x)) - (\tau\sigma)(f(x)) = \sigma(\tau(f(x)) - \tau(\sigma(f(x)))$$
$$= \sigma(xf(x)) - \tau(f'(x)) = f(x) + xf'(x) - xf'(x) = f(x) = I(f(x)),$$

所以 $\sigma\tau - \tau\sigma = I$.

例 5.35 设 σ，τ 是线性空间 V 的两个线性变换，且满足 $\sigma\tau - \tau\sigma = I$，证明：$\sigma^k\tau - \tau\sigma^k = k\sigma^{k-1}$，$k > 1$.

证明 对于 k 作数学归纳法.

当 $k = 2$ 时，记 $\sigma\tau - \tau\sigma = I$ 为式①，用 σ 左乘式①左右两端，得式② $\sigma^2\tau - \sigma\tau\sigma = \sigma$；用 σ 右乘式①左右两端，得式③$\sigma\tau\sigma - \tau\sigma^2 = \sigma$. 于是，将式②③左右相加，得 $\sigma^2\tau - \tau\sigma^2 = 2\sigma$，则有 $k = 2$ 时，原式成立.

假设命题对于 $k-1$ 是成立的，即有式④ $\sigma^{k-1}\tau - \tau\sigma^{k-1} = (k-1)\sigma^{k-2}$ 成立.

用 σ 左乘式④左右两端，得式⑤ $\sigma^k\tau - \sigma\tau\sigma^{k-1} = (k-1)\sigma^{k-1}$；

用 σ^{k-1} 右乘式①左右两端，得式⑥ $\sigma\tau\sigma^{k-1} - \tau\sigma^k = \sigma^{k-1}$. 于是，将式⑤⑥左右相加，得

$$\sigma^k\tau - \tau\sigma^k = k\sigma^{k-1}.$$

由归纳原理，命题得证.

5.6.3 线性变换的矩阵

通过上述关于线性变换的介绍可见，线性变换的运算规律和矩阵的运算规律非常相似. 事实上，有限维线性空间的线性变换和矩阵之间有着非常密切的联系. 我们将看到，n 维线性空间的一个线性变换在线性空间的一组基下，能够与一个 n 阶矩阵一一对应.

1. 线性变换与基

命题 5.1 设 $\varepsilon_1, \varepsilon_2, \cdots, \varepsilon_n$ 是线性空间 V 的一组基，σ 是 V 的一个线性变换，则对于任意 $\xi = x_1\varepsilon_1 + x_2\varepsilon_2 + \cdots + x_n\varepsilon_n \in V$，有 $\sigma(\xi) = x_1\sigma(\varepsilon_1) + x_2\sigma(\varepsilon_2) + \cdots + x_n\sigma(\varepsilon_n)$.

命题 5.2 设 $\varepsilon_1, \varepsilon_2, \cdots, \varepsilon_n$ 是线性空间 V 的一组基，σ，τ 是 V 的两个线性变换. 若有

$$\sigma(\varepsilon_i) = \tau(\varepsilon_i), i = 1, 2, \cdots, n.$$

则 $\sigma = \tau$.

证明 对于任意 $\xi = x_1\varepsilon_1 + x_2\varepsilon_2 + \cdots + x_n\varepsilon_n \in V$，由命题 5.1 知，

$$\sigma(\xi) = x_1\sigma(\varepsilon_1) + x_2\sigma(\varepsilon_2) + \cdots + x_n\sigma(\varepsilon_n),$$
$$\tau(\xi) = x_1\tau(\varepsilon_1) + x_2\tau(\varepsilon_2) + \cdots + x_n\tau(\varepsilon_n),$$

由 $\sigma(\varepsilon_i) = \tau(\varepsilon_i), i = 1, 2, \cdots, n$，可得 $\sigma(\xi) = \tau(\xi)$.

命题 5.3 设 $\varepsilon_1, \varepsilon_2, \cdots, \varepsilon_n$ 是线性空间 V 的一组基，对于 V 中的任意 n 个向量 $\alpha_1, \alpha_2, \cdots, \alpha_n$，都存在 V 的线性变换 σ，使得 $\sigma(\varepsilon_i) = \alpha_i, i = 1, 2, \cdots, n$.

证明 对于任意 $\xi = x_1\varepsilon_1 + x_2\varepsilon_2 + \cdots + x_n\varepsilon_n \in V$，定义 $\sigma: V \to V$，$\xi \mapsto x_1\alpha_1 + x_2\alpha_2 + \cdots + x_n\alpha_n$，显然 σ 是 V 的一个变换. 下证 σ 是线性的.

对于任意 $\beta, \gamma \in V$，设 $\beta = \sum_{i=1}^{n} b_i\varepsilon_i, \gamma = \sum_{i=1}^{n} c_i\varepsilon_i$，则 $\beta + \gamma = \sum_{i=1}^{n}(b_i + c_i)\varepsilon_i, k\beta =$

$\sum_{i=1}^{n}(kb_i)\varepsilon_i$，于是有

$$\sigma(\beta+\gamma)=\sum_{i=1}^{n}(b_i+c_i)\alpha_i=\sum_{i=1}^{n}b_i\alpha_i+\sum_{i=1}^{n}c_i\alpha_i=\sigma(\beta)+\sigma(\gamma),$$

$$\sigma(k\beta)=\sum_{i=1}^{n}(kb_i)\alpha_i=k\sum_{i=1}^{n}b_i\alpha_i=k\sigma(\beta),$$

所以，σ 是 V 的线性变换．

又 $\varepsilon_i=0\varepsilon_1+\cdots+1\varepsilon_i+\cdots+0\varepsilon_n$，所以 $\sigma(\varepsilon_i)=0\alpha_1+\cdots+1\alpha_i+\cdots+0\alpha_n=\alpha_i,i=1,2,\cdots,n$. 命题得证．

定理 5.13 设 $\varepsilon_1,\varepsilon_2,\cdots,\varepsilon_n$ 是线性空间 V 的一组基，对于 V 中的任意 n 个向量 $\alpha_1,\alpha_2,\cdots,\alpha_n$，都存在唯一的线性变换 σ，使得 $\sigma(\varepsilon_i)=\alpha_i,i=1,2,\cdots,n$.

命题 5.3 已证 σ 的存在性．若有 V 的两个线性变换 σ,τ，满足 $\sigma(\varepsilon_i)=\alpha_i,\tau(\varepsilon_i)=\alpha_i$，$i=1,2,\cdots,n$. 则由命题 5.2 可知，$\sigma=\tau$，从而证明了 σ 的唯一性．

2. 线性变换的矩阵

设 ε_1，ε_2，…，ε_n 是线性空间 V 的一组基，σ 是 V 的线性变换，则基向量的像可以被基线性表出，设

$$\begin{cases}\sigma(\varepsilon_1)=a_{11}\varepsilon_1+a_{21}\varepsilon_2+\cdots+a_{n1}\varepsilon_n,\\ \sigma(\varepsilon_2)=a_{12}\varepsilon_1+a_{22}\varepsilon_2+\cdots+a_{n2}\varepsilon_n,\\ \quad\vdots\\ \sigma(\varepsilon_n)=a_{1n}\varepsilon_1+a_{2n}\varepsilon_2+\cdots+a_{nn}\varepsilon_n.\end{cases}$$

用矩阵的形式表示，σ 在基上的作用可记为

$$\sigma(\varepsilon_1,\varepsilon_2,\cdots,\varepsilon_n)=(\sigma(\varepsilon_1),\sigma(\varepsilon_2),\cdots,\sigma(\varepsilon_n))=(\varepsilon_1,\varepsilon_2,\cdots,\varepsilon_n)\boldsymbol{A},\qquad(5.11)$$

其中，n 阶矩阵 $\boldsymbol{A}=\begin{pmatrix}a_{11}&a_{12}&\cdots&a_{1n}\\a_{21}&a_{22}&\cdots&a_{2n}\\\vdots&\vdots&&\vdots\\a_{n1}&a_{n2}&\cdots&a_{nn}\end{pmatrix}$ 称为 σ **在基** $\varepsilon_1,\varepsilon_2,\cdots,\varepsilon_n$ **下的矩阵**．注意到，$\boldsymbol{A}$ 的第 j 列是 ε_j 的像 $\sigma(\varepsilon_j)$ 在基 $\varepsilon_1,\varepsilon_2,\cdots,\varepsilon_n$ 下的坐标($j=1,2,\cdots,n$)，且矩阵 $\boldsymbol{A}$ 是由 σ 和基 $\varepsilon_1,\varepsilon_2,\cdots,\varepsilon_n$ 唯一确定的．

反之，对于数域 P 上的任意 n 阶矩阵 $\boldsymbol{A}$，都存在 V 的唯一的线性变换 σ，使得 σ 在指定基 $\varepsilon_1,\varepsilon_2,\cdots,\varepsilon_n$ 下的矩阵是 $\boldsymbol{A}$，即式(5.11) 成立．事实上，记 $\boldsymbol{A}=(\boldsymbol{\alpha}_1,\boldsymbol{\alpha}_2,\cdots,\boldsymbol{\alpha}_n)$，则有

$$(\varepsilon_1,\varepsilon_2,\cdots,\varepsilon_n)\boldsymbol{\alpha}_i=\gamma_i\in V,i=1,2,\cdots,n.$$

则由定理 5.13 知，存在 V 的唯一的线性变换 σ 满足 $\sigma(\varepsilon_i)=\gamma_i,i=1,2,\cdots,n$，即有

$$\sigma(\varepsilon_1,\varepsilon_2,\cdots,\varepsilon_n)=(\gamma_1,\gamma_2,\cdots,\gamma_n)=(\varepsilon_1,\varepsilon_2,\cdots,\varepsilon_n)(\boldsymbol{\alpha}_1,\boldsymbol{\alpha}_2,\cdots,\boldsymbol{\alpha}_n)=(\varepsilon_1,\varepsilon_2,\cdots,\varepsilon_n)\boldsymbol{A}.$$

综上所述，在 V 的一组基的作用下，对于数域 P 上的任意 n 阶矩阵 A 都与 V 的一个线性变换 σ 一一对应．在定义一个 V 的线性变换 σ 时，只需确定 σ 在一组基上的作用，即只需确定式(5.11) 即可，则可得线性变换 σ：$V\to V,\alpha=(\varepsilon_1,\varepsilon_2,\cdots,\varepsilon_n)\boldsymbol{x}\mapsto(\varepsilon_1,\varepsilon_2,\cdots,\varepsilon_n)\boldsymbol{Ax}$，其中 $\boldsymbol{x}$ 为 α 在基 $\varepsilon_1,\varepsilon_2,\cdots,\varepsilon_n$ 下的坐标．

易证，单位变换在任意一组基下的矩阵皆为单位矩阵；零变换在任意一组基下的矩阵皆为零矩阵；数乘变换在任意一组基下的矩阵皆为数量矩阵.

例 5.36 已知线性空间 P^3 的线性变换 σ 满足 $\sigma(x_1,x_2,x_3)=(x_1,x_2,x_1+x_2)$，求 σ 在标准基 $\boldsymbol{e}_1,\boldsymbol{e}_2,\boldsymbol{e}_3$ 下的矩阵.

解 计算 σ 在 $\boldsymbol{e}_1$, $\boldsymbol{e}_2$, $\boldsymbol{e}_3$ 上的作用：

$$\sigma(\boldsymbol{e}_1)=\sigma(1,0,0)=(1,0,1),\sigma(\boldsymbol{e}_2)=\sigma(0,1,0)=(0,1,1),$$

$$\sigma(\boldsymbol{e}_3)=\sigma(0,0,1)=(0,0,0),$$

则 $\sigma(\boldsymbol{e}_1,\boldsymbol{e}_2,\boldsymbol{e}_3)=(\boldsymbol{e}_1,\boldsymbol{e}_2,\boldsymbol{e}_3)\begin{pmatrix}1&0&0\\0&1&0\\1&1&0\end{pmatrix}$，因此，$\sigma$ 在标准基 $\boldsymbol{e}_1,\boldsymbol{e}_2,\boldsymbol{e}_3$ 下的矩阵为 $\begin{pmatrix}1&0&0\\0&1&0\\1&1&0\end{pmatrix}$.

例 5.37 设 W 是 n 维线性空间 V 的子空间，$\varepsilon_1,\varepsilon_2,\cdots,\varepsilon_m$ 为 W 的一组基($m<n$)，将其扩充为 V 的一组基 $\varepsilon_1,\varepsilon_2,\cdots,\varepsilon_m,\cdots,\varepsilon_n$. 定义 V 的线性变换 σ 满足

$$\sigma(\varepsilon_i)=\begin{cases}\varepsilon_i,i=1,2,\cdots,m,\\o,i=m+1,\cdots,n,\end{cases}$$

则 σ 在基 ε_1, ε_2, …, ε_m, …, ε_n 下的矩阵为 $\begin{pmatrix}\boldsymbol{E}_m&\boldsymbol{O}\\\boldsymbol{O}&\boldsymbol{O}\end{pmatrix}$. 我们称这样的线性变换 σ 为 V 到 W 的**投影变换（projection）**，或 **V 对子空间 W 的一个投影**. 易证，σ 满足 $\sigma^2=\sigma$. 我们把所有满足 $\sigma^2=\sigma$ 的线性变换 σ 称为**幂等变换（idemopotent transformation）**，则投影变换 σ 是一个幂等变换.

3. 线性变换的运算与矩阵的运算

我们知道，在数域 P 上的 n 维线性空间 V 中取定一组基后，V 上的线性变换与 $P^{n\times n}$ 中的一个 n 阶矩阵一一对应. 这个对应关系仍然保持加法、数乘、乘法及逆运算.

定理 5.14 设 ε_1, ε_2, …, ε_n 是线性空间 V 的一组基，σ, τ 是 V 的线性变换，在基 ε_1, ε_2, …, ε_n 下，σ, τ 对应的矩阵分别为 $\boldsymbol{A}$, $\boldsymbol{B}$，则有如下性质成立：

(1) 线性变换的和 $\sigma+\tau$ 对应矩阵的和 $\boldsymbol{A}+\boldsymbol{B}$；

(2) 线性变换的数乘 $k\sigma$ 对应矩阵的数乘 $k\boldsymbol{A}$；

(3) 线性变换的乘积 $\sigma\tau$ 对应矩阵的乘积 $\boldsymbol{AB}$；

(4) 可逆线性变换的逆 σ^{-1} 对应矩阵的逆 $\boldsymbol{A}^{-1}$.

由定理 5.14 可知，$L(V)\cong P^{n\times n}$. 事实上，任取 V 的一组基 $\varepsilon_1,\varepsilon_2,\cdots,\varepsilon_n$ 后，对于任意 $\sigma\in L(V)$，定义映射 φ：$L(V)\to P^{n\times n},\sigma\mapsto\boldsymbol{A}$，其中 $\boldsymbol{A}$ 为 σ 在基 $\varepsilon_1,\varepsilon_2,\cdots,\varepsilon_n$ 下的矩阵，则易证 φ 就是 $L(V)$ 到 $P^{n\times n}$ 的一个同构映射.

定理 5.15 设 $\varepsilon_1,\varepsilon_2,\cdots,\varepsilon_n$ 是线性空间 V 的一组基，σ 是 V 的线性变换，且 σ 在基 $\varepsilon_1,\varepsilon_2,\cdots,\varepsilon_n$ 下的矩阵为 $\boldsymbol{A}$. 令 V 中的向量 ξ 在基 $\varepsilon_1,\varepsilon_2,\cdots,\varepsilon_n$ 下的坐标为 $(x_1,x_2,\cdots,x_n)^{\mathrm{T}}$，$\sigma(\xi)$ 在基 $\varepsilon_1,\varepsilon_2,\cdots,\varepsilon_n$ 下的坐标为 $(y_1,y_2,\cdots,y_n)^{\mathrm{T}}$，则有

$$\begin{pmatrix}y_1\\y_2\\\vdots\\y_n\end{pmatrix}=\boldsymbol{A}\begin{pmatrix}x_1\\x_2\\\vdots\\x_n\end{pmatrix}.$$

证明 因为 $\xi=(\varepsilon_1,\varepsilon_2,\cdots,\varepsilon_n)\begin{pmatrix}x_1\\x_2\\\vdots\\x_n\end{pmatrix}$，$\sigma(\xi)=(\varepsilon_1,\varepsilon_2,\cdots,\varepsilon_n)\begin{pmatrix}y_1\\y_2\\\vdots\\y_n\end{pmatrix}$，

又 $\sigma(\xi)=\sigma(\varepsilon_1,\varepsilon_2,\cdots,\varepsilon_n)\begin{pmatrix}x_1\\x_2\\\vdots\\x_n\end{pmatrix}=(\varepsilon_1,\varepsilon_2,\cdots,\varepsilon_n)\boldsymbol{A}\begin{pmatrix}x_1\\x_2\\\vdots\\x_n\end{pmatrix}$，由坐标的唯一性，得

$$\begin{pmatrix}y_1\\y_2\\\vdots\\y_n\end{pmatrix}=\boldsymbol{A}\begin{pmatrix}x_1\\x_2\\\vdots\\x_n\end{pmatrix}.$$

5.6.4* 线性变换的值域与核

定义 5.14 设 σ 是 n 维线性空间 V 的线性变换，集合 $\sigma(V)=\{\sigma(\alpha)\mid\alpha\in V\}$ 称为**线性变换 σ 的值域(image)**，亦记作 $\mathrm{Im}\,\sigma$ 或 σV.

定义 5.15 设 σ 是 n 维线性空间 V 的线性变换，集合 $\sigma^{-1}(o)=\{\alpha\mid\alpha\in V,\sigma(\alpha)=o\}$ 称为**线性变换 σ 的核(kernel)**，亦记作 $\ker\sigma$.

易证，$\sigma(V)$，$\sigma^{-1}(o)$ 皆为 V 的子空间.

定理 5.16 设 σ 是 n 维线性空间 V 的线性变换，$\varepsilon_1,\varepsilon_2,\cdots,\varepsilon_n$ 是 V 的一组基，σ 在这组基下的矩阵为 $\boldsymbol{A}$，则有如下结论成立：

(1) σ 的值域 $\sigma(V)$ 是由基象组生成的子空间，即 $\sigma(V)=L(\sigma(\varepsilon_1),\sigma(\varepsilon_2),\cdots,\sigma(\varepsilon_n))$；

(2) $\dim\sigma(V)=\mathrm{r}(\boldsymbol{A})$.

证明 (1) $\forall\xi\in V$，设 $\xi=x_1\varepsilon_1+x_2\varepsilon_2+\cdots+x_n\varepsilon_n$，于是

$$\sigma(\xi)=x_1\sigma(\varepsilon_1)+x_2\sigma(\varepsilon_2)+\cdots+x_n\sigma(\varepsilon_n)\in L(\sigma(\varepsilon_1),\sigma(\varepsilon_2),\cdots,\sigma(\varepsilon_n)),$$

所以 $\sigma(V)\subseteq L(\sigma(\varepsilon_1),\sigma(\varepsilon_2),\cdots,\sigma(\varepsilon_n))$. 又对于任意的

$$x_1\sigma(\varepsilon_1)+x_2\sigma(\varepsilon_2)+\cdots+x_n\sigma(\varepsilon_n)=\sigma(x_1\varepsilon_1+x_2\varepsilon_2+\cdots+x_n\varepsilon_n)\in\sigma(V),$$

所以 $L(\sigma(\varepsilon_1),\sigma(\varepsilon_2),\cdots,\sigma(\varepsilon_n))\subseteq\sigma(V)$. 综上可得 $\sigma(V)=L(\sigma(\varepsilon_1),\sigma(\varepsilon_2),\cdots,\sigma(\varepsilon_n))$.

(2) 由(1)可知，$\dim\sigma(V)=\mathrm{r}(\sigma(\varepsilon_1),\sigma(\varepsilon_2),\cdots,\sigma(\varepsilon_n))$，又

$$(\sigma(\varepsilon_1),\sigma(\varepsilon_2),\cdots,\sigma(\varepsilon_n))=(\varepsilon_1,\varepsilon_2,\cdots,\varepsilon_n)\boldsymbol{A},$$

由习题 5.5 第 3 题知，$\mathrm{r}(\sigma(\varepsilon_1),\sigma(\varepsilon_2),\cdots,\sigma(\varepsilon_n))=\mathrm{r}(\boldsymbol{A})$.

推论 5.1 设 σ 是 n 维线性空间 V 的线性变换，则有 $\dim\sigma(V)+\dim\sigma^{-1}(o)=n$.

证明 设 $\dim\sigma^{-1}(o)=r$，在 $\sigma^{-1}(o)$ 中取一组基 $\varepsilon_1,\varepsilon_2,\cdots,\varepsilon_r$，将其扩充为 V 的一组基 $\varepsilon_1,\varepsilon_2,\cdots,\varepsilon_r,\cdots,\varepsilon_n$，由定理 5.16，$\sigma(V)=L(\sigma(\varepsilon_1),\sigma(\varepsilon_2),\cdots,\sigma(\varepsilon_n))$，且 $\sigma(\varepsilon_i)=o$，$i=1,2,\cdots,r$，因此

$$\sigma(V)=L(\sigma(\varepsilon_{r+1}),\cdots,\sigma(\varepsilon_n)).$$

下证 $\sigma(\varepsilon_{r+1}),\cdots,\sigma(\varepsilon_n)$ 为 $\sigma(V)$ 的一组基，即证 $\sigma(\varepsilon_{r+1}),\cdots,\sigma(\varepsilon_n)$ 线性无关.

设存在一组数 $k_{r+1},\cdots,k_n\in P$，使得 $k_{r+1}\sigma(\varepsilon_{r+1})+\cdots+k_n\sigma(\varepsilon_n)=o$，则有 $\sigma(k_{r+1}\varepsilon_{r+1}+\cdots+k_n\varepsilon_n)=o$，所以 $k_{r+1}\varepsilon_{r+1}+\cdots+k_n\varepsilon_n\in\sigma^{-1}(o)$，令 $\xi=k_{r+1}\varepsilon_{r+1}+\cdots+k_n\varepsilon_n$，则 ξ 也可由 $\varepsilon_1,\varepsilon_2,\cdots,\varepsilon_r$ 线性表出，设存在一组数 $k_1,\cdots,k_r\in P$，使得 $\xi=k_1\varepsilon_1+\cdots+k_r\varepsilon_r$，于是有

$$k_1\varepsilon_1+\cdots+k_r\varepsilon_r-k_{r+1}\varepsilon_{r+1}-\cdots-k_n\varepsilon_n=o,$$

由 $\varepsilon_1,\varepsilon_2,\cdots,\varepsilon_r,\cdots,\varepsilon_n$ 为 V 的一组基，可得 $k_1=\cdots=k_r=k_{r+1}=\cdots=k_n=0$，故 $\sigma(\varepsilon_{r+1}),\cdots,\sigma(\varepsilon_n)$ 线性无关，即 $\sigma(\varepsilon_{r+1}),\cdots,\sigma(\varepsilon_n)$ 是 $\sigma(V)$ 的一组基.

综上所述，可得 $\dim\sigma(V)+\dim\sigma^{-1}(o)=n$.

例 5.38 设 σ 是 n 维线性空间 V 的线性变换，则有

(1) σ 是满射当且仅当 $\sigma(V)=V$;

(2) σ 是单射当且仅当 $\sigma^{-1}(o)=\{o\}$;

(3) σ 是单射当且仅当 σ 是满射.

证明 (1) 请读者自证.

(2) 若 σ 是单射，又 $\sigma(o)=o$，则 $\sigma^{-1}(o)=\{o\}$；反之，若 $\sigma^{-1}(o)=\{o\}$，任取 $\alpha,\beta\in V$ 满足 $\sigma(\alpha)=\sigma(\beta)$，则 $\sigma(\alpha-\beta)=\sigma(\alpha)-\sigma(\beta)=o$，从而 $\alpha-\beta\in\sigma^{-1}(o)=\{o\}$，即 $\alpha=\beta$，故 σ 是单射.

(3) 由 (1)、(2) 和推论 5.1 可得，

σ 是单射$\Leftrightarrow\sigma^{-1}(o)=\{o\}\Leftrightarrow\dim\sigma^{-1}(o)=0\Leftrightarrow\dim\sigma(V)=n\Leftrightarrow\sigma(V)=V\Leftrightarrow\sigma$ 是满射.

习题 5.6

1. 判断下列定义的变换，哪些是线性变换，哪些不是，并说明理由.

(1) 在线性空间 V 中，$\sigma(\xi)=\xi+\alpha$，其中 α 是 V 中一个固定的向量;

(2) 在线性空间 V 中，$\sigma(\xi)=\alpha$，其中 α 是 V 中一个固定的向量;

(3) 在线性空间 P^2 中，$\sigma(a,b)=(a^2,a-b),\forall(a,b)\in P^2$;

(4) 在线性空间 P^3 中，$\sigma(a,b,c)=(a+1,a+b,c),\forall(a,b,c)\in P^3$;

(5) 在线性空间 P^3 中，$\sigma(a,b,c)=(a^2,a+b,0),\forall(a,b,c)\in P^3$;

(6) 把复数域$\mathbb{C}$看作$\mathbb{C}$上的线性空间，$\sigma(x)=\bar{x}$，其中 $\bar{x}$ 是 x 的共轭;

(7) 在线性空间 $P[x]$ 中，$\sigma(f(x))=f(x+1)$;

(8) 在线性空间 $P[x]$ 中，$\sigma(f(x))=f(x_0)$，其中 x_0 是 P 中一个固定的数;

(9) 在线性空间 $M_n(P)$ 中，$\sigma(\boldsymbol{X})=\boldsymbol{AXB}+\boldsymbol{C}$，其中 $\boldsymbol{A},\boldsymbol{B},\boldsymbol{C}$ 是 $M_n(P)$ 中三个固定的矩阵;

(10) 在线性空间 $M_n(P)$ 中，$\sigma(\boldsymbol{X})=\boldsymbol{AX}-\boldsymbol{XB}$，其中 $\boldsymbol{A},\boldsymbol{B}$ 是 $M_n(P)$ 中两个固定的矩阵.

2. 已知 P^3 的线性变换

$$\sigma(a,b,c)=(2b+c,a-4b,3a),\forall(a,b,c)\in P^3,$$

求 σ 在基 $\boldsymbol{\alpha}_1=(1,1,1)^{\mathrm{T}},\boldsymbol{\alpha}_2=(1,1,0)^{\mathrm{T}},\boldsymbol{\alpha}_3=(1,0,0)^{\mathrm{T}}$ 下的矩阵.

3. 已知 $P^{2\times 2}$ 的线性变换 $\sigma(\boldsymbol{X}) = \boldsymbol{MX} - \boldsymbol{XM}$，其中 $\boldsymbol{M} = \begin{pmatrix} 1 & 2 \\ 3 & 0 \end{pmatrix}$，求 σ 在基 $\boldsymbol{E}_{11},\boldsymbol{E}_{12}$，$\boldsymbol{E}_{21},\boldsymbol{E}_{22}$ 下的矩阵 .

4. 已知 $P[x]_3$ 的两组基

（ⅰ）$f_1(x) = 1 + 2x^2, f_2(x) = x + 2x^2, f_3(x) = 1 + 2x + 5x^2$；

（ⅱ）$g_1(x) = 1 - x$，$g_2(x) = 1 + x^2$，$g_3(x) = x + 2x^2$；

$P[x]_3$ 的一个线性变换 σ 满足

$$\sigma(f_1(x)) = 2 + x^2,\ \sigma(f_2(x)) = x,\ \sigma(f_3(x)) = 1 + x + x^2.$$

(1) 求 σ 在基（ⅱ）下的矩阵；(2) 设 $f(x) = 1 + 2x + 3x^2$，求 $\sigma(f(x))$.

5. 在线性空间 $\mathbb{R}[x]_n$ 中，求微商变换 $D(f(x)) = f'(x)$ 在基 $\varepsilon_1 = 1, \varepsilon_2 = x, \varepsilon_3 = x^2, \cdots$，$\varepsilon_n = x^{n-1}$ 下的矩阵 .

6. 证明：n 维线性空间 V 的与全体线性变换可交换的线性变换是数乘变换 .

第 6 章　特征值与特征向量

矩阵的特征值与特征向量及相似对角化是矩阵理论的重要组成部分．在经济、物理、力学、工程技术等领域中，有很多问题在数学上都可归结为矩阵的特征值与特征向量的相关问题．本章我们将讨论矩阵的这一理论，并进一步介绍凯莱－哈密尔顿定理，该定理提供了一种计算矩阵高次幂的方法．最后，我们对线性变换的特征值和特征向量及相关问题加以介绍．

6.1　矩阵的特征值和特征向量

6.1.1　基本概念

定义 6.1　设 $\boldsymbol{A}$ 是数域 P 上的 n 阶矩阵，如果存在 $\lambda_0 \in P$ 和 n 维非零列向量 $\boldsymbol{\alpha}$，使得

$$\boldsymbol{A\alpha} = \lambda_0 \boldsymbol{\alpha} \tag{6.1}$$

成立，则称 λ_0 为 $\boldsymbol{A}$ 的**特征值**（**eigenvalue**），$\boldsymbol{\alpha}$ 为 $\boldsymbol{A}$ 的属于特征值 λ_0 的**特征向量**（**eigenvector**）.

例如：矩阵 $\boldsymbol{A} = \begin{pmatrix} 1 & -1 \\ 2 & 4 \end{pmatrix}$，有 $\lambda_1 = 2$，$\boldsymbol{\alpha}_1 = \begin{pmatrix} -1 \\ 1 \end{pmatrix}$，使得 $\boldsymbol{A\alpha}_1 = \begin{pmatrix} 1 & -1 \\ 2 & 4 \end{pmatrix}\begin{pmatrix} -1 \\ 1 \end{pmatrix} = \begin{pmatrix} -2 \\ 2 \end{pmatrix} = 2\begin{pmatrix} -1 \\ 1 \end{pmatrix}$，则 2 是 $\boldsymbol{A}$ 的特征值，$\begin{pmatrix} -1 \\ 1 \end{pmatrix}$ 是 $\boldsymbol{A}$ 的属于特征值 2 的特征向量；还有 $\lambda_2 = 3$，$\boldsymbol{\alpha}_2 = \begin{pmatrix} -1 \\ 2 \end{pmatrix}$，使 $\boldsymbol{A\alpha}_2 = \begin{pmatrix} 1 & -1 \\ 2 & 4 \end{pmatrix}\begin{pmatrix} -1 \\ 2 \end{pmatrix} = \begin{pmatrix} -3 \\ 6 \end{pmatrix} = 3\begin{pmatrix} -1 \\ 2 \end{pmatrix}$，则 3 也是 $\boldsymbol{A}$ 的特征值，$\boldsymbol{\alpha}_2 = \begin{pmatrix} -1 \\ 2 \end{pmatrix}$ 是 $\boldsymbol{A}$ 的属于特征值 3 的特征向量．

需要注意的是，定义 6.1 中没有规定 $\boldsymbol{A}$ 为 n 阶方阵，但只有 n 阶方阵才可能有特征值和特征向量，因为若有 $\boldsymbol{A}_{m\times n}\boldsymbol{\alpha}_{n\times 1} = (\boldsymbol{A\alpha})_{m\times 1} = \lambda_0 \boldsymbol{\alpha}_{n\times 1}$，可得 $m = n$. 另外，定义 6.1 中要求 $\boldsymbol{\alpha} \neq \boldsymbol{o}$，原因在于若 $\boldsymbol{\alpha} = \boldsymbol{o}$，则对任意 $\boldsymbol{A}$ 与 λ_0 都有 $\boldsymbol{Ao} = \lambda_0 \boldsymbol{o}$，没有讨论的意义．

当 P 是实数域时，从几何的角度看，式（6.1）表明：特征向量 $\boldsymbol{\alpha}$ 在 $\boldsymbol{A}$ 的作用下，所得向量 $\boldsymbol{A\alpha}$ 与向量 $\boldsymbol{\alpha}$ 共线．

根据定义 6.1 易得，若 $\boldsymbol{\alpha}$ 是 $\boldsymbol{A}$ 的属于 λ_0 的特征向量，则 $k\boldsymbol{\alpha}(k \neq 0, k \in P)$ 也是 $\boldsymbol{A}$ 的属于 λ_0 的特征向量；若 $\boldsymbol{\alpha}_1, \boldsymbol{\alpha}_2$ 是 $\boldsymbol{A}$ 的属于 λ_0 的特征向量，则

$$k_1\boldsymbol{\alpha}_1 + k_2\boldsymbol{\alpha}_2 (k_1\boldsymbol{\alpha}_1 + k_2\boldsymbol{\alpha}_2 \neq \boldsymbol{o}, k_1, k_2 \in P)$$

也是 $\boldsymbol{A}$ 的属于 λ_0 的特征向量.

6.1.2 特征值与特征向量的计算

设 $\boldsymbol{A}$ 是数域 P 上的 n 阶矩阵,有 $\boldsymbol{A\alpha}=\lambda_0\boldsymbol{\alpha}$，其中 λ_0 是 $\boldsymbol{A}$ 的特征值，$\boldsymbol{\alpha}$ 是 $\boldsymbol{A}$ 的属于 λ_0 的特征向量，则 $(\lambda_0\boldsymbol{E}-\boldsymbol{A})\boldsymbol{\alpha}=\boldsymbol{o}$，即 $\boldsymbol{\alpha}$ 是齐次线性方程组 $(\lambda_0\boldsymbol{E}-\boldsymbol{A})\boldsymbol{x}=\boldsymbol{o}$ 的非零解，而齐次线性方程组 $(\lambda_0\boldsymbol{E}-\boldsymbol{A})\boldsymbol{x}=\boldsymbol{o}$ 有非零解的充要条件是 $|\lambda_0\boldsymbol{E}-\boldsymbol{A}|=0$，也就是说 λ_0 是 $|\lambda\boldsymbol{E}-\boldsymbol{A}|=0$ 的根.

一般地，设 λ 是一个未知量，矩阵 $\lambda\boldsymbol{E}-\boldsymbol{A}$ 称为 $\boldsymbol{A}$ **的特征矩阵（characteristic matrix）**；多项式 $f(\lambda)=|\lambda\boldsymbol{E}-\boldsymbol{A}|$ 称为 $\boldsymbol{A}$ **的特征多项式（characteristic polynomial）**；$f(\lambda)=|\lambda\boldsymbol{E}-\boldsymbol{A}|=0$ 称为 $\boldsymbol{A}$ **的特征方程（characteristic equation）**.

将上面的分析概括为定理.

定理 6.1 设 $\boldsymbol{A}$ 是数域 P 上的 n 阶矩阵，则 λ_0 为 $\boldsymbol{A}$ 的一个特征值，$\boldsymbol{\alpha}$ 为 $\boldsymbol{A}$ 的属于 λ_0 的特征向量的充要条件是 λ_0 是特征方程 $|\lambda\boldsymbol{E}-\boldsymbol{A}|=0$ 的根，$\boldsymbol{\alpha}$ 是齐次线性方程组 $(\lambda_0\boldsymbol{E}-\boldsymbol{A})\boldsymbol{x}=\boldsymbol{o}$ 的非零解.

利用定理 6.1 可以得到下述求解 n 阶矩阵 $\boldsymbol{A}$ 的全部特征值与特征向量的步骤：

（1）计算 $\boldsymbol{A}$ 的特征多项式 $f(\lambda)=|\lambda\boldsymbol{E}-\boldsymbol{A}|$；

（2）求特征方程 $|\lambda\boldsymbol{E}-\boldsymbol{A}|=0$ 在数域 P 中的全部根，即 $\boldsymbol{A}$ 在数域 P 中的全部特征值；

（3）对于 $\boldsymbol{A}$ 的每一个特征值 λ_0，求出齐次线性方程组 $(\lambda_0\boldsymbol{E}-\boldsymbol{A})\boldsymbol{x}=\boldsymbol{o}$ 的一个基础解系 $\boldsymbol{\eta}_1,\boldsymbol{\eta}_2,\cdots,\boldsymbol{\eta}_{n-r}$，其中 r 是矩阵 $\lambda_0\boldsymbol{E}-\boldsymbol{A}$ 的秩，则 $\boldsymbol{A}$ 的属于特征值 λ_0 的全部特征向量为

$$k_1\boldsymbol{\eta}_1+k_2\boldsymbol{\eta}_2+\cdots+k_{n-r}\boldsymbol{\eta}_{n-r},$$

其中，k_1，k_2，$\cdots$，k_{n-r} 是数域 P 上不全为 0 的任意常数.

需要注意的是，如果特征方程 $|\lambda\boldsymbol{E}-\boldsymbol{A}|=0$ 在数域 P 中没有根，则 $\boldsymbol{A}$ 在数域 P 中没有特征值，从而也没有特征向量.

称齐次线性方程组 $(\lambda_0\boldsymbol{E}-\boldsymbol{A})\boldsymbol{x}=\boldsymbol{o}$ 的解空间 $N(\lambda_0\boldsymbol{E}-\boldsymbol{A})$ 为矩阵 $\boldsymbol{A}$ 的属于特征值 λ_0 的**特征子空间**，记作 V_{λ_0}，即 $V_{\lambda_0}=\{\boldsymbol{x}\in P^n \mid (\lambda_0\boldsymbol{E}-\boldsymbol{A})\boldsymbol{x}=\boldsymbol{o}\}$，我们只要找到 V_{λ_0} 的一组基，作这组基的全部非零线性组合，就得到了矩阵 $\boldsymbol{A}$ 的属于特征值 λ_0 的全部特征向量.

例 6.1 求数域 P 上的矩阵 $\boldsymbol{A}=\begin{pmatrix}2&-2&2\\-2&-1&4\\2&4&-1\end{pmatrix}$ 的全部特征值和特征向量.

解 $\boldsymbol{A}$ 的特征多项式为

$$f(\lambda)=|\lambda\boldsymbol{E}-\boldsymbol{A}|=\begin{vmatrix}\lambda-2&2&-2\\2&\lambda+1&-4\\-2&-4&\lambda+1\end{vmatrix}=(\lambda+6)(\lambda-3)^2.$$

令 $f(\lambda)=0$，得 $\boldsymbol{A}$ 的全部特征值为 $\lambda_1=-6,\lambda_2=3$（二重根）.

对于 $\lambda_1=-6$，求解方程组 $(-6\boldsymbol{E}-\boldsymbol{A})\boldsymbol{x}=\boldsymbol{o}$ 的一个基础解系为 $\boldsymbol{\eta}_1=(1,2,-2)^{\mathrm{T}}$. 因此 $\boldsymbol{A}$ 的属于特征值 -6 的全部特征向量为 $k_1\boldsymbol{\eta}_1$，其中 $k_1\in P,k_1\neq 0$.

对于 $\lambda_2=3$（二重根），求解方程组 $(3\boldsymbol{E}-\boldsymbol{A})\boldsymbol{x}=\boldsymbol{o}$ 的一个基础解系为

$$\boldsymbol{\eta}_2=(2,0,1)^{\mathrm{T}},\boldsymbol{\eta}_3=(-2,1,0)^{\mathrm{T}}.$$

因此 $\boldsymbol{A}$ 的属于特征值 3 的全部特征向量为 $k_2\boldsymbol{\eta}_2+k_3\boldsymbol{\eta}_3$，其中 k_2，$k_3\in P$，k_2，k_3 不全为 0.

从例 6.1 易见，矩阵 $\boldsymbol{A}$ 有一个二重特征值，相应的齐次线性方程组的基础解系包含两个线性无关的向量 $\boldsymbol{\eta}_2$ 和 $\boldsymbol{\eta}_3$，并注意到 $\boldsymbol{\eta}_1$，$\boldsymbol{\eta}_2$，$\boldsymbol{\eta}_3$ 是线性无关的.

例 6.2　求数域 P 上的矩阵 $\boldsymbol{A}=\begin{pmatrix}13&16&16\\-5&-7&-6\\-6&-8&-7\end{pmatrix}$ 的全部特征值和特征向量.

解　$\boldsymbol{A}$ 的特征多项式为

$$f(\lambda)=|\lambda\boldsymbol{E}-\boldsymbol{A}|=\begin{vmatrix}\lambda-13&-16&-16\\5&\lambda+7&6\\6&8&\lambda+7\end{vmatrix}=(\lambda+3)(\lambda-1)^2.$$

令 $f(\lambda)=0$，得 $\boldsymbol{A}$ 的全部特征值为 $\lambda_1=-3$，$\lambda_2=1$（二重根）.

对于 $\lambda_1=-3$，求解方程组 $(-3\boldsymbol{E}-\boldsymbol{A})\boldsymbol{x}=\boldsymbol{o}$ 的一个基础解系为 $\boldsymbol{\eta}_1=(-2,\ 1,\ 1)^{\mathrm{T}}$. 因此 $\boldsymbol{A}$ 的属于特征值 -3 的全部特征向量为 $k_1\boldsymbol{\eta}_1$，其中 $k_1\in P$，$k_1\neq 0$.

对于 $\lambda_2=1$（二重根），求解方程组 $(\boldsymbol{E}-\boldsymbol{A})\boldsymbol{x}=\boldsymbol{o}$ 的一个基础解系为 $\boldsymbol{\eta}_2=(-4,\ 1,\ 2)^{\mathrm{T}}$. 因此 $\boldsymbol{A}$ 的属于特征值 1 的全部特征向量为 $k_2\boldsymbol{\eta}_2$，其中 $k_2\in P$，$k_2\neq 0$.

例 6.2 中的矩阵 $\boldsymbol{A}$ 有一个二重特征值，但相应的齐次线性方程组的基础解系只包含 1 个向量 $\boldsymbol{\eta}_2$. 显然 $\boldsymbol{\eta}_1$ 与 $\boldsymbol{\eta}_2$ 是线性无关的.

例 6.3　求数域 P 上的矩阵 $\boldsymbol{A}=\begin{pmatrix}1&2&3\\2&1&3\\3&3&6\end{pmatrix}$ 的全部特征值和特征向量.

解　$\boldsymbol{A}$ 的特征多项式为

$$f(\lambda)=|\lambda\boldsymbol{E}-\boldsymbol{A}|=\begin{vmatrix}\lambda-1&-2&-3\\-2&\lambda-1&-3\\-3&-3&\lambda-6\end{vmatrix}=\lambda(\lambda+1)(\lambda-9).$$

令 $f(\lambda)=0$，得 $\boldsymbol{A}$ 的全部特征值为 $\lambda_1=0$，$\lambda_2=-1$，$\lambda_3=9$.

对于 $\lambda_1=0$，求解方程组 $(0\boldsymbol{E}-\boldsymbol{A})\boldsymbol{x}=\boldsymbol{o}$，即 $\boldsymbol{Ax}=\boldsymbol{o}$ 的一个基础解系为 $\boldsymbol{\eta}_1=(-1,\ -1,\ 1)^{\mathrm{T}}$. 因此 $\boldsymbol{A}$ 的属于特征值 0 的全部特征向量为 $k_1\boldsymbol{\eta}_1$，其中 $k_1\in P$，$k_1\neq 0$.

对于 $\lambda_2=-1$，求解方程组 $(-\boldsymbol{E}-\boldsymbol{A})\boldsymbol{x}=\boldsymbol{o}$ 的一个基础解系为 $\boldsymbol{\eta}_2=(-1,\ 1,\ 0)^{\mathrm{T}}$. 因此 $\boldsymbol{A}$ 的属于特征值 -1 的全部特征向量为 $k_2\boldsymbol{\eta}_2$，其中 $k_2\in P$，$k_2\neq 0$.

对于 $\lambda_3=9$，求解方程组 $(9\boldsymbol{E}-\boldsymbol{A})\boldsymbol{x}=\boldsymbol{o}$ 的一个基础解系为 $\boldsymbol{\eta}_3=(1,\ 1,\ 2)^{\mathrm{T}}$. 因此 $\boldsymbol{A}$ 的属于特征值 9 的全部特征向量为 $k_3\boldsymbol{\eta}_3$，其中 $k_3\in P$，$k_3\neq 0$.

易证例 6.3 中的 $\boldsymbol{\eta}_1$，$\boldsymbol{\eta}_2$，$\boldsymbol{\eta}_3$ 线性无关.

例 6.4　已知 $\boldsymbol{A}=\begin{pmatrix}1&2\\-2&1\end{pmatrix}$，如果将 $\boldsymbol{A}$ 看作实数域$\mathbb{R}$上的矩阵，$\boldsymbol{A}$ 是否有特征值？如果将 $\boldsymbol{A}$ 看作复数域$\mathbb{C}$上的矩阵，试求 $\boldsymbol{A}$ 的全部特征值和特征向量.

解　$\boldsymbol{A}$ 的特征多项式为 $f(\lambda)=|\lambda\boldsymbol{E}-\boldsymbol{A}|=\begin{vmatrix}\lambda-1&-2\\2&\lambda-1\end{vmatrix}=(\lambda-1)^2+4.$

由于在实数域$\mathbb{R}$中，特征方程 $(\lambda-1)^2+4=0$ 无解，从而 $\boldsymbol{A}$ 没有实特征值．

在复数域$\mathbb{C}$中，特征方程 $(\lambda-1)^2+4=0$ 有两个复根 $\lambda_1=1+2\mathrm{i}$，$\lambda_2=1-2\mathrm{i}$.

对于 $\lambda_1=1+2\mathrm{i}$，求解齐次线性方程组 $(\lambda_1\boldsymbol{E}-\boldsymbol{A})\boldsymbol{x}=\boldsymbol{o}$，得到一个基础解系 $\boldsymbol{\eta}_1=(-\mathrm{i},1)^{\mathrm{T}}$，则 $\boldsymbol{A}$ 的属于特征值 $1+2\mathrm{i}$ 的全部特征向量为 $k_1\boldsymbol{\eta}_1$，其中 $k_1\in\mathbb{C}$，$k_1\neq0$.

对于 $\lambda_2=1-2\mathrm{i}$，求解齐次线性方程组 $(\lambda_2\boldsymbol{E}-\boldsymbol{A})\boldsymbol{x}=\boldsymbol{o}$，得到一个基础解系 $\boldsymbol{\eta}_2=(\mathrm{i},1)^{\mathrm{T}}$，则 $\boldsymbol{A}$ 的属于特征值 $1-2\mathrm{i}$ 的全部特征向量为 $k_2\boldsymbol{\eta}_2$，其中 $k_2\in\mathbb{C}$，$k_2\neq0$.

6.1.3 特征值和特征向量的性质

设 $\boldsymbol{A}$ 是数域 P 上的 n 阶矩阵，λ_0 是 $\boldsymbol{A}$ 的特征值，$\boldsymbol{\alpha}$ 是 $\boldsymbol{A}$ 的属于特征值 λ_0 的特征向量，则有

(1) λ_0+a 是 $\boldsymbol{A}+a\boldsymbol{E}$ 的特征值，且 $\boldsymbol{\alpha}$ 也是 $\boldsymbol{A}+a\boldsymbol{E}$ 的属于特征值 λ_0+a 的特征向量，其中 a 为数域 P 中的任意常数；

(2) λ_0^k(k 为正整数) 是 $\boldsymbol{A}^k$ 的特征值，且 $\boldsymbol{\alpha}$ 也是 $\boldsymbol{A}^k$ 的属于特征值 λ_0^k 的特征向量；

(3) 设 $f(x)=a_0x^k+a_1x^{k-1}+\cdots+a_{k-1}x+a_k$ 为数域 P 上的多项式，则

$f(\lambda)=a_0\lambda^k+a_1\lambda^{k-1}+\cdots+a_{k-1}\lambda+a_k$ 是 $f(\boldsymbol{A})=a_0\boldsymbol{A}^k+a_1\boldsymbol{A}^{k-1}+\cdots+a_{k-1}\boldsymbol{A}+a_k\boldsymbol{E}$ 的特征值，且 $\boldsymbol{\alpha}$ 也是 $f(\boldsymbol{A})$ 的属于特征值 $f(\boldsymbol{\lambda})$ 的特征向量；

(4) λ_0 也是 $\boldsymbol{A}^{\mathrm{T}}$ 的特征值．

例 6.5 若数域 P 上的矩阵 $\boldsymbol{A}$ 满足 $\boldsymbol{A}^2=\boldsymbol{A}$，则称 $\boldsymbol{A}$ 是**幂等矩阵** (**idempotent matrix**). 试证 $\boldsymbol{A}$ 一定有特征值，且其特征值只能是 0 或 1.

证明 设 λ 是 $\boldsymbol{A}$ 的特征值，$\boldsymbol{\alpha}$ 是 $\boldsymbol{A}$ 的属于特征值 λ 的特征向量，于是 $\boldsymbol{A\alpha}=\lambda\boldsymbol{\alpha}$，由于 $\boldsymbol{A}^2=\boldsymbol{A}$，得 $\boldsymbol{A}^2\boldsymbol{\alpha}=\lambda\boldsymbol{A\alpha}=\lambda^2\boldsymbol{\alpha}$, $\boldsymbol{A}^2\boldsymbol{\alpha}=\boldsymbol{A\alpha}=\lambda\boldsymbol{\alpha}$，进而得 $(\lambda^2-\lambda)\boldsymbol{\alpha}=\boldsymbol{o}$，因为 $\boldsymbol{\alpha}\neq\boldsymbol{o}$，所以有 $\lambda^2-\lambda=0$，得 $\lambda=0$ 或 1. 由 λ 的任意性可知，幂等矩阵的特征值只能是 0 或 1.

6.1.4 特征值与矩阵的关系

矩阵的特征值与其特征多项式的系数有着密切的关系．

设 $\boldsymbol{A}=(a_{ij})_{n\times n}$ 是 n 阶矩阵，将 $\boldsymbol{A}$ 的特征多项式按行列式的定义展开，得到

$$f(\lambda)=|\lambda\boldsymbol{E}-\boldsymbol{A}|=\begin{vmatrix}\lambda-a_{11} & -a_{12} & \cdots & -a_{1n}\\ -a_{21} & \lambda-a_{22} & \cdots & -a_{2n}\\ \vdots & \vdots & & \vdots\\ -a_{n1} & -a_{n2} & \cdots & \lambda-a_{nn}\end{vmatrix}$$

$$=(\lambda-a_{11})(\lambda-a_{22})\cdots(\lambda-a_{nn})+\cdots.$$

上述 $f(\lambda)$ 的展开式应为 $n!$ 项，现只写出主对角线上元素乘积这一项，其余各项均用省略号代替．除了主对角线上元素乘积这一项是关于 λ 的 n 次多项式(且首项 λ^n 的系数为 1)外，其余各项至多含有 $n-2$ 个主对角线元素相乘，即其余各项至多是 λ 的 $n-2$ 次多项式，因此，在 $f(\lambda)$ 中 λ^{n-1} 项只能在主对角线上的元素乘积中出现，其系数为 $-(a_{11}+a_{22}+\cdots+a_{nn})$. 令 $\lambda=0$，得到 $f(\lambda)$ 的常数项 $f(0)=|0\boldsymbol{E}-\boldsymbol{A}|=|-\boldsymbol{A}|=(-1)^n|\boldsymbol{A}|$，

于是 $f(\lambda)$ 的展开式可写为

$$f(\lambda)=\lambda^n-(a_{11}+a_{22}+\cdots+a_{nn})\lambda^{n-1}+\cdots+(-1)^n|\boldsymbol{A}|.$$

由上述分析可知，n 阶矩阵 $\boldsymbol{A}$ 的特征多项式 $f(\lambda)$ 具有如下特点：

(1) $f(\lambda)$ 是首项系数为 1 的关于 λ 的 n 次多项式；

(2) $f(\lambda)$ 的 λ^{n-1} 项的系数为 $-(a_{11}+a_{22}+\cdots+a_{nn})$；

(3) $f(\lambda)$ 的常数项为 $(-1)^n|\boldsymbol{A}|$；

(4) 由多项式理论，在复数域内，$f(\lambda)=|\lambda\boldsymbol{E}-\boldsymbol{A}|=0$ 必有 n 个根 $\lambda_1,\lambda_2,\cdots,\lambda_n$. 根据根与系数的关系，$f(\lambda)=(\lambda-\lambda_1)(\lambda-\lambda_2)\cdots(\lambda-\lambda_n)$，则有

$$\lambda_1+\lambda_2+\cdots+\lambda_n=a_{11}+a_{22}+\cdots+a_{nn},\tag{6.2}$$

$$\lambda_1\lambda_2\cdots\lambda_n=|\boldsymbol{A}|.\tag{6.3}$$

根据式(6.3)和定义 6.1，如果 $\boldsymbol{A}$ 可逆，λ_0 是 $\boldsymbol{A}$ 的特征值，$\boldsymbol{\alpha}$ 是 A 的属于特征值 λ_0 的特征向量，则 $\lambda_0\neq 0$，且 λ_0^{-1} 是 $\boldsymbol{A}^{-1}$ 的特征值，α 也是 $\boldsymbol{A}^{-1}$ 的属于特征值 λ_0^{-1} 的特征向量.

6.1.5　矩阵的迹

定义 6.2　设 $\boldsymbol{A}=(a_{ij})$ 是 n 阶矩阵，称 $\boldsymbol{A}$ 的主对角线元素之和为矩阵 $\boldsymbol{A}$ 的**迹**(**trace**)，记作 $\mathrm{tr}(\boldsymbol{A})$，即 $\mathrm{tr}(\boldsymbol{A})=a_{11}+a_{22}+\cdots+a_{nn}$.

设 $\boldsymbol{A}$，$\boldsymbol{B}$，$\boldsymbol{C}$ 为 n 阶矩阵，λ_1，λ_2，$\cdots$，λ_n 为 $\boldsymbol{A}$ 的特征值，k 为任意常数. 矩阵的迹有下述性质：

(1) $\mathrm{tr}(\boldsymbol{A})=\sum_{i=1}^{n}\lambda_i$；

(2) $\mathrm{tr}(\boldsymbol{A}+\boldsymbol{B})=\mathrm{tr}(\boldsymbol{A})+\mathrm{tr}(\boldsymbol{B})$；

(3) $\mathrm{tr}(k\boldsymbol{A})=k\,\mathrm{tr}(\boldsymbol{A})$；

(4) $\mathrm{tr}(\boldsymbol{AB})=\mathrm{tr}(\boldsymbol{BA})$；

(5) $\mathrm{tr}(\boldsymbol{ABC})=\mathrm{tr}(\boldsymbol{CAB})=\mathrm{tr}(\boldsymbol{BCA})$.

由性质 (5)，若存在 n 阶可逆矩阵 $\boldsymbol{U}$，使得 $\boldsymbol{B}=\boldsymbol{U}^{-1}\boldsymbol{AU}$，则有

$$\mathrm{tr}(\boldsymbol{B})=\mathrm{tr}(\boldsymbol{U}^{-1}\boldsymbol{AU})=\mathrm{tr}(\boldsymbol{AUU}^{-1})=\mathrm{tr}(\boldsymbol{A}).$$

为方便讨论，设 λ 是矩阵 $\boldsymbol{A}$ 的特征值，我们将 λ 作为 $\boldsymbol{A}$ 的特征多项式根的重数称为 λ 的**代数重数**(**algebraic multiplicity**)；将 λ 的特征子空间的维数称为 λ 的**几何重数**(**geometric multiplicity**).

习题 6.1

1. 求下列数域 P 上的矩阵 $\boldsymbol{A}$ 的全部特征值和特征向量.

(1) $\boldsymbol{A}=\begin{pmatrix}2&1\\1&2\end{pmatrix}$；　(2) $\boldsymbol{A}=\begin{pmatrix}2&-2&0\\-2&1&-2\\0&-2&0\end{pmatrix}$；

（3）$A=\begin{pmatrix}2&3&2\\1&8&2\\-2&-14&-3\end{pmatrix}$；（4）$A=\begin{pmatrix}-2&3&-1\\-6&7&-2\\-9&9&-2\end{pmatrix}$；

（5）$A=\begin{pmatrix}2&-1&2\\5&-3&3\\-1&0&-2\end{pmatrix}$；（6）$A=\begin{pmatrix}1&-1&-1&-1\\-1&1&-1&-1\\-1&-1&1&-1\\-1&-1&-1&1\end{pmatrix}$.

2. 求出复数域$\mathbb{C}$上的矩阵 $A=\begin{pmatrix}1&-\sqrt{3}\\\sqrt{3}&1\end{pmatrix}$的全部特征值和特征向量. 如果将 A 看作实矩阵，则 A 是否有实特征值？

3. 证明：矩阵 A 可逆的充要条件是 A 的特征值全不为零.

4. 若有正整数 k，使得 $A^k=O$，则称 A 是幂零矩阵. 证明：幂零矩阵的特征值只能是 0.

5. 设 A 是可逆矩阵，λ 是 A 的特征值，证明：$\frac{|A|}{\lambda}$是 A^* 的特征值.

6. 已知 $\alpha=(1,\ -2,\ 3)^{\mathrm{T}}$ 是矩阵 $A=\begin{pmatrix}-1&1&1\\2&4&a\\-3&b&5\end{pmatrix}$的特征向量，求 α 对应的特征值 λ 和常数 a，b 的值.

7. 设 $A=\begin{pmatrix}a&-1&b\\5&c&3\\1-b&0&-a\end{pmatrix}$，$\eta=\begin{pmatrix}-1\\-1\\1\end{pmatrix}$. 已知 $|A|=-1$，且 η 是 A^* 的属于特征值 λ 的特征向量. 求 λ 和常数 a，b，c 的值.

8. 已知三阶矩阵 A 的特征值 1，2，3. 求 $|A^3-5A^2+7A|$.

9. 已知三阶矩阵 A 的特征值 2，2，-3. 求 $|A^*|$.

10. 已知矩阵 A 满足 $A^2-3A+2E=O$. 证明：A 的特征值只能为 1 或 2.

11. 设 A 是数域 P 上的 n 阶矩阵，且 A 的各行元素之和都是常数 k，证明：k 是 A 的一个特征值，并给出特征值 k 对应的一个特征向量.

12. 设 λ_1，λ_2 是 n 阶矩阵 A 的两个不同特征值，α_1，α_2 是分别对应于 λ_1，λ_2 的两个特征向量. 证明：$k_1\alpha_1+k_2\alpha_2$（$k_1k_2\neq 0$）不是 A 的特征向量.

13. 设 A，B 为 n 阶矩阵，证明：AB 与 BA 有相同的特征值.

6.2 相似矩阵与矩阵可相似对角化的条件

6.2.1 相似矩阵的概念与性质

定义 6.3 设 A，B 为 n 阶方阵，若存在 n 阶可逆矩阵 U，使得 $B=U^{-1}AU$，则称 A 与 B **相似**（**similar**），记作 $A\sim B$. 映射 $A\mapsto U^{-1}AU$ 称为 n 阶矩阵空间上的**相似变换**（**similarity transformation**），U 称为**相似变换矩阵**（**similarity transformation matrix**）.

由定义 6.3 易证，零矩阵、单位矩阵和数量矩阵只跟自己相似.

例 6.6　已知 $\boldsymbol{A}=\begin{pmatrix}1 & -1\\ 2 & 4\end{pmatrix}$，$\boldsymbol{B}=\begin{pmatrix}2 & 0\\ 0 & 3\end{pmatrix}$，$\boldsymbol{U}=\begin{pmatrix}-1 & -1\\ 1 & 2\end{pmatrix}$，因为

$$\boldsymbol{U}^{-1}\boldsymbol{A}\boldsymbol{U}=\begin{pmatrix}-2 & -1\\ 1 & 1\end{pmatrix}\begin{pmatrix}1 & -1\\ 2 & 4\end{pmatrix}\begin{pmatrix}-1 & -1\\ 1 & 2\end{pmatrix}=\begin{pmatrix}2 & 0\\ 0 & 3\end{pmatrix}=\boldsymbol{B},$$

所以 $\boldsymbol{A}\sim\boldsymbol{B}$.

由定义 6.3 易证，矩阵之间的相似关系具有如下基本性质：

（1）反身性：$\boldsymbol{A}\sim\boldsymbol{A}$；

（2）对称性：若 $\boldsymbol{A}\sim\boldsymbol{B}$，则 $\boldsymbol{B}\sim\boldsymbol{A}$；

（3）传递性：若 $\boldsymbol{A}\sim\boldsymbol{B}$，$\boldsymbol{B}\sim\boldsymbol{C}$，则 $\boldsymbol{A}\sim\boldsymbol{C}$.

相似矩阵还具有如下性质：

（1）相似矩阵具有相同的特征多项式，进而有相同的特征值（包括重数），相同的迹和相同的行列式.

证明　设 $\boldsymbol{A}\sim\boldsymbol{B}$，即存在可逆矩阵 $\boldsymbol{U}$，使得 $\boldsymbol{B}=\boldsymbol{U}^{-1}\boldsymbol{A}\boldsymbol{U}$，则

$$\begin{aligned}|\lambda\boldsymbol{E}-\boldsymbol{B}| &= |\lambda\boldsymbol{E}-\boldsymbol{U}^{-1}\boldsymbol{A}\boldsymbol{U}| = |\boldsymbol{U}^{-1}(\lambda\boldsymbol{E})\boldsymbol{U}-\boldsymbol{U}^{-1}\boldsymbol{A}\boldsymbol{U}| = |\boldsymbol{U}^{-1}(\lambda\boldsymbol{E}-\boldsymbol{A})\boldsymbol{U}|\\ &= |\boldsymbol{U}^{-1}|\,|\lambda\boldsymbol{E}-\boldsymbol{A}|\,|\boldsymbol{U}| = |\lambda\boldsymbol{E}-\boldsymbol{A}|,\end{aligned}$$

即 $\boldsymbol{A}$ 与 $\boldsymbol{B}$ 有相同的特征多项式.

进一步，$\boldsymbol{A}$ 与 $\boldsymbol{B}$ 有相同的特征方程，从而 $\boldsymbol{A}$ 与 $\boldsymbol{B}$ 有相同的特征值（包括重数），由式（6.2）和式（6.3）得，$\boldsymbol{A}$ 与 $\boldsymbol{B}$ 有相同的迹和相同的行列式.

（2）相似矩阵有相同的秩.

证明　设 $\boldsymbol{A}\sim\boldsymbol{B}$，即存在可逆矩阵 $\boldsymbol{U}$，使得 $\boldsymbol{B}=\boldsymbol{U}^{-1}\boldsymbol{A}\boldsymbol{U}$. 根据习题 3.4 第 6 题，可得

$$\mathrm{r}(\boldsymbol{B})=\mathrm{r}(\boldsymbol{U}^{-1}\boldsymbol{A}\boldsymbol{U})=\mathrm{r}(\boldsymbol{A}).$$

由性质（2）可知，相似矩阵或者都可逆或者都不可逆. 当它们可逆时，它们的逆矩阵也相似，因为若对于可逆矩阵 $\boldsymbol{A}$ 与 $\boldsymbol{B}$，存在可逆矩阵 $\boldsymbol{U}$，使得 $\boldsymbol{B}=\boldsymbol{U}^{-1}\boldsymbol{A}\boldsymbol{U}$，则有

$\boldsymbol{B}^{-1}=(\boldsymbol{U}^{-1}\boldsymbol{A}\boldsymbol{U})^{-1}=\boldsymbol{U}^{-1}\boldsymbol{A}^{-1}\boldsymbol{U}$，即 $\boldsymbol{A}^{-1}\sim\boldsymbol{B}^{-1}$.

（3）相似矩阵的幂也相似，即若 $\boldsymbol{A}\sim\boldsymbol{B}$，则 $\boldsymbol{A}^k\sim\boldsymbol{B}^k$，$k$ 为任意非负整数.

证明　因为 $\boldsymbol{B}=\boldsymbol{U}^{-1}\boldsymbol{A}\boldsymbol{U}$，所以

$$\begin{aligned}\boldsymbol{B}^k &= (\boldsymbol{U}^{-1}\boldsymbol{A}\boldsymbol{U})^k = (\boldsymbol{U}^{-1}\boldsymbol{A}\boldsymbol{U})(\boldsymbol{U}^{-1}\boldsymbol{A}\boldsymbol{U})\cdots(\boldsymbol{U}^{-1}\boldsymbol{A}\boldsymbol{U})(\boldsymbol{U}^{-1}\boldsymbol{A}\boldsymbol{U})\\ &= \boldsymbol{U}^{-1}\boldsymbol{A}(\boldsymbol{U}\boldsymbol{U}^{-1})\boldsymbol{A}(\boldsymbol{U}\boldsymbol{U}^{-1})\cdots(\boldsymbol{U}\boldsymbol{U}^{-1})\boldsymbol{A}(\boldsymbol{U}\boldsymbol{U}^{-1})\boldsymbol{A}\boldsymbol{U} = \boldsymbol{U}^{-1}\boldsymbol{A}^k\boldsymbol{U},\end{aligned}$$

即 $\boldsymbol{A}^k\sim\boldsymbol{B}^k$.

6.2.2　矩阵相似于对角阵的条件

我们知道，相似矩阵有很多共同的性质. 要了解一般矩阵 $\boldsymbol{A}$ 的某些性质，可以通过与 $\boldsymbol{A}$ 相似的简单矩阵来讨论. 而简单的矩阵如零矩阵、单位矩阵和数量矩阵都只跟自己相似，那么仅次于它们的简单矩阵就是对角矩阵了，本小节探讨矩阵 $\boldsymbol{A}$ 相似于对角矩阵需要满足的条件.

定理 6.2　数域 P 上的 n 阶矩阵 $\boldsymbol{A}$ 相似于对角矩阵的充分必要条件是 $\boldsymbol{A}$ 有 n 个线性无关的特征向量.

证明 必要性．已知 $\boldsymbol{A}$ 相似于对角矩阵，则存在可逆矩阵 $\boldsymbol{U}$，使得 $\boldsymbol{\Lambda}=\boldsymbol{U}^{-1}\boldsymbol{A}\boldsymbol{U}$，其中，

$$\boldsymbol{\Lambda}=\begin{pmatrix}\lambda_1 & & & \\ & \lambda_2 & & \\ & & \ddots & \\ & & & \lambda_n\end{pmatrix},$$

则 $\boldsymbol{A}\boldsymbol{U}=\boldsymbol{U}\boldsymbol{\Lambda}$，记 $\boldsymbol{U}$ 的列向量组为 $\boldsymbol{\alpha}_1$，$\boldsymbol{\alpha}_2$，…，$\boldsymbol{\alpha}_n$．于是有

$$\boldsymbol{A}(\boldsymbol{\alpha}_1 \quad \boldsymbol{\alpha}_2 \quad \cdots \quad \boldsymbol{\alpha}_n)=(\boldsymbol{\alpha}_1 \quad \boldsymbol{\alpha}_2 \quad \cdots \quad \boldsymbol{\alpha}_n)\begin{pmatrix}\lambda_1 & & & \\ & \lambda_2 & & \\ & & \ddots & \\ & & & \lambda_n\end{pmatrix},$$

根据分块矩阵的运算，得$(\boldsymbol{A}\boldsymbol{\alpha}_1 \quad \boldsymbol{A}\boldsymbol{\alpha}_2 \quad \cdots \quad \boldsymbol{A}\boldsymbol{\alpha}_n)=(\lambda_1\boldsymbol{\alpha}_1 \quad \lambda_2\boldsymbol{\alpha}_2 \quad \cdots \quad \lambda_n\boldsymbol{\alpha}_n)$，于是有

$$\boldsymbol{A}\boldsymbol{\alpha}_i=\lambda_i\boldsymbol{\alpha}_i(i=1,\ 2,\ \cdots,\ n).$$

由于 $\boldsymbol{U}$ 是可逆矩阵，因此 $\boldsymbol{\alpha}_1$，$\boldsymbol{\alpha}_2$，…，$\boldsymbol{\alpha}_n$ 线性无关，且 $\boldsymbol{\alpha}_i\neq\boldsymbol{o}(i=1,\ 2,\ \cdots,\ n)$，故 $\boldsymbol{\alpha}_i$ 是矩阵 $\boldsymbol{A}$ 的属于特征值 λ_i 的特征向量．

充分性．已知 $\boldsymbol{A}$ 有 n 个线性无关的特征向量 $\boldsymbol{\alpha}_1,\boldsymbol{\alpha}_2,\cdots,\boldsymbol{\alpha}_n$，对应的特征值分别为 λ_1，$\lambda_2,\cdots,\lambda_n$，则有 $\boldsymbol{A}\boldsymbol{\alpha}_i=\lambda_i\boldsymbol{\alpha}_i(i=1,\ 2,\ \cdots,\ n)$．以 $\boldsymbol{\alpha}_1,\boldsymbol{\alpha}_2,\cdots,\boldsymbol{\alpha}_n$ 为列向量组构造矩阵 $\boldsymbol{U}$，即 $\boldsymbol{U}=(\boldsymbol{\alpha}_1 \quad \boldsymbol{\alpha}_2 \quad \cdots \quad \boldsymbol{\alpha}_n)$．因为 $\boldsymbol{\alpha}_1,\boldsymbol{\alpha}_2,\cdots,\boldsymbol{\alpha}_n$ 线性无关，所以 $\boldsymbol{U}$ 可逆．

根据分块矩阵的运算，可得

$$\boldsymbol{A}(\boldsymbol{\alpha}_1 \quad \boldsymbol{\alpha}_2 \quad \cdots \quad \boldsymbol{\alpha}_n)=(\boldsymbol{\alpha}_1 \quad \boldsymbol{\alpha}_2 \quad \cdots \quad \boldsymbol{\alpha}_n)\begin{pmatrix}\lambda_1 & & & \\ & \lambda_2 & & \\ & & \ddots & \\ & & & \lambda_n\end{pmatrix},$$

即 $\boldsymbol{A}\boldsymbol{U}=\boldsymbol{U}\boldsymbol{\Lambda}$，于是 $\boldsymbol{\Lambda}=\boldsymbol{U}^{-1}\boldsymbol{A}\boldsymbol{U}$，即 $\boldsymbol{A}\sim\boldsymbol{\Lambda}$．

定理6.2表明：判断矩阵 $\boldsymbol{A}$ 是否相似于一个对角矩阵，可通过考察 $\boldsymbol{A}$ 是否有 n 个线性无关的特征向量来讨论．上述证明过程给出了如何求可逆矩阵 $\boldsymbol{U}$，使得 $\boldsymbol{U}^{-1}\boldsymbol{A}\boldsymbol{U}=\boldsymbol{\Lambda}$ 为对角阵，即只需求出 A 的 n 个线性无关的特征向量 $\boldsymbol{\alpha}_1,\boldsymbol{\alpha}_2,\cdots,\boldsymbol{\alpha}_n$，令 $\boldsymbol{U}=(\boldsymbol{\alpha}_1 \quad \boldsymbol{\alpha}_2 \quad \cdots \quad \boldsymbol{\alpha}_n)$，则必有 $\boldsymbol{U}^{-1}\boldsymbol{A}\boldsymbol{U}=\boldsymbol{\Lambda}$，其中对角阵 $\boldsymbol{\Lambda}$ 的主对角线元素依次为特征向量 $\boldsymbol{\alpha}_1,\boldsymbol{\alpha}_2,\cdots,\boldsymbol{\alpha}_n$ 所对应的特征值 $\lambda_1,\lambda_2,\cdots,\lambda_n$．若矩阵 $\boldsymbol{A}$ 相似于一个对角矩阵，则称 $\boldsymbol{A}$ **可相似对角化(diagonalizable)**，此时 $\boldsymbol{A}$ 有足够的线性无关特征向量构成 P^n 的一组基，我们称这样的基为**特征向量基(eigenvector basis)**．

定理 6.3 矩阵 $\boldsymbol{A}$ 的属于不同特征值的特征向量线性无关．即

设 $\lambda_1,\lambda_2,\cdots,\lambda_m$ 是数域 P 上的 n 阶矩阵 $\boldsymbol{A}$ 的不同特征值$(n\geqslant m)$，$\boldsymbol{\alpha}_1,\boldsymbol{\alpha}_2,\cdots,\boldsymbol{\alpha}_m$ 分别是属于特征值 $\lambda_1,\lambda_2,\cdots,\lambda_m$ 的特征向量，则 $\boldsymbol{\alpha}_1,\boldsymbol{\alpha}_2,\cdots,\boldsymbol{\alpha}_m$ 线性无关．

证明 对于 m 用数学归纳法．

当 $m=1$ 时，由特征向量的定义知 $\boldsymbol{\alpha}_1\neq\boldsymbol{o}$，所以 $\boldsymbol{\alpha}_1$ 线性无关．

假设 $m=s-1$ 时，结论成立，即 $\boldsymbol{\alpha}_1,\boldsymbol{\alpha}_2,\cdots,\boldsymbol{\alpha}_{s-1}$ 线性无关．

当 $m=s$ 时，设存在一组数 $k_1,k_2,\cdots,k_s$，使得

$$k_1\boldsymbol{\alpha}_1+k_2\boldsymbol{\alpha}_2+\cdots+k_{s-1}\boldsymbol{\alpha}_{s-1}+k_s\boldsymbol{\alpha}_s=\boldsymbol{o}, \tag{6.4}$$

用 $\boldsymbol{A}$ 左乘式(6.4) 两端，得

$$k_1\lambda_1\boldsymbol{\alpha}_1+k_2\lambda_2\boldsymbol{\alpha}_2+\cdots+k_{s-1}\lambda_{s-1}\boldsymbol{\alpha}_{s-1}+k_s\lambda_s\boldsymbol{\alpha}_s=\boldsymbol{o}, \tag{6.5}$$

用 λ_s 乘式(6.4) 两端，得

$$k_1\lambda_s\boldsymbol{\alpha}_1+k_2\lambda_s\boldsymbol{\alpha}_2+\cdots+k_{s-1}\lambda_s\boldsymbol{\alpha}_{s-1}+k_s\lambda_s\boldsymbol{\alpha}_s=\boldsymbol{o}, \tag{6.6}$$

式(6.5) 减去式(6.6)，得

$$k_1(\lambda_1-\lambda_s)\boldsymbol{\alpha}_1+k_2(\lambda_2-\lambda_s)\boldsymbol{\alpha}_2+\cdots+k_{s-1}(\lambda_{s-1}-\lambda_s)\boldsymbol{\alpha}_{s-1}=\boldsymbol{o}.$$

由归纳假设，$\boldsymbol{\alpha}_1,\boldsymbol{\alpha}_2,\cdots,\boldsymbol{\alpha}_{s-1}$ 线性无关，可得

$$k_1(\lambda_1-\lambda_s)=0,\ k_2(\lambda_2-\lambda_s)=0,\ \cdots,\ k_{s-1}(\lambda_{s-1}-\lambda_s)=0.$$

又 $\lambda_1,\lambda_2,\cdots,\lambda_s$ 各不相同，从而有 $k_1=0,k_2=0,\cdots,k_{s-1}=0$，代入式(6.4)，得 $k_s\boldsymbol{\alpha}_s=\boldsymbol{o}$，由特征向量 $\boldsymbol{\alpha}_s\neq\boldsymbol{o}$，得 $k_s=0$.

综上可得 $k_1=0,k_2=0,\cdots,k_{s-1}=0,k_s=0$，所以 $\boldsymbol{\alpha}_1,\boldsymbol{\alpha}_2,\cdots,\boldsymbol{\alpha}_s$ 线性无关.

由数学归纳法可知，对于任意正整数 m，结论都成立.

从例6.1－例6.4可见，矩阵 $\boldsymbol{A}$ 的每一个特征值的几何重数都不超过其代数重数，这一规律是具有一般性的.

定理 6.4　设 λ 是 $\boldsymbol{A}$ 的特征方程 $|\lambda\boldsymbol{E}-\boldsymbol{A}|=0$ 的 k 重根，则 $\boldsymbol{A}$ 的属于特征值 λ 的线性无关的特征向量个数最多有 k 个，即 $\boldsymbol{A}$ 的特征值 λ 的几何重数小于等于其代数重数.

证明　略.

特别地，对于一重特征值，即特征方程的单根，对应的线性无关特征向量只有一个.

将定理 6.3 进一步推广，类似可证如下定理.

定理 6.5　设数域 P 上的 n 阶矩阵 $\boldsymbol{A}$ 有 m 个不同特征值 $\lambda_1,\lambda_2,\cdots,\lambda_m,\boldsymbol{\alpha}_{i1},\boldsymbol{\alpha}_{i2},\cdots,\boldsymbol{\alpha}_{is_i}$ 是 $\boldsymbol{A}$ 的属于特征值 λ_i 的线性无关特征向量($i=1,2,\cdots,m$)，则

$\boldsymbol{\alpha}_{11},\boldsymbol{\alpha}_{12},\cdots,\boldsymbol{\alpha}_{1s_1},\boldsymbol{\alpha}_{21},\boldsymbol{\alpha}_{22},\cdots,\boldsymbol{\alpha}_{2s_2},\cdots,\boldsymbol{\alpha}_{m1},\boldsymbol{\alpha}_{m2},\cdots,\boldsymbol{\alpha}_{ms_m}$ 线性无关.

证明　略.

推论 6.1　若数域 P 上的 n 阶矩阵 $\boldsymbol{A}$ 有 n 个不同特征值，则 $\boldsymbol{A}$ 可相似对角化.

由定理 6.2 和定理 6.5，易得如下推论.

推论 6.2　设数域 P 上的 n 阶矩阵 $\boldsymbol{A}$ 有 m 个不同特征值 $\lambda_1,\lambda_2,\cdots,\lambda_m$，则 $\boldsymbol{A}$ 可相似对角化的充要条件是 $\lambda_1,\lambda_2,\cdots,\lambda_m$ 的特征子空间的维数和

$$n_1+n_2+\cdots+n_m=n,$$

其中，$n_i=\dim V_{\lambda_i}(i=1,2,\cdots,m)$.

例 6.7　由本章的例6.1，已知 $\boldsymbol{A}=\begin{pmatrix}2&-2&2\\-2&-1&4\\2&4&-1\end{pmatrix}$ 的全部特征值为 $\lambda_1=-6,\lambda_2=3$ (二重根)，相应的线性无关特征向量为 $\boldsymbol{\eta}_1=(1,2,-2)^{\mathrm{T}},\boldsymbol{\eta}_2=(2,0,1)^{\mathrm{T}},\boldsymbol{\eta}_3=(-2,1,0)^{\mathrm{T}}$，则 $\boldsymbol{A}$ 有三个线性无关的特征向量，因此，$\boldsymbol{A}$ 可相似对角化.

令 $\boldsymbol{U}=\begin{pmatrix}1&2&-2\\2&0&1\\-2&1&0\end{pmatrix}$，则有 $\boldsymbol{U}^{-1}\boldsymbol{A}\boldsymbol{U}=\begin{pmatrix}-6&0&0\\0&3&0\\0&0&3\end{pmatrix}$.

例 6.8 本章例 6.3 中的 $\boldsymbol{A}=\begin{pmatrix}1&2&3\\2&1&3\\3&3&6\end{pmatrix}$ 有三个不同的特征值 $\lambda_1=0,\lambda_2=-1,\lambda_3=9$，根据推论 6.1 可知，$\boldsymbol{A}$ 可相似对角化．相应的三个线性无关特征向量为 $\boldsymbol{\eta}_1=(-1,-1,1)^{\mathrm{T}}$，$\boldsymbol{\eta}_2=(-1,1,0)^{\mathrm{T}},\boldsymbol{\eta}_3=(1,1,2)^{\mathrm{T}}$.

令 $\boldsymbol{U}=\begin{pmatrix}-1&-1&1\\-1&1&1\\1&0&2\end{pmatrix}$，则有 $\boldsymbol{U}^{-1}\boldsymbol{AU}=\begin{pmatrix}0&0&0\\0&-1&0\\0&0&9\end{pmatrix}$.

例 6.9 由本章的例 6.2，$\boldsymbol{A}=\begin{pmatrix}13&16&16\\-5&-7&-6\\-6&-8&-7\end{pmatrix}$ 的全部特征值为 $\lambda_1=-3,\lambda_2=1$（二重根），但 $\boldsymbol{A}$ 只有两个线性无关的特征向量，因此，$\boldsymbol{A}$ 不可相似对角化．

需要注意的是，矩阵是否可相似对角化，在不同数域中讨论会有不同的结果，如例 6.4. 关于讨论矩阵是否可相似对角化的问题，首先需要在给定的数域中求出 n 阶矩阵 $\boldsymbol{A}$ 的全部特征值，若全部特征值的代数重数和小于 n，则在该数域上，矩阵 $\boldsymbol{A}$ 不能相似对角化．若全部特征值的代数重数和等于 n，需对每个特征值求出其几何重数及全部无关特征向量. 设 n 阶矩阵 $\boldsymbol{A}$ 有 m 个不同特征值 $\lambda_1,\lambda_2,\cdots,\lambda_m(m<n)$，$\boldsymbol{\alpha}_{i1},\boldsymbol{\alpha}_{i2},\cdots,\boldsymbol{\alpha}_{is_i}$ 是 $\boldsymbol{A}$ 的属于特征值 λ_i 的线性无关特征向量$(i=1,2,\cdots,m)$，由定理 6.5 知，这些特征向量组成的向量组必线性无关．此时，$\boldsymbol{A}$ 的全部特征值的特征子空间的维数和为 $s_1+s_2+\cdots+s_m=s$. 由推论 6.2，若 $s=n$，则 $\boldsymbol{A}$ 可相似对角化；若 $s<n$，则 $\boldsymbol{A}$ 不可相似对角化．

例 6.9 中的矩阵 $\boldsymbol{A}$ 虽然不能相似于对角矩阵，但可以找到一个可逆矩阵 P，

$$\boldsymbol{P}=\begin{pmatrix}-2&-1&4\\1&0&-1\\1&1&-2\end{pmatrix},\text{且 }\boldsymbol{P}^{-1}=\begin{pmatrix}1&2&1\\1&0&2\\1&1&1\end{pmatrix},\text{使得 }\boldsymbol{P}^{-1}\boldsymbol{AP}=\begin{pmatrix}-3&0&0\\0&1&0\\0&1&1\end{pmatrix}.$$

矩阵 $\boldsymbol{J}=\begin{pmatrix}-3&0&0\\0&1&0\\0&1&1\end{pmatrix}$ 称为 $\boldsymbol{A}$ 的**若当标准形（Jordan canonical form）**. $\boldsymbol{J}$ 中主对角线元素仍为 $\boldsymbol{A}$ 的特征值 $-3,1,1$，且特征值出现的次数等于该特征值的代数重数．

设 λ 为复数，形如 $\boldsymbol{J}(\lambda,k)=\begin{pmatrix}\lambda&&&&\\1&\lambda&&&\\&1&\ddots&&\\&&\ddots&\lambda&\\&&&1&\lambda\end{pmatrix}$ 的 k 阶矩阵称为**若当块（Jordan block）**.

由若干个若当块组成的分块对角矩阵 $\begin{pmatrix}\boldsymbol{J}_1&&&\\&\boldsymbol{J}_2&&\\&&\ddots&\\&&&\boldsymbol{J}_s\end{pmatrix}$，其中 $\boldsymbol{J}_i=\boldsymbol{J}(\lambda_i,k_i)$ 为若当

块($i=1,2,\cdots,s$)，称为**若当形矩阵(Jordan form)**. 特别地，一阶矩阵也是若当块，从而对角矩阵也是若当形矩阵.

可以证明：复数域上的任意n阶矩阵$\boldsymbol{A}$都相似于若当形矩阵$\boldsymbol{J}$. 若不计若当块的排列顺序，这个若当形矩阵是由$\boldsymbol{A}$唯一决定的，称$\boldsymbol{J}$为矩阵$\boldsymbol{A}$的**若当标准形**.

例 6.10　设矩阵$\boldsymbol{\Lambda}$为对角阵，已知$\boldsymbol{A}\sim\boldsymbol{\Lambda}$，讨论关于$\boldsymbol{A}$的多项式$f(\boldsymbol{A})=\boldsymbol{A}^2+3\boldsymbol{A}-4\boldsymbol{E}$是否可相似对角化.

解　因为$\boldsymbol{A}\sim\boldsymbol{\Lambda}$，则存在可逆矩阵$\boldsymbol{U}$，使得$\boldsymbol{U}^{-1}\boldsymbol{A}\boldsymbol{U}=\boldsymbol{\Lambda}$，即$\boldsymbol{A}=\boldsymbol{U}\boldsymbol{\Lambda}\boldsymbol{U}^{-1}$. 所以

$$\begin{aligned}f(\boldsymbol{A})&=(\boldsymbol{U\Lambda U}^{-1})^2+3(\boldsymbol{U\Lambda U}^{-1})-4\boldsymbol{UEU}^{-1}\\&=\boldsymbol{U\Lambda}^2\boldsymbol{U}^{-1}+\boldsymbol{U}(3\boldsymbol{\Lambda})\boldsymbol{U}^{-1}-\boldsymbol{U}(4\boldsymbol{E})\boldsymbol{U}^{-1},\\&=\boldsymbol{U}(\boldsymbol{\Lambda}^2+3\boldsymbol{\Lambda}-4\boldsymbol{E})\boldsymbol{U}^{-1}\end{aligned}$$

则有$\boldsymbol{U}^{-1}f(\boldsymbol{A})\boldsymbol{U}=\boldsymbol{\Lambda}^2+3\boldsymbol{\Lambda}-4\boldsymbol{E}$. 又$\boldsymbol{\Lambda}^2+3\boldsymbol{\Lambda}-4\boldsymbol{E}$仍为对角阵，因此$f(\boldsymbol{A})=\boldsymbol{A}^2+3\boldsymbol{A}-4\boldsymbol{E}$相似于对角阵$\boldsymbol{\Lambda}^2+3\boldsymbol{\Lambda}-4\boldsymbol{E}$.

本例中的结论可作进一步推广. 设$f(x)=a_0x^k+a_1x^{k-1}+\cdots+a_{k-1}x+a_k$为数域$P$上的多项式，则有关于$\boldsymbol{A}$的多项式$f(\boldsymbol{A})=a_0\boldsymbol{A}^k+a_1\boldsymbol{A}^{k-1}+\cdots+a_{k-1}\boldsymbol{A}+a_k\boldsymbol{E}$. 若$\boldsymbol{A}\sim\boldsymbol{B}$，则$f(\boldsymbol{A})\sim f(\boldsymbol{B})$.

例 6.11　已知$\boldsymbol{A}=\begin{pmatrix}1&-1\\2&4\end{pmatrix}$，求$\boldsymbol{A}^n$.

解　由$|\lambda\boldsymbol{E}-\boldsymbol{A}|=\begin{vmatrix}\lambda-1&1\\-2&\lambda-4\end{vmatrix}=(\lambda-2)(\lambda-3)$，得$\boldsymbol{A}$的特征值为2和3. 求出特征值2的一个特征向量$\boldsymbol{\alpha}_1=\begin{pmatrix}-1\\1\end{pmatrix}$；特征值3的一个特征向量$\boldsymbol{\alpha}_2=\begin{pmatrix}-1\\2\end{pmatrix}$. 令$\boldsymbol{U}=(\boldsymbol{\alpha}_1\quad\boldsymbol{\alpha}_2)=\begin{pmatrix}-1&-1\\1&2\end{pmatrix}$，$\boldsymbol{U}^{-1}=\begin{pmatrix}-2&-1\\1&1\end{pmatrix}$，则$\boldsymbol{U}^{-1}\boldsymbol{A}\boldsymbol{U}=\begin{pmatrix}2&0\\0&3\end{pmatrix}$，于是

$$\boldsymbol{A}=\boldsymbol{U}\begin{pmatrix}2&0\\0&3\end{pmatrix}\boldsymbol{U}^{-1},$$

所以$\boldsymbol{A}^n=\boldsymbol{U}\begin{pmatrix}2&0\\0&3\end{pmatrix}^n\boldsymbol{U}^{-1}=\boldsymbol{U}\begin{pmatrix}2^n&0\\0&3^n\end{pmatrix}\boldsymbol{U}^{-1}=\begin{pmatrix}2^{n+1}-3^n&2^n-3^n\\-2^{n+1}+2\cdot3^n&-2^n+2\cdot3^n\end{pmatrix}$.

例 6.12　已知$\boldsymbol{A}=\begin{pmatrix}1&-1&1\\x&4&y\\-3&-3&5\end{pmatrix}$有三个线性无关的特征向量，且$\boldsymbol{A}$有一个二重特征值为2，求可逆矩阵$\boldsymbol{U}$，使$\boldsymbol{U}^{-1}\boldsymbol{A}\boldsymbol{U}$为对角矩阵.

解　因为三阶矩阵$\boldsymbol{A}$有三个线性无关的特征向量，所以$\boldsymbol{A}$可相似对角化，又$\boldsymbol{A}$有一个二重特征值2，则2对应的线性无关特征向量必为两个. 于是，齐次线性方程组$(2\boldsymbol{E}-\boldsymbol{A})\boldsymbol{x}=\boldsymbol{o}$系数矩阵的秩应为$3-2=1$，即$\mathrm{r}(2\boldsymbol{E}-\boldsymbol{A})=1$. 对矩阵$2\boldsymbol{E}-\boldsymbol{A}$作初等行变换，得

$$2\boldsymbol{E}-\boldsymbol{A}=\begin{pmatrix}1&1&-1\\-x&-2&-y\\3&3&-3\end{pmatrix}\to\begin{pmatrix}1&1&-1\\0&x-2&-x-y\\0&0&0\end{pmatrix},$$

得 $x=2$，$y=-2$. 求出 $\boldsymbol{A}=\begin{pmatrix}1&-1&1\\2&4&-2\\-3&-3&5\end{pmatrix}$，并求得 $\boldsymbol{A}$ 的特征值为 $\lambda_1=2$（二重），$\lambda_2=6$.

进一步，求得属于特征值 2 的两个线性无关特征向量 $\boldsymbol{\eta}_1=(1,\ -1,\ 0)^{\mathrm{T}}$，$\boldsymbol{\eta}_2=(1,\ 0,\ 1)^{\mathrm{T}}$；属于特征值 6 的一个特征向量 $\boldsymbol{\eta}_3=(1,\ -2,\ 3)^{\mathrm{T}}$.

令 $\boldsymbol{U}=(\boldsymbol{\eta}_1\ \ \boldsymbol{\eta}_2\ \ \boldsymbol{\eta}_3)=\begin{pmatrix}1&1&1\\-1&0&-2\\0&1&3\end{pmatrix}$，则 $\boldsymbol{U}^{-1}\boldsymbol{A}\boldsymbol{U}=\begin{pmatrix}2&0&0\\0&2&0\\0&0&6\end{pmatrix}$.

例 6.13 设 $\boldsymbol{A}$ 是 n 阶幂等矩阵，证明：$\boldsymbol{A}\sim\begin{pmatrix}\boldsymbol{E}_r&\boldsymbol{O}\\\boldsymbol{O}&\boldsymbol{O}\end{pmatrix}$，其中 $r=\mathrm{r}(\boldsymbol{A})$.

证明 例 6.5 已得幂等矩阵的特征值只有 0 或 1. 由 $\boldsymbol{A}(\boldsymbol{E}-\boldsymbol{A})=\boldsymbol{O}$，当 $\boldsymbol{A}$ 的特征值全部为 0 时，$\boldsymbol{E}-\boldsymbol{A}$ 为可逆矩阵，则 $\boldsymbol{A}=\boldsymbol{O}$，结论成立，且 $r=0$；当 $\boldsymbol{A}$ 的特征值全部为 1 时，$\boldsymbol{A}$ 为可逆矩阵，则 $\boldsymbol{A}=\boldsymbol{E}$，结论成立，且 $r=n$；当 0 和 1 都是 A 的特征值时，由 $\mathrm{r}(\boldsymbol{A})+\mathrm{r}(\boldsymbol{E}-\boldsymbol{A})=n$，进而有

$$n-\mathrm{r}(\boldsymbol{A})+n-\mathrm{r}(\boldsymbol{E}-\boldsymbol{A})=n,$$

即 $\boldsymbol{A}$ 的全部特征子空间的维数和为 n，故 $\boldsymbol{A}$ 可相似对角化，且 $\boldsymbol{A}\sim\begin{pmatrix}\boldsymbol{E}_r&\boldsymbol{O}\\\boldsymbol{O}&\boldsymbol{O}\end{pmatrix}$，其中 $r=\mathrm{r}(\boldsymbol{A})=n-\mathrm{r}(\boldsymbol{E}-\boldsymbol{A})$.

习题 6.2

1. 设 $\boldsymbol{A}$，$\boldsymbol{B}$ 都是数域 P 上的 n 阶矩阵，且 $\boldsymbol{A}$ 可逆. 证明：$\boldsymbol{AB}$ 与 $\boldsymbol{BA}$ 相似.

2. 习题 6.1 第 1 题中，哪些矩阵可相似对角化？如果可以相似对角化，写出其相似的对角矩阵和相似变换矩阵 $\boldsymbol{U}$.

3. 判断下列矩阵中，哪些矩阵与对角矩阵 diag(2，1，1) 相似：

（1）$\begin{pmatrix}1&0&0\\0&2&0\\0&0&1\end{pmatrix}$；（2）$\begin{pmatrix}1&1&0\\0&1&0\\0&0&2\end{pmatrix}$；（3）$\begin{pmatrix}1&1&0\\0&2&1\\0&0&1\end{pmatrix}$；（4）$\begin{pmatrix}2&0&0\\1&1&0\\0&0&1\end{pmatrix}$.

4. 已知三阶矩阵 $\boldsymbol{A}$ 特征值为 2，1，-1，对应的特征向量为 $(1,\ 0,\ -1)^{\mathrm{T}}$，$(1,\ -1,\ 0)^{\mathrm{T}}$，$(1,\ 0,\ 1)^{\mathrm{T}}$，求矩阵 $\boldsymbol{A}$.

5. 如果 $\boldsymbol{A}\sim\boldsymbol{B}$，$\boldsymbol{C}\sim\boldsymbol{D}$，证明：$\begin{pmatrix}\boldsymbol{A}&\boldsymbol{O}\\\boldsymbol{O}&\boldsymbol{C}\end{pmatrix}\sim\begin{pmatrix}\boldsymbol{B}&\boldsymbol{O}\\\boldsymbol{O}&\boldsymbol{D}\end{pmatrix}$.

6. 证明：非零的 n 阶幂零矩阵不能相似对角化.

7. 设 $\boldsymbol{A}=\begin{pmatrix}2&1&1\\0&2&0\\0&-1&1\end{pmatrix}$，求 $\boldsymbol{A}^n$.

8. 设 $A=\begin{pmatrix}1 & -1 & 1\\ 2 & 4 & -2\\ -3 & -3 & a\end{pmatrix}$，$B=\begin{pmatrix}2 & 0 & 0\\ 0 & 2 & 0\\ 0 & 0 & b\end{pmatrix}$，且 $A\sim B$，求 a，b 的值．

9. 设 A 是 n 阶对合矩阵,即满足 $A^2=E$. 证明：$A\sim\begin{pmatrix}E_r & O\\ O & -E_{n-r}\end{pmatrix}$，其中 $r=\mathrm{r}(A+E)$.

10. 设 A 是三阶矩阵，α 是三维列向量，向量 α，$A\alpha$，$A^2\alpha$ 线性无关，且 $3A\alpha-2A^2\alpha-A^3\alpha=o$. 证明：$A$ 可相似对角化，并求 $|A+2E|$.

11. 设 $\alpha=(a_1, a_2, \cdots, a_n)^{\mathrm{T}}$，$\beta=(b_1, b_2, \cdots, b_n)^{\mathrm{T}}\in P^n$，且 $\alpha^{\mathrm{T}}\beta\neq 0$，证明：$\alpha\beta^{\mathrm{T}}$ 可相似对角化．

6.3　凯莱 – 哈密尔顿定理

凯莱 – 哈密尔顿（Cayley – Hamilton）定理表述了矩阵特征多项式具有的一个重要性质．该性质在理论及实践中都有广泛应用．

6.3.1　凯莱 – 哈密尔顿定理

由 6.1 节可知：设 A 是数域 P 上的 n 阶矩阵，λ_0 是 A 的特征值，α 是 A 的属于特征值 λ_0 的特征向量．$f(x)=a_0x^k+a_1x^{k-1}+\cdots+a_{k-1}x+a_k$ 为数域 P 上的多项式，则 $f(\lambda_0)=a_0\lambda_0^k+a_1\lambda_0^{k-1}+\cdots+a_{k-1}\lambda_0+a_k$ 是 $f(A)=a_0A^k+a_1A^{k-1}+\cdots+a_{k-1}A+a_kE$ 的特征值，且 α 也是 $f(A)$ 的属于特征值 $f(\lambda_0)$ 的特征向量，即若 $A\alpha=\lambda_0\alpha$，则

$$f(A)\alpha=f(\lambda_0)\alpha.$$

现在，我们考察一个特殊情形：将 A 的特征多项式记为 $f_A(\lambda)=|\lambda E-A|$，若 λ_0 是 A 的特征值，则 $f_A(\lambda_0)=0$. 由上述分析，得 0 是 $f_A(A)$ 的特征值，则 $f_A(A)$ 是一个不可逆矩阵．不仅如此，如下的凯莱 – 哈密尔顿定理告诉我们 $f_A(A)$ 恒为零矩阵．

定理 6.6　**[凯莱 – 哈密尔顿定理]**　设 $A=(a_{ij})$ 是数域 P 上的 n 阶矩阵，$f_A(\lambda)=|\lambda E-A|$ 是 A 的特征多项式，则 $f_A(A)=O$，即

$$f_A(A)=A^n-(a_{11}+a_{22}+\cdots+a_{nn})A^{n-1}+\cdots+(-1)^n|A|E=O.$$

证明　由 6.1 节，$f_A(\lambda)=\lambda^n-(a_{11}+a_{22}+\cdots+a_{nn})\lambda^{n-1}+\cdots+(-1)^n|A|$，简记为 $f_A(\lambda)=\lambda^n+a_{n-1}\lambda^{n-1}+\cdots+a_0$. 则有 $f_A(A)=A^n+a_{n-1}A^{n-1}+\cdots+a_0E$.

设 $B(\lambda)$ 是 $\lambda E-A$ 的伴随矩阵．由引理 3.2，有

$$f_A(\lambda)E=B(\lambda)(\lambda E-A). \tag{6.7}$$

又 $B(\lambda)$ 的元素是 $|\lambda E-A|$ 的各个代数余子式，它们都是 λ 的多项式，且其次数不超过 $n-1$. 因此，$B(\lambda)$ 可写成 $B(\lambda)=\lambda^{n-1}B_{n-1}+\cdots+\lambda B_1+B_0$，其中 $B_i(i=0,1,\cdots,n-1)$ 是 n 阶矩阵．式(6.7) 的右端可化为

$$\begin{aligned}\boldsymbol{B}(\lambda)(\lambda\boldsymbol{E}-\boldsymbol{A}) &= \lambda\boldsymbol{B}(\lambda)-\boldsymbol{B}(\lambda)\boldsymbol{A}\\ &= \lambda(\lambda^{n-1}\boldsymbol{B}_{n-1}+\cdots+\lambda\boldsymbol{B}_1+\boldsymbol{B}_0)-(\lambda^{n-1}\boldsymbol{B}_{n-1}+\cdots+\lambda\boldsymbol{B}_1+\boldsymbol{B}_0)\boldsymbol{A}\\ &= \lambda^n\boldsymbol{B}_{n-1}+\cdots+\lambda^2\boldsymbol{B}_1+\lambda\boldsymbol{B}_0-(\lambda^{n-1}\boldsymbol{B}_{n-1}\boldsymbol{A}+\cdots+\lambda\boldsymbol{B}_1\boldsymbol{A}+\boldsymbol{B}_0\boldsymbol{A})\\ &= \lambda^n\boldsymbol{B}_{n-1}+\lambda^{n-1}(\boldsymbol{B}_{n-2}-\boldsymbol{B}_{n-1}\boldsymbol{A})+\cdots+\lambda(\boldsymbol{B}_0-\boldsymbol{B}_1\boldsymbol{A})-\boldsymbol{B}_0\boldsymbol{A}.\end{aligned} \tag{6.8}$$

式（6.7）的左端可化为

$$f_A(\lambda)\boldsymbol{E}=\lambda^n\boldsymbol{E}+a_{n-1}\lambda^{n-1}\boldsymbol{E}+\cdots+a_1\lambda\boldsymbol{E}+a_0\boldsymbol{E}. \tag{6.9}$$

比较式（6.8）和式（6.9）中的各项系数，可得如下 $n+1$ 个等式：

$$\begin{aligned}\boldsymbol{B}_{n-1}&=\boldsymbol{E},\\ \boldsymbol{B}_{n-2}-\boldsymbol{B}_{n-1}\boldsymbol{A}&=a_{n-1}\boldsymbol{E},\\ &\cdots\\ \boldsymbol{B}_0-\boldsymbol{B}_1\boldsymbol{A}&=a_1\boldsymbol{E},\\ -\boldsymbol{B}_0\boldsymbol{A}&=a_0\boldsymbol{E}.\end{aligned} \tag{6.10}$$

用 $\boldsymbol{A}^n$，$\boldsymbol{A}^{n-1}$，…，$\boldsymbol{A}$，$\boldsymbol{E}$ 分别右乘式（6.10）的第 1 个等式，第 2 个等式，…，第 n 个等式，第 $n+1$ 个等式，得到如下 $n+1$ 个等式：

$$\begin{aligned}\boldsymbol{B}_{n-1}\boldsymbol{A}^n&=\boldsymbol{A}^n,\\ \boldsymbol{B}_{n-2}\boldsymbol{A}^{n-1}-\boldsymbol{B}_{n-1}\boldsymbol{A}^n&=a_{n-1}\boldsymbol{A}^{n-1},\\ &\cdots\\ \boldsymbol{B}_0\boldsymbol{A}-\boldsymbol{B}_1\boldsymbol{A}^2&=a_1\boldsymbol{A},\\ -\boldsymbol{B}_0\boldsymbol{A}&=a_0\boldsymbol{E}.\end{aligned} \tag{6.11}$$

将式(6.11) 中的 $n+1$ 个等式左右两端分别相加．显然，左端之和为零矩阵，而右端之和恰为 $f_A(\boldsymbol{A})$．故 $f_A(\boldsymbol{A})=\boldsymbol{O}$，即 $f_A(\boldsymbol{A})=\boldsymbol{A}^n-(a_{11}+a_{22}+\cdots+a_{nn})\boldsymbol{A}^{n-1}+\cdots+(-1)^n|\boldsymbol{A}|\boldsymbol{E}=\boldsymbol{O}$.

凯莱－哈密尔顿定理可简述为：数域 P 上的任意方阵都满足其特征多项式．

6.3.2 凯莱－哈密尔顿定理的应用

例 6.14 设 $\boldsymbol{A}=\begin{pmatrix}1&1\\1&0\end{pmatrix}$．计算 $\boldsymbol{A}^k$（$k\geqslant 2$）.

解 $\boldsymbol{A}$ 的特征多项式 $f(\lambda)=|\lambda\boldsymbol{E}-\boldsymbol{A}|=\lambda^2-\lambda-1$. 根据带余除法，存在多项式 $q(\lambda)$，使得 $\lambda^k=f(\lambda)q(\lambda)+a_1\lambda+a_0=(\lambda^2-\lambda-1)q(\lambda)+a_1\lambda+a_0$，其中 a_1,a_0 为常数．用 $\boldsymbol{A}$ 代替上式中的 λ，得

$$\boldsymbol{A}^k=(\boldsymbol{A}^2-\boldsymbol{A}-\boldsymbol{E})q(\boldsymbol{A})+a_1\boldsymbol{A}+a_0\boldsymbol{E}.$$

由凯莱－哈密尔顿定理，$\boldsymbol{A}^2-\boldsymbol{A}-\boldsymbol{E}=\boldsymbol{O}$，于是

$$\boldsymbol{A}^k=a_1\boldsymbol{A}+a_0\boldsymbol{E}.$$

下面求解 a_1,a_0. 由 $\boldsymbol{A}$ 的特征多项式，可求得 $\boldsymbol{A}$ 的两个特征值 $\lambda_1=\dfrac{1+\sqrt{5}}{2},\lambda_2=\dfrac{1-\sqrt{5}}{2}$，满足 $f(\lambda_1)=f(\lambda_2)=0$. 将 λ_1,λ_2 代入 $\lambda^k=f(\lambda)q(\lambda)+a_1\lambda+a_0$，可得

$$\begin{cases}\left(\dfrac{1+\sqrt{5}}{2}\right)^k = a_1\left(\dfrac{1+\sqrt{5}}{2}\right)+a_0,\\[2ex]\left(\dfrac{1-\sqrt{5}}{2}\right)^k = a_1\left(\dfrac{1-\sqrt{5}}{2}\right)+a_0,\end{cases}$$

解得 $a_1 = \dfrac{1}{\sqrt{5}}\left[\left(\dfrac{1+\sqrt{5}}{2}\right)^k - \left(\dfrac{1-\sqrt{5}}{2}\right)^k\right], a_0 = \dfrac{1}{\sqrt{5}}\left[\left(\dfrac{1+\sqrt{5}}{2}\right)^{k-1} - \left(\dfrac{1-\sqrt{5}}{2}\right)^{k-1}\right]$.

将 a_1, a_0 的值代入 $\boldsymbol{A}^k = a_1\boldsymbol{A} + a_0\boldsymbol{E}$，得

$$\boldsymbol{A}^k = \frac{1}{\sqrt{5}}\begin{pmatrix}\left(\dfrac{1+\sqrt{5}}{2}\right)^{k+1} - \left(\dfrac{1-\sqrt{5}}{2}\right)^{k+1} & \left(\dfrac{1+\sqrt{5}}{2}\right)^{k} - \left(\dfrac{1-\sqrt{5}}{2}\right)^{k}\\ \left(\dfrac{1+\sqrt{5}}{2}\right)^{k} - \left(\dfrac{1-\sqrt{5}}{2}\right)^{k} & \left(\dfrac{1+\sqrt{5}}{2}\right)^{k-1} - \left(\dfrac{1-\sqrt{5}}{2}\right)^{k-1}\end{pmatrix}.$$

例 6.14 的结论可以帮助我们求解著名的**斐波那契(Fibonacci)数列**的通项公式．已知斐波那契数列的定义为

$$a_{n+1} = a_n + a_{n-1}，且 a_0 = 0，a_1 = 1.$$

即数列中每一项都是前两项之和．将上式写成矩阵的等式：

$$\begin{pmatrix}a_{n+1}\\ a_n\end{pmatrix} = \begin{pmatrix}1 & 1\\ 1 & 0\end{pmatrix}\begin{pmatrix}a_n\\ a_{n-1}\end{pmatrix}, 且 \begin{pmatrix}a_1\\ a_0\end{pmatrix} = \begin{pmatrix}1\\ 0\end{pmatrix}.$$

令 $\boldsymbol{\alpha}_n = \begin{pmatrix}a_{n+1}\\ a_n\end{pmatrix}$，$\boldsymbol{A} = \begin{pmatrix}1 & 1\\ 1 & 0\end{pmatrix}$，则

$$\boldsymbol{\alpha}_n = \boldsymbol{A}^n\boldsymbol{\alpha}_0 = \frac{1}{\sqrt{5}}\begin{pmatrix}\left(\dfrac{1+\sqrt{5}}{2}\right)^{n+1} - \left(\dfrac{1-\sqrt{5}}{2}\right)^{n+1} & \left(\dfrac{1+\sqrt{5}}{2}\right)^{n} - \left(\dfrac{1-\sqrt{5}}{2}\right)^{n}\\ \left(\dfrac{1+\sqrt{5}}{2}\right)^{n} - \left(\dfrac{1-\sqrt{5}}{2}\right)^{n} & \left(\dfrac{1+\sqrt{5}}{2}\right)^{n-1} - \left(\dfrac{1-\sqrt{5}}{2}\right)^{n-1}\end{pmatrix}\begin{pmatrix}1\\ 0\end{pmatrix},$$

于是得到斐波那契数列的通项公式为

$$a_n = \frac{1}{\sqrt{5}}\left[\left(\frac{1+\sqrt{5}}{2}\right)^n - \left(\frac{1-\sqrt{5}}{2}\right)^n\right].$$

例 6.15　设 $\boldsymbol{A} = \begin{pmatrix}1 & 0 & 2\\ 0 & -1 & 1\\ 0 & 1 & 0\end{pmatrix}$．计算 $2\boldsymbol{A}^8 - 3\boldsymbol{A}^5 + \boldsymbol{A}^4 + \boldsymbol{A}^2 - 4\boldsymbol{E}$.

解　令 $g(\lambda) = 2\lambda^8 - 3\lambda^5 + \lambda^4 + \lambda^2 - 4$.

$\boldsymbol{A}$ 的特征多项式 $f(\lambda) = |\lambda\boldsymbol{E} - \boldsymbol{A}| = \lambda^3 - 2\lambda + 1$.

(方法一) 用 $f(\lambda)$ 去除 $g(\lambda)$，得 $g(\lambda) = f(\lambda)q(\lambda) + 24\lambda^2 - 37\lambda + 10$，其中商 $q(\lambda)$ 为关于 λ 的 5 次多项式．于是有 $g(\boldsymbol{A}) = f(\boldsymbol{A})q(\boldsymbol{A}) + 24\boldsymbol{A}^2 - 37\boldsymbol{A} + 10\boldsymbol{E}$. 又 $f(\boldsymbol{A}) = \boldsymbol{O}$，所以

$$g(\boldsymbol{A}) = 24\boldsymbol{A}^2 - 37\boldsymbol{A} + 10\boldsymbol{E}.$$

将 $\boldsymbol{A} = \begin{pmatrix}1 & 0 & 2\\ 0 & -1 & 1\\ 0 & 1 & 0\end{pmatrix}$ 代入上式，可得 $g(\boldsymbol{A}) = \begin{pmatrix}-3 & 48 & -26\\ 0 & 95 & -61\\ 0 & -61 & 34\end{pmatrix}$.

（方法二）由 A 的特征多项式，可得 A 的特征值为 $\lambda_1 = 1, \lambda_{2,3} = \frac{-1 \pm \sqrt{5}}{2}$. 令 $g(A) = f(A)q(A) + u(A)$，其中余项 $u(A)$ 应为 A 的 2 次多项式，令

$$u(A) = aA^2 + bA + cE.$$

下面利用 A 的特征值求常数 a, b, c.

由 $g(\lambda) = f(\lambda)q(\lambda) + u(\lambda)$，且 $f(\lambda_1) = f(\lambda_2) = f(\lambda_3) = 0$，可得

$$\begin{cases} g(\lambda_1) = a\lambda_1^2 + b\lambda_1 + c, \\ g(\lambda_2) = a\lambda_2^2 + b\lambda_2 + c, \\ g(\lambda_3) = a\lambda_3^2 + b\lambda_3 + c. \end{cases}$$

将 $\lambda_1 = 1$，$\lambda_{2,3} = \frac{-1 \pm \sqrt{5}}{2}$ 代入上式，解得 $a = 24$，$b = -37$，$c = 10$，所以

$$g(A) = 24A^2 - 37A + 10E = \begin{pmatrix} -3 & 48 & -26 \\ 0 & 95 & -61 \\ 0 & -61 & 34 \end{pmatrix}.$$

从以上例题可以看到，利用凯莱－哈密尔顿定理处理有关方阵高次多项式的问题是很方便的．凯莱－哈密尔顿定理也为我们提供了计算逆矩阵的另一方法．

设 A 是数域 P 上的 n 阶可逆矩阵，$f_A(\lambda) = |\lambda E - A|$ 是 A 的特征多项式，则由凯莱－哈密尔顿定理可知，$f_A(A) = A^n + a_{n-1}A^{n-1} + \cdots + a_1A + a_0E = O$，其中 $a_0 = (-1)^n |A|$. 因为 $|A| \neq 0$，所以有 $A\left[-\frac{1}{a_0}(A^{n-1} + a_{n-1}A^{n-2} + \cdots + a_1E)\right] = E$，则

$$A^{-1} = -\frac{1}{a_0}(A^{n-1} + a_{n-1}A^{n-2} + \cdots + a_1E). \tag{6.12}$$

式(6.12)说明：n 阶可逆矩阵 A 的逆可表示为 A 的一个 $n-1$ 次多项式．

例 6.16　已知 $A = \begin{pmatrix} -1 & 1 & 0 \\ -4 & 3 & 0 \\ 1 & 0 & 2 \end{pmatrix}$，试用 A 的 2 次多项式表示 A^{-1}.

解　A 的特征多项式 $f(\lambda) = |\lambda E - A| = \lambda^3 - 4\lambda^2 + 5\lambda - 2$. 因为常数项不为 0，则 A 可逆．

由凯莱－哈密尔顿定理，$A^3 - 4A^2 + 5A - 2E = O$，可得

$$A^{-1} = \frac{1}{2}(A^2 - 4A + 5E) = \frac{1}{2}\begin{pmatrix} 6 & -2 & 0 \\ 8 & -2 & 0 \\ -3 & 1 & 1 \end{pmatrix}.$$

习题 6.3

1. 设 $A = \begin{pmatrix} 1 & 1 & 0 \\ 0 & 1 & 1 \\ 0 & 0 & 1 \end{pmatrix}$，利用凯莱－哈密尔顿定理计算 A^k.

2. 设 $A=\begin{pmatrix}1&0&0\\1&0&1\\0&1&0\end{pmatrix}$. 证明：$n\geqslant 3$ 时，$A^n=A^{n-2}+A^2-E$，并计算 A^{100}.

3. 利用凯莱 - 哈密尔顿定理将矩阵 $\begin{pmatrix}1&4\\3&2\end{pmatrix}^{1010}$ 表示为 $A=\begin{pmatrix}1&4\\3&2\end{pmatrix}$ 的一次多项式.

4. 设数列 $\{a_n\}$ 满足 $a_{n+1}=2a_n+3a_{n-1}$ $(n\geqslant 1)$，$a_0=1$，$a_1=1$. 求 a_n 的通项公式.

6.4　线性变换的特征值和特征向量

我们知道，n 维线性空间上的线性变换在一组基的作用下与一个 n 阶矩阵一一对应，本节我们学习线性变换的特征值、特征向量以及可对角化问题.

6.4.1　线性变换在不同基下的矩阵关系

定理 6.7　设 n 维线性空间 V 的线性变换 σ 在两组基 $\boldsymbol{\varepsilon}_1,\ \boldsymbol{\varepsilon}_2,\ \cdots,\ \boldsymbol{\varepsilon}_n$ 和 $\boldsymbol{\eta}_1,\ \boldsymbol{\eta}_2,\ \cdots,\boldsymbol{\eta}_n$ 下的矩阵分别为 $\boldsymbol{A}$ 和 $\boldsymbol{B}$，且基 $\boldsymbol{\varepsilon}_1,\ \boldsymbol{\varepsilon}_2,\ \cdots,\ \boldsymbol{\varepsilon}_n$ 到 $\boldsymbol{\eta}_1,\ \boldsymbol{\eta}_2,\ \cdots,\ \boldsymbol{\eta}_n$ 的过渡矩阵为 $\boldsymbol{P}$，则有 $\boldsymbol{P}^{-1}\boldsymbol{AP}=\boldsymbol{B}$，即同一个线性变换在不同基下的矩阵是相似的关系.

证明　由已知，有 $\sigma(\boldsymbol{\varepsilon}_1,\ \boldsymbol{\varepsilon}_2,\ \cdots,\ \boldsymbol{\varepsilon}_n)=(\boldsymbol{\varepsilon}_1,\ \boldsymbol{\varepsilon}_2,\ \cdots,\ \boldsymbol{\varepsilon}_n)\boldsymbol{A}$，$\boldsymbol{\sigma}(\boldsymbol{\eta}_1,\ \boldsymbol{\eta}_2,\ \cdots,\ \boldsymbol{\eta}_n)=(\boldsymbol{\eta}_1,\ \boldsymbol{\eta}_2,\ \cdots,\ \boldsymbol{\eta}_n)\boldsymbol{B}$，且

$$(\boldsymbol{\eta}_1,\ \boldsymbol{\eta}_2,\ \cdots,\ \boldsymbol{\eta}_n)=(\boldsymbol{\varepsilon}_1,\ \boldsymbol{\varepsilon}_2,\ \cdots,\ \boldsymbol{\varepsilon}_n)\boldsymbol{P},$$

于是有

$$\begin{aligned}\boldsymbol{\sigma}(\boldsymbol{\eta}_1,\ \boldsymbol{\eta}_2,\ \cdots,\ \boldsymbol{\eta}_n)&=\sigma((\boldsymbol{\varepsilon}_1,\ \boldsymbol{\varepsilon}_2,\ \cdots,\ \boldsymbol{\varepsilon}_n)\boldsymbol{P})\\&=\sigma(\boldsymbol{\varepsilon}_1,\ \boldsymbol{\varepsilon}_2,\ \cdots,\ \boldsymbol{\varepsilon}_n)\boldsymbol{P}=(\boldsymbol{\varepsilon}_1,\ \boldsymbol{\varepsilon}_2,\ \cdots,\ \boldsymbol{\varepsilon}_n)\boldsymbol{AP}\\&=(\boldsymbol{\eta}_1,\ \boldsymbol{\eta}_2,\ \cdots,\ \boldsymbol{\eta}_n)\boldsymbol{P}^{-1}\boldsymbol{AP},\end{aligned}$$

由线性变换在一组基下矩阵的唯一性，得 $\boldsymbol{P}^{-1}\boldsymbol{AP}=\boldsymbol{B}$，即 $\boldsymbol{A}\sim\boldsymbol{B}$.

6.4.2　线性变换的特征值和特征向量

定义 6.4　设 σ 是数域 P 上 n 维线性空间 V 的线性变换，如果存在 $\lambda_0\in P$，非零向量 $\boldsymbol{\xi}\in V$，满足

$$\sigma(\boldsymbol{\xi})=\lambda_0\boldsymbol{\xi},$$

则称 λ_0 为 σ 的一个**特征值**，而 $\boldsymbol{\xi}$ 称为 σ 的属于特征值 λ_0 的一个**特征向量**.

如下分析线性变换的特征值和特征向量的求法.

设 $\boldsymbol{\alpha}_1,\ \boldsymbol{\alpha}_2,\ \cdots,\ \boldsymbol{\alpha}_n$ 是线性空间 V 的一组基，σ 是 V 上的线性变换，且 σ 在这组基下的矩阵为 $\boldsymbol{A}$. 若 λ_0 是 σ 的特征值，它的一个特征向量 $\boldsymbol{\xi}\in V$ 在基 $\boldsymbol{\alpha}_1,\ \boldsymbol{\alpha}_2,\ \cdots,\ \boldsymbol{\alpha}_n$ 下的坐标记为 $(x_1,\ x_2,\ \cdots,\ x_n)^{\mathrm{T}}$，则根据定理 5.15 知，$\sigma(\boldsymbol{\xi})$ 在基 $\boldsymbol{\alpha}_1,\ \boldsymbol{\alpha}_2,\ \cdots,\ \boldsymbol{\alpha}_n$ 下的坐标为 $\boldsymbol{A}\begin{pmatrix}x_1\\x_2\\\vdots\\x_n\end{pmatrix}$，而 $\lambda_0\boldsymbol{\xi}$ 在基 $\boldsymbol{\alpha}_1,\ \boldsymbol{\alpha}_2,\ \cdots,\ \boldsymbol{\alpha}_n$ 下的坐标为 $\lambda_0\begin{pmatrix}x_1\\x_2\\\vdots\\x_n\end{pmatrix}$. 由 $\sigma(\boldsymbol{\xi})=\lambda_0\boldsymbol{\xi}$，有

$A\begin{pmatrix}x_1\\x_2\\\vdots\\x_n\end{pmatrix}=\lambda_0\begin{pmatrix}x_1\\x_2\\\vdots\\x_n\end{pmatrix}$，从而 $(\lambda_0\boldsymbol{E}-\boldsymbol{A})\begin{pmatrix}x_1\\x_2\\\vdots\\x_n\end{pmatrix}=\boldsymbol{o}$，即 $(x_1, x_2, \cdots, x_n)^{\mathrm{T}}$ 是齐次线性方程组 $(\lambda_0\boldsymbol{E}-\boldsymbol{A})\boldsymbol{x}=\boldsymbol{o}$ 的解．由 $\boldsymbol{\xi}\neq\boldsymbol{o}$ 知，$(x_1, x_2, \cdots, x_n)^{\mathrm{T}}$ 为 $(\lambda_0\boldsymbol{E}-\boldsymbol{A})\boldsymbol{x}=\boldsymbol{o}$ 的非零解，所以 $|\lambda_0\boldsymbol{E}-\boldsymbol{A}|=0$，即 λ_0 是 $|\lambda\boldsymbol{E}-\boldsymbol{A}|=0$ 的根．反之，若 λ_0 是 $|\lambda\boldsymbol{E}-\boldsymbol{A}|=0$ 的根，则有 $|\lambda_0\boldsymbol{E}-\boldsymbol{A}|=0$，进而 $(\lambda_0\boldsymbol{E}-\boldsymbol{A})\boldsymbol{x}=\boldsymbol{o}$ 有非零解，令 $(x_1, x_2, \cdots, x_n)^{\mathrm{T}}$ 为 $(\lambda_0\boldsymbol{E}-\boldsymbol{A})\boldsymbol{x}=\boldsymbol{o}$ 的一个非零解，则向量 $\boldsymbol{\xi}=x_1\boldsymbol{\alpha}_1+x_2\boldsymbol{\alpha}_2+\cdots+x_n\boldsymbol{\alpha}_n$ 就是 σ 的属于特征值 λ_0 的一个特征向量．综上，我们有如下结论．

定理 6.8　设 V 是数域 P 上的 n 维线性空间，σ 是 V 上的线性变换，$\boldsymbol{A}$ 是 σ 在某组基下的矩阵，$\lambda_0\in P$，则 λ_0 是线性变换 σ 的特征值当且仅当 λ_0 是矩阵 $\boldsymbol{A}$ 的特征值；$\boldsymbol{\xi}$ 是 σ 的属于特征值 λ_0 的特征向量当且仅当 $\boldsymbol{\xi}$ 在这组基下的坐标是 $\boldsymbol{A}$ 的属于特征值 λ_0 的特征向量．

由定理 6.8 可得，求解线性变换 σ 的特征值和特征向量的方法：

(1) 确定 V 的一组基 $\boldsymbol{\alpha}_1,\boldsymbol{\alpha}_2,\cdots,\boldsymbol{\alpha}_n$；

(2) 求出 σ 在基 $\boldsymbol{\alpha}_1,\boldsymbol{\alpha}_2,\cdots,\boldsymbol{\alpha}_n$ 下的矩阵 $\boldsymbol{A}$；

(3) 在数域 P 上，求出 $\boldsymbol{A}$ 的全部特征值和特征向量；

(4) $\boldsymbol{A}$ 的全部特征值即为 σ 的全部特征值，以 $\boldsymbol{A}$ 的全部特征向量为坐标写出 σ 的全部特征向量．

例 6.17　已知 V 是数域 P 上的 3 维线性空间，σ 是 V 上的一个线性变换，σ 在 V 的一组基 $\boldsymbol{\alpha}_1,\boldsymbol{\alpha}_2,\boldsymbol{\alpha}_3$ 下的矩阵为 $\boldsymbol{A}=\begin{pmatrix}2&-2&2\\-2&-1&4\\2&4&-1\end{pmatrix}$，求 σ 的全部特征值和特征向量．

解　$\boldsymbol{A}$ 的特征多项式为 $|\lambda\boldsymbol{E}-\boldsymbol{A}|=\begin{vmatrix}\lambda-2&2&-2\\2&\lambda+1&-4\\-2&-4&\lambda+1\end{vmatrix}=(\lambda-3)^2(\lambda+6)$，

所以 $\boldsymbol{A}$ 的特征值为 $\lambda_{1,2}=3$(二重)，$\lambda_3=-6$.

对于 $\lambda_{1,2}=3$，解得齐次线性方程组 $(3\boldsymbol{E}-\boldsymbol{A})\boldsymbol{x}=\boldsymbol{o}$ 的一个基础解系为 $(-2, 1, 0)^{\mathrm{T}}$，$(2, 0, 1)^{\mathrm{T}}$，从而 σ 的属于特征值 3 的极大线性无关特征向量组为 $\boldsymbol{\xi}_1=-2\boldsymbol{\alpha}_1+\boldsymbol{\alpha}_2$，$\boldsymbol{\xi}_2=2\boldsymbol{\alpha}_1+\boldsymbol{\alpha}_3$，于是 σ 的属于特征值 3 的全部特征向量为

$$k_1\boldsymbol{\xi}_1+k_2\boldsymbol{\xi}_2,\ k_1,\ k_2\in P,\ k_1,\ k_2 \text{ 不全为 } 0.$$

同理可求得，σ 属于特征值 -6 的极大线性无关特征向量组为 $\boldsymbol{\xi}_3=\boldsymbol{\alpha}_1+2\boldsymbol{\alpha}_2-2\boldsymbol{\alpha}_3$，于是 σ 的属于特征值 -6 的全部特征向量为 $k_3\boldsymbol{\xi}_3, k_3\in P, k_3\neq 0$.

由于线性变换在不同基下的矩阵是相似的，相似矩阵具有相同的特征多项式，则由定理 6.8 知，线性变换的特征值与基的选取无关，事实上，线性变换的特征向量也与基的选取无关(证明略)．因此，线性变换在一组基下的矩阵的特征多项式也称为该线性变换的特征多项式．

6.4.3　线性变换可对角化的条件

对角阵是一类简单的矩阵．如果线性变换在某组基下的矩阵为对角阵，就会使得分析该线性变换在 V 上的作用变得容易．若线性变换 σ 在某组基下的矩阵为对角矩阵，则称 σ 是**可对角化的**．

首先，利用数域 P 上的线性空间 $L(V) \cong M_n(P)$ 可以证明，定理 6.7 的逆命题也成立，即如果两个矩阵相似，则它们可以看作是同一线性变换在两组基下所对应的矩阵．进一步，我们有如下定理．

定理 6.9　设 V 是数域 P 上的 n 维线性空间，σ 是 V 上的线性变换，则 σ 可对角化的充要条件是 σ 有 n 个线性无关的特征向量，即 V 有一组由 σ 的特征向量构成的基．

由于线性变换可对角化的问题可以转化为矩阵相似对角化的问题讨论，那么判断一个线性变换是否可对角化的具体步骤可总结如下：

(1) 先求线性变换 σ 在一组基 $\boldsymbol{\xi}_1,\boldsymbol{\xi}_2,\cdots,\boldsymbol{\xi}_n$ 下的矩阵 $\boldsymbol{A}$；

(2) 判断 $\boldsymbol{A}$ 是否可相似对角化，若 $\boldsymbol{A}$ 可对角化，求出 $\boldsymbol{A}$ 相似的对角阵 $\boldsymbol{\Lambda}$ 及相似变换矩阵 $\boldsymbol{T}$；

(3) 以 $\boldsymbol{T}$ 为过渡矩阵，得到一组基 $\boldsymbol{\eta}_1$，$\boldsymbol{\eta}_2$，$\cdots$，$\boldsymbol{\eta}_n$ 满足 $(\boldsymbol{\eta}_1\ \boldsymbol{\eta}_2\cdots\ \boldsymbol{\eta}_n)=(\boldsymbol{\xi}_1\ \boldsymbol{\xi}_2\cdots\ \boldsymbol{\xi}_n)\boldsymbol{T}$，则 σ 在基 $\boldsymbol{\eta}_1$，$\boldsymbol{\eta}_2$，$\cdots$，$\boldsymbol{\eta}_n$ 下的矩阵是对角阵 $\boldsymbol{\Lambda}$.

例 6.18　已知 V 是复数域$\mathbb{C}$上的 3 维线性空间，σ 是 V 上的一个线性变换，σ 在 V 的一组基 $\boldsymbol{\alpha}_1,\boldsymbol{\alpha}_2,\boldsymbol{\alpha}_3$ 下的矩阵为 $\boldsymbol{A}=\begin{pmatrix}0&2&1\\-2&0&3\\-1&-3&0\end{pmatrix}$，求 σ 的全部特征值和特征向量，并讨论 σ 能否对角化，若可对角化，写出相应的基变换的过渡矩阵 $\boldsymbol{T}$.

解　$\boldsymbol{A}$ 的特征多项式为 $|\lambda\boldsymbol{E}-\boldsymbol{A}|=\begin{vmatrix}\lambda&-2&-1\\2&\lambda&-3\\1&3&\lambda\end{vmatrix}=\lambda(\lambda^2+14)$，所以 $\boldsymbol{A}$ 的特征值为

$$\lambda_1=0,\lambda_2=\sqrt{14}\mathrm{i},\lambda_3=-\sqrt{14}\mathrm{i}.$$

对于 $\lambda_1=0$，求得 $(0\boldsymbol{E}-\boldsymbol{A})\boldsymbol{x}=\boldsymbol{o}$ 的一个基础解系为 $(3,\ -1,\ 2)^{\mathrm{T}}$，所以 σ 的属于特征值 0 的全部特征向量为

$$k_1\boldsymbol{\xi}_1=k_1\ (3\boldsymbol{\alpha}_1-\boldsymbol{\alpha}_2+2\boldsymbol{\alpha}_3)\text{，其中 } k_1\in\mathbb{C}\text{，}k_1\neq0.$$

对于 $\lambda_2=\sqrt{14}\mathrm{i}$，求得 $(\sqrt{14}\mathrm{i}\boldsymbol{E}-\boldsymbol{A})\boldsymbol{x}=\boldsymbol{o}$ 的一个基础解系为 $(6+\sqrt{14}\mathrm{i},\ -2+3\sqrt{14}\mathrm{i},\ -10)^{\mathrm{T}}$，所以 σ 的属于特征值 $\sqrt{14}\mathrm{i}$ 的全部特征向量为 $k_2\boldsymbol{\xi}_2=k_2[(6+\sqrt{14}\mathrm{i})\ \boldsymbol{\alpha}_1+(-2+3\sqrt{14}\mathrm{i})\ \boldsymbol{\alpha}_2-10\boldsymbol{\alpha}_3]$，其中 $k_2\in\mathbb{C}$，$k_2\neq0$.

对于 $\lambda_3=-\sqrt{14}\mathrm{i}$，求得 $(-\sqrt{14}\mathrm{i}\boldsymbol{E}-\boldsymbol{A})\boldsymbol{x}=\boldsymbol{o}$ 的一个基础解系为 $(6-\sqrt{14}\mathrm{i},\ -2-3\sqrt{14}\mathrm{i},\ -10)^{\mathrm{T}}$，所以 σ 的属于特征值 $-\sqrt{14}\mathrm{i}$ 的全部特征向量为 $k_3\boldsymbol{\xi}_3=k_3[(6-\sqrt{14}\mathrm{i})\ \boldsymbol{\alpha}_1+(-2-3\sqrt{14}\mathrm{i})\boldsymbol{\alpha}_2-10\boldsymbol{\alpha}_3]$，其中 $k_3\in\mathbb{C}$，$k_3\neq0$.

又 $(\boldsymbol{\xi}_1\ \ \boldsymbol{\xi}_2\ \ \boldsymbol{\xi}_3)=(\boldsymbol{\alpha}_1\ \ \boldsymbol{\alpha}_2\ \ \boldsymbol{\alpha}_3)\begin{pmatrix}3&6+\sqrt{14}\mathrm{i}&6-\sqrt{14}\mathrm{i}\\-1&-2+3\sqrt{14}\mathrm{i}&-2-3\sqrt{14}\mathrm{i}\\2&-10&-10\end{pmatrix}$，则基 $\boldsymbol{\alpha}_1,\boldsymbol{\alpha}_2,\boldsymbol{\alpha}_3$

到基 $\boldsymbol{\xi}_1,\boldsymbol{\xi}_2,\boldsymbol{\xi}_3$ 的过渡矩阵 $\boldsymbol{T}=\begin{pmatrix}3 & 6+\sqrt{14}\mathrm{i} & 6-\sqrt{14}\mathrm{i}\\ -1 & -2+3\sqrt{14}\mathrm{i} & -2-3\sqrt{14}\mathrm{i}\\ 2 & -10 & -10\end{pmatrix}$，且有 $\boldsymbol{T}^{-1}\boldsymbol{A}\boldsymbol{T}=$ $\begin{pmatrix}0 & 0 & 0\\ 0 & \sqrt{14}\mathrm{i} & 0\\ 0 & 0 & -\sqrt{14}\mathrm{i}\end{pmatrix}$.

习题 6.4

1. 设三维线性空间 V 上的线性变换 σ 在基 $\boldsymbol{\varepsilon}_1,\boldsymbol{\varepsilon}_2,\boldsymbol{\varepsilon}_3$ 下的矩阵为 $\boldsymbol{A}=\begin{pmatrix}a_{11} & a_{12} & a_{13}\\ a_{21} & a_{22} & a_{23}\\ a_{31} & a_{32} & a_{33}\end{pmatrix}$,

(1) 求 σ 在基 $\boldsymbol{\varepsilon}_3,\boldsymbol{\varepsilon}_2,\boldsymbol{\varepsilon}_1$ 下的矩阵；

(2) 求 σ 在基 $\boldsymbol{\varepsilon}_1,k\boldsymbol{\varepsilon}_2,\boldsymbol{\varepsilon}_3$ 下的矩阵，其中 $k\neq 0$；

(3) 求 σ 在基 $\boldsymbol{\varepsilon}_1+\boldsymbol{\varepsilon}_2,\boldsymbol{\varepsilon}_2,\boldsymbol{\varepsilon}_3$ 下的矩阵 .

2. 设 4 维线性空间 V 上的线性变换 σ 在基 $\boldsymbol{\alpha}_1,\boldsymbol{\alpha}_2,\boldsymbol{\alpha}_3,\boldsymbol{\alpha}_4$ 下的矩阵为

$$\boldsymbol{A}=\begin{pmatrix}-1 & -2 & -2 & -2\\ 2 & 6 & 5 & 2\\ 0 & 0 & -1 & -2\\ 0 & 0 & 2 & 6\end{pmatrix},$$

求 σ 在基 $\boldsymbol{\beta}_1=\boldsymbol{\alpha}_1$, $\boldsymbol{\beta}_2=-\boldsymbol{\alpha}_1+\boldsymbol{\alpha}_2$, $\boldsymbol{\beta}_3=-\boldsymbol{\alpha}_2+\boldsymbol{\alpha}_3$, $\boldsymbol{\beta}_4=-\boldsymbol{\alpha}_3+\boldsymbol{\alpha}_4$ 下的矩阵 .

3. 求复数域上的线性空间 V 的线性变换 σ 的特征值与特征向量，已知 σ 在一组基下的矩阵为：

(1) $\boldsymbol{A}=\begin{pmatrix}3 & 4\\ 5 & 2\end{pmatrix}$; (2) $\boldsymbol{A}=\begin{pmatrix}0 & a\\ -a & 0\end{pmatrix}$; (3) $\boldsymbol{A}=\begin{pmatrix}1 & 1 & 1 & 1\\ 1 & 1 & -1 & -1\\ 1 & -1 & 1 & -1\\ 1 & -1 & -1 & 1\end{pmatrix}$;

(4) $\boldsymbol{A}=\begin{pmatrix}5 & 6 & -3\\ -1 & 0 & 1\\ 1 & 2 & -1\end{pmatrix}$; (5) $\boldsymbol{A}=\begin{pmatrix}0 & 0 & 1\\ 0 & 1 & 0\\ 1 & 0 & 0\end{pmatrix}$; (6) $\boldsymbol{A}=\begin{pmatrix}3 & 1 & 0\\ -4 & -1 & 0\\ 4 & -8 & -2\end{pmatrix}$.

4. 在上题中哪些线性变换是可对角化的？在可对角化的情况下，写出相应基变换的过渡矩阵 $\boldsymbol{T}$，并写出 $\boldsymbol{T}^{-1}\boldsymbol{A}\boldsymbol{T}$ 的结果 .

5. 设 V 是三阶实反对称矩阵空间，已知

$$\boldsymbol{A}=\begin{pmatrix}0 & 1 & -2\\ -1 & 0 & 3\\ 2 & -3 & 0\end{pmatrix},$$

求 V 上的线性变换 $\sigma:\boldsymbol{X}\mapsto\boldsymbol{X}\boldsymbol{A}-\boldsymbol{A}\boldsymbol{X}$ 的特征值与特征向量 .

6. 已知 $P[x]_3$ 上的线性变换 $\sigma(a+bx+cx^2)=(4a+6b)+(-3a-5b)x+(-3a-6b+c)x^2$，求 σ 的特征值与特征向量．σ 是否可对角化?

* 6.5　应用：莱斯利种群模型

莱斯利（Leslie）种群模型研究动物种群中雌性动物的年龄分布与数量增长之间的关系，是预测种群发展变化的重要模型．

假设某动物种群中的雌性动物的最大生存年龄为 s 年，将区间 $[0, s)$ 作 n 等分得到 n 个年龄组：$\left[0, \frac{s}{n}\right)$，$\left[\frac{s}{n}, \frac{2s}{n}\right)$，…，$\left[\frac{(n-1)s}{n}, s\right)$．设第 i 个年龄组 $\left[\frac{(i-1)s}{n}, \frac{is}{n}\right)$ 的生育率为 a_i $(i=1, 2, \cdots, n)$，即每一个雌性动物平均生育的雌性幼体的数目为 a_i，且该年龄组的存活率为 b_i $(i=1, 2, \cdots, n-1)$，即第 i 个年龄组中可存活到第 $i+1$ 个年龄组的雌性动物的数目与第 i 个年龄组中雌性动物总数之比为 b_i．一般（不发生意外灾害）条件下，a_i，b_i 均是常数，且满足 $a_i \geqslant 0$，$0 \leqslant b_i \leqslant 1$，同时需要满足至少有一个 $a_i>0$，即至少有一个年龄组的雌性动物具有生育能力．

如下定义时刻 $t_k=\frac{ks}{n}$ $(k=0, 1, 2, \cdots)$ 该种群中雌性动物的**数量分布向量（quantity distribution vector）**为

$$\boldsymbol{x}^{(k)}=(x_1^{(k)}, x_2^{(k)}, \cdots, x_n^{(k)})^{\mathrm{T}},$$

其中，$x_i^{(k)}$ 表示时刻 t_k 该种群的第 i 个年龄组中雌性动物的数目 $(i=1, 2, \cdots, n)$．

$\boldsymbol{x}^{(0)}$ 为初始时刻该种群中雌性动物的数量分布向量．显然，随着时间的变化，由于出生、死亡以及年龄的增长，该动物种群的各年龄组中雌性动物的数目都会发生变化．

易知，时刻 t_k 该种群的第一个年龄组中雌性动物的数目等于在时段 $[t_{k-1}, t_k)$ 内各年龄组中雌性动物生育的雌性幼体的数目之和，即

$$x_1^{(k)}=a_1x_1^{(k-1)}+a_2x_2^{(k-1)}+\cdots+a_nx_n^{(k-1)}. \tag{6.13}$$

又时刻 t_k 该种群的第 $i+1$ 个年龄组中雌性动物的数目等于 t_{k-1} 时刻第 i 个年龄组中雌性动物的存活率，即

$$x_i^{(k)}=b_{i-1}x_{i-1}^{(k-1)} (i=2,3,\cdots,n). \tag{6.14}$$

式（6.13）和式（6.14）称为**莱斯利模型**．将其写成矩阵的形式如下：

$$\begin{pmatrix} x_1^{(k)} \\ x_2^{(k)} \\ x_3^{(k)} \\ \vdots \\ x_n^{(k)} \end{pmatrix}=\begin{pmatrix} a_1 & a_2 & a_3 & \cdots & a_{n-1} & a_n \\ b_1 & 0 & 0 & \cdots & 0 & 0 \\ 0 & b_2 & 0 & \cdots & 0 & 0 \\ \vdots & \vdots & \vdots & & \vdots & \vdots \\ 0 & 0 & 0 & \cdots & b_{n-1} & 0 \end{pmatrix}\begin{pmatrix} x_1^{(k-1)} \\ x_2^{(k-1)} \\ x_3^{(k-1)} \\ \vdots \\ x_n^{(k-1)} \end{pmatrix},$$

简记为

$$\boldsymbol{x}^{(k)}=\boldsymbol{L}\boldsymbol{x}^{(k-1)}, \tag{6.15}$$

其中，

$$\boldsymbol{L}=\begin{pmatrix} a_1 & a_2 & a_3 & \cdots & a_{n-1} & a_n \\ b_1 & 0 & 0 & \cdots & 0 & 0 \\ 0 & b_2 & 0 & \cdots & 0 & 0 \\ \vdots & \vdots & \vdots & & \vdots & \vdots \\ 0 & 0 & 0 & \cdots & b_{n-1} & 0 \end{pmatrix} \tag{6.16}$$

称为**莱斯利矩阵**.

于是，由式（6.15）可得

$$\begin{aligned} \boldsymbol{x}^{(1)} &= \boldsymbol{L}\boldsymbol{x}^{(0)}, \\ \boldsymbol{x}^{(2)} &= \boldsymbol{L}\boldsymbol{x}^{(1)} = \boldsymbol{L}^2\boldsymbol{x}^{(0)}, \\ \boldsymbol{x}^{(3)} &= \boldsymbol{L}\boldsymbol{x}^{(2)} = \boldsymbol{L}^3\boldsymbol{x}^{(0)}, \\ &\vdots \\ \boldsymbol{x}^{(k)} &= \boldsymbol{L}\boldsymbol{x}^{(k-1)} = \cdots = \boldsymbol{L}^k\boldsymbol{x}^{(0)}. \end{aligned} \tag{6.17}$$

由此可知，若已知初始时刻该种群中雌性动物的数量分布向量 $\boldsymbol{x}^{(0)}$，则可计算出任意时刻 t_k 该种群中雌性动物的数量分布向量 $\boldsymbol{x}^{(k)}$，进而我们可对该种群中雌性动物的数量作出科学的预测和分析.

例 6.19 设某动物种群中雌性动物的最大生存年龄为 6 年，将该动物种群分为三个年龄组 [0, 2)，[2, 4)，[4, 6). 已知第 2 个和第 3 个年龄组的生育率分别为 4 和 3，第 1 个和第 2 个年龄组的存活率分别为 0.5 和 0.25. 假设初始时刻三个年龄组雌性动物个数分别为 10，20，10，则该模型的莱斯利矩阵和初始数量分布向量分别为

$$\boldsymbol{L}=\begin{pmatrix} 0 & 4 & 3 \\ 0.5 & 0 & 0 \\ 0 & 0.25 & 0 \end{pmatrix},\ \boldsymbol{x}^{(0)}=\begin{pmatrix} 10 \\ 20 \\ 10 \end{pmatrix}.$$

分析 10 年内该动物种群雌性动物的数量分布变化.

利用式（6.17），计算时刻 t_k 的数量分布向量 $\boldsymbol{x}^{(k)}$（$k=0, 1, \cdots, 5$），可得各个时刻数量分布情况（见表 6.1）.

表6.1 各时刻数量分布

	$\boldsymbol{x}^{(0)}$	$\boldsymbol{x}^{(1)}$	$\boldsymbol{x}^{(2)}$	$\boldsymbol{x}^{(3)}$	$\boldsymbol{x}^{(4)}$	$\boldsymbol{x}^{(5)}$
第 1 年龄组	10	110	35.00	223.75	111.250	460.625
第 2 年龄组	20	5	55.00	17.50	111.875	55.625
第 3 年龄组	10	5	1.25	13.75	4.375	27.969

要想研究动物种群的长期发展趋势，即当 k 充分大时，我们需要考察莱斯利矩阵的特征值和特征向量. 为了简单起见，我们讨论一种特殊情形：假设莱斯利矩阵 $\boldsymbol{L}$ 有 n 个不同的特征值 $\lambda_1, \lambda_2, \cdots, \lambda_n$，则存在 n 个线性无关的特征向量 $\boldsymbol{\alpha}_1, \boldsymbol{\alpha}_2, \cdots, \boldsymbol{\alpha}_n$，使得

$$\boldsymbol{L}\boldsymbol{\alpha}_i = \lambda_i\boldsymbol{\alpha}_i (i = 1,2,\cdots,n).$$

记 $\boldsymbol{U}=(\boldsymbol{\alpha}_1\quad \boldsymbol{\alpha}_2\quad \cdots\quad \boldsymbol{\alpha}_n)$，根据推论 6.1 知，$\boldsymbol{U}^{-1}\boldsymbol{L}\boldsymbol{U}=\begin{pmatrix}\lambda_1 & 0 & \cdots & 0\\ 0 & \lambda_2 & \cdots & 0\\ \vdots & \vdots & \ddots & \vdots\\ 0 & 0 & \cdots & \lambda_n\end{pmatrix}$，则 $\boldsymbol{L}=$ $\boldsymbol{U}\begin{pmatrix}\lambda_1 & 0 & \cdots & 0\\ 0 & \lambda_2 & \cdots & 0\\ \vdots & \vdots & \ddots & \vdots\\ 0 & 0 & \cdots & \lambda_n\end{pmatrix}\boldsymbol{U}^{-1}$，于是得到莱斯利矩阵 $\boldsymbol{L}$ 的 k 次幂为

$$\boldsymbol{L}^k=\boldsymbol{U}\begin{pmatrix}\lambda_1^k & 0 & \cdots & 0\\ 0 & \lambda_2^k & \cdots & 0\\ \vdots & \vdots & \ddots & \vdots\\ 0 & 0 & \cdots & \lambda_n^k\end{pmatrix}\boldsymbol{U}^{-1},k=1,2,3,\cdots.$$

根据式（6.17），可得

$$\boldsymbol{x}^{(k)}=\boldsymbol{L}^k\boldsymbol{x}^{(0)}=\boldsymbol{U}\begin{pmatrix}\lambda_1^k & 0 & \cdots & 0\\ 0 & \lambda_2^k & \cdots & 0\\ \vdots & \vdots & \ddots & \vdots\\ 0 & 0 & \cdots & \lambda_n^k\end{pmatrix}\boldsymbol{U}^{-1}\boldsymbol{x}^{(0)}, \tag{6.18}$$

记 $\boldsymbol{U}^{-1}\boldsymbol{x}^{(0)}=(c_1,c_2,\cdots,c_n)^{\mathrm{T}}$，代入式(6.18) 得

$$\boldsymbol{x}^{(k)}=\boldsymbol{U}\begin{pmatrix}\lambda_1^k & 0 & \cdots & 0\\ 0 & \lambda_2^k & \cdots & 0\\ \vdots & \vdots & \ddots & \vdots\\ 0 & 0 & \cdots & \lambda_n^k\end{pmatrix}\begin{pmatrix}c_1\\ c_2\\ \vdots\\ c_n\end{pmatrix}=(\boldsymbol{\alpha}_1\quad \boldsymbol{\alpha}_2\quad \cdots\quad \boldsymbol{\alpha}_n)\begin{pmatrix}c_1\lambda_1^k\\ c_2\lambda_2^k\\ \vdots\\ c_n\lambda_n^k\end{pmatrix},$$

于是有

$$\boldsymbol{x}^{(k)}=c_1\lambda_1^k\boldsymbol{\alpha}_1+c_2\lambda_2^k\boldsymbol{\alpha}_2+\cdots+c_n\lambda_n^k\boldsymbol{\alpha}_n. \tag{6.19}$$

设 $|\lambda_1|>|\lambda_i|$ $(i=2,3,\cdots,n)$，即 λ_1 的绝对值大于其他特征值的绝对值，此时称 λ_1 为**严格优势特征值（strictly dominant eigenvalue）**. 用 λ_1^k 除式（6.19）的左右端，可得

$$\frac{1}{\lambda_1^k}\boldsymbol{x}^{(k)}=c_1\boldsymbol{\alpha}_1+\frac{\lambda_2^k}{\lambda_1^k}c_2\boldsymbol{\alpha}_2+\cdots+\frac{\lambda_n^k}{\lambda_1^k}c_n\boldsymbol{\alpha}_n.$$

由于 $\left|\frac{\lambda_i}{\lambda_1}\right|<1(i=2,3,\cdots,n)$，所以当 $k\to\infty$时，$\frac{\lambda_i^k}{\lambda_1^k}\to 0(i=2,3,\cdots,n)$，于是有

$$\lim_{k\to\infty}\frac{1}{\lambda_1^k}\boldsymbol{x}^{(k)}=c_1\boldsymbol{\alpha}_1.$$

由此可见，当 k 充分大时，

$$\boldsymbol{x}^{(k)}\approx\lambda_1^k c_1\boldsymbol{\alpha}_1. \tag{6.20}$$

上式说明：经充分长的时间后，雌性动物数量按年龄组分布趋于稳定不变，即各年龄组

雌性动物数量与莱斯利矩阵 $\boldsymbol{L}$ 的属于严格优势特征值 λ_1 的特征向量的各个分量成比例.

同理可得 $\boldsymbol{x}^{(k-1)} \approx \lambda_1^{k-1} c_1 \boldsymbol{\alpha}_1$,所以有

$$\boldsymbol{x}^{(k)} \approx \lambda_1 \boldsymbol{x}^{(k-1)}. \tag{6.21}$$

由式(6.21)知,若 k 很大,则在时刻 t_k,种群中雌性动物的总数是时刻 t_{k-1} 雌性动物总数的 λ_1 倍,即当充分长时间后,雌性动物总数的增长率趋于稳定不变;若 $\lambda_1 > 1$,则雌性动物总数呈指数增长;若 $0 < \lambda_1 < 1$,则雌性动物总数呈指数下降,最终消亡.

例 6.20 继续考查例 6.19 中的莱斯利模型. 讨论当充分长时间后,该动物种群的数量分布变化. 首先求 $\boldsymbol{L}$ 的特征值和特征向量.

$$|\lambda \boldsymbol{E} - \boldsymbol{L}| = \begin{vmatrix} \lambda & -4 & -3 \\ -0.5 & \lambda & 0 \\ 0 & -0.25 & \lambda \end{vmatrix} = (\lambda - 1.5)(\lambda^2 + 1.5\lambda + 0.25).$$

可得 $\boldsymbol{L}$ 的特征值为 $\lambda_1 = 1.5$, $\lambda_2 = -1.3090$, $\lambda_3 = -0.1910$. 显然, $\lambda_1 = 1.5$ 是严格优势特征值,计算可得 $\boldsymbol{L}$ 的特征值 λ_1 的一个特征向量为 $\boldsymbol{\alpha}_1 = (0.72, 0.24, 0.04)^{\mathrm{T}}$,这里取 $\boldsymbol{\alpha}_1$ 的各分量之和为 1,使得各分量值等于其在总和中所占比例. 根据式(6.20)可知,当充分长时间后,三个年龄组雌性动物所占比例分别近似为 72%, 24%, 4%. 利用数学软件计算,我们可得到如下结果:当 $k = 50$ 时, $\boldsymbol{x}^{(50)} = (2.71578 \times 10^{10}, 9.07051 \times 10^9, 1.50833 \times 10^9)^{\mathrm{T}}$,进而可计算得, $\boldsymbol{x}^{(50)}$ 各分量的比例与 $\boldsymbol{\alpha}_1$ 各分量的比例几乎一致. 此时,每期的动物总数增长率为 $(\lambda_1 - 1)100\% = 50\%$.

习题 6.5

假设某种动物的生存寿命是 3 年,其前两年的存活率分别为 60% 和 25%. 已知 3 年中该种动物的雌性生育率分别是 0, 4 和 3.

1. 写出该动物种群的莱斯利矩阵;

2. 设初始时,各个年龄组的雌性数量都是 10. 求 20 年后,各年龄组该种动物的雌性数量;

3. 当充分长时间后,该动物种群的数量每年是增加还是减少?每年增加或减少的百分比是多少?

第 7 章　正交性与最小二乘法

向量内积是 $\mathbf{R}^n$ 中的一种运算，它使得线性空间 $\mathbf{R}^n$ 成为可以度量的空间，即欧氏空间．在本章中，我们将平面解析几何与空间解析几何中的一些概念，如垂直、投影、点到直线或者平面的距离等推广到 n 维向量空间 $\mathbf{R}^n$ 中．在本章的结尾，作为投影和向量到子空间的距离等概念的应用，我们介绍求解无解的线性方程组的近似解的一种方法——最小二乘法．

需要注意的是，本章中讨论的内容都限定在实数范围内．

7.1　内积、长度和正交性

7.1.1　向量内积

定义 7.1　设 $\boldsymbol{\alpha}=(a_1,a_2,\cdots,a_n)^{\mathrm{T}}$，$\boldsymbol{\beta}=(b_1,b_2,\cdots,b_n)^{\mathrm{T}}$ 为向量空间$\mathbb{R}^n$中的两个向量，实数

$$a_1b_1+a_2b_2+\cdots+a_nb_n=\sum_{i=1}^{n}a_ib_i$$

称为向量 $\boldsymbol{\alpha}$ 与 $\boldsymbol{\beta}$ 的**内积**（**inner product**），也称为**点积**（**dot product**），记为 $\boldsymbol{\alpha}\cdot\boldsymbol{\beta}$ 或 $(\boldsymbol{\alpha},\boldsymbol{\beta})$，用矩阵乘积可以写成 $\boldsymbol{\alpha}^{\mathrm{T}}\boldsymbol{\beta}$.

例 7.1　设 $\boldsymbol{\alpha}=(4,2,-1,3)^{\mathrm{T}}$，$\boldsymbol{\beta}=(1,-1,0,2)^{\mathrm{T}}$，则

$$\boldsymbol{\alpha}\cdot\boldsymbol{\beta}=\boldsymbol{\alpha}^{\mathrm{T}}\boldsymbol{\beta}=(4,2,-1,3)\begin{pmatrix}1\\-1\\0\\2\end{pmatrix}=8,\quad \boldsymbol{\beta}\cdot\boldsymbol{\alpha}=\boldsymbol{\beta}^{\mathrm{T}}\boldsymbol{\alpha}=(1,-1,0,2)\begin{pmatrix}4\\2\\-1\\3\end{pmatrix}=8,$$

$$\boldsymbol{\alpha}\cdot\boldsymbol{\alpha}=\boldsymbol{\alpha}^{\mathrm{T}}\boldsymbol{\alpha}=(4,2,-1,3)\begin{pmatrix}4\\2\\-1\\3\end{pmatrix}=30,\ \boldsymbol{\beta}\cdot\boldsymbol{\beta}=\boldsymbol{\beta}^{\mathrm{T}}\boldsymbol{\beta}=(1,-1,0,2)\begin{pmatrix}1\\-1\\0\\2\end{pmatrix}=6.$$

根据定义 7.1 易证，内积运算满足下列性质：

(1) $\boldsymbol{\alpha}\cdot\boldsymbol{\beta}=\boldsymbol{\beta}\cdot\boldsymbol{\alpha}$;

(2) $(\boldsymbol{\alpha}+\boldsymbol{\beta})\cdot\boldsymbol{\gamma}=\boldsymbol{\alpha}\cdot\boldsymbol{\gamma}+\boldsymbol{\beta}\cdot\boldsymbol{\gamma}$;

(3) $(k\boldsymbol{\alpha})\cdot\boldsymbol{\beta}=k(\boldsymbol{\alpha}\cdot\boldsymbol{\beta})=\boldsymbol{\alpha}\cdot(k\boldsymbol{\beta})$;

(4) $\boldsymbol{\alpha}\cdot\boldsymbol{\alpha}\geqslant 0$，且 $\boldsymbol{\alpha}\cdot\boldsymbol{\alpha}=0$ 当且仅当 $\boldsymbol{\alpha}=\boldsymbol{o}$，
其中，$\boldsymbol{\alpha}$，$\boldsymbol{\beta}$，$\boldsymbol{\gamma}$ 是 $\mathbb{R}^n$ 中的任意向量，k 是 $\mathbb{R}$ 中的任意常数．

向量内积的性质说明内积满足对称性，易证 $\boldsymbol{\alpha}\cdot(\boldsymbol{\beta}+\boldsymbol{\gamma})=\boldsymbol{\alpha}\cdot\boldsymbol{\beta}+\boldsymbol{\alpha}\cdot\boldsymbol{\gamma}$.

由性质（2）和（3），可得

$$(k_1\boldsymbol{\alpha}_1+k_2\boldsymbol{\alpha}_2+\cdots+k_s\boldsymbol{\alpha}_s)\cdot\boldsymbol{\beta}=k_1(\boldsymbol{\alpha}_1\cdot\boldsymbol{\beta})+k_2(\boldsymbol{\alpha}_2\cdot\boldsymbol{\beta})+\cdots+k_s(\boldsymbol{\alpha}_s\cdot\boldsymbol{\beta}).\quad(7.1)$$

7.1.2 向量长度

由向量的内积性质（4）可知，对于任意 $\boldsymbol{\alpha}\in\mathbb{R}^n$，$\boldsymbol{\alpha}\cdot\boldsymbol{\alpha}$ 为非负实数，由此我们给出向量长度的概念．

定义 7.2 设任意 $\boldsymbol{\alpha}=(a_1,a_2,\cdots,a_n)^{\mathrm{T}}\in\mathbb{R}^n$，称非负实数 $\sqrt{\boldsymbol{\alpha}\cdot\boldsymbol{\alpha}}$ 为 $\boldsymbol{\alpha}$ 的**长度**(**length**)，或称**范数**(**norm**)，记为 $\|\boldsymbol{\alpha}\|$，即 $\|\boldsymbol{\alpha}\|=\sqrt{\boldsymbol{\alpha}\cdot\boldsymbol{\alpha}}=\sqrt{a_1^2+a_2^2+\cdots+a_n^2}$. 特别的，当 $\|\boldsymbol{\alpha}\|=1$ 时，称 $\boldsymbol{\alpha}$ 为**单位向量**(**unit vector**).

例 7.2 设 $\boldsymbol{\alpha}=(1,2,3)^{\mathrm{T}}\in\mathbb{R}^3$，则 $\|\boldsymbol{\alpha}\|=\sqrt{1^2+2^2+3^2}=\sqrt{14}$，若将 $\boldsymbol{\alpha}$ 与空间中的点 $P(1,2,3)$ 对应，则 $\|\boldsymbol{\alpha}\|=\sqrt{14}$ 表示连接原点 O 与点 P 的线段长度．

向量的长度具有如下性质：

(1) $\|\boldsymbol{\alpha}\|\geqslant 0$，且 $\boldsymbol{\alpha}\cdot\boldsymbol{\alpha}=0$ 当且仅当 $\boldsymbol{\alpha}=\boldsymbol{o}$；

(2) $\|k\boldsymbol{\alpha}\|=|k|\,\|\boldsymbol{\alpha}\|$；

(3) 对于任意向量 $\boldsymbol{\alpha}=(a_1,a_2,\cdots,a_n)^{\mathrm{T}}$，$\boldsymbol{\beta}=(b_1,b_2,\cdots,b_n)^{\mathrm{T}}$，有

$$|\boldsymbol{\alpha}\cdot\boldsymbol{\beta}|\leqslant\|\boldsymbol{\alpha}\|\cdot\|\boldsymbol{\beta}\|\text{，或}\left|\sum_{i=1}^n a_ib_i\right|\leqslant\sqrt{\sum_{i=1}^n a_i^2}\cdot\sqrt{\sum_{i=1}^n b_i^2},\quad(7.2)$$

且等号成立的充要条件是 $\boldsymbol{\alpha}$，$\boldsymbol{\beta}$ 线性相关．不等式（7.2）称为**柯西—施瓦兹不等式**(**Cauchy – Schwarz inequality**)，它表示任意两个向量的内积与它们长度之间的关系．性质（3）的证明如下．

证明 若 $\boldsymbol{\alpha}$，$\boldsymbol{\beta}$ 线性相关，当 $\boldsymbol{\alpha}$，$\boldsymbol{\beta}$ 至少有一个为零向量时，显然有 $|\boldsymbol{\alpha}\cdot\boldsymbol{\beta}|=\|\boldsymbol{\alpha}\|\cdot\|\boldsymbol{\beta}\|=0$. 当 $\boldsymbol{\alpha}$，$\boldsymbol{\beta}$ 都为非零向量时，令 $\boldsymbol{\beta}=k\boldsymbol{\alpha}$，$k$ 为实数，于是有 $|\boldsymbol{\alpha}\cdot\boldsymbol{\beta}|=|\boldsymbol{\alpha}\cdot(k\boldsymbol{\alpha})|=|k(\boldsymbol{\alpha}\cdot\boldsymbol{\alpha})|=|k|\boldsymbol{\alpha}\cdot\boldsymbol{\alpha}=|k|\,\|\boldsymbol{\alpha}\|^2$. 又 $\boldsymbol{\beta}=k\boldsymbol{\alpha}$，则 $\|\boldsymbol{\beta}\|=|k|\,\|\boldsymbol{\alpha}\|$. 于是

$$|\boldsymbol{\alpha}\cdot\boldsymbol{\beta}|=|k|\,\|\boldsymbol{\alpha}\|^2=\frac{\|\boldsymbol{\beta}\|}{\|\boldsymbol{\alpha}\|}\|\boldsymbol{\alpha}\|^2=\|\boldsymbol{\alpha}\|\,\|\boldsymbol{\beta}\|.$$

若 $\boldsymbol{\alpha}$，$\boldsymbol{\beta}$ 线性无关，则 $\boldsymbol{\alpha}$，$\boldsymbol{\beta}$ 都为非零向量，且对于任意实数 k，有 $\boldsymbol{\alpha}+k\boldsymbol{\beta}\neq\boldsymbol{o}$，于是有

$$\begin{aligned}\|\boldsymbol{\alpha}+k\boldsymbol{\beta}\|&=(\boldsymbol{\alpha}+k\boldsymbol{\beta})^{\mathrm{T}}(\boldsymbol{\alpha}+k\boldsymbol{\beta})=\|\boldsymbol{\alpha}\|^2+2k\boldsymbol{\alpha}^{\mathrm{T}}\boldsymbol{\beta}+k^2\|\boldsymbol{\beta}\|^2\\&=\left(k\|\boldsymbol{\beta}\|+\frac{\boldsymbol{\alpha}^{\mathrm{T}}\boldsymbol{\beta}}{\|\boldsymbol{\beta}\|}\right)^2+\|\boldsymbol{\alpha}\|^2-\frac{(\boldsymbol{\alpha}^{\mathrm{T}}\boldsymbol{\beta})^2}{\|\boldsymbol{\beta}\|^2}>0,\end{aligned}\quad(7.3)$$

由于对于任意实数 k，式(7.3)都成立，则选取 $k=k_0$ 满足 $k_0\|\boldsymbol{\beta}\|+\dfrac{\boldsymbol{\alpha}^{\mathrm{T}}\boldsymbol{\beta}}{\|\boldsymbol{\beta}\|}=0$，则由式(7.3)

可得 $\|\boldsymbol{\alpha}\|^2-\dfrac{(\boldsymbol{\alpha}^{\mathrm{T}}\boldsymbol{\beta})^2}{\|\boldsymbol{\beta}\|^2}>0$，于是$(\boldsymbol{\alpha}^{\mathrm{T}}\boldsymbol{\beta})^2<\|\boldsymbol{\alpha}\|^2\|\boldsymbol{\beta}\|^2$，进而有$|\boldsymbol{\alpha}^{\mathrm{T}}\boldsymbol{\beta}|<\|\boldsymbol{\alpha}\|\cdot\|\boldsymbol{\beta}\|$，即

$$|\boldsymbol{\alpha}\cdot\boldsymbol{\beta}|<\|\boldsymbol{\alpha}\|\cdot\|\boldsymbol{\beta}\|.$$

综上两个情形，性质（3）成立．

由性质（2），用任意非零向量 $\boldsymbol{\alpha}$ 可构造一个单位向量 $\boldsymbol{\varepsilon}$ 满足 $\boldsymbol{\varepsilon}=\dfrac{1}{\|\boldsymbol{\alpha}\|}\boldsymbol{\alpha}$，这是因为 $\|\boldsymbol{\varepsilon}\|=\left\|\dfrac{1}{\|\boldsymbol{\alpha}\|}\boldsymbol{\alpha}\right\|=\dfrac{1}{\|\boldsymbol{\alpha}\|}\|\boldsymbol{\alpha}\|=1$，我们把这一过程称为将非零向量**单位化**（normalizing）（或称**标准化**）．

例 7.3　将 $\boldsymbol{\alpha}=(1,\ -2,\ 0,\ 2)^{\mathrm{T}}$ 单位化．

解　因为 $\|\boldsymbol{\alpha}\|=\sqrt{1^2+(-2)^2+0+2^2}=3$，所以 $\boldsymbol{\varepsilon}=\dfrac{1}{\|\boldsymbol{\alpha}\|}\boldsymbol{\alpha}=\dfrac{1}{3}\boldsymbol{\alpha}=\left(\dfrac{1}{3},-\dfrac{2}{3},0,\dfrac{2}{3}\right)^{\mathrm{T}}$.

7.1.3　向量间的距离

我们知道，在实数轴上刻画两个实数 a 与 b 的距离可以用二者的差取绝对值 $|a-b|$ 来表示. 在向量空间$\mathbb{R}^2$中，两点 $P(x_1,y_1)$，$Q(x_2,y_2)$的距离可以用$\sqrt{(x_1-x_2)^2+(y_1-y_2)^2}$来计算．类似地，我们可以定义$\mathbb{R}^n$中两个向量之间的距离．

定义 7.3　设$\boldsymbol{\alpha}=(a_1,a_2,\cdots,a_n)^{\mathrm{T}},\boldsymbol{\beta}=(b_1,b_2,\cdots,b_n)^{\mathrm{T}}\in\mathbb{R}^n$，则 $\|\boldsymbol{\alpha}-\boldsymbol{\beta}\|$ 称为$\boldsymbol{\alpha}$与$\boldsymbol{\beta}$的**距离**（**distance**），记作$d(\boldsymbol{\alpha},\ \boldsymbol{\beta})$，即$d(\boldsymbol{\alpha},\ \boldsymbol{\beta})=\|\boldsymbol{\alpha}-\boldsymbol{\beta}\|=\sqrt{(a_1-b_1)^2+(a_2-b_2)^2+\cdots+(a_n-b_n)^2}$.

易证，向量间的距离具有如下性质：

(1) $d(\boldsymbol{\alpha},\ \boldsymbol{\beta})\geqslant 0$，且 $d(\boldsymbol{\alpha},\ \boldsymbol{\beta})=0$ 的充要条件是 $\boldsymbol{\alpha}=\boldsymbol{\beta}$；

(2) $d(\boldsymbol{\alpha},\ \boldsymbol{\beta})=d(\boldsymbol{\beta},\ \boldsymbol{\alpha})$；

(3) 三角不等式：$d(\boldsymbol{\alpha},\ \boldsymbol{\gamma})\leqslant d(\boldsymbol{\alpha},\ \boldsymbol{\beta})+d(\boldsymbol{\beta},\ \boldsymbol{\gamma})$.

例 7.4　已知 $\boldsymbol{\alpha}=(1,2,-1)^{\mathrm{T}}$，$\boldsymbol{\beta}=(2,3,0)^{\mathrm{T}}\in\mathbb{R}^3$，计算 $\boldsymbol{\alpha}$ 与 $\boldsymbol{\beta}$ 的距离．

解　因为 $\boldsymbol{\alpha}-\boldsymbol{\beta}=(-1,\ -1,\ -1)^{\mathrm{T}}$，所以

$$d(\boldsymbol{\alpha},\boldsymbol{\beta})=\|\boldsymbol{\alpha}-\boldsymbol{\beta}\|=\sqrt{(-1)^2+(-1)^2+(-1)^2}=\sqrt{3}.$$

7.1.4　向量正交

正交是几何向量垂直的概念在$\mathbb{R}^n$中的推广. 在解析几何中，两个非零向量$\boldsymbol{\alpha}$与$\boldsymbol{\beta}$相互垂直的充要条件是 $\|\boldsymbol{\alpha}+\boldsymbol{\beta}\|^2=\|\boldsymbol{\alpha}\|^2+\|\boldsymbol{\beta}\|^2$，即它们的长度及其和的长度满足勾股定理．利用内积的性质，$\|\boldsymbol{\alpha}+\boldsymbol{\beta}\|^2=(\boldsymbol{\alpha}+\boldsymbol{\beta})^{\mathrm{T}}(\boldsymbol{\alpha}+\boldsymbol{\beta})=\boldsymbol{\alpha}^{\mathrm{T}}\boldsymbol{\alpha}+2\boldsymbol{\alpha}^{\mathrm{T}}\boldsymbol{\beta}+\boldsymbol{\beta}^{\mathrm{T}}\boldsymbol{\beta}=\|\boldsymbol{\alpha}\|^2+2\boldsymbol{\alpha}^{\mathrm{T}}\boldsymbol{\beta}+\|\boldsymbol{\beta}\|^2$，因此，$\boldsymbol{\alpha}$ 与 $\boldsymbol{\beta}$ 相互垂直的充要条件是 $\boldsymbol{\alpha}^{\mathrm{T}}\boldsymbol{\beta}=0$，即 $\boldsymbol{\alpha}\cdot\boldsymbol{\beta}=0$. 将垂直的概念推广到$\mathbb{R}^n$中，我们给出向量之间正交的定义．

定义 7.4　设 $\boldsymbol{\alpha},\ \boldsymbol{\beta}\in\mathbb{R}^n$，若 $\boldsymbol{\alpha}\cdot\boldsymbol{\beta}=0$，则称 $\boldsymbol{\alpha}$ 与 $\boldsymbol{\beta}$ 互为**正交**（**orthogonal**），记作 $\boldsymbol{\alpha}\perp\boldsymbol{\beta}$. 若非零向量组 $\boldsymbol{\alpha}_1,\boldsymbol{\alpha}_2,\cdots,\boldsymbol{\alpha}_s$ 两两正交，即 $\boldsymbol{\alpha}_i\cdot\boldsymbol{\alpha}_j=0,i\neq j,i,j=1,2,\cdots,s$，则称该向量组为正交向量组．

由定义 7.4 可得到如下性质：

（1）零向量与任何向量都正交；

（2）与自己正交的向量只有零向量；

（3）正交向量组是线性无关的；

（4）对于任意向量$\boldsymbol{\alpha},\boldsymbol{\beta}\in\mathbb{R}^n$，有三角不等式：$\|\boldsymbol{\alpha}+\boldsymbol{\beta}\|\leqslant\|\boldsymbol{\alpha}\|+\|\boldsymbol{\beta}\|$，且$\|\boldsymbol{\alpha}+\boldsymbol{\beta}\|^2=\|\boldsymbol{\alpha}\|^2+\|\boldsymbol{\beta}\|^2$的充要条件是$\boldsymbol{\alpha}\cdot\boldsymbol{\beta}=0$.

性质（1）和（2）请读者自证．下证性质（3）和（4）.

证明 性质（3）．设$\boldsymbol{\alpha}_1$，$\boldsymbol{\alpha}_2$，…，$\boldsymbol{\alpha}_s$是正交向量组，设存在一组数k_1，k_2，…，$k_s\in\mathbb{R}$，使得

$$k_1\boldsymbol{\alpha}_1+k_2\boldsymbol{\alpha}_2+\cdots+k_s\boldsymbol{\alpha}_s=\boldsymbol{o},$$

用$\boldsymbol{\alpha}_i^{\mathrm{T}}$左乘上式左右两端，得$k_1\boldsymbol{\alpha}_i^{\mathrm{T}}\boldsymbol{\alpha}_1+k_2\boldsymbol{\alpha}_i^{\mathrm{T}}\boldsymbol{\alpha}_2+\cdots+k_i\boldsymbol{\alpha}_i^{\mathrm{T}}\boldsymbol{\alpha}_i+\cdots+k_s\boldsymbol{\alpha}_i^{\mathrm{T}}\boldsymbol{\alpha}_s=\boldsymbol{\alpha}_i^{\mathrm{T}}\boldsymbol{o}=0$，由$\boldsymbol{\alpha}_i\cdot\boldsymbol{\alpha}_j=0,i\neq j,i,j=1,2,\cdots,s$,可得$k_i\boldsymbol{\alpha}_i^{\mathrm{T}}\boldsymbol{\alpha}_i=0$,又$\boldsymbol{\alpha}_i\neq\boldsymbol{o},\boldsymbol{\alpha}_i^{\mathrm{T}}\boldsymbol{\alpha}_i>0$,所以$k_i=0$，由$\boldsymbol{\alpha}_i$的任意性,可推出$k_1=k_2=\cdots=k_s=0$，因此，正交向量组$\boldsymbol{\alpha}_1,\boldsymbol{\alpha}_2,\cdots,\boldsymbol{\alpha}_s$线性无关.

性质（4）．根据内积的性质，有

$$\|\boldsymbol{\alpha}+\boldsymbol{\beta}\|^2=(\boldsymbol{\alpha}+\boldsymbol{\beta})^{\mathrm{T}}(\boldsymbol{\alpha}+\boldsymbol{\beta})=\boldsymbol{\alpha}^{\mathrm{T}}\boldsymbol{\alpha}+2\boldsymbol{\alpha}^{\mathrm{T}}\boldsymbol{\beta}+\boldsymbol{\beta}^{\mathrm{T}}\boldsymbol{\beta}=\|\boldsymbol{\alpha}\|^2+2\boldsymbol{\alpha}^{\mathrm{T}}\boldsymbol{\beta}+\|\boldsymbol{\beta}\|^2,\tag{7.4}$$

再由柯西—施瓦兹不等式，$\|\boldsymbol{\alpha}+\boldsymbol{\beta}\|^2\leqslant\|\boldsymbol{\alpha}\|^2+2\|\boldsymbol{\alpha}\|\ \|\boldsymbol{\beta}\|+\|\boldsymbol{\beta}\|^2=(\|\boldsymbol{\alpha}\|+\|\boldsymbol{\beta}\|)^2$，两端开方可得

$$\|\boldsymbol{\alpha}+\boldsymbol{\beta}\|\leqslant\|\boldsymbol{\alpha}\|+\|\boldsymbol{\beta}\|.$$

由式(7.4)可知，$\|\boldsymbol{\alpha}+\boldsymbol{\beta}\|^2=\|\boldsymbol{\alpha}\|^2+\|\boldsymbol{\beta}\|^2$当且仅当$\boldsymbol{\alpha}\cdot\boldsymbol{\beta}=\boldsymbol{\alpha}^{\mathrm{T}}\boldsymbol{\beta}=0$. 证毕.

由式（7.1）和定义 7.4 知，若$\boldsymbol{\beta}\perp\boldsymbol{\alpha}_i$，$i=1$，2，…，$s$，则有

$$\boldsymbol{\beta}\perp(k_1\boldsymbol{\alpha}_1+k_2\boldsymbol{\alpha}_2+\cdots+k_s\boldsymbol{\alpha}_s),$$

即$\boldsymbol{\beta}$与$\boldsymbol{\alpha}_1$，$\boldsymbol{\alpha}_2$，…，$\boldsymbol{\alpha}_s$的任意线性组合正交，其中k_1，k_2，…，k_s为任意常数.

性质（4）可进一步推广，即若$\boldsymbol{\alpha}_1$，$\boldsymbol{\alpha}_2$，…，$\boldsymbol{\alpha}_s$两两正交，则有

$$\|\boldsymbol{\alpha}_1+\boldsymbol{\alpha}_2+\cdots+\boldsymbol{\alpha}_s\|^2=\|\boldsymbol{\alpha}_1\|^2+\|\boldsymbol{\alpha}_2\|^2+\cdots+\|\boldsymbol{\alpha}_s\|^2.$$

7.1.5 正交补空间

定义 7.5 设W是$\mathbb{R}^n$的一个子空间．若向量$\boldsymbol{\alpha}$与W中的任意向量都正交，则称$\boldsymbol{\alpha}$与子空间W正交，记作$\boldsymbol{\alpha}\perp W$. 所有与$W$正交的向量全体称为$W$的**正交补空间(orthogonal complement)**，简称**正交补**，记作$W^{\perp}$，即$W^{\perp}=\{\boldsymbol{\alpha}\in\mathbb{R}^n\mid\boldsymbol{\alpha}\perp W\}$. 易证，$W^{\perp}$是$\mathbb{R}^n$的子空间.

定理 7.1 设W是$\mathbb{R}^n$的一个子空间，$\boldsymbol{\beta}_1$，$\boldsymbol{\beta}_2$，…，$\boldsymbol{\beta}_s$是W的一组生成元，则有

$$W^{\perp}=\{\boldsymbol{\alpha}\in\mathbb{R}^n\mid\boldsymbol{\alpha}\perp\boldsymbol{\beta}_i,i=1,2,\cdots,s\},$$

即$\boldsymbol{\alpha}\in W^{\perp}$的充要条件是$\boldsymbol{\alpha}$与$W$的生成元中每个向量都正交.

定理 7.1 请读者自证.

例 7.5 设W是$\mathbb{R}^3$的一个过原点的平面，L是过原点且与W垂直的直线，$\boldsymbol{\beta}_1$，$\boldsymbol{\beta}_2$是W的一组生成元，$\boldsymbol{\alpha}$是L上的非零向量，则有$\boldsymbol{\alpha}\perp W$，即$\boldsymbol{\alpha}$与$\boldsymbol{\beta}_1$，$\boldsymbol{\beta}_2$正交．事实上，$L$包含了所有与$W$正交的向量，$W$包含了所有与$L$正交的向量，即$L=W^{\perp}$，$W=L^{\perp}$.

7.1.6　向量的夹角

向量的内积运算不仅可以定义向量的长度和向量间的距离，也可以定义向量的夹角．由柯西－施瓦兹不等式，对于任意的非零向量 $\boldsymbol{\alpha}$，$\boldsymbol{\beta}\in\mathbb{R}^n$，有 $-1\leqslant\dfrac{\boldsymbol{\alpha}\cdot\boldsymbol{\beta}}{\|\boldsymbol{\alpha}\|\cdot\|\boldsymbol{\beta}\|}\leqslant 1$，规定 $\boldsymbol{\alpha}$ 与 $\boldsymbol{\beta}$ 的**夹角**（**angle**）θ 由下式确定：

$$\cos\theta=\frac{\boldsymbol{\alpha}\cdot\boldsymbol{\beta}}{\|\boldsymbol{\alpha}\|\cdot\|\boldsymbol{\beta}\|},0\leqslant\theta\leqslant\pi.$$

特别地，当 $\theta=\dfrac{\pi}{2}$ 时，$\boldsymbol{\alpha}\cdot\boldsymbol{\beta}=0$，与定义 7.4 一致．

习题 7.1

1. 设 $\boldsymbol{\alpha}=(3,-2,1)^{\mathrm{T}}$，$\boldsymbol{\beta}=(2,1,-2)^{\mathrm{T}}$，$\boldsymbol{\gamma}=(1,2,2)^{\mathrm{T}}$，计算：

（1）$\boldsymbol{\alpha}\cdot\boldsymbol{\beta}$；　（2）$\boldsymbol{\beta}\cdot\boldsymbol{\gamma}$；　（3）$\boldsymbol{\beta}\cdot\boldsymbol{\beta}$；

（4）$\boldsymbol{\gamma}\cdot\boldsymbol{\gamma}$；　（5）$\dfrac{\boldsymbol{\alpha}\cdot\boldsymbol{\beta}}{\boldsymbol{\beta}\cdot\boldsymbol{\beta}}\boldsymbol{\beta}$；　（6）$\|\boldsymbol{\alpha}\|$．

2. 求下列各对向量间的距离：

（1）$\boldsymbol{\alpha}=(-2,4,-1)^{\mathrm{T}}$，$\boldsymbol{\beta}=(1,-2,3)^{\mathrm{T}}$；

（2）$\boldsymbol{\alpha}=(3,2,0,3)^{\mathrm{T}}$，$\boldsymbol{\beta}=(2,-2,3,2)^{\mathrm{T}}$；

（3）$\boldsymbol{\alpha}=(1,1,1)^{\mathrm{T}}$，$\boldsymbol{\beta}=(1,0,1)^{\mathrm{T}}$；

（4）$\boldsymbol{\alpha}=(1,1,-1,-1)^{\mathrm{T}}$，$\boldsymbol{\beta}=(1,4,-3,2)^{\mathrm{T}}$．

3. 在 $\mathbb{R}^3$ 中求一个单位向量 $\boldsymbol{\varepsilon}$，使得 $\boldsymbol{\varepsilon}$ 与向量 $\boldsymbol{\alpha}_1=(1,\ -2,\ 1)^{\mathrm{T}}$，$\boldsymbol{\alpha}_2=(0,\ 1,\ 2)^{\mathrm{T}}$ 都正交．

4. 设 $\boldsymbol{\beta}=(1,2,-4)^{\mathrm{T}}$，$W=\{\boldsymbol{\alpha}\in\mathbb{R}^3\mid\boldsymbol{\alpha}\perp\boldsymbol{\beta}\}$，证明 W 是 $\mathbb{R}^3$ 的子空间，并求 W 的一组基，解释 W 的几何意义．

5. 证明平行四边形法则：若 $\boldsymbol{\alpha},\boldsymbol{\beta}\in\mathbb{R}^n$，则有 $\|\boldsymbol{\alpha}+\boldsymbol{\beta}\|^2+\|\boldsymbol{\alpha}-\boldsymbol{\beta}\|^2=2\|\boldsymbol{\alpha}\|^2+2\|\boldsymbol{\beta}\|^2$．

6. 设 W 是 $\mathbb{R}^n$ 的子空间，证明：$W\cap W^{\perp}=\{\boldsymbol{o}\}$．

7.2　标准正交基

7.2.1　$\mathbb{R}^n$ 的标准正交基

我们知道，$\mathbb{R}^n$ 中的 n 个向量 $\boldsymbol{\eta}_1$，$\boldsymbol{\eta}_2$，…，$\boldsymbol{\eta}_n$ 组成的正交向量组线性无关，所以 $\boldsymbol{\eta}_1$，$\boldsymbol{\eta}_2$，…，$\boldsymbol{\eta}_n$ 可构成 $\mathbb{R}^n$ 的一组基，称为 $\mathbb{R}^n$ 的正交基．若每个向量的长度为 1，则这组正交基具有更多好的性质．

定义 7.6　设 $\mathbb{R}^n$ 中的 n 个向量 $\boldsymbol{\eta}_1$，$\boldsymbol{\eta}_2$，…，$\boldsymbol{\eta}_n$ 满足：

（1）两两正交，即 $\boldsymbol{\eta}_i\cdot\boldsymbol{\eta}_j=0$，$i\neq j$，$i$，$j=1$，2，…，$n$；

(2) 都是单位向量，即 $\|\boldsymbol{\eta}_i\|=1$，$i=1, 2, \cdots, n$，
则称 $\boldsymbol{\eta}_1, \boldsymbol{\eta}_2, \cdots, \boldsymbol{\eta}_n$ 为$\mathbb{R}^n$的一组**标准正交基**（**orthonormal basis**）.

利用**克罗内克符号**（**Kronecker symbol**）

$$\delta_{ij}=\begin{cases}1, & i=j,\\ 0, & i\neq j.\end{cases}$$

$\boldsymbol{\eta}_1, \boldsymbol{\eta}_2, \cdots, \boldsymbol{\eta}_n$ 是标准正交基等价于它们满足 $\boldsymbol{\eta}_i\cdot\boldsymbol{\eta}_j=\delta_{ij}$，$i, j=1, 2, \cdots, n$.
显然，$\mathbb{R}^n$的自然基 $\boldsymbol{\varepsilon}_1=(1, 0, \cdots, 0)^{\mathrm{T}}$，$\boldsymbol{\varepsilon}_2=(0, 1, \cdots, 0)^{\mathrm{T}}$，$\cdots$，$\boldsymbol{\varepsilon}_n=(0, 0, \cdots, 1)^{\mathrm{T}}$ 是$\mathbb{R}^n$中常用的基本的一组标准正交基．在标准正交基下，所有与内积有关的运算都较为简单．

定理 7.2 设 $\boldsymbol{\eta}_1, \boldsymbol{\eta}_2, \cdots, \boldsymbol{\eta}_n$ 是$\mathbb{R}^n$的一组标准正交基，则$\mathbb{R}^n$中的任意向量 $\boldsymbol{\alpha}$ 在这组基下的坐标可由 $\boldsymbol{\alpha}$ 与基向量的内积给出，即

$$\boldsymbol{\alpha}=(\boldsymbol{\alpha}\cdot\boldsymbol{\eta}_1)\boldsymbol{\eta}_1+(\boldsymbol{\alpha}\cdot\boldsymbol{\eta}_2)\boldsymbol{\eta}_2+\cdots+(\boldsymbol{\alpha}\cdot\boldsymbol{\eta}_n)\boldsymbol{\eta}_n. \tag{7.5}$$

证明 设 $\boldsymbol{\alpha}=k_1\boldsymbol{\eta}_1+k_2\boldsymbol{\eta}_2+\cdots+k_n\boldsymbol{\eta}_n$，$k_1, k_2, \cdots, k_n\in\mathbb{R}$. 由 $\boldsymbol{\eta}_1, \boldsymbol{\eta}_2, \cdots, \boldsymbol{\eta}_n$ 是标准正交基，可得

$$\boldsymbol{\alpha}\cdot\boldsymbol{\eta}_i=(k_1\boldsymbol{\eta}_1+k_2\boldsymbol{\eta}_2+\cdots+k_n\boldsymbol{\eta}_n)\cdot\boldsymbol{\eta}_i=k_i(\boldsymbol{\eta}_i\cdot\boldsymbol{\eta}_i)=k_i, i=1,2,\cdots,n,$$

故式（7.5）成立．

定理 7.3 设 $\boldsymbol{\eta}_1,\boldsymbol{\eta}_2,\cdots,\boldsymbol{\eta}_n$ 是$\mathbb{R}^n$的一组标准正交基，$\boldsymbol{\alpha}$ 与 $\boldsymbol{\beta}$ 在这组基下的坐标向量分别为 $(x_1,x_2,\cdots,x_n)^{\mathrm{T}},(y_1,y_2,\cdots,y_n)^{\mathrm{T}}$，则有 $\boldsymbol{\alpha}\cdot\boldsymbol{\beta}=x_1y_1+x_2y_2+\cdots+x_ny_n$.

证明

$$\begin{aligned}\boldsymbol{\alpha}\cdot\boldsymbol{\beta}&=(x_1\boldsymbol{\eta}_1+x_2\boldsymbol{\eta}_2+\cdots+x_n\boldsymbol{\eta}_n)\cdot(y_1\boldsymbol{\eta}_1+y_2\boldsymbol{\eta}_2+\cdots+y_n\boldsymbol{\eta}_n)\\&=\sum_{i=1}^{n}\sum_{j=1}^{n}x_iy_j(\boldsymbol{\eta}_i\cdot\boldsymbol{\eta}_j)=x_1y_1+x_2y_2+\cdots+x_ny_n.\end{aligned}$$

7.2.2 正交矩阵

将$\mathbb{R}^n$的标准正交基 $\boldsymbol{\eta}_1,\boldsymbol{\eta}_2,\cdots,\boldsymbol{\eta}_n$ 构成 n 阶矩阵 $\boldsymbol{A}=(\boldsymbol{\eta}_1\ \boldsymbol{\eta}_2\cdots\boldsymbol{\eta}_n)$，则 $\boldsymbol{A}$ 满足

$$\boldsymbol{A}^{\mathrm{T}}\boldsymbol{A}=\begin{pmatrix}\boldsymbol{\eta}_1^{\mathrm{T}}\\ \boldsymbol{\eta}_2^{\mathrm{T}}\\ \vdots\\ \boldsymbol{\eta}_n^{\mathrm{T}}\end{pmatrix}(\boldsymbol{\eta}_1\ \boldsymbol{\eta}_2\cdots\boldsymbol{\eta}_n)=\begin{pmatrix}\boldsymbol{\eta}_1^{\mathrm{T}}\boldsymbol{\eta}_1 & \boldsymbol{\eta}_1^{\mathrm{T}}\boldsymbol{\eta}_2 & \cdots & \boldsymbol{\eta}_1^{\mathrm{T}}\boldsymbol{\eta}_n\\ \boldsymbol{\eta}_2^{\mathrm{T}}\boldsymbol{\eta}_1 & \boldsymbol{\eta}_2^{\mathrm{T}}\boldsymbol{\eta}_2 & \cdots & \boldsymbol{\eta}_2^{\mathrm{T}}\boldsymbol{\eta}_n\\ \vdots & \vdots & & \vdots\\ \boldsymbol{\eta}_n^{\mathrm{T}}\boldsymbol{\eta}_1 & \boldsymbol{\eta}_n^{\mathrm{T}}\boldsymbol{\eta}_2 & \cdots & \boldsymbol{\eta}_n^{\mathrm{T}}\boldsymbol{\eta}_n\end{pmatrix},$$

由 $\boldsymbol{\eta}_i\cdot\boldsymbol{\eta}_j=\delta_{ij}$，$i, j=1, 2, \cdots, n$，可得 $\boldsymbol{A}^{\mathrm{T}}\boldsymbol{A}=\boldsymbol{E}$.

设$\mathbb{R}^n$的另一组标准正交基 $\boldsymbol{\xi}_1,\boldsymbol{\xi}_2,\cdots,\boldsymbol{\xi}_n$ 构成 n 阶矩阵 $\boldsymbol{B}=(\boldsymbol{\xi}_1\ \boldsymbol{\xi}_2\cdots\boldsymbol{\xi}_n)$，类似有 $\boldsymbol{B}^{\mathrm{T}}\boldsymbol{B}=\boldsymbol{E}$. 不仅如此，设 $\boldsymbol{\xi}_1,\boldsymbol{\xi}_2,\cdots,\boldsymbol{\xi}_n$ 到 $\boldsymbol{\eta}_1,\boldsymbol{\eta}_2,\cdots,\boldsymbol{\eta}_n$ 的过渡矩阵为 $\boldsymbol{Q}$，基变换式为 $\boldsymbol{A}=\boldsymbol{B}\boldsymbol{Q}$，则 $\boldsymbol{A}^{\mathrm{T}}\boldsymbol{A}=(\boldsymbol{B}\boldsymbol{Q})^{\mathrm{T}}\boldsymbol{B}\boldsymbol{Q}=\boldsymbol{Q}^{\mathrm{T}}(\boldsymbol{B}^{\mathrm{T}}\boldsymbol{B})\boldsymbol{Q}=\boldsymbol{Q}^{\mathrm{T}}\boldsymbol{Q}=\boldsymbol{E}$.

定义 7.7 设 n 阶实矩阵 $\boldsymbol{Q}$ 满足

$$\boldsymbol{Q}^{\mathrm{T}}\boldsymbol{Q}=\boldsymbol{E}, \tag{7.6}$$

则称 $\boldsymbol{Q}$ 为**正交矩阵**（**orthogonal matrix**）.

例如：显然单位矩阵 $\boldsymbol{E}$ 为正交矩阵，二维几何空间$\mathbb{R}^2$的两直角坐标系间的坐标变换矩阵 $\boldsymbol{Q}=\begin{pmatrix}\cos\theta & -\sin\theta\\ \sin\theta & \cos\theta\end{pmatrix}$ 也是正交矩阵．

例 7.6　已知 $\boldsymbol{Q}=\begin{pmatrix}\frac{1}{\sqrt{6}} & \frac{2}{\sqrt{5}} & \frac{1}{\sqrt{30}}\\ -\frac{2}{\sqrt{6}} & \frac{1}{\sqrt{5}} & -\frac{2}{\sqrt{30}}\\ \frac{1}{\sqrt{6}} & 0 & -\frac{5}{\sqrt{30}}\end{pmatrix}$，利用定义 7.7 可验证 $\boldsymbol{Q}^{\mathrm{T}}\boldsymbol{Q}=\boldsymbol{E}$，所以 $\boldsymbol{Q}$ 为正交矩阵．

易证，正交矩阵具有下列性质：

（1）$\boldsymbol{Q}$ 为正交矩阵当且仅当 $\boldsymbol{Q}^{-1}=\boldsymbol{Q}^{\mathrm{T}}$；

（2）若 $\boldsymbol{Q}$ 为正交矩阵，则 $\boldsymbol{Q}^{-1}$ 也是正交矩阵；

（3）若 $\boldsymbol{Q}$ 为正交矩阵，则 $\boldsymbol{Q}^{\mathrm{T}}$ 也是正交矩阵；

（4）若 $\boldsymbol{P}$，$\boldsymbol{Q}$ 都是 n 阶正交矩阵，则 $\boldsymbol{PQ}$ 也是 n 阶正交矩阵；

（5）若 $\boldsymbol{Q}$ 为正交矩阵，则 $|\boldsymbol{Q}|=\pm 1$.

定理 7.4　设 n 阶矩阵 $\boldsymbol{Q}=(\boldsymbol{\alpha}_1\ \boldsymbol{\alpha}_2\ \cdots\ \boldsymbol{\alpha}_n)$，其中 $\boldsymbol{\alpha}_1,\boldsymbol{\alpha}_2,\cdots,\boldsymbol{\alpha}_n$ 为 $\boldsymbol{Q}$ 的列向量组，则 $\boldsymbol{Q}$ 为正交矩阵的充要条件是 $\boldsymbol{\alpha}_1,\boldsymbol{\alpha}_2,\cdots,\boldsymbol{\alpha}_n$ 是$\mathbb{R}^n$的一组标准正交基．

证明　$\boldsymbol{Q}$ 为正交矩阵等价于 $\boldsymbol{Q}^{\mathrm{T}}\boldsymbol{Q}=\boldsymbol{E}$，即

$$\boldsymbol{Q}^{\mathrm{T}}\boldsymbol{Q}=\begin{pmatrix}\boldsymbol{\alpha}_1^{\mathrm{T}}\\ \boldsymbol{\alpha}_2^{\mathrm{T}}\\ \vdots\\ \boldsymbol{\alpha}_n^{\mathrm{T}}\end{pmatrix}(\boldsymbol{\alpha}_1\ \boldsymbol{\alpha}_2\ \cdots\ \boldsymbol{\alpha}_n)=\begin{pmatrix}\boldsymbol{\alpha}_1^{\mathrm{T}}\boldsymbol{\alpha}_1 & \boldsymbol{\alpha}_1^{\mathrm{T}}\boldsymbol{\alpha}_2 & \cdots & \boldsymbol{\alpha}_1^{\mathrm{T}}\boldsymbol{\alpha}_n\\ \boldsymbol{\alpha}_2^{\mathrm{T}}\boldsymbol{\alpha}_1 & \boldsymbol{\alpha}_2^{\mathrm{T}}\boldsymbol{\alpha}_2 & \cdots & \boldsymbol{\alpha}_2^{\mathrm{T}}\boldsymbol{\alpha}_n\\ \vdots & \vdots & & \vdots\\ \boldsymbol{\alpha}_n^{\mathrm{T}}\boldsymbol{\alpha}_1 & \boldsymbol{\alpha}_n^{\mathrm{T}}\boldsymbol{\alpha}_2 & \cdots & \boldsymbol{\alpha}_n^{\mathrm{T}}\boldsymbol{\alpha}_n\end{pmatrix}=\boldsymbol{E},$$

这等价于 $\boldsymbol{\alpha}_i\cdot\boldsymbol{\alpha}_j=\delta_{ij}$，$i$，$j=1$，2，…，$n$，即 $\boldsymbol{\alpha}_1$，$\boldsymbol{\alpha}_2$，…，$\boldsymbol{\alpha}_n$ 是$\mathbb{R}^n$的一组标准正交基．

类似可证：$\boldsymbol{Q}$ 为正交矩阵的充要条件是 $\boldsymbol{Q}$ 的行向量组构成$\mathbb{R}^n$的一组标准正交基，即若 $\boldsymbol{\beta}_1^{\mathrm{T}}$，$\boldsymbol{\beta}_2^{\mathrm{T}}$，…，$\boldsymbol{\beta}_n^{\mathrm{T}}$ 为 $\boldsymbol{Q}$ 的行向量组，$\boldsymbol{Q}=\begin{pmatrix}\boldsymbol{\beta}_1^{\mathrm{T}}\\ \boldsymbol{\beta}_2^{\mathrm{T}}\\ \vdots\\ \boldsymbol{\beta}_n^{\mathrm{T}}\end{pmatrix}$，则 $\boldsymbol{Q}$ 为正交矩阵的充要条件是 $\boldsymbol{\beta}_1$，$\boldsymbol{\beta}_2$，…，$\boldsymbol{\beta}_n$ 是$\mathbb{R}^n$的一组标准正交基．

可以验证，例 7.6 中的正交矩阵 $\boldsymbol{Q}$ 的行列向量组都是$\mathbb{R}^3$的标准正交基．

例 7.7　已知 $\boldsymbol{\alpha}_1$，$\boldsymbol{\alpha}_2$，$\boldsymbol{\alpha}_3$ 是$\mathbb{R}^3$的一组标准正交基，证明：向量组

$$\boldsymbol{\beta}_1=\frac{1}{\sqrt{2}}\boldsymbol{\alpha}_1+\frac{1}{\sqrt{2}}\boldsymbol{\alpha}_3,\ \boldsymbol{\beta}_2=\frac{1}{\sqrt{6}}\boldsymbol{\alpha}_1+\frac{2}{\sqrt{6}}\boldsymbol{\alpha}_2-\frac{1}{\sqrt{6}}\boldsymbol{\alpha}_3,\ \boldsymbol{\beta}_3=-\frac{1}{\sqrt{3}}\boldsymbol{\alpha}_1+\frac{1}{\sqrt{3}}\boldsymbol{\alpha}_2+\frac{1}{\sqrt{3}}\boldsymbol{\alpha}_3$$

也是$\mathbb{R}^3$的一组标准正交基．

证明（法一）利用标准正交基的定义验证 $\boldsymbol{\beta}_i\cdot\boldsymbol{\beta}_j=0,i\neq j$；$\|\boldsymbol{\beta}_i\|=\sqrt{\boldsymbol{\beta}_i\cdot\boldsymbol{\beta}_i}=1$，$i=1,2,3$. 如 $\boldsymbol{\beta}_1\cdot\boldsymbol{\beta}_2=\left(\frac{1}{\sqrt{2}}\boldsymbol{\alpha}_1+\frac{1}{\sqrt{2}}\boldsymbol{\alpha}_3\right)^{\mathrm{T}}\left(\frac{1}{\sqrt{6}}\boldsymbol{\alpha}_1+\frac{2}{\sqrt{6}}\boldsymbol{\alpha}_2-\frac{1}{\sqrt{6}}\boldsymbol{\alpha}_3\right)=\frac{1}{\sqrt{12}}-\frac{1}{\sqrt{12}}=0$，$\boldsymbol{\beta}_1\cdot\boldsymbol{\beta}_1=\left(\frac{1}{\sqrt{2}}\boldsymbol{\alpha}_1+\frac{1}{\sqrt{2}}\boldsymbol{\alpha}_3\right)^{\mathrm{T}}\left(\frac{1}{\sqrt{2}}\boldsymbol{\alpha}_1+\frac{1}{\sqrt{2}}\boldsymbol{\alpha}_3\right)=\frac{1}{2}+\frac{1}{2}=1$，其他计算类似．

（法二）往证$(\boldsymbol{\beta}_1\ \boldsymbol{\beta}_2\ \boldsymbol{\beta}_3)$为正交矩阵．令$\boldsymbol{B}=(\boldsymbol{\beta}_1\ \boldsymbol{\beta}_2\ \boldsymbol{\beta}_3)$，$\boldsymbol{A}=(\boldsymbol{\alpha}_1\ \boldsymbol{\alpha}_2\ \boldsymbol{\alpha}_3)$，则

$$\boldsymbol{B}=\boldsymbol{A}\begin{pmatrix}\frac{1}{\sqrt{2}} & \frac{1}{\sqrt{6}} & -\frac{1}{\sqrt{3}}\\ 0 & \frac{2}{\sqrt{6}} & \frac{1}{\sqrt{3}}\\ \frac{1}{\sqrt{2}} & -\frac{1}{\sqrt{6}} & \frac{1}{\sqrt{3}}\end{pmatrix},\ \boldsymbol{A}^{\mathrm{T}}\boldsymbol{A}=\boldsymbol{E},$$

令$\boldsymbol{Q}=\begin{pmatrix}\frac{1}{\sqrt{2}} & \frac{1}{\sqrt{6}} & -\frac{1}{\sqrt{3}}\\ 0 & \frac{2}{\sqrt{6}} & \frac{1}{\sqrt{3}}\\ \frac{1}{\sqrt{2}} & -\frac{1}{\sqrt{6}} & \frac{1}{\sqrt{3}}\end{pmatrix}$，计算可得$\boldsymbol{Q}^{\mathrm{T}}\boldsymbol{Q}=\boldsymbol{E}$，于是$\boldsymbol{B}^{\mathrm{T}}\boldsymbol{B}=(\boldsymbol{AQ})^{\mathrm{T}}\boldsymbol{AQ}=\boldsymbol{Q}^{\mathrm{T}}(\boldsymbol{A}^{\mathrm{T}}\boldsymbol{A})\boldsymbol{Q}=\boldsymbol{E}.$

7.2.3 子空间的标准正交基和列正交矩阵

设W是$\mathbb{R}^n$的非零子空间，$\dim W=m$，则有$0<m\leqslant n$，设$\boldsymbol{\alpha}_1$，$\boldsymbol{\alpha}_2$，…，$\boldsymbol{\alpha}_m$为W的一组基，若两两正交，则$\boldsymbol{\alpha}_1$，$\boldsymbol{\alpha}_2$，…，$\boldsymbol{\alpha}_m$是W的正交基；满足$\|\boldsymbol{\alpha}_i\|=1$，$i=1,2,\cdots,m$的正交基$\boldsymbol{\alpha}_1$，$\boldsymbol{\alpha}_2$，…，$\boldsymbol{\alpha}_m$称为$W$的一组标准正交基．子空间$W$的标准正交基也具有类似定理7.1和定理7.2的结论．我们称$\mathbb{R}^n$子空间W的标准正交基构成的矩阵$\boldsymbol{A}=(\boldsymbol{\alpha}_1\ \boldsymbol{\alpha}_2\cdots\ \boldsymbol{\alpha}_m)$为**列正交矩阵**（**column orthogonal matrix**）．

定理 7.5 设$\boldsymbol{A}$是$n\times m$实矩阵，则$\boldsymbol{A}$是列正交矩阵的充要条件是$\boldsymbol{A}^{\mathrm{T}}\boldsymbol{A}=\boldsymbol{E}_m$.

请读者自证．

定理 7.6 设$\boldsymbol{A}$是$n\times m$列正交矩阵，$\boldsymbol{\alpha}$，$\boldsymbol{\beta}$是$\boldsymbol{R}^m$中的两个向量，则

（1）$\|\boldsymbol{A\alpha}\|=\|\boldsymbol{\alpha}\|$；（2）$(\boldsymbol{A\alpha})\cdot(\boldsymbol{A\beta})=\boldsymbol{\alpha}\cdot\boldsymbol{\beta}$.

证明 （1）根据定理7.4可知，$\boldsymbol{A}^{\mathrm{T}}\boldsymbol{A}=\boldsymbol{E}_m$，则

$$\|\boldsymbol{A\alpha}\|^2=(\boldsymbol{A\alpha})^{\mathrm{T}}(\boldsymbol{A\alpha})=\boldsymbol{\alpha}^{\mathrm{T}}(\boldsymbol{A}^{\mathrm{T}}\boldsymbol{A})\boldsymbol{\alpha}=\boldsymbol{\alpha}^{\mathrm{T}}\boldsymbol{E\alpha}=\boldsymbol{\alpha}\cdot\boldsymbol{\alpha}=\|\boldsymbol{\alpha}\|^2.$$

（2）$(\boldsymbol{A\alpha})\cdot(\boldsymbol{A\beta})=(\boldsymbol{A\alpha})^{\mathrm{T}}(\boldsymbol{A\beta})=\boldsymbol{\alpha}^{\mathrm{T}}(\boldsymbol{A}^{\mathrm{T}}\boldsymbol{A})\boldsymbol{\beta}=\boldsymbol{\alpha}^{\mathrm{T}}\boldsymbol{\beta}=\boldsymbol{\alpha}\cdot\boldsymbol{\beta}$.

特别地，当$m=n$时，定理7.5和定理7.6中的列正交矩阵即为正交矩阵．

定理7.6说明，若$\boldsymbol{A}$是列正交矩阵，则线性映射σ：$\mathbb{R}^m\to\mathbb{R}^n$，$\boldsymbol{\alpha}\mapsto\boldsymbol{A\alpha}$保持了向量的长度和内积不变，进而也保持了向量的正交性，因此，线性映射σ把标准正交向量组变为标准正交向量组．

利用正交基的概念，我们可以得到如下定理．

定理 7.7 $\mathbb{R}^n$的任意一个子空间W都有唯一的正交补空间$W^{\perp}$，即W与$W^{\perp}$互为正交补，且有$W\oplus W^{\perp}=\mathbb{R}^n$.

证明 若$W=\{\boldsymbol{o}\}$，则$W^{\perp}=\mathbb{R}^n$；若$W=\mathbb{R}^n$，则$W^{\perp}=\{\boldsymbol{o}\}$，结论成立．

先证$W^{\perp}$的存在性．当W是$\mathbb{R}^n$的非平凡子空间时，取W的一组正交基$\boldsymbol{\varepsilon}_1$，$\boldsymbol{\varepsilon}_2$，…，$\boldsymbol{\varepsilon}_m$，将其扩充为$\mathbb{R}^n$的正交基$\boldsymbol{\varepsilon}_1$，$\boldsymbol{\varepsilon}_2$，…，$\boldsymbol{\varepsilon}_m$，$\boldsymbol{\varepsilon}_{m+1}$，…，$\boldsymbol{\varepsilon}_n$，则易证$L(\boldsymbol{\varepsilon}_{m+1},\cdots,\boldsymbol{\varepsilon}_n)$

为 W 的正交补空间．易证 $W\cap W^{\perp}=\{\boldsymbol{o}\}$，$W+W^{\perp}=\mathbb{R}^n$，故 $W\oplus W^{\perp}=\mathbb{R}^n$.

下证 $W^{\perp}$ 的唯一性．设 W_1，W_2 都是 W 的正交补，满足

$$W\oplus W_1=\mathbb{R}^n, \tag{7.7}$$

$$W\oplus W_2=\mathbb{R}^n. \tag{7.8}$$

$\forall \boldsymbol{\alpha}_1\in W_1$，由式（7.8）知，存在 $\boldsymbol{\alpha}\in W$，$\boldsymbol{\alpha}_2\in W_2$，使得

$$\boldsymbol{\alpha}_1=\boldsymbol{\alpha}+\boldsymbol{\alpha}_2. \tag{7.9}$$

又 $\boldsymbol{\alpha}_1\cdot\boldsymbol{\alpha}=(\boldsymbol{\alpha}+\boldsymbol{\alpha}_2)\cdot\boldsymbol{\alpha}=\boldsymbol{\alpha}\cdot\boldsymbol{\alpha}+\boldsymbol{\alpha}_2\cdot\boldsymbol{\alpha}=\boldsymbol{\alpha}\cdot\boldsymbol{\alpha}+0=\boldsymbol{\alpha}\cdot\boldsymbol{\alpha}=0$，所以 $\boldsymbol{\alpha}=\boldsymbol{o}$，由式（7.9）可得，$\boldsymbol{\alpha}_1=\boldsymbol{\alpha}_2\in W_2$，故 $W_1\subset W_2$．同理可证 $W_2\subset W_1$．因此，$W_1=W_2$.

例 7.8　设实矩阵 $A_{m\times n}$ 的行向量组为 $\boldsymbol{\alpha}_1^{\mathrm{T}},\boldsymbol{\alpha}_2^{\mathrm{T}},\cdots,\boldsymbol{\alpha}_m^{\mathrm{T}},\boldsymbol{\alpha}_1,\boldsymbol{\alpha}_2,\cdots,\boldsymbol{\alpha}_m\in\mathbb{R}^n$，则 $\boldsymbol{A}^{\mathrm{T}}=(\boldsymbol{\alpha}_1\ \boldsymbol{\alpha}_2\ \cdots\ \boldsymbol{\alpha}_m)$，证明：$N(\boldsymbol{A})$ 与 $R(\boldsymbol{A}^{\mathrm{T}})$ 互为正交补．

证明　$\mathbb{R}^n$中的向量 $\boldsymbol{\gamma}\in N(\boldsymbol{A})$ 等价于 $\boldsymbol{A\gamma}=\boldsymbol{o}$，即 $\begin{pmatrix}\boldsymbol{\alpha}_1^{\mathrm{T}}\\ \boldsymbol{\alpha}_2^{\mathrm{T}}\\ \vdots\\ \boldsymbol{\alpha}_m^{\mathrm{T}}\end{pmatrix}\boldsymbol{\gamma}=\boldsymbol{o}$，等价于 $\boldsymbol{\alpha}_i\cdot\boldsymbol{\gamma}=0$，$i=1,2,\cdots,m$，即 $\boldsymbol{\gamma}\perp R(\boldsymbol{A}^{\mathrm{T}})$．以上推理可逆，因此 $N(\boldsymbol{A})=R(\boldsymbol{A}^{\mathrm{T}})^{\perp}$，由定理 7.7 可得，$N(\boldsymbol{A})$ 与 $R(\boldsymbol{A}^{\mathrm{T}})$ 互为正交补．

同理可得，$N(\boldsymbol{A}^{\mathrm{T}})$ 与 $R(\boldsymbol{A})$ 互为正交补．

习题 7.2

1. 证明：向量组 $\left(\frac{2}{3},\frac{2}{3},\frac{1}{3}\right)^{\mathrm{T}}$，$\left(\frac{1}{3},-\frac{2}{3},\frac{2}{3}\right)^{\mathrm{T}}$，$\left(-\frac{2}{3},\frac{1}{3},\frac{2}{3}\right)^{\mathrm{T}}$ 是$\mathbb{R}^3$的一组标准正交基，并求 $\boldsymbol{\alpha}=(1,2,3)^{\mathrm{T}}$ 在这组基下的坐标．

2. 设 $\boldsymbol{\varepsilon}_1$，$\boldsymbol{\varepsilon}_2$，$\boldsymbol{\varepsilon}_3$ 是$\mathbb{R}^3$的一组标准正交基，证明：

$$\boldsymbol{\alpha}_1=\frac{1}{3}(2\boldsymbol{\varepsilon}_1+2\boldsymbol{\varepsilon}_2-\boldsymbol{\varepsilon}_3),\ \boldsymbol{\alpha}_2=\frac{1}{3}(2\boldsymbol{\varepsilon}_1-\boldsymbol{\varepsilon}_2+2\boldsymbol{\varepsilon}_3),\ \boldsymbol{\alpha}_3=\frac{1}{3}(\boldsymbol{\varepsilon}_1-2\boldsymbol{\varepsilon}_2-2\boldsymbol{\varepsilon}_3)$$

也是$\mathbb{R}^3$的一组标准正交基．

3. 已知 $\boldsymbol{\alpha}$ 是一个 n 维单位向量，证明：矩阵 $\boldsymbol{E}-2\boldsymbol{\alpha\alpha}^{\mathrm{T}}$ 是正交矩阵．

4. 证明：上三角形正交矩阵必为对角矩阵，且主对角元为 1 或者 -1.

5. 证明：若正交矩阵 $\boldsymbol{A}$ 有实特征值 λ，则 λ 只能是 1 或者 -1.

6. 设 $\boldsymbol{A}$ 是正交矩阵，且 $|\boldsymbol{A}|=-1$，证明：-1 是 $\boldsymbol{A}$ 的一个特征值．

7. 设 W 是$\mathbb{R}^n$的子空间，证明：存在 $m\times n$ 矩阵 $\boldsymbol{A}$，使得 $W=N(\boldsymbol{A})$.

7.3 正交投影

投影是向量空间上的一种线性变换．在解析几何中，一个向量可以对过原点的直线或者平面作正交投影，如图 7.1 所示．这一规律可以推广到$\mathbb{R}^n$中．

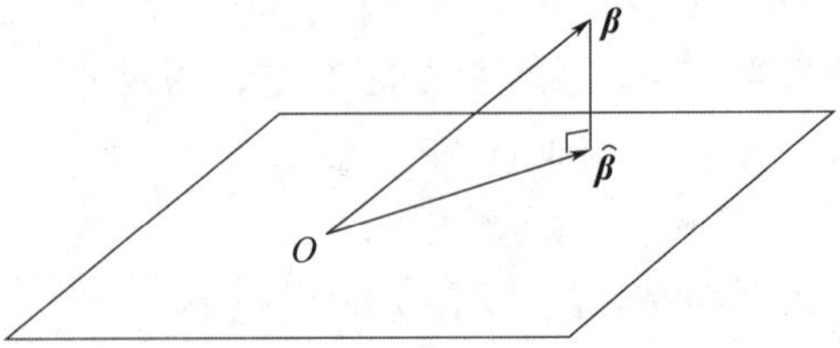

图 7.1　向量在平面上的正交投影

7.3.1　在向量上的正交投影

设非零向量 $\boldsymbol{\eta}\in\mathbb{R}^n$，任给一个向量 $\boldsymbol{\beta}\in\mathbb{R}^n$，欲将 $\boldsymbol{\beta}$ 分解为互为正交的两个向量之和，即

$$\boldsymbol{\beta}=\hat{\boldsymbol{\beta}}+\boldsymbol{\gamma}, \tag{7.10}$$

使得 $\hat{\boldsymbol{\beta}}=k\boldsymbol{\eta}$，其中 k 为常数，且 $\boldsymbol{\gamma}$ 与 $\boldsymbol{\eta}$ 正交．进一步，$\boldsymbol{\beta}-\hat{\boldsymbol{\beta}}$ 与 $\boldsymbol{\eta}$ 正交等价于

$$(\boldsymbol{\beta}-k\boldsymbol{\eta})\cdot\boldsymbol{\eta}=\boldsymbol{\beta}\cdot\boldsymbol{\eta}-k\boldsymbol{\eta}\cdot\boldsymbol{\eta}=0,$$

则 $k=\dfrac{\boldsymbol{\beta}\cdot\boldsymbol{\eta}}{\boldsymbol{\eta}\cdot\boldsymbol{\eta}}$，于是 $\hat{\boldsymbol{\beta}}=\dfrac{\boldsymbol{\beta}\cdot\boldsymbol{\eta}}{\boldsymbol{\eta}\cdot\boldsymbol{\eta}}\boldsymbol{\eta}$，$\boldsymbol{\gamma}=\boldsymbol{\beta}-\dfrac{\boldsymbol{\beta}\cdot\boldsymbol{\eta}}{\boldsymbol{\eta}\cdot\boldsymbol{\eta}}\boldsymbol{\eta}$，如图 7.2 所示．我们称 $\hat{\boldsymbol{\beta}}$ **为 $\boldsymbol{\beta}$ 在向量 $\boldsymbol{\eta}$ 上的正交投影（orthogonal projection）**，$\boldsymbol{\gamma}$ **为 $\boldsymbol{\beta}$ 对 $\boldsymbol{\eta}$ 的正交分量（orthogonal component）**．

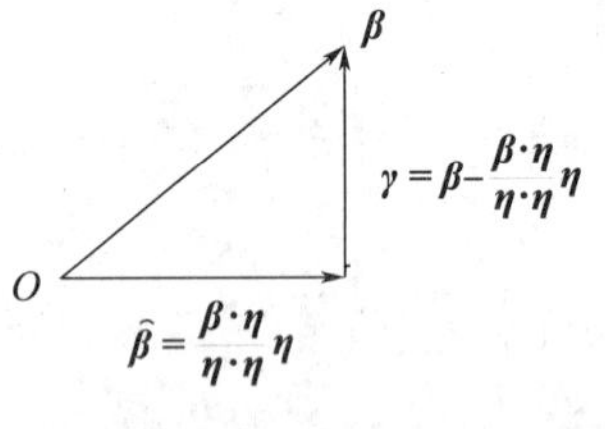

图 7.2　$\boldsymbol{\beta}$ 在向量 $\boldsymbol{\eta}$ 上的正交投影

进一步，若将 $\boldsymbol{\eta}$ 用 $l\boldsymbol{\eta}$ 替换，则可得 $\boldsymbol{\beta}$ 在 $l\boldsymbol{\eta}$ 上的正交投影与 $\boldsymbol{\beta}$ 在 $\boldsymbol{\eta}$ 上的正交投影完全一致．因此，这个正交投影是由过原点与 $\boldsymbol{\eta}$ 的一维子空间 $L(\boldsymbol{\eta})$ 决定的，我们也称 $\hat{\boldsymbol{\beta}}$ **为 $\boldsymbol{\beta}$ 在 $L(\boldsymbol{\eta})$ 上的正交投影**，记作 $\mathrm{P}_L\boldsymbol{\beta}$，即

$$\hat{\boldsymbol{\beta}}=\mathrm{P}_L\boldsymbol{\beta}=\frac{\boldsymbol{\beta}\cdot\boldsymbol{\eta}}{\boldsymbol{\eta}\cdot\boldsymbol{\eta}}\boldsymbol{\eta}, \tag{7.11}$$

正交分量 $\boldsymbol{\gamma}$ 的长度 $\|\boldsymbol{\beta}-\hat{\boldsymbol{\beta}}\|$ 称为 **$\boldsymbol{\beta}$ 到 $L(\boldsymbol{\eta})$ 的距离**．

例 7.9　已知 $\boldsymbol{\beta}=(5,\ 7)^{\mathrm{T}}$，$\boldsymbol{\eta}=(2,\ 1)^{\mathrm{T}}$，$L(\boldsymbol{\eta})$ 是过原点与 $\boldsymbol{\eta}$ 的直线．求 $\boldsymbol{\beta}$ 在 $L(\boldsymbol{\eta})$ 上的正交投影和 $\boldsymbol{\beta}$ 到 $L(\boldsymbol{\eta})$ 的距离．

解　计算得 $\boldsymbol{\beta}\cdot\boldsymbol{\eta}=17$，$\boldsymbol{\eta}\cdot\boldsymbol{\eta}=5$，则 $\boldsymbol{\beta}$ 在 $L(\boldsymbol{\eta})$ 上的正交投影为

$$\hat{\boldsymbol{\beta}}=\mathrm{P}_L\boldsymbol{\beta}=\frac{\boldsymbol{\beta}\cdot\boldsymbol{\eta}}{\boldsymbol{\eta}\cdot\boldsymbol{\eta}}\boldsymbol{\eta}=\frac{17}{5}(2,1)^{\mathrm{T}}=(6.8,3.4)^{\mathrm{T}}.$$

于是，$\boldsymbol{\beta}$ 可分解为正交投影 $\hat{\boldsymbol{\beta}}=(6.8,3.4)^{\mathrm{T}}$ 与正交分量 $\boldsymbol{\gamma}=\boldsymbol{\beta}-\hat{\boldsymbol{\beta}}=(-1.8,3.6)^{\mathrm{T}}$ 之和．$\boldsymbol{\beta}$ 到 $L(\boldsymbol{\eta})$ 的距离为 $\|\boldsymbol{\beta}-\hat{\boldsymbol{\beta}}\|=\sqrt{1.8^2+3.6^2}=\dfrac{9\sqrt{5}}{5}$.

特别地，如果 $\boldsymbol{\eta}$ 是一个单位向量，则由式（7.11），$\boldsymbol{\beta}$ 在 $L(\boldsymbol{\eta})$ 上的正交投影可化简为 $\widehat{\boldsymbol{\beta}}=(\boldsymbol{\beta}\cdot\boldsymbol{\eta})\boldsymbol{\eta}$，且可得到 $\|\widehat{\boldsymbol{\beta}}\|=|\boldsymbol{\beta}\cdot\boldsymbol{\eta}|$．其几何意义是，向量 $\boldsymbol{\beta}$ 与单位向量 $\boldsymbol{\eta}$ 的内积绝对值就是向量 $\boldsymbol{\beta}$ 在 $\boldsymbol{\eta}$ 上的正交投影的长度，并且当内积为正时，正交投影与 $\boldsymbol{\eta}$ 同向；当内积为负时，正交投影与 $\boldsymbol{\eta}$ 反向．进一步，我们可以给出定理 7.2 的另一种解释：在标准正交基下，任意向量 $\boldsymbol{\beta}$ 都可以分解为其在基向量上的正交投影之和．

7.3.2　在子空间上的正交投影

定理 7.8（正交分解定理（orthogonal decomposition theorem）） 设 W 是 $\mathbb{R}^n$ 的非零子空间，$\boldsymbol{\eta}_1$，$\boldsymbol{\eta}_2$，…，$\boldsymbol{\eta}_s$ 是 W 的一组正交基．则对于任意向量 $\boldsymbol{\beta}\in\mathbb{R}^n$，都有唯一的分解式

$$\boldsymbol{\beta}=\widehat{\boldsymbol{\beta}}+\boldsymbol{\gamma},\tag{7.12}$$

其中，$\widehat{\boldsymbol{\beta}}\in W$，$\boldsymbol{\gamma}\in W^{\perp}$，且有

$$\widehat{\boldsymbol{\beta}}=\frac{\boldsymbol{\beta}\cdot\boldsymbol{\eta}_1}{\boldsymbol{\eta}_1\cdot\boldsymbol{\eta}_1}\boldsymbol{\eta}_1+\frac{\boldsymbol{\beta}\cdot\boldsymbol{\eta}_2}{\boldsymbol{\eta}_2\cdot\boldsymbol{\eta}_2}\boldsymbol{\eta}_2+\cdots+\frac{\boldsymbol{\beta}\cdot\boldsymbol{\eta}_s}{\boldsymbol{\eta}_s\cdot\boldsymbol{\eta}_s}\boldsymbol{\eta}_s.\tag{7.13}$$

证明　先证分解式（7.12）的存在性．由式（7.13），显然 $\widehat{\boldsymbol{\beta}}\in W$．令 $\boldsymbol{\gamma}=\boldsymbol{\beta}-\widehat{\boldsymbol{\beta}}$，由于 $\boldsymbol{\eta}_1$，$\boldsymbol{\eta}_2$，…，$\boldsymbol{\eta}_s$ 是 W 的一组正交基，则有

$$\begin{aligned}\boldsymbol{\gamma}\cdot\boldsymbol{\eta}_i&=(\boldsymbol{\beta}-\widehat{\boldsymbol{\beta}})\cdot\boldsymbol{\eta}_i=\left[\boldsymbol{\beta}-\left(\frac{\boldsymbol{\beta}\cdot\boldsymbol{\eta}_1}{\boldsymbol{\eta}_1\cdot\boldsymbol{\eta}_1}\boldsymbol{\eta}_1+\frac{\boldsymbol{\beta}\cdot\boldsymbol{\eta}_2}{\boldsymbol{\eta}_2\cdot\boldsymbol{\eta}_2}\boldsymbol{\eta}_2+\cdots+\frac{\boldsymbol{\beta}\cdot\boldsymbol{\eta}_s}{\boldsymbol{\eta}_s\cdot\boldsymbol{\eta}_s}\boldsymbol{\eta}_s\right)\right]\cdot\boldsymbol{\eta}_i\\&=\boldsymbol{\beta}\cdot\boldsymbol{\eta}_i-\frac{\boldsymbol{\beta}\cdot\boldsymbol{\eta}_i}{\boldsymbol{\eta}_i\cdot\boldsymbol{\eta}_i}(\boldsymbol{\eta}_i\cdot\boldsymbol{\eta}_i)\\&=0,\ i=1,\ 2,\ \cdots,\ s.\end{aligned}$$

因此，根据定理 7.1，得 $\boldsymbol{\gamma}\in W^{\perp}$．下证分解式（7.12）的唯一性．

设有 $\widehat{\boldsymbol{\beta}}_1\in W$，$\boldsymbol{\gamma}_1\in W^{\perp}$，使得 $\boldsymbol{\beta}=\widehat{\boldsymbol{\beta}}_1+\boldsymbol{\gamma}_1$，则 $\widehat{\boldsymbol{\beta}}+\boldsymbol{\gamma}=\widehat{\boldsymbol{\beta}}_1+\boldsymbol{\gamma}_1$，进而 $\widehat{\boldsymbol{\beta}}-\widehat{\boldsymbol{\beta}}_1=\boldsymbol{\gamma}_1-\boldsymbol{\gamma}\in W\cap W^{\perp}$，因此 $\widehat{\boldsymbol{\beta}}-\widehat{\boldsymbol{\beta}}_1=\boldsymbol{\gamma}_1-\boldsymbol{\gamma}=\boldsymbol{o}$，即 $\widehat{\boldsymbol{\beta}}=\widehat{\boldsymbol{\beta}}_1$，$\boldsymbol{\gamma}=\boldsymbol{\gamma}_1$．证毕．

称 $\widehat{\boldsymbol{\beta}}$ 为 $\boldsymbol{\beta}$ **在子空间 W 上的正交投影**，记作 $\mathrm{P}_W\boldsymbol{\beta}$，即

$$\widehat{\boldsymbol{\beta}}=\mathrm{P}_W\boldsymbol{\beta}=\frac{\boldsymbol{\beta}\cdot\boldsymbol{\eta}_1}{\boldsymbol{\eta}_1\cdot\boldsymbol{\eta}_1}\boldsymbol{\eta}_1+\frac{\boldsymbol{\beta}\cdot\boldsymbol{\eta}_2}{\boldsymbol{\eta}_2\cdot\boldsymbol{\eta}_2}\boldsymbol{\eta}_2+\cdots+\frac{\boldsymbol{\beta}\cdot\boldsymbol{\eta}_s}{\boldsymbol{\eta}_s\cdot\boldsymbol{\eta}_s}\boldsymbol{\eta}_s,\tag{7.14}$$

其中，$\boldsymbol{\eta}_1$，$\boldsymbol{\eta}_2$，…，$\boldsymbol{\eta}_s$ 是 W 的一组正交基，$\boldsymbol{\gamma}=\boldsymbol{\beta}-\widehat{\boldsymbol{\beta}}$ 称为 $\boldsymbol{\beta}$ **对 W 的正交分量**．分解式（7.12）的唯一性说明，$\widehat{\boldsymbol{\beta}}$ 与 W 的正交基的选取无关．

例 7.10　设正交向量组 $\boldsymbol{\eta}_1=(1,3,5)^{\mathrm{T}},\boldsymbol{\eta}_2=(2,1,-1)^{\mathrm{T}},W=L(\boldsymbol{\eta}_1,\boldsymbol{\eta}_2)$．求向量 $\boldsymbol{\beta}=(5,1,2)^{\mathrm{T}}$ 在 W 上的正交投影及 $\boldsymbol{\beta}$ 对 W 的正交分量．

解　$\boldsymbol{\beta}$ 在子空间 W 上的正交投影

$$\widehat{\boldsymbol{\beta}}=\mathrm{P}_W\boldsymbol{\beta}=\frac{\boldsymbol{\beta}\cdot\boldsymbol{\eta}_1}{\boldsymbol{\eta}_1\cdot\boldsymbol{\eta}_1}\boldsymbol{\eta}_1+\frac{\boldsymbol{\beta}\cdot\boldsymbol{\eta}_2}{\boldsymbol{\eta}_2\cdot\boldsymbol{\eta}_2}\boldsymbol{\eta}_2=\frac{18}{35}\boldsymbol{\eta}_1+\frac{3}{2}\boldsymbol{\eta}_2=\left(\frac{123}{35},\ \frac{213}{70},\ \frac{15}{14}\right)^{\mathrm{T}}.$$

$\boldsymbol{\beta}$ 对 W 的正交分量 $\boldsymbol{\gamma}=\boldsymbol{\beta}-\widehat{\boldsymbol{\beta}}=(5,\ 1,\ 2)^{\mathrm{T}}-\left(\frac{123}{35},\ \frac{213}{70},\ \frac{15}{14}\right)^{\mathrm{T}}=\left(\frac{52}{35},\ -\frac{143}{70},\ \frac{13}{14}\right)^{\mathrm{T}}$.

由式（7.14）可见，$\mathrm{P}_W\boldsymbol{\beta}$ 等于 $\boldsymbol{\beta}$ 在 s 个相互正交的一维子空间上的正交投影之和．特别地，若 $\boldsymbol{\eta}_1$，$\boldsymbol{\eta}_2$，…，$\boldsymbol{\eta}_s$ 是 W 的一组标准正交基，则式（7.14）可化简为

$$\mathrm{P}_W\boldsymbol{\beta}=(\boldsymbol{\beta}\cdot\boldsymbol{\eta}_1)\ \boldsymbol{\eta}_1+(\boldsymbol{\beta}\cdot\boldsymbol{\eta}_2)\boldsymbol{\eta}_2+\cdots+(\boldsymbol{\beta}\cdot\boldsymbol{\eta}_s)\boldsymbol{\eta}_s,\tag{7.15}$$

进一步，我们有 $\boldsymbol{\beta}\in W$ 当且仅当 $\mathrm{P}_W\boldsymbol{\beta}=\boldsymbol{\beta}$.

7.3.3 最佳逼近定理

我们知道：在几何空间中，一个定点到一个给定平面或直线的所有线段中，垂线段是最短的．在 n 维向量$\mathbb{R}^n$中，存在类似的结论．

定理 7.9（最佳逼近定理（best approximation theorem）） 设 W 是$\mathbb{R}^n$的非零子空间，$\boldsymbol{\beta}$ 是$\mathbb{R}^n$中的任意向量，$\widehat{\boldsymbol{\beta}}$ 是 $\boldsymbol{\beta}$ 在 W 上的正交投影，则对于 W 中的任意向量 $\boldsymbol{\delta}$，且 $\boldsymbol{\delta}\neq\widehat{\boldsymbol{\beta}}$，有 $\|\boldsymbol{\beta}-\widehat{\boldsymbol{\beta}}\|<\|\boldsymbol{\beta}-\boldsymbol{\delta}\|$.

证明 由已知，$\widehat{\boldsymbol{\beta}}-\boldsymbol{\delta}\in W$. 再由正交分解定理，得 $\boldsymbol{\beta}-\widehat{\boldsymbol{\beta}}\perp W$. 因此，

$$\boldsymbol{\beta}-\boldsymbol{\delta}=(\boldsymbol{\beta}-\widehat{\boldsymbol{\beta}})+(\widehat{\boldsymbol{\beta}}-\boldsymbol{\delta})\in W^{\perp}+W.$$

根据勾股定理，得

$$\|\boldsymbol{\beta}-\boldsymbol{\delta}\|^2=\|\boldsymbol{\beta}-\widehat{\boldsymbol{\beta}}\|^2+\|\widehat{\boldsymbol{\beta}}-\boldsymbol{\delta}\|^2.$$

又 $\boldsymbol{\delta}\neq\widehat{\boldsymbol{\beta}}$，$\|\widehat{\boldsymbol{\beta}}-\boldsymbol{\delta}\|^2>0$，于是 $\|\boldsymbol{\beta}-\boldsymbol{\delta}\|^2>\|\boldsymbol{\beta}-\widehat{\boldsymbol{\beta}}\|^2$，即 $\|\boldsymbol{\beta}-\widehat{\boldsymbol{\beta}}\|<\|\boldsymbol{\beta}-\boldsymbol{\delta}\|$.

我们称 $\|\boldsymbol{\beta}-\widehat{\boldsymbol{\beta}}\|$ 为**向量 $\boldsymbol{\beta}$ 到子空间 W 的距离**，记作 $d(\boldsymbol{\beta},W)$. $\widehat{\boldsymbol{\beta}}$ 也称为 W 到 $\boldsymbol{\beta}$ 的**最佳逼近（best approximation）**. 通常用 $\|\boldsymbol{\beta}-\boldsymbol{\delta}\|$ 作为 $\boldsymbol{\delta}\in W$ 逼近 $\boldsymbol{\beta}$ 时的**"误差"（error）**. 定理 7.9 说明：在 W 中，当 $\boldsymbol{\delta}=\widehat{\boldsymbol{\beta}}$ 时，误差 $\|\boldsymbol{\beta}-\widehat{\boldsymbol{\beta}}\|$ 最小，即 $\widehat{\boldsymbol{\beta}}$ 是 W 中最接近 $\boldsymbol{\beta}$ 的向量．

例 7.11 根据例 7.10 中的 $\boldsymbol{\beta}$ 和 W，求 $\boldsymbol{\beta}$ 到 W 的距离 $d(\boldsymbol{\beta},W)$.

解 由例 7.10，$\boldsymbol{\beta}-\widehat{\boldsymbol{\beta}}=\left(\dfrac{52}{35},-\dfrac{143}{70},\dfrac{13}{14}\right)^{\mathrm{T}}$，因此 $\boldsymbol{\beta}$ 到 W 的距离为

$$d(\boldsymbol{\beta},W)=\|\boldsymbol{\beta}-\widehat{\boldsymbol{\beta}}\|=\sqrt{\left(\frac{52}{35}\right)^2+\left(\frac{143}{70}\right)^2+\left(\frac{13}{14}\right)^2}=\frac{13}{70}\sqrt{210}.$$

下面给出正交投影的矩阵表达式．

定理 7.10 设 W 是$\mathbb{R}^n$的 s 维非零子空间，$\boldsymbol{\eta}_1,\boldsymbol{\eta}_2,\cdots,\boldsymbol{\eta}_s$ 是 W 的一组标准正交基，令矩阵 $\boldsymbol{A}=(\boldsymbol{\eta}_1\ \ \boldsymbol{\eta}_2\ \ \cdots\ \ \boldsymbol{\eta}_s)$，则对于任意向量 $\boldsymbol{\beta}\in\mathbb{R}^n$，有

$$\mathrm{P}_W\boldsymbol{\beta}=\boldsymbol{A}\boldsymbol{A}^{\mathrm{T}}\boldsymbol{\beta}.\tag{7.16}$$

证明 由式（7.15）及分块矩阵的运算，可得

$$\mathrm{P}_W\boldsymbol{\beta}=(\boldsymbol{\eta}_1\ \ \boldsymbol{\eta}_2\ \ \cdots\ \ \boldsymbol{\eta}_s)\begin{pmatrix}\boldsymbol{\beta}\cdot\boldsymbol{\eta}_1\\ \boldsymbol{\beta}\cdot\boldsymbol{\eta}_2\\ \vdots\\ \boldsymbol{\beta}\cdot\boldsymbol{\eta}_s\end{pmatrix}=\boldsymbol{A}\begin{pmatrix}\boldsymbol{\eta}_1^{\mathrm{T}}\boldsymbol{\beta}\\ \boldsymbol{\eta}_2^{\mathrm{T}}\boldsymbol{\beta}\\ \vdots\\ \boldsymbol{\eta}_s^{\mathrm{T}}\boldsymbol{\beta}\end{pmatrix}=\boldsymbol{A}\boldsymbol{A}^{\mathrm{T}}\boldsymbol{\beta}.$$ 证毕．

习题 7.3

1. 设正交向量组 $\boldsymbol{\eta}_1=(1,-2,2)^{\mathrm{T}},\boldsymbol{\eta}_2=(2,2,1)^{\mathrm{T}},W=L(\boldsymbol{\eta}_1,\boldsymbol{\eta}_2)$. 求向量 $\boldsymbol{\beta}=(1,2,3)^{\mathrm{T}}$ 在 W 上的正交投影 $\mathrm{P}_W\boldsymbol{\beta}$，$\boldsymbol{\beta}$ 对 W 的正交分量和 β 到 W 的距离 $d(\boldsymbol{\beta},W)$.

2. 设正交向量组 $\boldsymbol{\eta}_1=(1,3,5,7)^{\mathrm{T}}$，$\boldsymbol{\eta}_2=(3,-1,0,0)^{\mathrm{T}}$，$W=L(\boldsymbol{\eta}_1,\boldsymbol{\eta}_2)$. 求 W 中与 $\boldsymbol{\beta}=(1,2,3,4)^{\mathrm{T}}$ 最接近的向量.

3. 设正交向量组 $\boldsymbol{\eta}_1=(1,-3,2,1)^{\mathrm{T}}$，$\boldsymbol{\eta}_2=(2,1,0,1)^{\mathrm{T}}$，$W=L(\boldsymbol{\eta}_1,\boldsymbol{\eta}_2)$，$\boldsymbol{\beta}=(2,-3,3,4)^{\mathrm{T}}$. 求 W 中对 $\boldsymbol{\beta}$ 的最佳逼近向量.

4. 设 W 是$\mathbb{R}^n$的非零子空间，$\boldsymbol{\beta}\in\mathbb{R}^n$. 证明：$\|\mathrm{P}_W\boldsymbol{\beta}\|=\|\boldsymbol{\beta}\|$ 的充要条件是 $\boldsymbol{\beta}\in W$.

5. 设 W 是$\mathbb{R}^n$的非零子空间，$\boldsymbol{\beta}\in\mathbb{R}^n$. 证明：$\boldsymbol{\delta}\in W$ 为 $\boldsymbol{\beta}$ 在 W 上的正交投影的充要条件是对于任意向量 $\boldsymbol{\alpha}\in W$，都有 $\|\boldsymbol{\beta}-\boldsymbol{\delta}\|\leqslant\|\boldsymbol{\beta}-\boldsymbol{\alpha}\|$.

6. 设 $\boldsymbol{A}$ 是 $m\times n$ 矩阵. 证明：对于任意向量 $\boldsymbol{\beta}\in\mathbb{R}^n$，存在唯一的向量 $\boldsymbol{\alpha}\in R(\boldsymbol{A}^{\mathrm{T}})$ 和 $\boldsymbol{\gamma}\in N(\boldsymbol{A})$，使得 $\boldsymbol{\beta}=\boldsymbol{\alpha}+\boldsymbol{\gamma}$.

7. 设 $\boldsymbol{A}$ 是 $m\times n$ 矩阵，$\boldsymbol{\beta}\in\mathbb{R}^m$，且线性方程组 $\boldsymbol{Ax}=\boldsymbol{\beta}$ 有解. 证明：存在唯一的 $\boldsymbol{\alpha}\in R(\boldsymbol{A}^{\mathrm{T}})$，使得 $\boldsymbol{A\alpha}=\boldsymbol{\beta}$.

8. 设 $\boldsymbol{\eta}$ 是$\mathbb{R}^n$中的非零向量，L 是过原点与 $\boldsymbol{\eta}$ 的直线. 定义映射

$$\sigma:\ \mathbb{R}^n\to\mathbb{R}^n,\ \boldsymbol{\beta}\mapsto\mathrm{P}_L\boldsymbol{\beta}.$$

证明：σ 是$\mathbb{R}^n$上的线性变换. 称 σ 为直线 L 上的**投影变换**（**projection transformation**）.

7.4　施密特正交化过程

我们知道，$\mathbb{R}^n$的任意非零子空间 W 都有基，并且 W 等价于它的基作为生成元的生成子空间. 本节将介绍，从一组基出发如何构造 W 的一组标准正交基. 进而可以说明：$\mathbb{R}^n$的任意非零子空间都有标准正交基.

7.4.1　施密特正交化过程

定理 7.11（施密特正交化过程（Schmidt orthogonalization process））　设 W 是$\mathbb{R}^n$的非零子空间，$\boldsymbol{\varepsilon}_1$，$\boldsymbol{\varepsilon}_2$，…，$\boldsymbol{\varepsilon}_s$ 是 W 的一组基，令

$$\begin{aligned}
\boldsymbol{\eta}_1&=\boldsymbol{\varepsilon}_1,\\
\boldsymbol{\eta}_2&=\boldsymbol{\varepsilon}_2-\frac{\boldsymbol{\varepsilon}_2\cdot\boldsymbol{\eta}_1}{\boldsymbol{\eta}_1\cdot\boldsymbol{\eta}_1}\boldsymbol{\eta}_1,\\
\boldsymbol{\eta}_3&=\boldsymbol{\varepsilon}_3-\frac{\boldsymbol{\varepsilon}_3\cdot\boldsymbol{\eta}_1}{\boldsymbol{\eta}_1\cdot\boldsymbol{\eta}_1}\boldsymbol{\eta}_1-\frac{\boldsymbol{\varepsilon}_3\cdot\boldsymbol{\eta}_2}{\boldsymbol{\eta}_2\cdot\boldsymbol{\eta}_2}\boldsymbol{\eta}_2,\\
&\ \ \vdots\\
\boldsymbol{\eta}_s&=\boldsymbol{\varepsilon}_s-\frac{\boldsymbol{\varepsilon}_s\cdot\boldsymbol{\eta}_1}{\boldsymbol{\eta}_1\cdot\boldsymbol{\eta}_1}\boldsymbol{\eta}_1-\cdots-\frac{\boldsymbol{\varepsilon}_s\cdot\boldsymbol{\eta}_{s-1}}{\boldsymbol{\eta}_{s-1}\cdot\boldsymbol{\eta}_{s-1}}\boldsymbol{\eta}_{s-1},
\end{aligned}$$

则 $\boldsymbol{\eta}_1$，$\boldsymbol{\eta}_2$，…，$\boldsymbol{\eta}_s$ 是 W 的一组正交基，且

$$L(\boldsymbol{\eta}_1,\boldsymbol{\eta}_2,\cdots,\boldsymbol{\eta}_i)=L(\boldsymbol{\varepsilon}_1,\boldsymbol{\varepsilon}_2,\cdots,\boldsymbol{\varepsilon}_i),i=1,2,\cdots,s. \tag{7.17}$$

证明　利用数学归纳法.

令 $\boldsymbol{\eta}_1=\boldsymbol{\varepsilon}_1$，则 $W_1=L(\boldsymbol{\eta}_1)=L(\boldsymbol{\varepsilon}_1)$. 显然结论成立.

假设对于 $1\leqslant i<s$，我们已经构造了 $\boldsymbol{\eta}_1$，$\boldsymbol{\eta}_2$，…，$\boldsymbol{\eta}_i$，使得 $\boldsymbol{\eta}_1$，$\boldsymbol{\eta}_2$，…，$\boldsymbol{\eta}_i$ 是 W_i 的正交基，且有 $W_i=L(\boldsymbol{\eta}_1,\ \boldsymbol{\eta}_2,\ \cdots,\ \boldsymbol{\eta}_i)=L(\boldsymbol{\varepsilon}_1,\ \boldsymbol{\varepsilon}_2,\ \cdots,\ \boldsymbol{\varepsilon}_i)$.

令 $\boldsymbol{\eta}_{i+1}=\boldsymbol{\varepsilon}_{i+1}-\sum\limits_{j=1}^{i}\dfrac{\boldsymbol{\varepsilon}_{i+1}\cdot\boldsymbol{\eta}_j}{\boldsymbol{\eta}_j\cdot\boldsymbol{\eta}_j}\boldsymbol{\eta}_j=\boldsymbol{\varepsilon}_{i+1}-\mathrm{P}_{W_i}\boldsymbol{\varepsilon}_{i+1}$，由正交分解定理知，$\boldsymbol{\eta}_{i+1}\perp W_i$. 因为 $\mathrm{P}_{W_i}\boldsymbol{\varepsilon}_{i+1}\in W_i\subset W_{i+1}=L(\boldsymbol{\varepsilon}_1,\boldsymbol{\varepsilon}_2,\cdots,\boldsymbol{\varepsilon}_i,\boldsymbol{\varepsilon}_{i+1})$，所以 $\boldsymbol{\eta}_{i+1}\in W_{i+1}$. 又 $\boldsymbol{\varepsilon}_{i+1}\notin W_i$，得 $\boldsymbol{\eta}_{i+1}\neq\boldsymbol{o}$，于是 $\boldsymbol{\eta}_1,\boldsymbol{\eta}_2,\cdots,\boldsymbol{\eta}_i,\boldsymbol{\eta}_{i+1}$ 是 W_{i+1} 中的正交向量组，从而 $W_{i+1}=L(\boldsymbol{\eta}_1,\boldsymbol{\eta}_2,\cdots,\boldsymbol{\eta}_i,\boldsymbol{\eta}_{i+1})$. 证毕.

我们把构造 W 正交基 $\boldsymbol{\eta}_1$，$\boldsymbol{\eta}_2$，…，$\boldsymbol{\eta}_s$ 的过程，称为**施密特正交化过程**. 这一过程表明：$\mathbb{R}^n$的任意非零子空间都有正交基. 进一步，将正交基中每个基向量单位化后，就可以得到 W 的一组标准正交基.

例 7.12 设 $W=L(\boldsymbol{\varepsilon}_1,\boldsymbol{\varepsilon}_2,\boldsymbol{\varepsilon}_3)$，其中 $\boldsymbol{\varepsilon}_1=(1,1,1,1)^{\mathrm{T}},\boldsymbol{\varepsilon}_2=(1,1,1,0)^{\mathrm{T}},\boldsymbol{\varepsilon}_3=(1,1,0,0)^{\mathrm{T}}$，利用施密特正交化过程，构造一组与 $\boldsymbol{\varepsilon}_1,\boldsymbol{\varepsilon}_2,\boldsymbol{\varepsilon}_3$ 等价的标准正交基.

解 显然，$\boldsymbol{\varepsilon}_1$，$\boldsymbol{\varepsilon}_2$，$\boldsymbol{\varepsilon}_3$ 为 W 的一组基. 先利用定理 7.11 将 $\boldsymbol{\varepsilon}_1$，$\boldsymbol{\varepsilon}_2$，$\boldsymbol{\varepsilon}_3$ 正交化：

$$\boldsymbol{\xi}_1=\boldsymbol{\varepsilon}_1=(1,\ 1,\ 1,\ 1)^{\mathrm{T}},$$

$$\boldsymbol{\xi}_2=\boldsymbol{\varepsilon}_2-\frac{\boldsymbol{\varepsilon}_2\cdot\boldsymbol{\xi}_1}{\boldsymbol{\xi}_1\cdot\boldsymbol{\xi}_1}\boldsymbol{\xi}_1=(1,\ 1,\ 1,\ 0)^{\mathrm{T}}-\frac{3}{4}(1,\ 1,\ 1,\ 1)^{\mathrm{T}}=\left(\frac{1}{4},\ \frac{1}{4},\ \frac{1}{4},\ -\frac{3}{4}\right)^{\mathrm{T}},$$

$$\boldsymbol{\xi}_3=\boldsymbol{\varepsilon}_3-\frac{\boldsymbol{\varepsilon}_3\cdot\boldsymbol{\xi}_1}{\boldsymbol{\xi}_1\cdot\boldsymbol{\xi}_1}\boldsymbol{\eta}_1-\frac{\boldsymbol{\varepsilon}_3\cdot\boldsymbol{\xi}_2}{\boldsymbol{\xi}_2\cdot\boldsymbol{\xi}_2}\boldsymbol{\xi}_2=(1,\ 1,\ 0,\ 0)^{\mathrm{T}}-\frac{1}{2}(1,\ 1,\ 1,\ 1)^{\mathrm{T}}$$
$$-\frac{1}{6}(1,\ 1,\ 1,\ -3)^{\mathrm{T}}=\left(\frac{1}{3},\ \frac{1}{3},\ -\frac{2}{3},\ 0\right)^{\mathrm{T}}.$$

然后，再将 $\boldsymbol{\xi}_1$，$\boldsymbol{\xi}_2$，$\boldsymbol{\xi}_3$ 单位化，得 W 的一组标准正交基：

$$\boldsymbol{\eta}_1=\frac{1}{\|\boldsymbol{\xi}_1\|}\boldsymbol{\xi}_1=\left(\frac{1}{2},\ \frac{1}{2},\ \frac{1}{2},\ \frac{1}{2}\right)^{\mathrm{T}},$$

$$\boldsymbol{\eta}_2=\frac{1}{\|\boldsymbol{\xi}_2\|}\boldsymbol{\xi}_2=\left(\frac{1}{2\sqrt{3}},\ \frac{1}{2\sqrt{3}},\ \frac{1}{2\sqrt{3}},\ -\frac{3}{2\sqrt{3}}\right)^{\mathrm{T}},$$

$$\boldsymbol{\eta}_3=\frac{1}{\|\boldsymbol{\xi}_3\|}\boldsymbol{\xi}_3=\left(\frac{1}{\sqrt{6}},\ \frac{1}{\sqrt{6}},\ -\frac{2}{\sqrt{6}},\ 0\right)^{\mathrm{T}}.$$

7.4.2 矩阵的 QR 分解

如果 $\boldsymbol{A}$ 是 $m\times n$ 列满秩矩阵，即 $\boldsymbol{A}$ 的列向量组 $\boldsymbol{\alpha}_1$，$\boldsymbol{\alpha}_2$，…，$\boldsymbol{\alpha}_n$ 线性无关，则存在$\mathbb{R}^m$中的一个标准正交组 $\boldsymbol{\eta}_1$，$\boldsymbol{\eta}_2$，…，$\boldsymbol{\eta}_n$，使得

$$L(\boldsymbol{\eta}_1,\boldsymbol{\eta}_2,\cdots,\boldsymbol{\eta}_i)=L(\boldsymbol{\alpha}_1,\boldsymbol{\alpha}_2,\cdots,\boldsymbol{\alpha}_i),i=1,2,\cdots,n. \tag{7.18}$$

根据定理 7.2 的结论，可得

$$\begin{aligned}
\boldsymbol{\alpha}_1&=(\boldsymbol{\alpha}_1\cdot\boldsymbol{\eta}_1)\ \boldsymbol{\eta}_1,\\
\boldsymbol{\alpha}_2&=(\boldsymbol{\alpha}_2\cdot\boldsymbol{\eta}_1)\ \boldsymbol{\eta}_1+(\boldsymbol{\alpha}_2\cdot\boldsymbol{\eta}_2)\ \boldsymbol{\eta}_2,\\
&\ \ \vdots\\
\boldsymbol{\alpha}_n&=(\boldsymbol{\alpha}_n\cdot\boldsymbol{\eta}_1)\ \boldsymbol{\eta}_1+(\boldsymbol{\alpha}_n\cdot\boldsymbol{\eta}_2)\ \boldsymbol{\eta}_2+\cdots+(\boldsymbol{\alpha}_n\cdot\boldsymbol{\eta}_n)\ \boldsymbol{\eta}_n.
\end{aligned}\tag{7.19}$$

由 $\alpha_1,\cdots,\alpha_n$ 线性无关，知 $\boldsymbol{\alpha}_i\cdot\boldsymbol{\eta}_i\neq 0(i=1,2,\cdots,n)$. 假设 $\boldsymbol{\alpha}_i\cdot\boldsymbol{\eta}_i>0(i=1,2,\cdots,n)$. 否则，取 $-\boldsymbol{\eta}_i$ 作为基向量即可.

用矩阵写法表示式（7.19），可得

$$(\boldsymbol{\alpha}_1\ \boldsymbol{\alpha}_2\ \cdots\ \boldsymbol{\alpha}_n)=(\boldsymbol{\eta}_1\ \boldsymbol{\eta}_2\ \cdots\ \boldsymbol{\eta}_n)\begin{pmatrix}\boldsymbol{\alpha}_1\cdot\boldsymbol{\eta}_1 & \boldsymbol{\alpha}_2\cdot\boldsymbol{\eta}_1 & \cdots & \boldsymbol{\alpha}_n\cdot\boldsymbol{\eta}_1\\ 0 & \boldsymbol{\alpha}_2\cdot\boldsymbol{\eta}_2 & \cdots & \boldsymbol{\alpha}_n\cdot\boldsymbol{\eta}_2\\ \vdots & \vdots & & \vdots\\ 0 & 0 & \cdots & \boldsymbol{\alpha}_n\cdot\boldsymbol{\eta}_n\end{pmatrix}.$$

因此，矩阵 $\boldsymbol{A}$ 可以写成两个矩阵的乘积，即

$$\boldsymbol{A}=\boldsymbol{QR},$$

其中，$\boldsymbol{Q}=(\boldsymbol{\eta}_1\ \boldsymbol{\eta}_2\cdots\ \boldsymbol{\eta}_n)$ 是 $m\times n$ 列正交矩阵，$\boldsymbol{R}$ 是主对角元都大于零的上三角形矩阵．于是，我们有如下结论．

定理 7.12　对于任意 $m\times n$ 列满秩实矩阵 $\boldsymbol{A}$，都存在一个列正交矩阵 $\boldsymbol{Q}$ 和一个主对角元都大于零的上三角形矩阵 $\boldsymbol{R}$，使得

$$\boldsymbol{A}=\boldsymbol{QR},\tag{7.20}$$

且这样的分解是唯一的，称式（7.20）为矩阵 $\boldsymbol{A}$ 的 **QR 分解（factorization）**.

证明　存在性已证，下证唯一性．假设矩阵 $\boldsymbol{A}$ 有两个 $\boldsymbol{QR}$ 分解，即 $\boldsymbol{A}=\boldsymbol{Q}_1\boldsymbol{R}_1=\boldsymbol{Q}_2\boldsymbol{R}_2$，其中，$\boldsymbol{Q}_1$，$\boldsymbol{Q}_2$ 是列正交矩阵，$\boldsymbol{R}_1$，$\boldsymbol{R}_2$ 是主对角元都大于零的上三角形矩阵，则有

$$\boldsymbol{A}^{\mathrm{T}}\boldsymbol{A}=(\boldsymbol{Q}_1\boldsymbol{R}_1)^{\mathrm{T}}\boldsymbol{Q}_1\boldsymbol{R}_1=(\boldsymbol{Q}_2\boldsymbol{R}_2)^{\mathrm{T}}\boldsymbol{Q}_2\boldsymbol{R}_2=\boldsymbol{R}_1^{\mathrm{T}}\boldsymbol{R}_1=\boldsymbol{R}_2^{\mathrm{T}}\boldsymbol{R}_2.$$

令

$$\boldsymbol{R}_1=\begin{pmatrix}a_{11} & a_{12} & \cdots & a_{1n}\\ 0 & a_{22} & \cdots & a_{2n}\\ \vdots & \vdots & & \vdots\\ 0 & 0 & \cdots & a_{nn}\end{pmatrix},\ \boldsymbol{R}_2=\begin{pmatrix}b_{11} & b_{12} & \cdots & b_{1n}\\ 0 & b_{22} & \cdots & b_{2n}\\ \vdots & \vdots & & \vdots\\ 0 & 0 & \cdots & b_{nn}\end{pmatrix},$$

则由 $\boldsymbol{R}_1^{\mathrm{T}}\boldsymbol{R}_1=\boldsymbol{R}_2^{\mathrm{T}}\boldsymbol{R}_2$，得 $a_{11}^2=b_{11}^2$. 又 a_{11},b_{11} 均大于零，所以 $a_{11}=b_{11}$. 进而由 $a_{11}a_{1i}=b_{11}b_{1i}$，得 $a_{1i}=b_{1i}(i=1,2,\cdots,n)$，如此继续下去，可得 $a_{ij}=b_{ij}(i,j=1,2,\cdots,n)$，即 $\boldsymbol{R}_1=\boldsymbol{R}_2$.

由 $\boldsymbol{R}_1=\boldsymbol{R}_2$ 且可逆，得 $\boldsymbol{Q}_1=\boldsymbol{AR}_1^{-1}=\boldsymbol{AR}_2^{-1}=\boldsymbol{Q}_2$，因此，$\boldsymbol{A}$ 的 QR 分解式唯一．

例 7.13　求矩阵 $\boldsymbol{A}=\begin{pmatrix}1 & -1 & 1\\ 0 & 1 & 0\\ 1 & 0 & 1\\ 1 & 0 & -1\end{pmatrix}$ 的 QR 分解式．

解　设 $\boldsymbol{A}$ 的列向量为 $\boldsymbol{\alpha}_1=\begin{pmatrix}1\\0\\1\\1\end{pmatrix}$，$\boldsymbol{\alpha}_2=\begin{pmatrix}-1\\1\\0\\0\end{pmatrix}$，$\boldsymbol{\alpha}_3=\begin{pmatrix}1\\0\\1\\-1\end{pmatrix}$，先将 $\boldsymbol{\alpha}_1$，$\boldsymbol{\alpha}_2$，$\boldsymbol{\alpha}_3$ 正交化：

$$\boldsymbol{\xi}_1=\boldsymbol{\alpha}_1=\begin{pmatrix}1\\0\\1\\1\end{pmatrix},\ \boldsymbol{\xi}_2=\boldsymbol{\alpha}_2-\frac{\boldsymbol{\alpha}_2\cdot\boldsymbol{\xi}_1}{\boldsymbol{\xi}_1\cdot\boldsymbol{\xi}_1}\boldsymbol{\xi}_1=\begin{pmatrix}-1\\1\\0\\0\end{pmatrix}-\frac{-1}{3}\begin{pmatrix}1\\0\\1\\1\end{pmatrix}=\frac{1}{3}\begin{pmatrix}-2\\3\\1\\1\end{pmatrix},$$

$$\boldsymbol{\xi}_3=\boldsymbol{\alpha}_3-\frac{\boldsymbol{\alpha}_3\cdot\boldsymbol{\xi}_1}{\boldsymbol{\xi}_1\cdot\boldsymbol{\xi}_1}\boldsymbol{\xi}_1-\frac{\boldsymbol{\alpha}_3\cdot\boldsymbol{\xi}_2}{\boldsymbol{\xi}_2\cdot\boldsymbol{\xi}_2}\boldsymbol{\xi}_2=\begin{pmatrix}1\\0\\1\\-1\end{pmatrix}-\frac{1}{3}\begin{pmatrix}1\\0\\1\\1\end{pmatrix}-\frac{-\frac{2}{3}}{\frac{15}{9}}\cdot\frac{1}{3}\begin{pmatrix}-2\\3\\1\\1\end{pmatrix}=\frac{1}{5}\begin{pmatrix}2\\2\\4\\-6\end{pmatrix}.$$

再将 $\boldsymbol{\xi}_1$，$\boldsymbol{\xi}_2$，$\boldsymbol{\xi}_3$ 单位化：

$$\boldsymbol{\eta}_1=\frac{\boldsymbol{\xi}_1}{\|\boldsymbol{\xi}_1\|}=\frac{1}{\sqrt{3}}\begin{pmatrix}1\\0\\1\\1\end{pmatrix},\ \boldsymbol{\eta}_2=\frac{\boldsymbol{\xi}_2}{\|\boldsymbol{\xi}_2\|}=\frac{1}{\sqrt{15}}\begin{pmatrix}-2\\3\\1\\1\end{pmatrix},\ \boldsymbol{\eta}_3=\frac{\boldsymbol{\xi}_3}{\|\boldsymbol{\xi}_3\|}=\frac{1}{\sqrt{15}}\begin{pmatrix}1\\1\\2\\-3\end{pmatrix}.$$

取 $\boldsymbol{Q}=(\boldsymbol{\eta}_1\ \boldsymbol{\eta}_2\ \boldsymbol{\eta}_3)$，计算 $\boldsymbol{R}=\boldsymbol{Q}^{\mathrm{T}}\boldsymbol{A}=\begin{pmatrix}\sqrt{3} & -\frac{1}{\sqrt{3}} & \frac{1}{\sqrt{3}}\\ 0 & \frac{5}{\sqrt{15}} & -\frac{2}{\sqrt{15}}\\ 0 & 0 & \frac{6}{\sqrt{15}}\end{pmatrix}$，则 $\boldsymbol{Q}$，$\boldsymbol{R}$ 即为所求．

特别地，如果 $\boldsymbol{A}$ 是一个满秩方阵，则其 QR 分解式中的 $\boldsymbol{Q}$ 是一个正交矩阵，此时线性方程组 $\boldsymbol{Ax}=\boldsymbol{\beta}$ 与 $\boldsymbol{Rx}=\boldsymbol{Q}^{\mathrm{T}}\boldsymbol{\beta}$ 同解，而 $\boldsymbol{Rx}=\boldsymbol{Q}^{\mathrm{T}}\boldsymbol{\beta}$ 的系数矩阵 $\boldsymbol{R}$ 是一个阶梯形矩阵，因此该线性方程组可利用迭代的方法求解．此外，**QR 分解**的应用还包括近似计算矩阵 $\boldsymbol{A}$ 的特征值等问题．

习题 7.4

1. 设 $\boldsymbol{\alpha}_1=(-1,1,2)^{\mathrm{T}},\boldsymbol{\alpha}_2=(1,2,-2)^{\mathrm{T}},\boldsymbol{\alpha}_3=(4,-1,-1)^{\mathrm{T}},W=L(\boldsymbol{\alpha}_1,\boldsymbol{\alpha}_2,\boldsymbol{\alpha}_3)$，求 W 的一组标准正交基．

2. 求齐次线性方程组 $\begin{cases}x_1-2x_2+3x_3-4x_4=0,\\ x_1+5x_2+3x_3+3x_4=0\end{cases}$ 解空间的一组标准正交基．

3. 设 $\boldsymbol{e}_1$，$\boldsymbol{e}_2$，$\boldsymbol{e}_3$，$\boldsymbol{e}_4$，$\boldsymbol{e}_5$ 是$\mathbb{R}^5$的一组标准正交基，$\boldsymbol{\alpha}_1=\boldsymbol{e}_1+\boldsymbol{e}_5$，$\boldsymbol{\alpha}_2=\boldsymbol{e}_1-\boldsymbol{e}_2+\boldsymbol{e}_4$，$\boldsymbol{\alpha}_3=2\boldsymbol{e}_1+\boldsymbol{e}_2+\boldsymbol{e}_3$，求 $L(\boldsymbol{\alpha}_1,\ \boldsymbol{\alpha}_2,\ \boldsymbol{\alpha}_3)$ 的一组标准正交基．

4. 如果 $\boldsymbol{\eta}_1$，$\boldsymbol{\eta}_2$，…，$\boldsymbol{\eta}_n$ 是$\mathbb{R}^n$的一组标准正交基，$\boldsymbol{A}$ 为 n 阶正交矩阵，证明 $\boldsymbol{A\eta}_1$，$\boldsymbol{A\eta}_2$，…，$\boldsymbol{A\eta}_n$ 也是一组标准正交基．

5. 求矩阵 $A=\begin{bmatrix}1&1&1\\1&2&0\\1&3&0\end{bmatrix}$的列空间 R（A）的标准正交基．

6. 求矩阵 $\boldsymbol{A}=\begin{pmatrix}1&0&2\\1&1&0\\1&2&3\end{pmatrix}$ 的 QR 分解式．

7. 设 $m\times n$ 矩阵 $\boldsymbol{A}$ 的 QR 分解式是 $\boldsymbol{A}=\boldsymbol{QR}$，证明：存在 m 阶正交矩阵 $\boldsymbol{Q}_1$，使得 $\boldsymbol{A}=\boldsymbol{Q}_1\begin{pmatrix}\boldsymbol{R}\\\boldsymbol{O}\end{pmatrix}$．

8. 设 $m\times n$ 矩阵 $\boldsymbol{A}$ 的 QR 分解式是 $\boldsymbol{A}=\boldsymbol{QR}$，且 $\boldsymbol{A}=(\boldsymbol{A}_1\quad\boldsymbol{A}_2)$，其中 $\boldsymbol{A}_1$ 是 $m\times s$ 矩阵，$s\leqslant n$. 试给出 $\boldsymbol{A}_1$ 的 QR 分解式，并证明你的结论．

7.5　最小二乘法

7.5.1　最小二乘问题

在许多实际问题中，涉及的线性方程组 $\boldsymbol{Ax}=\boldsymbol{\beta}$ 可能无解．这时要设法找到一个向量 $\boldsymbol{x}_0$，使得 $\boldsymbol{Ax}_0$ 与 $\boldsymbol{\beta}$ 最接近，即 $\|\boldsymbol{Ax}_0-\boldsymbol{\beta}\|$ 最小，此时称 $\boldsymbol{x}_0$ 为线性方程组 $\boldsymbol{Ax}=\boldsymbol{\beta}$ 的**最小二乘解（least－squares solution）**．求解 $\boldsymbol{x}_0$ 使得 $\|\boldsymbol{Ax}_0-\boldsymbol{\beta}\|$ 最小的问题，称为**最小二乘问题（least－squares problem）**．

定义 7.8　设 $\boldsymbol{A}$ 是 $m\times n$ 矩阵，$\boldsymbol{\beta}\in\mathbb{R}^m$. 如果 $\widehat{\boldsymbol{x}}\in\mathbb{R}^n$，使得对于任意 $\boldsymbol{x}\in\mathbb{R}^n$，都有

$$\|\boldsymbol{A}\widehat{\boldsymbol{x}}-\boldsymbol{\beta}\|\leqslant\|\boldsymbol{Ax}-\boldsymbol{\beta}\|,$$

则称 $\widehat{\boldsymbol{x}}$ 是线性方程组 $\boldsymbol{Ax}=\boldsymbol{\beta}$ 的一个**最小二乘解**．

7.5.2　最小二乘解与正规方程

显然，对于任意向量 $\boldsymbol{x}\in\mathbb{R}^n$，都有 $\boldsymbol{Ax}\in R(\boldsymbol{A})$. 因此，求解最小二乘问题就是求向量 $\widehat{\boldsymbol{x}}\in\mathbb{R}^n$，使得 $\boldsymbol{A}\widehat{\boldsymbol{x}}$ 是 $R(\boldsymbol{A})$ 中最接近 $\boldsymbol{\beta}$ 的向量．特别地，若 $\boldsymbol{\beta}\in R(\boldsymbol{A})$，则 $\boldsymbol{Ax}=\boldsymbol{\beta}$ 有解，此时的解也是 $\boldsymbol{Ax}=\boldsymbol{\beta}$ 的最小二乘解．

下面利用 7.3 节中的结论讨论最小二乘问题．记 $W=R(\boldsymbol{A})$，则 W 是 $\mathbb{R}^m$ 的子空间．令 $\widehat{\boldsymbol{\beta}}\in \mathrm{P}_W\boldsymbol{\beta}$，则 $\widehat{\boldsymbol{\beta}}\in W$，于是线性方程组 $\boldsymbol{Ax}=\widehat{\boldsymbol{\beta}}$ 有解．由定理 7.9 知，$\widehat{\boldsymbol{\beta}}$ 是 W 中最接近 $\boldsymbol{\beta}$ 的向量．因此，$\widehat{\boldsymbol{x}}\in\mathbb{R}^n$ 是 $\boldsymbol{Ax}=\boldsymbol{\beta}$ 的一个最小二乘解当且仅当 $\widehat{\boldsymbol{x}}$ 是 $\boldsymbol{Ax}=\widehat{\boldsymbol{\beta}}$ 的解．

设 $\widehat{\boldsymbol{x}}\in\mathbb{R}^n$ 是 $\boldsymbol{Ax}=\boldsymbol{\beta}$ 的一个最小二乘解，则有 $\boldsymbol{A}\widehat{\boldsymbol{x}}=\widehat{\boldsymbol{\beta}}$. 由定理 7.8，得 $\boldsymbol{\beta}-\widehat{\boldsymbol{\beta}}\perp W$，即 $\boldsymbol{\beta}-\boldsymbol{A}\widehat{\boldsymbol{x}}\in R(\boldsymbol{A})^{\perp}$. 由 $R(\boldsymbol{A})^{\perp}=N(\boldsymbol{A}^{\mathrm{T}})$，有 $\boldsymbol{\beta}-\boldsymbol{A}\widehat{\boldsymbol{x}}\in N(\boldsymbol{A}^{\mathrm{T}})$，则

$$\boldsymbol{A}^{\mathrm{T}}(\boldsymbol{\beta}-\boldsymbol{A}\widehat{\boldsymbol{x}})=\boldsymbol{o},\tag{7.21}$$

于是有 $\boldsymbol{A}^{\mathrm{T}}\boldsymbol{A}\widehat{\boldsymbol{x}}=\boldsymbol{A}^{\mathrm{T}}\boldsymbol{\beta}$. 因此，$\boldsymbol{Ax}=\boldsymbol{\beta}$ 的最小二乘解都是 $\boldsymbol{A}^{\mathrm{T}}\boldsymbol{Ax}=\boldsymbol{A}^{\mathrm{T}}\boldsymbol{\beta}$ 的解．称线性方程组

$$\boldsymbol{A}^{\mathrm{T}}\boldsymbol{Ax}=\boldsymbol{A}^{\mathrm{T}}\boldsymbol{\beta}\tag{7.22}$$

为 $\boldsymbol{Ax}=\boldsymbol{\beta}$ 的**正规方程（normal equation）**. 由前述所得，最小二乘解都是正规方程的解．

定理 7.13　设 $\boldsymbol{A}$ 是 $m\times n$ 矩阵，$\boldsymbol{\beta}\in\mathbb{R}^m$. 如下结论成立：

（1）正规方程 $A^{\mathrm{T}}Ax=A^{\mathrm{T}}\beta$ 恒有解；

（2）$A^{\mathrm{T}}Ax=A^{\mathrm{T}}\beta$ 的解集等于 $Ax=\beta$ 所有最小二乘解构成的集合；

（3）$Ax=\beta$ 的最小二乘解唯一的充要条件是 $\mathrm{r}(A)=n$.

证明（1）由习题3.3第4题，有 $\mathrm{r}(A^{\mathrm{T}}A)=\mathrm{r}(A)=\mathrm{r}(A^{\mathrm{T}})$. 由

$$\mathrm{r}(A^{\mathrm{T}})=r(A^{\mathrm{T}}A)\leqslant \mathrm{r}(A^{\mathrm{T}}A\ \vdots\ A^{\mathrm{T}}\beta)=\mathrm{r}(A^{\mathrm{T}}(A\ \vdots\ \beta))\leqslant \mathrm{r}(A^{\mathrm{T}}),$$

得 $\mathrm{r}(A^{\mathrm{T}}A)=\mathrm{r}(A^{\mathrm{T}}A\ \vdots\ A^{\mathrm{T}}\beta)$，因此，$A^{\mathrm{T}}Ax=A^{\mathrm{T}}\beta$ 恒有解.

（2）前面已证最小二乘解都是正规方程的解，我们只需证明正规方程的解也是最小二乘解即可．设 $\widehat{x}$ 是正规方程的解，则 $A^{\mathrm{T}}A\widehat{x}=A^{\mathrm{T}}\beta$，即 $A^{\mathrm{T}}(\beta-A\widehat{x})=o$，因此 $\beta-A\widehat{x}\in N(A^{\mathrm{T}})=R(A)^{\perp}$．由分解式 $\beta=A\widehat{x}+(\beta-A\widehat{x})$ 可知，β 被分解为 $R(A)$ 中的向量 $A\widehat{x}$ 与 $N(A^{\mathrm{T}})$ 中的向量 $\beta-A\widehat{x}$ 之和，由正交分解的唯一性，$A\widehat{x}$ 就是 β 在 $R(A)$ 上的正交投影，即 $A\widehat{x}=\widehat{\beta}$，$\widehat{x}$ 是 $Ax=\widehat{\beta}$ 的解，故 $\widehat{x}$ 是 $Ax=\beta$ 的一个最小二乘解.

（3）由（1）和（2）的结论，且 $A^{\mathrm{T}}Ax=A^{\mathrm{T}}\beta$ 有唯一解当且仅当 $\mathrm{r}(A^{\mathrm{T}}A)=n$. 又 $\mathrm{r}(A)=\mathrm{r}(A^{\mathrm{T}}A)$，故 $Ax=\beta$ 的最小二乘解唯一的充要条件是 $\mathrm{r}(A)=n$.

例 7.14 求下列线性方程组的最小二乘解（保留两位有效数字）：

$$\begin{cases}0.39x-1.89y=1,\\0.61x-1.80y=1,\\0.93x-1.68y=1,\\1.35x-1.50y=1.\end{cases}$$

解 求解正规方程 $A^{\mathrm{T}}Ax=A^{\mathrm{T}}\beta$ 如下：

$$A=\begin{pmatrix}0.39&-1.89\\0.61&-1.80\\0.93&-1.68\\1.35&-1.50\end{pmatrix},\ A^{\mathrm{T}}A=\begin{pmatrix}3.21&-5.42\\-5.42&11.88\end{pmatrix},\ (A^{\mathrm{T}}A)^{-1}=\begin{pmatrix}1.36&0.62\\0.62&0.37\end{pmatrix},$$

则该方程组的最小二乘解为 $\begin{pmatrix}x\\y\end{pmatrix}=(A^{\mathrm{T}}A)^{-1}A^{\mathrm{T}}\begin{pmatrix}1\\1\\1\\1\end{pmatrix}=\begin{pmatrix}0.20\\-0.52\end{pmatrix}$.

由定理7.13（3）知，当 $A^{\mathrm{T}}A$ 可逆时，最小二乘解唯一，且其解为

$$\widehat{x}=(A^{\mathrm{T}}A)^{-1}A^{\mathrm{T}}\beta, \tag{7.23}$$

向量 β 在 $R(A)$ 上的正交投影是

$$\widehat{\beta}=A\widehat{x}=A(A^{\mathrm{T}}A)^{-1}A^{\mathrm{T}}\beta. \tag{7.24}$$

当 $A^{\mathrm{T}}A$ 不可逆时，最小二乘解 $\widehat{x}$ 存在但不唯一.

我们利用QR分解定理讨论 $Ax=\beta$ 的最小二乘问题，这样的矩阵 A 常在线性回归问题中出现.

定理 7.14 设 A 是 $m\times n$ 列满秩矩阵，其QR分解式为 $A=QR$，则对于任意 $\beta\in\mathbb{R}^{m}$，

$\boldsymbol{Ax}=\boldsymbol{\beta}$ 的最小二乘解 $\widehat{\boldsymbol{x}}$ 唯一，即

$$\widehat{\boldsymbol{x}}=\boldsymbol{R}^{-1}\boldsymbol{Q}^{\mathrm{T}}\boldsymbol{\beta}, \tag{7.25}$$

且 $\widehat{\boldsymbol{\beta}}=\boldsymbol{Q}\boldsymbol{Q}^{\mathrm{T}}\boldsymbol{\beta}$.

证明　由 $\boldsymbol{Q}$ 的列向量组是标准正交组，且 $\boldsymbol{R}$ 是可逆的上三角形矩阵，故

$$\boldsymbol{A}^{\mathrm{T}}\boldsymbol{A}=(\boldsymbol{QR})^{\mathrm{T}}(\boldsymbol{QR})=\boldsymbol{R}^{\mathrm{T}}(\boldsymbol{Q}^{\mathrm{T}}\boldsymbol{Q})\boldsymbol{R}=\boldsymbol{R}^{\mathrm{T}}\boldsymbol{R}.$$

显然 $\boldsymbol{A}^{\mathrm{T}}\boldsymbol{A}$ 可逆，则 $\boldsymbol{Ax}=\boldsymbol{\beta}$ 的最小二乘解是唯一的．由式（7.20），得

$$\widehat{\boldsymbol{x}}=(\boldsymbol{A}^{\mathrm{T}}\boldsymbol{A})^{-1}\boldsymbol{A}^{\mathrm{T}}\boldsymbol{\beta}=\boldsymbol{R}^{-1}(\boldsymbol{R}^{\mathrm{T}})^{-1}\boldsymbol{R}^{\mathrm{T}}\boldsymbol{Q}^{\mathrm{T}}\boldsymbol{\beta}=\boldsymbol{R}^{-1}\boldsymbol{Q}^{\mathrm{T}}\boldsymbol{\beta},$$

且 $\widehat{\boldsymbol{\beta}}=\boldsymbol{A}\widehat{\boldsymbol{x}}=\boldsymbol{QR}(\boldsymbol{R}^{-1}\boldsymbol{Q}^{\mathrm{T}}\boldsymbol{\beta})=\boldsymbol{Q}\boldsymbol{Q}^{\mathrm{T}}\boldsymbol{\beta}$.

特别地，如果 $\boldsymbol{A}$ 的列向量组是标准正交组，则有 $\boldsymbol{A}^{\mathrm{T}}\boldsymbol{A}=\boldsymbol{E}_n$．由式（7.23），有如下推论．

定理 7.15　设 $\boldsymbol{A}$ 是 $m\times n$ 列正交矩阵，则对于任意 $\boldsymbol{\beta}\in\mathbb{R}^m$，$\boldsymbol{Ax}=\boldsymbol{\beta}$ 的最小二乘解 $\widehat{\boldsymbol{x}}$ 唯一，即 $\widehat{\boldsymbol{x}}=\boldsymbol{A}^{\mathrm{T}}\boldsymbol{\beta}$，且 $\widehat{\boldsymbol{\beta}}=\boldsymbol{A}\boldsymbol{A}^{\mathrm{T}}\boldsymbol{\beta}$.

例 7.15　已知矩阵 $\boldsymbol{A}$ 的 QR 分解，求 $\boldsymbol{Ax}=\boldsymbol{\beta}$ 的最小二乘解．

$$\boldsymbol{A}=\begin{pmatrix}1&1\\2&3\\2&1\end{pmatrix}=\begin{pmatrix}\frac{1}{3}&0\\\frac{2}{3}&\frac{1}{\sqrt{2}}\\\frac{2}{3}&\frac{-1}{\sqrt{2}}\end{pmatrix}\begin{pmatrix}3&3\\0&\sqrt{2}\end{pmatrix},\ \boldsymbol{\beta}=\begin{pmatrix}2\\-1\\-1\end{pmatrix}.$$

解　由定理 7.14，所求 $\widehat{\boldsymbol{x}}=\boldsymbol{R}^{-1}\boldsymbol{Q}^{\mathrm{T}}\boldsymbol{\beta}$，于是有 $\boldsymbol{R}\widehat{\boldsymbol{x}}=\boldsymbol{Q}^{\mathrm{T}}\boldsymbol{\beta}$.

计算 $\boldsymbol{Q}^{\mathrm{T}}\boldsymbol{\beta}=\begin{pmatrix}\frac{1}{3}&\frac{2}{3}&\frac{2}{3}\\0&\frac{1}{\sqrt{2}}&-\frac{1}{\sqrt{2}}\end{pmatrix}\begin{pmatrix}2\\-1\\-1\end{pmatrix}=\begin{pmatrix}-\frac{2}{3}\\0\end{pmatrix}$，求解 $\begin{pmatrix}3&3\\0&\sqrt{2}\end{pmatrix}\hat{\boldsymbol{x}}=\begin{pmatrix}-\frac{2}{3}\\0\end{pmatrix}$，

解得　$\hat{\boldsymbol{x}}=\begin{pmatrix}3&3\\0&\sqrt{2}\end{pmatrix}^{-1}\begin{pmatrix}-\frac{2}{3}\\0\end{pmatrix}=\begin{pmatrix}-\frac{2}{9}\\0\end{pmatrix}$.

7.5.3　最小二乘误差

定义 7.9　设 $\boldsymbol{A}$ 是 $m\times n$ 矩阵，$\boldsymbol{\beta}\in\mathbb{R}^m$，$\widehat{\boldsymbol{x}}\in\mathbb{R}^n$ 是线性方程组 $\boldsymbol{Ax}=\boldsymbol{\beta}$ 的一个最小二乘解，我们称 $\|\widehat{\boldsymbol{A}\boldsymbol{x}}-\boldsymbol{\beta}\|$ 为 $\boldsymbol{A}\hat{\boldsymbol{x}}$ 作为 $\boldsymbol{\beta}$ 的一个逼近的**最小二乘误差（least - squares error）**.

例 7.16　求例 7.14 中 $\boldsymbol{Ax}=\boldsymbol{\beta}$ 最小二乘解的最小二乘误差．

解　最小二乘误差为

$$\begin{aligned}\|\boldsymbol{A}\hat{\boldsymbol{x}}-\boldsymbol{\beta}\|&=\sqrt{(1.06-1)^2+(1.06-1)^2+(1.06-1)^2+(1.05-1)^2}\\&=\sqrt{0.0133}=0.12.\end{aligned}$$

例 7.16 的结果说明：对于任意的 $\boldsymbol{x}\in\mathbb{R}^2$，$\boldsymbol{Ax}$ 到 $\boldsymbol{\beta}$ 的距离至少是 0.12.

习题 7.5

1. 设 $\boldsymbol{A}=\begin{pmatrix}1&4\\1&2\\2&3\end{pmatrix}$，$\boldsymbol{\beta}=\begin{pmatrix}-2\\6\\1\end{pmatrix}$. 求 $\boldsymbol{Ax}=\boldsymbol{\beta}$ 的最小二乘解 .

2. 求最小二乘问题 $\boldsymbol{Ax}=\boldsymbol{\beta}$ 的全部解，其中

（1）$\boldsymbol{A}=\begin{pmatrix}1&3\\2&-1\\-2&1\end{pmatrix}$，$\boldsymbol{\beta}=\begin{pmatrix}4\\1\\2\end{pmatrix}$；（2）$\boldsymbol{A}=\begin{pmatrix}1&1\\2&-2\\-1&0\\1&-1\end{pmatrix}$，$\boldsymbol{\beta}=\begin{pmatrix}-2\\-1\\1\\3\end{pmatrix}$；

（3）$\boldsymbol{A}=\begin{pmatrix}1&1&0\\1&1&0\\1&0&1\\1&0&1\end{pmatrix}$，$\boldsymbol{\beta}=\begin{pmatrix}1\\3\\2\\4\end{pmatrix}$.

3. 计算第 1 题、第 2 题（1）（2）中最小二乘问题的最小二乘误差 .

4. 设 $\widehat{\boldsymbol{x}}$ 是 $\boldsymbol{Ax}=\boldsymbol{\beta}$ 的最小二乘解，$\boldsymbol{\varepsilon}=\boldsymbol{A}\widehat{\boldsymbol{x}}-\boldsymbol{\beta}$，$\widehat{\boldsymbol{\beta}}$ 是 $\boldsymbol{\beta}$ 在 $R(\boldsymbol{A})$ 上的正交投影 . 证明：

$$\|\boldsymbol{\varepsilon}\|^2=\|\boldsymbol{\beta}\|^2-\|\widehat{\boldsymbol{\beta}}\|^2.$$

5. 已知矩阵 $\boldsymbol{A}$ 的 QR 分解式，求 $\boldsymbol{Ax}=\boldsymbol{\beta}$ 的最小二乘解，其中

$$\boldsymbol{A}=\begin{pmatrix}1&2\\2&1\\0&1\\2&1\end{pmatrix}=\begin{pmatrix}\frac{1}{3}&\frac{4}{3\sqrt{3}}\\\frac{2}{3}&-\frac{1}{3\sqrt{3}}\\0&\frac{1}{\sqrt{3}}\\\frac{2}{3}&-\frac{1}{3\sqrt{3}}\end{pmatrix}\begin{pmatrix}3&2\\0&\sqrt{3}\end{pmatrix},\ \boldsymbol{\beta}=\begin{pmatrix}0\\1\\0\\2\end{pmatrix}.$$

第 8 章　对称矩阵与二次型

二次型及其相关理论不仅在解析几何中有重要作用，而且在工程技术和经济管理领域中都有重要应用．本章我们将以矩阵为工具学习二次型及其标准形等有关性质以及二次型的定性判别问题．特别地，实数域上的二次型对应的矩阵是实对称矩阵，而实对称矩阵有很多好的性质，我们首先讨论实对称矩阵的特征值、特征向量以及相似对角化问题．

8.1　实对称矩阵的相似对角化

8.1.1　实对称矩阵特征值和特征向量的性质

定理 8.1　实对称矩阵的特征值都是实数．

证明　设 $\boldsymbol{A}$ 是 n 阶实对称矩阵，则 $\boldsymbol{A}^{\mathrm{T}}=\boldsymbol{A}$ 且 $\boldsymbol{A}$ 在复数域$\mathbb{C}$上必有 n 个特征值（包括重数）．

设 $\lambda=a+b\mathrm{i}\in\mathbb{C}(a,b\in\mathbb{R},\mathrm{i}=\sqrt{-1})$ 为 $\boldsymbol{A}$ 的任意一个特征值，$\boldsymbol{A}$ 的属于特征值 λ 的复特征向量为 $\boldsymbol{\alpha}+\mathrm{i}\boldsymbol{\beta}$，其中 $\boldsymbol{\alpha},\boldsymbol{\beta}$ 为实向量．由特征值和特征向量的定义，有 $\boldsymbol{A}(\boldsymbol{\alpha}+\mathrm{i}\boldsymbol{\beta})=(a+b\mathrm{i})(\boldsymbol{\alpha}+\mathrm{i}\boldsymbol{\beta})$，整理得 $\boldsymbol{A\alpha}+\mathrm{i}(\boldsymbol{A\beta})=(a\boldsymbol{\alpha}-b\boldsymbol{\beta})+\mathrm{i}(b\boldsymbol{\alpha}+a\boldsymbol{\beta})$，则有

$$\boldsymbol{A\alpha}=a\boldsymbol{\alpha}-b\boldsymbol{\beta},$$
$$\boldsymbol{A\beta}=b\boldsymbol{\alpha}+a\boldsymbol{\beta}.$$

用 $\boldsymbol{\beta}^{\mathrm{T}}$ 左乘上述第一式，$\boldsymbol{\alpha}^{\mathrm{T}}$ 左乘上述第二式，得

$$\boldsymbol{\beta}^{\mathrm{T}}\boldsymbol{A\alpha}=a\boldsymbol{\beta}^{\mathrm{T}}\boldsymbol{\alpha}-b\boldsymbol{\beta}^{\mathrm{T}}\boldsymbol{\beta},$$
$$\boldsymbol{\alpha}^{\mathrm{T}}\boldsymbol{A\beta}=b\boldsymbol{\alpha}^{\mathrm{T}}\boldsymbol{\alpha}+a\boldsymbol{\alpha}^{\mathrm{T}}\boldsymbol{\beta}.$$

因为 $\boldsymbol{\beta}^{\mathrm{T}}\boldsymbol{A\alpha}$ 为一个数，即 1×1 矩阵，所以 $\boldsymbol{\beta}^{\mathrm{T}}\boldsymbol{A\alpha}=(\boldsymbol{\beta}^{\mathrm{T}}\boldsymbol{A\alpha})^{\mathrm{T}}=\boldsymbol{\alpha}^{\mathrm{T}}\boldsymbol{A}^{\mathrm{T}}\boldsymbol{\beta}=\boldsymbol{\alpha}^{\mathrm{T}}\boldsymbol{A\beta}$．又 $\boldsymbol{\alpha}^{\mathrm{T}}\boldsymbol{\beta}=\boldsymbol{\beta}^{\mathrm{T}}\boldsymbol{\alpha}$，则上述两式相减，得 $b(\boldsymbol{\alpha}^{\mathrm{T}}\boldsymbol{\alpha}+\boldsymbol{\beta}^{\mathrm{T}}\boldsymbol{\beta})=0$．由特征向量 $\boldsymbol{\alpha}+\mathrm{i}\boldsymbol{\beta}\neq\boldsymbol{o}$，则 $\boldsymbol{\alpha}$，$\boldsymbol{\beta}$ 至少有一个不为零向量，因此 $\boldsymbol{\alpha}^{\mathrm{T}}\boldsymbol{\alpha}+\boldsymbol{\beta}^{\mathrm{T}}\boldsymbol{\beta}\neq0$，所以 $b=0$，因此 $\lambda=a$，即 λ 为 $\boldsymbol{A}$ 的实特征值．

定理 8.2　实对称矩阵 $\boldsymbol{A}$ 属于不同特征值的特征向量正交．

证明　设 $\boldsymbol{\alpha}_1$，$\boldsymbol{\alpha}_2$ 是 $\boldsymbol{A}$ 的分别属于特征值 λ_1，λ_2 的特征向量，且 $\lambda_1\neq\lambda_2$，则

$$\boldsymbol{A\alpha}_1=\lambda_1\boldsymbol{\alpha}_1,\quad \boldsymbol{A\alpha}_2=\lambda_2\boldsymbol{\alpha}_2.$$

用 $\boldsymbol{\alpha}_2^{\mathrm{T}}$ 左乘上述第一式，$\boldsymbol{\alpha}_1^{\mathrm{T}}$ 左乘上述第二式，得

$$\boldsymbol{\alpha}_2^{\mathrm{T}}\boldsymbol{A\alpha}_1=\lambda_1\boldsymbol{\alpha}_2^{\mathrm{T}}\boldsymbol{\alpha}_1,\quad \boldsymbol{\alpha}_1^{\mathrm{T}}\boldsymbol{A\alpha}_2=\lambda_2\boldsymbol{\alpha}_1^{\mathrm{T}}\boldsymbol{\alpha}_2.$$

因为 $\boldsymbol{\alpha}_2^{\mathrm{T}}\boldsymbol{A\alpha}_1$ 为一个数，即 1×1 矩阵，所以 $\boldsymbol{\alpha}_2^{\mathrm{T}}\boldsymbol{A\alpha}_1=(\boldsymbol{\alpha}_2^{\mathrm{T}}\boldsymbol{A\alpha}_1)^{\mathrm{T}}=\boldsymbol{\alpha}_1^{\mathrm{T}}\boldsymbol{A}^{\mathrm{T}}\boldsymbol{\alpha}_2=\boldsymbol{\alpha}_1^{\mathrm{T}}\boldsymbol{A\alpha}_2$，于是有 $\lambda_1\boldsymbol{\alpha}_2^{\mathrm{T}}\boldsymbol{\alpha}_1=\lambda_2\boldsymbol{\alpha}_1^{\mathrm{T}}\boldsymbol{\alpha}_2$．又 $\boldsymbol{\alpha}_2^{\mathrm{T}}\boldsymbol{\alpha}_1=\boldsymbol{\alpha}_1^{\mathrm{T}}\boldsymbol{\alpha}_2$，所以 $(\lambda_1-\lambda_2)\boldsymbol{\alpha}_2^{\mathrm{T}}\boldsymbol{\alpha}_1=0$．因为 $\lambda_1\neq\lambda_2$，所以

$\boldsymbol{\alpha}_2^{\mathrm{T}}\boldsymbol{\alpha}_1=0$，即 $\boldsymbol{\alpha}_1$ 与 $\boldsymbol{\alpha}_2$ 正交.

8.1.2　实对称矩阵的相似对角化

我们知道，并不是任意矩阵都能够相似对角化，但是，实对称矩阵必能相似对角化.

定理 8.3　实对称矩阵 $\boldsymbol{A}$ 的 k 重特征值一定有 k 个线性无关的特征向量，即实对称矩阵 $\boldsymbol{A}$ 的特征值的代数重数等于几何重数.

证明　略.

由定理 8.3，对于 n 阶实对称矩阵 $\boldsymbol{A}$，先求出每个 k 重特征值的 k 个线性无关的特征向量，再利用施密特正交化方法把这 k 个向量正交化，得到的向量仍然是 $\boldsymbol{A}$ 的属于这个特征值的特征向量，而且两两正交. 设 $\boldsymbol{A}$ 有 m 个不同特征值 λ_1，λ_2，…，λ_m，其重数分别为 k_1，k_2，…，k_m，由于 $\boldsymbol{A}$ 为 n 阶实对称矩阵，所以在实数域中，有 $k_1+k_2+\cdots+k_m=n$. 由上述分析知，对于特征值 λ_i 相应有 k_i 个两两正交的特征向量，再根据定理 8.2，可以得出：n 阶实对称矩阵 $\boldsymbol{A}$ 必有 n 个两两正交的特征向量. 因此，我们有如下定理.

定理 8.4　设 $\boldsymbol{A}$ 为 n 阶实对称矩阵，则存在正交矩阵 $\boldsymbol{Q}$，使得 $\boldsymbol{Q}^{-1}\boldsymbol{A}\boldsymbol{Q}$ 为对角矩阵.

此时，我们称 $\boldsymbol{A}$ **可正交相似对角化**（**orthogonal similar diagonalization**）.

证明　略.

对于 n 阶实对称矩阵 $\boldsymbol{A}$，如下给出计算定理 8.4 中的正交矩阵 $\boldsymbol{Q}$，使得 $\boldsymbol{Q}^{-1}\boldsymbol{A}\boldsymbol{Q}$ 为对角矩阵的基本步骤：

（1）计算 $\boldsymbol{A}$ 的特征多项式，求出 $\boldsymbol{A}$ 的所有不同的特征值 λ_1，λ_2，…，λ_m 及重数 k_1，k_2，…，k_m，且有 $k_1+k_2+\cdots+k_m=n$.

（2）对每个特征值 λ_i，求解齐次线性方程组 $(\lambda_i\boldsymbol{E}-\boldsymbol{A})\boldsymbol{x}=\boldsymbol{o}$ 的一个基础解系为

$$\boldsymbol{\eta}_{i1},\ \boldsymbol{\eta}_{i2},\ \cdots,\ \boldsymbol{\eta}_{ik_i}\ (i=1,\ 2,\ \cdots,\ m).$$

（3）采用施密特正交化方法将 $\boldsymbol{\eta}_{i1}$，$\boldsymbol{\eta}_{i2}$，…，$\boldsymbol{\eta}_{ik_i}$ 正交化得 $\boldsymbol{\beta}_{i1}$，$\boldsymbol{\beta}_{i2}$，…，$\boldsymbol{\beta}_{ik_i}$，再将其单位化，得 $\boldsymbol{\alpha}_{i1}$，$\boldsymbol{\alpha}_{i2}$，…，$\boldsymbol{\alpha}_{ik_i}$ $(i=1,\ 2,\ \cdots,\ m)$，它们是一组单位正交特征向量，进而得到 $\boldsymbol{A}$ 的 n 个单位正交特征向量.

（4）由（3）得到的 n 个单位正交特征向量作为列向量构造矩阵 $\boldsymbol{Q}$，即令

$$\boldsymbol{Q}=(\boldsymbol{\alpha}_{11}\ \boldsymbol{\alpha}_{12}\cdots\boldsymbol{\alpha}_{1k_1}\quad \boldsymbol{\alpha}_{21}\ \boldsymbol{\alpha}_{22}\cdots\boldsymbol{\alpha}_{2k_2}\quad\cdots\quad \boldsymbol{\alpha}_{m1}\ \boldsymbol{\alpha}_{m2}\cdots\boldsymbol{\alpha}_{mk_m}),$$

则 $\boldsymbol{Q}$ 为正交矩阵，且满足

$$\boldsymbol{Q}^{-1}\boldsymbol{A}\boldsymbol{Q}=\boldsymbol{Q}^{\mathrm{T}}\boldsymbol{A}\boldsymbol{Q}=\begin{pmatrix}\lambda_1\boldsymbol{E}_{k_1} & & & \\ & \lambda_2\boldsymbol{E}_{k_2} & & \\ & & \ddots & \\ & & & \lambda_m\boldsymbol{E}_{k_m}\end{pmatrix},$$

其中，$\boldsymbol{E}_{k_i}$ 为 k_i 阶单位矩阵 $(i=1,\ 2,\ \cdots,\ m)$.

例 8.1　已知 $\boldsymbol{A}=\begin{pmatrix}1 & -2 & -2\\ -2 & 2 & 0\\ -2 & 0 & 0\end{pmatrix}$，求正交矩阵 $\boldsymbol{Q}$，使 $\boldsymbol{Q}^{-1}\boldsymbol{A}\boldsymbol{Q}$ 为对角矩阵.

解　(1) 求 $\boldsymbol{A}$ 的特征值和线性无关的特征向量：

$|\lambda\boldsymbol{E}-\boldsymbol{A}|=\begin{vmatrix}\lambda-1 & 2 & 2\\ 2 & \lambda-2 & 0\\ 2 & 0 & \lambda\end{vmatrix}=(\lambda-1)(\lambda-4)(\lambda+2)$，因此 $\boldsymbol{A}$ 的特征值为

$$\lambda_1=1,\ \lambda_2=4,\ \lambda_3=-2.$$

对于 $\lambda_1=1$，求解方程组 $(\boldsymbol{E}-\boldsymbol{A})\boldsymbol{x}=\boldsymbol{o}$ 的一个基础解系为 $\boldsymbol{\eta}_1=(-1,-2,2)^{\mathrm{T}}$.

对于 $\lambda_2=4$，求解方程组 $(4\boldsymbol{E}-\boldsymbol{A})\boldsymbol{x}=\boldsymbol{o}$ 的一个基础解系为 $\boldsymbol{\eta}_2=(-2,2,1)^{\mathrm{T}}$.

对于 $\lambda_3=-2$，求解方程组 $(-2\boldsymbol{E}-\boldsymbol{A})\boldsymbol{x}=\boldsymbol{o}$ 的一个基础解系为 $\boldsymbol{\eta}_3=(2,1,2)^{\mathrm{T}}$.

(2) 求 $\boldsymbol{A}$ 的单位正交特征向量组：

由定理 8.2，显然有 $\boldsymbol{\eta}_1$，$\boldsymbol{\eta}_2$，$\boldsymbol{\eta}_3$ 为正交向量组．将 $\boldsymbol{\eta}_1$，$\boldsymbol{\eta}_2$，$\boldsymbol{\eta}_3$ 单位化，得单位正交特征向量

$$\boldsymbol{\alpha}_1=\begin{pmatrix}-\frac{1}{3}\\ -\frac{2}{3}\\ \frac{2}{3}\end{pmatrix},\ \boldsymbol{\alpha}_2=\begin{pmatrix}-\frac{2}{3}\\ \frac{2}{3}\\ \frac{1}{3}\end{pmatrix},\ \boldsymbol{\alpha}_3=\begin{pmatrix}\frac{2}{3}\\ \frac{1}{3}\\ \frac{2}{3}\end{pmatrix}.$$

(3) 求正交矩阵 $\boldsymbol{Q}$，使 $\boldsymbol{Q}^{-1}\boldsymbol{A}\boldsymbol{Q}$ 为对角矩阵：

令 $\boldsymbol{Q}=(\boldsymbol{\alpha}_1\quad\boldsymbol{\alpha}_2\quad\boldsymbol{\alpha}_3)=\begin{pmatrix}-\frac{1}{3} & -\frac{2}{3} & \frac{2}{3}\\ -\frac{2}{3} & \frac{2}{3} & \frac{1}{3}\\ \frac{2}{3} & \frac{1}{3} & \frac{2}{3}\end{pmatrix}$，则 $\boldsymbol{Q}$ 为正交矩阵，且

$$\boldsymbol{Q}^{-1}\boldsymbol{A}\boldsymbol{Q}=\boldsymbol{Q}^{\mathrm{T}}\boldsymbol{A}\boldsymbol{Q}=\begin{pmatrix}1 & 0 & 0\\ 0 & 4 & 0\\ 0 & 0 & -2\end{pmatrix}.$$

例 8.2　已知 $\boldsymbol{A}=\begin{pmatrix}4 & 2 & 2\\ 2 & 4 & 2\\ 2 & 2 & 4\end{pmatrix}$，求正交矩阵 $\boldsymbol{Q}$，使 $\boldsymbol{Q}^{-1}\boldsymbol{A}\boldsymbol{Q}$ 为对角矩阵．

解　(1) 求 $\boldsymbol{A}$ 的特征值和 3 个线性无关的特征向量：

$|\lambda\boldsymbol{E}-\boldsymbol{A}|=\begin{vmatrix}\lambda-4 & -2 & -2\\ -2 & \lambda-4 & -2\\ -2 & -2 & \lambda-4\end{vmatrix}=(\lambda-2)^2(\lambda-8)$，因此 $\boldsymbol{A}$ 的特征值为

$$\lambda_1=2\ (\text{二重}),\ \lambda_2=8.$$

对于 $\lambda_1=2$，求解方程组 $(2\boldsymbol{E}-\boldsymbol{A})\boldsymbol{x}=\boldsymbol{o}$ 的一个基础解系为

$$\boldsymbol{\eta}_1=(1,\ -1,\ 0)^{\mathrm{T}},\ \boldsymbol{\eta}_2=(1,\ 0,\ -1)^{\mathrm{T}}.$$

对于 $\lambda_2=8$，求解方程组 $(8\boldsymbol{E}-\boldsymbol{A})\boldsymbol{x}=\boldsymbol{o}$ 的一个基础解系为 $\boldsymbol{\eta}_3=(1,\ 1,\ 1)^{\mathrm{T}}$.

（2）求 $\boldsymbol{A}$ 的单位正交特征向量组：

只需将 $\boldsymbol{\eta}_1=(1,\ -1,\ 0)^{\mathrm{T}}$，$\boldsymbol{\eta}_2=(1,\ 0,\ -1)^{\mathrm{T}}$ 正交化，得 $\boldsymbol{A}$ 的属于特征值 2 的正交特征向量 $\boldsymbol{\beta}_1=(1,\ -1,\ 0)^{\mathrm{T}}$，$\boldsymbol{\beta}_2=\left(\frac{1}{2},\ \frac{1}{2},\ -1\right)^{\mathrm{T}}$. 由定理 8.2 可知，$\boldsymbol{\beta}_1$，$\boldsymbol{\beta}_2$，$\boldsymbol{\eta}_3$ 为 $\boldsymbol{A}$ 的正交特征向量组.

将 $\boldsymbol{\beta}_1$，$\boldsymbol{\beta}_2$，$\boldsymbol{\eta}_3$ 单位化，得单位正交特征向量组

$$\boldsymbol{\alpha}_1=\begin{pmatrix}\frac{1}{\sqrt{2}}\\-\frac{1}{\sqrt{2}}\\0\end{pmatrix},\ \boldsymbol{\alpha}_2=\begin{pmatrix}\frac{1}{\sqrt{6}}\\\frac{1}{\sqrt{6}}\\-\frac{2}{\sqrt{6}}\end{pmatrix},\ \boldsymbol{\alpha}_3=\begin{pmatrix}\frac{1}{\sqrt{3}}\\\frac{1}{\sqrt{3}}\\\frac{1}{\sqrt{3}}\end{pmatrix}.$$

（3）求正交矩阵 $\boldsymbol{Q}$，使 $\boldsymbol{Q}^{-1}\boldsymbol{A}\boldsymbol{Q}$ 为对角矩阵：

令 $\boldsymbol{Q}=(\boldsymbol{\alpha}_1\quad\boldsymbol{\alpha}_2\quad\boldsymbol{\alpha}_3)=\begin{pmatrix}\frac{1}{\sqrt{2}}&\frac{1}{\sqrt{6}}&\frac{1}{\sqrt{3}}\\-\frac{1}{\sqrt{2}}&\frac{1}{\sqrt{6}}&\frac{1}{\sqrt{3}}\\0&-\frac{2}{\sqrt{6}}&\frac{1}{\sqrt{3}}\end{pmatrix}$，则 $\boldsymbol{Q}$ 为正交矩阵，且

$$\boldsymbol{Q}^{-1}\boldsymbol{A}\boldsymbol{Q}=\boldsymbol{Q}^{\mathrm{T}}\boldsymbol{A}\boldsymbol{Q}=\begin{pmatrix}2&0&0\\0&2&0\\0&0&8\end{pmatrix}.$$

例 8.3　已知 1，2，3 为三阶实对称矩阵 $\boldsymbol{A}$ 的特征值，$\boldsymbol{\eta}_1=(-1,\ -1,\ 1)^{\mathrm{T}}$，$\boldsymbol{\eta}_2=(1,\ -2,\ -1)^{\mathrm{T}}$ 是 $\boldsymbol{A}$ 的分别属于特征值 1，2 的特征向量，求矩阵 $\boldsymbol{A}$.

解　根据定理 8.2，设 $\boldsymbol{A}$ 的特征值 3 对应的特征向量为 $(x_1,\ x_2,\ x_3)^{\mathrm{T}}$，则有

$$\begin{cases}-x_1-x_2+x_3=0,\\x_1-2x_2-x_3=0,\end{cases}$$

求得该齐次线性方程组的一个基础解系为 $\boldsymbol{\eta}_3=(1,\ 0,\ 1)^{\mathrm{T}}$，即 $\boldsymbol{\eta}_3$ 是 $\boldsymbol{A}$ 的特征值 3 对应的特征向量，则 $\boldsymbol{\eta}_1$，$\boldsymbol{\eta}_2$，$\boldsymbol{\eta}_3$ 是 $\boldsymbol{A}$ 的线性无关特征向量.

令 $\boldsymbol{U}=(\boldsymbol{\eta}_1\quad\boldsymbol{\eta}_2\quad\boldsymbol{\eta}_3)=\begin{pmatrix}-1&1&1\\-1&-2&0\\1&-1&1\end{pmatrix}$，求得 $\boldsymbol{U}^{-1}=\begin{pmatrix}-\frac{1}{3}&-\frac{1}{3}&\frac{1}{3}\\\frac{1}{6}&-\frac{1}{3}&-\frac{1}{6}\\\frac{1}{2}&0&\frac{1}{2}\end{pmatrix}$.

由 $U^{-1}AU=\begin{pmatrix}1&0&0\\0&2&0\\0&0&3\end{pmatrix}$，可得 $A=U\begin{pmatrix}1&0&0\\0&2&0\\0&0&3\end{pmatrix}U^{-1}=\begin{pmatrix}\frac{13}{6}&-\frac{1}{3}&\frac{5}{6}\\-\frac{1}{3}&\frac{5}{3}&\frac{1}{3}\\\frac{5}{6}&\frac{1}{3}&\frac{13}{6}\end{pmatrix}$.

例 8.4 设 A 为实对称幂等矩阵，试证：

(1) A 的特征值只能为 0 或 1；

(2) $\mathrm{r}(A)=\mathrm{tr}(A)$；

(3) 存在正交矩阵 Q，使得 $Q^{-1}AQ=\begin{pmatrix}E_r&O\\O&O\end{pmatrix}$，其中 E_r 为 r 阶单位矩阵，$r=\mathrm{r}(A)$.

证明 (1) 6.1 节中的例 6.5 已证.

(2) 因为 A 为实对称幂等矩阵，则必存在可逆矩阵 U，使得 $U^{-1}AU=\Lambda$，其中 Λ 为 A 的特征值构成的对角矩阵. 由 $A\sim\Lambda$，根据相似矩阵的性质，有

$$\mathrm{r}(A)=\mathrm{r}(\Lambda),\mathrm{tr}(A)=\mathrm{tr}(\Lambda).$$

又由 (1) 可知，Λ 的主对角线元素只能为 0 或 1，则 $\mathrm{r}(\Lambda)=\mathrm{tr}(\Lambda)$ 且都为特征值 1 的重数. 于是 $\mathrm{r}(A)=\mathrm{r}(\Lambda)=\mathrm{tr}(\Lambda)=\mathrm{tr}(A)$.

(3) 因为 A 为实对称幂等矩阵，所以 A 可正交相似于 Λ，即一定存在正交矩阵 Q，使得

$$Q^{-1}AQ=\begin{pmatrix}E_r&O\\O&O\end{pmatrix},$$

其中，r 为特征值 1 的重数，即 $r=\mathrm{r}(A)$.

矩阵 A 的特征值构成的集合称为矩阵 A 的**谱 (spectrum)**. 下面我们介绍实对称矩阵的**谱分解 (spectral decomposition)**.

设实对称矩阵 A，存在正交矩阵 $Q=(\boldsymbol{\alpha}_1,\boldsymbol{\alpha}_2,\cdots,\boldsymbol{\alpha}_n)$，使 $Q^{-1}AQ=\Lambda=\mathrm{diag}(\boldsymbol{\lambda}_1,\boldsymbol{\lambda}_2,\cdots,\boldsymbol{\lambda}_n)$，则有

$$A=Q\Lambda Q^{-1}=Q\Lambda Q^{\mathrm{T}}=(\boldsymbol{\alpha}_1,\ \boldsymbol{\alpha}_2,\ \cdots,\ \boldsymbol{\alpha}_n)\begin{pmatrix}\lambda_1&&&\\&\lambda_2&&\\&&\ddots&\\&&&\lambda_n\end{pmatrix}\begin{pmatrix}\boldsymbol{\alpha}_1^{\mathrm{T}}\\\boldsymbol{\alpha}_2^{\mathrm{T}}\\\vdots\\\boldsymbol{\alpha}_n^{\mathrm{T}}\end{pmatrix},$$

计算得

$$A=\lambda_1\boldsymbol{\alpha}_1\boldsymbol{\alpha}_1^{\mathrm{T}}+\lambda_2\boldsymbol{\alpha}_2\boldsymbol{\alpha}_2^{\mathrm{T}}+\cdots+\lambda_n\boldsymbol{\alpha}_n\boldsymbol{\alpha}_n^{\mathrm{T}}.$$

称上式为实对称矩阵 A 的**谱分解**. 易证 $\boldsymbol{\alpha}_j\boldsymbol{\alpha}_j^{\mathrm{T}}$ ($j=1, 2, \cdots, n$) 都是秩为 1 的对称幂等矩阵. 我们将对称幂等矩阵称为**投影矩阵 (projection matrix)**. 因此也可以说，n 阶实对称矩阵 A 可以分解为 n 个秩为 1 的投影矩阵的线性组合，其中系数为 A 的谱. 实对称矩阵的谱分解在统计学、工程技术等领域都有着广泛的应用.

习题 8.1

1. 已知如下矩阵 $\boldsymbol{A}$，求正交矩阵 $\boldsymbol{Q}$ 和对角矩阵 $\boldsymbol{\Lambda}$，使 $\boldsymbol{Q}^{-1}\boldsymbol{A}\boldsymbol{Q}=\boldsymbol{\Lambda}$.

(1) $\begin{pmatrix}2&1\\1&2\end{pmatrix}$；(2) $\begin{pmatrix}1&1&4\\1&4&1\\4&1&1\end{pmatrix}$；(3) $\begin{pmatrix}0&0&4&1\\0&0&1&4\\4&1&0&0\\1&4&0&0\end{pmatrix}$；(4) $\begin{pmatrix}-1&-3&3&-3\\-3&-1&-3&3\\3&-3&-1&-3\\-3&3&-3&-1\end{pmatrix}$.

2. 设 $\boldsymbol{A}$ 是三阶实对称对合矩阵，已知 $\mathrm{r}(\boldsymbol{A}+\boldsymbol{E})=2$，求与 $\boldsymbol{A}$ 相似的对角矩阵，并求 $|\boldsymbol{A}+2\boldsymbol{E}|$ 的值.

3. 设三阶实对称矩阵 $\boldsymbol{A}$ 的特征值为 $\lambda_1=-1$，$\lambda_2=1$（二重），$\boldsymbol{\alpha}_1=(0,1,1)^{\mathrm{T}}$ 是 $\boldsymbol{A}$ 的属于 λ_1 的一个特征向量. 求：(1) 对应于 1 的线性无关特征向量；(2) 矩阵 $\boldsymbol{A}$.

4. 设三阶实对称矩阵 $\boldsymbol{A}$ 的特征值为 $\lambda_1=1$，$\lambda_2=-1$，$\lambda_3=0$，$\boldsymbol{\alpha}_1=(1,2,2)^{\mathrm{T}}$，$\boldsymbol{\alpha}_2=(2,1,-2)^{\mathrm{T}}$ 分别是 $\boldsymbol{A}$ 的属于 λ_1，λ_2 的特征向量. 求矩阵 $\boldsymbol{A}$.

5. 设三阶实对称矩阵 $\boldsymbol{A}$ 的特征值是 1，2，3，已知 $\boldsymbol{A}$ 的属于特征值 1，2 的两个特征向量分别是 $\boldsymbol{\alpha}_1=(-1,-1,1)^{\mathrm{T}}$，$\boldsymbol{\alpha}_2=(1,-2,-1)^{\mathrm{T}}$. 求 $\boldsymbol{A}$ 的属于特征值 3 的所有特征向量和矩阵 $\boldsymbol{A}$.

6. 设 n 阶实矩阵 $\boldsymbol{A}$ 有 n 个两两正交的特征向量. 证明：$\boldsymbol{A}$ 是实对称矩阵.

8.2 二 次 型

8.2.1 基本概念

定义 8.1 n 个变量 $x_1, x_2, \cdots, x_n$ 的二次齐次函数

$$f(x_1,x_2,\cdots,x_n)=\sum_{i=1}^{n}\sum_{j=1}^{n}a_{ij}x_ix_j$$

其中 $a_{ij}=a_{ji}(i, j=1, 2, \cdots, n)$ 是数域 P 中的数，称为数域 P 上的一个 n **元二次型**，简称**二次型（quadratic form）**.

将 f 展开，可写成

$$\begin{aligned}f(x_1, x_2, \cdots, x_n)=&a_{11}x_1^2+a_{12}x_1x_2+\cdots+a_{1n}x_1x_n+a_{21}x_2x_1\\&+a_{22}x_2^2+\cdots+a_{2n}x_2x_n+\cdots+a_{n1}x_nx_1+a_{n2}x_nx_2+\cdots+a_{nn}x_n^2.\end{aligned}$$

将二次型 $f(x_1, x_2, \cdots, x_n)$ 的系数组成的 n 阶矩阵

$$\boldsymbol{A}=\begin{pmatrix}a_{11}&a_{12}&\cdots&a_{1n}\\a_{21}&a_{22}&\cdots&a_{2n}\\\vdots&\vdots&&\vdots\\a_{n1}&a_{n2}&\cdots&a_{nn}\end{pmatrix}$$

我们规定 $a_{ij}=a_{ji}$，称 A 为**二次型矩阵**，则二次型矩阵 $\boldsymbol{A}$ 为对称矩阵．我们称二次型矩阵 $\boldsymbol{A}$ 的秩为**二次型的秩**．

$\boldsymbol{A}$ 的主对角线元素依次是二次型中 x_1^2，x_2^2，…，x_n^2 的系数，$\boldsymbol{A}$ 中元素 $(i,\ j)$ 是二次型中 x_ix_j 系数的一半 $(i\neq j)$．若令 $\boldsymbol{x}=(x_1,\ x_2,\ \cdots,\ x_n)^{\mathrm{T}}$，则二次型可以表示成矩阵乘积的形式，即

$$f(x_1,\ x_2,\ \cdots,\ x_n)=\boldsymbol{x}^{\mathrm{T}}\boldsymbol{A}\boldsymbol{x}. \tag{8.1}$$

反之，任意给定一个 n 阶对称矩阵 $\boldsymbol{A}$，我们可以用式（8.1）定义一个二次型，该二次型的矩阵就是 $\boldsymbol{A}$．所以二次型与对称矩阵具有一一对应关系．

例 8.5　已知二次型 $f(x_1,\ x_2,\ x_3)=2x_1x_2+4x_1x_3-x_2^2-8x_3^2$，求二次型矩阵 $\boldsymbol{A}$．

解　由题意得

$$f(x_1,\ x_2,\ x_3)=0\cdot x_1^2+x_1x_2+2x_1x_3+x_2x_1-x_2^2+0\cdot x_2x_3+2x_3x_1+0\cdot x_3x_2-8x_3^2,$$

则二次型矩阵 $\boldsymbol{A}=\begin{pmatrix}0&1&2\\1&-1&0\\2&0&-8\end{pmatrix}$．

例 8.6　已知对称矩阵 $\boldsymbol{A}=\begin{pmatrix}-2&0&-2\\0&1&1\\-2&1&-4\end{pmatrix}$，求对应的二次型 $f(x_1,\ x_2,\ x_3)$．

解　由题意得

$$f(x_1,\ x_2,\ x_3)=-2x_1^2+0\cdot x_1x_2-2x_1x_3+0\cdot x_2x_1+x_2^2+x_2x_3-2x_3x_1+x_3x_2-4x_3^2,$$

整理后得 $f(x_1,\ x_2,\ x_3)=-2x_1^2+x_2^2-4x_3^2-4x_1x_3+2x_2x_3$．

定义 8.2　我们将形式为

$$f(y_1,\ y_2,\ \cdots,\ y_n)=d_1y_1^2+d_2y_2^2+\cdots+d_ny_n^2 \tag{8.2}$$

的二次型称为**标准形（standard form）**，其中 d_1，d_2，…，d_n 为数域 P 中的数．

将 f 改写成矩阵乘积的形式，即

$$f(y_1,\ y_2,\ \cdots,\ y_n)=(y_1,\ y_2,\ \cdots,\ y_n)\begin{pmatrix}d_1&&&\\&d_2&&\\&&\ddots&\\&&&d_n\end{pmatrix}\begin{pmatrix}y_1\\y_2\\\vdots\\y_n\end{pmatrix}.$$

令

$$\boldsymbol{y}=\begin{pmatrix}y_1\\y_2\\\vdots\\y_n\end{pmatrix},\ \boldsymbol{D}=\begin{pmatrix}d_1&&&\\&d_2&&\\&&\ddots&\\&&&d_n\end{pmatrix},$$

则标准形可表示为 $f(y_1,\ y_2,\ \cdots,\ y_n)=\boldsymbol{y}^{\mathrm{T}}\boldsymbol{D}\boldsymbol{y}$．易见，标准形的矩阵 $\boldsymbol{D}$ 为对角矩阵，其秩 $\mathrm{r}(\boldsymbol{D})$ 为 d_1，d_2，…，d_n 中非零元素的个数．

定义 8.3　我们将形式为

$$f(z_1,\ z_2,\ \cdots,\ z_n)=z_1^2+\cdots+z_p^2-z_{p+1}^2-\cdots-z_r^2\ (r\leqslant n) \tag{8.3}$$

的二次型称为实数域ℝ上二次型的**规范形**（**canonical form**）. 其矩阵为

$$\boldsymbol{\Lambda}_{\mathbb{R}}=\begin{pmatrix}\boldsymbol{E}_p & & \\ & -\boldsymbol{E}_{r-p} & \\ & & \boldsymbol{O}_{n-r}\end{pmatrix},$$

则规范形 $f(z_1, z_2, \cdots, z_n)=\boldsymbol{z}^{\mathrm{T}}\boldsymbol{\Lambda}_{\mathbb{R}}\boldsymbol{z}$，其中 $\boldsymbol{z}=(z_1, \cdots, z_r, \cdots, z_n)^{\mathrm{T}}\in\mathbb{R}^n$. 规范形的秩 $\mathrm{r}(\boldsymbol{\Lambda}_{\mathbb{R}})=r$.

定义 8.4 我们将形式为

$$f(z_1, z_2, \cdots, z_n)=z_1^2+z_2^2+\cdots+z_r^2 \quad (r\leqslant n) \tag{8.4}$$

的二次型称为复数域ℂ上二次型的**规范形**. 其矩阵为

$$\Lambda_{\mathbb{C}}=\begin{pmatrix}E_r & \\ & O_{n-r}\end{pmatrix},$$

则规范形 $f(z_1, z_2, \cdots, z_n)=\boldsymbol{z}^{\mathrm{T}}\Lambda_{\mathbb{C}}\boldsymbol{z}$，其中 $\boldsymbol{z}=(z_1, \cdots, z_r, \cdots, z_n)^{\mathrm{T}}\in\mathbb{C}^n$. 规范形的秩 $\mathrm{r}(\Lambda_{\mathbb{C}})=r$.

在许多情况下，没有交叉项的二次型处理起来要比有交叉项的容易，即当二次型矩阵是对角矩阵时，二次型较为简单. 那么，是否数域 P 上的任意二次型都能化为标准形呢？如果能，可以采用什么方法或工具化为标准形？又如何化为规范形？为此，我们先介绍线性替换、正交替换、矩阵合同等概念.

8.2.2 矩阵合同

定义 8.5 设 $x_1, x_2, \cdots, x_n$ 和 $y_1, y_2, \cdots, y_n$ 是两组变量，关系式

$$\begin{cases}x_1=c_{11}y_1+c_{12}y_2+\cdots+c_{1n}y_n, \\ x_2=c_{21}y_1+c_{22}y_2+\cdots+c_{2n}y_n, \\ \quad\vdots \\ x_n=c_{n1}y_1+c_{n2}y_2+\cdots+c_{nn}y_n,\end{cases} \tag{8.5}$$

称为由 $x_1, x_2, \cdots, x_n$ 到 $y_1, y_2, \cdots, y_n$ 的一个**线性替换**（**linear substitution**）.

式（8.5）也可记为

$$\boldsymbol{x}=\boldsymbol{C}\boldsymbol{y},$$

其中，矩阵 $\boldsymbol{C}=(c_{ij})_{n\times n}$ 称为线性替换式（8.5）的**矩阵**. 如果 $\boldsymbol{C}$ 可逆，则称线性替换（8.5）为**可逆的**（**invertible**）**或非退化的**（**non-degenerated**）. 如果 $\boldsymbol{C}$ 是正交矩阵，则称线性替换（8.5）为**正交线性替换**（**orthogonal linear substitution**）或**正交替换**，显然，正交替换是可逆的.

如果 $x_1, x_2, \cdots, x_n$ 到 $u_1, u_2, \cdots, u_n$ 的可逆线性替换为 $\boldsymbol{x}=\boldsymbol{C}_1\boldsymbol{u}$，而 $u_1, u_2, \cdots, u_n$ 到 $y_1, y_2, \cdots, y_n$ 的可逆线性替换为 $\boldsymbol{u}=\boldsymbol{C}_2\boldsymbol{y}$，则 $x_1, x_2, \cdots, x_n$ 到 $y_1, y_2, \cdots, y_n$ 的可逆线性替换为 $\boldsymbol{x}=(\boldsymbol{C}_1\boldsymbol{C}_2)\boldsymbol{y}$.

定义 8.6 设 $\boldsymbol{A}$ 与 $\boldsymbol{B}$ 是 n 阶矩阵，如果存在一个可逆矩阵 $\boldsymbol{C}$，使得

$$\boldsymbol{B}=\boldsymbol{C}^{\mathrm{T}}\boldsymbol{A}\boldsymbol{C},$$

则称 $\boldsymbol{A}$ 与 $\boldsymbol{B}$ 合同（congruent），记作 $\boldsymbol{A}\simeq\boldsymbol{B}$.

易证，矩阵的合同关系是等价关系，即具有以下性质：

(1) 反身性：对于任意 n 阶矩阵 $\boldsymbol{A}$，都有 $\boldsymbol{A}\simeq\boldsymbol{A}$；

(2) 对称性：如果 $\boldsymbol{A}\simeq\boldsymbol{B}$，则 $\boldsymbol{B}\simeq\boldsymbol{A}$；

(3) 传递性：如果 $\boldsymbol{A}_1\simeq\boldsymbol{A}_2$，$\boldsymbol{A}_2\simeq\boldsymbol{A}_3$，则 $\boldsymbol{A}_1\simeq\boldsymbol{A}_3$.

显然，具有合同关系的矩阵具有相同的秩.

定理 8.5　经可逆线性替换，原二次型矩阵与新二次型矩阵合同.

证明　设二次型 $f(x_1, x_2, \cdots, x_n)=\boldsymbol{x}^{\mathrm{T}}\boldsymbol{A}\boldsymbol{x}$，经过可逆线性替换 $\boldsymbol{x}=\boldsymbol{C}\boldsymbol{y}$，得

$$\boldsymbol{x}^{\mathrm{T}}\boldsymbol{A}\boldsymbol{x}=(\boldsymbol{C}\boldsymbol{y})^{\mathrm{T}}\boldsymbol{A}(\boldsymbol{C}\boldsymbol{y})=\boldsymbol{y}^{\mathrm{T}}(\boldsymbol{C}^{\mathrm{T}}\boldsymbol{A}\boldsymbol{C})\boldsymbol{y}=\boldsymbol{y}^{\mathrm{T}}\boldsymbol{B}\boldsymbol{y},$$

其中，$\boldsymbol{B}=\boldsymbol{C}^{\mathrm{T}}\boldsymbol{A}\boldsymbol{C}$. 又因为 $\boldsymbol{B}^{\mathrm{T}}=(\boldsymbol{C}^{\mathrm{T}}\boldsymbol{A}\boldsymbol{C})^{\mathrm{T}}=\boldsymbol{C}^{\mathrm{T}}\boldsymbol{A}^{\mathrm{T}}\boldsymbol{C}=\boldsymbol{C}^{\mathrm{T}}\boldsymbol{A}\boldsymbol{C}=\boldsymbol{B}$，所以 $\boldsymbol{B}$ 是对称矩阵，则 B 为新二次型 $\boldsymbol{y}^{\mathrm{T}}\boldsymbol{B}\boldsymbol{y}$ 的矩阵，由于 $\boldsymbol{B}=\boldsymbol{C}^{\mathrm{T}}\boldsymbol{A}\boldsymbol{C}$，所以 $\boldsymbol{B}\simeq\boldsymbol{A}$.

习题 8.2

1. 写出下列二次型的矩阵：

(1) $f(x_1,x_2,x_3)=2x_2^2+x_3^2+2x_1x_2-4x_2x_3$；

(2) $f(x_1,x_2,x_3,x_4)=2x_1x_2+2x_1x_4+2x_3x_4$.

2. 写出下列矩阵对应的二次型：

(1) $\boldsymbol{A}=\begin{pmatrix}2&-1&0\\-1&1&2\\0&2&3\end{pmatrix}$；(2) $\boldsymbol{A}=\begin{pmatrix}5&1&3&-1\\1&-7&1&0\\3&1&8&1\\-1&0&1&-2\end{pmatrix}$；

(3) $\boldsymbol{A}=\begin{pmatrix}0&\frac{1}{2}&\frac{1}{2}&\frac{1}{2}\\\frac{1}{2}&0&\frac{1}{2}&\frac{1}{2}\\\frac{1}{2}&\frac{1}{2}&0&\frac{1}{2}\\\frac{1}{2}&\frac{1}{2}&\frac{1}{2}&0\end{pmatrix}$.

3. 试证矩阵 $\boldsymbol{A}$ 与 $\boldsymbol{B}$ 为合同矩阵.

(1) $\boldsymbol{A}=\begin{pmatrix}a_1&0&0\\0&a_2&0\\0&0&a_3\end{pmatrix}$，$\boldsymbol{B}=\begin{pmatrix}a_2&0&0\\0&a_3&0\\0&0&a_1\end{pmatrix}$；

(2) $\boldsymbol{A}=\begin{pmatrix}0&1&1\\1&2&1\\1&1&0\end{pmatrix}$，$\boldsymbol{B}=\begin{pmatrix}2&1&1\\1&0&1\\1&1&0\end{pmatrix}$.

4. 证明：可逆实对称矩阵 A 与 A^{-1} 是合同矩阵.

8.3 化二次型为标准形

本节讨论二次型化为标准形的问题．将分为一般数域 P 和实数域$\mathbb{R}$两种情形讨论．

8.3.1 数域P上的二次型化为标准形

定理 8.6 数域 P 上的任意一个二次型都可经过可逆线性替换化为标准形．

证明 设二次型为 $f(x_1,\cdots,x_n)=\sum_{i=1}^{n}\sum_{j=1}^{n}a_{ij}x_ix_j$，对 n 作数学归纳法．

当 $n=1$ 时，$f=a_{11}x_1^2$ 已为标准形；假设对 $n-1$ 元二次型结论成立；现对于 n 元二次型，分三种情况讨论：

（1）当 a_{11}，a_{22}，$\cdots$，a_{nn}中至少有一个不为 0，不妨设 $a_{11}\neq 0$，

$$\begin{aligned}&f(x_1, x_2, \cdots, x_n)\\&=a_{11}x_1^2+2a_{12}x_1x_2+2a_{13}x_1x_3+\cdots+2a_{1n}x_1x_n\\&\quad+a_{22}x_2^2+2a_{23}x_2x_3+\cdots+2a_{2n}x_2x_n+\cdots+a_{nn}x_n^2.\end{aligned}$$

$f(x_1, x_2, \cdots, x_n)$ 中凡含有 x_1 的项均在 f 表达式的第一行，将其配方，而其他各行不变，得

$$\begin{aligned}f(x_1, x_2, \cdots, x_n)&=a_{11}\left[x_1+\frac{1}{a_{11}}(a_{12}x_2+\cdots+a_{1n}x_n)\right]^2\\&\quad-\frac{1}{a_{11}}(a_{12}x_2+\cdots+a_{1n}x_n)^2+a_{22}x_2^2+2a_{23}x_2x_3+\cdots+a_{nn}x_n^2.\end{aligned}$$

令

$$\begin{cases}u_1=x_1+\dfrac{1}{a_{11}}(a_{12}x_2+\cdots+a_{1n}x_n),\\u_2=x_2,\\\quad\vdots\\u_n=x_n,\end{cases}$$

即

$$\begin{cases}x_1=u_1-\dfrac{1}{a_{11}}(a_{12}u_2+\cdots+a_{1n}u_n),\\x_2=u_2,\\\quad\vdots\\x_n=u_n,\end{cases}$$

这显然是可逆线性替换，于是

$$f(x_1, x_2, \cdots, x_n) = a_{11}u_1^2 - \frac{1}{a_{11}}(a_{12}u_2 + \cdots + a_{1n}u_n)^2$$

$$+ a_{22}u_2^2 + 2a_{23}u_2u_3 + \cdots + a_{nn}u_n^2.$$

上式除第一项外，其余项是 $u_2, \cdots, u_n$ 的一个 $n-1$ 元二次型．根据归纳假设，存在可逆线性替换

$$\begin{cases} u_2 = c_{22}y_2 + \cdots + c_{2n}y_n, \\ u_3 = c_{32}y_2 + \cdots + c_{3n}y_n, \\ \quad\vdots \\ u_n = c_{n2}y_2 + \cdots + c_{nn}y_n, \end{cases}$$

使其化为标准形 $d_2y_2^2 + \cdots + d_ny_n^2$.

于是作可逆线性替换

$$\begin{cases} x_1 = y_1 - \frac{1}{a_{11}}[a_{12}(c_{22}y_2 + \cdots + c_{2n}y_n) + \cdots + a_{1n}(c_{n2}y_2 + \cdots + c_{nn}y_n)], \\ x_2 = c_{22}y_2 + \cdots + c_{2n}y_n, \\ \quad\vdots \\ x_n = c_{n2}y_2 + \cdots + c_{nn}y_n, \end{cases}$$

$f(x_1, x_2, \cdots, x_n)$ 就化为 $f = a_{11}y_1^2 + d_2y_2^2 + \cdots + d_ny_n^2$.

（2）当 $a_{11} = a_{22} = \cdots = a_{nn} = 0$ 但至少有一个 $a_{1j} \neq 0$（$j = 2, 3, \cdots, n$）时，不妨设 $a_{12} \neq 0$. 令

$$\begin{cases} x_1 = u_1 - u_2, \\ x_2 = u_1 + u_2, \\ x_3 = u_3, \\ \quad\vdots \\ x_n = u_n, \end{cases}$$

显然这是可逆线性替换，使得

$$\begin{aligned} f &= 2a_{12}(u_1 - u_2)(u_1 + u_2) + 2a_{13}(u_1 - u_2)u_3 + \cdots + 2a_{1n}(u_1 - u_2)u_n \\ &\quad + 2a_{23}(u_1 + u_2)u_3 + \cdots + 2a_{2n}(u_1 + u_2)u_n + \cdots + 2a_{n-1n}u_{n-1}u_n \\ &= 2a_{12}u_1^2 - 2a_{12}u_2^2 + 2a_{13}u_1u_3 - 2a_{13}u_2u_3 + \cdots + 2a_{1n}u_1u_n - 2a_{1n}u_2u_n + 2a_{23}u_1u_3 \\ &\quad + 2a_{23}u_2u_3 + \cdots + 2a_{2n}u_1u_n + 2a_{2n}u_2u_n + \cdots + 2a_{n-1n}u_{n-1}u_n. \end{aligned}$$

上式右端是 $u_1, u_2, \cdots, u_n$ 的二次型，但 u_1^2 系数为 $2a_{12} \neq 0$，所以由情况（1）知，它可经可逆线性替换

$$\begin{cases} u_1 = c_{11}y_1 + \cdots + c_{1n}y_n, \\ u_2 = c_{21}y_1 + \cdots + c_{2n}y_n, \\ \quad \vdots \\ u_n = c_{n1}y_1 + \cdots + c_{nn}y_n, \end{cases}$$

化成标准形 $f = d_1y_1^2 + \cdots + d_ny_n^2$.

所采用的线性替换

$$\begin{cases} x_1 = (c_{11} - c_{21})y_1 + \cdots + (c_{1n} - c_{2n})y_n, \\ x_2 = (c_{11} + c_{21})y_1 + \cdots + (c_{1n} + c_{2n})y_n, \\ x_3 = c_{31}y_1 + \cdots + c_{3n}y_n, \\ \quad \vdots \\ x_n = c_{n1}y_1 + \cdots + c_{nn}y_n, \end{cases}$$

是可逆线性替换 .

（3） 当 $a_{11} = a_{22} = \cdots = a_{nn} = 0$，$a_{12} = a_{13} = \cdots = a_{1n} = 0$ 时，

$$f(x_1, x_2, \cdots, x_n) = 2a_{23}x_2x_3 + \cdots + 2a_{2n}x_2x_n + \cdots + 2a_{n-1n}x_{n-1}x_n.$$

这是 x_2，$\cdots$，x_n 的 $n-1$ 元二次型，由归纳假设，它能用可逆线性替换化成标准形 .

以上三种情况包含了可能出现的全部情况，故定理得证 .

由定理 8.6 可知，任意二次型 f 都可经可逆线性替换化为

$$f = d_1y_1^2 + d_2y_2^2 + \cdots + d_ny_n^2,$$

但 d_1，d_2，$\cdots$，d_n 中可能含有数 0，因此可再作可逆线性替换将变量按系数非零和系数为零的情况重新排序 . 变量仍记为 y_1，y_2，$\cdots$，y_n，得二次型标准形为

$$f = d_1y_1^2 + d_2y_2^2 + \cdots + d_ry_r^2,$$

其中，$d_i \neq 0$，$i = 1$，2，$\cdots$，r，$r \leqslant n$.

定理 8.6 也可表述为：数域 P 上任意一个二次型 $\boldsymbol{x}^{\mathrm{T}}\boldsymbol{A}\boldsymbol{x}$，都可经过可逆线性替换化为标准形 $\boldsymbol{y}^{\mathrm{T}}\boldsymbol{D}\boldsymbol{y}$，其中 $\boldsymbol{D}$ 为对角阵，即

$$\boldsymbol{D} = \begin{pmatrix} d_1 & & & & & \\ & \ddots & & & & \\ & & d_r & & & \\ & & & 0 & & \\ & & & & \ddots & \\ & & & & & 0 \end{pmatrix},\ d_i \neq 0,\ i = 1, 2, \cdots, r,\ r \leqslant n.$$

定理 8.7 数域 P 上任意一个对称矩阵都与一个对角阵合同 .

证明 任取 n 阶对称矩阵 $\boldsymbol{A}$，可得唯一的二次型 $\boldsymbol{x}^{\mathrm{T}}\boldsymbol{A}\boldsymbol{x}$. 由定理 8.6 知，二次型 $\boldsymbol{x}^{\mathrm{T}}\boldsymbol{A}\boldsymbol{x}$ 一定可以经过可逆线性替换 $\boldsymbol{x} = \boldsymbol{C}\boldsymbol{y}$ 化为标准形 $\boldsymbol{y}^{\mathrm{T}}\boldsymbol{D}\boldsymbol{y}$. 再由定理 8.5，得 $\boldsymbol{C}^{\mathrm{T}}\boldsymbol{A}\boldsymbol{C} = \boldsymbol{D}$.

定理 8.6 的证明过程给出了用**配方法**经过可逆线性替换将二次型化为标准形的方法. 下面对证明过程中的（1）、（2）两种情况分别举例说明 .

例 8.7　将 $f(x_1,x_2,x_3)=x_1^2-3x_2^2+4x_3^2-2x_1x_2+2x_1x_3-6x_2x_3$ 化为标准形．

解　
$$\begin{aligned}f&=(x_1^2-2x_1x_2+2x_1x_3)-3x_2^2-6x_2x_3+4x_3^2\\&=(x_1-x_2+x_3)^2-(x_2-x_3)^2-3x_2^2-6x_2x_3+4x_3^2\\&=(x_1-x_2+x_3)^2-(4x_2^2+4x_2x_3)+3x_3^2\\&=(x_1-x_2+x_3)^2-(2x_2+x_3)^2+4x_3^2.\end{aligned}$$

令

$$\begin{cases}y_1=x_1-x_2+x_3,\\y_2=2x_2+x_3,\\y_3=x_3,\end{cases}$$

则 $f=y_1^2-y_2^2+4y_3^2$ 为标准形．由 x_1，x_2，x_3 到 y_1，y_2，y_3 的线性替换为

$$\begin{cases}x_1=y_1+\dfrac{1}{2}y_2-\dfrac{3}{2}y_3,\\x_2=\dfrac{1}{2}y_2-\dfrac{1}{2}y_3,\\x_3=y_3.\end{cases}$$

由于 $\begin{vmatrix}1&\frac{1}{2}&-\frac{3}{2}\\0&\frac{1}{2}&-\frac{1}{2}\\0&0&1\end{vmatrix}=\frac{1}{2}\neq0$，所以所作线性替换是可逆的．

利用定理 8.7，可验证上述计算过程是正确的．因为

$$\boldsymbol{A}=\begin{pmatrix}1&-1&1\\-1&-3&-3\\1&-3&4\end{pmatrix},\ \boldsymbol{C}=\begin{pmatrix}1&\frac{1}{2}&-\frac{3}{2}\\0&\frac{1}{2}&-\frac{1}{2}\\0&0&1\end{pmatrix},$$

计算可得 $\boldsymbol{C}^{\mathrm{T}}\boldsymbol{A}\boldsymbol{C}=\begin{pmatrix}1&0&0\\0&-1&0\\0&0&4\end{pmatrix}=\boldsymbol{D}.$

例 8.8　将二次型 $f(x_1,\ x_2,\ x_3)=x_1x_2-3x_1x_3+x_2x_3$ 化为标准形．

解　由于上述二次型 f 不含平方项，可先作可逆线性替换，使其出现平方项．令 x_1，x_2，x_3 到 u_1，u_2，u_3 的线性替换为

$$\begin{cases}x_1=u_1+u_2,\\x_2=u_1-u_2,\\x_3=u_3.\end{cases}$$

可验证这是一个可逆线性替换，于是

$$\begin{aligned}f&=u_1^2-u_2^2-2u_1u_3-4u_2u_3\\&=(u_1-u_3)^2-(u_2+2u_3)^2+3u_3^2.\end{aligned}$$

令

$$\begin{cases} y_1 = u_1 - u_3, \\ y_2 = u_2 + 2u_3, \\ y_3 = u_3, \end{cases}$$

由 u_1，u_2，u_3 到 y_1，y_2，y_3 的线性替换为

$$\begin{cases} u_1 = y_1 + y_3, \\ u_2 = y_2 - 2y_3, \\ u_3 = y_3, \end{cases}$$

则 $f = y_1^2 - y_2^2 + 3y_3^2$.

由 x_1，x_2，x_3 到 y_1，y_2，y_3 的线性替换为

$$\begin{cases} x_1 = y_1 + y_2 - y_3, \\ x_2 = y_1 - y_2 + 3y_3, \\ x_3 = y_3. \end{cases}$$

因为 $\begin{vmatrix} 1 & 1 & -1 \\ 1 & -1 & 3 \\ 0 & 0 & 1 \end{vmatrix} = -2 \neq 0$，所以所作线性替换是可逆的．

8.3.2　初等变换法化二次型为标准形

矩阵的初等变换也可以用于将数域 P 上的二次型化标准形，并且初等变换的方法也使得所用线性替换是可逆的．设 $\boldsymbol{A}$ 是数域 P 上的对称矩阵，存在可逆矩阵 $\boldsymbol{C}$，使得 $\boldsymbol{x}^{\mathrm{T}}\boldsymbol{A}\boldsymbol{x} = \boldsymbol{D}$ 为对角阵．因为 $\boldsymbol{C}$ 可逆，所以 $\boldsymbol{C}$ 可以表示为一系列初等矩阵的乘积，即 $\boldsymbol{C} = \boldsymbol{P}_1\boldsymbol{P}_2\cdots\boldsymbol{P}_s$，于是 $\boldsymbol{D} = \boldsymbol{P}_s^{\mathrm{T}}\cdots\boldsymbol{P}_2^{\mathrm{T}}\boldsymbol{P}_1^{\mathrm{T}}\boldsymbol{A}\boldsymbol{P}_1\boldsymbol{P}_2\cdots\boldsymbol{P}_s$. 根据初等矩阵的性质及初等矩阵与初等变换的关系，可得

$$\boldsymbol{A} \underset{c_i \leftrightarrow c_j}{\overset{r_i \leftrightarrow r_j}{\longrightarrow}} \boldsymbol{B} \text{ 等价于 } \boldsymbol{B} = \boldsymbol{P}(i,j)^{\mathrm{T}}\boldsymbol{A}\boldsymbol{P}(i,j)\text{；}$$

$$\boldsymbol{A} \underset{kc_i}{\overset{kr_i}{\longrightarrow}} \boldsymbol{B} \text{ 等价于 } \boldsymbol{B} = \boldsymbol{P}(i(k))^{\mathrm{T}}\boldsymbol{A}\boldsymbol{P}(i(k))\text{；}$$

$$\boldsymbol{A} \underset{c_i + kc_j}{\overset{r_i + kr_j}{\longrightarrow}} \boldsymbol{B} \text{ 等价于 } \boldsymbol{B} = \boldsymbol{P}(i,j(k))^{\mathrm{T}}\boldsymbol{A}\boldsymbol{P}(i,j(k)).$$

其中，$r_i \leftrightarrow r_j$ 表示交换第 i，j 两行，$c_i \leftrightarrow c_j$ 表示交换第 i，j 两列；kr_i 表示将第 i 行乘以 k 倍，kc_i 表示将第 i 列乘以 k 倍；$r_i + kr_j$ 表示将第 j 行的 k 倍加到第 i 行，$c_i + kc_j$ 表示将第 j 列的 k 倍加到第 i 列．

$\boldsymbol{P}_i^{\mathrm{T}}\boldsymbol{A}\boldsymbol{P}_i$ 相当于对矩阵 $\boldsymbol{A}$ 的行与列施行了同样的初等变换．综上，把对称矩阵 $\boldsymbol{A}$ 化为对角矩阵的过程可通过一系列行列成对的初等变换来实现．同时，由 $\boldsymbol{C} = \boldsymbol{E}\boldsymbol{P}_1\boldsymbol{P}_2\cdots\boldsymbol{P}_s$，则 $\boldsymbol{C}$ 可通过单位阵 $\boldsymbol{E}$ 用同样的列变换转化而得．

我们将 $\boldsymbol{A}$ 和 $\boldsymbol{E}$ 按列排成 $2n \times n$ 矩阵，对其施行成对的初等变换，将上面的子块化为对角矩阵 $\boldsymbol{D}$ 的同时，下面的子块就变为可逆矩阵 $\boldsymbol{C}$，即

$$\begin{pmatrix} A \\ \cdots \\ E \end{pmatrix} \xrightarrow[\text{对}E\text{施行同样的初等列变换}]{\text{对}A\text{施行行列成对的初等变换}} \cdots \longrightarrow \begin{pmatrix} D \\ \cdots \\ C \end{pmatrix},$$

则有 $D = C^{\mathrm{T}}AC$，且 C 可逆．

例 8.9 用初等变换法求可逆线性替换，将如下二次型化为标准形：

$$f(x_1, x_2, x_3) = x_1^2 + 2x_2^2 - x_3^2 + 2x_1x_2 - 2x_1x_3.$$

解 该二次型矩阵为

$$A = \begin{pmatrix} 1 & 1 & -1 \\ 1 & 2 & 0 \\ -1 & 0 & -1 \end{pmatrix}.$$

$$\begin{pmatrix} 1 & 1 & -1 \\ 1 & 2 & 0 \\ -1 & 0 & -1 \\ \cdots & \cdots & \cdots \\ 1 & 0 & 0 \\ 0 & 1 & 0 \\ 0 & 0 & 1 \end{pmatrix} \xrightarrow{r_2 - r_1} \begin{pmatrix} 1 & 1 & -1 \\ 0 & 1 & 1 \\ -1 & 0 & -1 \\ \cdots & \cdots & \cdots \\ 1 & 0 & 0 \\ 0 & 1 & 0 \\ 0 & 0 & 1 \end{pmatrix} \xrightarrow{c_2 - c_1} \begin{pmatrix} 1 & 0 & -1 \\ 0 & 1 & 1 \\ -1 & 1 & -1 \\ \cdots & \cdots & \cdots \\ 1 & -1 & 0 \\ 0 & 1 & 0 \\ 0 & 0 & 1 \end{pmatrix} \xrightarrow{r_3 + r_1} \begin{pmatrix} 1 & 0 & -1 \\ 0 & 1 & 1 \\ 0 & 1 & -2 \\ \cdots & \cdots & \cdots \\ 1 & -1 & 0 \\ 0 & 1 & 0 \\ 0 & 0 & 1 \end{pmatrix} \xrightarrow{c_3 + c_1}$$

$$\begin{pmatrix} 1 & 0 & 0 \\ 0 & 1 & 1 \\ 0 & 1 & -2 \\ \cdots & \cdots & \cdots \\ 1 & -1 & 1 \\ 0 & 1 & 0 \\ 0 & 0 & 1 \end{pmatrix} \xrightarrow{r_3 - r_2} \begin{pmatrix} 1 & 0 & 0 \\ 0 & 1 & 1 \\ 0 & 0 & -3 \\ \cdots & \cdots & \cdots \\ 1 & -1 & 1 \\ 0 & 1 & 0 \\ 0 & 0 & 1 \end{pmatrix} \xrightarrow{c_3 - c_2} \begin{pmatrix} 1 & 0 & 0 \\ 0 & 1 & 0 \\ 0 & 0 & -3 \\ \cdots & \cdots & \cdots \\ 1 & -1 & 2 \\ 0 & 1 & -1 \\ 0 & 0 & 1 \end{pmatrix}.$$

因此，$D = \begin{pmatrix} 1 & 0 & 0 \\ 0 & 1 & 0 \\ 0 & 0 & -3 \end{pmatrix}$，$C = \begin{pmatrix} 1 & -1 & 2 \\ 0 & 1 & -1 \\ 0 & 0 & 1 \end{pmatrix}$．原二次型经可逆线性替换 $x = Cy$ 化为标准形

$$f = y_1^2 + y_2^2 - 3y_3^2.$$

所作可逆线性替换 $x = Cy$ 即为

$$\begin{cases} x_1 = y_1 - y_2 + 2y_3, \\ x_2 = y_2 - y_3, \\ x_3 = y_3. \end{cases}$$

8.3.3 实数域ℝ上的二次型化为标准形

实二次型矩阵是实对称矩阵．实二次型除了可以利用配方法、初等变换法经可逆线性替换化为标准形外，还可以采用正交替换的方法．

定理 8.8 实数域$\mathbb{R}$上的任意一个二次型都可经过正交替换化为标准形.

证明 设$\boldsymbol{x}^{\mathrm{T}}\boldsymbol{A}\boldsymbol{x}$是实数域$\mathbb{R}$上的任意二次型. 由于$\boldsymbol{A}$为实对称矩阵, 则存在正交矩阵$\boldsymbol{Q}$, 使得

$$\boldsymbol{Q}^{-1}\boldsymbol{A}\boldsymbol{Q}=\boldsymbol{\Lambda}=\begin{pmatrix}\lambda_1 & & & \\ & \lambda_2 & & \\ & & \ddots & \\ & & & \lambda_n\end{pmatrix},$$

其中, λ_1, λ_2, …, λ_n为$\boldsymbol{A}$的全部特征值. 因为$\boldsymbol{Q}$为正交矩阵, 所以$\boldsymbol{Q}^{-1}=\boldsymbol{Q}^{\mathrm{T}}$, 则$\boldsymbol{Q}^{\mathrm{T}}\boldsymbol{A}\boldsymbol{Q}=\boldsymbol{Q}^{-1}\boldsymbol{A}\boldsymbol{Q}=\boldsymbol{\Lambda}$. 现在作正交替换$\boldsymbol{x}=\boldsymbol{Q}\boldsymbol{y}$, 得

$$\begin{aligned} f &= \boldsymbol{x}^{\mathrm{T}}\boldsymbol{A}\boldsymbol{x}=(\boldsymbol{Q}\boldsymbol{y})^{\mathrm{T}}\boldsymbol{A}(\boldsymbol{Q}\boldsymbol{y})=\boldsymbol{y}^{\mathrm{T}}(\boldsymbol{Q}^{\mathrm{T}}\boldsymbol{A}\boldsymbol{Q})\boldsymbol{y}=\boldsymbol{y}^{\mathrm{T}}\boldsymbol{\Lambda}\boldsymbol{y} \\ &= \lambda_1 y_1^2+\lambda_2 y_2^2+\cdots+\lambda_n y_n^2. \end{aligned}$$

根据定理 8.8, 利用正交替换将实二次型化为标准形的步骤如下:

(1) 求出实二次型f的矩阵$\boldsymbol{A}$的全部特征值λ_1, λ_2, …, λ_n;

(2) 求出使$\boldsymbol{A}$对角化的正交矩阵$\boldsymbol{Q}$;

(3) 作正交替换$\boldsymbol{x}=\boldsymbol{Q}\boldsymbol{y}$, 得到$f$的标准形为$f=\lambda_1 y_1^2+\lambda_2 y_2^2+\cdots+\lambda_n y_n^2$或$f=\boldsymbol{y}^{T}\boldsymbol{\Lambda}\boldsymbol{y}$, 其中, $\boldsymbol{\Lambda}=\begin{pmatrix}\lambda_1 & & & \\ & \lambda_2 & & \\ & & \ddots & \\ & & & \lambda_n\end{pmatrix}$.

例 8.10 用正交替换将实二次型$f(x_1, x_2, x_3)=-x_1^2-x_2^2-x_3^2+4x_1x_2+4x_1x_3-4x_2x_3$化为标准形.

解 该二次型的矩阵为$\boldsymbol{A}=\begin{pmatrix}-1 & 2 & 2\\ 2 & -1 & -2\\ 2 & -2 & -1\end{pmatrix}$, 则

$$\begin{aligned}|\lambda\boldsymbol{E}-\boldsymbol{A}| &= \begin{vmatrix}\lambda+1 & -2 & -2\\ -2 & \lambda+1 & 2\\ -2 & 2 & \lambda+1\end{vmatrix}=\begin{vmatrix}\lambda+1 & -2 & -2\\ -2 & \lambda+1 & 2\\ 0 & 1-\lambda & \lambda-1\end{vmatrix}=(\lambda-1)\begin{vmatrix}\lambda+1 & -2 & -2\\ -2 & \lambda+1 & 2\\ 0 & -1 & 1\end{vmatrix}\\ &=(\lambda-1)\begin{vmatrix}\lambda+1 & -4 & 0\\ -2 & \lambda+3 & 0\\ 0 & -1 & 1\end{vmatrix}=(\lambda-1)^2(\lambda+5),\end{aligned}$$

从而得$\boldsymbol{A}$的特征值为$\lambda_1=1$(二重), $\lambda_2=-5$.

当$\lambda_1=1$时, 求解$(\boldsymbol{E}-\boldsymbol{A})\boldsymbol{x}=\boldsymbol{o}$, 得属于$\lambda_1=1$的两个线性无关的特征向量$\boldsymbol{\alpha}_1=\begin{pmatrix}1\\1\\0\end{pmatrix}$, $\boldsymbol{\alpha}_2=\begin{pmatrix}1\\0\\1\end{pmatrix}$, 将二者正交化, 得$\boldsymbol{\beta}_1=\begin{pmatrix}1\\1\\0\end{pmatrix}$, $\boldsymbol{\beta}_2=\begin{pmatrix}\frac{1}{2}\\-\frac{1}{2}\\1\end{pmatrix}$;

当 $\lambda_2=-5$ 时，求解 $(-5\boldsymbol{E}-\boldsymbol{A})\boldsymbol{x}=\boldsymbol{o}$，得属于 $\lambda_2=-5$ 的特征向量 $\boldsymbol{\alpha}_3=\begin{pmatrix}-1\\1\\1\end{pmatrix}$. 显然，$\boldsymbol{\beta}_1$，$\boldsymbol{\beta}_2$，$\boldsymbol{\alpha}_3$ 两两正交. 将 $\boldsymbol{\beta}_1$，$\boldsymbol{\beta}_2$，$\boldsymbol{\alpha}_3$ 单位化得 $\boldsymbol{\eta}_1=\begin{pmatrix}\frac{1}{\sqrt{2}}\\\frac{1}{\sqrt{2}}\\0\end{pmatrix}$，$\boldsymbol{\eta}_2=\begin{pmatrix}\frac{1}{\sqrt{6}}\\-\frac{1}{\sqrt{6}}\\\frac{\sqrt{6}}{3}\end{pmatrix}$，$\boldsymbol{\eta}_3=\begin{pmatrix}-\frac{1}{\sqrt{3}}\\\frac{1}{\sqrt{3}}\\\frac{1}{\sqrt{3}}\end{pmatrix}$.

令 $\boldsymbol{Q}=(\boldsymbol{\eta}_1,\boldsymbol{\eta}_2,\boldsymbol{\eta}_3)$，则 $\boldsymbol{Q}$ 是正交矩阵，正交替换 $\boldsymbol{x}=\boldsymbol{Q}\boldsymbol{y}$ 将原二次型化为标准形

$$f=y_1^2+y_2^2-5y_3^2.$$

习题 8.3

1. 用可逆线性替换将下列二次型化为标准形.

(1) $f(x_1,x_2,x_3)=x_1^2-3x_2^2-2x_1x_2+2x_1x_3-6x_2x_3$；

(2) $f(x_1,x_2,x_3)=-4x_1x_2+2x_1x_3+2x_2x_3$；

(3) $f(x_1,x_2,x_3)=(-2x_1+x_2+x_3)^2+(x_1-2x_2+x_3)^2+(x_1+x_2-2x_3)^2$；

(4) $f(x_1,x_2,\cdots,x_{2n})=x_1x_{2n}+x_2x_{2n-1}+\cdots+x_nx_{n+1}$.

2. 用正交替换将下列实二次型化为标准形.

(1) $f(x_1,x_2,x_3)=3x_1^2+3x_2^2+9x_3^2+4x_1x_2-8x_1x_3-8x_2x_3$；

(2) $f(x_1,x_2,x_3)=17x_1^2+14x_2^2+14x_3^2-4x_1x_2-4x_1x_3-8x_2x_3$.

3. 若用正交替换已将二次型 $f(x_1,x_2,x_3)=x_1^2+x_2^2+x_3^2+2ax_1x_2+2x_1x_3+2bx_2x_3$ 化为标准形 $f=y_2^2+2y_3^2$，求参数 a,b 及所用的正交替换.

4. 证明：若 $\boldsymbol{A}$ 与 $\boldsymbol{B}$ 为实对称矩阵，且 $\boldsymbol{A}$ 与 $\boldsymbol{B}$ 相似，则 $\boldsymbol{A}$ 与 $\boldsymbol{B}$ 合同.

5. 已知实二次型 $f(x_1,x_2,x_3)$ 经正交替换化为 $y_1^2+y_2^2-y_3^2$，且二次型矩阵对应 $\lambda_1=1$ 的线性无关的特征向量为 $\boldsymbol{\alpha}_1=(2,1,0)^{\mathrm{T}},\boldsymbol{\alpha}_2=(0,1,1)^{\mathrm{T}}$，求实二次型 $f(x_1,x_2,x_3)$.

6. 设 $\boldsymbol{A}$ 是 n 阶实对称矩阵，λ_1，λ_2，…，λ_n 是 $\boldsymbol{A}$ 的全部特征值，且 $\lambda_1\leqslant\lambda_2\leqslant\cdots\leqslant\lambda_n$. 证明：对于任意 $\boldsymbol{\alpha}\in\mathbb{R}^n$，有 $\lambda_1\boldsymbol{\alpha}^{\mathrm{T}}\boldsymbol{\alpha}\leqslant\boldsymbol{\alpha}^{\mathrm{T}}\boldsymbol{A}\boldsymbol{\alpha}\leqslant\lambda_n\boldsymbol{\alpha}^{\mathrm{T}}\boldsymbol{\alpha}$.

8.4　化二次型为规范形

我们知道，在化实二次型为标准形时，用不同的方法会得到不同的标准形. 例如，设实二次型为

$$f(x_1,x_2,x_3)=x_1^2+2x_2^2+3x_3^2-4x_1x_2-4x_2x_3.$$

若运用配方法，可得

$$\begin{aligned} f &= (x_1^2 - 4x_1x_2 + 4x_2^2) - 2x_2^2 + 3x_3^2 - 4x_2x_3 \\ &= (x_1 - 2x_2)^2 - 2(x_2^2 + 2x_2x_3 + x_3^2) + 5x_3^2 \\ &= (x_1 - 2x_2)^2 - 2(x_2 + x_3)^2 + 5x_3^2. \end{aligned}$$

记 x_1, x_2, x_3 到 y_1, y_2, y_3 的线性替换为

$$\begin{cases} x_1 = y_1 + 2y_2 - 2y_3, \\ x_2 = y_2 - y_3, \\ x_3 = y_3. \end{cases}$$

则该二次型可化为标准形 $f = y_1^2 - 2y_2^2 + 5y_3^2$.

若运用正交替换法将该二次型化为标准形．由二次型的矩阵

$$\boldsymbol{A} = \begin{pmatrix} 1 & -2 & 0 \\ -2 & 2 & -2 \\ 0 & -2 & 3 \end{pmatrix},$$

经过计算可得 $\boldsymbol{A}$ 的特征值为 -1，2，5，且可以求出使 $\boldsymbol{A}$ 对角化的正交矩阵为

$$\boldsymbol{Q} = \begin{pmatrix} \frac{2}{3} & \frac{2}{3} & \frac{1}{3} \\ \frac{2}{3} & -\frac{1}{3} & -\frac{2}{3} \\ \frac{1}{3} & -\frac{2}{3} & \frac{2}{3} \end{pmatrix},$$

作 $\boldsymbol{x} = \boldsymbol{Q}\boldsymbol{y}$ 的正交替换，则该二次型可化为标准形 $f = -y_1^2 + 2y_2^2 + 5y_3^2$.

由上述例子可以看出，运用不同的方法化实二次型为标准形时，得到的标准形并不相同，但不同的标准形中非零系数、正系数和负系数的平方项个数都是对应相同的，从而该二次型都可化为同一个规范形．

例如，对标准形 $f = y_1^2 - 2y_2^2 + 5y_3^2$ 作如下可逆线性替换

$$y_1 = z_1, \quad y_2 = \frac{1}{\sqrt{2}}z_3, \quad y_3 = \frac{1}{\sqrt{5}}z_2,$$

则二次型可化为规范形 $f = z_1^2 + z_2^2 - z_3^2$.

标准形 $f = -y_1^2 + 2y_2^2 + 5y_3^2$ 也可经过可逆线性替换化为上述规范形．

定理 8.9（惯性定理（inertia theorem）） 任意实二次型 $f = \boldsymbol{x}^{\mathrm{T}}\boldsymbol{A}\boldsymbol{x}$ 都可经过可逆线性替换化为规范形

$$f = z_1^2 + \cdots + z_p^2 - z_{p-1}^2 - \cdots - z_r^2,$$

其中，r 为二次型 f 的秩．在上述规范形中，正的平方项的个数 p 与负的平方项的个数 $r-p$ 都是唯一确定的，从而规范形是唯一的．

证明 首先，由定理 8.8，任意一个实二次型 f 都可经过正交替换 $\boldsymbol{x} = \boldsymbol{Q}\boldsymbol{y}$ 化为标准形

$$f = d_1y_1^2 + \cdots + d_py_p^2 - d_{p+1}y_{p+1}^2 - \cdots - d_ry_r^2,$$

其中，$d_i > 0, i = 1,2,\cdots,r$，$r$ 为二次型 f 的秩．由于 d_i 为正实数，则有可逆线性替换

$$y_1=\frac{1}{\sqrt{d_1}}z_1,\cdots,y_r=\frac{1}{\sqrt{d_r}}z_r,y_{r+1}=z_{r+1},\cdots,y_n=z_n,$$

将 f 化为规范形 $f=z_1^2+\cdots+z_p^2-z_{p+1}^2-\cdots-z_r^2$.

其次，证明规范形的唯一性．由于规范形中 r 是唯一的，则只需证明规范形中正平方项的个数 p 唯一即可．

假设 f 分别经过可逆线性替换 $\boldsymbol{x}=\boldsymbol{B}\boldsymbol{y}$ 和 $\boldsymbol{x}=\boldsymbol{C}\boldsymbol{z}$ 化为如下规范形：

$$f=\boldsymbol{x}^{\mathrm{T}}\boldsymbol{A}\boldsymbol{x}=\boldsymbol{y}^{\mathrm{T}}(\boldsymbol{B}^{\mathrm{T}}\boldsymbol{A}\boldsymbol{B})\boldsymbol{y}=y_1^2+\cdots+y_p^2-y_{p+1}^2-\cdots-y_r^2;$$

$$f=\boldsymbol{x}^{\mathrm{T}}\boldsymbol{A}\boldsymbol{x}=\boldsymbol{z}^{\mathrm{T}}(\boldsymbol{C}^{\mathrm{T}}\boldsymbol{A}\boldsymbol{C})\boldsymbol{z}=z_1^2+\cdots+z_q^2-z_{q+1}^2-\cdots-z_r^2.$$

我们用反证法来证明 $p=q$. 不失一般性，假设 $p>q$. 由于 $\boldsymbol{C}$ 可逆，则有

$$\boldsymbol{z}=\boldsymbol{C}^{-1}\boldsymbol{x}=\boldsymbol{C}^{-1}\boldsymbol{B}\boldsymbol{y}=(\boldsymbol{C}^{-1}\boldsymbol{B})\boldsymbol{y},$$

记 $\boldsymbol{G}=\boldsymbol{C}^{-1}\boldsymbol{B}$，显然 $\boldsymbol{G}$ 可逆，且

$$y_1^2+\cdots+y_p^2-y_{p+1}^2-\cdots-y_r^2=z_1^2+\cdots+z_q^2-z_{q+1}^2-\cdots-z_r^2.$$

设可逆矩阵 $\boldsymbol{G}=(g_{ij})_{n\times n}$，则可逆线性替换 $\boldsymbol{z}=\boldsymbol{G}\boldsymbol{y}$ 可写为

$$\begin{cases}z_1=g_{11}y_1+\cdots+g_{1n}y_n,\\ z_2=g_{21}y_1+\cdots+g_{2n}y_n,\\ \qquad\vdots\\ z_n=g_{n1}y_1+\cdots+g_{nn}y_n.\end{cases}\tag{8.6}$$

考虑如下齐次方程组

$$\begin{cases}g_{11}y_1+\cdots+g_{1n}y_n=0,\\ \qquad\vdots\\ g_{q1}y_1+\cdots+g_{qn}y_n=0,\\ \qquad y_{p+1}=0,\\ \qquad\vdots\\ \qquad y_n=0.\end{cases}\tag{8.7}$$

方程组（8.7）等价于如下方程组

$$\begin{cases}g_{11}y_1+\cdots+g_{1p}y_p=0,\\ g_{21}y_1+\cdots+g_{2p}y_p=0,\\ \qquad\vdots\\ g_{q1}y_1+\cdots+g_{qp}y_p=0.\end{cases}\tag{8.8}$$

由于 $p>q$，则方程组（8.8）必有非零解．记 $(k_1,\ \cdots,\ k_p)^{\mathrm{T}}$ 为方程组（8.8）的一个非零解，取

$$(y_1,\ \cdots,\ y_n)=(k_1,\ \cdots,\ k_p,\ 0,\ \cdots,\ 0),\tag{8.9}$$

为方程组（8.8）的一组非零解，将非零解（8.9）代入到 $y_1^2+\cdots+y_p^2-y_{p+1}^2-\cdots-y_r^2$，可得

$$k_1^2+\cdots+k_p^2>0.$$

若将非零解（8.9）代入到式（8.6）中，由于非零解（8.9）是也方程组（8.7）

的解，从而式（8.6）的前 q 个等式满足

$$z_1=\cdots=z_q=0.$$

上式说明：在非零解（8.9）下，$z_1^2+\cdots+z_q^2-z_{q+1}^2-\cdots-z_r^2$ 的前 q 项为 0，即在非零解（8.9）下，有

$$-z_{q+1}^2-\cdots-z_r^2\leqslant 0.$$

这与 $y_1^2+\cdots+y_p^2-y_{p+1}^2-\cdots-y_r^2=z_1^2+\cdots+z_q^2-z_{q+1}^2-\cdots-z_r^2$ 是矛盾的．因此，假设 $p>q$ 不成立，故 $p=q$.

定义 8.7 称实二次型 $f=\boldsymbol{x}^{\mathrm{T}}\boldsymbol{A}\boldsymbol{x}$ 的规范形中正的平方项的个数 p 为二次型的**正惯性指数**（**positive inertia index**），负的平方项的个数 $r-p$ 为二次型的**负惯性指数**（**negative inertia index**），二者的差 $p-(r-p)=2p-r$ 为二次型的**符号差**（**difference between signs**）.

依据定义 8.7，我们可将惯性定理重新表述如下：实二次型 $f=\boldsymbol{x}^{\mathrm{T}}\boldsymbol{A}\boldsymbol{x}$ 的任意一个标准形中，正系数的平方项的个数等于 f 的正惯性指数且唯一；负系数的平方项的个数等于 f 的负惯性指数且唯一.

由于二次型与对称矩阵一一对应，因此，我们可以将惯性定理运用矩阵语言来表述.

定理 8.10 任意实对称矩阵 $\boldsymbol{A}$ 必合同于对角矩阵

$$\begin{pmatrix}\boldsymbol{E}_p & & \\ & -\boldsymbol{E}_{r-p} & \\ & & \boldsymbol{O}_{n-r}\end{pmatrix},$$

其中，p 和 $r-p$ 分别称为矩阵 $\boldsymbol{A}$ 的正、负惯性指数，它们的差 $2p-r$ 称为矩阵 $\boldsymbol{A}$ 的符号差，该对角阵称为 $\boldsymbol{A}$ 的**合同规范形**.

推论 8.1 两个 n 阶实对称矩阵合同的充要条件是它们的秩和正惯性指数分别相等.

习题 8.4

1. 写出习题 8.3 第 1 题中所有实二次型的规范形.

2. 设 $f=\boldsymbol{x}^{\mathrm{T}}\boldsymbol{A}\boldsymbol{x}$ 是一个 n 元实二次型，证明：如果 $\mathbb{R}^n$ 中有列向量 $\boldsymbol{\alpha}_1$，$\boldsymbol{\alpha}_2$，使得 $\boldsymbol{\alpha}_1^{\mathrm{T}}\boldsymbol{A}\boldsymbol{\alpha}_1>0$，$\boldsymbol{\alpha}_2^{\mathrm{T}}\boldsymbol{A}\boldsymbol{\alpha}_2<0$，那么在 $\mathbb{R}^n$ 中存在非零列向量 $\boldsymbol{\alpha}_3$，使得 $\boldsymbol{\alpha}_3^{\mathrm{T}}\boldsymbol{A}\boldsymbol{\alpha}_3=0$.

3. 设 $\boldsymbol{A}$ 是一个 n 阶实对称矩阵，证明：如果 $|\boldsymbol{A}|<0$，那么在 $\mathbb{R}^n$ 中存在非零列向量 $\boldsymbol{\alpha}$，使得 $\boldsymbol{\alpha}^{\mathrm{T}}\boldsymbol{A}\boldsymbol{\alpha}<0$.

4. 试证：一个实二次型可以分解成两个实系数的一次齐次多项式乘积的充分必要条件是它的秩为 2 且符号差为 0，或者秩等于 1.

5. 如果将所有合同的 n 阶实对称矩阵称为一类，则所有的 n 阶实对称矩阵可以分为几类?

8.5 正定矩阵与正定二次型

实二次型 $f(x_1, x_2, \cdots, x_n)=\boldsymbol{x}^{\mathrm{T}}\boldsymbol{A}\boldsymbol{x}$ 可以看作是定义在 $\mathbb{R}^n$ 上的实值函数．我们可以按

照函数取值，将实二次型及其矩阵进行分类．不同类型的实二次型常常应用于许多理论研究和实际问题中．本节将介绍相关概念和性质．

8.5.1　基本概念

定义 8.8　设 $\boldsymbol{A}$ 为 n 阶实对称矩阵．若对于任意的 n 维非零向量 $\boldsymbol{x}$，有 $\boldsymbol{x}^{\mathrm{T}}\boldsymbol{A}\boldsymbol{x}>0$ 恒成立，则矩阵 $\boldsymbol{A}$ 称为**正定矩阵**（**positive definite matrix**），相应的二次型 $f=\boldsymbol{x}^{\mathrm{T}}\boldsymbol{A}\boldsymbol{x}$ 称为**正定二次型**（**positive definite quadratic form**）.

可见，如果二次型 $f=\boldsymbol{x}^{\mathrm{T}}\boldsymbol{A}\boldsymbol{x}$ 是正定的，则 f 在点 $\boldsymbol{x}=\boldsymbol{o}$ 处取到唯一的最小值 0.

例 8.11　单位阵 $\boldsymbol{E}$ 是正定矩阵．

例 8.12　设 $f(x_1,\ x_2)=x_1^2+x_2^2+x_1x_2=\left(x_1+\dfrac{1}{2}x_2\right)^2+\dfrac{3}{4}x_2^2$. 显然,对于任意非零向量 $(x_1,\ x_2)^{\mathrm{T}}\in\mathbb{R}^2$, 恒有

$$f(x_1,x_2)=\left(x_1+\frac{1}{2}x_2\right)^2+\frac{3}{4}x_2^2>0,$$

故 $f(x_1,\ x_2)$ 是正定二次型．

与正定二次型相仿，我们还可以有如下定义．

定义 8.9　设 $\boldsymbol{A}$ 为 n 阶实对称矩阵．若对于任意的 n 维非零向量 $\boldsymbol{x}$，有 $\boldsymbol{x}^{\mathrm{T}}\boldsymbol{A}\boldsymbol{x}\geqslant0$ 恒成立，则矩阵 $\boldsymbol{A}$ 称为**半正定矩阵**（**positive semidefinite matrix**），相应的二次型 $f=\boldsymbol{x}^{\mathrm{T}}\boldsymbol{A}\boldsymbol{x}$ 称为**半正定二次型**（**positive semidefinite quadratic form**）.

定义 8.10　设 $\boldsymbol{A}$ 为 n 阶实对称矩阵．若对于任意的 n 维非零向量 $\boldsymbol{x}$，有 $\boldsymbol{x}^{\mathrm{T}}\boldsymbol{A}\boldsymbol{x}<0$（$\leqslant0$）恒成立，则矩阵 $\boldsymbol{A}$ 称为**（半）负定矩阵**（**negative（semi）definite matrix**），相应的二次型 $f=\boldsymbol{x}^{\mathrm{T}}\boldsymbol{A}\boldsymbol{x}$ 称为**（半）负定二次型**（**negative（semi）definite quadratic form**）．若对于某些 $\boldsymbol{x}$，有 $\boldsymbol{x}^{\mathrm{T}}\boldsymbol{A}\boldsymbol{x}>0$，而对于某些 $\boldsymbol{x}$，有 $\boldsymbol{x}^{\mathrm{T}}\boldsymbol{A}\boldsymbol{x}<0$，则称矩阵 $\boldsymbol{A}$ 为**不定矩阵**（**indefinite matrix**），相应的二次型 $f=\boldsymbol{x}^{\mathrm{T}}\boldsymbol{A}\boldsymbol{x}$ 称为**不定二次型**（**indefinite quadratic form**）.

例 8.13　设 $d_i>0$，$i=1,\ 2,\ \cdots,\ r$. 易见，下列 n 阶对角矩阵中，$\boldsymbol{D}_1$ 为正定矩阵，$\boldsymbol{D}_2$ 为负定矩阵，$\boldsymbol{D}_3$ 为半正定矩阵，$\boldsymbol{D}_4$ 为半负定矩阵．

$$\boldsymbol{D}_1=\begin{pmatrix} d_1 & & & \\ & d_2 & & \\ & & \ddots & \\ & & & d_n \end{pmatrix}(r=n);\qquad \boldsymbol{D}_2=\begin{pmatrix} -d_1 & & & \\ & -d_2 & & \\ & & \ddots & \\ & & & -d_n \end{pmatrix}(r=n);$$

$$\boldsymbol{D}_3=\begin{pmatrix} d_1 & & & & & \\ & \ddots & & & & \\ & & d_r & & & \\ & & & 0 & & \\ & & & & \ddots & \\ & & & & & 0 \end{pmatrix}(r<n);\quad \boldsymbol{D}_4=\begin{pmatrix} -d_1 & & & & & \\ & \ddots & & & & \\ & & -d_r & & & \\ & & & 0 & & \\ & & & & \ddots & \\ & & & & & 0 \end{pmatrix}(r<n).$$

8.5.2 正定矩阵的判定

在例 8.13 中，对角矩阵很容易通过观察主对角元来判定其类型．那么，对于一般的实对称矩阵，如何判定其是否为正定矩阵呢？我们有如下几个判定准则．

准则 1 n 阶实对称矩阵 $\boldsymbol{A}$ 为正定矩阵的充要条件是 $\boldsymbol{A}$ 的所有特征值均为正实数．

证明 必要性．假设 $\boldsymbol{A}$ 为正定矩阵．令 $\lambda_i(i=1, 2, \cdots, n)$ 为 $\boldsymbol{A}$ 的特征值，$\boldsymbol{x}_i$ 为 $\boldsymbol{A}$ 的属于 λ_i 的特征向量．由 $\boldsymbol{A}$ 正定且 $\boldsymbol{x}_i \neq \boldsymbol{o}$，得

$$0<\boldsymbol{x}_i^{\mathrm{T}}\boldsymbol{A}\boldsymbol{x}_i=\lambda_i\boldsymbol{x}_i^{\mathrm{T}}\boldsymbol{x}_i,\ i=1,\ 2,\ \cdots,\ n.$$

因为 $\boldsymbol{x}_i^{\mathrm{T}}\boldsymbol{x}_i>0$，所以 $\lambda_i>0, i=1, 2, \cdots, n$.

充分性．假设 $\lambda_i>0$ $(i=1, 2, \cdots, n)$ 为 $\boldsymbol{A}$ 的特征值．由于 $\boldsymbol{A}$ 是实对称矩阵，故存在正交矩阵 $\boldsymbol{Q}$ 使得 $\boldsymbol{Q}^{\mathrm{T}}\boldsymbol{A}\boldsymbol{Q}=\boldsymbol{\Lambda}$，其中 $\boldsymbol{\Lambda}=\operatorname{diag}\{\lambda_1, \lambda_2, \cdots, \lambda_n\}$．于是对于任意的非零向量 $\boldsymbol{x}\neq\boldsymbol{o}$，有

$$\boldsymbol{x}^{\mathrm{T}}\boldsymbol{A}\boldsymbol{x}=(\boldsymbol{Q}^{\mathrm{T}}\boldsymbol{x})^{\mathrm{T}}\boldsymbol{\Lambda}(\boldsymbol{Q}^{\mathrm{T}}\boldsymbol{x})=\lambda_1y_1^2+\lambda_2y_2^2+\cdots+\lambda_ny_n^2,$$

其中，记 $\boldsymbol{y}=\boldsymbol{Q}^{\mathrm{T}}\boldsymbol{x}=(y_1, y_2, \cdots, y_n)^{\mathrm{T}}$．由正交矩阵 $\boldsymbol{Q}$ 可逆，得 $\boldsymbol{y}\neq\boldsymbol{o}$. 又 λ_i 均为正实数，可得

$$\boldsymbol{x}^{\mathrm{T}}\boldsymbol{A}\boldsymbol{x}=\lambda_1y_1^2+\lambda_2y_2^2+\cdots+\lambda_ny_n^2>0,$$

因此，$\boldsymbol{A}$ 为正定矩阵．

例 8.14 判断矩阵 $\boldsymbol{A}=\begin{pmatrix}2&2&-2\\2&5&-4\\-2&-4&5\end{pmatrix}$是否正定？

解 由于 $\boldsymbol{A}$ 是实对称矩阵，且易求得 $\boldsymbol{A}$ 的全部特征值为 1，1，10，则由准则 1 知，$\boldsymbol{A}$ 是正定矩阵．

例 8.15 设 $\boldsymbol{A}$ 是 n 阶正定矩阵，$\boldsymbol{E}$ 是 n 阶单位矩阵，证明：$|\boldsymbol{A}+\boldsymbol{E}|>1$.

证明 因为 $\boldsymbol{A}$ 正定，由准则 1 知，$\boldsymbol{A}$ 的特征值 $\lambda_i>0$ $(i=1, 2, \cdots, n)$，则矩阵 $\boldsymbol{A}+\boldsymbol{E}$ 的特征值为

$$\lambda_i+1>1(i=1,2,\cdots,n),$$

故

$$|\boldsymbol{A}+\boldsymbol{E}|=(\lambda_1+1)(\lambda_2+1)\cdots(\lambda_n+1)>1.$$

类似于准则 1，对于负定矩阵有如下结论：n 阶实对称矩阵 $\boldsymbol{A}$ 为负定矩阵的充要条件是 $\boldsymbol{A}$ 的所有特征值均为负实数．

准则 2 n 阶实对称矩阵 $\boldsymbol{A}$ 为正定矩阵的充要条件是 $\boldsymbol{A}$ 合同于单位矩阵 $\boldsymbol{E}$.

证明 必要性．已知 $\boldsymbol{A}$ 为正定矩阵．因为 $\boldsymbol{A}$ 是实对称矩阵，故存在正交矩阵 $\boldsymbol{Q}$，使得 $\boldsymbol{Q}^{\mathrm{T}}\boldsymbol{A}\boldsymbol{Q}=\boldsymbol{\Lambda}$，其中 $\boldsymbol{\Lambda}=\operatorname{diag}\{\lambda_1,\lambda_2,\cdots,\lambda_n\}$．由 $\boldsymbol{A}$ 的正定性知 $\lambda_i>0, i=1,2,\cdots,n$. 因此，可令 $\boldsymbol{P}=\operatorname{diag}\left\{\frac{1}{\sqrt{\lambda_1}},\frac{1}{\sqrt{\lambda_2}},\cdots,\frac{1}{\sqrt{\lambda_n}}\right\}$，记 $\boldsymbol{C}=\boldsymbol{Q}\boldsymbol{P}$，则 $\boldsymbol{C}$ 可逆，于是有 $\boldsymbol{C}^{\mathrm{T}}\boldsymbol{A}\boldsymbol{C}=\boldsymbol{P}^{\mathrm{T}}(\boldsymbol{Q}^{\mathrm{T}}\boldsymbol{A}\boldsymbol{Q})\boldsymbol{P}=\boldsymbol{E}$，即 $\boldsymbol{A}$ 合同于单位矩阵 $\boldsymbol{E}$.

充分性．已知 $\boldsymbol{A}$ 合同于单位矩阵 $\boldsymbol{E}$，则存在可逆矩阵 $\boldsymbol{C}$，使得 $\boldsymbol{C}^{\mathrm{T}}\boldsymbol{A}\boldsymbol{C}=\boldsymbol{E}$. 对于任意的非零向量 $\boldsymbol{x}\neq\boldsymbol{o}$，令 $\boldsymbol{y}=\boldsymbol{C}^{-1}\boldsymbol{x}$，则 $\boldsymbol{y}\neq\boldsymbol{o}$. 于是，在可逆线性替换 $\boldsymbol{x}=\boldsymbol{C}\boldsymbol{y}$ 下，有

$$x^{\mathrm{T}}Ax = y^{\mathrm{T}}(C^{\mathrm{T}}AC)y = y^{\mathrm{T}}Ey = y^{\mathrm{T}}y > 0,$$

即 $\boldsymbol{A}$ 为正定矩阵.

根据准则 2 和惯性定理，还可以得到如下推论.

推论 8.2　设 $\boldsymbol{A}$ 是 n 阶实对称矩阵，则下列命题等价：

(1) $\boldsymbol{A}$ 为正定矩阵；

(2) 存在可逆矩阵 $\boldsymbol{P}$，使得 $\boldsymbol{A}=\boldsymbol{P}^{\mathrm{T}}\boldsymbol{P}$；

(3) 二次型 $f=\boldsymbol{x}^{\mathrm{T}}\boldsymbol{A}\boldsymbol{x}$ 的任意一个标准形为

$$f = d_1y_1^2 + d_2y_2^2 + \cdots + d_ny_n^2,$$

其中，$d_i>0, i=1, 2, \cdots, n$；

(4) 二次型 $f=\boldsymbol{x}^{\mathrm{T}}\boldsymbol{A}\boldsymbol{x}$ 的正惯性指数为 n；

(5) 二次型 $f=\boldsymbol{x}^{\mathrm{T}}\boldsymbol{A}\boldsymbol{x}$ 的规范形为 $f=z_1^2+z_2^2+\cdots+z_n^2$.

类似于准则 2，对于负定矩阵有如下的结论：n 阶实对称矩阵 $\boldsymbol{A}$ 为负定矩阵的充要条件为 $\boldsymbol{A}$ 合同于 $-\boldsymbol{E}$. 负定矩阵也有类似于推论 8.2 的结论，这里不再详细叙述.

推论 8.3　设 $\boldsymbol{A}$ 是 n 阶正定矩阵，则 $|\boldsymbol{A}|>0$.

证明　已知 $\boldsymbol{A}$ 正定，则由推论 8.2 (2)，存在可逆矩阵 $\boldsymbol{P}$，使得 $\boldsymbol{A}=\boldsymbol{P}^{\mathrm{T}}\boldsymbol{P}$，于是

$$|\boldsymbol{A}| = |\boldsymbol{P}^{\mathrm{T}}\boldsymbol{P}| = |\boldsymbol{P}^{\mathrm{T}}||\boldsymbol{P}| = |\boldsymbol{P}|^2 > 0.$$

需要注意的是，推论 8.3 的逆命题不成立. 例如：$\boldsymbol{A}=\begin{pmatrix}-1 & 0\\ 0 & -2\end{pmatrix}$，则 $|\boldsymbol{A}|=2>0$，但 $\boldsymbol{A}$ 是负定矩阵.

定义 8.11　设 $\boldsymbol{A}=(a_{ij})$ 是 n 阶矩阵，取定 $\boldsymbol{A}$ 的第 $i_1, i_2, \cdots, i_k$ 行和第 $i_1, i_2, \cdots, i_k$ 列得到的 k $(1\leqslant k\leqslant n)$ 阶子式

$$\begin{vmatrix} a_{i_1i_1} & a_{i_1i_2} & \cdots & a_{i_1i_k}\\ a_{i_2i_1} & a_{i_2i_2} & \cdots & a_{i_2i_k}\\ \vdots & \vdots & & \vdots\\ a_{i_ki_1} & a_{i_ki_2} & \cdots & a_{i_ki_k} \end{vmatrix}$$

称为 $\boldsymbol{A}$ 的一个 k 阶**主子式** (**principal minor**). 特别地，当 $i_1, i_2, \cdots, i_k$ 分别取 1, 2, $\cdots$, k 时的主子式称为 $\boldsymbol{A}$ 的 k 阶**顺序主子式** (**ordered principal minor**)，记作 $|\boldsymbol{A}_k|$，$k=1, 2, \cdots, n$.

例 8.16　设 $\boldsymbol{A}=\begin{pmatrix}3 & 2 & 0\\ 2 & 4 & -2\\ 0 & -2 & 5\end{pmatrix}$，则有 $\begin{vmatrix}3 & 0\\ 0 & 5\end{vmatrix}=15$ 是 $\boldsymbol{A}$ 的一个二阶主子式；

$|A_1|=3$，$|\boldsymbol{A}_2|=\begin{vmatrix}3 & 2\\ 2 & 4\end{vmatrix}=8$，$|\boldsymbol{A}_3|=|\boldsymbol{A}|=28$ 分别是 $\boldsymbol{A}$ 的 1，2，3 阶顺序主子式.

准则 3　n 阶实对称矩阵 $\boldsymbol{A}$ 为正定矩阵的充要条件是 $\boldsymbol{A}$ 的所有顺序主子式均为正，即

$$|A_1| = a_{11} > 0,\quad |\boldsymbol{A}_2| = \begin{vmatrix} a_{11} & a_{12}\\ a_{21} & a_{22}\end{vmatrix} > 0,\quad \cdots,\quad |\boldsymbol{A}_n| = |\boldsymbol{A}| > 0.$$

证明 必要性. 任意给定一个 i 维非零向量 $\boldsymbol{x}_i$，$i\leqslant n$. 记 n 维向量 $\boldsymbol{x}=(\boldsymbol{x}_i^{\mathrm{T}},0,\cdots,0)^{\mathrm{T}}$，显然 $\boldsymbol{x}\neq\boldsymbol{o}$. 由于 $\boldsymbol{A}$ 为正定矩阵，则有

$$\boldsymbol{x}^{\mathrm{T}}\boldsymbol{A}\boldsymbol{x}=(\boldsymbol{x}_i^{\mathrm{T}}\ \boldsymbol{o}^{\mathrm{T}})\begin{pmatrix}\boldsymbol{A}_i & * \\ * & *\end{pmatrix}\begin{pmatrix}\boldsymbol{x}_i\\ \boldsymbol{o}\end{pmatrix}=\boldsymbol{x}_i^{\mathrm{T}}\boldsymbol{A}_i\boldsymbol{x}_i>0,$$

因此，$\boldsymbol{A}_i$ 为正定矩阵. 由准则 1，$\boldsymbol{A}_i$ 的特征值均为正，因此 $|\boldsymbol{A}_i|=\lambda_1\lambda_2\cdots\lambda_i>0$. 由 i 的任意性知，$\boldsymbol{A}$ 的所有顺序主子式均为正.

充分性（归纳法）. 当 $n=1$ 时，$|A|=a_{11}>0$，显然 A 正定；

假设对于 $n-1$ 阶矩阵 $\boldsymbol{A}_{n-1}$，其所有顺序主子式均为正，则 $\boldsymbol{A}_{n-1}$ 正定成立；

现考虑一个 n 阶实对称矩阵 $\boldsymbol{A}$，假设其所有顺序主子式均为正. 将 $\boldsymbol{A}$ 进行分块如下：

$$\boldsymbol{A}=\begin{pmatrix}\boldsymbol{A}_{n-1} & \boldsymbol{\alpha}\\ \boldsymbol{\alpha}^{\mathrm{T}} & a_{nn}\end{pmatrix}_{n\times n},$$

则 $\boldsymbol{A}$ 的前 $n-1$ 个顺序主子式也是 $\boldsymbol{A}_{n-1}$ 的顺序主子式，则由归纳假设，上述分块矩阵中 $\boldsymbol{A}_{n-1}$ 是正定的，从而 $\boldsymbol{A}_{n-1}$ 合同于单位阵 $\boldsymbol{E}_{n-1}$，即存在 $n-1$ 阶可逆矩阵 $\boldsymbol{G}$，使得 $\boldsymbol{G}^{\mathrm{T}}\boldsymbol{A}_{n-1}\boldsymbol{G}=\boldsymbol{E}_{n-1}$. 令

$$\boldsymbol{C}_1=\begin{pmatrix}\boldsymbol{G} & \boldsymbol{o}\\ \boldsymbol{o}^{\mathrm{T}} & 1\end{pmatrix}_{n\times n},$$

则 $|\boldsymbol{C}_1|=|\boldsymbol{G}|\neq 0$，于是

$$\boldsymbol{C}_1^{\mathrm{T}}\boldsymbol{A}\boldsymbol{C}_1=\begin{pmatrix}\boldsymbol{G}^{\mathrm{T}} & \boldsymbol{o}\\ \boldsymbol{o}^{\mathrm{T}} & 1\end{pmatrix}\begin{pmatrix}\boldsymbol{A}_{n-1} & \boldsymbol{\alpha}\\ \boldsymbol{\alpha}^{\mathrm{T}} & a_{nn}\end{pmatrix}\begin{pmatrix}\boldsymbol{G} & \boldsymbol{o}\\ \boldsymbol{o}^{\mathrm{T}} & 1\end{pmatrix}=\begin{pmatrix}\boldsymbol{E}_{n-1} & \boldsymbol{G}^{\mathrm{T}}\boldsymbol{\alpha}\\ \boldsymbol{\alpha}^{\mathrm{T}}\boldsymbol{G} & a_{nn}\end{pmatrix}.$$

再令

$$\boldsymbol{C}_2=\begin{pmatrix}\boldsymbol{E}_{n-1} & -\boldsymbol{G}^{\mathrm{T}}\boldsymbol{\alpha}\\ \boldsymbol{o}^{\mathrm{T}} & 1\end{pmatrix}_{n\times n},\qquad |\boldsymbol{C}_2|=1>0,$$

则

$$\boldsymbol{C}_2^{\mathrm{T}}(\boldsymbol{C}_1^{\mathrm{T}}\boldsymbol{A}\boldsymbol{C}_1)\boldsymbol{C}_2=\begin{pmatrix}\boldsymbol{E}_{n-1} & \boldsymbol{o}\\ -\boldsymbol{\alpha}^{\mathrm{T}}\boldsymbol{G} & 1\end{pmatrix}\begin{pmatrix}\boldsymbol{E}_{n-1} & \boldsymbol{G}^{\mathrm{T}}\boldsymbol{\alpha}\\ \boldsymbol{\alpha}^{\mathrm{T}}\boldsymbol{G} & a_{nn}\end{pmatrix}\begin{pmatrix}\boldsymbol{E}_{n-1} & -\boldsymbol{G}^{\mathrm{T}}\boldsymbol{\alpha}\\ \boldsymbol{o}^{\mathrm{T}} & 1\end{pmatrix}$$
$$=\begin{pmatrix}\boldsymbol{E}_{n-1} & \boldsymbol{o}\\ \boldsymbol{o}^{\mathrm{T}} & a_{nn}-\boldsymbol{\alpha}^{\mathrm{T}}\boldsymbol{G}\boldsymbol{G}^{\mathrm{T}}\boldsymbol{\alpha}\end{pmatrix}.$$

记 $d=a_{nn}-\boldsymbol{\alpha}^{\mathrm{T}}\boldsymbol{G}\boldsymbol{G}^{\mathrm{T}}\boldsymbol{\alpha}$，上述两端取行列式，得

$$d=a_{nn}-\boldsymbol{\alpha}^{\mathrm{T}}\boldsymbol{G}\boldsymbol{G}^{\mathrm{T}}\boldsymbol{\alpha}=|\boldsymbol{A}|\cdot|\boldsymbol{C}_1|^2\cdot|\boldsymbol{C}_2|^2>0.$$

令

$$\boldsymbol{C}_3=\begin{pmatrix}\boldsymbol{E}_{n-1} & \boldsymbol{o}\\ \boldsymbol{o}^{\mathrm{T}} & \dfrac{1}{\sqrt{d}}\end{pmatrix},\qquad \text{则 } |\boldsymbol{C}_3|=\frac{1}{\sqrt{d}}>0.$$

记 $\boldsymbol{C}=\boldsymbol{C}_1\boldsymbol{C}_2\boldsymbol{C}_3$，由 $\boldsymbol{C}_1,\boldsymbol{C}_2,\boldsymbol{C}_3$ 可逆知，$\boldsymbol{C}$ 为可逆矩阵，则有

$$\boldsymbol{C}^{\mathrm{T}}\boldsymbol{A}\boldsymbol{C}=\boldsymbol{C}_3^{\mathrm{T}}(\boldsymbol{C}_2^{\mathrm{T}}\boldsymbol{C}_1^{\mathrm{T}}\boldsymbol{A}\boldsymbol{C}_1\boldsymbol{C}_2)\boldsymbol{C}_3=\begin{pmatrix}\boldsymbol{E}_{n-1} & \boldsymbol{o}\\ \boldsymbol{o}^{\mathrm{T}} & \dfrac{1}{\sqrt{d}}\end{pmatrix}\begin{pmatrix}\boldsymbol{E}_{n-1} & \boldsymbol{o}\\ \boldsymbol{o}^{\mathrm{T}} & d\end{pmatrix}\begin{pmatrix}\boldsymbol{E}_{n-1} & \boldsymbol{o}\\ \boldsymbol{o}^{\mathrm{T}} & \dfrac{1}{\sqrt{d}}\end{pmatrix}=\boldsymbol{E},$$

即 $\boldsymbol{A}$ 合同于单位阵 $\boldsymbol{E}$，故 $\boldsymbol{A}$ 是正定矩阵．

例 8.17　判别二次型 $f(x_1, x_2, x_3)=3x_1^2+4x_2^2+5x_3^2+4x_1x_2-4x_2x_3$ 是否正定．

解　该二次型矩阵为 $\boldsymbol{A}=\begin{pmatrix}3 & 2 & 0\\ 2 & 4 & -2\\ 0 & -2 & 5\end{pmatrix}$，则由例 8.16 知，$\boldsymbol{A}$ 的全部顺序主子式都大于零，因此该二次型正定．

类似于准则 3，对于负定矩阵有如下结论：n 阶实对称矩阵 $\boldsymbol{A}$ 为负定矩阵的充要条件是 $\boldsymbol{A}$ 的所有顺序主子式满足 $(-1)^i|\boldsymbol{A}_i|>0$，$i=1, 2, \cdots, n$.

对于半正定矩阵，我们给出如下结论．

定理 8.11　设 $\boldsymbol{A}$ 是 n 阶实对称矩阵，则下列命题等价：

(1) $\boldsymbol{A}$ 是半正定的；

(2) $\boldsymbol{A}$ 的正惯性指数等于 $\boldsymbol{A}$ 的秩；

(3) $\boldsymbol{A}$ 的全部特征值大于或等于零；

(4) $\boldsymbol{A}\simeq\begin{pmatrix}\boldsymbol{E}_r & \boldsymbol{O}\\ \boldsymbol{O} & \boldsymbol{O}\end{pmatrix}$，$r\leqslant n$；

(5) 存在 n 阶矩阵 $\boldsymbol{C}$，使得 $\boldsymbol{A}=\boldsymbol{C}^{\mathrm{T}}\boldsymbol{C}$；

(6) $\boldsymbol{A}$ 的所有主子式大于或等于零．

证明　略．

8.5.3　正定矩阵的性质

性质 1　若 n 阶矩阵 $\boldsymbol{A}$ 为正定矩阵，则 $\boldsymbol{A}$ 是可逆矩阵．

需要注意的是，性质 1 的逆命题并不成立．例如 $\boldsymbol{A}=\begin{pmatrix}-1 & 0\\ 0 & -1\end{pmatrix}$ 可逆，但 $\boldsymbol{A}$ 为负定矩阵．

事实上，若 n 阶矩阵 $\boldsymbol{A}$ 为负定矩阵，则 $-A$ 为正定矩阵，故 n 为偶数时，$|\boldsymbol{A}|>0$；n 为奇数时，$|\boldsymbol{A}|<0$.

性质 2　若 n 阶矩阵 $\boldsymbol{A}$ 为正定矩阵，则 $\boldsymbol{A}^{-1}$ 和 $\boldsymbol{A}^k$ 均为正定矩阵，其中 k 为正整数．

证明　首先，易证当 $\boldsymbol{A}$ 为实对称矩阵时，$\boldsymbol{A}^{-1}$ 和 $\boldsymbol{A}^k$ 也为实对称矩阵（请读者自证）.

由 $\boldsymbol{A}$ 为正定矩阵，则其特征值 $\lambda_1, \lambda_2, \cdots, \lambda_n$ 均为正，易得 $\boldsymbol{A}^{-1}$ 的特征值 $\frac{1}{\lambda_1}, \frac{1}{\lambda_2}, \cdots, \frac{1}{\lambda_n}$ 以及 $\boldsymbol{A}^k$ 的特征值 $\lambda_1^k, \lambda_2^k, \cdots, \lambda_n^k$ 均为正数，因此 $\boldsymbol{A}^{-1}$ 和 $\boldsymbol{A}^k$ 均为正定矩阵．

性质 3　若 n 阶矩阵 $\boldsymbol{A}=(a_{ij})_{n\times n}$ 为正定矩阵，则其主对角元均为正实数，即 $a_{ii}>0$，$i=1, 2, \cdots, n$.

证明　设 $\boldsymbol{e}_i$ 为第 i 个分量为 1，其余分量为 0 的 n 维单位向量，由 $\boldsymbol{A}$ 正定，则有

$$a_{ii}=\boldsymbol{e}_i^{\mathrm{T}}\boldsymbol{A}\boldsymbol{e}_i>0,\quad i=1,2,\cdots,n.$$

性质 4 若 n 阶矩阵 $\boldsymbol{A}$ 和 $\boldsymbol{B}$ 均为正定矩阵，则 $\boldsymbol{A}+\boldsymbol{B}$ 也是正定矩阵.

证明 由 $\boldsymbol{A}$ 和 $\boldsymbol{B}$ 都是实对称矩阵知，$\boldsymbol{A}+\boldsymbol{B}$ 也是实对称矩阵. 对于任意的一个非零向量 $\boldsymbol{x}$，由 $\boldsymbol{A}$ 和 $\boldsymbol{B}$ 均正定，则有

$$\boldsymbol{x}^{\mathrm{T}}(\boldsymbol{A}+\boldsymbol{B})\boldsymbol{x}=\boldsymbol{x}^{\mathrm{T}}\boldsymbol{A}\boldsymbol{x}+\boldsymbol{x}^{\mathrm{T}}\boldsymbol{B}\boldsymbol{x}>0,$$

因此，$\boldsymbol{A}+\boldsymbol{B}$ 是正定矩阵.

习题 8.5

1. 判断下列矩阵是否为正定矩阵.

(1) $\boldsymbol{A}=\begin{pmatrix}2&-2&0\\-2&5&-1\\0&-1&2\end{pmatrix}$；(2) $\boldsymbol{A}=\begin{pmatrix}1&2&3\\2&-1&4\\3&4&-1\end{pmatrix}$；

(3) $\boldsymbol{A}=\begin{pmatrix}3&1&1\\1&2&0\\1&0&2\end{pmatrix}$；(4) $\boldsymbol{A}=\begin{pmatrix}2&1&2\\1&1&1\\2&1&5\end{pmatrix}$.

2. 问 t 为何值时，下列二次型是正定二次型.

(1) $f=x_1^2+x_2^2+5x_3^2+2tx_1x_2-2x_1x_3+4x_2x_3$；

(2) $f=x_1^2+2x_2^2+tx_3^2+2x_1x_2+4x_1x_3-2x_2x_3$.

3. 设 $\boldsymbol{A}$ 为 n 阶实对称矩阵，且满足 $\boldsymbol{A}^3-2\boldsymbol{A}^2+4\boldsymbol{A}-3\boldsymbol{E}=\boldsymbol{O}$，证明：$\boldsymbol{A}$ 是正定矩阵.

4. 设 $\boldsymbol{A}$ 为 n 阶实对称矩阵，证明 $\boldsymbol{A}$ 既是正交矩阵也是正定矩阵的充要条件是 $\boldsymbol{A}$ 为单位阵.

5. 设 $\boldsymbol{A}$ 为 n 阶正定矩阵，$\boldsymbol{\alpha}_1,\boldsymbol{\alpha}_2,\cdots,\boldsymbol{\alpha}_m$ $(m\leqslant n)$ 均为非零列向量. 对于任意的 $i\neq j$ 有 $\boldsymbol{\alpha}_i^{\mathrm{T}}\boldsymbol{A}\boldsymbol{\alpha}_j=0$，证明：$\boldsymbol{\alpha}_1,\boldsymbol{\alpha}_2,\cdots,\boldsymbol{\alpha}_m$ 线性无关.

6. 设 $\boldsymbol{A}$ 为三阶实对称矩阵，满足 $\boldsymbol{A}^2+2\boldsymbol{A}=\boldsymbol{O}$ 且 $\mathrm{r}(\boldsymbol{A})=2$.

(1) 求 $\boldsymbol{A}$ 的全部特征值. (2) 当 a 为何值时，$a\boldsymbol{E}+\boldsymbol{A}$ 为正定矩阵.

7. 设 $\boldsymbol{A}$，$\boldsymbol{B}$ 分别为 m 阶和 n 阶正定矩阵，证明：$\boldsymbol{C}=\begin{pmatrix}\boldsymbol{A}&\boldsymbol{O}\\\boldsymbol{O}&\boldsymbol{B}\end{pmatrix}$ 是正定矩阵.

8. 设 $\boldsymbol{A}$ 是 n 阶正定矩阵，$\boldsymbol{B}$ 为 n 阶实反对称矩阵，证明：$\boldsymbol{A}-\boldsymbol{B}^2$ 为正定矩阵.

*8.6 应用：多元函数的极值判定问题

实对称矩阵的正定性和负定性应用非常广泛. 这里我们仅简单举例介绍其在多元函数的极值判定中的应用.

我们以二元函数 $f(x,y)$ 为例来讨论其极值问题. 假设 (x_0,y_0) 为二元函数 $f(x,y)$ 的稳定点. 所谓稳定点是指满足如下方程的点 (x,y)：

$$\begin{cases}\dfrac{\partial f(x,\ y)}{\partial x}=0,\\ \dfrac{\partial f(x,\ y)}{\partial y}=0.\end{cases}$$

注意方程的解 $(x_0,\ y_0)$ 不一定是 $f(x,\ y)$ 的极值点．我们不能仅靠 $f(x,\ y)$ 的一阶偏导数来判断 $f(x,\ y)$ 的极值点，还需要分析 $f(x,\ y)$ 的二阶偏导数的形式．

假设 $f(x,\ y)$ 存在三阶偏导数，则可以将 $f(x,\ y)$ 在 $(x_0,\ y_0)$ 处进行二阶泰勒展开，有

$$\begin{aligned}f(x,\ y)\approx f(x_0,y_0)&+\frac{\partial f(x_0,y_0)}{\partial x}(x-x_0)+\frac{\partial f(x_0,y_0)}{\partial y}(y-y_0)\\&+\frac{1}{2}\frac{\partial^2 f(x_0,y_0)}{\partial x^2}(x-x_0)^2+\frac{1}{2}\frac{\partial^2 f(x_0,y_0)}{\partial y^2}(y-y_0)^2\\&+\frac{\partial^2 f(x_0,y_0)}{\partial x\partial y}(x-x_0)(y-y_0).\end{aligned}$$

上式中的“约等号”表示左右两端仅相差一个可忽略的无穷小量．为了简化符号，记

$$f_x=\frac{\partial f(x_0,\ y_0)}{\partial x},\ f_y=\frac{\partial f(x_0,\ y_0)}{\partial y},\ f_{xy}=\frac{\partial^2 f(x_0,\ y_0)}{\partial x\partial y},$$

则 $f(x,\ y)$ 在 $(x_0,\ y_0)$ 处的二阶泰勒展开可以写成矩阵形式：

$$f(x,y)\approx f(x_0,y_0)+(f_x\quad f_y)\begin{pmatrix}x-x_0\\y-y_0\end{pmatrix}+\frac{1}{2}(x-x_0\quad y-y_0)\begin{pmatrix}f_{xx}&f_{xy}\\f_{yx}&f_{yy}\end{pmatrix}\begin{pmatrix}x-x_0\\y-y_0\end{pmatrix}.$$

若 $(x_0,\ y_0)$ 为二元函数 $f(x,\ y)$ 的稳定点，则上式右端的第二项系数向量 $(f_x\quad f_y)=(0\quad 0)$，即上式右端的第二项为 0. 令

$$\boldsymbol{H}(x_0,\ y_0)=\begin{pmatrix}f_{xx}&f_{xy}\\f_{yx}&f_{yy}\end{pmatrix},\ \boldsymbol{x}=\begin{pmatrix}x\\y\end{pmatrix},\ \boldsymbol{x}_0=\begin{pmatrix}x_0\\y_0\end{pmatrix},$$

则 $f(x,\ y)$ 在稳定点 $(x_0,\ y_0)$ 处的二阶泰勒展开为

$$f(x,\ y)\approx f(x_0,\ y_0)+\frac{1}{2}(\boldsymbol{x}-\boldsymbol{x}_0)^{\mathrm{T}}\boldsymbol{H}(x_0,\ y_0)(\boldsymbol{x}-\boldsymbol{x}_0).$$

由上式可以看出：

(1) 若 $\boldsymbol{H}(x_0,\ y_0)$ 为正定矩阵，在对于 $(x_0,\ y_0)$ 附近邻域内的所有的点 $(x,\ y)$ 均满足

$$f(x,y)>f(x_0,y_0),$$

从而 $(x_0,\ y_0)$ 为 $f(x,\ y)$ 的极小值点．

(2) 若 $\boldsymbol{H}(x_0,\ y_0)$ 为负定矩阵，在对于 $(x_0,\ y_0)$ 附近邻域内的所有的点 $(x,\ y)$ 均满足

$$f(x,y)<f(x_0,y_0),$$

从而 $(x_0,\ y_0)$ 为 $f(x,\ y)$ 的极大值点．

(3) 若 $\boldsymbol{H}(x_0,\ y_0)$ 为不定矩阵，在对于 $(x_0,\ y_0)$ 附近邻域内的所有的点 $(x,\ y)$ 均满足

$$f(x,y)>f(x_0,y_0) \quad 或 \quad f(x,y)<f(x_0,y_0),$$

从而 (x_0, y_0) 不是 $f(x, y)$ 的极值点．需要进一步讨论．

综上所述，运用正定矩阵的顺序主子式的性质，我们可以将上述三条极值判定准则写出如下形式：

（1）若 $\boldsymbol{H}(x_0, y_0)$ 为正定矩阵，即

$$\frac{\partial^2 f(x_0,y_0)}{\partial x^2}>0,\ \frac{\partial^2 f(x_0,y_0)\partial^2 f(x_0,y_0)}{\partial x^2\partial y^2}-\left[\frac{\partial^2 f(x_0,y_0)}{\partial x\partial y}\right]^2>0,$$

则 (x_0, y_0) 为 $f(x, y)$ 的极小值点．

（2）若 $\boldsymbol{H}(x_0, y_0)$ 为负定矩阵，即

$$\frac{\partial^2 f(x_0,y_0)}{\partial x^2}<0,\ \frac{\partial^2 f(x_0,y_0)\partial^2 f(x_0,y_0)}{\partial x^2\partial y^2}-\left[\frac{\partial^2 f(x_0,y_0)}{\partial x\partial y}\right]^2>0,$$

则 (x_0, y_0) 为 $f(x, y)$ 的极大值点．

（3）若 $\boldsymbol{H}(x_0, y_0)$ 为不定矩阵，即

$$\frac{\partial^2 f(x_0,y_0)\partial^2 f(x_0,y_0)}{\partial x^2\partial y^2}-\left[\frac{\partial^2 f(x_0,y_0)}{\partial x\partial y}\right]^2\leqslant 0,$$

则 (x_0, y_0) 不是 $f(x, y)$ 的极值点．

上述结论可以推广到 n 元函数的极值判定问题．设 n 元函数 $f(x_1, \cdots, x_n)$ 具有三阶连续的偏导数．解如下方程可以得到 f 的所有稳定点 $(x_{10}, \cdots, x_{n0})$：

$$\begin{cases}\dfrac{\partial f(x_1,\ \cdots,\ x_n)}{\partial x_1}=0,\\ \qquad\vdots \\ \dfrac{\partial f(x_1,\ \cdots,\ x_n)}{\partial x_n}=0.\end{cases}$$

定义矩阵

$$\boldsymbol{H}(x_{10},\cdots,x_{n0})=\begin{pmatrix}\dfrac{\partial^2 f(x_{10},\cdots,x_{n0})}{\partial x_1^2} & \cdots & \dfrac{\partial^2 f(x_{10},\cdots,x_{n0})}{\partial x_1\partial x_n}\\ \vdots & & \vdots\\ \dfrac{\partial^2 f(x_{10},\cdots,x_{n0})}{\partial x_n\partial x_1} & \cdots & \dfrac{\partial^2 f(x_{10},\cdots,x_{n0})}{\partial x_n^2}\end{pmatrix}.$$

矩阵 $\boldsymbol{H}(x_{10}, \cdots, x_{n0})$ 称为**海森矩阵（hessian matrix）**，则对于 $f(x_1, \cdots, x_n)$ 的所有的稳定点 $(x_{10}, \cdots, x_{n0})$：

（1）若 $\boldsymbol{H}(x_{10}, \cdots, x_{n0})$ 为正定矩阵，则 $(x_{10}, \cdots, x_{n0})$ 为 $f(x_1, \cdots, x_n)$ 的极小值点；

（2）若 $\boldsymbol{H}(x_{10}, \cdots, x_{n0})$ 为负定矩阵，则 $(x_{10}, \cdots, x_{n0})$ 为 $f(x_1, \cdots, x_n)$ 的极大值点；

（3）若 $\boldsymbol{H}(x_{10}, \cdots, x_{n0})$ 为不定矩阵，则 $(x_{10}, \cdots, x_{n0})$ 不是 $f(x_1, \cdots, x_n)$ 的极值点．

习题 8.6

某厂生产两种产品，它们的销售价格分别为每吨 6 万元和每吨 10 万元．当两种产品的产量分别为 Q_1 吨和 Q_2 吨时，相应的生产成本为 $C=Q_1^2+2Q_1Q_2+3Q_2^2+5$. 问该厂应该如何安排生产，才能使其利润最大化？

* 8.7　奇异值分解

由第 6 章所见，当一个方阵 $\boldsymbol{A}$ 可相似对角化，即方阵 $\boldsymbol{A}$ 可分解为 $\boldsymbol{A}=\boldsymbol{P\Lambda P}^{-1}$时，这一规律在矩阵分析及许多应用中都很重要．我们知道，并非每个矩阵都可以作这样的分解，但对于任意 $m\times n$ 矩阵 $\boldsymbol{A}$ 都可分解为

$$\boldsymbol{A}=\boldsymbol{QDP}^{-1},$$

其中，$\boldsymbol{P}$，$\boldsymbol{Q}$ 分别是 n 阶和 m 阶可逆阵，$\boldsymbol{D}$ 可以写成一个 $m\times n$ 对角分块矩阵．在所有这类分解中，有一类特殊的分解称为**奇异值分解**（**singular value decomposition**），它是线性代数应用中最有用的矩阵分解之一．为了简便，本节只介绍实矩阵的奇异值分解．

8.7.1　矩阵的奇异值

设 $\boldsymbol{A}$ 是 $m\times n$ 实矩阵，则 $\boldsymbol{A}^{\mathrm{T}}\boldsymbol{A}$ 是实对称矩阵且可正交相似对角化．令 $\boldsymbol{\beta}_1$，$\boldsymbol{\beta}_2$，…，$\boldsymbol{\beta}_n$ 是$\mathbb{R}^n$的一组标准正交基且构成 $\boldsymbol{A}^{\mathrm{T}}\boldsymbol{A}$ 的分别属于特征值 λ_1，λ_2，…，λ_n 的特征向量．对于任意非零向量 $\boldsymbol{x}\in\mathbb{R}^n$，

$$\boldsymbol{x}^{\mathrm{T}}\ (\boldsymbol{A}^{\mathrm{T}}\boldsymbol{A})\ \boldsymbol{x}=(\boldsymbol{Ax})^{\mathrm{T}}\boldsymbol{Ax}=\|\boldsymbol{Ax}\|^2\geqslant 0,$$

可知 $\boldsymbol{A}^{\mathrm{T}}\boldsymbol{A}$ 为半正定矩阵，因此 $\boldsymbol{A}^{\mathrm{T}}\boldsymbol{A}$ 的所有特征值都是非负的．为方便讨论，对特征值重新编号，使其满足

$$\lambda_1\geqslant\lambda_2\geqslant\cdots\geqslant\lambda_n\geqslant 0.$$

定义 8.12　方阵 $\boldsymbol{A}^{\mathrm{T}}\boldsymbol{A}$ 的特征值的平方根称为矩阵 $\boldsymbol{A}$ 的**奇异值**（**singular value**），按从大到小顺序记为 s_1，s_2，…，s_n，即

$$s_i=\sqrt{\lambda_i},\ i=1,\ 2,\ \cdots,\ n.$$

进一步，可得 $s_i=\|\boldsymbol{A\beta}_i\|$，$i=1$，2，…，$n$. 这是因为

$$\|\boldsymbol{A\beta}_i\|^2=(\boldsymbol{A\beta}_i)^{\mathrm{T}}(\boldsymbol{A\beta}_i)=\boldsymbol{\beta}_i^{\mathrm{T}}(\boldsymbol{A}^{\mathrm{T}}\boldsymbol{A\beta}_i)=\boldsymbol{\beta}_i^{\mathrm{T}}(\lambda_i\boldsymbol{\beta}_i)=\lambda_i\|\boldsymbol{\beta}_i\|^2=\lambda_i.$$

例 8.18　计算 2×3 矩阵 $\boldsymbol{A}=\begin{pmatrix}4&11&14\\8&7&-2\end{pmatrix}$ 的奇异值．

解　首先，计算 $\boldsymbol{A}^{\mathrm{T}}\boldsymbol{A}=\begin{pmatrix}4&8\\11&7\\14&-2\end{pmatrix}\begin{pmatrix}4&11&14\\8&7&-2\end{pmatrix}=\begin{pmatrix}80&100&40\\100&170&140\\40&140&200\end{pmatrix}$，然后求得 $\boldsymbol{A}^{\mathrm{T}}\boldsymbol{A}$ 的特征值为

$$\lambda_1=360,\ \lambda_2=90,\ \lambda_3=0,$$

则 $\boldsymbol{A}$ 的奇异值为 $s_1=6\sqrt{10}$，$s_2=3\sqrt{10}$，$s_3=0$.

进一步，可求得 $\boldsymbol{A}^{\mathrm{T}}\boldsymbol{A}$ 的构成$\mathbb{R}^3$标准正交基的特征向量

$$\boldsymbol{\beta}_1=\begin{pmatrix}\frac{1}{3}\\ \frac{2}{3}\\ \frac{2}{3}\end{pmatrix},\ \boldsymbol{\beta}_2=\begin{pmatrix}-\frac{2}{3}\\ -\frac{1}{3}\\ \frac{2}{3}\end{pmatrix},\ \boldsymbol{\beta}_3=\begin{pmatrix}\frac{2}{3}\\ -\frac{2}{3}\\ \frac{1}{3}\end{pmatrix}.$$

则 $\boldsymbol{A\beta}_1=\begin{pmatrix}18\\6\end{pmatrix}$，$\boldsymbol{A\beta}_2=\begin{pmatrix}3\\-9\end{pmatrix}$，$\boldsymbol{A\beta}_3=\begin{pmatrix}0\\0\end{pmatrix}$．易见，$\|\boldsymbol{A\beta}_1\|=s_1$，$\|\boldsymbol{A\beta}_2\|=s_2$，$\|\boldsymbol{A\beta}_3\|=s_3$. 注意到，$\boldsymbol{A\beta}_1$ 与 $\boldsymbol{A\beta}_2$ 正交，这并不是偶然的，我们有如下定理．

定理 8.12 设 $\boldsymbol{A}^{\mathrm{T}}\boldsymbol{A}$ 的特征向量 $\boldsymbol{\beta}_1$，$\boldsymbol{\beta}_2$，…，$\boldsymbol{\beta}_n$ 是$\mathbb{R}^n$的一组标准正交基，对应的特征值满足 $\lambda_1\geqslant\lambda_2\geqslant\cdots\geqslant\lambda_n$. 设 $\boldsymbol{A}$ 有 r 个非零奇异值，则 $\boldsymbol{A\beta}_1$，$\boldsymbol{A\beta}_2$，…，$\boldsymbol{A\beta}_r$ 是 $\boldsymbol{A}$ 的列空间 $R(\boldsymbol{A})$ 的一组正交基，且 $\boldsymbol{A}$ 的秩 $\mathrm{r}(\boldsymbol{A})=r$.

证明 一方面，对于 $i\neq j$，$\boldsymbol{A\beta}_i\cdot\boldsymbol{A\beta}_j=(\boldsymbol{A\beta}_i)^{\mathrm{T}}\boldsymbol{A\beta}_j=\boldsymbol{\beta}_i^{\mathrm{T}}\boldsymbol{A}^{\mathrm{T}}\boldsymbol{A\beta}_j=\boldsymbol{\beta}_i^{\mathrm{T}}(\boldsymbol{A}^{\mathrm{T}}\boldsymbol{A\beta}_j)=\boldsymbol{\beta}_i^{\mathrm{T}}(\lambda_j\boldsymbol{\beta}_j)=0$，可知 $\boldsymbol{A\beta}_1$，$\boldsymbol{A\beta}_2$，…，$\boldsymbol{A\beta}_n$ 两两正交．又因为 $\boldsymbol{A\beta}_1$，$\boldsymbol{A\beta}_2$，…，$\boldsymbol{A\beta}_n$ 的长度为 $\boldsymbol{A}$ 的奇异值且 $\boldsymbol{A}$ 有 r 个非零奇异值，则有

$$\boldsymbol{A\beta}_i\neq\boldsymbol{o},\ i=1,\ 2,\ \cdots,\ r;\ \boldsymbol{A\beta}_j=\boldsymbol{o},\ j=r+1,\ \cdots,\ n.$$

所以 $\boldsymbol{A\beta}_1$，$\boldsymbol{A\beta}_2$，…，$\boldsymbol{A\beta}_r$ 线性无关．

另一方面，对于任意 $\boldsymbol{\alpha}\in R(\boldsymbol{A})$，必存在 $\boldsymbol{\beta}\in\mathbb{R}^n$ 使得 $\boldsymbol{\alpha}=\boldsymbol{A\beta}$，又 $\boldsymbol{\beta}_1$，$\boldsymbol{\beta}_2$，…，$\boldsymbol{\beta}_n$ 是$\mathbb{R}^n$的一组标准正交基，则存在一组实数 k_1，k_2，…，k_n，使得 $\boldsymbol{\beta}=k_1\boldsymbol{\beta}_1+k_2\boldsymbol{\beta}_2+\cdots+k_n\boldsymbol{\beta}_n$，于是

$$\begin{aligned}\boldsymbol{\alpha}&=\boldsymbol{A\beta}=k_1\boldsymbol{A\beta}_1+k_2\boldsymbol{A\beta}_2+\cdots+k_n\boldsymbol{A\beta}_n\\&=k_1\boldsymbol{A\beta}_1+k_2\boldsymbol{A\beta}_2+\cdots+k_r\boldsymbol{A\beta}_r+\boldsymbol{o}+\cdots+\boldsymbol{o}\\&=k_1\boldsymbol{A\beta}_1+k_2\boldsymbol{A\beta}_2+\cdots+k_r\boldsymbol{A\beta}_r,\end{aligned}$$

因此，$\boldsymbol{A\beta}_1$，$\boldsymbol{A\beta}_2$，…，$\boldsymbol{A\beta}_r$ 是 $R(\boldsymbol{A})$ 的一组正交基，且 $\mathrm{r}(\boldsymbol{A})=\dim R(\boldsymbol{A})=r$. 证毕

8.7.2 奇异值分解

$m\times n$ 矩阵 $\boldsymbol{A}$ 的奇异值分解包含一个形如下面的 $m\times n$ 矩阵

$$\Sigma=\begin{pmatrix}\boldsymbol{D}&\boldsymbol{O}\\\boldsymbol{O}&\boldsymbol{O}\end{pmatrix},\tag{8.10}$$

其中，$\boldsymbol{D}$ 是 r 阶可逆对角阵，$r\leqslant\min\{m,\ n\}$．

定理 8.13（奇异值分解定理（singular value decomposition theorem）） 设 $\boldsymbol{A}$ 是一个秩为 r 的 $m\times n$ 矩阵，则存在形如式（8.10）的 $m\times n$ 矩阵Σ，其中 $\boldsymbol{D}$ 的对角线元素是 $\boldsymbol{A}$ 的前 r 个奇异值 $s_1\geqslant s_2\geqslant\cdots\geqslant s_r>0$，并且存在 m 阶正交矩阵 $\boldsymbol{U}$ 和 n 阶正交矩阵 $\boldsymbol{V}$，使得

$$\boldsymbol{A}=\boldsymbol{U}\Sigma\boldsymbol{V}^{\mathrm{T}}.\tag{8.11}$$

证明 假设 λ_i，$\boldsymbol{\beta}_i(i=1,2,\cdots,n)$ 如定理 8.12，使得 $\boldsymbol{A\beta}_1$，$\boldsymbol{A\beta}_2$，…，$\boldsymbol{A\beta}_r$ 是 $\boldsymbol{A}$ 的列空间 $R(\boldsymbol{A})$ 的一组正交基，将其单位化，得到 $R(\boldsymbol{A})$ 的一组标准正交基 $\boldsymbol{\alpha}_1$，$\boldsymbol{\alpha}_2$，…，$\boldsymbol{\alpha}_r$，其

中 $\boldsymbol{\alpha}_i = \dfrac{A\boldsymbol{\beta}_i}{\|A\boldsymbol{\beta}_i\|} = \dfrac{1}{s_i}A\boldsymbol{\beta}_i$，$i=1, 2, \cdots, r$. 于是

$$A\boldsymbol{\beta}_i = s_i\boldsymbol{\alpha}_i,\ i=1, 2, \cdots, r. \tag{8.12}$$

进一步，将 $\boldsymbol{\alpha}_1, \boldsymbol{\alpha}_2, \cdots, \boldsymbol{\alpha}_r$ 扩充为$\mathbb{R}^m$的一组标准正交基 $\boldsymbol{\alpha}_1, \boldsymbol{\alpha}_2, \cdots, \boldsymbol{\alpha}_m$，令

$$\boldsymbol{U}=(\boldsymbol{\alpha}_1\ \boldsymbol{\alpha}_2 \cdots \boldsymbol{\alpha}_m),\ \boldsymbol{V}=(\boldsymbol{\beta}_1\ \boldsymbol{\beta}_2 \cdots \boldsymbol{\beta}_n),$$

由构造可知，$\boldsymbol{U}$，$\boldsymbol{V}$ 分别是 m 阶和 n 阶正交矩阵，并且由式（8.13）得

$$\boldsymbol{AV}=(\boldsymbol{A\beta}_1\ \boldsymbol{A\beta}_2 \cdots \boldsymbol{A\beta}_r\ \boldsymbol{o} \cdots \boldsymbol{o})=(s_1\boldsymbol{\alpha}_1 s_2\boldsymbol{\alpha}_2 \cdots s_r\boldsymbol{\alpha}_r\ \boldsymbol{o} \cdots \boldsymbol{o}).$$

令 $\boldsymbol{D}=\mathrm{diag}(s_1, s_2, \cdots, s_r)$，$\Sigma=\begin{pmatrix}\boldsymbol{D} & \boldsymbol{O}\\ \boldsymbol{O} & \boldsymbol{O}\end{pmatrix}$，则

$$\boldsymbol{U}\Sigma=(\boldsymbol{\alpha}_1\ \boldsymbol{\alpha}_2 \cdots \boldsymbol{\alpha}_r\ \boldsymbol{\alpha}_{r+1} \cdots \boldsymbol{\alpha}_m)\begin{pmatrix}\boldsymbol{D} & \boldsymbol{O}\\ \boldsymbol{O} & \boldsymbol{O}\end{pmatrix}=(s_1\boldsymbol{\alpha}_1\ s_2\boldsymbol{\alpha}_2 \cdots s_r\boldsymbol{\alpha}_r\ \boldsymbol{o} \cdots \boldsymbol{o})=\boldsymbol{AV}.$$

由于 $\boldsymbol{V}$ 是正交矩阵，因此 $\boldsymbol{U}\Sigma\boldsymbol{V}^{\mathrm{T}}=\boldsymbol{AVV}^{\mathrm{T}}=\boldsymbol{A}$. 证毕

形如式（8.11）的分解称为 $\boldsymbol{A}$ 的**奇异值分解**（**singular value decomposition**），简称 **SVD**. 从定理 8.13 的证明可见，$\boldsymbol{U}$，$\boldsymbol{V}$ 并不唯一，但Σ 的主对角线元素是 $\boldsymbol{A}$ 的奇异值，由 $\boldsymbol{A}$ 唯一确定 .

我们将 $\boldsymbol{U}$ 的列向量称为 $\boldsymbol{A}$ 的**左奇异向量**（**left singular vectors**），将 $\boldsymbol{V}$ 的列向量称为 $\boldsymbol{A}$ 的**右奇异向量**（**right singular vectors**）.

定理 8.13 的证明过程提供了计算奇异值分解的方法，其步骤如下：

第一步：将矩阵 $\boldsymbol{A}^{\mathrm{T}}\boldsymbol{A}$ 正交相似对角化，构造 $\boldsymbol{V}$. 求出矩阵 $\boldsymbol{A}^{\mathrm{T}}\boldsymbol{A}$ 的全部特征值并按照降序排列，使得 $\lambda_1 \geqslant \lambda_2 \geqslant \cdots \geqslant \lambda_n$. 再求出对应的单位正交特征向量 $\boldsymbol{\beta}_1, \boldsymbol{\beta}_2, \cdots, \boldsymbol{\beta}_n$，构成 $\boldsymbol{A}$ 的右奇异向量，令 $\boldsymbol{V}=(\boldsymbol{\beta}_1\boldsymbol{\beta}_2\cdots\boldsymbol{\beta}_n)$.

第二步：算出Σ . 计算 $\boldsymbol{A}$ 的奇异值 $s_i=\sqrt{\lambda_i}$，$i=1, 2, \cdots, n$. 设 $\mathrm{r}(\boldsymbol{A})=r$. 令$\Sigma$ 与 $\boldsymbol{A}$ 是同型矩阵，且$\Sigma=\begin{pmatrix}\boldsymbol{D} & \boldsymbol{O}\\ \boldsymbol{O} & \boldsymbol{O}\end{pmatrix}$，其中 $\boldsymbol{D}=\mathrm{diag}(s_1, s_2, \cdots, s_r)$.

第三步：构造 $\boldsymbol{U}$. 计算 $\boldsymbol{A\beta}_1, \boldsymbol{A\beta}_2, \cdots, \boldsymbol{A\beta}_r$ 并单位化，得到 $\boldsymbol{\alpha}_i=\dfrac{1}{s_i}\boldsymbol{A\beta}_i$，$i=1, 2, \cdots, r$. 将 $\boldsymbol{\alpha}_1, \boldsymbol{\alpha}_2, \cdots, \boldsymbol{\alpha}_r$ 扩充为$\mathbb{R}^m$的一组标准正交基 $\boldsymbol{\alpha}_1, \boldsymbol{\alpha}_2, \cdots, \boldsymbol{\alpha}_m$，构成 $\boldsymbol{A}$ 的左奇异向量，令 $\boldsymbol{U}=(\boldsymbol{\alpha}_1\ \boldsymbol{\alpha}_2 \cdots \boldsymbol{\alpha}_m)$.

则可得 $\boldsymbol{A}$ 的一个奇异值分解 $\boldsymbol{A}=\boldsymbol{U}\Sigma\boldsymbol{V}^{\mathrm{T}}$.

例 8.19　计算矩阵 $\boldsymbol{A}=\begin{pmatrix}4 & 11 & 14\\ 8 & 7 & -2\end{pmatrix}$ 的奇异值分解 .

解　由例 8.18 得到 $\boldsymbol{A}^{\mathrm{T}}\boldsymbol{A}$ 的特征值为 $\lambda_1=360$，$\lambda_2=90$，$\lambda_3=0$. 相应的单位正交特征向量 $\boldsymbol{\beta}_1=\begin{pmatrix}\frac{1}{3}\\ \frac{2}{3}\\ \frac{2}{3}\end{pmatrix}$，$\boldsymbol{\beta}_2=\begin{pmatrix}-\frac{2}{3}\\ -\frac{1}{3}\\ \frac{2}{3}\end{pmatrix}$，$\boldsymbol{\beta}_3=\begin{pmatrix}\frac{2}{3}\\ -\frac{2}{3}\\ \frac{1}{3}\end{pmatrix}$是 $\boldsymbol{A}$ 的右奇异向量，令 $\boldsymbol{V}=\begin{pmatrix}\frac{1}{3} & -\frac{2}{3} & \frac{2}{3}\\ \frac{2}{3} & -\frac{1}{3} & -\frac{2}{3}\\ \frac{2}{3} & \frac{2}{3} & \frac{1}{3}\end{pmatrix}$. $\boldsymbol{A}$ 的

奇异值为 $s_1=6\sqrt{10}$，$s_2=3\sqrt{10}$，$s_3=0$. 构造 $\boldsymbol{D}=\begin{pmatrix}6\sqrt{10} & 0\\ 0 & 3\sqrt{10}\end{pmatrix}$，令$\boldsymbol{\Sigma}=\begin{pmatrix}6\sqrt{10} & 0 & 0\\ 0 & 3\sqrt{10} & 0\end{pmatrix}$.
最后，构造 $\boldsymbol{U}$.

计算 $\boldsymbol{\alpha}_1=\frac{1}{s_1}\boldsymbol{A}\boldsymbol{\beta}_1=\begin{pmatrix}\frac{3}{\sqrt{10}}\\ \frac{1}{\sqrt{10}}\end{pmatrix}$，$\boldsymbol{\alpha}_2=\frac{1}{s_2}\boldsymbol{A}\boldsymbol{\beta}_2=\begin{pmatrix}\frac{1}{\sqrt{10}}\\ -\frac{3}{\sqrt{10}}\end{pmatrix}$，注意到 $\boldsymbol{\alpha}_1$，$\boldsymbol{\alpha}_2$ 已经是$\mathbb{R}^2$的一组标准正交基，因此构造 $\boldsymbol{U}$ 不需要另外的向量，令 $\boldsymbol{U}=(\boldsymbol{\alpha}_1\ \boldsymbol{\alpha}_2)=\begin{pmatrix}\frac{3}{\sqrt{10}} & \frac{1}{\sqrt{10}}\\ \frac{1}{\sqrt{10}} & -\frac{3}{\sqrt{10}}\end{pmatrix}$. 于是得 $\boldsymbol{A}$ 的奇异值分解为

$$\boldsymbol{A}=\boldsymbol{U}\boldsymbol{\Sigma}\boldsymbol{V}^{\mathrm{T}}=\begin{pmatrix}\frac{3}{\sqrt{10}} & \frac{1}{\sqrt{10}}\\ \frac{1}{\sqrt{10}} & -\frac{3}{\sqrt{10}}\end{pmatrix}\begin{pmatrix}6\sqrt{10} & 0 & 0\\ 0 & 3\sqrt{10} & 0\end{pmatrix}\begin{pmatrix}\frac{1}{3} & \frac{2}{3} & \frac{2}{3}\\ -\frac{2}{3} & -\frac{1}{3} & \frac{2}{3}\\ \frac{2}{3} & -\frac{2}{3} & \frac{1}{3}\end{pmatrix}.$$

例 8.20 计算矩阵 $\boldsymbol{A}=\begin{pmatrix}1 & -2\\ 2 & -4\\ -1 & 2\end{pmatrix}$ 的奇异值分解.

解 计算 $\boldsymbol{A}^{\mathrm{T}}\boldsymbol{A}=\begin{pmatrix}6 & -12\\ -12 & 24\end{pmatrix}$，其特征值为 $\lambda_1=30$，$\lambda_2=0$. 求得对应的单位特征向量为 $\boldsymbol{\beta}_1=\begin{pmatrix}\frac{1}{\sqrt5}\\ -\frac{2}{\sqrt5}\end{pmatrix}$，$\boldsymbol{\beta}_2=\begin{pmatrix}\frac{2}{\sqrt5}\\ \frac{1}{\sqrt5}\end{pmatrix}$，构造 $\boldsymbol{V}=(\boldsymbol{\beta}_1\ \boldsymbol{\beta}_2)=\begin{pmatrix}\frac{1}{\sqrt5} & \frac{2}{\sqrt5}\\ -\frac{2}{\sqrt5} & \frac{1}{\sqrt5}\end{pmatrix}$. $\boldsymbol{A}$ 的奇异值为 $s_1=\sqrt{30}$，$s_2=0$. 令 $D=(\sqrt{30})$. 构造$\boldsymbol{\Sigma}=\begin{pmatrix}\sqrt{30} & 0\\ 0 & 0\\ 0 & 0\end{pmatrix}$.

下求矩阵 $\boldsymbol{U}$. 计算 $\boldsymbol{A}\boldsymbol{\beta}_1=\begin{pmatrix}\sqrt5\\ 2\sqrt5\\ -\sqrt5\end{pmatrix}$，进而 $\boldsymbol{\alpha}_1=\frac{1}{s_1}\boldsymbol{A}\boldsymbol{\beta}_1=\begin{pmatrix}\frac{1}{\sqrt6}\\ \frac{2}{\sqrt6}\\ -\frac{1}{\sqrt6}\end{pmatrix}$，将 $\boldsymbol{\alpha}_1$ 扩充为$\mathbb{R}^3$的一组标准正交基 $\boldsymbol{\alpha}_1$，$\boldsymbol{\alpha}_2$，$\boldsymbol{\alpha}_3$，其中 $\boldsymbol{\alpha}_2$，$\boldsymbol{\alpha}_3$ 是满足方程 $\boldsymbol{\alpha}_1^{\mathrm{T}}\boldsymbol{x}=0$ 的正交单位向量，解得方程

$x_1+2x_2-x_3=0$ 的基础解系为 $\boldsymbol{\eta}_1=\begin{pmatrix}-2\\1\\0\end{pmatrix}$，$\boldsymbol{\eta}_2=\begin{pmatrix}1\\0\\1\end{pmatrix}$，对 $\boldsymbol{\eta}_1$，$\boldsymbol{\eta}_2$ 正交化、单位化得到

$\boldsymbol{\alpha}_2=\begin{pmatrix}-\frac{2}{\sqrt{5}}\\\frac{1}{\sqrt{5}}\\0\end{pmatrix}$，$\boldsymbol{\alpha}_3=\begin{pmatrix}\frac{1}{\sqrt{30}}\\\frac{2}{\sqrt{30}}\\\frac{5}{\sqrt{30}}\end{pmatrix}$．令

$$\boldsymbol{U}=(\boldsymbol{\alpha}_1\ \boldsymbol{\alpha}_2\ \boldsymbol{\alpha}_3)=\begin{pmatrix}\frac{1}{\sqrt{6}} & -\frac{2}{\sqrt{5}} & \frac{1}{\sqrt{30}}\\\frac{2}{\sqrt{6}} & \frac{1}{\sqrt{5}} & \frac{2}{\sqrt{30}}\\-\frac{1}{\sqrt{6}} & 0 & \frac{5}{\sqrt{30}}\end{pmatrix},$$

于是得 $\boldsymbol{A}$ 的奇异值分解为

$$\boldsymbol{A}=\boldsymbol{U}\Sigma\boldsymbol{V}^{\mathrm{T}}=\begin{pmatrix}\frac{1}{\sqrt{6}} & -\frac{2}{\sqrt{5}} & \frac{1}{\sqrt{30}}\\\frac{2}{\sqrt{6}} & \frac{1}{\sqrt{5}} & \frac{2}{\sqrt{30}}\\-\frac{1}{\sqrt{6}} & 0 & \frac{5}{\sqrt{30}}\end{pmatrix}\begin{pmatrix}\sqrt{30} & 0\\0 & 0\\0 & 0\end{pmatrix}\begin{pmatrix}\frac{1}{\sqrt{5}} & -\frac{2}{\sqrt{5}}\\\frac{2}{\sqrt{5}} & \frac{1}{\sqrt{5}}\end{pmatrix}.$$

8.7.3　奇异向量与基本子空间的基

我们知道，对于 m×n 矩阵 $\boldsymbol{A}$，可定义 $\boldsymbol{A}$ 的四个基本子空间 $R(\boldsymbol{A})$，$R(\boldsymbol{A}^{\mathrm{T}})$，$N(\boldsymbol{A})$，$N(\boldsymbol{A}^{\mathrm{T}})$．给定 $\boldsymbol{A}$ 的一个奇异值分解，取 $\boldsymbol{\alpha}_1$，$\boldsymbol{\alpha}_2$，…，$\boldsymbol{\alpha}_m$ 为 $\boldsymbol{A}$ 的左奇异向量，$\boldsymbol{\beta}_1$，$\boldsymbol{\beta}_2$，…，$\boldsymbol{\beta}_n$ 为 $\boldsymbol{A}$ 的右奇异向量，s_1，s_2，…，s_n 为 $\boldsymbol{A}$ 的奇异值，且 $\mathrm{r}(\boldsymbol{A})=r$.

根据定理 8.13 知，$\boldsymbol{\alpha}_1$，$\boldsymbol{\alpha}_2$，…，$\boldsymbol{\alpha}_r$ 可构成 $R(\boldsymbol{A})$ 的一组标准正交基，而 $R(\boldsymbol{A})$ 与 $N(\boldsymbol{A}^{\mathrm{T}})$ 互为正交补，则可得 $\boldsymbol{\alpha}_{r+1}$，$\boldsymbol{\alpha}_{r+2}$，…，$\boldsymbol{\alpha}_m$ 为 $N(\boldsymbol{A}^{\mathrm{T}})$ 的一组标准正交基．

由 $\boldsymbol{A\beta}_{r+1}=\boldsymbol{o}$，$\boldsymbol{A\beta}_{r+2}=\boldsymbol{o}$，…，$\boldsymbol{A\beta}_n=\boldsymbol{o}$，可知 $L(\boldsymbol{\beta}_{r+1}$，$\boldsymbol{\beta}_{r+2}$，…，$\boldsymbol{\beta}_n)$ 是 $N(\boldsymbol{A})$ 的 $n-r$ 维子空间，又 $\dim N(\boldsymbol{A})=n-r$，则 $\boldsymbol{\beta}_{r+1}$，$\boldsymbol{\beta}_{r+2}$，…，$\boldsymbol{\beta}_n$ 是 $N(\boldsymbol{A})$ 的一组标准正交基．而 $N(\boldsymbol{A})$ 与 $R(\boldsymbol{A}^{\mathrm{T}})$ 互为正交补，可得 $\boldsymbol{\beta}_1$，$\boldsymbol{\beta}_2$，…，$\boldsymbol{\beta}_r$ 是 $R(\boldsymbol{A}^{\mathrm{T}})$ 的一组标准正交基．在实际应用中，由 $\boldsymbol{A}$ 确定的四个基本子空间的标准正交基在某些计算中是非常有用的．

注意到，若有 $\boldsymbol{A}$ 的奇异值分解 $\boldsymbol{A}=\boldsymbol{U}\Sigma\boldsymbol{V}^{\mathrm{T}}$，则有 $\boldsymbol{A}^{\mathrm{T}}=\boldsymbol{V}\Sigma^{\mathrm{T}}\boldsymbol{U}^{\mathrm{T}}$．因此 $\boldsymbol{A}^{\mathrm{T}}$ 与 $\boldsymbol{A}$ 有相同的非零奇异值，并且 $\boldsymbol{A}$ 的左奇异向量是 $\boldsymbol{A}^{\mathrm{T}}$ 的右奇异向量，$\boldsymbol{A}$ 的右奇异向量是 $\boldsymbol{A}^{\mathrm{T}}$ 的左奇异向量．

8.7.4　简化奇异值分解和 A 的伪逆

设 $\boldsymbol{A}$ 的奇异值分解为 $\boldsymbol{A}=\boldsymbol{U}\Sigma\boldsymbol{V}^{\mathrm{T}}$，其中 $\boldsymbol{U}=(\boldsymbol{\alpha}_1\,\boldsymbol{\alpha}_2\cdots\boldsymbol{\alpha}_m)$，$\boldsymbol{V}=(\boldsymbol{\beta}_1\,\boldsymbol{\beta}_2\cdots\boldsymbol{\beta}_n)$．设 r

($\boldsymbol{A}$) $=r$，则 $\boldsymbol{A}$ 的非零奇异值为 s_1，s_2，…，s_r. 于是

$$\boldsymbol{A}=\boldsymbol{U}_r\boldsymbol{D}\boldsymbol{V}_r^{\mathrm{T}},\tag{8.13}$$

其中，$\boldsymbol{U}_r=(\boldsymbol{\alpha}_1\ \boldsymbol{\alpha}_2\cdots\ \boldsymbol{\alpha}_r)$，$\boldsymbol{V}_r=(\boldsymbol{\beta}_1\ \boldsymbol{\beta}_2\cdots\ \boldsymbol{\beta}_r)$，$\boldsymbol{D}=\mathrm{diag}(s_1, s_2, \cdots, s_r)$. 称式 (8.13) 为 $\boldsymbol{A}$ 的**简化奇异值分解 (reduced singular value decomposition)**. 由于 $\boldsymbol{D}$ 是可逆矩阵，称如下矩阵

$$\boldsymbol{A}^{+}=\boldsymbol{V}_r\boldsymbol{D}^{-1}\boldsymbol{U}_r^{\mathrm{T}}\tag{8.14}$$

为 $\boldsymbol{A}$ 的**穆尔－彭罗斯广义逆 (Moore－Penrose pseudoinverse)**. 可以证明，$\boldsymbol{A}^{+}$ 是由 $\boldsymbol{A}$ 唯一确定的，且不依赖于 $\boldsymbol{A}$ 的奇异值分解.

例 8.21 （最小二乘解）给定线性方程组 $\boldsymbol{Ax}=\boldsymbol{\beta}$，令 $\widehat{\boldsymbol{x}}=\boldsymbol{A}^{+}\boldsymbol{\beta}$，则由式 (8.13) 和式 (8.14)，可得

$$\begin{aligned}\boldsymbol{A}^{\mathrm{T}}\boldsymbol{A}\widehat{\boldsymbol{x}}&=\boldsymbol{V}_r\boldsymbol{D}\boldsymbol{U}_r^{\mathrm{T}}(\boldsymbol{U}_r\boldsymbol{D}\boldsymbol{V}_r^{\mathrm{T}})(\boldsymbol{V}_r\boldsymbol{D}^{-1}\boldsymbol{U}_r^{\mathrm{T}}\boldsymbol{\beta})\\&=\boldsymbol{V}_r\boldsymbol{D}(\boldsymbol{U}_r^{\mathrm{T}}\boldsymbol{U}_r)\boldsymbol{D}(\boldsymbol{V}_r^{\mathrm{T}}\boldsymbol{V}_r)\boldsymbol{D}^{-1}\boldsymbol{U}_r^{\mathrm{T}}\boldsymbol{\beta}\\&=\boldsymbol{V}_r\boldsymbol{D}\boldsymbol{D}\boldsymbol{D}^{-1}\boldsymbol{U}_r^{\mathrm{T}}\boldsymbol{\beta}=(\boldsymbol{V}_r\boldsymbol{D}\boldsymbol{U}_r^{\mathrm{T}})\boldsymbol{\beta}=\boldsymbol{A}^{\mathrm{T}}\boldsymbol{\beta},\end{aligned}$$

即 $\widehat{\boldsymbol{x}}=\boldsymbol{A}^{+}\boldsymbol{\beta}$ 是正规方程 $\boldsymbol{A}^{\mathrm{T}}\boldsymbol{Ax}=\boldsymbol{A}^{\mathrm{T}}\boldsymbol{\beta}$ 的解，因此 $\widehat{\boldsymbol{x}}=\boldsymbol{A}^{+}\boldsymbol{\beta}$ 是 $\boldsymbol{Ax}=\boldsymbol{\beta}$ 的一个最小二乘解.

习题 8.7

1. 求下列矩阵的奇异值分解：

(1) $\begin{pmatrix}-2&1\\2&2\end{pmatrix}$；(2) $\begin{pmatrix}1&-1\\-2&2\\2&-2\end{pmatrix}$；(3) $\begin{pmatrix}1&0&-1\\1&1&1\end{pmatrix}$.

2. 已知矩阵 $\boldsymbol{A}$ 的奇异值分解为

$$\boldsymbol{A}=\begin{pmatrix}\frac{1}{\sqrt{2}}&\frac{1}{\sqrt{2}}&0\\0&0&1\\-\frac{1}{\sqrt{2}}&\frac{1}{\sqrt{2}}&0\end{pmatrix}\begin{pmatrix}10&0&0\\0&7&0\\0&0&0\end{pmatrix}\begin{pmatrix}\frac{2}{3}&\frac{2}{3}&-\frac{1}{3}\\-\frac{1}{3}&\frac{2}{3}&\frac{2}{3}\\\frac{2}{3}&-\frac{1}{3}&\frac{2}{3}\end{pmatrix},$$

利用这个分解式，不用计算，请写出 $R(\boldsymbol{A})$ 和 $N(\boldsymbol{A})$ 的一组标准正交基.

3. 设 $\boldsymbol{A}$ 是 $m\times n$ 矩阵，$\boldsymbol{P}$ 是 m 阶正交矩阵，$\boldsymbol{Q}$ 是 n 阶正交矩阵，证明：$\boldsymbol{PAQ}$ 与 $\boldsymbol{A}$ 有相同的奇异值.

4. 对于任意 n 阶矩阵 $\boldsymbol{A}$，利用奇异值分解定理证明存在一个 n 阶正交矩阵 $\boldsymbol{Q}$，使得 $\boldsymbol{AA}^{\mathrm{T}}=\boldsymbol{Q}^{\mathrm{T}}(\boldsymbol{A}^{\mathrm{T}}\boldsymbol{A})\boldsymbol{Q}$.

代数学发展简史

数学是几千年来人类智慧的结晶，是人类文明的重要组成部分．在历史发展的长河中，人类逐步积淀了丰富的数学知识，其中所蕴含的精神、思想和方法是我们取之不尽、用之不竭的宝贵财富．数学发展到现在，已经成为科学世界中拥有100多个学科分支的庞大体系．大体说来，数学中研究数的理论属于代数学的范畴；研究形的理论属于几何学的范畴；沟通形与数且涉及极限运算的部分属于分析学的范畴．这三大类数学构成了整个数学的本体与核心．在这一核心的周围，由于数学通过数与形这两个概念与其他科学互相渗透，进而出现了许多边缘学科和交叉学科．在此介绍代数学的历史发展概况及其范畴．

1. 代数学的来历

“代数”（algebra）一词最初来源于公元9世纪阿拉伯数学家、天文学家阿尔·花拉子米（Al-Khwarizmi，约780—850）的一本著作 *Al-jabrw'al muqabalah*，直译为《还原与对消的科学》．阿拉伯字 al-jabr 意为“还原”或“移项”，这里指把负项移到方程另一端“还原”为正项；muqabalah 意即“对消”或“化简”，指方程两端可以消去相同的项或合并同类项．约公元1140年，《还原与对消的科学》被译成拉丁文，这本书传入欧洲后，“al-jabr”慢慢演变为“algebra”，并沿用至今．

清代初年，西方数学传入中国．1859年，我国数学家李善兰（1811—1882）首次把“algebra”译成“代数”．1873年，清末学者华蘅芳（1833—1902）和英国传教士傅兰雅（J. Fryer，1839—1928）合译英国瓦里斯的《代数学》时，卷首写有“代数之法，无论何数，皆可以任何记号代之”，亦即：代数，就是运用文字符号来代替数字的一种数学方法．

我们熟知的中学代数最大的特点是引入未知数，建立方程并对未知数加以运算．最早提出这一思想并加以举例论述的学者是古希腊数学家丢番图（Diophantus of Alexandria，约3世纪）．公元250年前后，丢番图写了一本数学巨著《算术》（Arithmetic）．在这部著作中，他引入了未知数的概念，创设了一套缩写符号，并有建立方程式的思想．故后人多称丢番图为“代数学之父”．

《算术》一书中的代数方程主要讨论不定方程，且只讨论正根．丢番图认为负根是不合理的，他解方程的方法大多比较巧妙，一题一法，甚至性质相近的方程，解法也不同．《算术》中有一个著名的不定方程：将一个平方数分成两个平方数之和．1637年，法国数学家费马（P. de Fermat，1601—1665）在阅读《算术》时，对该问题作了一个边注“将一个立方数分成两个立方数之和，或者一个四次幂分成两个四次幂之和，这是不可能的．”费马并没有给出严格的证明，但对这个边注的讨论引出了后来举世瞩目的“费马大定理”．

2. 符号代数的产生与发展

数学符号对于数学的发展极为重要，尽管人们无法对每一个数学符号的由来给出确切的历史考证，但一些重要符号的出现，仍然在数学史上留下了深深的足迹.

符号代数的发展历史经历了三个阶段. 第一阶段为3世纪之前，对问题的解不用缩写和符号，而是写成一篇论文，这一阶段称为文字叙述代数时期；第二阶段为3世纪至16世纪，对某些较常见的量和运算采用了缩写的方法，称为简化代数时期，开创简化代数时代的是3世纪的古希腊数学家丢番图. 然而此后，文字叙述代数在一些国家仍然存在了几百年，尤其在西欧一直到15世纪. 第三个阶段为16世纪以后，对问题的解大多表现为由符号组成的数学速记，这些符号与所表现的内容没有什么明显的联系，称为符号代数时期.

使得符号代数发生重大变革的是16世纪法国最有影响的数学家之一韦达（François Viète，1540—1603），16世纪末，韦达在他所著的《分析方法入门》一书中，详细研究了方程的结构来代替方程的求解，卓有成效地重建了代数学研究，最早发展了使用字母的方程理论，对符号代数的发展有诸多贡献. 例如，他用母音 a、e、i、o 等代表未知量，用子音 b、c、d、f 等代表已知量. 后来，笛卡尔改用字母序列的前面部分字母 a、b、c 等表示已知量，后面部分字母 x、y、z 等表示未知量，这个习惯一直沿用至今. 韦达将符号代数称为“类的计算术”. 从此，代数脱离了具体数的束缚而抽象为研究一般的符号形式的学问.

今日数学所使用的符号是早期使用的符号经过长期实践后保留下来的，其特征大多遵循易写易记的原则. 使用符号是数学史上的一个重要事件.

3. 代数学的发展

代数学是从代数方程求根逐步发展起来的. 早在公元前19世纪—前17世纪，古巴比伦人就解决了一元一次和一元二次方程求根问题，给出了二次方程的求根公式. 公元前4世纪，古希腊的欧几里得（Euclid of Alexandria，约公元前325—前265）在《几何原本》中用几何方法求解二次方程. 公元1世纪，我国的名著《九章算术》中有三次方程和一次方程组的解法，并运用了负数. 3世纪的丢番图用有理数求一次、二次不定方程的解. 13世纪中叶，我国数学家秦九韶在其所著《数书九章》中给出了高次方程的近似解法. 金元时期的数学家李冶在其所著《测圆海镜》中记载了有关一元高次方程的数值解法“天元术”.

由一次方程组求解问题发展起来的理论称为线性代数学，主要研究行列式、矩阵、向量空间、线性变换、型论、不变量论、张量代数等. 代数学的另一重要内容是多项式理论，是由高次方程求根问题发展起来的. 至19世纪上半叶，“求代数方程的根”一直是古典代数学的中心问题.

一元高次方程的求解要比一次方程（组）求解困难得多，人们着眼于寻求高次方程的代数解法，即由方程的系数通过加、减、乘、除、乘方、开方等六种运算把根表示出来. 1515年，意大利数学家菲洛（S. Ferro，1456—1526）解决了形如 $x^3+ax=b$ 的缺二次项的三次方程求解问题，但他并未发表其解法．1533 年，意大利数学家塔尔塔利亚（N. Tartaglia，1500—1557）宣布找到了一元三次方程的代数解法，意大利另一位数学家卡丹（J. Cardan，1501—1576）向其索要解题秘诀，并将他对这一解法的理解发表于 1545 年自己的著作《大法》一书中，一元三次方程的求根公式首次公之于世，并被称为卡丹公式．1540 年，卡丹的学生弗尔拉里（L. Ferrari，1522—1565）发现了一元四次方程的代数解法，后发表于卡丹的《重要的艺术》一书中．

在研究解方程的过程中，卡丹引入了复数，并认识到三次方程有三个根，四次方程有四个根，卡丹还指出方程的复根是以共轭的形式成对出现的．200 多年后，法国数学家达朗贝尔（Jean le Rond d'Alembert，1717—1783）于 1746 年首先给出了代数学基本定理，即

设 $f(x) = x^n + a_1x^{n-1} + a_2x^{n-2} + \cdots + a_{n-1}x + a_n$ 是一个一元 n 次多项式，它的系数 a_1，a_2，$\cdots$，a_{n-1}，a_n 是复数，则一元 n 次代数方程 $f(x) = 0$ 在复数域中至少有一个根．

由此推出，n 次复系数代数方程在复数域内有且只有 n 个根（重根按重数计算）．达朗贝尔对代数学基本定理的证明不够完善．1799 年，德国数学家高斯（Gauss，1777—1855）在其博士学位论文中给出了代数学基本定理的第一个严格证明．这样，高次方程根的存在性问题彻底解决了．代数基本定理在代数乃至整个数学中起着基础作用．

自四次方程解出后，许多数学家努力寻求更高次方程的根式解法．1770 年，法国数学家拉格朗日从研究二、三、四次方程求解规律入手，引入了排列和置换的概念，写出了《关于代数方程解法的思考》一文，首次指出高于四次的代数方程可能没有代数解法，但没有给出证明．德国数学家高斯也曾有类似的预言．1824 年，挪威数学家阿贝尔（N. H. Abel，1802—1829）证明了高于四次的一般形式代数方程没有代数解法．至此，人们在长达 300 多年内寻求高于四次方程的求根公式失败的原因终于有了理论依据．

但是，为什么四次及以下的方程有代数解法，而高于四次的方程没有代数解法呢？1829 年，法国青年数学家伽罗瓦（Évariste Galois，1811—1832）在熟读了拉格朗日和阿贝尔的论文后，深受启发，他试图寻求一种统一的方法讨论能否用根式求解高次方程，即在一般的理论框架下研究这个问题．对于已知的方程，伽罗瓦考虑它的根的置换构成的某个集合，说明这个置换集的某些性质能揭示方程根的内在特征，即这些性质对方程是否存在代数解法起决定作用．于是，伽罗瓦开始对这个置换集进行独立的研究，这个置换集后来被称为**伽罗瓦群**．他证明了一个代数方程如果可用根式求解，则相应的伽罗瓦群是一个可解群．作为这个结果的推论：对应于一般形式的 n 次代数方程的伽罗瓦群，只有当 $n=1$，2，3，4 时才是可解群．1870 年，大约在伽罗瓦去世后 40 年，他的研究成果才被世界公认，后人称之为**伽罗瓦理论**．伽罗瓦理论包含了方程能用根式求解的充要条件．至此，困扰了数学家长达数百年之久的古典代数学的中心问题得以终结：代数方程的根式可解性是由这个方程的伽罗瓦群的可解性决定的．因此，五次及以上的代数方程不存在求根公式．

伽罗瓦理论被公认为 19 世纪最杰出的数学成就，开辟了全新的研究领域，以结构研究代替计算，将思维方式从偏重计算研究转向用结构观念进行研究，使得抽象代数学

迅速发展，并对近代数学的形成和发展产生了巨大影响．同时，这种理论对物理学、化学等自然科学，甚至对于20世纪结构主义哲学的产生和发展都产生了深远的影响．

伽罗瓦群的所有重要性质不依赖于被置换对象的固有特征，从而产生了“抽象性”的概念，开创了代数学领域里的一个崭新分支——群论，这是研究“代数体系”的开端．数学家们将具有某些运算并满足一定运算规律的集合（不一定是数集）赋予一些特殊的名称，如群、环、域等，从而构成了不同的代数体系．

尽管代数学是基础学科，在抽象的道路上越走越远，然而不可否认它的重要性，特别是近年来，随着电子计算机和信息通信的革命性大潮，代数学的应用发展甚为惊人．群论在编码和加密理论中非常重要，现代信息技术中至关重要的信息安全等问题离不开代数学的支撑，代数学成了编码和密码学的基础；矩阵论成为经济、统计分析等理论的基础；代数拓扑的一些概念出现在发电及计算机芯片等诸多领域；范畴理论在计算机语言设计中也有应用．代数学对20世纪现代物理学的影响也是深远的．20世纪物理学发生的两个伟大革命是相对论和量子理论，而它们都是建立在19世纪的纯代数概念的基础上．21世纪的今天，物理学家正在研究更奇怪和大胆的物质理论，其中最大胆的理论是要统一相对论和量子力学．所有这些研究至少有一部分要借助20世纪的代数或代数几何的研究成果．

4. 代数学的范畴

代数学主要包含算术、初等代数、高等代数、数论和抽象代数五个部分．

4.1 算术

算术是数学的始祖，是数学中最古老的一个分支．算术中的一些结论是在长达数千年的时间里，逐渐建立起来的．算术有两种含义，一种是从中国传下来的，相当于一般所说的“数学”，如《九章算术》等．另一种是从欧洲数学翻译过来的，源自希腊语，有“计算技术”之意．现在一般所说的“算术”，往往指自然数的四则运算．作为现代小学课程内容的算术，主要讲的是自然数、正分数以及它们的四则运算，并通过由计数和度量而引起的一些最简单的应用题加以巩固．

古希腊时期的算术一词，专指数的理论，它与实用的计算技术有明显的不同，这种区别一直保持到中世纪．现代初等算术运算方法的发展，起源于印度，时间大约在10世纪或11世纪，它后来被阿拉伯人采用，之后传到欧洲，才将数的理论称为“数论”，把数的计算称为“算术”．15世纪，它被改造成现在的形式．在印度算术的后面，明显存在着我国古代的影响．

19世纪中叶，德国数学家格拉斯曼（H. G. Grassmann，1809—1877）第一次成功地挑选出一个基本公理体系，来定义加法与乘法运算；而算术的其他命题，可以作为逻辑的结果，从这一体系中被推导出来．后来，意大利数学家皮亚诺（G. Peano，1858—1932）进一步完善了格拉斯曼的体系．

算术的基本概念和逻辑推论法则，以人类的实践活动为基础，深刻地反映了世界的客观规律性．尽管它是高度抽象的，但由于它概括的原始材料是如此广泛，因此我们几乎离不开它．同时，它又构成了数学其他分支的最坚实的基础．

4.2 初等代数

作为中学数学课程主要内容的初等代数，其中心内容是方程理论．代数方程理论在初等代数中是由一元一次方程向两个方面扩展的：其一是增加未知量的个数，考察由几个未知量的若干个方程所构成的二元或三元方程组（主要是一次方程组）；其二是增高未知量的次数，考察一元二次方程或准二次方程．初等代数的主要内容在16世纪便已基本上发展完备了．

数的概念的拓广，在历史上并不全是由解代数方程所引起的，但习惯上仍把它放在初等代数里，以求与这门课程的安排相一致．公元前4世纪，古希腊人发现无理数．公元前2世纪（西汉时期），我国开始应用负数．1545年，意大利数学家卡丹开始使用虚数．1614年，英国数学家纳皮尔（J. Napier，1550—1617）发明了对数．17世纪末，一般的实数指数概念逐步形成．

4.3 高等代数

在高等代数中，一次方程组（即线性方程组）发展成为**线性代数理论**；而二次以上方程发展成为**多项式理论**．前者是向量空间、线性变换、型论、不变量论和张量代数等内容的一门近世代数分支学科，而后者是研究只含有一个未知量的任意次方程的一门近世代数分支学科．作为大学课程的高等代数，只研究它们的基础．

1683年，日本数学家关孝和（Seki Takakazu，1642—1708）最早引入行列式的概念．而在欧洲，第一个提出行列式概念的是德国数学家莱布尼茨（G. W. Leibniz，1646—1716）．1750年，瑞士数学家克莱姆（Cramer，1704—1752）在他的《线性代数分析导言》中发表了求解线性系统方程的重要基本公式（即克莱姆法则）．法国数学家范德蒙（Vandermonde，1735—1796）是第一个对行列式理论进行系统的阐述（即把行列式理论与线性方程组求解相分离）的人，就对行列式本身进行研究这一点而言，他是这门理论的奠基人．1841年，德国数学家雅可比（C. G. Jacobi，1804—1851）总结并提出了行列式的最系统的理论．英国数学家凯莱（A. Cayley，1821—1895）在1855年引入了矩阵的概念，在1858年发表了关于这个课题的第一篇重要文章《矩阵论的研究报告》．

大约在1800年，高斯提出了高斯消元法并用它解决了天体计算和后来的地球表面测量计算中的最小二乘问题．在当时的几年里，高斯消元法一直被认为是测地学发展的一部分，而不是数学．虽然高斯由于这个技术成功地消去了线性方程的变量而出名，但该方法早在公元1世纪时，我国东汉初年成书的《九章算术》中已具雏形，公元3世纪，魏晋时期的数学家刘徽在《九章算术注》中创造了“互乘相消法”，与矩阵的初等变换消元法基本一致．

行列式和矩阵在19世纪受到很大的关注，虽然表面上看，行列式和矩阵不过是一种语言或速记，但它的大多数生动的概念能对新的思想领域提供钥匙．随着计算机的飞速发展和广泛应用，许多实际问题可以通过离散化的数值计算得到定量的解决，于是，作为处理离散问题的线性代数，成为从事科学研究和工程设计的科技人员必备的数学基础．同时，随着近代抽象数学的发展，人们通过行列式和矩阵的直观形式，可以更加清楚地认识和掌握所要探究的抽象数学的本质．行列式和矩阵正在深刻影响着现代数学的进展，数学发展的实践证明了它们是高度有用的工具．

4.4 数论

以正整数作为研究对象的数论可以看作是算术的一部分，但它不是以运算的观点，而是以数的结构的观点，即从一个数可用性质较简单的其他数来表达的观点来研究数的．因此可以说，数论是研究由整数按一定形式构成的数系的科学．

早在公元前3世纪，古希腊的欧几里得在《几何原本》中讨论了整数的一些性质，他证明了素数的个数是无穷的，还给出了求两个正整数的最大公约数的辗转相除法，这与我国《九章算术》中的“更相减损法”是相同的．古希腊数学家埃拉托色尼（Eratosthenes，公元前276—前194）则给出了寻找不大于给定的自然数 N 的全部素数的“筛法”：在写出从1到 N 的全部整数的纸草上，依次挖去2、3、5、7、……的倍数（各自的2倍，3倍，……）以及1，在这筛子般的纸草上留下的便全是素数了．埃拉托色尼的“筛法”是现代意义的筛法的起源，哥德巴赫猜想的进展主要依靠改进筛法取得的．

当两个整数之差能被正整数 m 除尽时，便称这两个数对于“模” m 同余．公元4世纪前后，我国的《孙子算经》中出现了计算一次同余组的方法．13世纪，我国南宋数学家秦九韶已建立了比较完整的同余式理论，即有“中国剩余定理”之称的“大衍总数术”，在其著作《数书九章》中发表．这是数论研究的内容之一，直到18世纪，瑞士数学家欧拉（L. Euler，1707—1783）、法国数学家拉格朗日（J. L. Lagrange，1736—1813）才对这一问题进行系统的研究．1801年，德国数学家高斯在《算术探究》中明确写出类似定理，然而他们的成果比秦九韶晚了500多年．

古希腊数学家丢番图的著作《算术》中给出了求 $x^2+y^2=z^2$ 所有正整数解的方法．法国数学家费马指出 $x^n+y^n=z^n$ 在 $n>2$ 时无正整数解，即费马大定理，对于该问题的研究产生了19世纪的数论．之后，高斯在1801年出版的著作《算术研究》奠定了近代数论的基础，这本著作不仅是数论方面的划时代之作，也是数学史上不可多得的经典著作之一．此后，数论作为现代数学的一个重要分支得到了系统的发展．

数论的古典内容基本上不借助于其他数学分支的方法，称为**初等数论**．17世纪中叶以后，曾受数论影响而发展起来的代数、几何、分析、概率等数学分支又反过来促进了数论的发展，出现了**代数数论**（研究整系数多项式的根——“代数数”）、**几何数论**（研究直线坐标系中坐标均为整数的全部“整点”——“空间格网”）．19世纪后半叶出现了**解析数论**（用分析方法研究素数的分布）．20世纪出现了完备的数论理论．中国近代数学家华罗庚、陈景润等在解析数论方面都做出过突出的贡献．

4.5 抽象代数（近世代数）

研究群、环、域等各种抽象的公理化代数系统的代数学分支，称为抽象代数或近世代数．这些抽象的公理化代数系统主要起源于19世纪的群论，包含诸多分支并与数学其他分支相结合产生了代数几何、代数数论、代数拓扑等新的数学学科．

从伽罗瓦群的概念开始，19世纪代数学的对象已突破了数的范围，产生了许多代数系统，人们逐渐认识到这些代数系统中元素本身的内容并不重要，重要的是关联这些元素的运算及其服从的规则，于是开始了从具体的代数系统到抽象系统的过渡．1843年，英国数学家哈密顿（W. R. Hamilton，1805—1865）发明了一种乘法交换律不成立的代数——四元数代数．第二年，德国数学家格拉斯曼推演出更具一般性的几类代数．1857

年，英国数学家凯莱设计出另一种不可交换的代数——矩阵代数．他们的研究打开了抽象代数的大门．实际上，减弱或删去普通代数的某些假定，或将某些假定代之以别的假定（与其余假定是兼容的），就能构造出许多种代数体系．

有一位杰出女数学家被公认为抽象代数奠基人之一，被誉为代数女皇，她就是德国的女数学家诺特（A. E. Noether，1882—1935）．诺特的工作在代数拓扑学、代数数论、代数几何的发展中有重要影响．1930—1931 年，荷兰数学家范德瓦尔登（B. L. van der Waerden，1903—1996）的《近世代数学》问世，标志着抽象代数学正式诞生．此后，抽象代数学成为代数学的主流，同时确立了公理化方法在代数领域的统治地位．

代数结构的研究对现代数学的发展影响深远．到目前为止，数学家们已经研究过 200 多种代数结构．这些工作的绝大部分属于 20 世纪，它们使一般化和抽象化的思想在现代数学中得到了充分的反映．抽象代数已经成为当代大部分数学的通用语言．

5. 后记

现在，可以笼统地把代数学解释为关于字母计算的学说，但字母的含义是在不断拓广的．在初等代数中，字母表示数；而在高等代数和抽象代数中，字母则表示向量（或 n 元有序数组）、矩阵、张量、旋量、超复数等各种形式的量．可以说，代数已经发展成为一门关于形式运算的一般学说了．一个带有形式运算的集合称为代数系统，因此，代数是研究一般代数系统的一门科学．

（节选自《数学思想与文化》，张若军编著，北京：科学出版社，2015 年）

习题提示与参考答案

第 1 章

扫码观看
答案详解

习题 1.1

1. （1）是；（2）是；（3）否；（4）否；（5）否.
2. 提示：根据定义证明.
3. 例如第 1 题（4）.

习题 1.2

1. （1）1；（2）$\sin(\alpha-\beta)$；（3）-115.
2. （1）$x=3$，$y=-1$；（2）$x_1=-1$，$x_2=-1$；（3）$x=3$，$y=-2$，$z=2$；（4）$x_1=2$，$x_2=-3$，$x_3=-2$.

习题 1.3

1. （1）9；（2）$\frac{n(n-1)}{2}$；（3）16；（4）k^2.
2. （1）$i=3$，$j=8$；（2）$i=6$，$j=8$；（3）$i=8$，$j=3$.
3. $\frac{n(n-1)}{2}-k$.
4. 12435→52431→52341→25341.
5. 奇偶排列各 12 个.
6. 证明略.

习题 1.4

1. （1）$(-1)^{n-1}\prod_{i=1}^{n}a_i$；（2）$(-1)^{\frac{n(n-1)}{2}}n!$；（3）$(-1)^{\frac{(n-1)(n-2)}{2}}n!$.
2. $5x^4-2x^3-18x^2+12x-1$，x^4 与 x^3 项的系数分别是 5 和 -2.
3. 0.

习题 1.5

1. （1）$-2x^3-2y^3$；（2）11；（3）160.

2. 提示：$D^T=|-a_{ij}|=(-1)^nD=D$，当 n 为奇数时，$D=0$.

3. （1）$(-1)^{n-1}\prod_{j=1}^{n}b_j\left(\sum_{i=1}^{n}\frac{a_i}{b_i}-1\right)$；（2）0；

（3）$(-1)^{\frac{n(n-1)}{2}}\left(1-\sum_{i=2}^{n}\frac{1}{i}\right)\prod_{j=2}^{n}j$；（4）$a_1-\sum_{i=2}^{n}a_ib_i$.

4. 提示：利用行列式的性质证明.

5. 提示：利用行列式的性质证明.

习题 1.6

1. $a\begin{vmatrix}0&-1&-1\\-1&-1&1\\-1&1&0\end{vmatrix}-b\begin{vmatrix}1&-1&-1\\0&-1&1\\-1&1&0\end{vmatrix}+c\begin{vmatrix}1&0&-1\\0&-1&1\\-1&-1&0\end{vmatrix}-d\begin{vmatrix}1&0&-1\\0&-1&-1\\-1&-1&1\end{vmatrix}$,

$3a-b+2c+d$.

2. （1）-1；（2）-5；（3）21.

3. $\begin{cases}(n+1)\ a^n, & a=b,\\ \dfrac{a^{n+1}-b^{n+1}}{a-b}, & a\neq b.\end{cases}$

4. $\prod_{0\leqslant j<i\leqslant n}(i-j)=\prod_{k=2}^{n}k^{n-k+1}$.

5. $x=a_i\ (i=1,2,\cdots,n-1)$.

习题 1.7

1. （1）154；（2）-84；（3）$acgy-adhy-bcgx+bdhx$.

2. 8.

习题 1.8

1. （1）$x_1=x_2=x_3=x_4=1$；（2）$x_1=1$，$x_2=2$，$x_3=1$，$x_4=-1$.

2. $D=0$ 时有非零解，$\lambda=1$.

3. $D\neq0$ 时有唯一解，$a\neq b\neq c$ 且 $\begin{cases}x_1=a,\\x_2=b,\\x_3=c.\end{cases}$

4. 提示：用 Cramer 法则证明即可 .

第 2 章

扫码观看
答案详解

习题 2.1

1.（1）$\begin{cases} x_1 = -\dfrac{2}{3} - 2c_1 + \dfrac{1}{2}c_2, \\ x_2 = c_1, \\ x_3 = \dfrac{13}{6} - \dfrac{1}{2}c_2, \\ x_4 = c_2, \end{cases}$ 其中 c_1，c_2 为任意常数；（2）方程组无解；（3）方程组无解 .

2. 当 $a=0$ 或 $a=2$ 时，方程组有非零解 . $a=0$ 时，方程组的一般解为 $\begin{cases} x_1 = -c_1, \\ x_2 = c_1, \\ x_3 = 0, \end{cases}$ 其中 c_1 为任意常数；$a=2$ 时，方程组的一般解为 $\begin{cases} x_1 = -21c_2 \\ x_2 = c_2, \\ x_3 = 8c_2 \end{cases}$，其中 c_2 为任意常数 .

3. 当 $\lambda=5$ 时，方程组有一般解 $\begin{cases} x_1 = 1 - \dfrac{c_1}{3} - \dfrac{5}{3}c_2, \\ x_2 = c_1, \\ x_3 = -1 + \dfrac{5}{3}c_1 + \dfrac{7}{3}c_2, \\ x_4 = c_2, \end{cases}$ 其中 c_1，c_2 为任意常数 .

4. 略 .

习题 2.2

1.（1）不能；

（2）β 可由 α_1，α_2，α_3 线性表出，且表出式是 $\beta=(-5k+2)\alpha_1+(-4k+3)\alpha_2+k\alpha_3$，其中 k 可取任意值 .

（3）β 可由 α_1，α_2，α_3，α_4 线性表出，且表出式是 $\beta=\dfrac{5}{4}\alpha_1+\dfrac{1}{4}\alpha_2-\dfrac{1}{4}\alpha_3-\dfrac{1}{4}\alpha_4$；

（4）不能 .

2. （1）$\lambda=3$；（2）$\lambda=0$；（3）$\lambda\neq0$ 且 $\lambda\neq3$.

3. （1）不相关（2）不相关（3）相关 .

4.（1）k 取任意值；（2）$k=\frac{1}{2}$；（3）$k=-\frac{7}{3}$.

5. 提示：利用线性无关的定义证明.

6. 提示：利用线性相关性的定义证明.

7. 提示：对应的齐次线性方程组 $x_1\alpha_1+x_2\alpha_2+\cdots+x_{n+1}\alpha_{n+1}=o$ 有 n 个方程，$n+1$ 个未知量，故该齐次线性方程组有非零解.

习题 2.3

1. 向量组（1）与向量组（2）等价.

2. α_1，α_2，秩为 2.

3. $k=-1$.

4. 略.

5. 提示：证明两个向量组等价.

6. 提示：α_1，α_2，…，α_s 的极大无关组可以由 β_1，β_2，…，β_t 的极大无关组线性表出，再由推论 2.8 可证.

7. 提示：α_1，α_2，…，α_s 的极大无关组也是 α_1，α_2，…，α_s，β 的极大无关组，则 β 可由 α_1，α_2，…，α_s 的极大无关组线性表出，再由线性表出的传递性可证.

8. 提示：证明向量组 α_1，α_2，…，α_s 与 α_1，α_2，…，α_{s-1}，β 等价.

9. 提示：充分性的证明：往证两个向量组的极大无关组等价.

习题 2.4

1. 2.

2. $\frac{19}{4}$.

3. α_1，α_2，α_3 为原向量组的极大无关组，且有 $\alpha_4=-\alpha_1-\alpha_2+\alpha_3$.

4. 提示：由 A 的任意 r 个线性无关的列（行）向量都是 A 的列（行）向量组的极大无关组，且 A 的不为零的 r 阶子式所在列（行）向量线性无关可证.

5. 提示：利用矩阵的秩的定义可证.

6. 提示：由引理 2.2 和定理 2.16 可证.

习题 2.5

1. 提示：由该线性方程组有解，则有 $r(A)=r(\bar{A})\leqslant n<n+1$，于是 $|\bar{A}|=0$.

2.（1）$\lambda=1$ 或 $\lambda=0$ 无解，$\lambda\neq1$ 和 $\lambda\neq0$ 有唯一解；

（2）$a=1$ 且 $b\neq\frac{1}{2}$ 或 $b=0$ 无解，$a\neq1$ 且 $b\neq0$ 有唯一解，$a=1$ 且 $b=\frac{1}{2}$ 有无穷多解.

3. $\lambda\neq0$ 且 $\lambda\neq1$ 且 $\lambda\neq-\frac{1}{2}$.

习题 2.6

1. (1) 基础解系为 $\eta_1=(-1,1,0,1)^{\mathrm{T}}$，$\eta_2=(1,-2,1,0)^{\mathrm{T}}$，一般解为 $\gamma=c_1\eta_1+c_2\eta_2$，其中 c_1，c_2 为任意常数；

(2) 基础解系为 $\eta_1=\left(-\frac{1}{2},\frac{3}{2},1,0\right)^{\mathrm{T}}$，$\eta_2=(0,-1,0,1)^{\mathrm{T}}$，一般解为 $\gamma=c_1\eta_1+c_2\eta_2$，其中 c_1，c_2 为任意常数；

(3) 基础解系为 $\eta_1=(1,-2,1,0,0)^{\mathrm{T}}$，$\eta_2=(1,-2,0,1,0)^{\mathrm{T}}$，$\eta_3=(5,-6,0,0,1)^{\mathrm{T}}$，一般解为 $\gamma=c_1\eta_1+c_2\eta_2+c_3\eta_3$，其中 c_1，c_2，c_3 为任意常数.

2. 提示：由题意知，该齐次线性方程组的基础解系应为 1 个非零解向量，利用行列式的展开定理和推论验证 η 是一个非零解即可.

3. (1) $\lambda=10$ 无解，$\lambda=1$ 有无穷多解，$\lambda\neq1$ 且 $\lambda\neq10$ 时，唯一解；

(2) 一般解为 $\gamma=c_1\eta_1+c_2\eta_2+\gamma_0$，其中 $\eta_1=(-2,1,0)^{\mathrm{T}}$，$\eta_2=(2,0,1)^{\mathrm{T}}$，$\gamma_0=(1,0,0)^{\mathrm{T}}$，$c_1$，$c_2$ 为任意常数.

4. (1) $a\neq-3$ 且 $a\neq2$ 唯一解；(2) $a=-3$ 无解；(3) $a=2$ 有无穷多解，且其一般解为 $\gamma=c_1\eta_1+\gamma_0$，其中 $\eta_1=(5,-4,1)^{\mathrm{T}}$，$\gamma_0=(0,1,0)^{\mathrm{T}}$，$c_1$ 为任意常数.

5. 提示：(1) 利用反证法可证；(2) 利用线性无关的定义和 (1) 可证；(3) 令 $X=k_0\xi^*+k_1(\xi^*+\eta_1)+\cdots+k_{n-r}(\xi^*+\eta_{n-r})$，由 $A\boldsymbol{x}=\beta$，可得 $k_0+k_1+\cdots+k_{n-r}=1$.

第 3 章

扫码观看
答案详解

习题 3.1

1. $\begin{pmatrix}\lambda & 1 & 0\\ 0 & \lambda & 1\\ 0 & 0 & \lambda\end{pmatrix}$.

2. $\begin{pmatrix}-2\\ -4\\ 10\end{pmatrix}$.

3. (1) $\begin{pmatrix}0&0&0\\0&0&0\\0&0&0\end{pmatrix}$；(2) $\begin{pmatrix}7&6&5\\-7&-2&-7\end{pmatrix}$；(3) $\sum\limits_{i=1}^{n}a_ib_i$；

(4) $\begin{pmatrix}a_1b_1&a_1b_2&\cdots&a_1b_n\\a_2b_1&a_2b_2&\cdots&a_2b_n\\\cdots&\cdots&\cdots&\cdots\\a_nb_1&a_nb_2&\cdots&a_nb_n\end{pmatrix}$；(5) $\begin{pmatrix}a_1+a_2+a_3\\b_1+b_2+b_3\\c_1+c_2+c_3\end{pmatrix}$；

(6) $(a_1+b_1+c_1 \quad a_2+b_2+c_2 \quad a_3+b_3+c_3)$; (7) $\begin{pmatrix} \lambda_1 a_1 & \lambda_1 a_2 & \lambda_1 a_3 \\ \lambda_2 b_1 & \lambda_2 b_2 & \lambda_2 b_3 \\ \lambda_3 c_1 & \lambda_3 c_2 & \lambda_3 c_3 \end{pmatrix}$;

(8) $\begin{pmatrix} \lambda_1 a_1 & \lambda_2 a_2 & \lambda_3 a_3 \\ \lambda_1 b_1 & \lambda_2 b_2 & \lambda_3 b_3 \\ \lambda_1 c_1 & \lambda_2 c_2 & \lambda_3 c_3 \end{pmatrix}$; (9) $\begin{pmatrix} 0 & 0 \\ 0 & 0 \end{pmatrix}$; (10) $\begin{pmatrix} 0 & 5 \\ 0 & 0 \end{pmatrix}$.

4. (1) $\begin{pmatrix} 1 & 0 \\ 0 & 1 \end{pmatrix}$; (2) $\begin{pmatrix} -1 & 0 \\ 0 & -1 \end{pmatrix}$; (3) $\begin{pmatrix} 0 & 0 & 0 \\ 0 & 0 & 0 \\ 0 & 0 & 0 \end{pmatrix}$;

(4) $\begin{pmatrix} \lambda^n & n\lambda^{n-1} & \frac{n(n-1)}{2}\lambda^{n-2} \\ 0 & \lambda^n & n\lambda^{n-1} \\ 0 & 0 & \lambda^n \end{pmatrix}$, $n \geqslant 2$.

5. (1) $B = \begin{pmatrix} b_1 & b_2 & b_3 \\ 0 & b_1 & b_2 \\ 0 & 0 & b_1 \end{pmatrix}$, 其中 b_1, b_2, b_3 为任意常数;

(2) $B = \begin{pmatrix} b_1 & 2(b_2-b_1) & 4(b_3-b_2) \\ 0 & b_2 & 2(b_3-b_2) \\ 0 & b_3-b_2 & b_3 \end{pmatrix}$, 其中 b_1, b_2, b_3 为任意常数.

6. 提示:利用矩阵可交换的定义可证.

7. 提示:令 $\boldsymbol{E}_{ii}$ 表示 (i, i) 元素为 1 且其余元素都为 0 的 n 阶矩阵,由 $\boldsymbol{AE}_{ii}=\boldsymbol{E}_{ii}\boldsymbol{A}$ 可得 $\boldsymbol{A}$ 为对角阵.

8. 提示:充分性易证;必要性:由 $(\boldsymbol{AB})(\boldsymbol{AB})=\boldsymbol{E}$,则 $\boldsymbol{A}(\boldsymbol{AB})(\boldsymbol{AB})\boldsymbol{B}=\boldsymbol{AB}$,再由 $\boldsymbol{A}$, $\boldsymbol{B}$ 都是对合矩阵,可得 $\boldsymbol{BA}=\boldsymbol{AB}$.

9. 提示:由 7 题知,$\boldsymbol{A}$ 为对角阵,利用 $\boldsymbol{AE}_{ij}=\boldsymbol{E}_{ij}\boldsymbol{A}$,可得 $\boldsymbol{A}$ 为纯量矩阵.

习题 3.2

1. 提示:利用对称矩阵的定义可证.

2. 提示:令 $\boldsymbol{A}$ 是 n 阶反对称矩阵,且 n 为奇数,则 $|\boldsymbol{A}|=|\boldsymbol{A}^{\mathrm{T}}|=|-\boldsymbol{A}|=(-1)^n\cdot|\boldsymbol{A}|=-|\boldsymbol{A}|$,所以 $|\boldsymbol{A}|=0$.

3. 提示:$\boldsymbol{A}=\frac{1}{2}(\boldsymbol{A}+\boldsymbol{A}^{\mathrm{T}})+\frac{1}{2}(\boldsymbol{A}-\boldsymbol{A}^{\mathrm{T}})$,其中$\frac{1}{2}(\boldsymbol{A}+\boldsymbol{A}^{\mathrm{T}})$是对称矩阵,$\frac{1}{2}(\boldsymbol{A}-\boldsymbol{A}^{\mathrm{T}})$是反对称矩阵.

4. 提示:证明实矩阵 $\boldsymbol{AA}^{\mathrm{T}}$ 所有元素都为 0.

5. 提示:由对称矩阵的定义可证.

习题 3.3

1. （1）$\begin{pmatrix} A_1B_{11} & A_1B_{12} \\ A_2B_{21} & A_2B_{22} \end{pmatrix}$；（2）$\begin{pmatrix} A_{11}B_{11} & A_{11}B_{12} \\ A_{21}B_{11} & A_{21}B_{12}+A_{22}B_{22} \end{pmatrix}$.

2. 提示：利用分块矩阵的乘法可证.

3. 提示：充分性易证；必要性：若 $\boldsymbol{AB}$ 和 $\boldsymbol{B}$ 都为列满秩，则 $\boldsymbol{AB}x=o$ 和 $\boldsymbol{B}x=o$ 都只有零解；若 AB 和 B 的秩相等且不是列满秩，则证明 $\boldsymbol{AB}x=o$ 和 $\boldsymbol{B}x=o$ 有相同的基础解系即可.

4. 提示：证明 $\boldsymbol{A}^{\mathrm{T}}\boldsymbol{A}x=o$ 与 $\boldsymbol{A}x=o$ 同解.

5. 提示：（1）和（2）可利用矩阵乘法易证；（3）利用 $\mathrm{r}(\boldsymbol{AB})\leqslant\mathrm{r}(\boldsymbol{B})<s$ 可证.

6. 提示：（1）利用 $n=\mathrm{r}(\boldsymbol{CA})\leqslant\mathrm{r}(\boldsymbol{A})\leqslant n$ 可证；（2）利用 $m=\mathrm{r}(\boldsymbol{AD})\leqslant\mathrm{r}(\boldsymbol{A})\leqslant m$，进而 $m=\mathrm{r}(\boldsymbol{A})\leqslant\mathrm{r}(\boldsymbol{A}\vdots\boldsymbol{\beta})\leqslant m$ 可证；（3）$\boldsymbol{C}=\boldsymbol{CE}_m=\boldsymbol{CAD}=(\boldsymbol{CA})\boldsymbol{D}=\boldsymbol{E}_n\boldsymbol{D}=\boldsymbol{D}$.

7. 提示：由 $\boldsymbol{A}\pm\boldsymbol{B}$ 的列向量组都可以由 A 的列向量组和 B 的列向量组线性表出，再利用习题 2.3 第 6 题结论可证.

习题 3.4

1. （1）$\begin{pmatrix} \frac{1}{3} & \frac{2}{3} & -\frac{5}{3} \\ \frac{1}{3} & -\frac{1}{3} & \frac{4}{3} \\ -\frac{1}{3} & \frac{1}{3} & -\frac{1}{3} \end{pmatrix}$；（2）$\begin{pmatrix} 1 & 1 & 3 \\ 2 & 3 & 7 \\ 3 & 4 & 9 \end{pmatrix}$.

2. （1）$\begin{pmatrix} 1 & -1 & 0 & 0 \\ -1 & 2 & 0 & 0 \\ 19 & -30 & 3 & -5 \\ -7 & 11 & -1 & 2 \end{pmatrix}$；（2）$\begin{pmatrix} \frac{2}{5} & -\frac{1}{5} & 0 & 0 \\ \frac{3}{10} & \frac{1}{10} & 0 & 0 \\ 0 & 0 & -\frac{2}{5} & \frac{3}{5} \\ 0 & 0 & \frac{3}{5} & -\frac{2}{5} \end{pmatrix}$.

3. $\begin{pmatrix} O & \boldsymbol{B}^{-1} \\ \boldsymbol{A}^{-1} & O \end{pmatrix}$.

4. $\begin{pmatrix} 0 & 0 & \cdots & 0 & a_n^{-1} \\ a_1^{-1} & 0 & \cdots & 0 & 0 \\ 0 & a_2^{-1} & \cdots & 0 & 0 \\ \vdots & \vdots & & \vdots & \vdots \\ 0 & 0 & \cdots & a_{n-1}^{-1} & 0 \end{pmatrix}$.

5. 提示：利用 $r(AB)\leqslant r(A)$，$r(AB)\leqslant r(B)$ 可证.

6. 提示：利用 $r(A)=r(P^{-1}PA)\leqslant r(PA)\leqslant r(A)$ 可证.

7. 提示：由已知，得 $(A-2E)(A+E)=E$，进而 $(A-2E)^{-1}=A+E$.

8. 提示：由 $E^m-A^m=E$，得 $(E-A)(E+A+A^2+\cdots+A^{m-1})=E$，进而 $(E-A)^{-1}=E+A+A^2+\cdots+A^{m-1}$.

9. 提示：利用 $A^2=E$ 易证.

习题 3.5

1.（1）可逆，逆矩阵为 $\begin{pmatrix}-2 & 1\\ \frac{3}{2} & -\frac{1}{2}\end{pmatrix}$；（2）可逆，逆矩阵为 $\begin{pmatrix}\frac{2}{3} & -\frac{1}{3} & 0\\ \frac{13}{3} & -\frac{8}{3} & -1\\ \frac{29}{3} & -\frac{19}{3} & -2\end{pmatrix}$；

（3）可逆，逆矩阵为 $\begin{pmatrix}-\frac{2}{9} & \frac{4}{9} & \frac{1}{9}\\ \frac{2}{3} & -\frac{1}{3} & -\frac{1}{3}\\ \frac{1}{9} & -\frac{2}{9} & -\frac{5}{9}\end{pmatrix}$.

2.（1）$X=\begin{pmatrix}\frac{13}{7} & \frac{2}{7}\\ \frac{10}{7} & -\frac{13}{7}\\ \frac{18}{7} & -\frac{1}{7}\end{pmatrix}$；（2）$\begin{pmatrix}-1 & 0 & 3\\ \frac{2}{3} & \frac{1}{3} & \frac{1}{3}\\ \frac{1}{3} & \frac{2}{3} & \frac{5}{3}\end{pmatrix}$.

3. 提示：若 A 不可逆，则有 $|A|=|A^*|=0$；若 A 可逆，则有
$|A^*|=||A|A^{-1}|=|A|^n|A^{-1}|=|A|^{n-1}$.

4. 提示：当 $r(A)=n$，则有 $r(A^*)=n$；当 $r(A)=n-1$，由 $AA^*=O$，可得 $r(A^*)\leqslant 1$，又 A 存在 $n-1$ 阶子式不为 0，则 $|A|$ 存在某个元素的代数余子式不为 0，可得 $A^*\neq O$，所以 $r(A^*)\geqslant 1$，于是 $r(A^*)=1$；当 $r(A)<n-1$，$|A|$ 的所有元素的代数余子式都为 0，所以 $A^*=O$.

5. 提示：当 A 可逆时，A^* 也可逆，则 $(A^*)^*=|A^*|(A^*)^{-1}=|A|^{n-1}(|A|A^{-1})^{-1}=|A|^{n-2}A$；当 $r(A)=n-1$ 时，$|A|=0$，且 $r(A^*)=1<n-1$，所以 $(A^*)^*=O$，则 $(A^*)^*=|A|^{n-2}A$；当 $r(A)<n-1$ 时，$|A|=0$ 且 $A^*=O$，所以 $(A^*)^*=O$，则 $(A^*)^*=|A|^{n-2}A$.

6. 提示：（1）由 A 是列满秩，则 A 可以通过一系列行变换化成 $\begin{pmatrix}E_n\\ O\end{pmatrix}$，从而存在初

等矩阵 $\boldsymbol{P}_1$，$\boldsymbol{P}_2$，…，$\boldsymbol{P}_t$，使得 $\boldsymbol{P}_t\cdots\boldsymbol{P}_2\boldsymbol{P}_1\boldsymbol{A}=\begin{pmatrix}\boldsymbol{E}_n\\ \boldsymbol{O}\end{pmatrix}$，令 $\boldsymbol{P}=\boldsymbol{P}_1^{-1}\boldsymbol{P}_2^{-1}\cdots\boldsymbol{P}_t^{-1}$，得证；

（2）由 $\boldsymbol{A}$ 是行满秩，则 $\boldsymbol{A}^T$ 是列满秩，利用（1）结论可证．

7. 提示：利用 Laplace 定理可证．

8. 提示：若 $\boldsymbol{A}$ 为零矩阵，则显然成立；

若 A 为非零矩阵，必要性：$r(\boldsymbol{A})=1$，不妨设 $\boldsymbol{A}=(\boldsymbol{\alpha}_1\quad k_2\boldsymbol{\alpha}_1\quad\cdots\quad k_n\boldsymbol{\alpha}_1)$，其中 $\boldsymbol{\alpha}_1$ 为非零列向量，则有 $\boldsymbol{A}=\boldsymbol{\alpha}_1(1\quad k_2\quad\cdots\quad k_n)$，得证；充分性：已知 $\boldsymbol{A}=\boldsymbol{\alpha}\boldsymbol{\beta}^T$，其中 $\boldsymbol{\alpha}$，$\boldsymbol{\beta}$ 都是非零列向量，则有 $r(\boldsymbol{A})=r(\boldsymbol{\alpha}\boldsymbol{\beta}^T)\leqslant r(\boldsymbol{\alpha})=1$.

9. 提示：利用公式 $\frac{1-x^n}{1-x}=1+x+x^2+x^3+\cdots+x^{n-1}$，把由行列式的元素组成的矩阵分解成两个矩阵的乘积，然后再利用行列式的乘法公式与范德蒙行列式计算，计算结果为

$$\prod_{n\geqslant i>j\geqslant 1}(a_i-a_j)(b_i-b_j).$$

第 4 章

扫码观看
答案详解

习题 4.1

1. $3x^4+5x^2-4ax+4b$.

2. $g(x)=(a+b+c)x^2+(-a+3b+2c)x+2b, a=\frac{13}{2}, b=\frac{1}{2}, c=0$.

3. 提示：利用反证法证明．

习题 4.2

1. $q(x)=2x^2+x+2, r(x)=-3x^2-x-3$.

2. $l=4$，$m=2$.

3. $3x+2$.

4. 提示：必要性：设非负整数 q，r，使得 $n=dq+r$，其中 $r=0$ 或者 $r<d$，若 $r<d$，可推出 $(x^d-1)\mid(x^r-1)$，则由次数原理可得 $r\geqslant d$，矛盾，故 $r=0$，得证；充分性易证．

5. 提示：利用 $(x-a)\mid f(x)$ 的充要条件是 $f(a)=0$.

习题 4.3

1. 1.

2. $(f(x),g(x))=x^2-2x+1, u(x)=\frac{9}{20}, v(x)=-\frac{3x}{10}-\frac{1}{20}$.

3. 提示：设 $d_1(x)=((f(x),g(x)),h(x)),d_2(x)=(f(x),(g(x),h(x))),d_3(x)=(f(x),g(x),h(x))$，利用定义证明 $d_1(x),d_2(x),d_3(x)$ 相互整除.

4. 提示：由已知，存在多项式 $u(x),v(x)$，使得 $u(x)f(x)+v(x)g(x)=d(x)$，进而 $u(x)d(x)f_1(x)+v(x)d(x)g_1(x)=d(x)$，又 $d(x)\neq 0$，得 $u(x)f_1(x)+v(x)g_1(x)=1$.

5. 提示：把题中的两个式子相加，可得 $(x^2+c)\mid x[f(x)+g(x)]$，再由 $(x^2+c,x)=1$，可得 $(x^2+c)\mid[f(x)+g(x)]$，再把两个式子相减，可得 $f(x)=-\dfrac{b}{a}g(x)$，从而得证.

6. 提示：存在多项式 $u(x),v(x)$，使得 $u(x)f(x)+v(x)g(x)=1$，则有

$(u(x)-v(x))f(x)+v(x)(f(x)+g(x))=1,(v(x)-u(x))g(x)+u(x)(f(x)+g(x))=1$,

可得 $(f(x),f(x)+g(x))=1,(g(x),f(x)+g(x))=1$，进而 $(f(x)g(x),f(x)+g(x))=1$.

7. 提示：令 $y=x^m$，由 $(f(y),g(y))=1$，可得 $(f(x^m),g(x^m))=1$.

8. 提示：$f(x)=(x+1)(x^2-2)$.

9. 提示：必要性：设 $f(x)=p^k(x)$，其中 $p(x)$ 为不可约多项式，由不可约多项式性质知，对于任意 $g(x)\in P[x]$，有 $(p(x),g(x))=1$ 或者 $p(x)\mid g(x)$，讨论两种情况下，结论都成立；充分性：由已知可得，$f(x)=cp^k(x)p_1^{r_1}(x)\,p_2^{r_2}(x)\cdots p_s^{r_s}(x)$，其中 $p(x)$，$p_1(x)$，$p_2(x),\cdots,p_s(x)$ 为不可约多项式，$k,r_1,r_2,\cdots,r_s$ 为非负整数，令 $f_1(x)=p_1^{r_1}(x)\,p_2^{r_2}(x)\cdots p_s^{r_s}(x)$，则 $f(x)=cp^k(x)f_1(x)$，显然 $p(x)$ 不能整除 $f_1(x)$，利用反证法证明 $f_1(x)$ 为非零常数，得证.

习题 4.4

1. $f(3)=109,f(-2)=-71$.
2. $a=2$，$b=5$，$c=7$，$d=-1$.
3. 提示：用定义证明.
4. $f(n+1)=\dfrac{(n+1)!+(n+1)}{n+2}$.
5. 提示：设余式为 $Ax+B$，则 $f(a)=aA+B$，$f(b)=bA+B$，求解出 A，B 即证.
6. (1) $(f(x),f'(x))=1$，没有重因式；(2) $(f(x),f'(x))=x-2$，有重因式.

习题 4.5

1. $f(x)$ 在实数域和复数域上的标准分解式分别为

$(x^2-2x+2)(3x^2+x-1)$，$(x-1-i)(x-1+i)\left(x+\dfrac{1}{6}-\dfrac{\sqrt{13}}{6}\right)\left(x+\dfrac{1}{6}+\dfrac{\sqrt{13}}{6}\right)$.

2. 提示：由已知得 $f(1)=0$，从而 $f(x)=(x-1)g(x)$，因此 $f(x^n)=(x^n-1)g(x^n)$，得证.

3. 提示：实系数多项式的虚根（如果有）都以共轭成对出现；例如：$f(x)=x^2+1$.

4. （1）不可约（提示：找素数 2）；（2）不可约（提示：找素数 3）；（3）不可约（提示：找素数 2）

5. （1）2；（2）$\frac{1}{2}$.

6. 提示：由 α 为整数根，可设 $f(x)=(x-\alpha)h(x)$. 依据推论 4.7 证明 $h(x)$ 为整系数多项式，分别代入 $x=1$ 和 $x=-1$ 即证.

7. 提示：x^8+1 没有有理根.

第 5 章

扫码观看
答案详解

习题 5.1

1. （1）是；（2）是；（3）否；（4）是；（5）否；（6）否；（7）否；（8）是.
2. （1）否；（2）是；（3）否；（4）是；（5）否.
3. （1）否；（2）否；（3）是；（4）是.
4. 略.
5. （1）$\boldsymbol{\alpha}\notin N(\boldsymbol{A}),\boldsymbol{\alpha}\in R(\boldsymbol{A})$；（2）$\boldsymbol{\alpha}\in N(\boldsymbol{A}),\boldsymbol{\alpha}\notin R(\boldsymbol{A})$.

习题 5.2

1. （1）线性相关；　（2）线性无关.
2.

（1）$\boldsymbol{\alpha}_1=\begin{pmatrix}-1\\1\\0\\0\\0\end{pmatrix}$，$\boldsymbol{\alpha}_2=\begin{pmatrix}-1\\0\\1\\\vdots\\0\end{pmatrix}$，$\cdots$，$\boldsymbol{\alpha}_{n-1}=\begin{pmatrix}-1\\0\\0\\0\\1\end{pmatrix}$，维数为 $n-1$；

（2）$\boldsymbol{E}_{ii}(i=1,2,\cdots,n)$，维数为 n；$\boldsymbol{E}_{ij}+\boldsymbol{E}_{ji}(1\leqslant i\leqslant j\leqslant n)$，维数为 $\frac{n(n+1)}{2}$；$\boldsymbol{E}_{ij}-\boldsymbol{E}_{ji}\ (1\leqslant i<j\leqslant n)$，维数为 $\frac{n(n-1)}{2}$；

（3）$\boldsymbol{\alpha}_1=\begin{pmatrix}0\\1\\1\\0\\0\end{pmatrix}$，$\boldsymbol{\alpha}_2=\begin{pmatrix}-1\\1\\0\\1\\0\end{pmatrix}$，$\boldsymbol{\alpha}_3=\begin{pmatrix}4\\-5\\0\\0\\1\end{pmatrix}$，维数为 3；

（4）$\boldsymbol{A}_1=\begin{pmatrix}-1&1&0\\0&0&0\end{pmatrix}$，$\boldsymbol{A}_2=\begin{pmatrix}0&0&0\\1&0&0\end{pmatrix}$，$\boldsymbol{A}_3=\begin{pmatrix}-1&0&0\\0&0&1\end{pmatrix}$，维数为 3；

（5）$e^{\lambda_1 x}$，$e^{\lambda_2 x}$，…，$e^{\lambda_n x}$，维数为 n；

（6）任意不等于 1 的非零数都可以作为 $\mathbb{R}^+$ 的一组基，维数为 1.

3. 证明提示：只需证线性无关即可；坐标为 $(1,\ -2,\ 6)^T$.

4. （1）$\boldsymbol{\alpha}_1$，$\boldsymbol{\alpha}_2$，$\boldsymbol{\alpha}_4$ 为一组基，维数为 3；（2）$\boldsymbol{\alpha}_1$，$\boldsymbol{\alpha}_2$ 为一组基，维数为 2.

5. $k=2$ 时，$\dim R(A)=2,(1,0,1)^T,(3,1,2)^T$ 为一组基；$\dim N(\boldsymbol{A})=2,(4,-2,1,0)^T$，$(-7,2,0,1)^T$ 为一组基；$k\neq 2$ 时，$\dim R(\boldsymbol{A})=3$，$(1,0,1)^T$，$(3,1,2)^T$，$(2,k,0)^T$ 为一组基；$\dim N(\boldsymbol{A})=1,(-3,0,1,1)^T$ 为一组基.

6. 证明：在基 1，x，x^2 下，三个多项式 1，$1+x$，$1+2x+x^2$ 的坐标向量为 $\boldsymbol{\alpha}_1=\begin{pmatrix}1\\0\\0\end{pmatrix}$，$\boldsymbol{\alpha}_2=\begin{pmatrix}1\\1\\0\end{pmatrix}$，$\boldsymbol{\alpha}_3=\begin{pmatrix}1\\2\\1\end{pmatrix}$，可证 $\boldsymbol{\alpha}_1$，$\boldsymbol{\alpha}_2$，$\boldsymbol{\alpha}_3$ 线性无关，因此 1，$1+x$，$1+2x+x^2$ 线性无关. 由 $\dim\mathbb{R}[x]_3=3$ 知，1，$1+x$，$1+2x+x^2$ 是 $\mathbb{R}[x]_3$ 的一组基.

7. 提示：利用反证法. 假设 $\dim W\geqslant 2$，设线性无关的 $\boldsymbol{\alpha}$，$\boldsymbol{\beta}\in W$，存在不全为 0 的数 k_1，$k_2\in P$，使得 $k_1\boldsymbol{\alpha}+k_2\boldsymbol{\beta}$ 的第一个分量为 0，得出矛盾.

习题 5.3

1. （1）$\begin{pmatrix}-12 & -26 & -11\\ 6 & 11 & 3\\ 1 & 3 & 2\end{pmatrix}$；（2）$\boldsymbol{\xi}$ 在基 $\boldsymbol{\beta}_1,\boldsymbol{\beta}_2,\boldsymbol{\beta}_3$ 下的坐标为 $\left(\frac{1}{2},0,\frac{1}{2}\right)^T$，$\boldsymbol{\xi}$ 在基 $\boldsymbol{\alpha}_1$，$\boldsymbol{\alpha}_2,\boldsymbol{\alpha}_3$ 下的坐标为 $\left(-\frac{23}{2},\frac{9}{2},\frac{3}{2}\right)^T$.

2. （1）提示：证明线性无关即可；（2）$\begin{pmatrix}0 & -1 & -2\\ 1 & 2 & 2\\ 0 & 1 & 1\end{pmatrix}$；（3）$(1,2,-2)^T$.

3. （1）$\frac{1}{2}\begin{pmatrix}1 & 0 & 0 & 1\\ 0 & 1 & 1 & 0\\ 1 & 0 & 0 & -1\\ 0 & 1 & -1 & 0\end{pmatrix}$；（2）$\frac{1}{2}(a+d,b+c,a-d,b-c)^T$.

4. $\begin{pmatrix}1 & -2 & 4 & -8\\ 0 & 1 & -4 & 12\\ 0 & 0 & 1 & -6\\ 0 & 0 & 0 & 1\end{pmatrix}$，$(-36,35,-14,2)^T$.

习题 5.4

1. （1）$\dim(W_1+W_2)=4$，一组基 $\boldsymbol{\alpha}_1$，$\boldsymbol{\alpha}_2$，$\boldsymbol{\alpha}_3$，$\boldsymbol{\beta}_1$；

（2）$\dim(W_1\cap W_2)=1$，一组基 $(53,\ 119,\ -19,\ -134)^T$.

2. （1） $\dim(W_1+W_2)=3$，一组基$\begin{pmatrix}1&0\\0&0\end{pmatrix}$，$\begin{pmatrix}0&1\\1&0\end{pmatrix}$，$\begin{pmatrix}0&0\\0&1\end{pmatrix}$；

（2） $\dim(W_1\cap W_2)=1$，一组基$\begin{pmatrix}1&0\\0&0\end{pmatrix}$.

3. 提示：先证 $P^n=V_1+V_2$，再证 $V_1\cap V_2=\{\boldsymbol{o}\}$.

4. 提示：必要性：利用定理 5.11（3）易证；充分性：可利用反证法 .

5. 证明：因为 $W_1\subset W$，$W_2\cap W\subset W$，所以 $W_1+(W_2\cap W)\subset W$.

又因为 $V=W_1\oplus W_2$，所以 $\forall\alpha\in W$，$\alpha=\alpha_1+\alpha_2$，$\alpha_1\in W_1$，$\alpha_2\in W_2$ 于是 $\alpha_2=\alpha-\alpha_1\in W$，故 $\alpha_2\in W_2\cap W$，进而 $\alpha\in W_1+(W_2\cap W)$，所以 $W\subset W_1+(W_2\cap W)$，

综上，$W=W_1+(W_2\cap W)$.

下证 $W_1\cap(W_2\cap W)=\{o\}$. $\forall\beta\in W_1\cap(W_2\cap W)$，则 $\beta\in W_1$，$\beta\in W_2$，所以 $\beta\in W_1\cap W_2$.

由 $V=W_1\oplus W_2$，则 $\beta=o$，所以 $W=W_1+(W_2\cap W)=W_1\oplus(W_2\cap W)$.

习题 5.5

1. 提示：证明维数相等 .
2. 提示：证明维数相等 .
3. 提示：利用 V 与 P^n 同构和同构映射的性质（6）可证 .

习题 5.6

1. （1）当 $\alpha=o$ 时，是；当 $\alpha\neq o$ 时，不是；（2）$\alpha=o$ 时，是；$\alpha\neq o$ 时，不是；（3）不是；（4）不是；（5）不是；（6）不是；（7）是；（8）是；（9）$\boldsymbol{C}=\boldsymbol{O}$ 时，是；$\boldsymbol{C}\neq\boldsymbol{O}$ 时，不是；（10）是 .

2. $\begin{pmatrix}3&3&3\\-6&-6&-2\\6&5&-1\end{pmatrix}$.

3. $\begin{pmatrix}0&-3&2&0\\-2&1&0&2\\3&0&-1&-3\\0&3&-2&0\end{pmatrix}$.

4. （1）$\begin{pmatrix}1&2&-2\\1&-1&2\\0&1&-1\end{pmatrix}$；（2） $-1-x+x^2$.

5. $\begin{pmatrix} 0 & 1 & 0 & \cdots & 0 \\ 0 & 0 & 2 & \cdots & 0 \\ \vdots & \vdots & \vdots & & \vdots \\ 0 & 0 & 0 & \cdots & n-1 \\ 0 & 0 & 0 & \cdots & 0 \end{pmatrix}$.

6. 提示：利用定理 5.14 和关于矩阵可交换的相应结论．

第 6 章

扫码观看
答案详解

习题 6.1

1. (1)$\lambda_1=1,\boldsymbol{\eta}_1=k_1(-1,1)^{\mathrm{T}}$, $k_1\neq0$, $k_1\in P$; $\boldsymbol{\lambda}_2=3,\boldsymbol{\eta}_2=k_2(1,1)^{\mathrm{T}}$, $k_2\neq0$, $k_2\in P$.

(2) $\lambda_1=-2$, $\boldsymbol{\eta}_1=k_1(1,2,2)^{\mathrm{T}}$, $k\neq0$, $k_1\in P$; $\lambda_2=1$, $\boldsymbol{\eta}_2=k_2(-2,-1,2)^{\mathrm{T}}$, $k_2\neq0$, $k_2\in P$; $\lambda_3=4$, $\boldsymbol{\eta}_3=k_3(2,-2,1)^{\mathrm{T}}$, $k_3\neq0$, $k_3\in P$.

(3) $\lambda_1=3$(二重)$,\boldsymbol{\eta}_1=k_1(1,-1,2)^{\mathrm{T}},k_1\neq0,k_1\in P;\lambda_2=1,\boldsymbol{\eta}_2=k_2(-2,0,1)^{\mathrm{T}}$, $k_2\neq0$, $k_2\in P$.

(4) $\lambda=1$(三重)$,\boldsymbol{\eta}_1=k_1(1,1,0)^{\mathrm{T}},\boldsymbol{\eta}_2=k_2(-1,0,3)^{\mathrm{T}},k_1,k_2$ 不全为 $0,k_1,k_2\in P$.

(5) $\lambda=-1$(三重)$,\boldsymbol{\eta}_1=k_1(-1,-1,1)^{\mathrm{T}},k_1\neq0,k_1\in P$.

(6) $\lambda_1=-2,\boldsymbol{\eta}_1=k_1(1,1,1,1)^{\mathrm{T}}$, $k_1\neq0,k_1\in P$;

$\lambda_2=2$(三重)$,\boldsymbol{\eta}_2=k_2(-1,1,0,0)^{\mathrm{T}},\boldsymbol{\eta}_3=k_3(-1,0,1,0)^{\mathrm{T}},\boldsymbol{\eta}_4=k_4(-1,0,0,1)^{\mathrm{T}}$, k_2,k_3,k_4,不全为 $0,k_2,k_3,k_4\in P$.

2. $\lambda_1=1+\mathrm{i}\sqrt{3},\boldsymbol{\eta}_1=k_1(i,1)^{\mathrm{T}},k_1\neq0,k_1\in p;\lambda_2=1-\mathrm{i}\sqrt{3},\boldsymbol{\eta}_2=k_2(-\mathrm{i},1)^{\mathrm{T}},k_2\neq0$, $k_2\in p$. 在实数域上 $\boldsymbol{A}$ 没有特征值．

3. 提示：利用矩阵 $\boldsymbol{A}$ 的行列式与特征值的关系证明．

4. 提示：因为 $\boldsymbol{A\alpha}=\lambda\boldsymbol{\alpha}$，所以 $\boldsymbol{A}^k\boldsymbol{\alpha}=\lambda^k\boldsymbol{\alpha}=\boldsymbol{o}$. 又 $\boldsymbol{\alpha}\neq\boldsymbol{o}$，所以 $\lambda=0$.

5. 提示：(1) 因为 $\boldsymbol{A}$ 与 $\boldsymbol{A}^{\mathrm{T}}$ 有相同的特征值，且 $\boldsymbol{A}^{\mathrm{T}}=\boldsymbol{A}^{-1}$，$\frac{1}{\lambda}$是 $\boldsymbol{A}^{-1}$ 的特征值，从而$\frac{1}{\lambda}$也是 $\boldsymbol{A}$ 的特征值；

(2) 设 $\boldsymbol{A\alpha}=\lambda\boldsymbol{\alpha}$,则$(\boldsymbol{A\alpha})^{\mathrm{T}}=(\lambda\boldsymbol{\alpha})^{\mathrm{T}}$,即$\boldsymbol{\alpha}^{\mathrm{T}}\boldsymbol{A}^{\mathrm{T}}=\lambda\boldsymbol{\alpha}^{\mathrm{T}}$,于是 $\boldsymbol{\alpha}^{\mathrm{T}}\boldsymbol{A}^{\mathrm{T}}\boldsymbol{A\alpha}=\lambda^2\boldsymbol{\alpha}^{\mathrm{T}}\boldsymbol{\alpha}$. 由 $\boldsymbol{A}^{\mathrm{T}}\boldsymbol{A}=\boldsymbol{E}$,可得$(\lambda^2-1)\boldsymbol{\alpha}^{\mathrm{T}}\boldsymbol{\alpha}=0$. 又 $\boldsymbol{\alpha}\neq\boldsymbol{o},\boldsymbol{\alpha}^{\mathrm{T}}\boldsymbol{\alpha}>0$,所以 $\lambda=\pm1$.

6. 提示：利用 $\boldsymbol{A\alpha}=\lambda\boldsymbol{\alpha}$ 建立方程求解．答案：$\lambda=0$，$a=2$，$b=6$.

7. 提示：当 $\boldsymbol{A}$ 可逆时，$\boldsymbol{A}$ 与 $\boldsymbol{A}^*$ 的特征值之间的关系：设 $\boldsymbol{A}$ 的特征值为 λ_0，相应的特征向量为 $\boldsymbol{\eta}$，则 $\boldsymbol{A}^*$ 有特征值$\frac{|\boldsymbol{A}|}{\lambda_0}$，且特征向量仍为 $\boldsymbol{\eta}$. 本题中利用 $|\boldsymbol{A}|=-1$，且 $\boldsymbol{A}\eta=-\frac{1}{\lambda}\boldsymbol{\eta}$，建立方程求解 λ 和常数 a，b，c 的值．答案：$a=b=2$，$c=-3$，$\lambda=1$.

8. 18.

9. 144.

10. 提示：设 λ 是 $\boldsymbol{A}$ 的特征值，则 $\lambda^2-3\lambda+2$ 是 $\boldsymbol{A}^2-3\boldsymbol{A}+2\boldsymbol{E}=\boldsymbol{O}$ 的特征值，于是 $\lambda^2-3\lambda+2=0$，故 $\lambda=1$ 或 2.

11. 提示：设 n 维列向量 $\boldsymbol{\alpha}=(1,1,\cdots,1)^{\mathrm{T}}$，则 $\boldsymbol{A\alpha}=k\boldsymbol{\alpha}$，且 $\boldsymbol{\alpha}$ 是特征值 k 对应的一个特征向量.

12. 提示：利用反证法.

13. 提示：往证 $|\lambda\boldsymbol{E}-\boldsymbol{AB}|=|\lambda\boldsymbol{E}-\boldsymbol{BA}|$ 或者讨论特征值为 0 和不为 0 两种情况证明.

习题 6.2

1. 提示：$\boldsymbol{BA}=(\boldsymbol{A}^{-1}\boldsymbol{A})\,\boldsymbol{BA}=\boldsymbol{A}^{-1}(\boldsymbol{AB})\,\boldsymbol{A}$.

2. （1）$\boldsymbol{A}$ 可相似对角化. 令 $\boldsymbol{U}=\begin{pmatrix}-1&1\\1&1\end{pmatrix}$，$\boldsymbol{U}^{-1}\boldsymbol{AU}=\begin{pmatrix}1&0\\0&3\end{pmatrix}$.

（2）$\boldsymbol{A}$ 可相似对角化. 令 $\boldsymbol{U}=\begin{pmatrix}1&-2&2\\2&-1&-2\\2&2&1\end{pmatrix}$，$\boldsymbol{U}^{-1}\boldsymbol{AU}=\begin{pmatrix}-2&0&0\\0&1&0\\0&0&4\end{pmatrix}$.

（3）$\boldsymbol{A}$ 不可相似对角化.

（4）$\boldsymbol{A}$ 不可相似对角化.

（5）$\boldsymbol{A}$ 不可相似对角化.

（6）$\boldsymbol{A}$ 可相似对角化. $\boldsymbol{U}=\begin{pmatrix}1&-1&-1&-1\\1&1&0&0\\1&0&1&0\\1&0&0&1\end{pmatrix}$，$\boldsymbol{U}^{-1}\boldsymbol{AU}=\begin{pmatrix}-2&0&0&0\\0&2&0&0\\0&0&2&0\\0&0&0&2\end{pmatrix}$.

3. （1）（4）相似，（2）（3）不相似.

4. $\dfrac{1}{2}\begin{pmatrix}1&-1&-3\\0&2&0\\-3&-3&1\end{pmatrix}$.

5. 提示：$\boldsymbol{P}_1^{-1}\boldsymbol{AP}_1=\boldsymbol{B}$，$\boldsymbol{P}_2^{-1}\boldsymbol{CP}_2=\boldsymbol{D}$，令相似变换矩阵 $\boldsymbol{U}=\begin{pmatrix}\boldsymbol{P}_1&\boldsymbol{O}\\\boldsymbol{O}&\boldsymbol{P}_2\end{pmatrix}$，易证.

6. 提示：n 阶幂零矩阵 A 的特征值为 0（n 重），但对应的无关特征向量个数为 $n-\mathrm{r}(0\boldsymbol{E}-\boldsymbol{A})=n-\mathrm{r}(\boldsymbol{A})\leqslant n-1$，得证.

7. $\boldsymbol{A}^n=\begin{pmatrix}2^n&2^n-1&2^n-1\\0&2^n&0\\0&-2^n+1&1\end{pmatrix}$.

8. $a=5$，$b=6$.

9. 提示：证明思路可参考例 6.13.

10. 提示：令 $U=(\boldsymbol{\alpha}, A\boldsymbol{\alpha}, A^2\boldsymbol{\alpha})$，则有 $U^{-1}AU=\begin{pmatrix}0&0&0\\1&0&3\\0&1&-2\end{pmatrix}=B$，计算 $|A+2E|=|B+2E|=-6$.

11. 提示：往证 $\boldsymbol{\alpha}\boldsymbol{\beta}^{\mathrm{T}}$ 的特征值为 0 和 $\boldsymbol{\alpha}^{\mathrm{T}}\boldsymbol{\beta}$，且特征值 0 的特征子空间维数为 $n-1$.

习题 6.3

1. $A^k=\begin{pmatrix}1&k&\frac{k(k-1)}{2}\\0&1&k\\0&0&1\end{pmatrix}$.

2. 提示：由凯莱－哈密尔顿定理，$A(A^2-E)=A^2-E$.

3. $A^{1010}=\frac{1}{7}(5^{1010}-2^{1010})A+\frac{1}{7}(5\times 2^{1010}+2\times 5^{1010})E$.

4. 提示：令 $A=\begin{pmatrix}2&3\\1&0\end{pmatrix}$，则 $\begin{pmatrix}a_{n+1}\\a_n\end{pmatrix}=A\begin{pmatrix}a_n\\a_{n-1}\end{pmatrix}$. 答案：$a_n=\frac{3^n+(-1)^n}{2}$.

习题 6.4

1. (1) $\begin{pmatrix}a_{33}&a_{32}&a_{31}\\a_{23}&a_{22}&a_{21}\\a_{13}&a_{12}&a_{11}\end{pmatrix}$; (2) $\begin{pmatrix}a_{11}&ka_{12}&a_{13}\\\frac{1}{k}a_{21}&a_{22}&\frac{1}{k}a_{23}\\a_{31}&ka_{32}&a_{33}\end{pmatrix}$;

(3) $\begin{pmatrix}a_{11}+a_{12}&a_{12}&a_{13}\\a_{21}+a_{22}-a_{11}-a_{12}&a_{22}-a_{12}&a_{23}-a_{13}\\a_{31}+a_{32}&a_{32}&a_{33}\end{pmatrix}$.

2. $\begin{pmatrix}1&3&0&0\\2&4&0&0\\0&0&1&3\\0&0&2&4\end{pmatrix}$.

3. (1) 设基为 $\boldsymbol{\varepsilon}_1,\boldsymbol{\varepsilon}_2$，特征值为 7, -2，对应的特征向量分别为 $k_1(\boldsymbol{\varepsilon}_1+\boldsymbol{\varepsilon}_2)$，$k_2(4\boldsymbol{\varepsilon}_1-5\boldsymbol{\varepsilon}_2)$，$k_1,k_2\neq 0$.

(2) 设基为 $\boldsymbol{\varepsilon}_1,\boldsymbol{\varepsilon}_2$，当 $a=0$ 时，特征值为 0，对应的特征向量为 $k_1\boldsymbol{\varepsilon}_1+k_2\boldsymbol{\varepsilon}_2$，$k_1,k_2$ 不全为 0；当 $a\neq 0$ 时，特征值为 $a\mathrm{i}$，$-a\mathrm{i}$，对应的特征向量分别为 $k_1(-\mathrm{i}\boldsymbol{\varepsilon}_1+\boldsymbol{\varepsilon}_2)$，$k_2(\mathrm{i}\boldsymbol{\varepsilon}_1+\boldsymbol{\varepsilon}_2)$，$k_1,k_2\neq 0$.

(3) 设基为 $\boldsymbol{\varepsilon}_1,\boldsymbol{\varepsilon}_2,\boldsymbol{\varepsilon}_3,\boldsymbol{\varepsilon}_4$，特征值为 2（三重），$-2$，对应的特征向量分别为 $k_1(\boldsymbol{\varepsilon}_1+\boldsymbol{\varepsilon}_2)+k_2(\boldsymbol{\varepsilon}_1+\boldsymbol{\varepsilon}_3)+k_3(\boldsymbol{\varepsilon}_1+\boldsymbol{\varepsilon}_4)$，$k_1,k_2,k_3$ 不全为 0；$k_4(\boldsymbol{\varepsilon}_1-\boldsymbol{\varepsilon}_2-\boldsymbol{\varepsilon}_3-\boldsymbol{\varepsilon}_4)$，

$k_4 \neq 0$.

(4) 设基为 $\boldsymbol{\varepsilon}_1,\boldsymbol{\varepsilon}_2,\boldsymbol{\varepsilon}_3$，特征值为 $2, 1+\sqrt{3}, 1-\sqrt{3}$，对应的特征向量分别为 $k_1(2\boldsymbol{\varepsilon}_1-\boldsymbol{\varepsilon}_2), k_2[3\boldsymbol{\varepsilon}_1-\boldsymbol{\varepsilon}_2+(2-\sqrt{3})\boldsymbol{\varepsilon}_3], k_3[3\boldsymbol{\varepsilon}_1-\boldsymbol{\varepsilon}_2+(2+\sqrt{3})\boldsymbol{\varepsilon}_3], k_1, k_2, k_3 \neq 0$.

(5) 设基为 $\boldsymbol{\varepsilon}_1$，$\boldsymbol{\varepsilon}_2$，$\boldsymbol{\varepsilon}_3$，特征值为 1（二重），$-1$，对应的特征向量分别为 $k_1(\boldsymbol{\varepsilon}_1+\boldsymbol{\varepsilon}_3)+k_2\boldsymbol{\varepsilon}_2$，$k_1$，$k_2$ 不全为 0；$k_3(\boldsymbol{\varepsilon}_1-\boldsymbol{\varepsilon}_3)$，$k_3 \neq 0$.

(6) 设基为 $\boldsymbol{\varepsilon}_1,\boldsymbol{\varepsilon}_2,\boldsymbol{\varepsilon}_3$，特征值为 1(二重)，$-2$，对应的特征向量分别为 $k_1(3\boldsymbol{\varepsilon}_1-6\boldsymbol{\varepsilon}_2+20\boldsymbol{\varepsilon}_3)$，$k_1 \neq 0$；$k_2\boldsymbol{\varepsilon}_3, k_2 \neq 0$.

4. (1) 无关特征向量为 $\boldsymbol{\xi}_1=\boldsymbol{\varepsilon}_1+\boldsymbol{\varepsilon}_2$，$\boldsymbol{\xi}_2=4\boldsymbol{\varepsilon}_1-5\boldsymbol{\varepsilon}_2$，$(\boldsymbol{\xi}_1\ \ \boldsymbol{\xi}_2)=(\boldsymbol{\varepsilon}_1\ \ \boldsymbol{\varepsilon}_2)\begin{pmatrix}1 & 4\\ 1 & -5\end{pmatrix}$，即过渡矩阵为 $\boldsymbol{T}=\begin{pmatrix}1 & 4\\ 1 & -5\end{pmatrix}$，且有 $\boldsymbol{T}^{-1}\boldsymbol{A}\boldsymbol{T}=\begin{pmatrix}7 & 0\\ 0 & -2\end{pmatrix}$；

(2) 当 $a=0$ 时，已是对角形；当 $a\neq 0$ 时，无关特征向量为 $\boldsymbol{\xi}_1=-\mathrm{i}\boldsymbol{\varepsilon}_1+\boldsymbol{\varepsilon}_2$，$\boldsymbol{\xi}_2=\mathrm{i}\boldsymbol{\varepsilon}_1+\boldsymbol{\varepsilon}_2$，$(\boldsymbol{\xi}_1\ \ \boldsymbol{\xi}_2)=(\boldsymbol{\varepsilon}_1\ \ \boldsymbol{\varepsilon}_2)\begin{pmatrix}-\mathrm{i} & \mathrm{i}\\ 1 & 1\end{pmatrix}$，即过渡矩阵为 $\boldsymbol{T}=\begin{pmatrix}-\mathrm{i} & \mathrm{i}\\ 1 & 1\end{pmatrix}$，且有 $\boldsymbol{T}^{-1}\boldsymbol{A}\boldsymbol{T}=\begin{pmatrix}a\mathrm{i} & 0\\ 0 & -a\mathrm{i}\end{pmatrix}$.

(3) 无关特征向量为 $\boldsymbol{\xi}_1=\boldsymbol{\varepsilon}_1+\boldsymbol{\varepsilon}_2$，$\boldsymbol{\xi}_2=\boldsymbol{\varepsilon}_1+\boldsymbol{\varepsilon}_3$，$\boldsymbol{\xi}_3=\boldsymbol{\varepsilon}_1+\boldsymbol{\varepsilon}_4$，$\boldsymbol{\xi}_4=\boldsymbol{\varepsilon}_1-\boldsymbol{\varepsilon}_2-\boldsymbol{\varepsilon}_3-\boldsymbol{\varepsilon}_4$，

$(\boldsymbol{\xi}_1\ \ \boldsymbol{\xi}_2\ \ \boldsymbol{\xi}_3\ \ \boldsymbol{\xi}_4)=(\boldsymbol{\varepsilon}_1\ \ \boldsymbol{\varepsilon}_2\ \ \boldsymbol{\varepsilon}_3\ \ \boldsymbol{\varepsilon}_4)\begin{pmatrix}1 & 1 & 1 & 1\\ 1 & 0 & 0 & -1\\ 0 & 1 & 0 & -1\\ 0 & 0 & 1 & -1\end{pmatrix}$，即过渡矩阵为 $\boldsymbol{T}=\begin{pmatrix}1 & 1 & 1 & 1\\ 1 & 0 & 0 & -1\\ 0 & 1 & 0 & -1\\ 0 & 0 & 1 & -1\end{pmatrix}$，

且有 $\boldsymbol{T}^{-1}\boldsymbol{A}\boldsymbol{T}=\begin{pmatrix}2 & 0 & 0 & 0\\ 0 & 2 & 0 & 0\\ 0 & 0 & 2 & 0\\ 0 & 0 & 0 & -2\end{pmatrix}$.

(4) 无关特征向量为 $\boldsymbol{\xi}_1=2\boldsymbol{\varepsilon}_1-\boldsymbol{\varepsilon}_2$，$\boldsymbol{\xi}_2=3\boldsymbol{\varepsilon}_1-\boldsymbol{\varepsilon}_2+(2-\sqrt{3})\boldsymbol{\varepsilon}_3$，$\boldsymbol{\xi}_3=3\boldsymbol{\varepsilon}_1-\boldsymbol{\varepsilon}_2+(2+\sqrt{3})\boldsymbol{\varepsilon}_3$，$(\boldsymbol{\xi}_1\ \ \boldsymbol{\xi}_2\ \ \boldsymbol{\xi}_3)=(\boldsymbol{\varepsilon}_1\ \ \boldsymbol{\varepsilon}_2\ \ \boldsymbol{\varepsilon}_3)\begin{pmatrix}2 & 3 & 3\\ -1 & -1 & -1\\ 0 & 2-\sqrt{3} & 2+\sqrt{3}\end{pmatrix}$，即过渡矩阵为 $\boldsymbol{T}=\begin{pmatrix}2 & 3 & 3\\ -1 & -1 & -1\\ 0 & 2-\sqrt{3} & 2+\sqrt{3}\end{pmatrix}$，且有 $\boldsymbol{T}^{-1}\boldsymbol{A}\boldsymbol{T}=\begin{pmatrix}2 & 0 & 0\\ 0 & 1+\sqrt{3} & 0\\ 0 & 0 & 1-\sqrt{3}\end{pmatrix}$.

(5) 无关特征向量为 $\boldsymbol{\xi}_1=\boldsymbol{\varepsilon}_1+\boldsymbol{\varepsilon}_3$，$\boldsymbol{\xi}_2=\boldsymbol{\varepsilon}_2$，$\boldsymbol{\xi}_3=\boldsymbol{\varepsilon}_1-\boldsymbol{\varepsilon}_3$，$(\boldsymbol{\xi}_1\ \ \boldsymbol{\xi}_2\ \ \boldsymbol{\xi}_3)=(\boldsymbol{\varepsilon}_1\ \ \boldsymbol{\varepsilon}_2\ \ \boldsymbol{\varepsilon}_3)\begin{pmatrix}1 & 0 & 1\\ 0 & 1 & 0\\ 1 & 0 & -1\end{pmatrix}$，即过渡矩阵为 $\boldsymbol{T}=\begin{pmatrix}1 & 0 & 1\\ 0 & 1 & 0\\ 1 & 0 & -1\end{pmatrix}$，且有 $\boldsymbol{T}^{-1}\boldsymbol{A}\boldsymbol{T}=\begin{pmatrix}1 & 0 & 0\\ 0 & 1 & 0\\ 0 & 0 & -1\end{pmatrix}$.

5. 在$\mathbb{R}$中，σ 的特征值只有 0，对应的全部特征向量为 $k\begin{pmatrix}0 & -1 & 2\\ 1 & 0 & -3\\ -2 & 3 & 0\end{pmatrix}$，$k\in\mathbb{R}$，$k\neq 0$.

6. σ 的特征值为 $\lambda_{1,2}=1$，$\lambda_3=-2$；对应 $\lambda_{1,2}=1$ 的全部特征向量为 $k_1(-2+x)+k_2x^2$，k_1，k_2 不全为0；对应 $\lambda_3=-2$ 的全部特征向量为 $k_3(-1+x+x^2)$，$k_3\neq 0$. σ 可对角化.

习题 6.5

1. $\boldsymbol{L}=\begin{pmatrix}0 & 4 & 3\\ 0.60 & 0 & 0\\ 0 & 0.25 & 0\end{pmatrix}$；

2. $\boldsymbol{x}^{(20)}=(466\ 545,\ 194\ 406,\ 25\ 692)^{\mathrm{T}}$；

3. 增加 63.56%.

第 7 章

扫码观看
答案详解

习题 7.1

1. 2，　0，　9，　9，$\left(\frac{4}{9},\ \frac{2}{9},\ -\frac{4}{9}\right)^{\mathrm{T}}$，$\sqrt{14}$.

2. $\sqrt{61}$，$3\sqrt{3}$，1，$\sqrt{22}$.

3. $\boldsymbol{\varepsilon}=\left(-\frac{5}{\sqrt{30}},\ -\frac{2}{\sqrt{30}},\ \frac{1}{\sqrt{30}}\right)^{\mathrm{T}}$.

4. 提示：W 是 $x_1+2x_2-4x_3=0$ 的解空间，一组基为$(-2,1,0)^{\mathrm{T}},(4,0,1)^{\mathrm{T}}$. 几何意义：$W$ 是过原点且垂直于向量 $\boldsymbol{\beta}$ 的平面.

5. 提示：利用范数的定义可证.

6. 提示：设 $\boldsymbol{\alpha}\in W\cap W^{\perp}$，则 $\boldsymbol{\alpha}\cdot\boldsymbol{\alpha}=0$,所以 $\boldsymbol{\alpha}=\boldsymbol{o}$.

习题 7.2

1. $(3,\ 1,\ 2)^{\mathrm{T}}$.　2－7. 略.

习题 7.3

1. $\left(\frac{7}{3},\ \frac{4}{3},\ \frac{5}{3}\right)^{\mathrm{T}}$；$\left(-\frac{4}{3},\ \frac{2}{3},\ \frac{4}{3}\right)^{\mathrm{T}}$.

2. $\left(\frac{94}{105}, \frac{59}{35}, \frac{125}{42}, \frac{25}{6}\right)^{\mathrm{T}}$.

3. $\left(\frac{46}{15}, -\frac{101}{30}, \frac{14}{5}, \frac{67}{30}\right)^{\mathrm{T}}$.

4. 提示：利用勾股定理.

5. 提示：利用勾股定理.

6. 提示：$R(\boldsymbol{A}^{\mathrm{T}})=N(\boldsymbol{A})^{\perp}$，取 $\boldsymbol{\alpha}=\mathrm{P}_{R(\boldsymbol{A}^{\mathrm{T}})}\boldsymbol{\beta}$，$\boldsymbol{\gamma}=\boldsymbol{\beta}-\boldsymbol{\alpha}$，可证存在性；唯一性的证明利用 7.1 第 6 题.

7. 提示：利用第 6 题结论.

8. 提示：验证 σ 保持线性运算.

习题 7.4

1. $\left(-\frac{1}{\sqrt{6}}, \frac{1}{\sqrt{6}}, \frac{2}{\sqrt{6}}\right)^{\mathrm{T}}$，$\left(\frac{1}{\sqrt{30}}, \frac{5}{\sqrt{30}}, -\frac{2}{\sqrt{30}}\right)^{\mathrm{T}}$，$\left(\frac{2}{\sqrt{5}}, 0, \frac{1}{\sqrt{5}}\right)^{\mathrm{T}}$.（答案不唯一）

2. $\left(-\frac{3}{\sqrt{10}}, 0, \frac{1}{\sqrt{10}}, 0\right)^{\mathrm{T}}$，$\left(\frac{1}{2\sqrt{15}}, -\frac{5}{2\sqrt{15}}, \frac{3}{2\sqrt{15}}, \frac{5}{2\sqrt{15}}\right)^{\mathrm{T}}$.（答案不唯一）

3. $\boldsymbol{\eta}_1=\frac{1}{\sqrt{2}}(\boldsymbol{e}_1+\boldsymbol{e}_5)$，$\boldsymbol{\eta}_2=\frac{1}{\sqrt{10}}(\boldsymbol{e}_1-2\boldsymbol{e}_2+2\boldsymbol{e}_4-\boldsymbol{e}_5)$，$\boldsymbol{\eta}_3=\frac{1}{2}(\boldsymbol{e}_1+\boldsymbol{e}_2+\boldsymbol{e}_3-\boldsymbol{e}_5)$.

4. 略.

5. $\gamma_1=\frac{1}{\sqrt{3}}\begin{bmatrix}1\\1\\1\end{bmatrix}$，$\gamma_2=\frac{1}{\sqrt{2}}\begin{bmatrix}-1\\0\\1\end{bmatrix}$，$\gamma_3=\frac{1}{6\sqrt{6}}\begin{bmatrix}1\\-2\\1\end{bmatrix}$.

6. $$\boldsymbol{A}=\boldsymbol{QR}=\begin{pmatrix}\frac{1}{\sqrt{3}} & -\frac{1}{\sqrt{2}} & \frac{1}{\sqrt{6}}\\ \frac{1}{\sqrt{3}} & 0 & -\frac{2}{\sqrt{6}}\\ \frac{1}{\sqrt{3}} & \frac{1}{\sqrt{2}} & \frac{1}{\sqrt{6}}\end{pmatrix}\begin{pmatrix}\sqrt{3} & \sqrt{3} & \frac{5}{3}\sqrt{3}\\ 0 & \sqrt{2} & \frac{1}{2}\sqrt{2}\\ 0 & 0 & \frac{5}{6}\sqrt{6}\end{pmatrix}.$$

7. 提示：将 $\boldsymbol{Q}$ 添加适当的列扩充为正交矩阵.

8. 提示：将 $\boldsymbol{Q}$ 的前 s 列构成矩阵 $\boldsymbol{Q}_1$，$\boldsymbol{R}$ 的左上角的 s 阶子阵记作 $\boldsymbol{R}_1$，则有 $\boldsymbol{A}_1=\boldsymbol{Q}_1\boldsymbol{R}_1$.

习题 7.5

1. $\begin{pmatrix}3\\-1\end{pmatrix}$.

2. (1) $\begin{pmatrix}\frac{5}{14}\\ \frac{17}{14}\end{pmatrix}$；(2) $\begin{pmatrix}-\frac{12}{13}\\ -\frac{29}{26}\end{pmatrix}$；(3) $(3, -1, 0)^{\mathrm{T}}+k(1, -1, -1)^{\mathrm{T}}$，$k$ 为任意常数.

3. $\sqrt{30}$；$\dfrac{3}{\sqrt{2}}$；$\dfrac{\sqrt{6630}}{26}$.

4. 提示：往证 $\boldsymbol{\varepsilon}$ 与 $\widehat{\boldsymbol{\beta}}=\boldsymbol{A}\widehat{\boldsymbol{x}}$ 正交.

5. $\begin{pmatrix}\dfrac{8}{9}\\-\dfrac{1}{3}\end{pmatrix}$.

第 8 章

扫码观看
答案详解

习题 8.1

1. （1）$\begin{pmatrix}\dfrac{1}{\sqrt{2}} & -\dfrac{1}{\sqrt{2}}\\ \dfrac{1}{\sqrt{2}} & \dfrac{1}{\sqrt{2}}\end{pmatrix}$, $\begin{pmatrix}3 & 0\\0 & 1\end{pmatrix}$；（2）$\begin{pmatrix}\dfrac{1}{\sqrt{3}} & \dfrac{1}{\sqrt{6}} & \dfrac{1}{\sqrt{2}}\\ \dfrac{1}{\sqrt{3}} & -\dfrac{2}{\sqrt{6}} & 0\\ \dfrac{1}{\sqrt{3}} & \dfrac{1}{\sqrt{6}} & -\dfrac{1}{\sqrt{2}}\end{pmatrix}$, $\begin{pmatrix}6 & 0 & 0\\0 & 3 & 0\\0 & 0 & -3\end{pmatrix}$；

（3）$\begin{pmatrix}\dfrac{1}{2} & -\dfrac{1}{2} & -\dfrac{1}{2} & \dfrac{1}{2}\\ \dfrac{1}{2} & \dfrac{1}{2} & -\dfrac{1}{2} & -\dfrac{1}{2}\\ \dfrac{1}{2} & -\dfrac{1}{2} & \dfrac{1}{2} & -\dfrac{1}{2}\\ \dfrac{1}{2} & \dfrac{1}{2} & \dfrac{1}{2} & \dfrac{1}{2}\end{pmatrix}$, $\begin{pmatrix}5 & 0 & 0 & 0\\0 & 3 & 0 & 0\\0 & 0 & -5 & 0\\0 & 0 & 0 & -3\end{pmatrix}$；

（4）$\begin{pmatrix}-\dfrac{1}{2} & \dfrac{1}{\sqrt{2}} & -\dfrac{1}{\sqrt{6}} & \dfrac{1}{2\sqrt{3}}\\ \dfrac{1}{2} & 0 & 0 & \dfrac{3}{2\sqrt{3}}\\ -\dfrac{1}{2} & 0 & \dfrac{2}{\sqrt{6}} & \dfrac{1}{2\sqrt{3}}\\ \dfrac{1}{2} & \dfrac{1}{\sqrt{2}} & \dfrac{1}{\sqrt{6}} & -\dfrac{1}{2\sqrt{3}}\end{pmatrix}$, $\begin{pmatrix}8 & 0 & 0 & 0\\0 & -4 & 0 & 0\\0 & 0 & -4 & 0\\0 & 0 & 0 & -4\end{pmatrix}$.

2. $\begin{pmatrix}1 & 0 & 0\\0 & 1 & 0\\0 & 0 & -1\end{pmatrix}$, 9.

3. （1）（1，0，0）^{T}，（0，1，-1）^{T}（不唯一）；（2）$\boldsymbol{A}=\begin{pmatrix}1&0&0\\0&0&-1\\0&-1&0\end{pmatrix}$.

4. $\boldsymbol{A}=\frac{1}{3}\begin{pmatrix}-1&0&2\\0&1&2\\2&2&0\end{pmatrix}$.

5. $\boldsymbol{A}$ 的属于特征值3的所有特征向量为 $c(1,0,1)^{\mathrm{T}}$，c 为非零常数；

$$\boldsymbol{A}=\begin{pmatrix}\frac{13}{6}&-\frac{1}{3}&\frac{5}{6}\\-\frac{1}{3}&\frac{5}{3}&\frac{1}{3}\\\frac{5}{6}&\frac{1}{3}&\frac{13}{6}\end{pmatrix}.$$

6. 提示：存在正交矩阵 $\boldsymbol{Q}$，使 $\boldsymbol{Q}^{-1}\boldsymbol{A}\boldsymbol{Q}=\boldsymbol{Q}^{\mathrm{T}}\boldsymbol{A}\boldsymbol{Q}=\boldsymbol{\Lambda}$. $(\boldsymbol{Q}^{\mathrm{T}}\boldsymbol{A}\boldsymbol{Q})^{\mathrm{T}}=\boldsymbol{Q}^{\mathrm{T}}\boldsymbol{A}^{\mathrm{T}}\boldsymbol{Q}=\boldsymbol{\Lambda}^{\mathrm{T}}=\boldsymbol{\Lambda}=\boldsymbol{Q}^{\mathrm{T}}\boldsymbol{A}\boldsymbol{Q}$，由 $\boldsymbol{Q}$，$\boldsymbol{Q}^{\mathrm{T}}$ 都可逆，可证 $\boldsymbol{A}^{\mathrm{T}}=\boldsymbol{A}$.

习题 8.2

1. （1）$\boldsymbol{A}=\begin{pmatrix}0&1&0\\1&2&-2\\0&-2&1\end{pmatrix}$；（2）$\boldsymbol{A}=\begin{pmatrix}0&1&0&1\\1&0&0&0\\0&0&0&1\\1&0&1&0\end{pmatrix}$.

2. （1）$2x_1^2+x_2^2+3x_3^2-2x_1x_2+4x_2x_3$；

（2）$5x_1^2-7x_2^2+8x_3^2-2x_4^2+2x_1x_2+6x_1x_3-2x_1x_4+2x_2x_3+2x_3x_4$；

（3）$x_1x_2+x_1x_3+x_1x_4+x_2x_3+x_2x_4+x_3x_4$.

3. 略　4. 略

习题 8.3

1. （1）$f=y_1^2-y_2^2$；　（2）$f=-4y_1^2+4y_2^2+y_3^2$；

（3）$f=2y_1^2+\frac{3}{2}y_2^2$；　（4）$f=y_1^2+\cdots+y_n^2-y_{n+1}^2-\cdots-y_{2n}^2$（标准形不唯一）.

2. （1）$f=y_1^2+y_2^2+13y_3^2$；（2）$f=9y_1^2+18y_2^2+18y_3^2$.

3. $a=b=0$，$\boldsymbol{Q}=\begin{pmatrix}\frac{1}{\sqrt{2}}&0&\frac{1}{\sqrt{2}}\\0&1&0\\-\frac{1}{\sqrt{2}}&0&\frac{1}{\sqrt{2}}\end{pmatrix}$.

4. 提示：利用 $\boldsymbol{A}$，$\boldsymbol{B}$ 正交相似对角化.

5. $\frac{7}{9}x_1^2+\frac{1}{9}x_2^2+\frac{1}{9}x_3^2+\frac{8}{9}x_1x_2-\frac{8}{9}x_1x_3+\frac{16}{9}x_2x_3$.

6. 提示：利用 $\boldsymbol{A}$ 正交相似对角化.

习题 8.4

1. （1）$f=z_1^2-z_2^2$；（2）$f=z_1^2+z_2^2-z_3^2$；

（3）$f=z_1^2+z_2^2$；（4）$f=z_1^2+\cdots+z_n^2-z_{n+1}^2-\cdots-z_{2n}^2$.

2. 提示：由实二次型的规范形和已知条件，该二次型的正负惯性指数 p 和 q 都大于 0，可取 $\boldsymbol{\beta}=(1,\ 0,\ \cdots,\ 0,\ 1,\ 0,\ \cdots,\ 0)^{\mathrm{T}}$，其中第二个 1 是 $\boldsymbol{\beta}$ 的第 $p+1$ 个分量，则令 $\boldsymbol{\alpha}_3=\boldsymbol{C\beta}$（$\boldsymbol{C}$ 为二次型化规范形的可逆线性替换的系数矩阵），则 $\boldsymbol{\alpha}_3^{\mathrm{T}}\boldsymbol{A}\boldsymbol{\alpha}_3=1^2-1^2=0$，且 $\boldsymbol{\alpha}_3$ 是非零向量.

3. 提示：二次型 $f=\boldsymbol{x}^{\mathrm{T}}\boldsymbol{Ax}$ 的秩为 n，且负惯性指数为奇数，则 f 可通过可逆线性替换 $\boldsymbol{x}=\boldsymbol{Cy}$ 化为规范形 $y_1^2+\cdots+y_p^2-y_{p+1}^2-\cdots-y_n^2$，可取 $\boldsymbol{\beta}=(0,\ \cdots,\ 0,\ 1,\ 0,\ \cdots,\ 0)^{\mathrm{T}}$，其中的 1 是 $\boldsymbol{\beta}$ 的第 $p+1$ 个分量，令 $\boldsymbol{\alpha}=\boldsymbol{C\beta}$，则 $\boldsymbol{\alpha}^{\mathrm{T}}\boldsymbol{A}\boldsymbol{\alpha}=-1^2<0$，且 $\boldsymbol{\alpha}$ 是非零向量.

4. 提示：必要性. 设 $f=(a_1x_1+a_2x_2+\cdots+a_nx_n)(b_1x_1+b_2x_2+\cdots+b_nx_n)$，关于向量 $(a_1,\ a_2,\ \cdots,\ a_n)$ 与 $(b_1,\ b_2,\ \cdots,\ b_n)$ 线性相关和线性无关两种情况进行讨论.

5. $\frac{1}{2}(n+1)(n+2)$.

习题 8.5

1. （1）是；（2）不是；（3）是；（4）是.

2. （1）$-\frac{4}{5}<t<0$；（2）$t>13$.

3. 提示：往证 $\boldsymbol{A}$ 的特征值都大于零.

4. 提示：正交阵若有实特征值，则特征值必为 1 或 -1.

5. 提示：从线性无关的定义出发证明.

6. （1）$\lambda_1=0$，$\lambda_2=-2$（二重）；（2）$a>2$.

7. 提示：可利用定义法、准则 1、准则 2 或准则 3 证明（方法不唯一）.

8. 提示：利用定义法证明，注意先证明该矩阵为实对称矩阵.

习题 8.6

当 $Q_1=2$，$Q_2=1$ 时，利润最大，为 6 万元.

习题 8.7

1. (1) $\begin{pmatrix} -\frac{1}{\sqrt{5}} & \frac{2}{\sqrt{5}} \\ \frac{2}{\sqrt{5}} & \frac{1}{\sqrt{5}} \end{pmatrix}\begin{pmatrix} 3 & 0 \\ 0 & 2 \end{pmatrix}\begin{pmatrix} \frac{2}{\sqrt{5}} & \frac{1}{\sqrt{5}} \\ -\frac{1}{\sqrt{5}} & \frac{2}{\sqrt{5}} \end{pmatrix}$;

(2) $\begin{pmatrix} \frac{1}{3} & \frac{2}{\sqrt{5}} & -\frac{2}{\sqrt{45}} \\ -\frac{2}{3} & \frac{1}{\sqrt{5}} & \frac{4}{\sqrt{45}} \\ \frac{2}{3} & 0 & \frac{5}{\sqrt{45}} \end{pmatrix}\begin{pmatrix} 3\sqrt{2} & 0 \\ 0 & 0 \\ 0 & 0 \end{pmatrix}\begin{pmatrix} \frac{1}{\sqrt{2}} & -\frac{1}{\sqrt{2}} \\ \frac{1}{\sqrt{2}} & \frac{1}{\sqrt{2}} \end{pmatrix}$;

(3) $\begin{pmatrix} 0 & -1 \\ 1 & 0 \end{pmatrix}\begin{pmatrix} \sqrt{3} & 0 & 0 \\ 0 & \sqrt{2} & 0 \end{pmatrix}\begin{pmatrix} \frac{1}{\sqrt{3}} & \frac{1}{\sqrt{3}} & \frac{1}{\sqrt{3}} \\ -\frac{1}{\sqrt{2}} & 0 & \frac{1}{\sqrt{2}} \\ \frac{1}{\sqrt{6}} & -\frac{2}{\sqrt{6}} & \frac{1}{\sqrt{6}} \end{pmatrix}$.

2. $R(\boldsymbol{A})$ 的一组标准正交基为 $\begin{pmatrix} \frac{1}{\sqrt{2}} \\ 0 \\ -\frac{1}{\sqrt{2}} \end{pmatrix}$, $\begin{pmatrix} \frac{1}{\sqrt{2}} \\ 0 \\ \frac{1}{\sqrt{2}} \end{pmatrix}$;

$N(\boldsymbol{A})$ 的一组标准正交基为 $\begin{pmatrix} \frac{2}{3} \\ -\frac{1}{3} \\ \frac{2}{3} \end{pmatrix}$.

3. 提示：$\boldsymbol{A}^{\mathrm{T}}\boldsymbol{A}$ 与 $(\boldsymbol{PAQ})^{\mathrm{T}}(\boldsymbol{PAQ})$ 正交相似，故它们有相同的特征值.

4. 提示：利用奇异值分解 $\boldsymbol{A}=\boldsymbol{U}\Sigma\boldsymbol{V}^{\mathrm{T}}$，代入 $\boldsymbol{AA}^{\mathrm{T}}=\boldsymbol{U}\Sigma^2\boldsymbol{U}^{\mathrm{T}}$，$\boldsymbol{A}^{\mathrm{T}}\boldsymbol{A}=\boldsymbol{V}\Sigma^2\boldsymbol{V}^{\mathrm{T}}$，令 $\boldsymbol{Q}=\boldsymbol{VU}^{\mathrm{T}}$ 即可得证.

参考文献

[1] 阳庆节．高等代数简明教程［M］．2 版．北京：中国人民大学出版社，2015.

[2] 丘维声．高等代数上册［M］．3 版．北京：高等教育出版社，2015.

[3] 丘维声．高等代数［M］．北京：科学出版社，2013.

[4] 丘维声．高等代数（上册）——大学高等代数课程创新教材［M］．北京：清华大学出版社，2013.

[5] 北京大学数学系前代数小组，王萼芳，石生明．高等代数［M］．5 版．北京：高等教育出版社，2019.

[6] 同济大学数学系．工程数学线性代数［M］．6 版．北京：高等教育出版社，2014.

[7] 龚德恩等．经济数学基础第二分册：线性代数［M］．5 版．成都：四川人民出版社．2016.

[8] 张立卓．线性代数辅导讲义［M］．北京：清华大学出版社，2016.

[9] ROGER H. The Chinese Roots of Linear Algebra［M］. Baltimore，Maryland：Johns Hopkins University Press，2011.

[10] 戴维·C. 雷，史蒂文·R. 雷，朱迪·J. 麦克唐纳．线性代数及其应用（原书第 5 版）［M］．刘深泉，张万芹，陈玉珍，等译．北京：机械工业出版社，2018.

[11] 徐仲，等．高等代数导教·导学·导考［M］．西安：西北工业大学出版社，2014.

[12] 对外经济贸易大学统计学院数据科学系．线性代数［M］．北京：对外经济贸易大学出版社，2023.

[13] 张若军．数学思想与文化［M］．北京：科学出版社，2015.

[14] 顾沛．数学文化［M］．北京：高等教育出版社，2008.